Der Markt der Tugend: Recht und Moral in der liberalen
Gesellschaft; eine soziologische Untersuchung／von Michael
Baurmann. -Studienausg. der Aufl. von 1996. – Tübingen:
Mohr Siebeck, 2000
（Die Einheit der Gesellschaftswissenschaften; Bd. 91）

1. Auflage 1996
2. Auflage Studienausgabe: Nachdruck der 1. Auflage
© 2000 J. C. B. Mohr （Paul Siebeck） Tübingen.
根据德国图宾根摩尔（保罗·西贝克）出版社 2000 年研究版
译出
米歇尔·鲍曼
《道德的市场：对自由社会中法律与道德的社会学研究》
1996 年第 1 版
2000 年研究版：第 1 版重印版
©2000 年，德国图宾根摩尔（保罗·西贝克）出版社

道 德 的 市 场

（德）米歇尔·鲍曼著

肖 君 黄承业 译
冯兴元 景德祥 校

中国社会科学出版社

图书在版编目（CIP）数据

道德的市场/（德）鲍曼（Baurmann，M.）著；肖君，黄承业译.
—北京：中国社会科学出版社，2003.6（2017.7 重印）
（西方现代思想丛书：13）
ISBN 978 - 7 - 5004 - 3914 - 1

Ⅰ.①道…　Ⅱ.①鲍…②肖…③黄…　Ⅲ.①道德 - 关系 - 市场
经济 - 研究　Ⅳ.①B82 - 053

中国版本图书馆 CIP 数据核字（2003）第 038933 号

出　版　人	赵剑英
责任编辑	李庆红
责任校对	张慧玉
责任印制	张雪娇

出　　　版	中国社会科学出版社
社　　　址	北京鼓楼西大街甲 158 号
邮　　　编	100720
网　　　址	http://www.csspw.cn
发　行　部	010 - 84083685
门　市　部	010 - 84029450
经　　　销	新华书店及其他书店

印刷装订	北京君升印刷有限公司
版　　次	2003 年 6 月第 1 版
印　　次	2017 年 7 月第 3 次印刷

开　　本	880 × 1230　1/32
印　　张	20.625
字　　数	512 千字
定　　价	83.00 元

凡购买中国社会科学出版社图书，如有质量问题请与本社营销中心联系调换
电话：010 - 84083683

《西方现代思想》丛书之一

主　　编　冯隆灏

编委会委员（按姓氏笔画为序）

　　　　　　冯兴元　　孟艺达　　何梦笔

　　　　　　陆玉衡　　青　泯　　周业安

译者的话

综观人类历史发展的长河，诸多哲学先驱的伟大发现曾经为世界文明谱写下壮丽的篇章。由多位资产阶级学者共同创立和发展起来的以维护私有制和民主平等为主要特点的自由主义思想，同马克思主义一道，构成当代世界两大思想体系，洛克、边沁、亚当·斯密、孟德斯鸠、卢梭、大卫·休谟、莱辛、席勒、洪堡和康德，都是古典自由主义坚定的捍卫者。在同封建专制主义的斗争中，自由主义不仅代表一种积极进步的思想潮流，更是一场摧枯拉朽的革命运动，并且以在欧美建立起实行自由市场经济的议会民主社会而一度大获成功。但是，任何理论体系均有其适用性和局限性。进入社会主义革命时代后，人们开始逐渐意识到它消极和保守的一面。20世纪初，由于受到来自左翼的社会主义及共产主义运动和来自右翼的法西斯主义及保守主义的双重夹击而陷入困境的自由主义开始了反思。可以说福利国家理论的重要来源之一，便是现代自由主义者和国家干预主义者均深刻地意识到不可以再自由放任市场这只看不见的手。无论20世纪30年代罗斯福推行的凯恩斯主义的新政，还是当代形形色色的国家干预主义，包括实行国有化和政府所有制等，其目的都只是维护资本主义制度的存在，这一点是不言而喻的。自由主义思想家和道德哲学家一直在探讨自由和道德之间的关系，大卫·休谟早在数百年前就曾指出：为别人提供服务，这无需他怀有真诚的善意。即使是坏人，为公益服务也符合他的利益。随着经济危机理论的出现，面对现实中产生的诸多问题，西方社会持自由主义观点的学者也在不断重新审视、修正、补充和完善其理论。被誉为自亚当·斯密以来最受人尊重的自由主义道德哲学家、古典自由主义经济学家、诺贝尔经济学奖获得者哈耶克就指出，良好的社会不是简单地依赖于在政府所提供的法律框架内追求私有制，相反，它应依赖于一套复杂的法律、道义传统和行为规则的框架，这套框架的特点应该为大多数社会成员所理解和认同。即使自由主义者也承认并不存在绝对的自由，个人自由总要受到许多规则的限制。客观地讲，自由平等并非自由主义的专利主张，《共产党宣言》中早已指出：代替那存在着阶级和阶级对立的资产阶级旧社会的，将是这样一个联合体，在那里，每个人的自由发展是一切人的自由发展的条件。在实践中，我们需要深入研究自由主义的来龙去脉，把握其规律性。19 世纪曾经诞生了马克思、费希特、黑格尔和费尔巴哈的德国，在上个世纪又让我们认识了哈贝马斯等令世人耳熟能详的哲学家。中国社会科学出版社出版的《西方现代思想丛书》，继介绍了米瑟斯、哈耶克和波普尔及其著作之后，又向我们推介了鲍曼教授这位同样来自德语国家的学者，在我们这本名为《道德的市场》的书中，他将从一个坚决捍卫自由主义思想的西方学者的角度，向人们阐述自由的相对性和市场社会中美德的不可或缺。

米歇尔·鲍曼，哲学博士，1952 年出生于德国。早年在法兰克福大学攻读社会学、哲学和法律，先后在美因兹、法兰克福和杜塞尔多夫大学任教。主要研究领域为自由法制社会的存在条件、市场社会中的道德、社会科学和伦理学等。著述颇丰，涉及道德问题的主要有《美德的市场》、《道德与利益》、《马克斯·韦伯的法律与道德》、《论美德的经济学》、《经济人能够成为有道之士吗?》、《自由社会和可计划的道德》、《道德的普适性和特殊性》、《作为社会规范和宪法规范的团结互助》、《伦理学和社会科学的统一》、《合作创造美德的市场》及《自由与美德》等。

　　本书原文长达近 700 页，旨在论证拥有高效经济、受到制衡的政治制度并由具有美德的公民组成的世俗社会秩序能够同理性追求个人利益相吻合，并且利益导向和主观效用最大化能够促进该社会秩序。在法律与社会秩序之间的关系上，本书并没有简单地认同两种主流看法中的任何一种，就是说它既不赞同将法律看做社会秩序的真正来源，也不认为社会秩序原则上不依赖于法律，而是将法律本身视为一种社会秩序，它不依赖于其可能发挥的作用与功能，是社会秩序的天然组成部分，任何一种法律秩序都有根本性的道德需求。在本书中，道德仅涉及法律秩序同自愿遵守对此种法律的存在必不可少的规范之间的经验主义关系的社会学问题，因而法治国家的法律秩序如何满足其事实道德需求的问题也就成为一个如何使作为公共的善的国家的出现和维护成为可能的问题。全书共分三部分，第一部分"社会学角度的法律和法治国家"及第二部分"经济世界中的法治国家"约占 1/3 的篇幅，而点题的第三部分"美德的市场"则占去全文 2/3 的篇幅。通篇结构严谨，一气呵成，论及目的理性和价值理性、规范的产生及适用、集体制裁权、主权在民、经济人、社会人、政治人和现代人、偏好和处置、集体理性和个人理性、效用最大化、欺骗、道德立场和道德一致性及道德的市场与法治国家等内容，从多个方面论证了奉行市场经济制度的法治国家中不仅存在着道德需求，而且也能满足该需求。

　　鲍曼开宗名义地引用了詹姆士·麦迪逊的名句，指出"认为某种政府形式无须人民的道德即能确保自由或幸福的假设无异于一种幻想"。作者引用了诸多自由主义大家的名言，借以说明自古以来自由主义者即对自由与道德的关系进行着不懈的求证。亚当·斯密认为必须用"道德情感"对人与生俱来的对个人私利的追求加以限制，以防市场的奇迹变成市场暴君，克服看不见的手的盲目性。古典经济学派最伟大的具有划时代意义的发现之一是发现了看不见的手的作用方式，也即理性遵循私人利益可以有利于共同利益的奇迹，即使没有行为人对后者的着意追求。不过，除了无偿地确保个人恶习与公共利益之间和谐的那只看不见的手之外，还出现了导致集体理性与个人理性之间鸿沟的那道看不见的墙。

古典学派的一个后果严重的错误估计是，市场经济发挥作用所必须的道德行为的最低程度是一种永恒的免费品，是一种永不枯竭的自然源泉。有一种观点认为，现实存在的西方自由社会赖以生存的是别人的资本，即前资本主义社会与前工业化社会的道德遗产尤其是宗教遗产，只是这份遗产已被现代资本主义社会所消耗殆尽。因此，解决问题的途径也只能是用道德重塑社会。如果一种宗教信仰出于对受到形而上学惩罚的恐惧或基于对同类奖励的希望而鼓励人遵守道德规范，它便确能降低确立某种社会秩序的费用。然而，自由主义针对封建主义展开的斗争旨在"去掉世界的魔力"（韦伯语）和"毁灭世界观"（熊彼特语），因此，试图用意识形态、世界观、教条主义或者社会机构有针对性地干预从而有计划地改善道德的行为都是与自由主义原则格格不入的，道德说教是徒劳的。在寻求解决现代社会的弊端时，必须时刻牢记物质实利主义一元论、政权归还世俗世界主义及务实地接受现世世界意义上的思想自由这些资本主义社会独有的特征。认为启蒙了的世俗性、经济富裕、政治自由和道德之间存在和谐纯属乌托邦的那些人认为，人的本性只要打上了自爱和追逐个人利益的烙印，它便是美德之敌，便需要通过世界观、意识形态和宗教予以克服和遏制。对此，鲍曼指出，必须摆脱任何意识形态和宗教上的樊篱，摒弃对人的天性施加反方向影响，将人改造成一种社会性动物，而应该还人以本来的面目，并以此为出发点对人善加引导。

　　进入现代社会后，自由主义的代表人物更是不得不直面首先是来自现代社群主义者的诘难和本阵营内部的批评，前者从哲学、伦理学和社会学角度抨击自由主义，而后者则认为力量的自由发挥不可能解决其自身引发的问题。社群主义将资本主义市场视为经济、政治及道德弊端的根源，认为自由社会忽视了人参与社会关系的根本需求，导致道德异化和道德虚无主义，并趋向于动摇自由根基本身。他们对往昔的美好时光怀恋不已，认为封闭性社会中存在的社会与自然樊篱及人被锁定在互不往来、规模有限的群体中乃道德存在的基础与前提，谴责现代自由社会缺乏道德生产力，认为一个群体关联和价值体系在其中遭到持续腐蚀的社会，一个与过分强调主体利益联系在一起的个人主义、匿名性和灵活性居主导地位的社会，破坏了文明美德的基础及有序公正社会必不可缺的公民的集体精神。他们认定道德堕落是资本主义社会的必然结果，断言自由社会纵使不导致经济崩溃也将引向一场道德与政治危机。当前在自由主义与社群主义之间的辩论是在关于人与自我的哲学理论、道德哲学中实利主义与契约论观点间的争执、纯伦理学中非实体论与目的论观点间的争论以及社会学中个人主义与整体论纲领之间的选择的背景下展开的。在自由主义阵营内部，马克斯·韦伯也将个人道德的毁灭和摧毁自由的国家官僚主义的蔓延视作资本主义市场无法摆脱的后果，熊彼特则认为经济上大获成功的资本主义终将因为缺少意识形态和精神上的支持而无法生存下去。

　　针对上述批评，鲍曼指出，现代社群主义片面地极端悲观地用过于简单的色彩勾画着一幅自由社会必将灭亡的陈旧图像。他认为，现代市场社会要求存在根本性的"道德需求"。这种道德是一种普遍道德，不是一种仅仅在某些团体内部起作用的特殊性道德。恰恰是在那个被社群主义者所推崇的封闭性社会中，没有理由要求人们具备除了其他群体成员利益之外还顾及外人利益的道德，而特殊性道德无法满足现代规模社会生活条件下的普遍道德需求，群体神话所展示的只是海市蜃楼。鲍曼指出，为了维持自由社会的稳定存在，其成员显现一定程度的非自利和道德的行为具有决定性意义。不总是有一只看不见的手能将那些仅仅追逐个人利益的行为方式可靠地转变为普遍的公共福祉。没有那些自愿履行政治、法律和道德义务并为实现及维护公共利益做出一份公平的贡献的个人，一种符合普通公民利益的社会秩序便不能稳定存在，而原则上为实现个人利益提供了空间的自由社会秩序就更无从谈起。

与社群主义的观点相反，鲍曼指出，被社群主义所唾弃的现代市场社会所具有的大规模、流动性和匿名性等特征却是培养普遍道德必不可少的前提。如果个体之间固定的个人纽带不消失，人与人之间的关系不由务实性所决定，人不能流动也无法自行选择其居住地和生活方式，就不可能产生存在着对拥有道德认同的品德高尚之人的需求的"道德市场"（Markt der Tugend）。

自由社会道德生产率问题是一个核心问题，因为如果个人理性与集体理性在经济与政治领域的鸿沟妨碍了个人利益与同胞利益和整体利益之间的一致，那么这里也就出现了根本性的道德需求，但该需求也将无法在一个以个人利益为导向的社会中得到满足。根据所有这一切，一个社会如果在现代生活关系的条件下对追求个人利益原则上采取放任自流的态度，鼓励人始终只追求表现为集体之恶的个人利益，无疑将摧毁任何一个社会的基础，从而也将摧毁其自己的基础。所幸这只看不见的手也只有在作为有机体的一部分时才能发挥作用，而这个有机体还有另外的器官，例如根据有意识的计划进行工作的大脑，还有一个至少在一定条件下能够战胜自私自利的道德感官。当然，诚如哈耶克所言，社会只能在有限程度上比作为有机体。比如只有一类社会更接近于有机体，那就是等级社会，在其中每一个人的地位是固定不变的。

鲍曼把"供给"现代市场社会的道德的任务交给了"有行为倾向的效用最大化者",即"现代人"(home sapiens)。他们就是现代市场社会所需要的"道德人士"。我们可以称之为道德或美德的供给者。只有当规范约束战略较结合个案情况以后果为导向的战略能够更好地实现有行为倾向之效用最大化者的主观效用时,他们才会服从规范约束。在不懈追求自己利益这方面,有行为倾向的效用最大化者原则上绝不比经济人逊色。有行为倾向的效用最大化者还可以调整自己的个人"性格"以使自己从中获得最大的益处。他们在一定条件下培养行为倾向(Disposition),使自己在行为中不仅追求个人利益而且促进其他个体的福祉或群体的共同福祉,对他们来说可能是符合理性的。因此,有行为倾向的效用最大化者属于道德人士。如果有行为倾向的效用最大化者在行为中遵循"道德"和"美德",他就可以放弃冲动、世界观、意识形态和信仰。

在鲍曼的分析框架内,建立在至少是部分员工的自愿合作及贡献态度基础上的组织统称为"合作性企业"(kooperative Unternehmen),或简称"企业"。现代人是合作性企业的良好诚信的伙伴,也是希望看到其成员无保留地为公共事业做贡献的共同体的有益成员。但他也不会忽视自己的利益。他总的说来是按从长远看对自己最为有利的方式行事。在他看来,共同的事业应同自己的事业相结合,个人利益则应成为他为之做贡献的整体利益的组成部分。因此,现代人不会采取狭隘、短视的自私行为,但也深知,如果他彻底放弃维护自身利益和追求自身目的的话,则这个世界不可能给他补偿。在这一伦理学中没有圣贤和英雄的位置,但也没有狂热者和热衷政治的人的位置。

鲍曼认为,"看不见的手"的有效性也取决于一种专门的市场制度的存在,以便让这只手施展其充满福祉的效力。道德规范的兴趣者不会满足于在其生活的社会里只存在少数几个上述意义上的合作性企业。他所希望的社会规范秩序的稳定生效更多取决于社会中存在着足够的道德人士。只有当合作性企业在社会中形成足够大的道德市场，在该市场中存在着对适合成为合作性企业的伙伴和员工的美德之人的有效需求时，才会出现这种情况。只有这一道德市场稳定存在，由道德完整人士组成的供给方才将不仅能使合作性企业保持运转，而且能向作为整体的社会"输送"这种"道德"或"美德"产品。只有到这时候，规范兴趣者才有理由可以期望，为数众多的自己的同类会有根据其行为倾向接受社会规范的约束，他自己才可以期望个人和集体产品受到一定程度的保障。

在论述中，鲍曼提出，道德市场有效运行的必要前提是，社会中的绝大多数企业家追求合作性战略（即合作博弈战略），从而产生对道德人士的强大需求。若要满足这一必要前提，又需要满足如下三大条件：第一，必须有一个拥有结盟和结社自由的开放社会的存在，给合作性企业战略带来良好的赢利前景；第二，必须存在中立化的权力关系，使强势群体和企业不能压迫弱势成员；第三，需要一个有效的正式或非正式的社会控制机制的存在，大大提高采取隐蔽违背规范行为的风险水平。

鲍曼坚持认为，自由社会中市场的奇迹导致财富的出现，并促使个人在追求其利益的同时按照总体上来说对社会最为有利的方式使用其资源。统治者关注经济良性运行及市民阶级的权力因素使得政治统治节制有度，温和强制使道德和美德得到弘扬，作为市场参与者的个人被教育成可信赖的公平伙伴，因此需要有意识地对道德和世界观重新进行武装，有计划地生产和推广道德，让启蒙的人在理性追求个人利益的同时为一种经济富庶与政治及个人道德同步而行的社会秩序做出贡献。假如自由社会中存在着开放社会中有效确保公民的合作及结盟自由免遭任意行使权力干扰的关系，那么行之有效的道德市场的必要前提也就得到了满足，从而产生对道德高尚的合作伙伴的稳定需求。道德市场将通过其看不见的手造就在其行为中遵循关联人际尊重和社会公平原则的有德之士，这些人乐于为社会秩序存在所必须的公共品做出贡献。鲍曼指出，社群主义者指责自由市场社会所谓的道德赤字失之偏颇，美德是自由社会秩序不可或缺的粘合剂，在一个存在匿名关系和残缺社会网络的经济市场，即使从纯功利角度出发，对个人来说，拥有道德和高尚的人品总的说来也可能比总是追求个人利益最大化带来更大的益处，因此，培养美德和个人品德也将符合理性。即使在一个充满了理性追求个人私利的人的开放社会中，自由主义理想的本质也未受到触动，因为个人行为方式和行为倾向的基础仍然是主体功利的理性考虑，然而，正如上文所述，只要该社会确保公民的合作自由、中立化的权力关系和有效的社会监督机制，就同样能够形成美德的市场。如果所有公民的行为都仅以私利为导向，拥有民主、法治国家和自由秩序的社会就不可能生存，事实上，现代法治国家得以存在和发展，正是因为已经存在足够数量的有德之士。如果道德和美德不想在这个世界上销声匿迹，它们从长期来看就必须是值得的，人类凭借自己的智慧可以认识到这一点。如果自由市场社会产生了法治国家，便足以证明社群主义者对它妄下的必然走向道德堕落的结论不符合逻辑，也足以证明这个社会中存在的所谓道德赤字并非过大。在这个人与人之间相互依存性越来越高的社会中，人们学会了为他人服务，而不必真正对他怀有友好的情感，预见服务将得到回报，借此维系一种涉及我和其他人的互助机制。追求自我利益和以个人幸福为导向即使在参与者没有认识到这一点和并非有此善意时也能够带来极为有利的后果，这一划时代的发现大大加强了对人的天性同社会合作的要求之间存在可调和性的希望。个人恶习如此妙不可言地转变为公共福祉，道德行为恰恰要求对利己进行限制，因为人始终需要相互依赖，这会自动平衡道德的美好行为与出于自我利益的行为，人们于是以道德的方式遵从着各自获利的驱动力，温和、正直、可靠、诚信和愿于做出妥协便成为在市场上取得成功必不可缺的美德。由此可以看出，市场经济是经济富裕和美德的源泉。惟有在已经存在义务感、可靠性和诚信时，才能促成相互之间原本漠不关心的人们在市场上的非人格化的情形中进行有益的交换。如果把市场视作或多或少孤立的个人之间进行交易的定序，它便无法生产出道德和美德，而是本身依赖于此。经济如果没有最低限度的善意和集体精神，将运作得非常糟糕，名誉、诚实、可信性重新被视作确保市场交易的先决条件而非其结果。

鉴于当代西方社会的结构与制度在过大的程度上提倡物质实利主义和自私自利，它是否需要根本的政治、社会和道德改革呢？对此，作者指出，自由社会创造了法治和宪法国家并使其得以稳定存在，此乃一种公共的善。近年来的最新发展表明，法治国家宪法赋予每个公民的个人自由较之资本主义生产效率在更大程度上成为推动社会主义国家社会变革的驱动力量。法治国家不仅是一种具有根本性意义的善，它还具有极为稳定的特点并且产生出令人惊讶的抵抗与传播能力，是以利益为导向的世俗社会的天然产品，其存在表明利益导向社会在政治上具有优势。经济世界中的法治国家本身也决定性地依赖于有足够多的社会成员在没有强制威胁时也自愿履行自己的政治、法律和道德义务并公平参与共同利益的实现，这特别适用于国家法律机构管理者。一个社会如果没有足够的个人道德潜力，那么法治国家的稳定存在是难以想象的。鲍曼认为存在着这样一种社会秩序，受到启蒙并进行务实思考的人在享有个人自由的情况下在其中追求各自的目标和利益，并共同为社会关系做着贡献，而这种社会关系无论从经济效率的角度还是从政治与个人道德的立场看都是值得欢迎的。借助作为利益导向行为的扩展模型的有行为倾向效用最大化者行为模型就容易理解，获得道德素质并愿意为维护和确保公共产品做出自己的贡献也符合个人自身的长远利益。自由市场与自由结社是自由社会的特征，该社会对结社自由的保护和促进对其道德生产力具有决定性作用，将有助于形成一个道德市场，该市场将出现对于具有美德的合作伙伴的稳定需求，而如果存在这样一个道德市场，它便能通过看不见的手确保法治国家社会总体所需程度上的符合道德的行为和美德。自由主义的批判者将道德市场未得到保障和利益导向社会完全可能导致放任自私自利及追逐利益时的肆无忌惮无一例外地归咎于这个社会。对此，鲍曼认为，自由主义和资本主义虽然可能在道德上失败，但道德市场成功运行所必需的基础之中恰恰包括那些现代工业社会所特有的条件：大量成员、匿名性务实关系、社会群体之间的流动以及所有参与者之间的高度灵活性。因此，鲍曼通过他的研究表明，恰恰是现代法治社会的框架条件构成了从经验论上奠定一种兼顾社会全体成员利益的普遍道德的不可缺少的前提，它们因而也构成了思想启蒙、政治自由和经济富裕在其中均能存在的一种社会秩序不可缺少的前提。

20世纪70年代末，中国开始改革开放，现已走上社会主义市场经济之路。2002年秋召开的中国共产党第十六次全国代表大会明确提出建设小康社会的目标，强调依法治国与以德治国相结合和坚持"三个代表"，其中就指出要代表先进文化的前进方向。在社会科学领域，当代中国已不再对其他思想潮流讳莫如深，而是以自信开放的态度博采众家之长，广泛汲取人类共同的思想文化宝库中一切能够为我所用的精华，以早日实现中华民族的伟大复兴，并在各种思潮文化的碰撞与交流中成为一个主动的参与者，让其间擦出的火花照亮我们共同的美好未来。众所周知，没有理论指导的行动是盲目的，而无法具体到实际行动中的理论则是抽象与脱离实际的，两者相辅相成，缺一不可。鲍曼是当代西方社会一位坚定拥护自由主义思想理念的学者，较之自由主义理论的先驱者，他的论述更具时代性，对现实生活更有借鉴性。在《道德的市场》一书中，他经过客观、科学、翔实而缜密的推理与分析，得出市场经济中存在着基本的道德需求并且也能够满足这种需求的结论，这对于正在致力于建设中国特色社会主义的中国来说也具有某些启迪。市场经济具有共性，尽管其具体形式可能千差万别，在这条道路上起步不久的中国应当能够从已经拥有数百年市场经济经验的西方各国学习到某些东西，因为自由主义作为其重要的理论基础能够反映和总结出市场经济运行的一般性规律。中国社会科学研究人员已经并依然在进行着大量艰苦细致的研究工作，西方学者的有关论述对他们的探索无疑也是一种有益的补充。针对当今世界上普遍存在的过度的拜金主义、享乐主义、极端个人利己主义等思想倾向，鲍曼提出的通过尊重游戏规则和服从公平规范而达到共赢的观点值得我们详细研究。

此外，鲍曼在论述中基于效用导向和规范约束的行为创建一种新的行为模型，即"有行为倾向效用最大化者行为模型"，即"现代人行为模型"，打破了此前的经济人行为模型、社会人模型和政治人行为模型的局限性。这是对社会科学的一种难得的贡献。根据经济人行为模型，经济人（homo oeconomicus）作为追求自利和个人效用最大化者，具有追求自利和个人最大化的目的理性。而根据社会人行为模型，社会人（homo sociologicus）以价值为取向，具有价值理性。社会人是将价值和规范"内化"、超越个人利益从而服从社会秩序要求的人。在鲍曼所指的政治人行为模型中，政治人（homo politicus）是有道德责任感的、遵从责任伦理的、后果导向的政治家。政治家必须面对新的难题和变化的组合，他不能按格式进行选择，而必须对可能性及可预期的后果进行仔细的权衡。如果说社会人代表了有道德行为者的"日常行为版本"，而政治人则相当于在综合难题前承担非常选择责任的人士。但是，价值取向的行为并不必然导致规范约束，规范约束也不必以理念价值为行为动机。现代人行为模型在重要的方面有别于经济人，且不会朝社会人或政治人方向靠得太近。现代人行为模型中的"现代人"把主观效用行为动机同接受规范约束的选择规则结合起来。理性的个人之所以接受规范的约束，也是为了获致尽可能大的主观效用。而多数经济学家，过去只设想这样一种效用最大化的理想行为，即个人在每一特定情形下试图重新通过对所有可能性进行后果导向的权衡达到主观效用最大化——在其中，规范约束似乎沦为次优的选择，因为行为者似乎难以断定一种从一开始就以某种特定的行为方式行事会达致效用最大化的结果。鲍曼的现代人行为模型是对经济人行为模型的重大修正和扩展，这无疑是经济学界的一大福音，尽管若非借助翻译手段，这一福音难以波及到德语世界之外。

本书前 5 章由肖君翻译，第 6—10 章及结语部分由黄承业和肖君合译，全书承蒙冯兴元先生和景德祥先生校对，且冯兴元先生通读全文。感谢本书的执行主编茅于轼教授在百忙之中抽出宝贵的时间审阅了全书，并对全书的译稿质量作了较高的评价。这是对译校者和本丛书编委会的有力支持。我完全能够想象其工作量的巨大和技术上面临的那些琐屑但又影响到全书质量的具体工作，在此谨表示诚挚的谢意。由于本人此前长期从事口译工作，在笔译上可谓不折不扣的新手，加上对哲学及社科领域研究不够，故应邀参与本书的翻译，虽精神可嘉，但因水平有限，恐难免有错误和欠妥之处，尤其涉及某些概念性术语时更是如此，望各位学者专家不吝指正。至于所发感想，也仅是一个社科门外汉译者的个人体会，实在未敢从学术上妄加评论，以免贻笑大方。由于此书系一部跨学科进行论证的宏篇巨著，作者旁征博引，道古论今，并使用多种语言，译者曾得到各方面的大力相助，因此，这部译著堪称集体智慧的结晶。此外，由于时间仓促，故而纵使已尽全力，但错误与不足之处仍实属难免，望读者惠予批评。如拙译能为增进我国学术界对当代西方自由主义流派代表人物论著的认识添块小砖，加片薄瓦，译者的辛苦便没有付诸东流。

肖　君

2003 年 5 月 11 日

目　录

前　言

　　在从事本研究的工作过程中，特别需要感谢两个人，即诺贝特·霍尔斯特教授和哈特穆特·克利姆特教授，他们为本研究工作的成功做出了超乎寻常的贡献。后面书中使用的基本思想和看法均归功于他们的著述及我在同他们多年的讨论中所获得的他们个人所给予我的启发。在这个意义上，本研究也是一次将我们一致认同的理论纲领与思维方式进一步发展运用于某个特定命题的尝试。但他们不仅作为作者和讨论伙伴令我获益匪浅，同时也花费了诸多心血用来阅读本人以前的研究文稿，并指出了其中的错误、不精确、前后不一致及不足之处，许多错误与不足由此得以纠正。但最后由我从他们的宝贵指正中完成的东西，自然未再受到他们的影响。

　　对我来说，诺贝特·霍尔斯特的不可或缺不仅在于其科学著述和其身为学术前辈及友好（但却是不留情面）的批评者而提供的学术上的支持。在过去数年中，也正是他为我提供了职业上的框架条件，没有这些本文实难写成。我希望我从他身上及在他那里学到的东西能在该研究中留下些许痕迹。但有一个方面，我的失败是显而易见的，即我未能学会他那难以模仿的短小精悍的能力。这显然是一种我只能望其项背的天赋，舍此，我无以为本文范围的狭窄开脱。

　　感谢《社会科学全书》丛书的发行人将拙文收入其中。下述思想的基础大部分在本丛书所收的著作中均有表述，因此，我希望拙著不仅是在序列号上充实了本丛书。

问 题 的 提 出

在社会理论中，关于法律与社会秩序之间相互联系的两个观点长期以来一直居于主导地位。根据第一种观点，法律是社会秩序的真正来源，因为法律强制对社会规范的保障与稳定起着不可或缺的作用；而根据第二种观点，社会秩序原则上并不依赖于法律，因为确定而稳定的社会规范即使没有法律的强制也是可能的。

下述研究则选择了另外一个视角，它既不从法律对社会秩序可能有的作用的角度观察法律，也不从社会秩序可能相对于法律所具有的独立性角度观察社会秩序。它将法律本身看做是一种社会秩序。它从下述事实出发，即法律不依赖于其可能发挥的作用与功能是社会秩序的天然组成部分，并在这个意义上正如社会秩序的任何一种现象一样需要对它何以作为一种社会秩序产生和存在进行解释。在这一视角中居于中心地位的事实是，法律也必然在纯粹"社会"秩序机制中有其经验的基础。如果法律不是答案，而是"社会秩序问题"的一部分，那么在法律作为一种制度为社会规范的确定和稳定做出贡献之前就必须解决这一问题。因此，人们在通过援引法律对社会秩序进行解释时意欲推卸的所有困难在对一种法律秩序的形成与存在进行社会学解释时便会再次出现。

作为社会学解释的对象，一种法律秩序的特征在于它是具有一种特殊调节内容的规范秩序。不带偏见地看一下刑法典，社会

学家便能理解这一点，他在那里首先看不到通过强制得以实施的
规范，而是会发现规定和确定应该在何种条件下并以何种方式实
施强制的规范。这种从法律理论角度看来对法律的"幼稚"看法
使社会学家获得了一种具有根本性意义的认识：从社会学角度
看，一种法律秩序尽管是一种强制秩序，但却并非由于它是一种
通过强制加以维系的秩序（Ordnung durch Zwang），而是由于它是
一种强制的秩序（Ordnung des Zwangs），它是一种以强制的使用
为内容的规范秩序。

如果法律确系以使用强制为对象的规范组成，那么从中可以
得出如下结论：任何一种法律秩序都有一种在下列意义上的根本
性的"道德需要"，即它的存在依赖于符合规范，符合规范本身
却并不能通过法律的强制手段得以实施，因此，它必须是自愿
的。由此，从一开始即排除了法律在原则上取代道德或者无限弥
补道德缺陷的可能性。至少对于维护自身的法律秩序而言，每一
个社会均依赖于社会成员充分程度上自愿符合规范，也就是依赖
于其事实上的道德。基于这一事实，可以提出本研究的问题：一
种法律秩序何以才能满足这一道德需要？如何才能确保人们自愿
符合那些在一个社会中作为法律强制秩序的规范而对使用强制进
行调节的规范呢？

因此，下面即将阐述的"道德"仅指在叙述性—社会学意义
上对于建立在其他动机之上而非建立在对法律强制的恐惧之上的
规范的遵守，仅仅在经验解释的意义上，它也才涉及法律与道德
之间的关系。它不是一个涉及法律与道德在概念上处于何种关系
的法律理论问题，也不涉及如何对某种特定形式的法律制度进行
规范性评价的法律伦理问题。它仅仅是一个涉及一种法律秩序同
自愿遵守对此种法律的存在必不可少的规范之间的经验关系的社
会学问题。

一种法律秩序如何满足其事实上的道德需要的问题的提出总

是针对一种特殊的法律秩序而言，即针对自由社会中的法治国家的法律秩序，亦即针对我们社会中的法律秩序。但我们生活的社会是一个法治国家的事实却并不仅仅意味着我们拥有一种其特征颇为明显的法律秩序，它同时也意味着我们这个社会的国家权力的所有者不能够随心所欲地使用他们的权力。因为本书以自由社会中的法律与道德为研究对象，所以它也涉及就自由社会的特征及其本质上的优越性及不足之处展开的原则性讨论。对这一社会持批评态度的人士——近年来首先是社群主义者——谴责的首要之处是，现代自由社会缺乏"道德生产力"。他们认为，一个在其中有意义的共同体关联和价值体系遭到持续腐蚀的社会，一个与过分强调主体利益联系在一起的、在其中个人主义、匿名性和灵活性居主导地位的社会，会破坏文明美德的基础及一个有序而公正的社会必不可缺的公民的集体精神。

这一问题对下述研究同样具有决定性意义：一个自由社会能够确保公民的事实道德达到长久维持法治国家制度所必需的程度吗？如果自由社会显示出根本性的道德缺陷，那么不仅相关的法律制度受到了威胁，而且这一自由社会秩序本身也受到了威胁，因为受到限制的国家统治与确保个人自由权利方面所取得的划时代的成就是与法治国家密不可分的。而自由主义和自由社会的合法产物恰恰几乎只是法治国家这一制度。如果这样一个社会能够导致产生法治国家，它就是一个重要的标志，说明这个社会中的道德缺陷并非像它的批评者一贯认为的那么大。

引言:一种自由主义蓝图

一 启蒙、富裕、自由和道德

17 和 18 世纪,一批重要的哲学家作为现代政治经济学的开路者与先驱,首先在苏格兰、英格兰和法国率先提出了一种有关世俗社会秩序的乐观理想。在这一秩序中,受到启蒙的个人"对世俗世界予以务实的承认"[1],他们得以摆脱世界观上的教条主义、宗教束缚和政治压迫而追求自己的个人目标和利益。这样一种由受到启蒙的自由人组成的秩序不仅应有益于社会的经济富裕,还应该对公民和当政者的道德发挥有益的影响。首先是大卫·休谟在其著作中对这一理想的不同方面进行了最为详尽的综述。亚当·斯密借助"一只看不见的手"的比喻对这一思想潮流的基本思想所进行的精确描绘标志着这一思想潮流暂时完成,当然他更多局限于经济领域,且其对这种社会秩序的道德与政治维度的乐观主义也大打折扣。随着斯密和现代经济学的创立,这一最初的图景不仅达到了高潮,同时也由于将其简约为一个关于一种有效率经济秩序的构想而开始失去其光芒[2]。

---

〔1〕 见约瑟夫·A.熊彼特对此的描述,1950 年,第 208 页。

〔2〕 在此还可以提及以下人物:亚当·福格森、贝尔纳德·曼德维尔、约翰·穆尔、查尔斯·德·孟德斯鸠、托马斯·赖德、詹姆斯·斯图亚特以及杜加尔德·斯图亚特。关于自由主义理想的发展史参见希尔施曼,1987 年,79 页起,1989 年,132页起,192页起;麦尔斯,1983年,37页起及英国和苏

值得注意的是，这一认为意识形态启蒙、经济富裕、政治自由和个人道德之间存在和谐的乐观图景的出发点对人的形象描述却远不是那么乐观，相反，它将人看成是一种生来即受到潜在的破坏性热情与激情驱动的生物，并且首先具有压倒一切的动机与目标，即增加自己的效用，满足自私的愿望。虽然从其本身来看，悲观地看待人的本性既不是什么新鲜事情，也并不令人感到意外。在基督教学说与传统的背景下，当代人对此相当熟悉。但不同于以往的是自文艺复兴开始人们加深了这一看法，直至确信必须抛却幻想，清醒地原样接受"真实的人"。希望通过道德和宗教教育或者通过呼唤抽象的理智对人的破坏性特质和自私倾向在极大程度上加以驯服和改造，从而将其培养成热爱和平的社会性生物，是一种妄想。人的天性决定了，从根本上且长期地让其行为与努力偏离对其自身幸福的追求是不可能的："这一情感和驱动力是不可改变的[1]。"

如果在这样一种对人的形象的"经验主义"看法的基础上，并通过 16 和 17 世纪欧洲政治混乱、内战与宗教战争、暴力统治和革命的历史经验对人类社会的共同生活进行思考，那就恰恰不容易得出乐观看法或者甚至是人类和平共处的乌托邦。恰恰相反，更容易得出的结论是人的自私自利将导致其全面追逐权力和统治地位，由此导致持续的冲突与战争。

格兰道德哲学家选集，见施奈德，1967 年和拉斐尔，1969 年。威廉·冯·洪堡（1792 年）和约翰·斯图亚特·穆尔（1859 年）从另外的角度阐述了自由社会中的个人自由有利于公民道德。当然，绝非所有古典自由主义和现代自由主义的代表人物均秉承了自由主义的这一理想。尤其是下述假设，即一种纯粹受利益驱动的行为的自由游戏一般说来——就是说在超出经济范围的领域之外也能导致值得期望的结果，经常遭到摒弃。例如，当代自由主义最著名的代表人物约翰·罗尔斯就特别强调，自由社会秩序必须以公民正义感的存在为前提，见罗尔斯，1993 年。

[1]　休谟，1739 年，第 268 页。

确实，有两位极端的不做出习惯让步的思想家，始终立足于对人的这一看法的基础上，他们由此得出了较为黯淡的评价，他们是尼古罗·马基雅维里和托马斯·霍布斯。马基雅维里尚只是局限于为诸侯机智的——这首先是指肆无忌惮和阴险狡猾的——强权政策行动设计战略准则并为此出谋划策，而霍布斯则将这一理论上的兴趣扩展到整个国家和社会。众所周知，他在其对人的天性对社会的共处所产生的影响所做的分析中得出的结论与乐观主义的见解几无相同之处。在霍布斯看来，如果听任人与生俱来的自私而不对其加以管束，这必将导致一场"所有人对所有人的战争"。人的自然驱动将人分裂开来，驱使人"互相攻击与毁灭"。由此，在存在未加限制的自由的"自然状态"中存在着"持久的对死于暴力的恐惧和危险，人的生活孤独、穷困、悲惨、野蛮且短暂[1]"。如果不存在通过道德呼吁和宗教戒律改良人的可能性，惟一的出路只能是通过强制和压制对付人的危险的驱动力。人的危险本性必须通过一个绝对权威的强有力的手进行遏制——由于人本身无法改变，至少可以借助国家权力对人的行为设置外部界限。霍布斯认为，由此只能在两恶之中择其一：要么选择危及生命的无政府主义，要么选择完全的政治服从。但是，由于死亡对人来说是所有恶中最糟糕的，他宁愿选择在利维坦人的统治下生活也不愿遭受持续的冲突与战争。

尽管霍布斯在其前提——特别是人本性利己的基础之上得出的明确结论看似令人信服，但在他自己的思路中已经包含着使"社会秩序问题"得到较为乐观的解决成为可能的因素。这种可能性将连同对霍布斯令人不那么愉快的观点进行反驳的心理激励，在未来的岁月里激励着后来者提出对人类社会完全不同的一种看法，当然这种看法是在霍布斯给人留下深刻印象的基础上得

---

〔1〕 霍布斯，1651年，第96页。

以建立起来的。

因为霍布斯也没有停留在自己关于人的利己心的有害影响的论断上。他假设，通过一项"社会契约"及建立国家权威，人原则上可以自己依靠自身的力量和认识解决因其本性而产生的问题，也就是说无须那些从外部责成"陷入罪恶的人"接受必要制度的超人的外部机构的干预，而在诸如奥古斯丁意义上的社会秩序问题的传统解决方式则设计了此种干预。霍布斯在其人本性自私的根本前提之外，至少还以另外两个假设为前提，如此才能想象社会契约意义上的社会秩序问题的解决。第一个假设是，即使对于自私自利的人来说，和平共处及有序合作也比持续的争斗与冲突有利。第二个假设是，人因其理智和认知能力能够认识到和平合作的重要优势，并且采取措施使这种合作成为可能并保护其免遭自爱（Selbstliebe）的危险。

考虑到这一背景，从"现实主义者"霍布斯的悲观看法向其后来人的乐观看法所迈出的这一步就不像它初看起来那样大了。霍布斯首先看到的是对自利的个人所处的两难境地，他们一方面有着进行和平合作的愿望，另一方面则面临使用武力和恶意的诱惑，由此可能左右为难，而自由主义理想的创始人则首先指出了无须国家权力即可缓和并克服这种两难境地的途径。与霍布斯不同，他们确信理智的思考和权衡不仅会促使人为了自身的利益而将其狂热的激情与感情转化为"理智的自爱"和启蒙的利益心[1]，而且确信明智的权衡与预测还将使他们能够直接实现和平合作的优势，也就是说在没有国家压制与惩罚威胁的自愿基础之上。理性的利己者会认识到，较之对同类怀有敌意、欺骗他们从而无法进行进一步的合作，对其同类表现出善意的举止从长远看将给他带来更多的利益。"通过这种方式我学会了为他人服务，

---

[1] 参见希尔施曼，1987年，39页起。

而不必真正对他怀有友好的情感；我预见到他将回报我的服务并可以期待他将重复类似的服务，借此维系一种涉及我和其他人的互助机制[1]。"

因此，在无国家区域的"自然状态"中的自制的个人之间力量的自由角逐绝非必然导致所有人对所有人的战争，相反，它能促使个人理性地看待其个人利益，从而进行持久的合作与和平交流。没有中央秩序权力的无政府状态并非一开始就比国家社会秩序处于劣势[2]。当然，这并不是说国家就完全是多余的了，倒不如说也必须考虑到人类理性与智慧的界限。尤其是人类将"眼前利益以不理智的方式置于遥远与稍后利益之前"的倾向会产生"后果严重的错误[3]"，从而导致"人的行为如此频繁地与其利益相冲突[4]"，并不断危及和平与无冲突的共处。即使角度有所改变，但完全放弃国家框架和国家的强制手段也是不适宜的，当然这样一来国家的性质更多是辅助性的，因为即使没有国家权力的完整性，人们也能够依赖合作的自我生效的"社会"力量。

追求自利和以个人幸福为导向即使在参与者没有认识到这一点和并非有此善意时也能够带来极为有利的结果，这一划时代的发现大大加强了对人的天性同社会合作的要求之间存在可调和性的希望。贝尔纳德·曼德维尔在其著名的蜜蜂比喻中，以追求物质财富为例，堪称典范地对"个人恶习"如此妙不可言地转变为

---

[1] 休谟，1739年，第269页。

[2] "虽然政府（或者说是国家权力）是一种极为有益的、在某些情况下甚至是对人绝对必要的一种发明，尽管如此它也并非在所有情况下都必要。出于这一原因，我实在无法苟同那些认为人一旦离开政府便根本无法组成社会的哲学家们的观点。无政府的社会是人类最自然的状态之一。"（休谟，1739年，289/291页）

[3] 休谟，1739年，第288页。

[4] 引文出处同上，第284页。

"公益"进行了描述[1]。在涉及由自利导向的行为所产生的虽无意识但却造福他人的连带后果的机制时，向社会提供经济产品和服务在其后的时间里也一直处于理论关注的中心。一只"看不见的手"无须有针对性的计划和有意的预设便能从个人对目标的追逐中"像变魔术般地产生"对集体有利的总体结果，这一点越来越被要求视作一项个人利益与整体利益之间存在和谐的普遍原则。自那以后，对这只看不见的手的作用的希望便成为一种尽管同样是建立在对人的本性的"现实主义"观点基础之上的、但却是霍布斯悲观主义的替代性观点的最强大的驱动力量之一。

由此，从自利、理性及和平合作愿望诸种因素及"看不见的手"这一强大的催化剂中诞生了下列这种社会的理想，人在这一社会里无须通过外部或内部干预有针对性地抑制或改变人的自然驱动力也能够和平共处，相互合作。根据这种理想，既不需要一种拥有各种权力手段、持续进行强制威胁和对公民的绝对强力的国家统治机制，也不需要通过道德教条主义或永入地狱的咒语对人的天性进行压制。尽管需要一种社会秩序，以对每个人在追求其个人目标时设定某些界限、提供某些保障并帮助个人弥补其有限的理性和远见的不足，但在这一秩序的界限之内，却可以给予个人巨大的现实与思想的自由空间，个人在此空间内不仅可以在很大程度上自由地实现其个人利益，也没有因其所谓的"原罪"本性而遭受恐惧和良心上的折磨。

与霍布斯及基督教人性堕落论相反的观点的出现导致得出一个令人吃惊的结论：人性本"恶"这一问题无法通过消除人的这一本性以及阻止人遵从其自然的驱动力量而得到解决。恰恰相反，应该创造社会条件，使人能够摆脱严格的意识形态或事实上的藩篱而得以遵从其本性。如果实现了这些条件——这即是它要

---

〔1〕　参见曼德维尔，1714年。

传达的信息，就不仅能够避免人的情感和激情带来的弊端，也能够将其潜在的破坏性力量引导到对个人和整体均有益的方向上来。

具体地说，自由主义理想包含三个充满希望的预言：一是经济效率，二是受到限制的政治统治，三是个人道德。

1. 市场的奇迹。不加约束地追逐个人利益能够促进公益这一明证的成功对于此类行为所产生的经济作用特别令人信服。"市场的奇迹"在于，以其物质利益为导向可以促使人以对社会整体最有利的方式使用其经济手段，而无须个体本身进行有意识的计划或通过法律或政治当权者进行有针对性的干预。市场和价格体系的机制将确保实现恰当的劳动分工、有效使用可支配的资源及经济活动的有效协调，尽管市场参与者做出其具体的经济决定时仅着眼于各自的个人盈利。

2. 受到限制的统治。在政治领域，公民和当权者理性地追求个人利益能防止恣意暴虐和专制，理由有二：第一，有效的经济秩序同未加约束且不可预见的干预不相容。与奉行一种不加节制地掠夺臣仆的政策相比，政治温和及通过自由贸易和工商业确保经济正常运行的良政能够更好地满足统治者的贪欲。专制与暴政实属蠢行，它只能减少统治者自己的财富。

第二，政治统治者必须考虑到，市民阶级作为自由经济的受益者已经成为一个必须认真加以对待的权力因素，他们已经懂得在"诸侯"面前保护自己的利益。拥有私有财产、越来越自主的、其成员通过经济关系的密切网络而保持经常联系的市民阶层的形成，加大了当权者滥用其地位时遭到有效抵抗的风险。允许其成员自由追求经济利益的社会也会鼓励其成员认识并贯彻自己的政治利益。

3. 贸易和平（doux commerce）。从晚近时期的观点看，自由主义理想最令人吃惊的方面在于，不仅可以通过市场的奇迹期待追逐自利的力量间的自由角逐带来经济效益并通过强者的明智实现受到制约的政治统治，也可以期望它对单独个人的行为产生善意的道德影响。因此，不能将这种理想理解为人在一个自由的受利益驱动的社会中将只是一个毫无顾忌的获利者，该人虽无付出，但却有幸生活在这样一个世界里，他的诸恶以美妙的方式在这个世界里融合为一种公益。

关于这样一个社会也将促进私人道德和个人美德的假设却显得像个悖论：由于道德行为恰恰要求对自利进行限制，那么自利的放纵如何恰恰应该导致出现道德行为呢？将自由主义观点的中心假设作为前提，这一悖论便不攻自破了，即对自利的理性追逐将导致选择一种合作的行为方式，它使所有相关者获益并由此考虑到相关伙伴的利益。这样，允许人自由追逐其个人目标的事实便恰恰不会导致人们试图以牺牲他人为代价毫无顾忌地追逐自己的目标，而是正相反，他们会认识到只有在尊重他人利益的前提下追求自己的目标才对自己有利，也即是说，他们在自己的行为中将遵循道德的基本规范。人在实现其愿望与目标时始终需要相互依赖，这种情况会使得符合道德和美德的行为与出于自利的行为自行合拍。

这样，特别是合作性交换行为环环相扣、无穷无尽的市场不仅会提供一种无偿的经济协调机制，而且会通过温和强制确保市场参与者成为和平的公民，他们以道德上可以接受的方式去追逐自己的利益。在市场上理性地追求个人目标恰恰同采取特定的道德行为方式与态度具有同等的意义：温和、正直、值得信赖、可靠、忠诚、诚信或愿于做出妥协便成为在市场上取得成功必不可缺的美德。从这一点上看，贸易带来了贸易和平，它成为使野蛮风俗文明化和细腻化的一种有力手段，让人联想到诸如温和、平静及友好等品质。自由的经济市场不仅是经济富裕的源泉，也是个人道德与美德的源泉[1]。

二 道德危机与自我毁灭:对自由主义的一种判决

正如前面已经提到的那样,由文明的自由公民组成的受利益驱动的社会的自由理想的衰亡恰恰是由亚当·斯密的著作所带来的。在对待自利行为的政治和道德后果上,斯密较其前辈已悲观得多。他只在经济领域看到了追求自利带来的好处,而在这一领域他的出发点也同样是必须用"道德情感"对这种追求加以限制。通过这一限定,斯密虽然得以将经济学作为一种独立的科学创立起来,但这一专业化的优点,也意味着研究领域收窄了。在受到利益驱动的行为的基础上对社会现象进行分析的思路于是局限于经济现象和经济利益的分析。又过了两个世纪后,这一分析思路才重新提出了其原本意义上的广泛的要求,具有讽刺意味的是,它贴上了"经济"分析思路的标签,尽管从人的利益出发对人类社会秩序及其成员的个人行为进行解释的尝试比经济学更为古老。斯密将这一思路进行了"经济学化",而这恰恰取消了其普遍适用性。

在自利的个人行为的基础上全面理解社会和社会秩序的尝试所具有的吸引力以及在这一基础之上发展起来的认为个人自利行为能够导致有利于社会和道德的后果的观点所具有的魅力在 18 世纪末期也都开始大幅下降。特别是那种认为一种解放了利己力量和"物质实利主义"力量的社会秩序不仅能够提高经济效率,而且能够促进公民个人美德和强权者政治道德的观点不久即被认为是错误的。取而代之引起公众关注的是对自由市场社会总体发展机会的悲观评价及对资本主义产生的社会关系的激烈批评。对

---

[1] 参见希尔施曼,1987 年。

受到利益支配的社会的评价的这一剧烈变化包含了早些时候的积极看法中的所有三个方面。自此以后，在人的利益中看到的不再是有利的驱动力量，而是首先把资本主义市场看做社会与道德之恶的根源。"市场的奇迹"变成了"市场暴虐"。

1. 看不见的手的"盲目性"。认为市场社会具有经济生产率和效益的论点遭到了危机理论的挑战，该理论先是汲取了一般社会主义思想的启发，后来主要是汲取了马克思主义的启发。据此，单从纯经济的角度看，资本主义的经济方式就已经释放了自我毁灭性的破坏性能量。市场看不见的手不会导致经济富裕的不断提高，它是一种有害的机制，必将"不知不觉"地以经济灾难而告终。根据卡尔·马克思的观点，资本的集中、垄断、利润比率的下降和周期性生产过剩给放弃了对经济过程进行有针对性的计划和有意识的调节的经济制度设置了内在的界限。19世纪及20世纪初工业革命的经验似乎证明了这些预言。数百万人生活困窘，伴有大量失业和社会贫困的经济萧条以及世界经济面临崩溃的危险，这一切都无法让人对看不见的手所发挥的仁慈的经济作用寄予过多信任。毋宁说它更像是一种"盲目的"力量，与此相应，其后果也是偶然而任意的。

2. "资本主义导致法西斯主义[1]"。对受到利益驱动的社会秩序具有优越的政治质量的希望的结论也是消极的。法国大革命及拿破仑征服政策以后，鉴于19世纪相对温和的政治环境，对受到制约的国家统治的期望尽管在一定程度上尚能得以证实，但在20世纪这一期望却更加迅速地破灭了。自由的、以贸易与手工业为鲜明特征的社会非但没有确保自由的政治秩序，相反，它看起来也出于经济上的强制—太过容易地滑向暴政与专制[2]。

---

〔1〕　60年代末学生运动的口号。
〔2〕　托克维尔早已表明了对自我的"个人主义"可能导致暴政的担忧："没有什么心灵上的恶习比自私更适合[暴政]了。"（托克维尔，1835年，第242页）

退守私人经济活动领域、有产阶层对失去其财产的担忧以及贸易对安定与秩序的要求没有发挥作为解药的作用，却恰恰构成了产生极权统治形式的潜在原因。稳定地确保市场制度的必要性不仅仅能成为当权者随心所欲和贪婪的樊篱，也同样会成为国家诸多权力增加的强大驱动力。

3. 道德的破坏。对"贸易和平"论点的判词更具毁灭性。"市民道德"的批评者提出，由工商业产生的思想恰恰同对待他人道德的态度背道而驰。受到追逐利润与盈利的驱使，其他人被作为达到经济目的等同于工具、田地和牲畜的手段。从这个角度来看，追求物质富裕和致富便不再是"温和"或者"无害"的，而被视为一种破坏性力量，它使社会共同体和人与人之间的联系崩溃，它容许毫无感情的"异化了"的经济关系取代传统价值如爱、家庭或者个人荣誉而作为人与人之间仅余的纽带。"启蒙了"的、"务实的世俗"之人对精神上的惩罚与奖赏、传统的社会樊篱、地位、等级和出身漠不关心，他们理智地致力于追求自己的个人目标和利益，这些人现在被视为资本主义的创造物，他们带着破坏性的作用侵入古老的、前资本主义社会的确保道德的社会关系中。虽然承认劳动分工、贸易、手工业和工业产生了促使人们进行合作与交流的力量，但同时认为这些力量会有力而且可靠地对利己心进行约束并且和谐地平衡道德与自利的"贸易和平"论代表人物的希望所不同的是，持批评意见的人更多地看到的是一个脆弱的表面现象，一有风吹草动，便会显现出赤裸裸的自私自利与不和。

艾米尔·涂尔干对这一观点所作的表述堪称范例。在他看来，共同利益的纽带只能"暂时地"让个人相互靠近，这是外在的和流于表面的，它只是掩盖了随时都可能爆发的潜在冲突[1]。认

---

〔1〕 参见涂尔干，1893年，第243页。

为贸易和手工业能产生文明举止和道德美德的假设是错误的，恰恰相反，只有在已经存在一定程度上的道德与美德时，贸易和手工业才能长期可靠地发挥作用。惟有在已经存在义务感、可靠性、诚信与真实时，才能促成相互之间漠不关心的人们在市场上非人格化的情形中进行有益的交换。

同市场之恶及利己产生危险的政治后果的论点相似，认为道德遭到破坏的论点看起来也在经验中得到了充足的证实，这一点颇为引人注意。贪婪、肆无忌惮或者致富欲望之类的恶习可以同作为市场参与者的公民对盈利和利润的追逐之直接联系起来。社会财富分配不公以及"人剥削人（马克思语）"，这一切在其对手眼中都在资本主义社会中达到了历史顶峰时期，它得到经济上的统治阶级同政治当权者之间达成的公约的保护，以社会大多数的牺牲为代价，如果不以集体的力量奋起反抗，社会多数人的命运必定是贫困、疾病、无社会保障和早亡。看起来，对于胜利的资本主义的预言似乎应该是道德的堕落而非"贸易和平"。

如果把针对认为资本主义包含着一种能够进行自我维持的经济、政治和道德力量的乐观主义观点的三个反论归纳为一个负面的图景，它们可综合为全球性的"自我毁灭论[1]"。据此，这样一个社会由于放任自私自利的动机而破坏了自己的根基并将败于一场经济、政治和道德的危机。对个人来说，"市场暴虐"永无止境的扩张破坏了道德的行为取向，耗尽了对于行之有效的市场关系必不可缺的"道德资本"。只着眼于其个人幸福的公民最终只能将政治领域拱手让与暴君和独裁者，而后者的统治最终也必将摧毁稳定的市场制度所需要的政治框架条件。

---

[1] 希尔施曼，1989年，第196页。

三 一种新蓝图？

政治与经济自由的社会秩序的支持者在很长一段时间内处于守势。他们在斯密早已指出的道路上撤回自己最后的堡垒中，即纯经济领域。至少应该挽救市场的奇迹，尽管现在这一奇迹也需要某些支持，例如以"反周期性"经济政策的形式。当然，这一撤退是与理论对象范围的大幅收窄相伴进行的，在人的自利本性的基础上发展一种广泛的社会理论的初衷由此夭折了。

这必然导致意识形态领域的放弃。自由资本主义社会仅仅作为理性经济活动的手段看来经不起世界观方面的批评。批评者的论点，即这样一种社会纵使不导致经济崩溃也将引向一场道德与政治危机，在很大程度上没有得到反驳。继承了这一观点的不仅是社会主义者和共产主义者，就连马克斯·韦伯这样一位显然不是自由经济秩序敌人的冷静思想家，也将个人道德的毁灭和摧毁自由的国家官僚主义的蔓延视作资本主义市场无法摆脱的后果[1]。约瑟夫·A. 熊彼特的观点很好地说明了这种精神状态，他认为资本主义尽管获得了经济上的成功，但终将因为缺少意识形态和精神上的支持而无法生存下去[2]。

当然，反对资本主义和自由主义的人的不幸预言同其早先的追随者们关于启蒙、富裕、自由和道德的充满希望的乌托邦理想一样未能得到实现。20 世纪中期开始出现了一种新形势，西方世界经历了经济增长和政治相对稳定的时期。现在看来，自由的经济和社会秩序的问题原则上是能够解决的。近年来的历史发展

---

〔1〕 参见韦伯，1921 年，128 页起，第 708 页；1920a，36 页，202 页起，544 页；1920b，330 页起。

〔2〕 参见熊彼特，1950 年，第 13 章。

更是赋予它巨大的动力，这种秩序看起来不仅从经济角度驳斥了卡桑德拉的呐喊，出人意料的是它在政治和道德角度上看来也将迎来昭雪之时。意识形态领域正在经历一场根本性的变化，即使从社会道德的角度来看，资本主义经济方式及作为其基础的社会宪法也得到了积极辩护。以前被熊彼特认为几乎无法战胜的如此强劲的意识形态对手突然鸣金收兵了。

此外，一度撤回至纯经济领域也提供了集中力量重整旗鼓的机会。自由主义经济学家将外沿阵地让给了对手，借此在内部相对从容地改建了堡垒的中心，用更好的武器武装了部队。他们重新布阵后，再次精力旺盛地向外突破，以夺回其创始人一度成功却只是短暂占领过的阵地。这一新的"经济学帝国主义"首先占领了经济堡垒的外围"环形地带"，对于政治和法律的社会制度则重新按"古典"的观点进行分析，据此，人在其所有行为中——不论政治家、法律学家、刑事犯罪分子或者警察——均被证明是自利的行为人，他在任何情况下都竭力从匮乏的资源中达到个人最好的效果。尤其是现代决策与博弈理论新的强有力的手段对这种扩张意图提供了支持，并允许将"理性效用最大化者"这一模型运用到生活中的其他领域。现在，这一经过更新的"古典"分析法——正如已经提到的那样——被视为一种"经济学"分析法，虽然集中研究经济上的关联在科学史上恰恰导致了目前已被再次被更正的狭隘化。

如此说来，这依然还是一场姗姗来迟的全面胜利？如今是否也可以期待认为思想启蒙、经济富裕、政治自由和个人道德之间存在和谐的旧理想蓝图的复活？但下述假象却具有欺骗性，即随着经济学分析方法在科学上取得胜利及按市场经济方式组织起来的社会的名声渐佳，古典派的乐观主义观点也必将重新抬头，即全面追逐个人利益会给社会整体和个人带来有益的影响。毋宁说出现了下面这种情况，虽然从规范的角度对自由社会的核心制度进行了公开论证——由此也至少对经济市场上个人的利益取向进行了辩护，但同时却对这些制度的稳定存在同个人在社会行为的所有领域中的利益取向是否相容提出了质疑，并且经常是同一些人对此提出质疑。

四 外来的批评:没有社群的社会

是什么妨碍了自由主义旧理想蓝图的复活？尽管自由社会取得了乍看上去给人留下深刻印象的成就，自由主义理论目前面临的最大挑战之一便是所谓的"社群主义"的现代形式。社群主义的代表人物指责自由社会理论与现实存在的自由社会过分强调"个人主义"及由此相应地低估了"社群"[1]。这些代表人物认为:自由主义宣称个人权利优于公共利益，它因此低估了对实质性的集体认同的需要，而个人通过这一认同可将自己理解为某个独一无二的社群而不仅仅是某一工具化的利益联盟的成员;自由的社会纲领给予个人以允许其在其中追求自我目标的自由领域，它因此没有正确认识受制于共同认可的价值与生活形式的必要性，而只有在这一约束的基础上，才能使纯粹私人利益的利己主义发生朝着有利于普遍利益的方向变化。

在这一点上，现代社群主义完全继承了对自由主义进行的传统批判，但它将这种批判的动机纳入了当代哲学、伦理学和社会学理论形构的框架中。因此，当前在自由主义与社群主义之间的辩论是在关于人与自我的哲学理论、道德哲学中实利主义与契约

---

[1] 现代社群主义的代表人物主要有阿米泰·恩齐奥尼 (1994，1995)、阿拉斯代尔·麦克因泰尔 (1987，1988，1990)、米歇尔·J.桑德尔 (1982)、查尔斯·泰勒 (1979，1988，1994)、米歇尔·瓦尔策尔 (1992) 及以罗伯特·N.贝拉 (贝拉等，1987，1991) 为首的作家小组。德国就此展开的讨论的揭示语出自斐迪南·特尼斯 (1887)。

论观点间的争执、元伦理学中义务论（deontology）与目的论观点间的争论以及社会学中个人主义与整体论纲领之间的选择的背景下展开的。在社群主义名目繁多的各种观点中，有以下三种反对自由主义理论与实践的主要论据：

1. 哲学上的论据。根据这一论据，自由主义是从对人的错误看法和对人与社群之间关系的错误设想出发的。自由主义的理论假设有一个"原子化的"和"孤立"的自我，他脱离了特定的社会角色与联系，能够根据自主决定和个人好恶选择自己的目标、价值和社会关系。社群主义者认为，这种观点无视一个根本的事实，即人如果没有"嵌入于"社会关系中，如果没有意识到他是某个对于美好生活有集体看法的、具有共同传统的社群中的一员，他就无从形成真实可靠的人的认同[1]。生活在社群中绝不只是具备作为更好地实现个人利益手段的工具性效用，它还表明可望享用同参与社群实践相连的"内部财富"[2]。"完全抽空了"所有社群联系及社群所包含价值的个人纯属神话："我们无法将自己视作以这种方式而独立存在的人。"[3]只有"对人作社会性构想"才是适宜的，根据这种理想，"追求人性之善的本质上的结构条件是同人的社会性的存在方式相连的[4]"。人脱离所有社群联系是不可能的："个人化的自我……只有在与他人的关系中才能得到实现[5]。"

2. 伦理学上的论据。根据社群主义批评者的观点，自由主义的"原子化了的"和"抽空了的"个人不仅将遭受缺少人格认

---

〔1〕 特别参见麦克因泰尔，1987年，273页起及桑德尔，1993年。
〔2〕 "此类产品……只能通过参加有关实践的经验方可确定及识别。"（麦克因泰尔，1987年，第253页）
〔3〕 桑德尔，1982年，第179页，拙译。
〔4〕 Ch. 泰勒，1988年，第150页。
〔5〕 贝拉等，1987年，第254页。

同和丧失生命史连续性之苦，而且他也将无力仅凭其主观利益即对道德价值和规范做出令人信服的有约束力的决定。无休止的争执和无法调和的不同意见成为现代自由社会中围绕根本性的道德问题展开的争论的特点也就绝非偶然了[1]。如果没有"根本性的社群约束"，道德观念必然会漫无目标，放任自行。"如果要避免堕落，性格的某种确定性看来具有重要的意义[2]"。谁如果完全脱离了社群的传统与"价值视野"，他也就丧失了过上一种具有道德关联的生活的能力。如果指导行为的价值与规范成为独立于"家庭、宗教及作为权威、义务感和道德楷模源泉的责任[3]"的个人喜好问题和主观选择的事情，它们就会颇为"棘手"并且建立在"脆弱的基础之上[4]"："正是关系的道德内容使人们在婚姻、家庭和共同体中带着某种确定性，使人们坚信下述事实，即存在着关于'对'与'错'的毋庸置疑的可靠标准，它们无须不断地被重新加以确定[5]。"社群主义者认为，理性地论证及出于理性动机而遵循建立在失去社会根基的自由个人的"抽象"利益基础上的道德规范是不可能的。道德行为的原则与动机只能来自在各自社群中的生活："离开了我的社群，我将面临失去所有真正的判断标准的危险……离开了在社群中的生活，我没有必要做一个有德之人[6]。"

3. 社会学论据。下述事实，即自由社会中的个人不可能形成道德品性，并且由于"失去根基"而难以履行有约束力的社会义务，这一点不仅有违他的"真正"利益，从道德的立场看是值

〔1〕 参见麦克因泰尔，1987年，19页起。
〔2〕 桑德尔，1982年，第180页，拙译。
〔3〕 贝拉等，1987年，第107页。
〔4〕 引文出处同上，第30页。
〔5〕 引文出处同上，第171页。
〔6〕 麦克因泰尔，1993年，93/92页。

得怀疑的。根据社群主义者的判断，对自由主义进行传统批判的
正确性也正是从这一事实中推导出来的，据此，以利益为导向的
自由社会必然倾向于摧毁其自己的基石。从长远的角度看，这样
一个社会是没有生命力的，因为它缺少共同的价值观念，宣扬以
自我为中心的个人主义并解散了所有单独存在的社群，因此，从
长远看它无以确保维持社会政治经济制度所必需的公民的道德动
机、集体精神和参与公共事务的水平[1]。这样就出现了恶性循
环：倡导个人主义的实利伦理、失控的快速增长以及"不加限
制"的社会与地域流动性都加剧了已经产生的社群和社会联结的
毁灭。这些共同生活方式及其传统的崩溃与解体反过来又加强了
个人孤独化的进程并助长了"功利主义"个人主义的倾向。抵御
社群联结减少趋势并从而阻止破坏公民道德的社会基础的力量遂
不复存在[2]。然而，离开了这些道德，重要的社群利益如有效
的军事防御[3]或者保护人民免受暴政与专制之虞[4]等便无法
战胜个人利益而得以贯彻，自由社会也便无法生存。自由主义的
一个很大的幻想就是，仅仅对其长远利益的理性认识便足以使个
人作为社会中负责任的公民履行其义务[5]。

---

[1] "公民已经被'经济人'吞噬了。"（贝拉等，1987年，第309页）

[2] "高度相互依赖性的、官僚化了的、大城市大众社会的成长对我们的共和
生活产生的恰恰是传统作家们始终预言过的破坏性和异化的影响。"（Ch.
泰勒，1988年，第184页）

[3] 参见麦克因泰尔，1993年。

[4] "纯粹的启蒙了的个人利益永远不会足够有力地促使人们形成对潜在的暴
君与叛乱者的真正威胁。"（Ch.泰勒，1993年，第122页），也见托克维
尔，1835年，160页起。

[5] 社群主义的社会学论据同社会学的"现代化理论"的观点"相交叉"，可
参阅埃米尔·涂尔干、马克斯·韦伯或塔尔考特·帕尔松的著作。社群主义
和现代化理论都强调通过集体价值约束融合现代社会的必要性，但前者区
别于现代化理论之处在于它对现代社会也能够实现这样的价值融合持怀疑
态度。相反，社会学现代化理论则认为从"社群"到"社会"的过渡在这
一点上不会产生原则上无法解决的问题。

　　将现代社群主义哲学的、伦理的和社会学的论据联系起来观察便可以看到，它们用新的色彩勾画着一幅自由社会的陈旧图像，该社会内含着一种走向分裂、道德危机和自我毁灭的趋势。据此，这样一个社会忽视了人在社群生活实践的框架中参与真实可信的社会关系的基本需求，它将导致社会行为反常和道德虚无主义并最终自我摧毁公民自由的基础。

　　尤其是社群主义的社会学论据对下述研究提出了挑战。不过，本研究过程将证明对这一社会学论据进行研究也有助于对社群主义的哲学和伦理学观点进行评价。在此，居于中心地位的是社会学论据的一种形式，它对自由主义观点来说显得颇具说服力和危险性，因为它正是从产生自由主义观点的科学传统中借取了自己的看法，也就是说它是一种内在的批评。

五　个人理性与集体理性之间的鸿沟:内在的批评

　　古典经济学派的伟大发现之一是发现了看不见的手的作用方式，也即理性遵循私人利益即使没有行为人的附加努力也可以有利于实现公益这一奇迹。与此相反——也是因为应用了决策与博弈理论的新手段，现代社会理论则重新更多地关注这样一个现象，对该现象的认识原则上构成了霍布斯理论的基础，而霍尔斯的乐观的后来者却低估了其意义。从某种意义上讲，这一现象构成了看不见的手的作用的对立面，这便是下述两难境地，即在某些情况下理性地遵循自利会导致同所有参与者的自利背道而驰的相反结果。在这种情况下，"自利逻辑"就导致在理性行为人的愿望与其通过自身行为和决策实际达到的结果之间产生了一道鸿沟。由于这种带有此类两难结构的情况中包含着多个参与人行为的对策性联结，可以将其称作个人理性与集体理性之间的鸿沟〔1〕。

因此，正是现代经济学"技术上的"继续发展导致人们不仅发现了一只看不见的手，也发现了一道看不见的墙。看不见的手使抱有某种愿望的人即使不行动也能梦想成真，而"看不见的墙"却让人希望落空，纵使怀有某种愿望的人用理性的方式致力于梦想的实现，而条件乍看上去也是极为有利的：参与人的愿望与意图并非互不协调，相反，他们具有可以辨识的共同利益，在这个意义上，他们之间并不存在冲突的情况。两难境地可能出现在各个单独的个人之间，也可能发生在某个集体中，它能够阻止两个潜在的交换伙伴进行互利合作，也能够阻止提供群体所有成员一致渴望的急需的公共产品。一方面是令人惊喜又诧异的认识，即一只看不见的手无偿地确保个人恶习与公共利益之间的和谐，另一方面则同样是令人清醒的事实，即公共目标——也就是"集体的理性"——即使在每个参与者都对其实现抱有根本愿望并且在明智思考的基础上——也就是"个人理性地"——做出决定时也无望实现。

虽然在人的理性的创造力这一点上古典经济学家也绝非幼稚，他们承认，"自爱加理性"的结合只有在具备了完全理性和完美决策人的前提下才能够产生符合愿望的结果。然而，由于人的理性和认识都是有限的，就必须考虑到不理性的行为方式会产生的巨大困难。出于这一原因，人并非总是愿意遵守那些符合他们共同利益的规则。正如前述，休谟从这一事实中推导出了无政府状态原则上的不稳定性和有必要建立国家的主要原因。

但这个问题远比休谟假设得要严重得多，因为妨碍了以自利

---

〔1〕 借助现代博弈理论的手段对这一两难境地进行的开创性描述可参见卢克/赖发，1957年。其间，联系公共产品的提供进行了具有经典意义的分析，见奥尔森，1968年。第二部分对此有详细阐述并注明了文献出处。

为导向的个人之间进行无冲突的有效合作的根本缺陷并不在于缺乏理性，而在于深深植根于人的理性和决策能力之中的一种缺陷，这种缺陷即使在所有参与人都认识到了自己的真正利益并采取理智行为时也会发生作用，这恰恰就是下述情况，即人们以完全理性在每一种行为情形下均做出最优决策，而这种情况又妨碍人们实现自己的利益。与此相反，一种有限理性会向参与人提供不断适应给定的条件的可能性，或许这倒是一条摆脱这种两难境地的出路[1]。由此看来，人的理性并非"太弱"，而是"太强"了。

这样一来，对于个人理性与集体理性之间存在着一道巨大鸿沟的认识便如同"传统"批判一样对自由主义理想的三个组成部分提出质疑。当然，这次的怀疑主要来自经济学分析方法的中心前提本身，并非归因于来自外部的观点：

1. 逃避市场。作为经济增长基础的市场竞争虽然符合经济行为人的共同利益，也即是"集体理性的"，但从每个个人的角度来看，尽可能避开竞争并仅仅从他人受制于市场机制中受益也同样是"个人理性的"。从个人利益认知的角度来看，每个人都会争取获得保护自己免于竞争的特权。垄断、卡特尔、联合会和工会将组织起来，试图不顾集体利益而贯彻自己的特殊利益。这种拥有特权和优先权的利益集团破坏了竞争，危害了市场的调控功能，延缓了经济的适应过程。政治上的分配斗争变得比在市场上的立足还要重要。走向试图以对自己有利的方式避开竞争的"分配联盟"的趋势是一种在所有市场上都可以看得到的危险，在这种情况下，追求个人利益却没有通过"放任自流"这只看不见的手被引导到对大家都有利的方向上来。如此一来，资本主义经济制度因其内部的驱动力——以及个人理性与集体理性之间的

---

[1] 参见第三部分阐述及举例。

鸿沟——而趋向市场机制的僵化瘫痪，其后果便是经济萧条[1]。

2. 对民主的侵蚀。危及资本主义经济秩序效率的市场内在趋势使得人们要求采取制度上的防范措施来抵御这些趋势的影响，比如要求有一个"好"政府，通过反对那些试图规避市场调控机制的特别利益而确保竞争的进行[2]。然而，正是自由民主社会中的国家非但没有除掉这种危害，却趋向于成为这种危害的一个组成部分。个人理性与集体理性之间的鸿沟也损害了民主制度发挥作用的方式。对于民主的市场社会而言，尤其难以解决的有两个问题。

第一，一个为公共利益确保有效市场经济条件的政府本应反对一切试图躲避竞争的分配联盟、卡特尔和集团。但政府成员本身为保住权力从而以此维护自身的利益而特别依赖于具有重要影响的人口阶层的支持。但在一个利益导向的社会里，他们只能通过政治让步和物质投入才能获得这种支持。这样利益集团就能够对政府施加压力，使后者采取对自己有利的政策。这反过来又导致国家行为的扩大，后果便是无休无止地诱使其在政治的再分配斗争中追求经济目标，而不是直面市场的竞争。结果民主政府使用政治手段便不是为了确保竞争，相反却是通过国家措施进一步限制竞争。政府行为主要成了创造特权和提供补贴，而不是为了公共利益减少特权与补贴[3]。

第二，对于民主社会的政治领袖来说，只有在他们担心会在下次选举中落选时，他们才会强制自己以被统治者的总体利益为指导而不是以具有强大的贯彻自己意图的利益集团的特殊愿望为

---

〔1〕 参见奥尔森，1991a，20 页起，98 页；布坎南等，1980 年。
〔2〕 奥尔森，1991a，第 308 页及下页。
〔3〕 威德对资本主义民主的这一"自我危害趋势"做了精辟的总结。1990 年，129 页起。

指导。但这样一来就至少必须满足两个条件，选民的潜在权力才能在民主社会里真正产生符合选民利益的有益强制。其一，选民必须去投票；其二，选民必须了解政府的政策。但是，以"集体理性"的方式满足这些条件却受到了选民个人决策权衡的危害[1]。但对于受到自利驱动的个人来说，他是否到投票站投票对于一个很大的国家的总体结果肯定无足轻重，自掏路费是不理性的，而考虑到自己人微言轻，他也根本不会去了解政府的政策。结论："个人理性由此趋向于使民主崩溃——通过漠不关心与放弃选举权[2]。"

由此看来，下述想法，即政治当权者关注经济良好运作的好处及公民对拥有一个好政府抱有的兴趣会使得受到易于理解的自利的温和力量驱使的执政者采取符合公共利益的行为，恰恰在自由民主社会里是错误的。执政的有期性迫使当权者采取短期的成功战略，而公民却无力克服个人理性与集体理性之间的鸿沟，从而无法在国家机关管理人面前有效贯彻自己的共同利益。

3. 搭便车者和骗子。关于市场社会中个人道德与美德的培养问题，有几位当代作家的分析似乎再次有力地证实了涂尔干的论点[3]。在他们看来，市场的合作力量确实过弱，以至于无法确保人们采取可靠的符合道德的行为。据此，市场社会中由相互交换关系和人与人之间的相互依赖性交织而成的网络尚不足以使合作的行为方式同参与者的自利之间始终达到一致。相反，破坏性的激励诱因开始发挥作用，促使以自利为导向的人采取非社会

---

〔1〕 参见唐斯，1968 年，202 页起。

〔2〕 威德，1990 年，117 页。

〔3〕 在许多方面具有典型意义，希尔施，1980 年，169 页起。

性的以及不合作的行为[1]。总会出现某些"天赐良机"，人借此可以逃避参加共同任务或以牺牲别人为代价而自己相对不冒风险地致富。如果把市场视作或多或少孤立的个人之间进行交易的定序，它便无法"生产出"道德和美德，而是本身依赖于道德和美德。"贸易和平"这一论点的反面论点已经得到了证实，即"从很多方面看，经济如果没有最低限度的'善意'和'集体精神'，的确运作得非常糟糕[2]"。诚信、真挚、值得依赖或可信性重新被视作确保市场交易的先决条件而不是市场的结果[3]。

顺着这一对自由主义"内在批评"的分析往下走，就可以清楚地发现，自由社会"道德生产率"问题不仅是众多问题中的一个，它更是其中的核心问题。因为如果个人理性与集体理性在经济与政治领域的鸿沟妨碍了个人利益与同胞利益和整体利益之间的一致，那么这里也就出现了根本性的道德需要：存在着对拥有将他人利益的实现和公益直接视为自身行动目标的个人的需要。但另一方面，个人理性与集体理性之间的鸿沟同时也将导致这一需要无法在一个以利益为导向的社会中得到满足。如果个人利益与集体利益之间不存在和谐，关注主观利益的个人主义占据上风势必导致违背他人利益和公益的行为方式。

当然，个人理性与集体理性之间在这三个方面存在的鸿沟究竟有多深以及其带来的危险在多大范围内成为现实，这主要取决

---

[1]　德国经济学中，"边际道德"理论早在1920年即代表了这种观点。据此，市场竞争迫使经济过程参与者在低水平上逐步拉平其道德行为。参见布里弗斯，1920年；有关该理论的信息及批评参见威尔格罗特，1968年。

[2]　希尔施曼，1989年，第95页。

[3]　肯尼思·J.阿罗乎用同样的话重复了涂尔干的这一立场。"仔细观察便会发现，经济生活中一个相当大的领域依赖于一定程度的道德约束。个人完全利己的行为事实上同任何有序的经济生活方式是无法相容的。信任及可靠等元素几乎是必不可缺的。"（阿罗，1985年，第140页；我的译文）

于社会的框架条件。但在现代社会中，这些框架条件看起来似乎特别不利。因为如果社会关系是在缺少对外界限的、由相互间没有密切个人交往的变换着的互动伙伴组成的匿名大型群体中进行的话，个人理性与集体理性之间的鸿沟就会加深[1]。然而，从经济效率的角度看，资本主义经济方式却要求有一个供需双方之间进行尽可能多样性且不受限制的竞争的大市场、高水平的劳动分工以及经济关系以市场要求为取向。市场与价格体系要求的不是在明确的范围和群体内部的个人联系，而是参与者的可流动性及其关系的务实性。传统等级社会的界限与藩篱曾使得较小社会单位中个人的亲近与熟知成为可能，而资本主义的胜利进军却将其摧毁了。所以，对经济市场的效率有益的恰恰是从个人利益与集体利益冲突的角度来看有害的那些条件。社会越是匿名和非人格化，劳动分工、竞争和价格体系便越是有效，但个人理性与集体理性之间的鸿沟则越是加剧[2]。

对自由主义理想的判决似乎是确定的：根据所有这一切，一个社会如果在现代生活关系的条件下对追求个人利益原则上采取放任自流的态度，无疑将造成一种发展趋势，这种发展趋势必将摧毁任何一个社会的基础，从而也将摧毁其自身的基础。它在下述条件下鼓励人始终追求个人利益，在这种条件下，个人的利益导向并没有被看不见的手根据所有人的利益加以汇聚而表现为一种公害。似乎就连这只看不见的手也只有在作为有机体的一部分时才能发挥作用，而这个有机体还有另外的器官，比如一个大脑，它根据有意识的计划进行工作；还有一个至少在一定条件下

---

〔1〕 详见第二部分。

〔2〕 "清楚无疑的是，享受了理想经济好处的社会也由于高度的社会与区域流动性以及稳定团体关系的极度缺少而将成为这样一个社会，个人在其中将越来越孤立，异化也很可能在其中达到登峰造极的地步。"（奥尔森 1991b，第 183 页，也可参见 129 页起。）

克服自私自利的道德感官。

这样，在这期间又出现了新的阵线，而世俗自由社会启蒙了的"现世性"理想图景则又多了几个对手，他们使用的是与当时帮助理想家们取得胜利同样的武器。当然，他们此次发表意见没有采取意欲废除资本主义经济方式的社会批判的形式。尽管如此，他们的看法也汇集成对现代西方社会的一种广泛批判：这个社会的匿名性与流动性，它的政教分离主义，它对个人主义和主观主义的顶礼膜拜，共同世界观的缺乏以及缺少对约束集体的价值的信仰等都是这些批评者首选的靶子。

六 道德与宗教遗产

对自由主义理想图景的外在与内在批评的核心是，任何一个社会都依赖于在特定领域中将个人利益放在最后的个人的存在，这也包括一个在某一局部领域想从自利力量中受益的社会。"作为社会组织机制，自利原则是不完全的，只有将其与一种支撑性的社会原则相联系，它才会有效率[1]。"古典学派的一个后果严重的错误估计是，"市场经济发挥作用所必需的最低程度的道德行为是一种永恒存续的免费品（freies Gut），它是一种永不枯竭的自然源泉[2]"。

然而，如果一个世俗的以利益为导向的社会不能依靠自身的力量提供它维持自己生存所必需的"伦理道德"，却反而要摧毁这种"伦理道德"，这样一个社会在现实中如何得以存在呢？它的批评者的回答是：因为现实存在的西方自由社会事实上还根本不是完全世俗化了的、完全以利益为导向的社会。事实上，他们

---

〔1〕 希尔施，1980年，第31页。
〔2〕 引文同上，第191页。

赖以生存的是别人的资本，是"前资本主义社会与前工业化社会的'道德遗产[1]'。尤其是宗教遗产，它赋予人采取道德行为的动机，其根基虽然遭到动摇，却还没有完全枯萎。但是，由于'以自利为导向的一般行为规范有了越来越多的拥护者[2]，个人与集体道德的残余部分便遭到毁灭，这份遗产也终于被挥霍掉了。'随着时间的流逝以及同极为有效的资本主义价值的毁灭性接触——以及在一般意义上同工业社会较大灵活性与匿名性的接触，这份遗产变得越来越小了……由于个人行为越来越以其个人利益为导向，建立在社会行为与目标之上的习惯与驱动力也便越来越丧失殆尽了[3]"。

怎样才能阻止现代西方社会的这一自我毁灭呢？如果批评者得出的"或许我们已经达到了一个离开支撑性的社会道德便无法生存的明确的社会组织的极限"的结论属实，那么消极和把希望寄托在未加控制的、以理性及自利为导向的调适力量上面自然不是出路。"道德义务"的缺乏已经从根本上危及到这一制度发挥作用的能力[4]。出于这个原因，道德这一财富不可以再托付给偶然性和人的利益之间自发的相互作用，而必须得到有计划的创造与传播。

因此，解决问题的途径在于用道德和世界观进行武装，在于有意识地新建一些制度，从而克服"务实世俗主义"的物质功利主义，用道德重塑社会。这方面，恰恰对于某些将其文化批判论点建立在现代经济学理论思路之上的学者来说，社会的道德改革首先是宗教和宗教机构的任务。这一思路的基础是他们坚信，

---

〔1〕 希尔施，1980 年，第 170 页。
〔2〕 引文出处同上，第 31 页。
〔3〕 引文出处同上，第 170 页。
〔4〕 引文出处同上，224/270 页。

"对个人主义的契约经济起着中心作用的"诸如"热爱真理、信任、善意、自我控制和义务感"等重要的社会美德必须在宗教信仰中"扎根[1]"。弗雷德·希尔施颇具影响的《经济增长的社会极限》一书中"道德的重新获得"一章即以"发现宗教信仰在经济功能上的作用"开篇，他认为，对于填补道德真空来说，"宗教义务继承了世俗的功能，而随着现代社会的发展，这种功能变得愈加重要而非越来越无足轻重[2]"。现代市场社会的匿名社会机制"在其放弃了由出身与等级的义务所维系的直接社会纽带以后，从根本上说比封建制度还要依赖宗教约束[3]"。在这个意义上，德国哲学家彼特·科斯洛夫斯基言简意赅地指出，宗教对于"社会经济秩序"根本就是"不可放弃的[4]"。对他来说，惟一的选择便是要么通过宗教，要么通过来自外部的对人的完全控制来确保道德行为[5]。

仔细观察就不会对下述事实感到吃惊，即某些在经济学理论传统的特定前提之内进行论证的学者将重振道德的战略首先看做是加强宗教机构的战略[6]。因为，如果他们一方面认为现代自由

---

〔1〕 希尔施，1980年，第201页。

〔2〕 引文出处同上，第196/201页。

〔3〕 引文出处同上，第202页。

〔4〕 科斯洛夫斯基，1988年，第49页。

〔5〕 引文出处同上，第47页。拉赫曼也有类似阐述，1987年，160页起。

〔6〕 这也适用于"非经济学"社群主义者，参见贝拉等，1987年，255页起，313页起。托克维尔也认为通过宗教"个人主义"是不可放弃的。我们必须知道，"没有道德的统治来压制便无法说明自由统治的理由，而没有信仰也无法说明道德的理由。"（托克维尔，1835年，第28页）。但"非经济学"社群主义者也为道德革新准备了其他一些建议，从加强地区性社群和团体精神，到共同传统与价值的复活、"集体利益政策"和奠定新的团体道德，直至下述考虑，即我们借助其表达我们对生活玄妙的感激与赞叹的共同崇拜是最为重要。（贝拉等，1987年，第334页）。但社群主义者对于他们的建议在20世纪现代西方国家现实社会中得到有效贯彻的可能性却思考甚少。

资本主义社会最终释放了对自利的追逐，另一方面却不相信追逐个人利益能"自动"导致一种道德上可以接受的结果，那么实际上只有下述可能或许不失为一种出路，即改变人的想法，使其认为遵守道德规则也对其个人利益有好处。希尔施正是从经济学角度明确指出"'天堂与地狱'对'两难境地'所起的终极拯救者的作用[1]"。一种宗教信仰如果出于对受到上帝惩罚的恐惧或基于对同类奖励的希望而鼓舞人遵守道德规范，它便能降低确立某种社会秩序的费用。"一种扎根人心的宗教信仰比借助依靠胡萝卜加大棒监督个人履行其社会义务要对大家有利，很难发明出另外一种能更有效地促使人采取合作行动的激励[2]"。基于同样的思路，科斯洛夫斯基得出以下结论，"没有形而上学的经济学和伦理道德虽然是可能的，但却不是很有效[3]"。惟有通过宗教传播的"本体论意义上的原始信任[4]"，主体才能够获得下述"保险"，即"道德与幸福从长远看是趋同的[5]"，也即一种遵守道德规则的动机，因为"超越死亡的界限，通过上天公正的超验平衡，从长远角度看，道德行为永远是一种有利的对策[6]"。

有关社会秩序的古老的自由主义理想给予每个人追求自己利益的内在与外在自由，而现在取而代之的是重建宗教与世界观的要求。在很重要的一点上，它倒退了启蒙主义的历史进程。因为启蒙主义鼓励人们在行动时不以形而上学或宗教的考虑与信仰而

---

〔1〕 希尔施，1980 年，第 196 页。

〔2〕 引文出处同上，第 201 页。

〔3〕 科斯洛夫斯基，1988 年，第 15 页。也见理查·B.麦肯齐，1977 年，第 217 页："鉴于团体规模与结构，一种不信仰上帝的伦理道德面临失去力量的危险。"（我的翻译）也参见他 1987 年发表的著作，第 31 页起。

〔4〕 科斯洛夫斯基，1988 年，第 40 页。

〔5〕 引文出处同上，第 38 页。

〔6〕 引文出处同上，第 51 页。

以对于经验世界的认识，包括他们自己的天性和给定的自身利益为指导。启蒙主义的战线旨在"世界的非神化"（马克斯·韦伯）和"毁灭世界观"（约瑟夫·A. 熊彼特）。根据韦伯和熊彼特的判断，这些都是资本主义社会独有的过程。"资本主义过程使行为和思想理性化，这样一来，它便将多种多样的神秘浪漫思想连同形而上学的信仰一道也从我们的脑海中驱逐了出去……从中得出物质实利主义一元论、俗人执政主义及务实地接受现世界意义上的'思想自由'的结论虽然不具有逻辑必然性，但无论如何也是极为自然的[1]"，这一前景现在被许多人视为一种可怕的前景。

七　自由社会和法治国家

我们能够拯救自由主义的观点，战胜用道德武装社会并对社会进行以共同利益为导向的改造吗？拯救是针对下述对外在与内在自由的危险而言的，即总是试图用意识形态、世界观、教条主义或者对社会制度有针对性的干预而有计划地改善人的道德。

莫非对这种观点持批评态度的人有理？难道正是从现代经济学理论本身就可以得到下列结论，即古典学派认为启蒙了的世俗性、经济富裕、政治自由和道德之间存在和谐的观点是不现实的乌托邦？我们是否应该承认下述认识，即人的本性只要打上了自爱和追逐个人利益的烙印，它便是美德之敌，便需要通过世界观、意识形态和宗教予以克服和遏制？我们是否应该努力对人的天性施加反方向影响，将人改造成一种社会性动物，而不应该把人按照其本来的样子加以对待？当代西方社会是否需要根本的政治、社会和道德改革，因为它的结构与制度在过大的程度上提倡

---

〔1〕　熊彼特，1950年，第208页。

物质实利主义和自利？

我不想抽象地，而是想借助对某一特定的经验对象所做的社会学研究对这些问题以及类似问题进行深入探讨。自由社会创造了一种公益并使其得以稳定存在，尽管对该社会的其他特性众说纷纭，但这一价值还是获得了政治上和社会伦理学上几乎一致的价值评价，即法治和宪法国家。恰恰是最近发生的事情让人做出了下述评价，即法治国家宪法赋予每个公民的特殊个人自由较之资本主义生产效率在更大程度上成为推动社会主义国家社会变革的驱动力量。法治国家制度对于围绕自由主义理想展开的争论具有特殊意义：

首先，在自由社会制度中，它们无疑属于头等社会成就。如今，几乎没有任何人低估法治国家制度对于市场经济有效运作和每个人的个人自由所具有的重要意义。尽管如此，法治国家在社群主义与自由主义的争论中只起到了较为不重要的作用。既没有以此论证自由社会完全能够依靠自身的力量确保其框架条件从而驳斥其批评者所持的怀疑态度，也没有解释法治国家在所谓公共价值处处受到损害的条件下何以能够如此顽强地生存。由此，法治国家制度存在本身即足以动摇流传广泛的一种信念，即现代自由社会肯定无力提供符合公共利益的机制。法治国家是一种具有根本性意义的公共价值机制。此外，它还具有极为稳定的特点并且还获得了令人惊讶的抵抗与传播能力。

其次，法治国家是以利益为导向的世俗社会的独特创造。惟有在资本主义站稳脚跟之后的"公民"社会中出现过完全意义上的法治国家。两者间的密切关系不仅有历史事实为证，而且从理论角度看也难以想象为什么恰恰应该把法治国家解释为先前历史阶段及其道德宗教的遗产。因为，正如马克斯·韦伯已经认识到的那样，现代法治国家拥有良好的法律规范及其随时可以修改这一本质特征是与传统自然法和宗教关于法律的客观或绝对有效的观点格格不入的[1]。由此看来，将合法性与法定性分离开来的法治国家的存在似乎是受益于对这一遗产的克服，而不是依赖于这一遗产。

第三，法治国家制度的存在，前述也为自由主义理想所有三个方面提供了正名的希望。这无疑适用于利益导向社会在政治上具有优势这一论点。运作良好的法治国家包含着有利于公民个人权利与自由的对统治的很大程度上的抑制与约束，而在 17 世纪和 18 世纪时，即使乐观主义者大概也难以想象到这一点。作为受规则制约与指导的权力行使，法治国家恰好构成了专制统治的对立面。但法治国家的存在也支持了自由主义理想的另外两个"希望"，因为，一方面有效的经济市场依赖于稳定的法治国家制度特别是对于私人支配权利的可靠保障——法治国家制度也对一个民族的经济富裕做出了重要贡献[2]。另一方面，法治国家本身也依赖于有足够多的社会成员在没有强制威胁时也遵守法律规范，这特别适用于国家法律机构管理者[3]。一个社会如果没有足够的个人——在自觉遵守社会与法律规范的意义上——的道德潜力，那么法治国家的稳定存在是难以想象的。

如果能对法治国家制度在利益导向社会内部的存在进行成功解释，那么这种解释就既包含了对于取得经济效率的重要前提的解释，也包含了建立在利益基础上的对道德行为的解释。如果我们能够表明法治国家制度这一公共价值机制未必因个人理性与集体理性之间的鸿沟而丧失，那么我们就至少赢回了自由主义理想的一个部分，即可以想象这样一种社会秩序的存在：受到启蒙并

---

[1] 参见韦伯，1921 年，第 496 页起。

[2] "秩序之间的相互依存性"是瓦尔特·欧肯作品的一个重要内容，参见欧肯，1952 年，第 180 页起，也见瓦尔特·欧肯研究所 1992 年对其作品的评价。

[3] 参见第一部分。

进行务实思考的人在享有其个人自由的情况下在这样一种社会秩序中追求各自的目标和利益，（尽管如此）他们共同为社会关系做着贡献，而这种社会关系无论从经济效率的立场还是从政治与个人道德的角度看都是值得欢迎的。

八　研究的步骤

本研究分三个部分。第一部分——从社会学角度看法律和法治国家——旨在发现作为社会科学解释对象的一般法律与特定法治国家具有的基本特点。我们将会发现，从社会学角度看，法律秩序的特点在于它是规范秩序的一种特殊形式，它以强制与权力的使用作为特殊调节对象。因此，我们必须摆脱那种试图首先从下述角度对法律进行解释的功能性观察方法，即它能够借助强制促进规范秩序的保障与稳定。法律秩序特别是法治国家法律秩序的社会学特点并不在于它是一种实施制裁的社会实践，而在于它使实施制裁的社会实践受制于规范秩序。出于这一原因，对法律和法治国家的社会学解释首先并非是说明为什么一个社会为了贯彻其规范需要使用强制和武力，而首先是解释为什么能够使一个社会使用强制与武力本身成为一个受到规范调节的领域。

研究的第二部分——经济世界中的法治国家——将阐述，受到法治国家抑制的国家权力在何种程度上可以同下述假设相容，即社会成员始终根据其主观利益指导自己的行为。能够用"经济人"这一经济行为模型——作为自由主义理想假定的理性与自利行为模型——解释法治国家机制的形成和存在吗？结论将是，这样一种解释是不成立的。根据这一行为模型充其量只能够解释专制与寡头统治的形成和存在，当权者在其中始终根据自己的利益使用其权力，但却无法解释何以能够使国家的当权者在行使其权力时受制于法治国家秩序的规范。作为一种公共价值机制，法治国家在根本上依赖于"公民美德"的存在，即依赖于自愿履行自己的政治、法律和道德义务并公平参与共同利益的实现与保护的公民。有责任确保并维护个人自由空间的自由社会的法律制度本身即依赖于社会成员不会始终并且在任何情况下都仅仅为了其私人利益的最大化而利用这一自由空间。借助经济人的模型无法让这种自我约束具有可信性。

　　研究的第三部分——道德的市场——首先将阐述，这一结论绝不意味着必须接受对自由主义持批评态度者的结论。经济学行为模型可能具有各种变化了的形式，以至于它虽然明显不同于经济人的"标准模型"，但依然不失为利益导向行为的一种合适的模型。经济人模型在很重要的一点上限制了对行为人的观察。对人的"经济学"看法的核心尽管在任何情况下都是人始终必定以其自利为导向这一假设[1]，但古典经济学派的当代继承人却几乎把个人利益的实现仅仅解释成是一个在单独情况下做出决定的问题，也就是从行为者在某一特定情形下将明智地选择何种行为方式的角度，而古典经济学派则——正如古代伦理学那样——始终从下述角度看待以自利为导向的问题，即从此种观点考虑，人将产生哪些性格特征[2]。根据这一经济学行为模型，个人理性与集体理性之间的鸿沟鉴于现代化大社会中的生活状况显然是无法逾越的。相反，借助利益导向行为的扩展模型就容易理解，获得道德素质并愿意为维护和确保公共价值——如法治国家——做出自己的贡献也符合个人自身的长远利益。

---

〔1〕　"此乃现代经济人的灵魂。"（麦尔斯，1983年，第11页；我的翻译）

〔2〕　这一点还是休谟表达得特别清楚："我们对行为予以表扬时，只看到产生这些行为的动机；我们将行为视为特定思想与性格特征的表现。外在行为本身没有价值，我们必须从内部寻找道德的东西。由于我们无法直接做到这一点，于是便将注意力放在行为上，而不是放在内在东西的外在表象上。"（1739年，第219页）

在自由社会及其社会机制的根本特征问题上，首先必须纠正经济学理论传统的古典主义者自己传播的一种看法。仅靠贸易和交换就能够产生足以激励道德美德的产生的"贸易和平"论点尤其是站不住脚的。匿名的资本主义市场不足以约束从非人格化的着眼于各自私利的关系中产生出来的破坏性力量。

然而，市场上的交换关系和个人之间的竞争绝非自由的经济与社会秩序仅有的显著特征，虽然其批评者经常成功地传播了这样一幅讽刺漫画。在现代自由社会中获得"解放"的不只是贸易和交换，人与人之间自我决定的联合，即自愿结成共同体与群体，也经历了这样一次"解放"。自由社会的公民不仅享有自我决定进行个人经济活动的自由，他们不仅被赋予了在其私人生活空间里的基本权利和对其财产的保护，而且拥有根据自己的兴趣与权衡同他人联合结社的自由，不论是以成立旨在增加其物质富裕的经济企业的形式，还是代表共同政治或经济利益的联合会，或是追求思想目标的协会，或是一个一起享用共同实践活动中的"内部价值"的社群。目标自定、形式自创、伙伴自选的自由联盟与结社的全面发展在历史上同市场关系的普遍扩大一样同为自由社会的天然产物。自由市场与自由结社是自由社会的特征。

对自由主义理想图景的辩护从这一现象开始了，由此也开始了利益导向社会如何能够满足对法治国家秩序的"道德需要"的解释。有人认为，自由社会对结社自由的保护和促进对其"道德生产力"具有决定性作用。这一自由如能得到不受限制的发展，那么除了经济市场之外，也将形成一个"道德市场"，这一市场上将出现对于道德的、因而适宜于协作与合作的人的稳定需求。如果存在这样一个道德市场，它便能通过它的看不见的手确保法治国家社会总体所需程度上的符合道德的行为和"美德"。在此基础上，也能够驳倒社群主义的特别保留意见：自由社会未必导致其公民的"个人孤独化"，它也未必在处理道德问题时不可避免地以随心所欲与盲目的决定主义而告终。

　　然而，道德市场的出现并未得到保障。一个利益导向的社会完全可能导致放任自私自利及肆无忌惮地追逐利益，对此持批评态度的人无一例外地将这些归咎于这个社会。自由主义和资本主义可能在道德上失败，否定这一点的理论将被经验证明是错误的。但同样能够证明的是，道德市场成功运行所必需的基础之中恰恰也包括那些典型地只能在现代工业中发现的条件：大量成员，人与人之间的匿名的务实关系，社会群体之间的流动以及所有参与者之间的高度灵活性。这一结论同一种流传甚广的看法截然相反。这种观点认为同现代"大众社会"生活条件相连的个人利益导向乃是文化、政治和道德诸恶的根源。相反，下述研究将表明，恰恰是这些生活条件构成了从经验出发树立一种兼顾社会全体成员利益的道德的不可缺少的前提，它们因而也构成了思想启蒙、政治自由和经济富裕在其中都能够想象得到的一种社会秩序不可缺少的前提。

第一部分

社会学意义上的法律
与法治国家

第一章

社会科学视野中的规范

一 法律科学与社会科学

从社会学角度看，法治国家有哪些特点？有关法治国家制度的描述和分析通常只能从法学家们那里得到，就是说来自特殊的法学观察角度。大部分社会科学家对从这一角度所做的阐述是否包括了经验社会科学意义上重要的信息表示怀疑。他们推测，法学家分析的只是一个或多或少远离了现实世界中的真实过程与行为方式的原则与规范的"理想世界"。

确实，当一个法学家认为法治国家的特征是"分权"、"依法行政"、"司法独立"或"基本权利"的有效性时，那么他认定的并非经验事实，而只是描述了一个规范制度的结构与内容。对依法行政原则进行描述的法学家并未确认国家的行政机关确实遵守了法律，他确认的是一国行政机关应如何根据这一原则行事。对法治国家秩序进行的法学描述首先是对理想秩序的描述，而不是对实际秩序的描述。

与此相反，社会学家最关注的是社会事实，是人的事实行为。他并非生活在一个原则与规范的理想世界中，而是生活在由严酷的经验事实所组成的现实世界中。他是否有理由认真对待法学家和法律家的世界？法律上的"标准"与社会"现实"之间存在着具有社会学意义的联系吗？或者社会学家一定要发明一种独立的、完全不依赖于法学家观察方法的法治国家理论，它仅仅根据能够观察到的经验论的事实和行为方式，而不受"意识形态现象"——比如对特定规范内容进行纯理论研究——迷惑？

得出这一结论至少过于草率，因为认为法学观察方法就是把规范仅仅当成主观臆想进行研究的假设是不正确的。通常情况下，法学家即使作为"规范科学家"也不研究或描述虚构和凭空想象的规范秩序。他的前提是以观察法律秩序的现行规范为对象。因此，按照法学家自己的理解，他研究的也是社会现实的一种形式。他认为德国是一个法治国家的观点不能理解为是一个关于头脑里设计出的规范制度的观点，而应理解为一个关于现实存在的社会秩序的观点。

如果法学家的下述观点是正确的，即他用特殊方法研究的规范同时也是社会实际的组成部分，因此也是社会现实，那么对法律秩序的结构与内容进行的法学分析想必也具有直接的社会学意义。因为这样一来，这一分析便是对社会现实中发挥作用的并且在对这一现实进行社会科学解释时必须——作为因果因素和解释对象——予以考虑的因素进行的分析。如果认识不到法律规范秩序的特质，即使从纯粹社会学的角度也无法正确理解一个社会及其社会秩序。法学家将研究的也是社会学家研究的对象，在这一前提下，对法治国家及其制度的法学描述也必须被理解为对一个特殊的社会科学解释对象所做的描述。

然而，如果进一步观察，法学家这一法律规范是社会现实组成部分的假设能站得住脚吗？如果能，能够赋予其何种精确的经验解释呢？法学家在其法学家的权限范围内自然无法对这些问题做出阐述，因为这些关于社会事实与经验论联系的问题属于社会学家研究的范畴。要想对此做出回答，他首先必须彻底弄清楚规范能以何种方式普遍变成社会现实因素。

二　以行为规律性为起点

从最基础的经验层次来说，社会学研究的范畴是可观察到的人的行为方式的总和。但社会学在此关心的并不是个人的单独行为，而是社会秩序。在这种最普遍的观察方法中，可观察的行为规律性的存在同社会秩序现象相吻合。据此，作为社会秩序理论的解释性社会学必须回答的根本问题是，为什么在可观察的人的行为中出现了特定的、在某种程度上稳定持久的规律性？任何一种社会学思路都必须对这一问题准备好答案，不管它将人在其行为模型中设计成"社会人"，即"遵守规范"的人，也不管它是与此相反将人作为具有目的理性的决策人看待，该决策人在任何情况下都期望做出最优选择，没有什么规律的行为。

在人的千姿百态的行为中可以观察到有规律地反复出现的行为方式：人在早上某个时间离开家去上班，下雨时会撑开伞，见面时会互致问候，周末会相约去看足球赛，下午饮茶，进教堂会脱下帽子，偿还债务，被攻击时会反抗，信守合同，履行诺言，制裁不受欢迎的行为方式，颁布并遵守法律，参加选举，奔赴战场。

尽管可观察到的行为规律性的表象多种多样，但从理论角度看它们具有一个重要的共同点。如果想解释为什么出现这种或那种行为规律性，在任何情况下基本上都会遇到同样的问题：我们必须说明，在反复出现的某种特定类型的情况下存在有规律地出现的相同的——"外在"或"内在"——行为决定因素，这样一来就可以用同类因素对行为人产生的重复影响来解释行为规律性。

某些类型的行为规律性中显然很容易发现此类一致的决定因素。大多数人为什么在饮食方面或抵御坏天气时表现出可靠的规律性，可以毫不费力地解释为自然条件的结果，在这种条件下某一特定行为方式当然是理性的、有意义的。但并不是所有行为规律性都一样容易得到解释。为什么大多数人每天吃早餐或在下雨时把伞撑开，这个问题并不难回答，但要解释为什么人通常讲实话，信守诺言，按时还债，参加选举，或者批评并惩罚那些不这样做的人，就不那么容易了。

因此，可观察到的行为规律性不仅呈现出极为不均匀的外在特征，它们首先也具有本质上不同的形成因素及作为基础的行为情形结构，因此妨碍对其进行理论解释的困难也极不相同。行为规律性的概念因过于宽泛而需要细化，如此才能从中提炼出对社会学理论具有根本意义的解释对象。

三 社会依存情形

如果尝试将对于不同行为规律性各自起决定性作用的决定因素按其实质性重要特征进行分门别类，将发现的第一个重大区别是，在某一类情况下，这些决定因素直接存在于自然条件与规律性中，而在另外一些情况下，影响行为人的因素主要在于他人的行为。在此类社会依存的情形下存在着参与人的一种"社会行为"，其以他人过去的、现在的、或者预计未来会采取的行为为取向[1]。这就是马克斯·韦伯对"社会行为"所下的经典定义。

在社会行为背景中出现的行为规律性使社会学家的解释工作变得相当复杂。在这种情况下，必须将具有决定性意义的行为决定因素的存在归因于社会根源和条件。这样一来就产生了双倍的解释问题：为了能将行为规律性解释为同类行为决定因素的结果，就必须解释这种同类决定因素本身何以成为特定行为方式及行为规律性的结果。

---

〔1〕 韦伯，1921年，第11页。

　　但作为行为规律性基础的社会依存性情形也尚不能够提供一幅统一的画面，在某些重要方面它们也呈现出不同的结构，因此对行为解释提出了各自不同的要求。

　　如果把注意力放在那些在社会依存性情形中的行为构成其他行为人行为决定因素的人身上，便会看到，对这种行为方式的解释涉及两个根本不同的原因：一方面可能是作为此类行为基础的、旨在产生他人行为决定因素的明显意图，即某种特定行为的目的完全可能是为了将其他行为人的行为引入特定轨道。在这种情况下，受到影响的行为人由此作出的行为便是施加影响方对策行为的结果。另一方面，成为其他行为人行为决定因素的人的行为造成的这一结果有可能是无意的附带结果，这样，该行为的目的就不是将他人行为引到某个特定的方向上来。在这种情况下，可以说由此引出的行为方式和行为规律性是自发产生的。

　　属于此类自发性行为规律性的有需求下降时物价的下落，某些度假地数年人满为患后的游客人数下降，或者试图避开交通高峰期，以及甩卖时抢在他人前面。这些例子中的行为规律性无疑必须作如下解释，即行为人在社会依存性情形中行为，且在其自己的行为中以"他人过去的、现在的或预计将会采取的行为"为指导。从解释角度看具有重要意义的是，这种行为规律性虽然能够用他人的影响加以解释，但这一影响却并非相关人行为的目的。放弃购买昂贵产品的人关心的不是市场均衡，前往某一度假地点的人也并非想阻止他人前往该地区，同样下班后回家的人也无意以此威慑其他交通参与人使用交通工具。

　　然而，在社会依存情形中并非总能将参与者行为之间无意识的相互作用作为行为规律性的原因——相反，恰恰从社会科学角度来看最为重要和最有意思的"秩序现象"不能加以如此解释。毋宁说社会现实和所有社会秩序的一个根本特征是对人的特定行为方式只能做出如下解释，即他人通过其活动有目的地致力于产生这样一种行为方式，也就是说他人具有明确的愿望并且愿意让行为人以此种方式行为。这种情况下，他人行为便构成一种行为规律性的前提，它有针对性地以对相关行为人的行为施加影响为目标。

四　协调、权力转让和冲突

作为他人对策行为结果的行为规律性有三种重要情况。第一，需要对其行为方式进行解释的行为人想同有关他人共同实施这种行为方式。这通常是最广义上的协调，就是说所有参与者为达到特定目标都一致希望系统地相互协调其行为，他们为此愿意对个人的决策自由权进行限制。属于这种情况的有各种计划进行合作的形式，成立组织机构，设计比赛，确定信号约定俗成的含义或者在这个意义上多次被提到的交通规则。在这种情况下，参与人为解决协调问题可以规定自己及他人在特定条件下有规律地实施特定行为方式，这符合所有参与人的共同利益。

第二种行为方式尽管完全符合行为人本身的愿望，但只有当他人希望该行为人也可以实施这些行为方式时才有可能，这种情况就涉及权力转让。参与人之间存在着权力差异，行为人行为情形中的重要条件受到他人监督。是否使行为人获得特定的行为可能性的条件，便取决于他人的意志。例如，只有当父亲准许儿子驾驶时，后者才可以经常开前者的车。只有当房主将其房子出租时，租房者才能使用出租房。部门经理之所以能对其下属发号施令，是由于企业家给了他权力。这种情况的根本特点是，行为人基于他人意愿的行为可能性由于可供其支配的行为替代选择的增加而得以扩大，就是说他人扩展了其决策自主性。

第三，存在着在特定情况下同行为者自身意愿与目标相违背的行为规律性，在这种情况下，采取这种行为方式的愿望单方面来自其他人。只是由于其他人希望实施这种行为方式并且有能力置相关行为人可能有悖于此的愿望于不顾而有效地贯彻其意志，这种类型的行为方式才呈现出经常的可靠性。这种结构的基础是参与者之间潜在的冲突，因为他们的愿望和目标相互之间可能发生冲突。这种情况的典型特征在于，他人的意志缩小了行为者拥有的行为选择，从而缩小了其决策自主权。

通过这种方式单方面存在于他人愿望而非行为者本人愿望之中的行为规律性并非社会生活中的边缘现象。相反，它们构成了任何一种社会秩序的核心因素，因为人的根本利益只有通过这些规律性才能得到保护。属于此列的行为包括说实话，守诺言，履行合同，提供帮助以及为"集体"尽义务，不杀戮，不伤害他人，不抢劫，不偷窃以及不欺骗等禁令也属于此列。由于人的本性和人的生活条件，我们无法指望所有的人单凭其自身的行为驱动就会带着一种令其他人感到欣慰的从容始终采取或放弃这种类型的行为方式。行为人有限的利他主义和满足其需求的资源的明显匮乏不可避免地使其受到牺牲他人利益以实现自身利益的诱惑。因此，为了确保对这些利益的足够尊重，需要感兴趣者的意志和自己做出努力以贯彻相应的行为方式，这也包括战胜行为者可能与此背离的行为驱动。

恰恰在经常性采取下述行为时，即如果没有有意识地对行为者施加影响就无法或者说至少不能足够经常地"自动"符合其意图的行为时，产生了社会秩序的关键问题。该秩序的基础系由这样一些行为规律性组成，它们无法完全由自然的或者"即时"出现的行为因子引起，而仅仅是由"人为的"行为因子所引起的，其原因在于他人的愿望、意志、倡议和行为，旨在限制有关行为者的行为可能性和决策自主权[1]。社会秩序现象必须在个体之

---

〔1〕　限制他人行为可能性的愿望在大多数此类行为中是相互的。

间趋异的、部分是对立的愿望的冲突基础上进行解释。正是这种独特的结构才使社会秩序的产生与存在成为一个真正的理论"问题"。

据此，考虑到可能构成能够被观察到的行为规律性的基础的情形结构，可以区别下述现象：第一，建立在同类的、自然行为因子基础之上的行为规律性；第二，建立在同类的、作为突发性社会行为从属后果的行为因子基础之上的行为规律性；第三，建立在同类的、作为战略性社会行为结果的行为因子基础之上的行为规律性——在最后情况中，还可以进一步区分协调、权力或者冲突问题受其控制的行为规律性，相应地，可以将它们要么追溯到他人对行为者决定自主权的扩大，要么追溯到他人对行为者决定自主权的限制。

在此，对他人行为可能性进行限制的愿望在大多数此类行为方式中将是相互的。

第三种形式有所变化的行为规律性类型是社会秩序理论的重点解释对象，作为一种经验现象，它呈现出典型的特点并要求社会学理论予以特别解释。借助作为这种类型基础的社会依存的特殊结构，尤其可以在社会学理论形成框架内清楚地看到规范的重要作用。

五　作为社会现实元素的规范

A. 规范的存在

在社会依存性场景中作为协调、权力或者冲突问题表现的、由对策性行为引起的行为规律性须用下述事实进行解释，即并非行为人自己，而是他人（也）希望实施相关行为方式。有意针对他人行为的意愿行为的内容则是一种规范[1]。如果有人要求行为人采取某一方式的行为，那么这就意味着行为人应该按照此人愿望采取某一特定方式的行为。如果有人希望行为人可以按某种特定行为方式行为，这就表示行为人不改动按照该人的意愿以某一特定方式行为。向某一行为人表明一种意愿，即他应该或被允许采取某一特定行为方式，这意味着他人作为"规范制定者"为作为"规范对象"的行为人确定一种规范[2]。在这个意义上通常可以认为，经验上源于他人意愿而非行为人本人意愿的行为方式的原因是规范确立[3]。如果规范制定者的目标是通过许可或禁止某一特定行为方式而限制规范对象的决策自主权，那么这就是确立"义务规范"或者说"行为规范"，反之，如果行为制定者通过明确允许行为人实施一种通常被禁止的行为方式，因此意在扩大规范对象的决策自主权，则是确立"许可规范"。最后，如果规范制定者要求规范对象服从其他行为人的意愿，所确立的规范便称之为"授权规范[4]"。这种情况下，规范制定者是想扩大行为人相对于他人的权力从而使后者拥有额外的行为选择性。

---

〔1〕 即使用另一专业术语也是具有根本意义的，凯尔森，1960 年，第 4 页起；1979 年，第 1 页起；也参见霍斯特，1982 年，1983a；1983b；1986b；1989 年；温贝格，1979 年，第 101 页起；1981 年，第 35 页起。怀特标准概念的一般情况，1963a，第 1 页起，第 70 页起；罗斯，1968 年，第 34 页起。

〔2〕 参见霍斯特，1983a，第 585 页起。我始终在一个相当广的意义上使用"规范确立"这一概念。它既应该包括规范的非正式和习惯性代表的所有形式，也包括例如在法律秩序框架内产生规范的正式行为。

〔3〕 相反——这是某些社会学家的一个习惯，把行为规律性的出现普遍地同规范概念联系在一起没有多少意义（在"标准"或"一般"的意义上），这样做的结果只是掩盖了各种行为场景之间的本质不同。

〔4〕 从规范理论上看，授权规范是一种具有特殊内容的义务规范，这一规范所涉及的相关人应该尊重某一特定行为人的意愿。然而，由于这一特殊内容造成了各种规范极为不同的社会意义，因此，将授权规范同"普通"规范一样作为独立的规范范畴处理，是有意义的。

社会依存性各种不同情况与特定规范类型之间的联系可用以下表格加以说明。

社会依存和规范

规范制定者的意图	对策关联		
	协调	权力许可	冲突
扩大自主权		许可规范 授权规范	
限制自主权	义务规范		义务规范

因此，规范确实是社会学家的经验世界的元素，它们不仅仅是作为思想实体和纯粹凭空想象的臆想的行为指导而成为思想的内容，同时也作为某个特定的规范制定者的具体的经验上可确定的愿望的内容与表现而具有现实存在，它与人的愿望普遍具有的存在方式相同。一种规范惟有如下述才能获得现实意义上的存在，即它的背后存在着一种现实的意志并因为某一特定的人希望根据这一规范的内容采取行为而成为一个事实。在这一前提下，可以说规范是通过一种经验上可以确认的行为而产生的[1]。

人的愿望和意志作为社会现实元素而存在并且以此发挥着现实的作用，这是一个事实。人的行为以其愿望和意愿为指导，当其愿望和意愿与他人的行为方式有关时，他们总是希望这些人也真正实施相应的行为方式。因此，规范作为存在着的意愿的内容

[1] 凯尔森，1960年，第76页；参见温贝格，1979年，第102页；1981年，第72页及下页。

同样也成为社会现实元素并能够作为影响行为的手段发挥现实作用，这同样也是一个事实。在解释特定行为规律性时，他人对此类行为方式的期望是现实意义上非常重要的因素，这一论断同下述论断具有相同的意义，即从现实意义看，规范是解释特定行为规律性的重要因素。

正如没有对人类意愿的认知便基本无法理解社会现实一样，没有了对作为人类意愿内容的规范的认知也基本无法理解这一现实，对规范的理解便是对社会现实的理解。正如已经强调过的那样，由于下述事实是一种社会学上的基本认识，即由他人意志——也就是说通过规范确定——引起的行为规律性并非社会现实中罕见的现象，相反却属于任何一种社会秩序的核心，因此，规范不是社会学家的经验世界中可有可无的元素，作为任何一种社会秩序的"粘合剂"，规范也是这个世界的根本性组成部分[1]。

B. 规范的理解

这一论断对社会学家具有重要影响。要认识这一点，就必须弄清楚规范作为影响行为的手段是通过何种方式起作用的[2]。针对他人行为的人的意愿若想对该行为施加它想所期望的影响，就必须有一个必要的前提，即能够从思维上理解相关人意愿的规范性和描述性意义上的内容。他们必须有能力认识到自己是否也属于意愿对象，他们是否应该采取特定行为方式或者被授权采取特定行为方式。他们必须能够理解这是些什么样的行为方式并辨认出他们应该或者允许在何种条件下实施该种行为方式。而这就意味着，意志对象必须能够识别出表现在这一意志中的规范的思

---

〔1〕 对想借助"仅仅"的行为规律性应付社会科学概念与理论形成的"规范简约主义"的批评见哈特，1961 年，第 55 页起，第 79 页起；麦考米克，1981 年，第 15 页起以及克里姆特，1985 年，第 210 页起。在这点上，维奇的观点依然具有根本意义，1974 年，第 55 页起。

〔2〕 参见温贝格对规范实用主义作用的分析，1981 年，第 67 页起。

想内容。识别一个规范的思想内容的前提是具有意义理解能力——规范识别即为规范理解。

规范的语言可表达性对于这样的规范理解具有决定性意义。只有在能够明确地表达规范的非实体性和描述性内容并使主体之间能够互相理解时，才能高度精确可靠地理解一种意愿的意义与内容。用语言表达规范为我们提供了一种了解和交流人的意愿的强大介质，只有通过这一介质，规范制定者形成相应复杂的意志才有意义。规范可用语言表达，由此可对规范的意义进行客观分析，主体之间也能够理解[1]，这一事实具有重大的社会学意义，它给人的社会生活打上了持久而显著的烙印。借助语言了解人的意图所含内容的可能性应类似于运用陈述句交流经验论认知的能力被赋予重要意义。在这个意义上，陈述和规范极为实用地互相补充，陈述的内容是一种情况，而规范的内容则是应该是何种情况。

这样一来，如果社会学家只有通过认识存在于现实之中的规范才能认识社会现实，那么他的任务就是理解这些规范的意义与内容，而能够理解这些却并非易事，特别是考虑到现代社会的情况，社会道德与法律的规范在现代社会中已经发展成为调控人的行为的千差万别的复杂手段。它们不单作为单个规范具有重要意义，而且相互之间也存在特定的逻辑关系和特殊意义上的联系。借助规范学的认知方法——正如法学中具有典型意义的那样——可以对规范的"内在"意义和规范之间在意思上的联系有深刻的理解，这些方法对社会学家也是不可缺少的。对社会学家来说，对实证规范的理解并非为理解而理解，这于他具有直接的经验信息含量，因为规范制定者和规范对象的实际行为在基本意义上均

---

〔1〕 参见温贝格对规范实用主义作用的分析，1981年，第46页，第72页。

以这些规范为指导[1]。

假如以"意义"为指导是事实上发生作用的人类行为的决定性原因，那么理解意义关联总的来说就是认识社会现实所必需的，不管它是语言、宗教、艺术、经济、政治、科学或者道德与法律的意义。对此类实际存在的意义导向的关注——如同韦伯试图表明的那样[2]，绝非意味着抛开经验性和解释性理论形成的环境。相反，正是由于认识到人类确立意义和理解意义在经验上的重要性，社会学家才被迫将社会行为领域纳入其理论形成的框架中。

C. 规范的生效

---

〔1〕 特别是马克斯·韦伯强调指出，由于规范制定者与规范对象的行为事实上是以对这一意义的理解为指导的，所以从纯粹经验的角度看，独立的"规范性意义范围"对社会学家形成其理论具有绝对重要的作用。"用语言表述为思想联系"的规范虽然可以是一种纯粹的"意义教义学"（韦伯，1922 年，第 334 页）的对象，就是说"它被当作概念分析的一个纯粹思想上的对象对待"（第 346 页），该分析仅仅在于"弄清楚逻辑上正确的'客观的'意义"。但下述事实，即"现实的人"的行为事实上通过确立、使用、贯彻及遵守规范是以"概念之间在意思上的相互关系为指导的"，"它本身却显然具有极大的经验与历史重要性"（第 347 页）。由于"特定的人的头脑中有"（第 449 页）对规范意义的特定看法，规范恰好能够通过其作为"意义内容"的思想特征产生"经验规律性"的"相应后果"，因为"经验主义的人通常是'有理智的'，也就是（经验上来看）有能力理解并遵守'目的准则'并具有'规范看法'的人。"（第 355 页）凯尔松也时常警告人们不要把发挥着实际作用的意义观点从经验现实中剥离出去，"但是即使从仅仅着眼于实际现实的观察出发也必须承认，通过法律——这里是指通过人们对某一作为有效前提的法律秩序的看法——能够创造人与人之间的真实关系，离开这些看法——作为行为的动机——无论从前和现在都不会有这些关系。"（凯尔松，1960 年，第 172 页）此点参见凯尔松的著作：科勒，1988 年，第 131 页起。

〔2〕 "社会学应该是一门试图对社会行为进行解释性理解并借此对社会行为和社会影响的根源进行解释的科学。"（韦伯，1921 年，第 1 页）

"规范生效"这一概念恰当的社会学定义应该突出具有重要社会学意义的规范的特殊存在方式。正如前述,原则上只有在这一规范表达了某个人的真实愿望时,谈论规范的现实或者存在才有意义。但这一事实本身尚不自动具有社会学上的重要意义。它可能只是确立了一种规范,它没有任何值得一提的现实后果,因为规范制定者没有任何能让其意志对规范对象产生作用的手段——以这种方式存在的规范仅能作为"思想现象"具有某种重要性。我们只须想想尽人皆知的"星期天布道"就可以理解这一点。规范的存在在出现了下列社会依存性情形时才具有不容置疑的社会科学意义。此时某一特定行为规律性的出现只能用这一规范的存在加以解释。也就是说,在只能通过是他人而非行为者本人想要实施相关行为方式这一事实,某一行为规律性才能得到解释。因此,规范若要具有社会科学上的重要意义就需要满足两个条件,第一,规范必须是至少一个规范制定者的事实意愿的内容;第二,这一事实必须是规范对象出现有效行为决定因素的原因[1]。据此,我建议对"规范生效"概念定义如下:一种规范正是在其符合有效行为愿望时才生效[2]。

这一定义可以阐述如下:

1. 行为有效性。意愿的"行为有效性"的含义应该是,该意愿的存在不仅将导致采取某一符合规范的行为的一定的可能

---

〔1〕 在这一普通层面上,规范生效概念的定义应对下述问题保持中立,某一特定愿望的事实与相应规范决定因素之间的因果关系具体建立在什么基础上。从接受规范制定者为权威,到教育与教条主义,直至使用强制与武力,可以想象许多东西。

〔2〕 这一定义主要立足于诺伯特·霍斯特对规范生效问题进行的研究,参见霍斯特 1981 年;1982 年;1983a;1983b;1986b;1987 年;1989 年;1991a。类似定义建议参见温贝格,1979 年,第 101 页起;1981 年,第 72 页起;第 127 页起以及凯尔森,1960 年,第 9 页起,第 196 页起;1979 年,第 1 页起,所有建议都是他提出的。

性，而且作为该意愿的结果存在着对规范对象有效的行为决定因素，通过这些决定因素通常也确实实施了所期待的行为方式并由此采取了符合规范的行为。当然，"行为影响性"并不是说原则上不会出现偏离规范的行为，而只是说意愿对象"大体上"尊重有关规范，即他们的实际行为确实在很大程度上受到了规范制定者意志的影响。因此，"行为影响性"必定是一个模糊的概念，而人为地将其精确化也的确是不合适的。某些模棱两可的情况使人无法肯定地判断特定规范作为社会现实的一部分是否依然生效，这些情况是现实中存在的，实际上恰恰由于这里存在的不确定性使其成为令人感兴趣的情况，我们不能通过随心所欲的概念上的"明确性"将其定义掉。

2. 意愿。该定义讲的是意愿，而不是汉斯·凯尔森"经典性定义"所讲的意志行为[1]。以规范为内容的意志行为是只有在某一规范制定者在某一特定时间表明应该实施某一行为方式时才存在的个别事件。与此相反，以规范为内容的意愿即使在规范制定者仅仅具有表达某一相应意志的倾向时也是存在的——比如在要求规范制定者做出明确表态的条件下或者鉴于规范对象的行为与此偏离[2]。

在对规范生效进行社会学定义时之所以涉及规范制定者的意愿，原则上是由于其意愿是出现特定行为规律性的一个具有重要因果关系的因素。但规范制定人的意愿不仅仅在它是某一有意识的意志行为的现实内容时才发挥这种作用，即使它只具有在特定条件下成为现实的潜在可能性时也是如此。从规范对象的角度看，这一点就特别容易理解了，对他来说，规范制定者是借助

---

〔1〕　参见凯尔森，1960 年，第 5 页。

〔2〕　诺伯特·霍尔斯特比较了汉斯·凯尔森和 H.L.A. 哈特的规范生效理论后，建议用突出意志倾向的概念代替意志行为的概念，参见 1986b。

制裁权力明确要求他当即遵守某一特定规范还是只在某些可能
情况下，例如在规范对象违反该规范时对他提出这一要求，两
者之间没有本质区别——两种情况下规范对象都完全有必要遵守
规范。使规范生效取决于在倾向上被理解的意愿而不是取决于某
一个别的意志行为，这就抓住了各种从经验角度看很重要的原因
情况。

当然，将意愿概念纳入规范生效理论的定义中也不符合流行
的社会学语言惯用法，援引"期待"这一概念被广为采纳，就是
说只有他人"期待"某人采取符合规范的行为时才谈得上生效的
规范[1]。但在这里，"期待"的概念极不适宜，因为它具有双重
含义。一方面可以以它做描述意义上的理解，那么"期待"某一
行为就表示预言某人将采取某一特定行为。另一方面它也可以具
有规范性意义，那么"期待"某一行为就表示希望某人实施某一
特定行为方式。在第一种意思上，"期待"的概念对规范生效的
定义意义不大，但在第二种意思上这一概念就同"期待方"某一
特定意愿的存在具有同等意义，它本来就符合这里建议的规范生
效定义中所使用的概念。因此，为避免歧义和混乱，完全有理由
直接援引具有决定性意义的意愿概念[2]。

这并不是否认规范生效有助于形成对规范对象行为的"可预
测的期待"（在描述的意义上），也并非否认对可预测行为的愿
望——例如解决协调问题——也是确立规范的一个重要动机。但
社会学家却干脆把保障行为方式的可预见性视为社会规范的中心

---

[1] 某些通常具有不同观点的作家在这一点上存在共识，参见盖格尔，1970
年，第92页起；鲁曼，1969年；1983年，第40页起；1993年，第124页
起；奥普，1983年，第4页；施密特，1995年。

[2] 这里值得注意的是恰恰把"期待"这一概念的双重含义作为规范有效性恰
当定义的基础的大胆行为，参见鲁曼，1969年；1983年，第40页起。详
情参见魏玛·吕贝，1991年，第138页起。

功能[1]，由此经常倾向于对这一点做出过高评价。事实上，人类行为在很多情况下即使没有规范生效也是完全可以预测的——某些情况下甚至可能比在规范生效情况下更可预测，比如履行条约和诺言。在以规定有关义务为内容的规范没有生效的情况下，人们可以毫不费力地预计特定的人将如何行为，如果他们将蒙受同履行条约及承诺有关的损失的话。在这种情况下，规范制定者关心的绝非普遍提高任一行为的"可期待性"，毋宁说他关心的是通过规范降低通常期待的行为的可能性以及增加某一特定的、符合规范制定者愿望的行为的可能性。在这里，规范的作用首先恰恰在于防止通常肯定预计将要发生的行为。

3. 制裁。在上述建议的定义中没有把"规范生效"的概念同"制裁"的概念联系起来，这也有违常见的社会学实践[2]。社会学家们甚至经常支持在"规范生效"的定义中完全绕开规范制定者的意愿和意图而仅仅用制裁概念取而代之。他们认为，这更能符合经验论科学的原则，"使现象在定义上的理解受制于尽可能外在的、相对容易理解的和可以明确掌握的特点[3]"。如果干脆将以可观察到的方式制裁的行为方式视为有效规范的内容，就可以省去规范的"意义分析"。

但是，重视了"尽可能外在的、相对容易理解的和能够明确

---

[1] 塔尔科特·帕尔松将人际间行为的"双重一致性"确定为社会秩序形成的根本问题（帕尔松等，1951年，第16页）。在尼古拉斯·鲁曼看来，需要通过确保期待的规范"减少"世界的"无法容忍的复杂性"，参见鲁曼，1969年，1983年，第31页起。这些社会学规范理论可以追溯到关于"开放性"的人类学观点，阿诺尔德·吉伦、赫尔穆特·普莱斯那及马克斯·席勒尔等人在其著述中形成了这一观点，也参见波皮茨（1980年）和贝尔格尔及卢克（1993年）。

[2] 参见盖格尔，1970年，第68页起；波皮茨，1980年，第35页。"规范在其得到遵守或通过制裁得到确认的程度上发挥其有效性。"

[3] 波皮茨，1980年，第12页。

掌握的特点”，制裁概念本身是否就能显示出必要的质量还很成问题。因为正如特别赞同重视此点的海因利希·波皮茨所承认的那样，绝不能将“制裁”与“任一作为或不作为所造成的”损害与不利“相提并论”，这将导致无限扩大规范的概念。相反，只能将“那些表达了对偏离行为有针对性地予以拒绝的消极反应……确定为制裁。在此我们无法回避对制裁方的意图做出假设[1]”。但是，如果为了将其归类为制裁而必须能够从行为人的反应中推断出“其行为是否定性（惩罚性）的反应，是针对哪种行为的[2]”，那么显然就必须理解其意愿的规范性和描述性意义，而且在这种情况下也不能满足于仅仅确定“外在的、相对容易理解的和可以明确把握的特点”。因此，实际上无法放弃对有关行为人所代表的规范的理解。制裁概念无法使“简约主义（Reduktionismus）”观点免遭规范性意义构成物的“玷污”。

事实上的不适宜是反对借助制裁概念来定义“规范生效”的主要原因。一方面它在概念层面上预先断定了规范制定者通过何种途径赋予其意志以行为有效性的经验问题，根本没有约定他为此目的必须始终使用制裁手段。相反，下述研究得出的结论是，“规范生效的制裁模型”几乎得不到经验的证实。另一方面，这一定义没有将一种重要的规范完全包括在内，这就是授权规范，其内容是在特定条件下可以进行特定行为选择。只要某一授权的可能受益人违反了授权规范——例如错误估计了约束授权的条件——那么这种违反的后果便不是受到制裁，而是无法达到其预期结果，即无法实施借助规范所创造的行为可能性。“遗愿”的书写如果不符合手续，那就等于没有写下法律意义上的“遗嘱”。

---

〔1〕 波皮茨，1980年，第28页。
〔2〕 引文出处同上，第29页。

此类"偏离性行为"的后果不是实施制裁以便让人今后更好遵守规范，而是其利用授权的努力受到挫折[1]。

一种只能通过人为的转释（kuenstliche Uminterpretationen）才能符合授权规范的特殊特点的规范生效概念在一个极为关键的领域里把人们对社会秩序结构的观点引到了一个错误的方向上。映入眼帘的社会规范首先便是义务及行为规范，这样，除此之外授权规范在社会生活的各个领域所起的决定性作用无疑几乎被忽略了。事实上我们还将看到，法治国家的本质特征是某种特定的授权规范体系，与这些规范相比，法律行为规范生效从某种逻辑与经验的角度看是补充性的。正是从这一角度看产生了不从定义的角度把"规范生效"的概念同"制裁"的概念联系起来的有力的论据。

4. 派生规范。根据我所建议的定义，规范正是在其由规范制定者直接确立——比如以明确的语言表述形式——时才符合某种意愿，或者在它是由规范制定者间接确立时，即规范是从由制定者直接确立的某一规范中逻辑地派生出来的时候——前提是规范制定者本人有确实得出这些逻辑后果的倾向。比如当立法者明确颁布"谁行窃谁受罚"这一规范时；那么在特定现实条件下从这一规范中逻辑派生出的规范"麦亚尔先生应该受到惩罚"通常也符合立法者的意愿：因为立法者通常也将倾向于真正得出他所颁布的法律的逻辑后果——即使在他立法时尚无法认识到所有后果因此也不可能明确地想要这些后果[2]。

将"生效定义"也扩展到"仅仅"在逻辑上可以派生出的规

---

〔1〕　参见哈特对借助"制裁模型"理解此类规范的意图所做的"经典"批评，1961 年，第 26 页起。

〔2〕　规范制定者是否具有此种计划——或者这可能只是"象征性的规范颁布"，人们无意让各个规范对象遵守这一规范，这一经验性论断完全可能是相当困难的。

范的理由从社会学角度看只具有经验性质。社会事实是，许多想必是由特定规范制定者的意愿所引起的行为方式无法用规范制定者直接要求实施这些行为进行解释，而只能用它们是从规范制定者直接表述的规定中派生出来的规范的对象来解释。正如规范制定者希望在某一特定情况下遵守某一特定行为要求属于社会现实一样，同样属于这一现实的是，规范制定者希望可以从他们直接确立的规范中逻辑派生出来的规范得到遵守。通过规范的逻辑派生影响行为甚至是任何一种社会规范秩序的核心因素，否则根本不可能将一般规范作为调节行为的手段加以使用，这些规范——为能发挥这一意义上的作用——需要通过运用到个案加以具体化，而这就必然包括从一般规范中逻辑派生出的个别规范。

据此，如果下述情况是社会事实，即规范之间的逻辑关系发挥着现实作用，因此规范制定者愿意其发挥此种作用并能够使其对规范对象发挥此种作用，那么把逻辑上可派生的规范纳入"规范生效"定义中去从社会学角度看便是必要的[1]。

5. 法学上和社会学上的生效概念。上述的定义建议不仅给人们提供了规范生效的一个在社会学上恰当的概念，它也对法学家的假设进行了解释，即他的出发点是其研究对象同现实存在的规范秩序有关。就这一点来说，法学与社会学的生效概念便具有相同的意义了。这一点初看起来或许会令人惊讶。但是，法学家借助其方法上训练有素的对规范的理解对现行法律进行研究，他分析的是现实规范制定者的真实意愿的描述性和规范性意义，而社会学家通过研究法律规范制定者意愿的现实有效性解释的是，

---

〔1〕 这些社会学论据有利于将逻辑上可派生的规范包括在规范适用概念里，姑且抛开那些围绕规范逻辑的争论，这些论据非常重要，因为它们针对的是规范制定人及规范对象根据被有效接受的逻辑后果行为的经验倾向。有关规范逻辑学的一般情况参见库彻拉，1973 年；温贝格，1989 年；冯·怀特，1963a。

某一特定的规范性意义联系何以成为社会现实中的一个因果性决定因素。据此，法学家与社会学家的区别并不在于其各自特有的——如"思想上"和"经验上"的——生效概念[1]，而在于他们的注意力放在某一现行规范秩序的不同方面，但他们不能因此而根本忽略另外一个方面。

六　以规范为指导的行为

构成社会秩序理论根本解释对象的行为规律性必须用规范生效加以解释，弄清楚这一点后，就有可能从术语上满足这一行为类型的典型特征并用特有的概念将这一类型同"单纯"的行为规律性区别开来。由于遵守规范对此类行为方式极为重要，将其称为以规范为指导的行为是合适的。据此，社会秩序理论的中心任务是解释以规范为指导的行为的多种多样的现象。

寻找这些解释标志着真正的社会科学理论开始形成。它特别涉及下列问题，即人作为规范制定者为何希望他人作为规范对象以某种特定方式行为，他通过何种途径使自己的意志对规范对象发生作用以及规范对象为何应该根据这些规范采取行为。

社会科学理论对这些问题提出了极不相同的答案。例如在解释规范制定者意愿时，现实利益、道德信念、宗教信仰、世界观或者心理及感情倾向就被列为原因。规范制定者要么被视为较理性的权衡利弊的人，他们根据某种理由做出决定，要么被视为非理性的感情用事的人，他们被激情和意识形态所左右。一种情况正将人的本性看做其愿望的基础，另一种情况则将社会制度和社会事实的影响视为其愿望的基础。

类似区别也表现在有关规范制定者通过何种途径使其意志对

---

[1]　韦伯1921年时还这样认为，第181页起。

规范对象发挥影响以及他们通过何种途径对——内在的或外在的——规范对象的行为决定因素进行改变的假设中。从各种变相制裁——指责、批评、告诫、责备、惩罚、强制措施，到世界观和宗教上的教条主义及教育直到理性论证、道德呼吁和说服规范对象相信他们所希望的规范的"正确性"或"绝对"约束力的尝试。根据规范贯彻的这些不同战略得出了规范对象遵守特定规范的理由。

七 法律规范

A. 反应与强制行为

下述研究并非对任何规范及任一符合规范行为的解释，而是对法治国家制度的产生和存在进行的解释，也就是对适用和遵守某种特殊类型的规范的解释，即法律规范。这种特殊类型的规范同其他社会规范相比有哪些社会科学上具有重要意义的特点呢？

不需要所有理论考虑，日常经验就已经说明社会反应对于实施规范显然起着重要的作用。社会现实的一个不争事实是，社会规范生效——起码是在涉及行为及义务规范的有效性时——经常同实施肯定的或消极的社会反应，即赏罚措施相伴。规范生效与社会回应之间显而易见的现实关系说明了为什么众多学者认为有必要把规范生效概念甚至从定义上即同做出社会反应联系起来。

社会反应极为多样的形式与特点——从父亲般的敦促与嘉奖，到公开蔑视和国家文学奖直至扣押和死刑——有一条明显可辩的界线，这条界限将两种反应区分开来，一种是必要时通过身体上的强制迫使进行反抗的对象接受，另一种反应则不是这种情况。有规律地实施在这种意义上构成强制行为的反应属于所有已知的文明形式。恰恰是在社会秩序的核心领域里，规范的生效及其保证同威胁使用及实行身体强制密不可分。

　　这一事实想必是所有社会科学理论的一个重要解释对象。即使可以从理论角度出发质疑个人或集体实施强制是社会秩序稳定存在必不可缺的条件，从经验角度来看也不能对经常使用强制权力实施规范的普遍现象视而不见。对于可以观察到的在现实中使用强制与暴力的情况而言，为什么人的行为中会出现特定的、具有某种稳定性的以及持续的规律性，也构成了解释性社会科学的基本问题。

　　恰恰在这种情况下看来很容易回答这一问题。规范制定者如果能够对规范对象实施强制，那么还有什么能比规范制定者相应地运用其权力手段将自己的意志强加于规范对象更容易让人理解的呢？握有强制权力的人也会有经常使用这一权力达到自己目的的动力。在这一背景基础上，从社会学角度看，甚至规范生效的整个问题都似乎更多具有一种简单的结构：据此，一方是作为规范制定者的人，他们拥有使其意志发挥影响的权力，另一方则是作为规范对象的人，他们只能屈从于占优势的权力。因此，对于社会学家来说，对社会规范生效的解释本质上便降低为对实际权力手段进行特定分配及权力的具体事实的解释。

　　然而，仔细观察很快就会清楚，这一将规范生效归结为规范制定者事实权力的简单模型常常是不对的，在占有及实施强制权力方面就更是如此。作为贯彻规范的手段，强制行为的实施不仅经常伴随着特定规范生效，强制实施的实践绝大部分也建立在以强制和暴力的实施为内容的规范的基础上。使用强制贯彻规范在大多数社会秩序中并非是一种"纯粹"的作为行使强制的行为人的自由决策的结果的行为规律性，它本身就已经是以规范为指导的行为的结果。通过身体强制对偏离性行为进行制裁至少在所有现代社会中都属于通过规范进行调节的社会秩序的自然组成部分。社会学家首先必须借助规范生效对这种制裁形式本身进行解释，而不能对特定规范进行如下的解释，即它们是通过强制行为而生效的。

B. 作为强制秩序的法律

作为对偏离规范的反应的强制行为的实施本身变成一种以规范为指导的行为的最简单的形式即是强制规范生效，这些规范的内容是应该对某一特定行为实施强制行为。这种意义上的强制规范是行为规范，它不是任由相关人随心所欲地对偏离规范做出回答，而是把强制制裁视作一种具有约束力的职责。大部分编成法典的法律规范都属于这一类强制规范。

据此，强制规范不应理解为若不遵守就将通过强制行为予以制裁的规范，而应理解为要求实施强制行为的规范。采用这一说法的原因是，在这里，从经验和解释的角度看，我们所关注的是那些对强制实施的社会实践进行控制与调节的规范，而不是那些通过实施强制确保其得到遵守的规范。

但作为行为规范直接包含实施强制行为指令的强制规范却绝非仅有的可以在社会中对强制与暴力的使用进行调节的规范。借助规范可以确定谁有权确立强制规范，谁有权利及职责对违反以强制为基础的规范的行为进行确认，谁可以真正实施必要的强制以及由谁对实施强制的规范正确性进行监督。规范的内容可以是确立及适用强制规范的程序，也可以是据以审查某一具体规范确立和规范适用的程序。最后，规范还可以规定对强制规范进行阐明与解释的指示以及保障特定的强制规范不被修改。因此，规范在一个社会中能够在很大程度上对强制实施的前提、方式与范围进行调节。在此，社会的"强制实践"不仅可以成为内容各异的行为规范的对象，也可以成为许可规范及授权规范的对象，这就是说，强制与暴力的实施不仅有职责和戒律的特点，也有认可特殊权利及转让特定权力地位的特点。

正如我们下面还将看到的那样，现代社会——尤其是拥有法治国家秩序的社会——的典型特点是，强制措施的实施已经发展成一种进行多种调节且按劳动分工方式组织起来的行为，就是说该社会对实施强制和暴力的规范性调节达到了很高的强度。这是一个存在着全面而多样的强制秩序的社会，在这一点上，"强制秩序"正如"强制规范"一样，其特点不是通过强制维持秩序，而是实施强制须遵循一定的秩序，重点是"秩序"而非"强制"。尽管在现代法治国家秩序中也不能忽视强制对支撑社会规范的作用，但它的特点却并非实施强制的特殊强度，而是调节强制实施的特殊强度，就是说其特点是强制的实施受制于规范性秩序这一事实。

但是，强制秩序生效具有重要的社会学意义并不是仅仅因为其规范包含着对强制的实施进行调节这一特别内容，这样一种强制秩序也呈现出一种特殊的规范结构。这一特殊结构的产生是由于同规范的确立与实施有关的特定行为方式本身在强制秩序中成为规范的对象。英国法哲学家 H.L.A. 哈特是这样描述其特征的：除了禁止或者允许具体行为的"初级"规范外，涉及这些初级规范的"次级"规范也——以不同方式——发挥着作用[1]。初级规范与次级规范组成的这一"重叠"结构从社会学角度看有着双重意义：

一方面，它标志着社会秩序向明显高得多的复杂性及灵活性的过渡。人们确立规范不仅是为了表明其意志，即他人应该实施某一特定的具体行为方式，而且他们还表明谁可以确立并修改此类规范，谁对其生效进行审查或者规范被违反时应做何反应，这样他们就决定性地继续发展了作为行为调节与社会秩序型构手段

---

[1] 参见哈特，1961 年，第 77 页起。几乎不言而喻的是，这种结构的规范秩序只有通过对规范意义的正确理解才能发挥作用。规定对违反另一规范的行为进行制裁的规范若想生效，那么规范对象就必须能够逻辑上正确地并"根据其意义"将某一规范运用到具体情况中，这就是说，此类规范因其事实情况实际上以"注释学上的规范理解"为前提。

的规范确定手段。同仅仅局限于基本禁令和许可相比，通过这种方式，他们能够用一种细微得多的方式表达其意志和愿望。社会秩序发展成"初级规则与次级规则的统一体"（哈特）也同下述过渡相吻合，即从纯粹做一件事情过渡到一种旨在调节与改善该作为的行为。

另一方面，这种结构的规范秩序的存在具有重要的解释性意义。从其生效可以得出结论，即解释特定的以规范为指导的行为方式时也必须同其他以规范为指导的行为方式联系起来，以及必须从其他规范生效中寻找特定规范得以生效的原因。社会学家面临的事实是，不仅作为（基本）规范对象的行为必须用规范的存在加以解释，而且有助于这些规范与发挥作用的行为也应该归结于次级规范的存在。

现在就可以回答下述问题了，即法律规范通过哪些社会科学上的重要特点而优先于其他社会规范：可以看到，法律规范的典型特征在于它们是强制秩序的组成部分，即它们属于在社会秩序中对强制和暴力进行调节的规范[1]，在此，社会群体中的强制秩序只应理解为在该团体中居于主导地位的强制秩序，就是说，在有怀疑的情况下，这种秩序能够战胜其他的、可能相互竞争的、对强制使用的规范化做法（比如黑手党）而得以贯彻。在这个意义上，法治国家秩序规范也应该成为进一步研究的对象：作为形式与结构上均具特色的强制秩序的特殊特点的组成部分[2]。

---

〔1〕 我们将在下一章中看到——除了这些不总是特别清楚的内容上的观点外，可以借助一种形式上的标准判断一种规范是否属于强制秩序。

〔2〕 法律规范是通过强制或强制机器推行的规范，社会学这一流行的特征描述不适用于此目的。关于合适的法律概念定义的各种社会学建议参见贝西特勒具有参考价值的研究，1977 年。围绕正确法律概念的法律理论讨论参见阿列克西，1994b，第 27 页起；R. 德赖耶尔，1986 年；霍斯特 1986a；1987；克拉维茨，1988 年。

为避免可能产生的误解，需要强调指出，法律的这一特征绝不包含下述一类观点，诸如强制规范对社会秩序的稳定而言是最重要的规范，或者规范对象大部分情况下只是因为以强制行为相威胁才遵守针对他们的规范。强调法律是一种强制秩序并不是强调法律通过强制创造了秩序，而是强调法律为强制创造了秩序[1]。认为法律在这里所理解的意义上是一种强制秩序的观点因而恰恰构成了下述假设的对立面，即以强制相威胁和实施强制是社会秩序的根本基础。因此，决定性的社会学问题不是强制对稳定社会秩序起什么作用，关键的问题是稳定的强制的社会秩序如何才能存在。

以下将在社会学解释的意义上对法治国家强制秩序的法学分析进行评价。上述思考的出发点是这样一个问题，即这样一种法学分析从经验社会学的角度看是否有用，这促成了对下述原则问题的研究，即规范的意义与意义联系总的来说在多大程度上对社会学家具有重要意义。结论是正确理解现行规范的意义是形成社会学理论的必要前提，由此，实证法律秩序的法学分析具有直接的社会学意义并且是不可或缺的信息来源。社会学理论的目的如果在于解释法治国家制度的产生与存在，那么法学知识便构成了正确理解这一解释对象的特殊特点的绝对必要的基础。

---

〔1〕"法律是一种强制秩序并不意味着——像人们有时认为的那样——'强迫'人们采取合法的、法律许可的行为是法律的本质。"（凯尔森，1960年，第36页）

第二章

法治国家规范秩序的
结构和内容

一　法治国家规范秩序的生效

　　三个来源对于进一步进行研究很重要：第一，涉及一般法律秩序结构与元素的法律理论分析，尤其是汉斯·凯尔森和 H.L.A. 哈特的"普通法学"。第二，以法治国家特殊规范为对象的国家法学。第三，关于现代法律制度特征的法律社会学理论，特别是在马克斯·韦伯的著作中出现过的理论。

　　开始研究以前有必要指出作为该研究条件的基本前提。该前提存在于下述假设，即法治国家强制秩序的规范是有效规范，就是说这些规范表达了某种影响行为的意愿。我由此做出下列前提，即法治国家中不仅可以经常发现一种符合法治国家规范与原则的行为，而且这种行为作为以规范为指导的行为的原因亦可追溯到这些规范与原则的存在，也即是说大部分情况下实施这种行为也正是由于相应规范的存在。

　　在社会学中，该前提比下述假设更有争议，即一般说来规范的生效导致出现特定行为方式。总是有社会学家对国家法律秩序对法律对象的行为具有重要影响这一点提出质疑。他们的观点是，其他因素——例如存在于各个参照群体中的社会规范——的作用要大得多[1]。我认为这一观点在经验论上是错误的，但我不想就此进行阐述，而将从相反的观点出发。

当然，即使法治国家规范生效的假设被证伪，下述研究也不会多余或者失去其价值。在这一条件下，可将其当作有关下述命题的研究加以研读，即法治国家的强制秩序若要成为有效的规范秩序，它需要满足哪些条件，以及将产生何种后果。

当然，法治国家规范是导致产生与法治国家相符合的行为方式的原因这一前提在这里只能以一种较"弱"的方式加以利用，因为法律规范具有因果关系重要性的假设着眼于下述情况，即其作为强制秩序规范对社会实施强制与暴力起着决定性的作用。据此，虽然可以做出特定强制规范的存在是偷盗行为一旦被发现通常会进行特定惩罚的原因的假设，但却不能做出法律禁止盗窃也是特定情况下没有进行盗窃的原因的假设。

二 作为规范体系元素的法律规范

A. 法律秩序的逻辑统一

将要阐述的第一个法律理论上的认识是由于它对法治国家的社会学政论具有核心意义，该认识并非专门涉及法治国家的规范秩序，但它也恰恰对正确理解法治国家具有根本性意义。这种认识认为法律规范之间存在着特殊的逻辑关系，它可以追溯到法律理论家阿道夫·梅克尔[2]。汉斯·凯尔森则继续发展了这一认识并"使其经典化"[3]。

---

〔1〕 欧根·厄里希对这一命题的阐述颇具示范意义，影响至今且依然有效，参见厄里希，1967年，第49页起。

〔2〕 参见梅克尔，1968年，第1311页起。

〔3〕 有关这一学说的现实阐述参见比德林斯基，1982年，第199页起及瓦尔特，1974年，第23页起。

根据这一认识，法律秩序的规范并非作为单独的、相互隔绝的实体而存在，而是统一的规范体系的元素。规范之间的逻辑联系赋予该体系一种内在结构与对外的界限：法律秩序规范不是作为条件便是作为结果而同其他法律规范之间存在着相互间的逻辑派生关系并由此形成以"基本规范"[1]结束的"层级结构"。作为最高规范，这些基本规范便构成相应法律秩序[2]的宪法，其他规范均可追溯到这些基本规范。如此一来，就从有关机构与机关的法律授权中推导出作为具有约束力的法律规范的行政行为或者法庭判决，反之，作为基础的法律规范又是建立在宪法对立法者加以指定的基础上。这样一来，法律秩序便具有一种上下贯通的等级结构，形状如同一座由"较高"与"较低"规范组成的金字塔，位于塔尖的是最高的宪法规范，塔基则由单个规范组成，这些规范在具体的单独情况下针对某一特定的法律对象[3]。

法律规范通常是一种有活力规范体系的组成部分，可以改变

---

[1] 我有意避免使用凯尔森在这里使用的"根本规范（Grundnorm）"这一概念。凯尔森将这一概念同一种很成问题的认识论观点联系起来。据此，根本规范不应是现实适用的规范，而只能作为准超验论假设进行"预定"，在这里不必处理这些问题。这里所指意义上的基础规范（Basisnorm）应指某一"一般"规范，它同该秩序其他规范的区别仅仅在于其不可派生性。在内容上，我援引哈特的立场，1961年，第105页起。

[2] 法律秩序的宪法是否只包含一种基础规范还是包括多种基础规范，也就是说有关法律秩序是否仅由一种规范体系或是由多种规范体系组成，这是个经验问题，在第二种情况下有可能出现有效法律内部相冲突的规范。

[3] 凯尔森认为，所有法律秩序都会出现这样一种逻辑的阶梯状建筑。这一观点是否站得住脚，或者说这一阶梯状建筑是否更是现代法律秩序的一个典型特征，这里可不予置理。法治国家的法律秩序肯定具有逻辑性梯状建筑的特点。但下述论断可能在任何情况下都是正确的，即这一阶梯状建筑的特殊结构只有借助现代法律秩序及被韦伯称为"合法——理性"那类国家秩序才变得完整清晰。有关情况参见鲍彼奥，1987年，第125页及下页。

该体系的各个规范而不致摧毁体系的统一性[1]。这一点之所以有可能，是因为一种有活力规范体系的初级规范系由授权规范组成，授权规范通过将确立规范的权限转让给特定规范制定者而允许产生新的规范及废除现有规范。这样，所涉及的授权规范的特殊内容便是通过规范确立"权"扩大被授权的主体的行为选择范围。

授权某人确立规范的非实体论意义是，应该遵从此人的意志："如果 N 希望 P，就应该是 P[2]。"确立规范的授权是由这样一种规范产生的，该规范的意义在于要求遵守其他规范。"如果道德规范授权父亲对他的孩子下命令，那么该规范由此便要求孩子服从父亲的命令。"[3]据此，转让"立法权力"的授权规范要求法律对象应该按照法律规定行为。然而，由于法律秩序乃是一种强制秩序，立法权力就包括了对使用身体强制的前提与方式做出决定的授权。授权立法者进行立法的宪法规范的具体意义是，强制的实施应符合立法者的意志[4]。授权立法首先也赋予了依靠使用身体强制手段的权力。

从授权规范的非实体论意义可以得出一种有活力法律秩序中的授权规范与行为规范之间典型的逻辑派生关系：

宪法规范：应该遵从立法者的意志

立法：　　　立法者想要 P

————————

法律规范：应该做 P

授权关系的特殊结构使得制定与修改法律本身能够成为法律

————————

〔1〕　参见凯尔森，1960 年，第 198 页起。

〔2〕　参见温贝格，1981 年，第 62 页。

〔3〕　凯尔森，1979 年，第 83 页。

〔4〕　参见凯尔森，1960 年，第 51 页。

规范的内容。立法者颁布的规范之所以成为一种有活力法律秩序的组成部分，仅仅因为它是根据该秩序另一规范的规定确立的——因此，立法同时也是法律的生效[1]。宪法规范作为最高的法律生成规则发生作用，但它们却不仅满足了缔造统一原则的功能，而且也满足了"认知规范"或者"辨认规则[2]"对现行法律所起的作用。通过审核某一规范是否可从宪法中逻辑派生出来可以随时断定该规范是否属于现行的法律秩序[3]。

法律的逻辑性层级结构在每一具体情况下均同许多通常有争议的法律理论问题联系在一起[4]，这些问题在此可以不予理会。下面阐述的仅仅是孤立规范生效与作为规范体系一部分的规范生效之间在社会学——经验学意义上有何原则区别的问题。

B. 通过授权获得的权力

对以规范为指导的行为进行社会学解释需要分三个阶段：第一步要确定谁是相关规范的规范制定者，就是说何人的意志作为因果因素而成为规范对象以规范为指导的行为的基础。第二步必须解释规范对象实施某一特定行为方式为什么是规范制定者意志的内容。第三步要解释的是，规范制定者的意志如何才能获得行

---

[1] 参见凯尔森，1960年，第73页。没有理由把事实上的循环论证或悖论穿凿附会地加到法律的"反身性"上（类似观点也参见鲁曼，1985年；1993年，第38页起，第496页起；托依布纳，1989年）。很能说明问题的是当今喋喋不休谈论法律"毛遂自荐"的作者们几乎没有提及汉斯·凯尔森，尽管他早在50年前就做出了法律的"特殊特点"在于调节"自己的产生"（凯尔森，1934年，第74页）。原则上，这一事实本身所包含的问题不比例如我小女儿应该听从我大女儿的命令这一意志所包含的问题更大。

[2] 参见哈特，1961年，第97页起（《认识的统治》）。

[3] 由此便有了判断规范是否属于某一法律秩序或强制秩序的精确标准。当然，不应该断定逻辑可派生性这一标准在任何条件下都可以毫无困难地使用——规范性条件可能存在"缺陷"，包含模糊的概念，需要阐明与解释。

[4] 有关目前讨论的情况参见保尔森/瓦尔特文集中的文章，1986年及温贝格/克拉维茨，1988年。

为有效性以及通过何种手段使其意志对规范对象发生作用。因此，对以规范为指导的行为的解释包含着对另外一种行为方式的解释。不仅要列出作为规范内容的规范对象的行为原因，还要列出存在于有效确立规范之中的规范制定者的行为原因——对规范确立的解释既要包括对规范制定者意志方向的解释，也要包括对规范制定者有能力有效贯彻其意志的解释。在下述上下文中主要涉及第二点。

作为规范制定者有能力使自己的意志对他人产生作用意味着——无论通过何种途径——在同这些人的关系中拥有某种权力，"权力"在这里应做相当宽泛意义上的理解。按照马克斯·韦伯的定义，权力就是"即使遇到抵抗时也能贯彻"自己的意志[1]，与他的这一定义不同，这里当行为者只要能够使这些人部分或者充分贯彻自己的意志时，就应该算是与他人关系中的权力，它并非一定要假设必须克服某种特殊的反抗。相关行为人只需要有能力在重要程度上改变他人的行为决定因素——据此，教育同"更好论据的强制"及支付工资或者意识形态上的教条主义一样都属于行使权力。占有权力在这个意义上也并非一定意味着拥有某一优越地位，这可能是一种人们在其中互相往天平上投掷重要砝码的"权力平衡"：例如用符合规范来换取他人的善意行为。这种势均力敌的权力关系具有重要的作用，因为在很多规范中人同时扮演规范制定者和规范对象的双重角色。

无论在具体情况下规范制定者的权力建立在何种基础之上，解释以规范为指导的行为必须包括下列解释，即规范制定者以何种事实为基础拥有这一权力，亦即规范对象缘何有足够充分的理由遵从规范制定者的意志以及——如果涉及许可或授权——规范

---

〔1〕韦伯，1921年，第28页。对"权力"定义不同方面的阐述参见科勒尔，1991年和瓦腾贝格，1988年。

制定者何以有能力给他人提供特定的行为可能性。

在这一点上，法律理论对于规范体系特殊逻辑结构的认识对社会学家形成其理论具有重要意义。对规范制定者权力的经验论基础问题具有决定性意义的是，他所确立的规范是否作为个别的、与其他规范隔离开来的规范而生效，或者它是否可以作为一种有活力规范体系的元素从某一授权规范中派生出来。借助有关规范逻辑结构就可以清楚地看到这一点：

授权规范（EN）：　　　　应该遵守 N 的意志[1]

确立规范：　　　　　　　N 希望 A 做 p

――――――――――――

派生规范（AN）：　　　　A 应该做 p

以规范为指导的行为：　　A 做了 p

授权规范（EN）与派生规范（AN）构成一个简单的规范体系，其中授权规范（EN）是基础规范。派生规范（AN）与授权规范（EN）同属一个体系，因为它是根据 EN 产生的。根据定义，"规范生效"假设某一有效规范是出现符合规范的行为的原因。因此在其生效时，AN（派生规范）是 A 做 p 这一事实的原因，而 EN（授权规范）也是 N 使 AN（派生规范）生效的原因，也就是说他的意志确实产生了有效的规范确立，即是说它导致 A 做了 p[2]。

社会学家的出发点是 A 所做的可以观察得到的行为 p，他必须借助 AN（派生规范）生效将这一行为解释成以规范为指导的

――――――――――――

[1] 可以更精确地表述如下：如果 N 希望行为主体 X 实施 Y 行为，那么 X 就应该做 Y。

[2] 授权规范 EN 的生效并非 N 希望 A 做 P 的原因，这一点很重要。授权规范的行为要求并非针对获得授权的规范制定者，而是其相对人。当然，可以通过行为规范对授权规范进行补充，前者的内容是获得授权的规范制定者应该利用这一授权。

行为。为此他必须确定 AN（派生规范）的规范制定者并找出该规范制定者以何种事实为基础在同 A 的关系中拥有足够的权力使其意志在 A 那里得到贯彻，根据该意志 A 应该做 p。但是，如果 AN（派生规范）作为有效规范体系的元素而能够从 EN（授权规范）中逻辑派生出来，那么 AN（派生规范）的确立本身就是有效规范的内容并因而同样是一种以规范为指导的行为，该行为必须用规范生效进行经验解释并归因到 EN（授权规范）的规范制定者的行为有效性意志。确切地说，由于 EN（授权规范）的规范制定者希望应该遵从 N 的意志，那么在这一点上由 N 确立 AN（派生规范）就必须被解释为一种以规范为指导的行为，在这个意义上也必须借助授权规范生效对 N 有能力确立有效规范进行解释。

这样一来，社会学家可以从这一情况中得到两条重要的信息。一是他可以确定谁是 AN（派生规范）的规范制定者，即通过高位授权规范 EN 明确指定 N 为规范制定者。二是可以识别 N 所拥有的规范确立权力的事实基础，即它存在于授权规范 EN 的规范制定者身上及其行为方式中，该制定者希望 N 有权力使规范生效。就是说，社会学家知道在这种情况下行为规范的规范制定者的权力源于将这一权力"转让"给他（指行为规范的规范制定者——译注）的某一授权规范的规范制定者的意志，其权力的基础并不是他人必须承认他是权威，而是他人愿意将其指定为权威。

因此，授权规范的规范意义和有效规范秩序的逻辑结构确实对社会学家具有重要的经验论意义。对他来说，这其中不仅包含着有关作为纯粹思想内容的规范的特点的信息，还包含着作为现实存在着的因素的规范相互之间的关系。一种有活力规范秩序中的规范是根据该秩序中其他规范的规定而产生的，这一点从社会学家的角度看意味着其产生不仅具有逻辑意义，而且也具有经验意义。在这种情况下，规范生效的原因必须在其他规范生效中寻找，规范制定者的权力则必须在其他规范制定者的权力中寻找。

然而，这一结论的根据却不是从"逻辑世界"到"经验世界"的神秘过渡。规范之间的逻辑关系也就是思维关系并非一根直接对社会现实发生作用的魔棍。但是，如果某一授权规范与可从其中派生出来的规范之间的逻辑关系表明某一意愿确实存在，据此意愿某一特定主体应该拥有确立规范的权力，以及如果该意愿的事实存在是得到授权的规范制定者拥有确立规范的实际权力的原因，那么就能够做出从"逻辑"到"经验"的推论。

特定权力地位和特定权力关系必须通过授权规范生效才能得到解释的认识与特定行为规律性必须通过行为规范生效才能得到解释的认识对社会学家具有同等重要的意义。恰恰是在重要的领域中，只有当人们考虑到他人"创造"一个统治者的意志可能是产生权力与维护权力的一个必不可缺少的因素时，才能对权力现象有正确的理解。这种"赋予"权力的现实存在于规范生效当中，就是说存在于下述事实中，即事实上得到遵守的规范都是特定人据此应该拥有权力的规范。权力在这种情况下是意志的产物，权力的"表面分配"并非真实权力结构的直接反映。惟有通过授权规范生效才能产生权力看得见的标志。

如此一来授权某人确立规范可能造成的结果是该人干脆通过直接表示应该遵从某一特定规范而行使其权力。授权规范生效的这一特殊后果尤其在法律秩序中导致作为明确事实的权力和权力的行使几乎完全烟消云散了，在法律制度之内几乎只是"说说""写写"[1]。然而通过这一静悄悄的过程却完全行驶了真实的权

---

[1] 行使权力的这种"静悄悄"的方式在现代法律秩序中很普遍，这一事实也表明法律规范通常确实是有效规范——因为如果法律秩序的授权规范无法发挥效用的话，那么法律制度的大部分成员不可能满足于仅仅通过表达其意志行使权力。

力，最晚在"戴尖顶头盔的那些人来的时候"[1]。

C. 通过授权的法律权力

确立以强制使用条件与方式为内容的规范的权力是一种特别重要的权力，它具有倍增效果，因为它拥有使用身体强制力的支配权力——它是一种使用权力工具的权力，包括通过强制秩序规范使用其强制手段时被确定的所有人的资源。如果我们能使强制规范生效，那么我们不仅直接拥有了对作为强制规范对象采取所规定的强制行为的那些人的权力，而且也间接拥有了对成为强制行为受害者的那些人的权力，而且这种权力通常比对强制规范对象本身的权力大得多。

在社会团体中行使确立强制规范的"法律权力"的人当然在该团体中拥有重要的统治地位，其意志不仅仅相对于强制手段的真正所有人生效。由于他借此支配了强制手段本身，他便有很好的机会让其所在社会团体的全体成员顺从。由于他能够通过确立有效的强制规范实施强制行为制裁违反其他行为规范的行为，他便拥有一种普遍贯彻他自己意志的极为有效的手段。如果社会学家因此试图回答在社会中确立居于主导地位的强制秩序的权力有何经验基础的问题，那么这同时也涉及一个社会中的权力与统治的基础。

在这一背景下，法律理论的下述认识具有特殊意义，即作为法律秩序的组成部分对强制实施的前提与方式进行调节的规范是一种有活力规范体系的元素。这样一种强制秩序的规范逻辑上的核心结构如下：

授权规范（EN）： 强制应该像 N 希望的那样实施
强制规范确立： N 希望 A 对 B 实施强制

---

〔1〕韦伯，1922 年，第 327 页。

强制规范（ZN）： A 应该对 B 实施强制

以规范为指导的行为： A 对 B 实施强制

在这种情况下，社会学家的出发点也是需要用规范生效加以解释的以规范为指导的行为：这里涉及的强制行为必须追溯到一种强制规范的生效。由于这一强制规范能够从某种有效的授权规范中派生出来，类似的论断如同此前分析过的一般情况一样也是正确的，就是说，ZN（强制规范）生效的经验原因须从 EN（授权规范）的生效中寻找，因为 N 确立有效强制规范 ZN 的能力源于授权规范 EN 的规范制定者的意志。N 拥有的特殊强制权力也以另外一个规范制定者转让权力为基础。

因此，某一法律秩序中决定采取强制行为的规范是某一有活力规范秩序派生出来的规范这一事实包含着下列意思，即同身体强制手段的支配权利有关的重要权力地位在法律共同体中是规范生效的结果。警方或监狱人员采取法律强制措施是根据由法官颁布的法庭裁决，而反过来法官确立此种强制规范的权利又是从立法者的授权中派生出来的。法官的意志生效及强制执照他所规定的方式得以实施基于立法者的意志发挥了效用，据此意志强制应按法官规定的方式实施。

同在其他领域相比，法律强制权力这一规范性基础使我们更多地认识了通常容易隐藏在"权力表面"下的社会现实的本质结构。由于法律权力的行使最终不可避免地同强制手段的真正占有有关，容易让人产生这样的印象，即真正占有这些手段对有效支配与其密不可分的强制权力同样具有决定性意义。但是在法律秩序框架内真正占有强制手段通常即不是使用这些手段的自由决策权力的必要条件，也不是其充分的条件。倒不如说对其使用的决定权力更多是建立在规范有效性的基础上，这些规范要求应当根据有关授权机构的规定实施强制。

因此，确立强制规范的法律权力虽是实际发挥效用的对于身体强制手段的支配权力，但它不是本身源于对于强制与暴力的支配权力的一种权力。强制手段的使用应符合规范制定者意志的事实不能归因为该规范制定者自己能够对那些没有按其意志使用强制手段的人实施强制与暴力。因此，虽然拥有法律权力的人能够通过使用强制力和以此相威胁而将其意志强加给他人，但他本人权力的基础却不可以是出于对其个人潜在强制力的恐惧。

如果没有授权规范的存在，就是说如果没有希望他人获得某种特定权力地位的规范制定者的存在，支配强制权力事实上当然就只能建立在对身体强制手段的真正占有之上。与此相反，法律秩序则使强制权力现象及建立在其基础上的统治成为一种规范产生的法律现象。法律秩序不只对应在何种条件下实施强制做出规范，它本身也创造了确定这些条件的权力。所以，可以对法学家喜欢的一种说法即权力是从法律规范中"流淌"出来的做双重解释：一种是规范性解释，即由法定授权规范中派生出来的权力从法律上讲是合法的；但另外也可以做出具有说服力的经验解释，即这种权力的原因可以追溯到法定授权规范生效。

据此，法律秩序的产生不仅在法学规范性意义上，而且在社会学经验论意义上均标志着向合法统治过渡的结束，即过渡到通过法律规范不仅合法化了的而且由此确实产生了的权力和权威。法律秩序生产出新的权力地位和统治地位，而不仅仅对业已存在的权力进行"描摹"以及为其进行辩护。统治与服从不再仅仅是既成事实的某个人的权力关系与强力关系的结果，在这个意义上，任何一种法律秩序都是从人治迈向法治的第一步。当然，也不能过高评价迈出的这第一步，因为正像我们以后将要看到的那样，它依然容忍了多种形式的恣意统治。

进行统治的规范性合法授权可用"主权行为权限"这一专业术语同纯粹事实上的权力和命令强制权区分开来。被授予权力的人作为法律秩序的"元件"在法律秩序授予的"权限"与"管辖权"的基础上行为，而不是在其所拥有的不依赖于合法授权的"天然"特性的基础上。通过合法授权确立的规范制定者是法律的人为创造物，其权力是法律秩序的设计，尽管如此他的权力还是一种非常真实的权力，其权力即为法律秩序的有效性[1]。

而权力现象因此也以强制权力的形式丧失了它作为确确实实的"严酷事实"的"无辜"，社会学家据此可以解释规范生效及规范制定者的贯彻能力。在这种情况下，权力也被证明同应当借助其对该权力生效进行解释的规范一样"柔软"——因为它作为社会事实本身也是规范生效的一个结果。

D. 法律秩序的经验论统一

法律强制规范是从授权规范中派生出来的事实对社会学家来说包含着重要信息。它告诉他谁是强制规范的规范制定者以及他们的权力源于规范生效亦即他人的意志。但这尚未揭示法律秩序中所包含的强制权力的"真正的"经验基础，因为这些信息借助派生的强制规范生效所回答的问题在高位授权规范生效上又重新被提了出来——特别是其规范制定者权力基础的问题。

然而，即使涉及的是授权规范制定者的潜在权力，我们也绝非必然降落在纯粹"权力事实"的坚实土地上。授权规范的规范制定者本人也完全可能是通过某一授权规范才获得确立规范的权力的。从逻辑上看，授权规范也可能是从某一"更高的"授权规范中派生出来的，因此，在其基础上产生出其他规范的授权规范也未必一定是规范体系的初级规范。

在现代社会法律秩序中经常可以发现授权规范之间这种多层次的派生关系。确立强制规范或颁布行政行为的法官或行政官员的行为是以立法者颁布的授权规范为基础的。而立法者的立法权力也是从规范中派生出来，即宪法对他的授权。发达的法律秩序

---

[1] 这是凯尔森的表述，1960 年，第 293 页。

显示出逻辑上可以相互派生的"较高"与"较低"级次授权规范的层次顺序，这些授权规范不仅赋予确立行为规范的权利，也赋予确立其他授权规范的权利。

因此，从社会学角度看再次出现了可以从授权规范相互之间的关系以及从由这些规范中派生出来的规范之间的关系中得出的经验解释性结论。如果有效规范秩序结构中的授权规范是迭代反复产生的，那么以规范为指导的行为的解释层次也将是迭代反复产生的。在这一前提下，不仅获得授权的规范制定者的权力必须用授权规范生效进行解释，而且授权规范的规范制定者的权力也须如此解释。两类规范制定者——获得授权者及授予权力者——的权力均源于规范生效及他人的意志。

此类规范性与因果关系性结构的迭代反复一方面对于本意"只"想解释某一特定行为规律性的社会学家来说意味着复杂化。在这一条件下，行为规律性无法再归结为某一单独规范的生效，在其之上叠起了——形象地说——由互相联系的规范组成的一整座"金字塔"，而对于社会学家来说，这样一座规范的"金字塔"意味着各种意志支配、行为方式和权力因素之间存在着复杂的经验论关系和因果联系。

不过，另一方面法律秩序的分层结构也为我们提供了有关法律共同体中的权力结构的重要认识。大量互相交织的授权规范生效表明法律秩序框架中的权力行使已经成为一种具有高度分工的行为。法律秩序内部通常存在着诸多分量各不相同的权力机构。授权规范的内容表明了其领域与范围并能够识别作为"机构管理者"行为的具体个人。然而还不能将这一权力的分工同法治国家意义上的分权相提并论，它并非必然同特定"权力"的独立性或相互监督权相联系。不过，对社会群体强制权力的组织与分配的认识作为对其起支撑性作用的统治架构的认识在任何情况下都是具有社会学重要意义的信息。

从社会学角度看有决定性意义的是，由于法律规范之间重叠的派生关系最终无一例外都能够从该秩序的——成文或不成文的——宪法规范中派生出来，因此它们也丝毫不能改变其为同一法律秩序元素的事实。但"规范多样性的"逻辑上的"统一"[1]从社会学观点看同时也是一种经验上的统一——并且是一种权力的经验统一，一种权力机关多样性的经验统一。规范作为某一有效规范秩序的组成部分能够从该秩序的宪法规范中派生出来这一事实在经验上意味着派生规范的规范制定者的权力具有共同的经验起源，也意味着其意愿的有效性最终以统一的"基础意志"的有效性为基础。统一存在于法律秩序中并通过该秩序的各个机构行使的权力拥有一个存在于该秩序宪法规范生效中的"引力中心"，从因果关系上看所有权力均来自于该中心，无论该权力在确立授权规范的过程中及与此相关的其他权力机构的创建中如何"分裂"与"划分"。

但法律秩序的宪法规范不仅仅是——逻辑上与经验论上——该秩序确保统一的原则。法律秩序内部规范层次的重复也以宪法规范而告终。这对社会学家来说有什么样的后果呢？在寻找法律秩序规范制定者权力基础的过程中，他终将——通过在权力等级结构上"往上攀升"——遇到的是其权力作为法律秩序的机关直接建立在宪法授权基础上的那些规范制定者。原则上这些最高机构的权力也必须像所有下属法律机构的权力一样通过授权生效和这些授权规范的规范制定者的意志生效进行解释。在这种情况下这意味着其权力必须通过宪法制定者的意志生效进行解释，因为它涉及法律秩序的"最高"规范即宪法规范。

这样一来，这些规范制定者的权力基础便不再是法律秩序的一种授权规范，因为作为立宪者他们先得使某一法律秩序的最高

---

〔1〕 凯尔森，1960 年，第 209 页。

授权规范生效。他们的权力无法通过法律产生，而是各种合法权利必不可缺的经验基础——它尤其是宪法规范生效的经验基础，一种逻辑上与经验上统一的法律秩序首先须借助于此方能创造出来。因此，所有法律权力最终都以其为基础的法律秩序的权力基础必然具有法律以外的纯粹社会的性质。

何人意志应对次级法律规范生效起决定性作用，对此法律秩序规范可进行全面调节，但规范却不能对法律秩序的宪法规范的生效应取决于何人意志进行调节。尽管规范生效能够产生与获得实际权力，但规范却无法创造自身生效所依赖的权力。在这个意义上，任何一种规范秩序都永远只能对权力关系进行不全面的规范。所以，基础规范的规范制定者是否拥有足够的权力贯彻这些规范始终是一个存在于有关规范秩序之外的因而——从这些规范秩序的角度来看——也是纯粹的实际权力问题[1]。

对社会学家而言，其"解释等级"的迭代反复也最终结束在法律秩序等级的这一位置上。某一法律秩序获得宪法直接授权的"最高机构"[2]是"最终"规范制定人，因为它们是"最高"规范制定者，可以通过法律规范确认这些人，他们的权力则可以用合法授权规范生效加以解释。社会学家的解释任务当然没有就此结束，在某种形式上他的工作此时才刚刚开始。他对某一法律秩序的宪法规范生效的解释走到了他从法律科学及其对法律秩序结构与内容的描述中再也"学习"不到任何东西的地步。由于现在涉及的是解释法律秩序存在于法律之外的基础和社会权力，社会

---

〔1〕 从中当然不能得出下列结论，即法律秩序立宪者的权力本身也可能源泉于法律之外的规范，例如宗教或社会道德性质的规范，其权力基础何在是一个悬而未决的经验问题。社会中其他规范体系的存在完全可能发挥作用。

〔2〕 根据阿尔弗雷德·费尔德罗斯可以如此称呼此类机构。当然费尔德罗斯是在与此稍有不同的意义上使用"最高机构"这一概念的。参见费尔德罗斯，1987年，第42页起。

学家在法律秩序规范中也无从获知他应该在何处寻找这一权力的来源。

若想解释法律秩序中宪法规范的生效，就需要对实证法律秩序的产生与存在进行总体解释。但这样一来也涉及社会中重要权力地位与统治地位的经验论基础。谁是宪法规范的规范制定人，其权力基础何在，其意志导向立于何种动机基础之上，只要这些问题尚未澄清，社会权力与统治的决定性基础也就是模糊的。

不论确认何人为法律秩序宪法规范的规范制定者和保障者，也无论其权力基础何在，他们都必须拥有足够的权力才能把在社会上发挥有效强制的权力赋予那些得到他们授权的法律机构。法律秩序存在的必要基础是权力的转让，因此，解释问题也并非要解决为什么人要服从拥有比自己多的权力的其他人的问题，它要解决的问题是人为什么将自己的一部分权力转让给他人。[1] 为什么有人按强者意志行事，这很容易解释。相反，要解释为什么有人希望另外某个人有权势就困难多了——但正是这一意志构成了所有有效法律秩序的起源与经验基础。

三　法治国家的机制

A. 法律秩序的暴力垄断

法律秩序作为"强制秩序"不一定包罗万象，其规范未必一定要涵盖有可能使用身体强制手段的所有领域。它可以对在某些情况下采取强制行为做出有约束力的规定，也可以明确禁止在某些情况下使用强制——但除此之外则将身体强制的使用交由个人

---

〔1〕 出于这一原因，专制现象也是社会学难以解释的一个内容，因为专制者行使权力也——而且恰恰——必然是以他人授权为基础的。参见第二部分。

自主决定。但法律秩序也可以毫无例外地规范某一社会对身体强制的使用，就是说它可以详细规定何人在何种条件下允许使用强制与暴力，这种情况即是所谓的法律秩序的强制垄断或暴力垄断[1]。

法制暴力垄断的存在不属于法治国家的典型特征，这种暴力垄断可以存在于迥异的国家形式中，也可以存在于独裁统治中。尽管如此，依然有某些理由表明法制的暴力垄断与法治国家的典型制度之间有着紧密的、内在的联系。如同分权或基本权利的保障一样，法律秩序中的暴力垄断对于法律发展成为自由的安全与和平秩序也至少是一个必要的前提。从公民的角度看，法治国家制度"狭义上"——正如我们还将具体看到的那样——服务于下述目标，即通过法律机构限制暴力的使用并使其具有确定性，而法制的强制垄断则是保护公民免遭私人擅自使用强制力所不可或缺的手段。

从社会学角度看，从暴力垄断的存在中能够得出哪些结论呢？在存在暴力垄断的法制中，禁止人与人之间相互使用暴力，除非法律规范做出明确许可或规定。因此，在暴力垄断的前提下，所有法律允许的强制与暴力的使用均以法律规范的许可及授权为基础。只有法律秩序本身可以——就是说作为一种例外——赋予个人对他人实施强制措施的权利。

法律规范涵盖身体强制力使用的方方面面在社会学上意味着强制垄断生效时实际发生的强制与暴力行为基本上是使用与遵守规范的结果，因此，它作为一种以规范为指导的行为必须用这些规范的生效来解释。这样，强制使用的实践在经验上也趋向变成一种完全合法的、"规范产生"的现象，社会学家必须通过法律授权、禁令和许可生效来解释这一现象。

----

〔1〕 参见凯尔森，1960年，第37页起。

这一点当然并非毫无例外地适用。存在有效暴力垄断的法律共同体中也有"法律之外的、未经法制授权的强制使用"。这涉及不法行为及法制禁止的因而通常受到以法律认可的强制实施相威胁的行为方式。法制强制力垄断生效只是假定它"事实上具有这样的重要性",在真正重要的程度上"存在着根据该秩序的规范实施强制的机会[1]"。

但这一局限却丝毫不能改变法制的暴力垄断所具有的社会学上的特殊意义,它尤其存在于该垄断为法律机构创造出的极为强大的权力地位上。拥有这一法律权力相当于取得了这样的社会地位,从这一社会地位出发可以经常成功地援引强制与暴力的使用,它因此是一种拥有极大权力的地位。法律秩序生效总是同建立在使用身体强制权力基础上的统治联系在一起的,具有强制垄断的法律秩序生效则同依赖于惟一地使用身体强制权力的统治联系在一起。

通常情况下从实际权力手段集中掌握在特定法律机构手中也可以单从外表上就看清楚这一点。尽管从理论上讲通过法律共同体成员的自助的法制强制垄断也是可以想象的[2],但事实上很难想象通过这种途径能够进行有效的强制垄断。为此它需要特殊的执行机构,这些机构若想迅速有效地采取行为就必须拥有必要的强制手段。为贯彻其强制垄断,法律秩序通常需要制度上的高度集中和有组织的"强制机器"[3]。换言之,带有强制垄断的法律秩序通常是国家法律秩序,合法的强制垄断同国家的强制垄断具有同样的意义。

B. 作为宪法国家的法治国家

---

〔1〕 韦伯,1921年,第183页。

〔2〕 参见凯尔森,1960年,第38页起。

〔3〕 参见韦伯,1921年,第182页起。

任何一种法律秩序都不仅包括通过规范产生权力，也包括权力"受制于"规范。法律秩序的宪法将使用身体强制力的决定权让与该法制的机构，立宪者由此放弃了在授权范围内自行使其权力，在这个意义上，他们服从法律机构的意志和由他们所颁布的规范。

在法律秩序的强制垄断中，行使身体强制"受制于"法律规范在更大程度上发挥着作用，从某些方面看甚至是无一例外的。在这一条件下，任何情况下行使强制要么被明确允许，要么被明确禁止，这样一来，使用强制的前提与方式的确定就完全掌握在合法的机构手中。强制垄断奠定一种法律与国家权力，这一权力主导着其他暴力所有者并奠定了将使用暴力作为冲突手段最小化的基础。

但国家强制垄断的存在尚不能确保法制对建立在合法许可或授权基础上的身体强制的使用的限制也能够排除合法权力机构本身实行专制统治。授权规范不一定也包含着对所转让权力的限制，它可以授权根据自由量裁行使这一权力。权力转让首先仅仅意味着获得授权者的行为可能性增加了，但他们在这些可能性之间进行选择是否受制于规范性界限与规定，则是另一个有赖于此的问题。统治者拥有权力归因于某一授权规范生效，单单这一事实未必对他以何种方式使用这一权力产生影响。即使权力的产生是规范的结果，这也未必同样适用于权力的使用。

这样，国家的暴力垄断可能导致强制与暴力的使用"失去约束"——而不是普遍通过规范"约束"强制与强制力。国家暴力垄断的建立不仅仅意味着行使强制的自由受到限制，而且也可以意味着，法律共同体的某些成员的这一自由得以急剧扩大。这样，社会群体自然的权力潜力不再以其成员相互制约的可能性得以分散，而是集中在少数几个"独裁者"手中。由于这些手段的高度集中大大提高了其打击力，因此出现了扩大而不是减少身体强制手段对社会生活所起作用的危险。

经验证实了这些担心：警察国家、专制政府、寡头统治或者拥有一个高高在上的不受任何限制的统治者的典型的"极权"国家同法治国家之间有一个共同点，即行使身体上的强制权力在国家的中心处汇聚集中。此类专制政体中的统治权尽管也可追溯到成文或不成文的法律秩序对其各自统治者的规范授权，但由于法制的宪法本身可能受到非常片面的事实权力关系的支配——比如掌握军事权力手段的一个规模不大但却高效组织起来的群体，它也可能将相对广泛的统治权利授予统治者[1]。在极端的情况下，某一特定个人可能作为"统治者"被授予不受限制的全权而得以仅凭其个人喜好法制社会强制秩序[2]。

虽然国家的强制权力垄断作为社会生活安定不可缺少的前提条件而构成法治国家的一个重要组成部分，但这种安定却是以权力在国家领域中的高度集中与扩大为代价换取的。使公民法制失去强制权力及让国家机构获得该权力，这还不能算是法治国家的开端。法治国家的开端是让国家统治本身受制于法律规范。存在国家强制权力垄断的法制肯定先是创造出一个利维坦——法治国家是试图让这一利维坦重新受到束缚。

通往法治国家的国家秩序与法制的关键一步在于，该秩序的宪法不仅包含一种将确立法律规范及塑造强制秩序的权力让与特定机构的授权，它还定义了权力的界限与樊篱，确定国家权力的基本结构与组织并规定了国家法律机构使用权力时应遵守的特定义务。法治国家的国家权力应源于法律并受法律的监督，这意味

---

[1] 某些立宪者承认某一权力机关拥有这些全权，在社会学上如何对此进行解释此处不做阐述，以前曾经存在过、并且现在也依然存在着这种法律秩序乃不争的事实。

[2] 有关"统治者"的概念可参见克里勒，1994 年，第 55 页起。

着不仅权力的产生成为法律规范的内容，而且权力分配及行使权力的方式也构成法规的内容——结果是，此种法制的宪法所确定的统治者即使在存在国家权力垄断的情况下也不能按其个人量裁拥有某一法律共同体的事实上的权力潜力。在这种秩序的最高处不允许有一个不受法制约束的"统治者"，取而代之的必须是一部作为国家权力与法律权力的基础对国家机构的行为可能性与自主权进行限制的、并将其主权功能与行为本身当成法律规范对象的宪法[1]。

实质意义上的[2]这样一个宪法国家的特点是一种特殊的"紧张关系"：它一方面将权力聚集并垄断在公共机构手中，从而将权力从私人支配自主权那儿收回；另一方面他又想对行使这一权力进行实质性规范，并以此重新控制住通过他才创造出来的起支配作用的权力地位。对于通过授权而增加了自己行动可能性的那些人来说，个人对这些可能性进行选择的决策自主权应该减少。在朝法治国家方向发展的过程中可以看到的法律规范"网络"的增加与细化对于涉及的对象来说意味着其自由受到进一步限制，但这些规范对象是国家法律机构本身，它们受制于规范是保障各个公民个人自决的自由空间的必要镜像。宪法国家针对的是国家机构，它是有利于公民的一种秩序。

C. 分权

1. 限制决策自主权的分权

所谓分权属于所有法治国家宪法的核心内容。通过分权创造出界限分明的国家机构，它们各自承担独立的权限与义务，相互

---

[1] 有关从法律上限制国家统治者的原则可能性参见加尔松·瓦尔德斯，1982年；克里姆特，1978年。

[2] 这是流行的法学惯用语，参见芭芭拉，1986年，第7页起；施泰因，1993年，第1页起；施特恩，1984页，第72页起。

之间拥有特定的指示权、审核权和监督权。因此，尽管现代宪法国家的权力垄断产生了无比优越的中央国家权力，但法治国家的国家统治正因为下述原因才不是"专制"统治，即有关国家权力垄断的决定权并非集中掌握在某一只手中，也不受制于某一"意志"。当然，垄断的国家权力的这种（再）划分本质上也具有纯粹规范性的性质。法治国家的分权不是实际权力手段被事实上分配到不同国家机构的后果，而是规定这一分割的宪法规范的结果[1]。

下述研究将集中在分权具有特殊社会学意义的那些方面[2]。主导性观察点是下述问题，即法治国家的分权如何作用于社会中强制实施的实践及作为法律机构能够支配强制手段使用的那些人的决策自主权。

2. 立法与司法和行政相对立

法治国家的司法机构与行政机构拥有通过单个强制规范决定对特定人实施强制的授权，其在司法中的形式是进行处罚或强制执行的判决，在行政中则是实施行政行为的手段[3]。

确立单个强制规范的权力具有特殊重要性，它乃通向统治的钥匙，因为主权权力最终是在具体的"命令权力"中表现出来的，命令权力在单独情况下能够针对特定个人得以有效贯彻。因此，人们完全正确地看到专制统治的典型特点在于统治者各依政

---

[1] 这将现代法治国家的分权同孟德斯鸠的传统定义区分开来，它用国王、贵族和人民指代现实权力因素。

[2] 主导性的国家法学对分权的理解参见巴杜拉，1986 年，第 360 页起；赫塞，1993 年，第 195 页起；施特恩，1980 年，第 513 页起；1984 年，第 792 页起。

[3] 参见埃里克森等，1995 年，第 341 页起；科赫/卢倍尔，1992 年，第 27 页起，第 169 页起；毛磊尔，1994 年，第 450 页起；麦耶尔/科普，1995 年，第 385 页起。

治机会和实用性下达单个命令，通过指令与措施进行统治，而且尤其是也能够命令对其不厌恶的人实施强制与暴力，如果这对他们的目标有利的话。在这种情况下实际上存在着一种个人化的统治秩序，在这一秩序中较弱的一方必须服从处于优势一方的意志和决定。

因此，向克服这种个人化的统治关系和依赖关系迈出重要的第一步便在于限制具有确立单独强制规范授权的那些人的决策自主权：方法是这些规范的内容不能任由其主观量裁，而是责成其使用他们必须从中派生出单个强制规范内容的普遍规范。它们确立规范的基础应该是对规范内容的认识而不是对某一规范内容的决定。

这样做的前提不一定是将普通规范的颁布权授予另外的规范制定者。即使能够选择对其有约束力的规范的人或者通过其判例能够制定这些规范的人是决策者本人，他也使自己受到这一决定的约束并放弃了自己在未来遇有决定情况时的选择自由。但法治国家的分权结构并不满足于此[1]，确立普通规范的授权几乎专门赋予了立法者。确切地说：通过普通规范决定单个规范内容的授权几乎专门地赋予了立法者[2]。这样，通过单个强制规范决定强制行为的权力便同一般性确定使用强制的前提与方式的权力分离开来。其结果不仅是权力的单纯分离，而且是使司法与行政

---

〔1〕 这至少适用于大陆法传统。盎格鲁—萨克逊法律中俗称的"法官王"在多大程度上同对法治国家的这一理解相抵触，这个有趣的问题不能在此阐述。

〔2〕 按照法治国家的理解，这一"法律保留"并不禁止行政机构也能获得在某种范围内制定"法律规定"形式的普通规范的授权，因为根据基本法第80条，"所做授权的内容、目的和范围须在法律中予以规定"。在这个意义上，法律规定是法律执行的一部分。参见埃里克森等，1995 年，第 125 页起；科赫/卢倍尔，1992 年，第 43 页起；施特恩，1980 年，第 653 页起；1984 年，第 816 页起。

服从于立法者的意志。

这一"受制于法"使司法与行政人员行使权力不再具有个人化的特征——而且是在某些特定的人依然能够向他人发出个别指令并对他人采取强制行为的领域。但司法或行政机构有权颁布命令或以强制措施相威胁的人则不能按其自己的意志和量裁自主行为。作为规范制定者他履行了法定义务，该义务规定他可以以特定方式使用其权力。权威及权威的行使是规范制定者和规范对象共同受制于法制的结果[1]。

这种"法律的统治"当然不会导致不受限制的决策权限集中在立法者身上。如果只能通过确立普通规范才能使规范制定者的意志发挥效用，那么这对所有规范制定者来说都意味着其决策自由遭到严重削弱。确立普通规范的能力虽然是一种有力的手段，因为通过这种途径可以对原则上数量不受限制的人施加影响，但如果仅仅满足于这一手段，同样会缺少灵活适应每一单独情况的特点与特殊性的重要可能性，某些目的根本无法达到或者实现得极为糟糕。根据法治国家的分权，那些能够使其决定适应个别具体情况的规范制定者不得根据其自己的标准做出这些决定，而能够对这些标准做出决定的立法者则不得针对个别具体情况做出决定。

但更重要的是，法治国家的普通法律适用于法律共同体的所有成员，因此也适用于作为立法机构统治者的那些人[2]。使他

---

〔1〕 "权威……是法制的权威。"（凯尔森，1960年，第171页）

〔2〕 有关这一意义上的"实质"法律概念参见施特恩，1980年，第560页起。特殊对待特殊规范对象——如牧师，罪犯或者消防队员——需要列举客观理由。试图给予特定团体或个人客观上无法说明理由的"特权"或使其遭受有关"歧视"违背法治国家禁止专制的原则；参见由基本法第三章第一条所规定的平等原则中推导出的禁止专制的理由：阿列克西，1994a，第357页起；巴杜拉，1986年，第97页及下页。

人贯彻自己意志的代价通常是自己也必须遵守有关规范。如果法律权力不受限制的转让可被视作一种几乎随心所欲地将自己的意志强加于他人的空白支票式全权，那么"立法权力"原则上就仅仅还存在于要求别人采取自己也愿意实施的行为方式。这样一来，继续拥有贯彻单方面规定权力的司法机构与行政机构的规范制定者必须根据有关规范行使其权力——即不能将自己的意志强加于规范对象，而立法者尽管在很大程度上可以根据自己的意志使用其权力，但他本人也要遵守他自己颁布的规范。

　　法治国家的立法者仅限于将一般法律作为其意志手段当然并不意味着他的地位也就此被剥夺了。他依然有能力确立那些即使规范对象反对也对他们具有约束力的规范，他也依然有能力在违背规范对象意志的情况下借助权力垄断的强制手段强迫他们接受这些规范。但是普通规范确立权与单独规范确立权的分离则对公民提供了重要的保护。一方面他可以期待统治者行使其权力时将较为克制，因为有许多行为方式只有在自己被解除相关责任时才能希望他人去做。另一方面他能判断什么条件下有可能对他采取强制措施，这样一来他就能够在很大程度上规避此类强制措施。他通常只能从一般法律规范的内容中对其"目的性行为的法律后果与机会进行理性估计"[1]，因此，法治取代人治这一要求的意义尤其显现在一般法律规范与个别法律规范之间的特殊关系上[2]。

---

[1]　韦伯，1921年，第469页。

[2]　"法律之下的自由的概念……建立在下述观点的基础上，即我们遵守不依赖于其对我们的适用而制定的、一般抽象规则意义上的法律，不必服从他人意志，所以我们是自由的。由于立法者不知道他的规则将用于何种特殊情况，由于运用规则的法官无法选择从规则现存体系和事实情况中得出的结论，我们可以说这不是人治而是法治。"（哈耶克，1971年，第185页）约翰·洛克早已精炼地表达了这一基本思想："处在一个政府统治之下的人的自由意味着生活在对该社会所有人适用的确定的法律之下……自由即是在规则未做任何规定时在所有事情上以我自己的意志为指导，而不屈从于他人的不持久的、不确定的、不清楚的和任意的要求。"（洛克，1690年，第215页）

3. 司法与立法和行政相对立

不受限制的司法权力作为权威性确立现行法律的不受限制的权力无法同司法和执法区别开来。但正如前述，司法机关在法治国家中不拥有不受限制的权力。他们必须适用给定的法制规范，特别是立法者的法律，但也包括宪法规范和习惯法规范进行司法。他们进行司法是通过"发现"法律，而不是根据自己的意志确定法律——分权要求他们尽可能用认识性的行为取代意愿性的行为。

尽管如此，独立司法权的确立还是导致立法与行政的权力地位受到很大限制。立法机关与执行机关由于司法独立——而且恰恰是在行使赋予他们的权力时——而受制于另外一个机构的权威与裁定。出现这种情况是由于立法机构与行政机构不仅扮演着规范制定者的角色，而且在发挥这一作用中同时也扮演着规范对象的角色，它们确立法律规范的权力源于法制规范的授权。此外，它们在法治国家中还是多种义务与限制的对象：它们仅在特定范围内获得权力，必须与其他机构分享这些权力，使用制定法律的权力时又是许多形式和实体规定的对象。

这样一来，相对于一个在法律共同体中行使权威性确立现行法律的机关，它们同其他法律对象一样陷入同样 的从属地位。在法治国家的分权下面，立法机构和行政机构同公民一样很少能随意决定对其适用的法律在个别情况下包含着哪些权利和义务以及他们的行为是否符合这些要求。司法所拥有的确立适用于某一法律共同体所有法律对象的法律的权威也包括审核国家法律机构行为合法性的权威。

这里重要的是审核与监督方面：立法机构和行政机构在实现其目标时必须依据针对它们的法律规范，这一点受到一个独立机构的审核，该机构——不受立法者与行政眼前目标的约束——能够且应该局限于仅从法律规范的角度对某一行为的合法性做出判断。在这种情况下，法治国家的分权也不是权力的简单分离，而是一种从属关系，通过独立司法的存在使"在真正意义上"制定法律和执行法律的机构受制于外部权威。

4. 行政与立法和司法相对立

行政同立法与司法之间的分界线相当于强制手段的真正占有与普遍地以及针对个别情况有约束力地对强制措施的前提与方式做出决定的权威之间的区别，它涉及事实上的强制权力与规范性的强制权力之间的分离。

在存在国家权力垄断的所有现代法制中真正采取强制行为都是一项由一个特殊机构，即一部专门设立的"强制机器"以劳动分工的方式完成的任务。这一特殊执行机构在法治国家中是行政机关的一部分，其机构统治者拥有特殊的强制与暴力手段——大都以或多或少完全的真正的权力垄断的形式，就是说，只有他们拥有这些特殊手段。表现为事实上的法律及强制权力的对现实权力与强制手段的真正支配在法治国家中掌握在被授予责权性地使用这些手段的那部分人的手里。

据此，中央执行机构实际上几乎完全支配了国家的权力手段，而原则上这一机构则被完全剥夺了能够决定和确定在单个情况下可以在什么条件下及以何种方式使用这些强制权力手段的规范性授权。行政机关只能在符合并适用立法者一般规范的情况下使用强制与暴力，并且在重要领域中只能根据司法机关明确的单独指令——个别的强制行为只有建立在为执行机关确定的规范的基础上才是合法的。如果行政机关在特定情况下有权自行颁布有关使用强制手段的个别规范，它们就依然受制于司法处于优先地位的权威，后者可在事后审核并有约束力地认定行为的合法性。这样，行政机关虽然因占有国家强制手段拥有极大的实权，而其关于使用国家强制手段做出现实的规范权力却是极小的。

真正占有处于优位的实际强制权力手段虽然首先意味着贯彻自己意志的机会得到显著改善，然而如果对这些手段的决定权被有效地从其占有者意志中排除掉，并且后者在使用这些手段时不得不屈从另外一种意志，那么它作为扩大个人决策自主权的手段便没有任何意义。这正是法治国家的情况，国家权力手段的占有者在其中变成法律秩序"无意志"的仆人。在这一前提下，决定如何对待这一强制权力的不是源于真正占有强制手段的利益与动机，而是恰恰从不占有这些手段中得出的利益与动机。夸张地说，法治国家中决定国家强制权力及其使用的是事实上的没有权力的人。

从立法与司法角度看，情况恰好与此相反。国家实际强制手段的规划支配权力尽管集中在各机构手中，但在占有和真正使用这些手段方面，它却完全无权无势。这就是说，这些机构的权力只能完全依赖法制规范生效，它们虽然拥有规定以某种方式使用强制手段的授权，但本身却无力通过使用强制执行其规定。一方面它们没有自己的强制手段，另一方面其规定的对象又正是国家强制手段的占有者。在同它们的关系上，立法机构和司法机构的权力从这点而言尽管规范上最大，但事实上却最小。

法治国家的分权作为事实强制权与规范强制权的分离划了一道颇成问题的界线，这是显而易见的。国家的规范性强制权力垄断对外可通过国家行政机构的实际权力垄断而生效，但这一点却不适用于国家强制权力的内部分配。使用实际强制权力手段的规范支配权相对于占有这些手段的行政机关来说，无法以强大的强制权力为后盾。在这一分界线上，法治国家的分权不仅是一种规范现象，也是一种事实现象——当然不是指事实权力进行了真正分离，而是指事实权力应服从于规范权力。

D. 基本权利

除分权外，基本权利的生效是法治国家的又一核心内容。同分权一样，基本权利首先是对国家权力所进行的进一步的规范性限制。它们向国家法律机关阐明了公民主体权利的理由：即受到宪法保护的要求这些机关放弃及实施特定行为的权利。分权"只是"把总体看不受限制的法律权力分配给各个机构，就这点而言它没有规定由它们颁布的法律规范的内容，而基本权利生效则导致立法在内容上也受到监督[1]。承认基本权利的宪法对法律机构决策自主权进行的限制不仅是一种满足于为所赋予的权力进行"对外"划界的"形式上的"限制，它也是一种以将要制定的规范内容和立法机构的意志形成为对象的"实体上的"的限制[2]。

按照某一法律共同体的宪法理解对基本权利所做的进一步阐述与解释，基本权利可能在四个方面影响法制的内容。

第一，基本权利可以绝对禁止制定包含某一种特定内容的法律规范。例如，（联邦德国——译注）基本法第19条规定："任何情况下都不得侵犯基本权利的核心内容[3]。"

第二，基本权利可以有条件地禁止制定包含某种特定内容的法律规范。例如根据德国宪法只能依据法律对基本权利进行限制，限制性法律必须具有普遍性并且所做限制必须满足适度性原则。

第三，基本权利可以要求制定包含某种特定内容的法律规范。从基本权利生效中可以推论出立法者有义务成立相应机构以

---

〔1〕 基本权利的原则意义与功能可参见阿列克西，1994a，第159页起；巴杜拉，1986年，第61页起；赫塞，1993年，第117页起。

〔2〕 这里并不涉及根据德意志联邦共和国基本法基本权利具体有何实际功能这——棘手——问题。

〔3〕 "重要性标准"的宪法解释是国家法学中大量争论的内容。但在这里关键的只是没有争议的一点，即这一标准不要流于空泛并因而构成立法者不可逾越的樊篱。

"实现"这些基本权利[1]。如果将基本权利不仅视作对国家的"抵抗权利",而且也将它解释为"服务权利（Leistungsrechte）",那么也就对立法者应追求特定政治或经济目标做出了规定。从基本权利对其他法律领域的规范所产生的所谓"第三方影响"中可以导出其他内容上的规定[2]。

第四,最后基本权利能够在其对适用法律与执行法律具有直接约束力的程度上影响单个法规的内容。如果立法者在进行调节时使用不确定概念或一般性条款,或者需要做出决定的"棘手"情况的法律解释仅从现行法律条文中无法导出时,基本权利的这一功能便能够堵塞这些"漏洞"。

一般说来,如果涉及的是本质上属于强制秩序的法律,基本权利就具有特别重要的意义。对人采取的强制措施在任何情况下都是对其基本权利的严重干涉。有鉴于基本权利的生效,只能在极特殊的情况下才允许采取强制措施——它们从一开始就是一个特例,在法治国家中只具有保护重要法律财富的最后手段的性质。在这个意义上,法治国家的法制是不完善的,就是说,并非所有其生效在政治上、道德上或社会上值得欢迎的规范都可以通过法律强制的手段得以贯彻。

虽然对国家权力垄断的要求恰恰也要通过基本权利生效说明理由,因为惟有如此才能有效保护个人免受来自其他国民的侵犯,但总的看来,基本权利是国家权力垄断最重要的法治国家意义上的对立面。可以这样说,基本权利确立了公民垄断其私人领域的理由,国家的强制手段不得或只能有限地侵入这一领域。国家强制垄断的建立会带来威胁公民自由的潜在危险,而基本权利

---

〔1〕 参见赫塞,1993年,第129页及下页。

〔2〕 参见阿列克西,1994a,第475页起;巴杜拉,1986年,第80页;赫塞,1993年,第148页起;施特恩,1993年,第219页及下页。

生效则创造了一块新的"保护区域"，私人自由与个人自决在此应该在国家强制垄断的保护下得以发展。国家强制权力垄断设计了法律机构潜在的不受限制的决定权——法治国家为了公民自主权的利益逐步重新使其步步后退。基本权利对此是特别适宜的手段，因为它原则上使国家强制手段的使用不受国家统治者投机的左右。

E. 权力行使的全面规范化——官僚机构化的法治国家强制机器

1. 扩展的与深入的规范化

法治国家的宪法、分权原则以及基本权利生效在许多方面限制了国家法律机关的决策自主权。这尤其特别清楚地适用于在法治国家中获得"行使权力"授权的那些机关——我这里指的是那些获得授权要求或实施针对特定人的强制的机构。这些机构的功能中有一个共同点，即它们在具体个别情况下可以——规范性或者事实上——支配对强制手段的使用。在法治国家中掌握这些符合情形的支配权力的是司法和行政机关，这些"行使权力"的法律机关的行为在三个方面受到规范的制约与监督：在其权限方面、在需要遵守的程序方面以及其行为方式的内容方面。在这个意义上，它们的决策自主权在倾向与目标方向上被全面的规范制约完全取消了。

但法治国家中行使权力的机关明显受制于规范不仅表现在它们的一种特殊的规范化扩展属性上，也表现在其行为以一种特别深入的方式成为规范的对象。单单决策者受制于规范这一事实并不等同于他在使用规范时就没有任何余地了。规范可以是模糊的一般性条款，它们包含不确定概念以及不清楚的推论关系的程度可能导致其同下面这种情况毫无二致，即允许人完全按自己的斟酌行为。

因此，在涉及获得授权真正行使强制及确立个别强制规范的那些法律机关方面，法治国家的理想不仅是这些机关以某一种方式以高位的规范为"指导",毋宁说应该这样规范它们的活动,以便对它们起码在某一核心领域的决定进行限定和确定[1]。调节强度的充分程度的标准应该是法律对象的角度,法律对象理应获得法律确定性,就是说他应该能够原则上自己识别自己所处的法律地位并据此安排自己的行为[2]。要做到这一点就必须满足两个前提,一是法律规范必须具有确定的形式上的质量,二是适用规范必须符合法律上说明决定理由的规则。

2. 确定性原则

从第一个前提中可以得出"明确性与确定性原则",它是"法治国家原则最重要的要求之一"[3]。一项法律必须具有"明确而有限的内容、对象、目的和范围",如此才能"对干涉进行衡量并在确定程度上对一国公民具有可预测性与确定性[4]"。

乍看上去,这一表述包含了对法律精确性与详细性的极高要求。但即使法治国家也不可能由立法者对执法机构进行完全的"程序编制",它的法律在很多方面同样是模糊和一般性的,包含着不确定的概念或者明确允许规范适用者进行自由量裁。如果立法者必须事先就极为详尽地通过法律规定对法律机关的行为做出最终确定,这对所有立法者来说都将是一种苛求。但也未必对要求法规具有"足够"确定性做出下述理解,仿佛一国公民只能从法律条文中判断出所处的具体法律状况。如果公民能够借助法律条文和法律适用者其他的决定基础判断出这一法律状况,那么这

---

[1] 有关这一原则参见巴杜拉,1986 年,第 397 页起;法贝尔,1995 年,第 88 页起;科赫/卢贝尔,1992 年,第 87 页起;毛赫尔,1994 年,第 96 页起;麦耶尔/科普,1985 年,第 129 页起;施特恩,1980 年,第 731 页起。

[2] 参见麦耶尔/科普,1995 年,第 135 页;施特恩,1984 年,第 801 页起,其中大量援引了联邦宪法法院的以此标准作为基础的判例。

[3] 施特恩,1984 年,第 829 页。

[4] 联邦宪法法院 8,274(第 325 页及下页)。

种情况下也可以认为满足了该前提。

据此，受到给定规范的约束不能在规范适用存有疑问及包含不确定概念或允许自由量裁时就宣告结束。法律适用与法律执行的"机械模型"的替代性选择不一定就是"不受束缚"的司法或行政，而是除了法律之外还有其他合法的决定因素发挥着作用，正是这一点发生在从法律上说明决定理由的框架内[1]。

3. 从法律上说明决定的理由

从法律上说明决定的理由应理解成这样一种方法，借助它可以避免法律使用者做出随心所欲的决定，即使某一法规的条文本身不足以在将其使用到某一特定情况时清楚得出一种确定的结论。按照通常的法学说法，这种情况要求对将使用的规范进行阐述或者解释。认为借助从法律上说明决定理由这一特殊方法可以解决这类情况的假设同下述假设具有同等意义，即阐述和解释法律规范时也能够理性地理解法律的约束力，因此也便能够有效限制法律使用者的决策权。

从法律上说明决定理由的规则的根本意义通过下述考虑便可以看清楚，即如果规范制定者除此之外能够通过某一特定方式监督使用程序，那么他就能大大扩大规范作为实现其意志手段的"约束作用"。从这个角度看，法律解释方法这一"准则"简单地说有以下特点[2]：

(1)"字面"或"语法"上的解释。如果通过直觉的语言理解无法确定某一特定事实情况是否属于某一法律概念的范畴，那

---

〔1〕 对下述具有根本性意义：科赫/吕斯曼，1982 年，第 119 页起；科赫，1979 年，第 85 页起，第 184 页起。

〔2〕 有关法律方法学对这一准则的阐述参见阿列克西，1991 年，第 288 页起；比德林斯基，1982 年，第 436 页起；恩吉施，1983 年，第 68 页起；科赫/吕斯曼，1982 年，第 166 页起，第 188 页起；劳伦茨，1979 年，第 307 页起。

么根据这种解释规则就要有针对性地弄清这一概念的——术语上的或者口语上的——意思。如此一来，结果要么是明确包含或者排除这一事实情况，要么是概念在语义哲学上的不确定性使得我们无法根据规范的字面条文做出决定。从规范制定者的立场看来，这一解释规则的意义不言而喻：规范的语言描述旨在帮助他向规范对象表达其意志——但要想做到这一点，就必须让规范对象尽可能准确地理解规范的语义含义。

(2)"系统—逻辑"解释。如果涉及的事实情况属于某一法律概念在语义哲学上的模糊领域，那么根据这一解释规则就应该考虑规范秩序中的规范所处的"背景"，以排除可能导致该规范秩序含糊不清或逻辑冲突的解释变体。从规范制定者角度看这一解释规则是有意义的，因为他必须重视通过确保他所支持的规范之间的逻辑关联保证其各种意志表述之间也互不抵触。

(3)"历史的"、"遗传发生学的"或者"主观目的论"的解释。鉴于一种不明确的"从属情形（Subsumptionssituation）"，这一解释原则认为应该这样做出决定，以使规范制定者想要借助规范确立达到的调节意图即其目的能得以实现。这一解释规则从规范制定者的立场看也是容易理解的，规范使用者从属地以规范目的为指导是一种有效的手段，即使规范内容留有决定余地时这种手段也能让规范使用者受制于规范制定者的意志。

(4)"客观目的论"解释。如果无法弄清立法者的目的，那么就经常根据"法律理由"进行解释，即法律使用者应该援引法律的"客观"目的。如果对这一规则做出有意义的解释，它要求解释某一法律规范时也要考虑从归纳法上可以从某一法制中"抽象出来"[1]的那些原则、法律原则以及规范目的。在规范制定

---

[1] 参见道尔钦，1984年，第119页起，第181页起，第544页起；比德林斯基，1982年，第402页起；1988年，第51页起。

者看来，如果单从所说与所欲中无法将规范具体化，那么这一被如此理解的"客观目的论"解释就很实用。尽管将某一规定的规范秩序"归纳性地普遍"到作为该秩序基础的规范制定者的原则与目的上并不能带来有说服力的结果，但较之一种"不受约束的"决定，规范制定者更喜欢这种解释，因为它无论如何增加了规范使用者根据规范制定者意志行为的机会。

对这些解释规则的进一步分析与评价以及其位阶在法学和法律方法学上存在争议，但对其下述功能在很大程度上则是没有争议的，即将规范使用程序提高到更高的客观性水平上以及减少法律适用者没有规范确定性的纯粹主观决定的余地[1]。在此，重要的是下述事实是关键的，即在法治国家中获得授权实施及决定强制行为的那些机关受制于规范即使在纯粹法律条文之外也达到了如此的强度，以至于要求或允许自主决定的情况属于例外。如果某一法律使用者"阐述"或"解释"某一规范，那么这属于在某一规范使用行为以内的过程，它绝不象征着向根据自己的标准进行决定的过渡。

从法律上说明决定理由的要求使法律使用机关受制于调节法律使用过程本身的补充性规范。作为"自由"量裁对立面的"受制于法"的量裁的特点是特殊"法律使用规范"的约束力，如果将要使用的规范需要解释，这些规范便开始生效了。因此，法治国家法制的次级规范的内容不仅包括法律的制定，也包括法律的使用。

如果从法律上说明决定理由的这些次级规范是规范使用实践的固定组成部分，如果成长中的法学家学习到这些规范，如果它们在说明判决理由和行政行为中经常出现，那么它们就属于有效

---

[1] 参见比德林斯基，1982年，第8页起。

法律。法学家对不成文的"方法规范"的法律地位存在争议[1]，但从经验论角度看非常清楚的是，这些规范是法律班子成员行为的重要决定因素——在这个意义上，它们是社会强制秩序的有效规范，从社会学家的角度看，它们也正因此而成为社会现实的重要因素。

4. 法治国家和官僚制度

在法治国家中，强制措施的规定与实施集中在特定的国家机构中，也就是说它是专门组织的任务。因此，对作为司法机构与执法机构基础的规则与规范的描述也就是对具有特定组织结构的组织的描述。从这一点上可以看出，实施强制的组织在法治国家中是一种特定类型的组织，它是马克斯·韦伯所指意义上的官僚机构，韦伯将这种特殊的组织类型看成是现代西方社会的天然产物。据此，法治国家的典型特点就是它将导致司法与行政的官僚化并由此导致整个国家强制权力适用的官僚化[2]。

这一论断不仅从分类学角度看是重要的。如何解释法治国家强制秩序的产生与存在的问题因而就同如何解释官僚组织的产生与存在的问题联系起来了[3]：没有官僚就没有法治国家。

---

〔1〕 在这一问题中很清楚，参见霍斯特，1986c。

〔2〕 韦伯特别列举了下述对官僚组织具有重要性的特点：1. 每一成员拥有界限明确的服务职责领域及履行这些职责所必须的权限与手段。2. 在些权限范围内完成任务须遵循普遍有效而详细的规则。3. 理解并使用这些规则要求特殊知识与培训。4. 上级机关能够对所有决定进行监督。韦伯认为官僚组织的"本质"在于其行为的"抽象规则性"、原则上拒绝"逐案"处理并由此排除在"对单独情况进行不受规则制约的个人评价"时出现的"自由任意与恩赐、出于私心的偏爱与评价"。参见韦伯，1921年，第125页起，第551页起，第563页起，第576页。

〔3〕 关于现代组织理论中官僚组织的类型参见基泽/库比采克，1992年，第35页起；麦恩茨的行政社会学，1982年，第82页起。H. 德赖耶尔对现代行政中官僚组织结构的作用进行了详细研究，1991年，第141页起。

在韦伯看来，官僚组织首先是具有目的理性地付诸实施的上级权力的表现方式，是贯彻统治者任意意志的有效工具，但官僚组织也是法治国家分权和立法者民主合法性的不可缺少的表现方式[1]。二者均要求广泛限制主要是行政的决策自主权，要求行政受制于外部意志——这是一个必须在相应的等级组织结构中得到体现的原则：不是为了某一统治者拥有顺从的臣民的利益，而是为了那些受到作为权力工具的行政的影响的人的利益[2]。根据效率标准对官僚组织的评价更多应该持怀疑态度，正是从这一点上看，如果有组织的国家权力在法治国家中是一种官僚化的权力反倒可以令公民放心——因为这意味着被授权规定和实施强制的那些人受到了对其主权行为进行的扩展且深入的规范的制约。

F. 从经验角度看法治国家的机制

1. 法治国家强制秩序的逻辑结构

现代法治国家和宪法国家完全赞同将法律视为"强制的秩序(Ordnung des Zwangs)"意义上的"强制秩序（Zwangsordnung）"。尽管所有法制都在程度不同的广泛领域内使强制与暴力的使用摆脱了私人的自主决策并且通过规范对此加以限制与监督，但只有法治国家才全面建立起了一种"强制的秩序"，从而使实施身体强制的指令和真正采取强制行为从根本上摆脱了法律共同体成员的自我决定。在法治国家里，只有根据明确的法律许可才允许使用强制，获得决定与采取强制措施授权的法律机构只能在使用为其制定的规范时才允许决定与采取此种措施。

就是说，正是在国家权力与统治由于特定的人在具体的单独情况下拥有强制手段的支配权而表现得最为直接的地方，法治国家的国家机构的行为最彻底地受制于规范。形象地说，国家机构

---

〔1〕　凯尔森对此已有精辟论述，1929 年。

〔2〕　参见鲍曼，1990a。

对使用强制手段的条件与方式的决定越是广泛，它们离真正支配这些手段就越远，而它们离实际强制手段越近，它们对使用条件与方式做出决定的可能性就越少。

对合法强制进行规范的特殊程度在法治国家规范秩序的结构中表现在该秩序规范之间的逻辑关系上。作为规范体系元素的法律规范在任何一个法制中都同属于宪法基础规范的其他规范存在派生关系。但这种派生关系原则上有两个特点：一方面，高等规范只能指定获得确立"低等"规范授权的规范制定人。如果这一授权没有进一步规定，那么获得授权的规范制定者就可以对他所颁布的规范内容进行自由量裁——就这一点而言，可将该规范制定者称为自主的规范制定者。

另一方面，"高等"规范能在不同程度上自己确定可派生规范的内容[1]——在一个法治国家法制之内的规范关系中通常都是这种情况。正如我们已经看到的那样，"低等"规范这一内容上的限定就已经是法治国家宪法规范的一个本质特征。它们不仅通过授权立法者确立规范调节新的法律规范的制定，也影响未来法律的内容。法治国家法制结构的特点是，"高等"规范对"低等"规范这一内容上的限定在人们偏离宪法规范及在法制层次上"向下"移动的程度上增加。它从通过宪法限制立法者开始，以在不同程度上完全确定单个强制规范的内容而结束：即结束于仅仅还能够作为对一般规范内容进行具体化的、因而由他的规范制定者制定的规范确立。

据此，特殊规范化程度在法治国家法制的分层结构内部的逻辑关系中表现为规范之间不仅存在着"形式上的"，还存在着"内容上的"的派生关系，它们尤其存在于作为法律由立法者颁布的一般规范和行政与司法机构确立的个别法律规范之间。首先

---

〔1〕 参见凯尔森，1962年，第228页起。

是这些个别法律规范内容上的可派生性将法治国家法制的逻辑结构与其他法制的逻辑结构区别开来，在这些法制中，此类规范的颁布不同程度上属于有关机构自由量裁的范畴。换言之：法治国家法制的核心是通过个别法律规范内容上的可派生性从一开始就得到保障的现行法律对个别具体情况的客观可识别性[1]。

2. 作为行为规范内容的规范确立

从社会学角度看，法治国家法制的逻辑结构有哪些经验上和解释学上的意义？尽管我们对法治国家制度的描述一开始就是从社会学家选择性的角度做出的，但现在也还必须清楚地得出有决定性作用的结论。

社会学家的出发点依然是下述论点，即经常实施特定的强制行为作为以规范为指导的行为必须用强制秩序的规范生效进行解释。我们已经知道用规范生效解释某一行为规律性需要解决三个问题：第一，要确认有关规范的规范制定者；第二，必须解释该规范制定者的意志如何生效；第三，必须解释规范对象的某一特定行为方式为什么是规范制定者意志的内容。

对这一解释的头两步的重要认识已经从法制由授权规范的分层结构组成这一事实中获得。我们已经清楚的是法定规范制定者的权力是通过规范产生的权力，其经验意义上的源泉最终在于法制宪法的授权，也就是立宪者的意愿。这一认识同时也使我们得以确认法制不同层次上的规范制定者。

然而，我们还缺少解释获得授权的规范制定者的意志方向的此类认识。因此，如果规范制定人不是孤立地，而是使规范作为规范体系的元素得以生效，这在多大程度上对规范制定者为何支持包含某一特定内容的规范这一在解释学上具有重要意义的问题

----

〔1〕"法治国家原则……本质上是法律确定性原则。"（凯尔森，1960 年，第257 页）

同样起着作用，这一点尚不得而知。有关规范制定者意志方向的原因的问题正是考虑到通过某一行为规范解释某一以规范为指导的行为——如通过强制规范采取强制行为——才具有极为重要的意义，因为规范制定者的意志方向在这种情况下是规范对象采取具体行为方式的直接原因。不解释强制规范的规范制定者的意志方向，也就无从解释为什么在某一法律共同体中获得有关授权的机构在个别具体情况下确实采取特定强制行为。

事实上，规范制定者是否将某一规范作为规范体系中的元素加以确立对解释其意志方向具有直接的重要意义。确切地说，所确立的规范是否是一个作为规范体系中的元素同另一个高等规范存在内容上的派生关系的规范。因为如果从某一法制的特定规范中不仅能够推论出谁被赋予制定法律规范的授权，而且这些规范也确定了将要制定的规范的内容，那么从社会学解释的角度来看，这就意味着不仅有关规范制定者的权力必须追溯到"高等"规范，而且这也同样适用于确立规范本身，就是说也适用于它们支持包含某一特定内容的规范这一事实。

我们再来观察一下在不受限制的授权情况下的规范逻辑关系：

授权规范（EN）：　　　　强制应该按 N 的意愿实施

确立规范：　　　　　　　N 希望 A 对 B 实施强制

派生规范（AN）：　　　　A 应对 B 实施强制

以规范为指导的行为：　　A 对 B 实施了强制

A 对 B 实施的强制措施必须用规范制定者 N 的权力及其要求 A 对 B 实施强制的意志进行解释。但在这种情况下某一规范只能解释 N 的权力地位，也就是说通过授权规范 EN，而无法解释 N 的意志方向。因此，不清楚如何根据派生规范的内容解释 N 的行为方式即他确立派生规范，就是说 N 为什么希望 A 对 B 实施强制。只有当 N 确立规范构成授权规范内容时，它才能够被解释为以规范为指导的行为。

与此相反，法治国家的特点是个别强制规范的确立还是规定该强制规范特定内容的行为规范的内容。下列包含具有相应资格授权规范的模型与此相符合：

授权规范（ENR）：　　　如果 N 遵守针对他的行为规范，就应按其意愿实施强制

行为规范（VN）：　　　　如果某人做 P，N 就应该命令 A 对该人实施强制

事实前提：　　　　　　　B 做了 P
　　　　　　　　　　　　────────────────

派生规范 1（AN1）：　　N 应确立规范："A 应对 B 实施强制。"

以规范为指导的行为 1
（规范确立）：　　　　　　N 希望 A 对 B 实施强制

派生规范 2（AN2）：　　A 应对 B 实施强制

以规范为指导的行为 2：A 对 B 实施了强制

真正的解释对象是 A 对 B 的行为，该行为可用要求 A 采取这一行为的 N 的规范确立加以解释。但在这一情况下，N 确立规范，即 N 希望 A 采取某一特定行为这一事实也是规定该规范确立的行为规范 VN 的内容。因此，它是一种在这一点上看也是一种必须用规范生效进行解释的以规范为指导的行为。N 的意志根据其内容必须通过 VN（行为规范）生效进行解释，这就是说，从经验上归结为 VN（行为规范）的规范制定者的意志，据此意志 N 应该确立某一具有特定内容的规范。正如 A 的作为以规范为指导的行为的行为方式必须用 N 所确立的规范生效以及 N 的意志产生作用加以解释一样，N 的行为方式即他确立某一特定规

范也必须通过 VN（行为规范）生效以及 VN（行为规范）的规范
制定者的意志产生作用进行解释。

这种情况对社会学家的后果是，他主规范制定者 N 的意志
形成的决定因素不能直接从诸如其可实证性现实利益、个人偏
好、信念或价值取向等事实中寻找，而应从另外一个规范制定者
以及其意志形成据以为基础的决定因素中寻找。正如 N 的权力
的经验基础是他人希望他拥有该权力这一事实一样，他行使权力
的经验基础同样是他人希望他以某种特定方式行使其权力。

据此，从经验角度看，对法治国家规范秩序的分层结构的逻
辑关系的分析可以得出法治国家强制权力的产生与行使必须用规
范生效进行解释这一重要结论。与社会学家在用授权解释权力时
不会轻而易举地碰到"硬"事实、而是必须在规范秩序之内活动
以及权力事实通过共发挥作用的力量方得以产生相类似，这也适
用于统治者的意志方向与行为方式的解释，只要他们在法治国家
中受制于对其权力行使的内容上的规范。在这一点上，社会学家
也须借助对各个规范秩序的认识，以理解需要解释的行为方式具
有决定性作用的原因。

在这种情况下涉及的也是具有深远意义的一种认识。因为与
社会中重要的权力与统治地位是由授权即权力转让而产生的这一
事实同样重要并在某种方式上令人吃惊的事实是，行使该权力与
统治不属于统治者自由量裁的范围，而是受到规范成功的监督。
据此，社会学家不但必须能够解释人为何将权力转让给他人，他
还必须能够解释统治者为何容忍对其自主权进行的严重限制并帮
助贯彻那些并非源于自己意志与决定的规范。

3. 法律秩序的统一与意志形成的基础

对以规范为指导的行为进行解释的三个任务就采取强制行为
而言已经完成了，只要它植根于法治国家规范秩序的结构中：首
先，根据现行授权规范可以确认规范制定者是司法与行政中的机

构统治者。其次，我们知道这些规范制定者的权力基础何在，它恰是在这些授权规范的生效。第三，最后也可以识别其意志形成的原因在于行为规范生效，这些行为规范——首先以法律的形式——确定了司法与行政机构所做决定的内容。

　　然而社会学家的解释任务就此还尚未完成。因为如果他在解释某一以规范为指导的行为的过程中确认有关规范制定者确立规范也是根据某一以规范为指导的行为而且在所有方面均须用规范生效进行解释，那么从中就得出新的要求，即考虑到处于他们之上的规范制定者的身份、权力与意志方向，从现在开始对这些规范制定者的行为方式本身进行解释。在这种情况下社会学家的解释任务也是迭代反复的。

　　有关法制中规范制定者权力基础的此类迭代反复意味着什么，前面已经分析过了。授权规范在法制中构成等级结构，它终结于该秩序的宪法规范。整个法律权力的事实核心存在于其生效中，所有通过法律秩序确定的规范制定者的权力均由此派生出来。与此相反，立宪者的权力则必须归结为法律以外的事实。

　　法治国家规范秩序的分层结构表明，这一迭代反复也存在于下述行为规范中，获得法律授权的规范制定者确立规范的内容正是由这些行为规范确定的。例如，如果我们想把司法或行政机构的决策行为解释为以规范为指导的行为，那么可以断定的是确定这些机构进行决策时的行为规范的规范制定者在其意志形成及确立规范时同样受制于规范。这一点在行政机构作为法律规范确立的、构成下级行政机构行政行为基础的一般规范中表现得特别清楚。这种情况下，法律规范对规则制定者意志形成的内容上的限定几乎同其规则对其属下的规范制定者的限定具有相同的强度。但众所周知，立法者在法治国家中的意志形成也并非自由的和不受约束的，他本身也受到宪法规范的极大限制。这样一来，社会学家将会注意到他在一个法律秩序的多个层次上都会遇到规范制定者的意志形成打上了位于他上面的规范制定者的意愿的烙印这一现象。

但是，源自授权规范的法律规范"形式上"的可派生性与其源自行为规范的"内容上"的可派生性之间在法治国家法制分层结构内部存在着本质的区别。可以说宪法规范、最高机构直至最下面的法律机构的规范确立权力具有"完全"可派生性，但这一点却不适用于对法律机构确立规范在内容上的限制。规范制定者的意志形成在法治国家法制中——不同于其权力——没有统一的经验来源！倒不如说这一法制的特点是高位规范对规范制定者意志形成在内容上的限定在减少，而在法律规范的金字塔上靠塔尖越近，其自主程度便越是在这一程度上增加了。对确立个别强制规范的机构在内容上的限定还几乎是完全的，但这一点不再适用于立法者同宪法规范间的关系。任何有活力的规范秩序通过其基础规范都将只能不完整地确定其规范的内容，因为对它的定义恰恰是它允许制定包含新内容的规范。

因此，获得法律授权的规范制定者在重要方面不受规范约束的独立的意志形成在法治国家的规范秩序中具有重要的、影响到法制内容的功能。在其属于这种情况的程度上，社会学家必须说明这一意志形成的法律以外的原因。与解释法律权力的角度相比，从这个角度看他在法治国家中有"更多"的事情要去做。社会学家在其中再也不能从法学及其对法制结构与内容的描述当中学到任何东西的"真正"的社会学工作在法律规范制定者意志形成方面开始得更早，因为这里更是涉及无法再通过法律及其规范得以产生的现象。

当然，对于法治国家法制中的规范制定者而言，其意志形成不受法律约束，即其独立性程度各异。立法者比法官或者行政官员拥有大得多的余地，但在这一点上也只有立宪者是在一个完全"没有法律"的领域内活动。类似于其权力必然有一个完全在法律之外的社会基础，这一点也适用于其意志形成。立宪者为何想要一部包含某一特定内容的宪法再也不能由法制规范来确定或共同决定，它完全属于其不受限制的决策主权的范畴。因此，对其意志形成的结果——正如对其事实上创立一种拥有一部特定宪法的法制的权力一样——适用一种纯粹社会学的解释，也就是不以"法律"事实而只以"社会"事实为依据的解释。

但是，对那些在法治国家中握有"关键权力"、拥有在个别情况下支配强制与暴力使用的人来说情况则正好相反。正是在就是否、如何以及针对何人真正使用强制权力做出具体决定的地方，决策者始终受规范的约束，因此存在着其自主权的最小化。作为规范制定者他们是他治（heteronom）的，因此，对其行为方式的社会学解释也可以只以"法律"事实为基础。

4. 社会学家的任务和法治国家的悖论

对作为社会学解释对象的法治国家的分析到此就结束了。根据这一分析，法治国家制度的存在对于社会学家首先具有下述后果，即他在解释特定的、对社会秩序的存在起着重要作用的行为方式时必须援引其他以规范为指导的行为方式以及"更高级别"的规范。通往现代法律国家与宪法国家的发展的特点是这些次级规范的网络日趋多样与紧密。这对社会学家意味着必须在更大程度上考虑到次级规范的效用和内容，如果他想解释作为社会秩序核心的基础性的高级规范的话。如果把解释社会规范是如何从"无规范"状态中产生视为社会学理论的目标，那么不同规范层次这种经验上的联结将大大加大解释任务的难度。

但我们也看清楚了法治国家的宪法对于社会强制秩序来说如同求圆积分一样是个本身无法解决的问题——无论在社会现实中还是对社会学理论它都是一个挑战。一方面，法治国家象征着公民权利被国家暴力垄断剥夺了。另一方面，为了这些无权的公民的利益，规范应限制和规定这一垄断权力的行使。法治国家法制的宪法的根本意志应解释如下，支配强制手段并因此能够借助实际强制手段使规范与规则生效的权力不应建立在"强者权利"的基础上，而应该不依赖于事实上的权力关系建立在法制规范的使用上[1]。

尝试对这一国家权力和法律强制的组织何以在现实中能够长期存在的问题做出社会学回答容易导致理论上的两难境地。一方面，我们面临的事实是强制的使用显然是贯彻规范的一种普遍手段，这就使我们能够理解强制对于社会秩序的存在具有必不可缺的保障功能这一假设。另一方面，应该将法治国家解释为"强制的秩序"，而要做到这一点，就必须证明社会秩序即使没有强制也能存在，它甚至无须强制也能自行限制强制的行使。如果这样能使法律制度内部的社会秩序如何能够离开强制而存在这一点令人信服，那么就更难将强制的普遍性解释为社会秩序的工具——但是，如果能够令人信服地说明为什么强制作为社会秩序的工具是不可放弃的，那么就几乎无法解释强制的秩序本身何以是可能的。因此，社会学家总经常冒着这样的危险，不是对强制的存在做出"过强"的解释，就是对没有强制的社会秩序的可能性做出"过强"的解释。事实上——在一种进退维谷的两难境地中——他必须解释的是"强制机制内部的自愿合作[2]"。

这种解释在法治国家条件下的特殊困难在于乍看上去具有说服力的情况的反转。在法治国家中，那些看似支配着根据个人喜好贯彻规范的必要权力资源的人受制于规范的程度比法律共同体的所有其他成员都高，而且还要受制于恰恰对那些无法使用类似权力手段的人有好处的规范。基本权利确保法律共同体中那些"无权力"的成员享有个人自决的自由空间，而国家

---

〔1〕 "有权力者不得自由。"（弗朗茨·波姆）

〔2〕 哈特，1961年，第193页，我的翻译。

强制机构的成员作为官僚组织的成员则在决定时"被剥夺了行为能力"。国家权力的这一规范从属性如何才能与即使在法治国家分权的条件下也集中在少数人手中的权力的真正分配相吻合呢？

如果从社会学角度看法治国家的核心问题是全面规范强制与暴力的使用，那么解释这样一种秩序的形成与存在首先必须确认该秩序规范背后的作为法治国家宪法制定者和保障者的规范制定者，它必须使人相信其动机并指明其权力的基础。完成这些任务当然不会太轻松，因为如果法治国家秩序中的宪法保障者是事实上支配着法律共同体中的强制手段的那些人，那么虽然我们能够解释他们贯彻其意志的权力，但问题也就提出来了，即如何才能解释他们的在使用其权力时本身受制于法治国家规范的意志，也就是怎样才能解释他们也是法治国家宪法支持者这一点。反之，如果法治国家宪法的重要支持者需要从本身并不支配国家强制手段的人中寻找，那么尽管能够解释他们的使这些强制手段的占有者在使用其权力时受制于法治国家规范的意志，但问题是怎样才能对他们也要贯彻这一意志做出解释，这就是说怎样才能解释他们也能够成为宪法的保障者。

在这一"法治国家悖论"中可以看到对一个论点的正确性的重要论据，H.L.A. 哈特联系到他的法哲学研究描述了该论点，对于法律制度的社会学解释来说它触及非常重要的一点。该论点是，只有当足够多的人对法制规范尤其是宪法的根本规范采取一种"内在立场"时[1]，法制才可能长期稳定地存在。对哈特来说，对某一规范采取内在立场意味着承认该规范——对己对人——是一种有约束力的行为标准，就是说其行为自愿地以此为指导，而不在每一个别情况下考虑遵守或违反规范时可能带来的

---

[1] 参见哈特，1961年，第77页起；第97页起（"内在观点"）。

利与弊[1]。

在此，与其说哈特是考虑到针对作为规范对象的"个人"的法律规范时看待对法制规范采取这样一种内在立场的必要性，倒不如说他更多考虑的是针对法制中的官方机构统治者的法律规范。根据他的看法，如果法制想具有长久生命力，那么首先是这些人必须承认、自愿遵守并适用针对他们的法律规范。尽管在作为法律对象的公民仅仅由于害怕受到强制措施的威胁而采取合乎法律的行为时法制存在的稳定性无疑也受到威胁——但无论如何这样一种法制总还是可以想象的。然而难以想象法制在法律班子成员仅仅由于担心强制措施或者其他制裁才履行其义务时还能够存在。

哈特的论点——他本人认为这一命题适用于所有法制——在涉及法律国家和宪法国家制度时显得特别令人信服，就像最后几章对其特点所做的描述那样。如果规范全面规定并监督着人的行为可能性与活动——正如其适用于法治国家统治者那样，那么下述假设显然很容易理解，即只有当有关规范对象进行自愿"合作"及基本上自觉遵守对其具有约束力的规范时，这样一种全面的"规范控制"才有可能。

只有当法律班子足够多的成员对该秩序中的规范采取内在立场时，至少对于法治国家法制而言它才能存在，这一论点对这里研究的问题具有现实意义。因为规范对象对规范采取内在立场的假设意味着，不是合乎规范的行为给其个人带来的好处或者偏离规范的行为给其造成的损害而是其他原因对他们在具体情况下遵守规范起着决定性的作用。但该假设同利益导向社会的存在不相容或者很难相容，在这样的社会中个人除了追逐自己的目标与利

---

[1] 对哈特意义上的"内在观点"各方面的详细阐述参见麦克考米克，1981年，第33页起。

益以外没有其他行为动机。这里似乎只可能存在哈特所称的对规范采取的"外在立场"的可能性，就是说，在这种观点看来，采取符合规范行为的惟一理由在于采取偏离规范的行为可能带来消极后果或者采取遵守规范的行为可能带来积极后果。如果哈特的论点正确，那么这种条件下便不会存在（法治国家）法制。因此，以下必须一方面审查一下"法治国家悖论"是否真的只有在能够假设法律对象采取内在立场时才可能解决——如果确是如此，另一方面必须阐述采取这样一种内在立场是否确实同下述前提不相符合，即涉及的是"务实地承认世俗世界"并以理性的方式追求其个人利益的人。

无论"法治国家悖论"最终通过何种方式得以解决：单从理论上就具有说服力的是，法治国家秩序的存在并非经验上的正常情况，相反，它只有在社会条件极为有利的情况下才能存在，在这种条件下可能达到法治国家政体典型拥有的权力与强制的平衡。永远不要忘记，即使在法治国家合法产生的权力及其规范性的分权背后也总有且必须有真正的权力与事实上的强制。事实上历史上的正常情况也并非如此："说到政治秩序的方式，自大国产生以来，在地球上几乎所有高度文明的地区，人类的命运通常是生活在专制政体之下……可以这样说，前工业化阶段普遍的国家思想是征服与剥削的思想。高度文明在很大程度上建立在强制劳动的基础上并打上了特有的被压迫人民毫无法律保障的烙印[1]。"然而，如果专制乃"国家的正常形式"，而"限制统治"的"欧洲特殊道路"显然作为偏离常规的例外应"归结为条件的特殊情况[2]"，那么这一经验上的例外特点也反映在具有例外特点的理论困难中便不足为奇了。

---

〔1〕 阿尔伯特，1986 年，第 15 页。

〔2〕 引文出处同上，1990 年，第 253 页起。

第二部分

经济世界中的法治国家

第三章

互惠性与规范

一 社会科学中的经济学分析方法

A. 经济人的胜利进军

下述研究的问题是在第一部分中描述并分析了其重要的社会学特征的法治国家制度能否存在于自由的世俗社会之中，在这样的一个社会中，理性与启蒙了的个人"实用地承认现实世界"，他们摆脱了世界观上的教条主义、宗教监护和政治压迫，追求其个人的目标与利益。对社会学家来说，这涉及他是否能够解释法治国家制度存在于这样一个社会中的问题，就是说他能否在下述假设的基础上解释这一问题，即该社会的成员在决定和行为时始终以对个人利益的理性认识为指导。

该研究以作为自由主义理想基础的社会理论传统的方法与结论为依据，该传统的理论把社会秩序制度解释为理性与利己的个人行为的结果。正如在引言中已经阐述过的那样，这一理论传统可以追溯到托马斯·霍布斯、贝尔纳德·曼德维尔以及"苏格兰道德哲学"的经典代表大卫·休谟、亚当·斯密和亚当·富格森。通过马克斯·韦伯、路德维希·冯·米瑟斯、卡尔·门格尔、弗里德利希·冯·哈耶克、卡尔·波普尔、汉斯·阿尔伯特以及詹姆士·M.布坎南等人的研究，这一传统在本世纪得以继续发展并做出了奠定整个社会学理论形成的基础的尝试[1]。这一现代"经济学分析思路"具有四个典型特征[2]：

1. 解释学目标：社会事实应当从经验角度得到解释。

2. 方法论个人主义：社会事实应当通过归结为个人行为得到解释。

3. 行为的理性模型：应当将个人行为解释为建立在对预期行为后果进行判断上的理性决定的结果。

4. 效用最大化：对预期行为后果的判断应根据主观效用最大化原则进行解释。

经济学分析思路的基础是"经济人"或者"理性效用大化者"的行为模型，在经济学上设计这一模型最初是用来解释经济现象。对经济人来说，重要的只是其行为在具体个别情况下对其利益与愿望造成的后果。他灵活、有适应能力并能适应任何一种带有特殊"约束"的新形势[3]。经济人尤其会始终做出"机会主义的"决定。他不会自觉地将个人利益置于他人利益或道德与法律规范之后[4]。

经济人模型已经被推广认同为整个社会科学的基本行为模

---

〔1〕 这一发展的概况与系统阐述参见波内，1975年；基尔希盖斯纳，1991年；劳卜/福斯，1981年；凡贝格，1975年。

〔2〕 参见阿尔伯特，1977年；1978年。

〔3〕 对经济人特征的描述参见贝克尔，1982年，第1页起；埃尔斯特，1986年，第1页起；弗赖/特吕伯，1980年；基尔希盖斯纳1988a；1991年；克利姆特，1984年；1991年；克利姆特/齐默林，1993年；奥普，1983年，第31页起；舍马克，1982年。

〔4〕 "利己行为意味着除非值得，否则从不说实话或信守承诺；意味着如果能够逃脱，就去行窃欺骗，总之，当这一行为的期望值大于替代性选择的期望值时便会如此。这样一来，惩罚只是犯罪的代价，而他人也只是满足个人利益的工具。对于这种毫不留情地追求个人利益的行为可以使用机会主义这一概念。"（埃尔斯特，1989年，第263页及下页；我的翻译）参见威廉姆森，1990年，第73页起。

型。汉斯·阿尔伯特将下述事实称为制度主义革命，即以经济思维为指导的科学家跨越了经济学科的界线，越来越多地对部分远远超出传统经济学理论之外的对象进行研究[1]。这一扩张也奠定了一种"新政治经济学[2]"，一种"法律的经济学分析"[3]，一种"产权理论[4]"以及一种集体决定的经济学分析的基础："公共选择"及"立宪政治经济学[5]"。经济学分析思路也反映在伦理学[6]和社会学[7]上。"新制度经济学""帝国主义"式的扩张成为一种同其他社会学思路进行公开竞争的普遍的社会学研究计划，它是在有意识地同古典政治经济学相联系的情况下进行的，个人行为的制度框架条件——尤其是社会的经济与法律秩序——开始就处于理论关注的中心[8]。

　　"制度主义革命"取代了经济学理论形成的一种理解，这种理解将经济行为的社会与法律框架条件视为"外来数据"而原则

---

〔1〕　阿尔伯特，1977年，第203页；有关这一发展的一般情况也可参见阿尔伯特，1967年；贝克尔，1982年；弗赖，1977年；1980年；基尔希盖斯纳，1988a，1988b；1991年；麦肯齐/图洛克，1984年；奥普，1979年；威德，1986年；1989年；拉德尼茨基/贝恩霍尔茨，1987年以及福斯1985年，第87页起，对此做了很好的概括性总结。

〔2〕　如布雷尔/贝恩霍尔茨，1993/94；布坎南/图洛克，1962年；唐斯，1968年；基尔施，1993年；奥尔森，1968年；1991a；1991b。

〔3〕　如贝伦斯，1986年；科泽，1960年及波斯纳，1977年。

〔4〕　如福鲁波顿/比约维奇，1974年。

〔5〕　如布雷南/布坎南，1993年；布坎南，1984年；穆尔，1979年；1991年；图洛克，1970年。

〔6〕　如克利姆特，1985年；1993a；霍尔斯特，1981年；1983b；马基，1981年。

〔7〕　如布劳，1967年；科尔曼，1979a；1979b；1986年；1990年；奥普，1979年；凡贝格，1975年；威德，1989年；1990年。

〔8〕　"最好把立宪政治经济学理解成早期知识传统的基础元素的重新强调、复活和再发现，该传统在社会学与社会哲学中受到排挤、忽视并一度被遗忘。"（布坎南，1990年，第10页；我的翻译）

上将其归入其他科学的范畴[1]。这一观点把社会规范与制度仅仅看成"约束",看成是对单个行为者做出决定时必须予以考虑的行为可能性的限制。随着经济学分析方法的扩大,这些制度性框架条件本身成了对现实社会现象进行理论分析与解释的主要对象,人们尝试将这些现象的存在归结于个别行为人的效用最大化行为。经济人模型再也不应该仅仅适用于在社会秩序规范范围内的行为,借助它也应该对社会秩序的产生与维持本身以及社会、道德和法律规范生效进行解释。

当然,正是在经济学分析思路乐观自信的扩大过程中,人们也听到了对其行为模型普遍适用性越来越多的怀疑声。人们质疑经济人模型作为一般社会科学研究计划的惟一基础是否还能满足也必须针对经验论理论"硬核心"提出[2]的经验合适性的最低条件。在试图将经济行为模型适用到人的任何行为的过程中,人们无法再对相反的事实视而不见。这一模型中的理性效用最大化行为"往往是例外而不是惯例[3]"。

有些学者有意识地使这一模型获得"免疫力[4]",又有人在针对这些困难,不同程度上进一步修改了模型假设。对此具有

---

〔1〕 瓦尔特·欧肯在此意义上做了典范性阐述:整体经济数据是那些决定经济宇宙而自身没有直接受到经济事实决定的事实,理论解释终结于事实上的整体经济数据。理论的任务是追踪必要的联系直至所有相关的数据并反过来解释经济行为如何依赖于个别数据,但经济学理论却无法解释其产生(欧肯,1940 年,第 156 页)。

〔2〕 参见拉卡托斯对这一概念的阐述,1974 年,第 129 页起。

〔3〕 舍马克,1982 年,第 552 页;我的翻译。有关实验研究结果的概况及其分类参见舍马克的文章,此外还可参阅艾兴贝格,1992 年;弗赖,1988 年;弗赖/施特鲁伯,1980 年;霍加特/里德尔,1987 年;卡内曼/斯洛维奇/特弗尔斯基,1982 年;塔勒,1992 年;劳伯也做了很好的概括,1984 年,第 55 页;谢林从日常生活中列举了大量机智、诙谐的反面例子,1984 年,第 57 页起,第 83 页起。

〔4〕 参见霍曼/苏哈内克,1989 年;鲁道夫·许斯勒(1988 年)将经济人模型仅仅解释成一种"值得怀疑的假定"。

示范意义的是"有限理性[1]"的概念，或是设计了各自在不同现实条件下都适用的经济行为模型的变体。有些变体同社会人[2]的"竞争模型"显然很接近。也是对原来前提的修正。将偏好改变的可能性纳入模型假设的尝试。[3]，甚至有人提出了符合规范的行为可以是独立的效用对象的假设[4]。还有一个建议是设计一种"相互交错"或者"多层次"的决定，在这种决定中理性效用最大化模型仅应适用于某人的一个特定"部分"或者决策过程的某一"阶段[5]"。

如果能够证实借助"古典"经济人模型无法实现所追求的解释目标，那么经济学行为模型的可能变体就会对下述研究具有重要意义。当然，必须考虑到这是一个特殊的解释目标：因为需要研究的是可否在自利的个人行为的基础上解释特定的社会制度，因此必须注意不要一开始就因为变化了的行为模型错过了这一目标，因为它已不能再作为自利行为的"模型化"而继续适用[6]。

B. 法律的经济社会学

在经济学分析思路的基础上，一种自成一体的"规范科学"

---

〔1〕 参见西蒙，1982 年；详细阐述参见埃塞尔，1991a；1991b；弗赖，1988年；1992 年；1993a；盖拉德，1993 年；克利姆特，1984 年；1991 年；1993b；林登堡，1980 年；1983 年；1990 年；林登堡/弗赖，1993 年；马格利斯，1981 年；1982 年；穆尔，1986 年；1992 年；特弗尔斯基/卡内曼，1986 年；岑特，1989 年。

〔2〕 对该模型依然具有根本意义：达伦道夫，1968 年，第 128 页起。

〔3〕 参见埃尔斯特，1987 年，第 106 页起，第 211 页起；弗兰克 1987 年；1992年；法兰克福，1971 年；1975 年；黑泽尔曼/劳卜/福斯，1986 年；谢林，1984 年，第 83 页起；第 93 页起；森，1986 年；福斯，1985 年；冯·魏茨泽克，1971 年；1984 年。

〔4〕 参见科尔曼，1987 年；奥普，1983 年，第 9 页，第 214 页，第 218 页；1984 年；1986 年；M. 泰勒，1993 年。

〔5〕 参见科尔曼，1990 年，第 503 页起；弗兰克，1987 年；克利姆特，1993a；谢林，1984；凡贝格 1988a；1988b。

〔6〕 经济行为模型可能的扩展在第三部分中详细阐述。

研究和理论构成产生了[1]。但本研究则涉及一个特殊对象，即特定法律制度的社会学解释。已经有"法律的经济社会学"了吗？然而如果在此想到的是"法律的经济学分析"，就会令人失望。在此标题下进行的研究大部分同法律制度产生与存在的经验条件的社会学问题没有任何关系或只有极少关系。通常并不涉及法律制度的解释，而是涉及对其所做的评价及其功能。人们研究的是在所有参与者理性效用最大化的前提下哪些法律制度和调节是有利和有益的——也就是说导致资源的有效配置——以及从这一角度看业已存在的法律制度和调节有何特点[2]。

尽管如此，还是不能简单地用"没有"来回答是否已经有一种法律的经济社会学的问题。对于任何一种自认为具有普遍意义的社会学思路来说，法律都不是众多对象中随便的哪一个，根本性的"社会秩序问题"同作为社会核心制度的法律紧密相连。在经济学分析法的代表人物研究了对建立在制度与强制基础上的社会秩序的产生与存在的原则解释的一般意义上已经存在着一种法律的经济社会学[3]。

---

〔1〕 在詹姆士·S.科尔曼的社会理论基础中表现得特别清楚（1990年）。

〔2〕 法律的经济学分析的代表人物理查德·A.波斯纳的《法律的经济分析》即已说明了这一非经验性倾向的特点(1977年)。例如在厚达600多页的该书中几乎连提都没有提到下述经验性问题，即在经济行为模型的前提下如何解释法律班子成员自己通常遵守对其有约束力的法律规范——而对下述研究来说这一问题却至关重要。在德国第一部关于法律的经济学分析的论文集中也可以清楚地看到这一规范性与功能性分析的趋势:阿斯曼/基尔希纳/山策，1993年。彼得·贝伦斯认为，法律的经济学分析的"中心认知目标"是"确定……最适合于追求特定社会目标的社会调控机制"。(1986年，第4页)

〔3〕 在现代经济学分析方法框架内对法律社会学问题进行极为普遍意义上的研究的有:贝克尔，1982年；布坎南，1977年；1984年；科尔曼，1979b；1987年；1990年；哈耶克，1973年；霍尔斯特，1982年；克利姆特，1985年；1986a；马基，1981年；诺茨克，1976年；奥普，1983年；M.泰勒，1976年；1987年；乌尔曼/马加利特，1977年；凡贝克 1979年；1982年；福斯，1985年；威德，1986年。对该理论传统的古典代表人物如霍布斯及休谟来说，对法律现象的明显兴趣本来就是不言而喻的。

但在这些解释中，法律及其制度通常只显示出基本特征并远离其尤其是在现代社会中所呈现的复杂建置。仅凭诸如任何一种法制都是社会化组织的强制权力的制度的抽象论断无法哪怕仅仅是初步理解法治国家社会法制的本质特征。同样，仅限于非常泛泛地列举产生这种强制权力的原因的解释也没有什么说服力。有关法律经济社会学的这些思路没有以任何方式回答能否在经济学理论纲领的前提下对法治国家法制的本质特征做出令人信服的解释这一问题。

C. 规范生效的经济学理论

经济学科学纲领对"制度主义革命"提出的新的"根本问题"是：如何才能把社会秩序制度归结到进行效用最大化的行为者的个人行为上去？在经济学理论传统的背景下开始时容易理解的是借助进化论的和自发的秩序产生的"市场模型"来回答这个问题。据此，应将社会制度解释为个人行为计划相互适应的无意识产物，就是说，这些制度的产生并不是单个行为人的明确目标和动机[1]。

自涂尔干以来，许多批评者不断提出经济学理论的传统手段无法令人满意地解释社会秩序的制度安排，前面几章中对社会学根本解释对象的分析证实了这一观点：社会秩序的制度安排同规范生效密不可分，但规范生效也就意味着，作为规范制定者的行为人明确希望采取特定行为方式，他们愿意并能够有针对性地实现其意志。因此，社会秩序经济学理论的中心问题应该是社会规范的贯彻与遵守以何种方式成为有关行为人偏好与决定的内容，关于社会秩序的经济学理论必须是关于规范生效的理论。

---

〔1〕 这类对"看不见的手的解释"参见经典文集，施奈德，1967 年以及哈耶克，1969 年，第 97 页起，第 144 页起；诺齐克，1976 年，第 31 页起和凡贝格的概论，1984 年。

但是，同其他社会学思路相比，规范生效的经济学理论的解释手段受到一种特殊制约，规范的实施与遵守都必须归结于效用最大化行为者的理性决定。具体说来这意味着：

首先，能够作为某一规范的规范制定者的只能是规范对象遵守该规范对其有利的那些人——也就是真正的规范利益人。这一点起码在他们是自主的规范制定者、作为规范制定者其活动本身不受规范制约时是这样。"仅仅"出于世界观、道德或者利他主义原因而希望某一规范生效的规范制定者在经济行为模型所适用前提下是不可能有的。在这些前提下，一个人只有在他人符合规范的行为有利于他自己的利益时才会希望某一规范生效。但不仅要从利益观点出发合理解释这一愿望，而且还要合理解释实现这一愿望的意志。必须解释为什么对于规范制定者来说使用可以支配的手段真正使作为规范对象的他人采取符合规范的行为是一个理性的效益最大化决定。由于正如众所周知的那样仅仅只有即使理性的愿望的存在不足以在所希望的意义上改变世界，所以单单解释这些愿望的存在也不足以解释为什么世界根据这些愿望发生了改变。在所有情况下都还必须解释这些愿望何以真正转变为有效的行为动机[1]。

第二，在经济行为模型的前提下，规范对象采取符合规范的行为只可能有一个理由：遵守规范在当时的行为情形下对他来说必定是效用最大化的选择。原则上说，经济人首先会采取与规范完全不同的行为。在每一具体情况下，他都按照哪种选择预计将给他带来最好结果的标准重新做出决定。经济人生来就不采取服

---

[1] 强调愿望与意志——以及"愿望理由"和"行为理由"——之间存在区别是依据哈特穆特·克利姆特对霍布斯将"内在法庭"与"外在法庭"区别开来所做的解释。参见克里姆特，1988年，第154页及下页。凡贝格/布坎南也以类似方式区分"立宪利益"和"行为利益"，1988年，第139页起。

从规范的行为[1]。其行为经常符合规范只能解释成重复的"具体情形下的遵守规范行为[2]"，它是其一个序列的理性决定的结果，它的产生仅仅是由于对他来说选择遵守规范的行为鉴于那些相应协调一致的激励结构通常是能获得最大效用。这种具体情形下的遵守规范行为从结构上看同其他理性效用最大化行为没有区别。在经济学分析方法的前提下，它是遵守规范惟一可能的方式，因为经济人永远是根据对可供其支配的选择可能性进行符合特定情形的评价与权衡做出决定。

　　尤其是经济人永远不会采取对某一规范的内在立场，就是说，他决不会在下述意义上"承认"规范是具有约束力的行为准则，即他"盲目"遵从某一规范而不考虑自己行为对个人利益造成的后果。是的，经济人不会对某一规范采取内在立场。他在某种方式上"注定"要不断重新考虑他是否真正选择了最好的行为方式。他的行为模型库中没有"规范约束"这一项。因此，选择某一受规范约束的行为或者对某一规范的内在立场在经济学分析思路中对解释以规范为指导的行为没有任何作用。这表明，在规范生效经济学理论的框架内只能用冒犯的方式对待哈特的论点：必须对规范生效做出离开下述假设依然能够成立的解释，即离开特定规范对象对他们所遵守的规范采取一种内在立场这样一种假设。

　　这里有重要意义的是，认识到确立规范与遵守规范的决定问题是何等的不同。它们各自的出发点是互相对立的。确立规范首先只是涉及他人应如何行为的问题，而遵守规范则涉及对自己行

---

〔1〕　因此，与犯罪学等其他通常的理论不同，经济学分析方法总是涉及对遵守规范的而不是偏离规范的行为进行解释。在这种思路中偏离规范的行为无须解释。

〔2〕　凡贝格，1988b，第152页。

为的决定。由于这个原因也不允许简单地从一种类型的决定中得出有关另一种类型决定的结论。严格区分这些不同的方面——因而也区分作为规范制定者与规范对象的不同角色——尤其对规范生效的经济学理论具有极为重要的意义。

在必须对包括作为规范对象的某一社会群体的所有成员即也包括作为规范制定者支持这些规范的那些人的规范生效做出解释时，这一点就尤其重要了。一个理性效用最大化者做出某一规范普遍生效的决定是一个复杂的过程，在这一过程中他必须照顾并平衡各个不同方面，然后他必须既从潜在的规范对象的角度也从规范利益人的角度做出判定。而且即使理性效用最大化者在某一特定情况下做出规范普遍生效的决定，作为规范对象他还没有做出在具体使用时也遵守这一规范的决定。对于经济人来说，遵守他自己确立的规范和遵守其他规范制定者强加于他的规范遇到的都是同样的问题，重要的只是在具体情况下遵守规范对他是否有利。

但是，对规范生效经济学提出的特殊要求本身并不妨碍对以规范为指导的行为进行成功的解释。可以这样说，希望他人以某种特定的对自己有利的方式行为的愿望是经济人所特有的。从个人效用最大化的观点看人们完全应该希望规范生效以及使规范发挥尽可能大的作用。如果说追逐个人利益乃人的本性，那么人的存在条件就使每个人都成为规范利益人，因而也成为潜在的规范制定者。

二　关联团体中的规范生效

A. 自己的自由与他人的自由：作为规范利益者的经济人

社会秩序的经济学理论的目标是将社会秩序的产生与维持归结为各个行为者的理性和效用最大化的决定。它必须在一个经济世界中追寻这一解释目标：它必须在下述前提下解释社会规范与制度的存在，即居住在这个世界上的都是经济人模型意义上的理性效用最大化者，就是说，这些人在任何做出决定的情况下总是选择能对其个人利益带来最大预期效用的可能性，正如已经强调过的那样，他们的行为永远不会在对规范采取内在立场的意义上受规范制约。如果规范生效的经济学理论能够成功地将这一模型世界的社会秩序解释为个人理性行为的结果，而无须将制度性的或者个人的决定因素作为"外来"的经验或理论数据前提，那么这就是成功的内生解释。

首先要澄清作为规范利益者和规范制定者的经济人的角色。因此，要阐述的第一个问题是，在什么条件下同样理性地追求最大效用的他人受规范约束及遵守规范对于一个追求最大效用的行为者有利并因而受其欢迎？

回答这一问题似乎并不十分困难——特别是在涉及行为规范及义务规范，即应限制规范对象决策自主权的规范时。显而易见的是即使从一个只是适度关心自己利益的个人的立场出发，他也会优先选择他周围的人遵守特定的规范，而不是选择让他们在每一次做出决定时都要自主地以自己的利益为指导[1]。这一愿望显然尤其是在下述情况下在理性上站得住脚，在这种情况下实施对他人有害的行为可能对自己有利，在某些情况下，杀人、伤害他人、抢劫、偷盗、欺骗或撒谎在行为者给定的行为可能性中可能是效用最大化选择。在这种情况下，从可能的受害者的立场出发，制定有效规范防止此类行为方式是值得欢迎的。

---

[1] 经济世界中的规范对象虽然在遵守规范时也只是以其个人利益为指导，就是说，只有当某一行为方式在某一特定情形下对他最有利时他才会遵守这一规范，但他们的决定在以下意义上并不是"自主"的，即其行为决定因素——在经济世界中就是其行为选择各自具有的效用价值——是"他主地"由规范制定者（参与）决定的。

　　但涉及下述行为方式时也会产生要求制定规范的愿望，这些规范对他人有利，但一般而言对行为人通常会带来负担，如咨询、赞助、捐款、抢救、分担、安慰或警告等。在这种情况下，从潜在受益者的立场出发也明显希望能制定对他产生有利影响的行为的"团结规范"。

　　在规范利益人看来，值得欢迎的规范内容还有另外一种重要的行为方式类型，其特点是，虽然这些行为方式对行为人本身也有积极或消极的影响，但对他或其他人来说，只有在许多人或者所有人都如此行为时这些涉及利益的重要影响才会在明显的程度上产生。只有在总是（不）践踏草坪、（不）乱扔垃圾、（不）把污水排放到河里或者（不）偷税时，单个行为的累积作用才会最终相加成所有人都能感觉得到的损害或者好处。如果此类行为的各个行为人不是根据某一规范而是独立地并且——正如在经济世界中必然的那样——只是按照理性效用最大化标准做出决定，那么在许多情况下他都没有理由自愿实施或者放弃此种行为方式。

　　这瘦瘦几点说明就已使我们看清了，在经济世界里与同样只追逐个人主观利益的行为人打交道的每一个理性效用最大化者都必然非常希望他人不总是能够为所欲为，他们做出通常或经常实施时会危及或者促进他的利益[1]的行为的决定会受规范的制约——也就是说，他们的决策自由在这个意义上受到限制。

　　根据这些规范所包含的行为方式的不同，即这些规范是否包含特别对个人之间的直接关系非常重要的、涉及个人产品的行为方式或者包含需要"迂回"即通过损害或促进集体产品才会对个人发生作用的行为方式，可将这些规范分为"人际规范"和"公平规范"。第一种情况涉及"尊重"互动关系中具体伙伴双方的个人利益，第二种情况则涉及为某一对所有人有益并给所有人带

---

〔1〕　对这两种行为类型的详细分析参见霍尔斯特，1977年，第20页起。

来好处的产品做出"应有的贡献"。人际规范经常但并不是必然涉及在每一个别情况下就已经带来利益或造成损失的行为方式，而公平规范则经常涉及具有累积作用的行为[1]。

因此，规范生效经济学理论迈出的头几步事实上无须克服很大困难。每个人都希望他人对自己采取某一特定行为方式，这一点符合每个人的根本利益，对规范生效的愿望可以说是非常自然地也进入了一个（并且恰恰是）理性效用最大化者的决策过程中：经济人是天生的规范利益者！

但是，从在理性效用最大化者看来是赞成他人遵守规范的同样的理由中也可得出结论，即从其自己的利益考虑来看，如果他自己也要遵守这些规范则是不愿意。因为前提是，它们要求的行为通常并不符合规范对象的自身利益，而是要求他们做出牺牲。对于一个理性效用最大化者来说，最好莫过于他自己做决定时完全独立并不受约束，而其他人却恰恰没有这样的自由："按照自私的考虑，一个人的最理想的处境是他自己享有完全的行为自由，而他人的行为则尽可能受到限制，以使他自己能够实现其愿望。这就是说，人人都想统治一个奴隶的世界[2]"。

这一观点无论如何对经济世界中土生土长的人来说想必是正确的。实施对所有人都有约束力的普遍生效的社会规范的愿望从来不会一开始就被考虑进去，而是充其量在认识到不可避免的恶时才会最后被考虑进去，因此，对拥有一个规范在其中只对他人

---

〔1〕　人际规范与公平规范的区分"交叉于"义务规范、许可规范和授权规范之间的区分，就是说能够通过所有三种类型的规范保护个人和公共产品；各种规范类型的分类及其共同面临的"贯彻问题"也可参阅埃尔斯特，1989年；1990年；1991年；1992年；科勒，1993年；乌尔曼—马加利特，1977年；凡贝格/布坎南，1988年；福斯，1985年。

〔2〕　布坎南，1984年，第131页，也见第152页起及凡贝格，1982年，第126页起。

生效的世界的偏好，即使在这种可能性事实上根本不再存在时也在理性效用最大化者的决策过程中起着重要的作用。当然，从经验上看完全可能存在这样的权力关系，单独的个人或由个人组成的群体在这种权力关系中获得的地位使他们确实有可能将其制定单方面的规范命令将其愿望付诸实施。

B. 自发行为、对策性行为和集体行为

希望他人遵守规范的愿望在理性效用最大化者看来是有道理的，证明这一点对于规范生效的经济学理论是容易的。相反，确定下述前提则要困难得多，这些愿望在这样的前提下成为有效的行为理由并发展成一种真正贯彻所希望的规范的诱因——就是说，在这样的前提下，经济世界并不停留在"虔诚"的愿望上，而是达到了现实效果有效性和规范的真正生效。

生活在一个只居住着与他相同的人的世界上的经济人在作为规范利益人时所处的位置类似于"进行观察的"、想在经济行为模型基础上解释社会秩序形成的理论家。他必须发现在何种条件下能够期待作为由理性效用最大化者组成的群体的个人决定与行为的产物的某一特定的——他所希望的——社会状态成为现实。对他来说有三种可能性：

1. 所希望的结果通过一只"看不见的手"作为相关人行为无意识的附带结果出现，就是说，无须他本人将这一结果作为目标来追求，在这个意义上它是自发行为的结果。

2. 个人将这一结果作为他个人对策行为的目标，从而通过追求个人目的这只"看得见的手"产生所期望的结果。

3. 个人与他人共同将这一结果作为他们集体策略行为的目标，从而通过追求共同目的这只"看得见的手"产生所期望的结果。

这三种可能性对于理性效用最大化者（此外对于经济学理论的代表人物也同样如此）的吸引力越来越小。在第一种情况下，他的愿望无须他目标明确的协助、不需要做出特别成绩或花费太大代价就能得到满足。他期望别人采取的行为方式作为相关人其他目标的结果无须计划便"自己"出现了。而在第二种情况下，行为人须行动起来通过有计划的行为实现他的愿望，此种情况下这意味着：他必须通过自己的活动设法使他人采取他希望的行为，这虽然需要他付出代价，但他至少还能独立地支配他个人的手段与可能性，而这在群体中追求目标时就不可能了或者只在一定程度上才有可能。将个人资源纳入一个行为集体中是同以丧失自主权亦即丧失决定自由和支配自由为表现形式的额外代价联系在一起的[1]。

据此，对一个行为人来说，最理想的是仅仅通过"看不见的手"的机制就能确保他希望他人采取的行为方式，也就是说如果——正如亚当·斯密按其原意所描述的那样——每个人都促进某一个他没有以任何方式加以计划的目标，虽然他考虑的只是他个人的利益。然而我们已经知道，规范利益人不能希望依靠这样一只看不见的手。他面对的是别人的愿望和目标，在特定情况下这些人会受到某种激励从而采取违背他的利益与需要的行为以及实施不同于他所期望的行为方式。如果他们不是无私地愿意满足他的愿望和需要而不要求任何回报——不仅在经济世界里很难会有这种事，那么单单他有此种愿望和此种需要这一事实便不足以会对他人的决定有任何改变。

如果行为人不能期待一只看不见的手不加他的协助即可实现他的愿望，那么他还能支配的便是上述另外两种选择。只有在他的个人策略行为没有取得预期成功、太没效果或者代价过高时，他才有理由参与集体行为。

C. 人际互惠性战略

---

〔1〕　个人行为和集体行为的详细界限参见凡贝格，1979年；1981年；1982年。

在本研究的第一部分就已经强调过，原则上说规范制定者只有当他在与他人的关系中支配一定权力时才有机会实现自己要求他人遵守规范的愿望[1]。作为规范制定者使他人服从自己的意志意味着——不论通过何种途径——有能力对这些人行使权力。这里，特别强调权力的概念是在极广的意义上理解的，它应该全面描述行为者在重要程度上改变他人行为决定因素的能力。

当然，得以在与规范对象的关系中支配权力的条件——而且在某种程度上可以说，首先——也必须由规范制定者在经济世界中拥有。但是，在经济世界中支配某个人的权力的可能基础以及可能的权力手段都明显受到限制，原因在于影响理性效用最大化者行为方式与决定的决定因素明显受到限制。通过教育使规范"内在化"或者道德"信念"等在经济世界中不可能成为行为决定因素。在经济行为模型的前提下，有效的行为决定因素只可能是行为各自可能产生的后果以及它们的主观效用价值。从理性效用最大化立场看，规范对象在某一特定行为情形中遵守规范的惟一理由只能是：选择遵守规范想必对他来说是可能带来最好结果的行为方式。

从中可以得出对规范制定者可能的权力基础的重要结论。这样一来他只能通过一种途径才能实现自己要求他人遵守规范的愿望：他必须能够如此改变他人行为的外在决定因素，以至于遵守规范成为他人选择可能性中最好的选择。规范制定人必须使他所期望的行为方式更有吸引力并且/或者使他不希望的行为方式更没有吸引力，这样规范对象采取符合他的愿望的行为对他们自己也是最明智的。这就是说，他必须通过对规范对象的决定做出要么对其有利要么对其有害的反应。经常遵守规范在经济世界中只能是一种经常性回报行为的结果。规范制定者得以成为一个成功

---

[1] 参见第 79 页。

的规范制定者所必须的在经济世界中支配规范对象的特殊权力即是回报权力。

　　然而，在经济世界中开始适用规范时应该从行为人之间的哪些权力关系出发呢？根据是否假设特定规范制定者与规范对象的制裁权力之间存在巨大差别，或者是否从他们之间基本存在权力平衡出发，显然会得出截然不同的结果。如果行为人具有明显优越的制裁潜力，他们就会试图贯彻单方面规范命令——就是说去圆经济人的愿望，且获胜希望极大。不过，如果仅在行为人自己能够支配的资源的基础上观察他们可能拥有的权力，那么即使个人权力的严重不平等也几乎不会产生这样的规范命令。因为正如霍布斯已经发现的那样，即使是"最强者"在特定情况下也会受到伤害[1]。即使个别人处于相对优势，那么下述情况也是现实的，即虽然这可能表现为财产与"权利"分配的相对不平等，但即使是那些"强大"的个人也无法创造一个自己原则上不受社会秩序核心规范约束的世界[2]。

　　尽管如此，权力分配的不平等也必须成为社会秩序经济学理论的中心内容。不过，在不再是仅仅涉及个别孤立的个人占有优越的权力手段，而是涉及这些优越的权力手段掌握在一个有组织的集体手中时，这一点才会表现得格外清楚。但规范适用理论从这一可能性着手却不符合逻辑，因为集体组织的前提已经是其成员有能力构建一种社会秩序。只有当我们能够解释规范如何能够在拥有相对平等权利的个人中间确立起来时，才能够解释有组织的集体的产生——也包括那些为了行使权力及压迫组织以外的人而成立的集体。人"从来"都在集体中生活和行为这一无可争辩

――――――――――

〔1〕　"人能够对自己做的最极端的事情同时也是任何人能够强加于任何人的事情。"（波皮茨，1992 年，第 58 页）

〔2〕　参见布坎南，1984 年，第 79 页起。

的历史事实也根本无法降低对解释理论提出的这一要求。因此，我们这个经济世界的出发点必须是这样一种情况，有关个人之间亦即潜在的规范制定者与规范对象之间存在着相对的权力平衡。

规范制定者的回应权力在这一权力平衡的框架内是怎样的？原则上说，对遵守规范的积极回应或者说是奖赏意味着做出回应的规范利益者本身在实现规范对象的期待与愿望，就是说尤其是自己遵守特定规范，而遵守这些规范符合规范对象的利益。相反，消极的回应则意味着通过同样违背规范对象所抱有的期待与愿望对破坏规范做出的反应，就是说自己也不遵守符合规范对象利益的特定规范。

这样，对规范对象不支配优越的回应权力的规范制定者也能往天平上投掷对行为有重要影响的砝码。他可以提供他本人的"合作"，就是说遵守规范及实现他人意志作为对他人遵守规范及实现他本人意志的奖励。而且，作为对他人相应行为的惩罚，他还可以中断合作、自己破坏规范及蔑视他人意志。即使在"权力平衡"的范围内规范制定者也完全有机会根据他自己的意思改变规范对象的决定情形。他可以"提供"的东西在某些情况下比规范对象自己采取偏离规范的行为更有价值，并且他还可以以某种东西相威胁，这种东西的危害在某些情况下抵消了规范对象从偏离规范中获得的利益。势均力敌的权力关系会造成这些可能性，因为相互满足愿望而不是相互不满足愿望可能对人更有利。

因此，影响他人决定的一种"自然"而容易理解的手段就是一种互惠性行为方式及人际互惠战略。互惠性行为方式无疑是一种具有最重要意义的经验现象[1]，它们属于所有我们已知的社

---

[1] 阿尔文·古德纳认为相应原则的普遍适用性类似于禁止乱伦原则，参见古德纳，1961 年。有关互惠性的社会生物学解释参见 R.D. 亚历山大，1987年，第 208 页起；特里弗斯，1971 年；1985 年，第 361 页起。

会实践的根本的和理所当然的"基本配置",因此,相应反应的作用方式当然也处于以经济学分析方法为基础解释社会秩序及合作的产生与维持的尝试的中心位置[1]。

D. 秩序的代价是自由

理性效用最大化者考虑是否应该使用互惠性战略作为对他人施加影响的方法时必须回答两个问题:首先,他必须研究这样一种战略在现实中是否有效及能否有足够的可能性取得预期成功。其次,他必须考虑互惠性行为在某一特定情况下是否值得,其代价最后是否超过预期收益。我们首先研究一下如果经济人能够假设人际互惠性战略不失为一种在现实中有效的手段时,从他的立场出发在什么条件下这样一种战略是值得的。

如果自己遵守规范是他人遵守规范的条件,那么规范制定者面临的选择可能性就发生了相当大的变化。这样一来,仅仅对他是否从他人遵守规范中获益这一问题做出肯定的回答就不够了。他还必须问自己这样一个问题,即当他必须用自己遵守规范作为对他人遵守规范"付出的代价"时,也就是说当他自己成为他本来只是希望别人遵守的规范的对象时,遵守规范对他是否依然有好处。他不再是在一个无人遵守规范和一个只是别人遵守规范的世界中选择,而是在一个无人遵守规范和一个所有人都遵守规范的世界中选择,这样一来,以利益为导向的权衡就明显复杂多了。在这种条件下,效用最大化行为者的愿望和意志形成不再是从一开始就很明显[2]。

---

〔1〕 参见阿克塞罗德,1988年;比蒙,1992年,第347页起;克里姆特,1986a,第59页起;凡贝格,1975年,第54页起;1982年,第123页起;1984年;M.泰勒,1976年1987年;凡贝格/布坎南,1988年;福斯,1985年,第173页起。

〔2〕 有关这一考虑的不同方面参见霍斯特,1981年;1982年;1983b;布坎南,1984年,第157页起。

对互惠性战略的利与弊进行权衡的规范规定者不再仅需考虑到对他不利的行为方式对他人可能是有利的，他还必须考虑到自己采取这一行为方式同样可能对他自己有利。虽然只要在互惠性反应生效的前提下他本人成为此种行为方式牺牲品的可能性下降时他本人放弃此种行为方式对他有利，但这种放弃对他也有不利之处，因为从他采取相应行为中可能获得的好处也一起消失了。现在，规范制定者必须权衡规范适用的益处和代价，只有当他人放弃此种行为方式带来的预期好处超过他自己放弃此种行为产生的预期代价时，从理性上看，他才会希望普遍禁止某一特定行为方式。这一考虑并非在所有行为方式中都简单明确。并不是任何时候都那么容易弄清楚，互相遵守规范的交换是否对当事人有利——即使在他们同样从对方遵守规范中获益时也是这样。秩序的代价可能会太高。

如果一个人生活在一个他和他所属的社会团体中的其他成员都不支配重要的权力潜力的世界中，但在很多情况下做出积极或消极的决定还是很容易的。涉及谋杀、故杀、诈骗、抢劫或者盗窃时，显然人们更愿意予以普遍禁止而不是全面放任自流。这种情况下，可能的危害通常如此之大，以至于自己遵守规范想必是较小的弊端——更不要说在一个无人在涉及此种行为方式时遵守限制性规范的社会中生活时必定出现的那些次要的消极后果："生活将是孤独、贫穷、令人作呕、野蛮和短暂的……"

对许多行为方式的权衡结论差不多同样清楚，如果经常采取这些行为方式会累积性导致积极或消极后果的话。这种情况下，实施或不实施有关行为对各个人造成的代价同预期带来的整体好处或者整体损害相比通常是微不足道的。如果另一选择是被污染的环境，民主共同体的政治制度的危机或者必须放弃公共图书馆，那么个人对环境保护做出的贡献、参加政治选举或者归还从图书馆中借来的图书就算不上什么高昂的代价。

相反，理性效用最大化者几乎不会愿意取消在宗教和世界观问题上的自主选择可能性、言论和新闻自由、集会和结社自由、艺术科学自由或者择业自由——即使他知道他人利用这些自由完全可能对他的利益造成消极的后果并非常希望在这些方面单方面限制他人，但是这些代价被他自己在这些方面的自由所带来的好处抵消了[1]。

相反，涉及"团结规范"的权衡则较为困难，例如互相支持和互相提供帮助的承诺。在这方面，不总是很清楚自己可能被要求提供义务所带来的不利能否被从他人提供的支持中获得的好处所平衡。但大部分情况下本来也不会涉及绝对的非此即彼，而是涉及应该在多大程度上赋予自由及限制与义务在何种程度上生效[2]。

不过，这里可以不考虑具体情况下在"自由与秩序"之间进行斟酌的问题所带来的这些复杂性。如果下面仅对最简单的一种情况进行研究，那么这是为了把注意力集中在最本质的东西上，这样的权衡结论在这种情况下是非常明确的，理性效用最大化者毫不犹豫地愿意放弃某一特定的行为方式，如果若不如此就必须考虑到他人也会采取这一行为方式的话。就是说，在这种情况下

---

[1] 当然，赞成这些典型的"自由主义的自由权利"的偏好只是从主要以其自己利益为指导的决策者的角度看才令人信服。因为这一偏好的前提是保障自己在这些事情上的自由比限制他人自由对一个人更为重要。追求"父权"、"意识形态"或者"传道"利益的人则可能做出反对这些自由主义权利的决定。这是自由主义和社群主义之间争论的一个重要方面：自由主义的权利真正能够"普遍"说明其理由还只是（以循环的方式）能从"自主主义的个人"的角度说明其理由？有关自由主义的伦理道德辩护的这些规范性问题我在此无法展开——对我的论断来说，只要能使人相信至少"典型"的自由主义个人对自由社会的制度存在偏好并为其存在做着贡献就足够了。

[2] 参见布坎南，1984年，第157页起。

理性效用最大化者有明显的偏好，比起一种普遍的无规范状态他明确地欢迎一种普遍遵守规范的状态，与此相应地也希望——或者更好地说是容忍——一个这样的世界，他在其中也成为他本人所支持的规范的对象。这些"没有争议"的、其生效符合所有当事人共同利益的规范是一个社会和平秩序的根本规范，是共同生活与合作的"最低道德"或"核心道德"，离开了它们，没有一个人类群体能长期存在[1]。属于这些的特别是禁止杀人、伤害他人、抢劫、盗窃、撒谎和诈骗的规定以及基本团结准则和适度参加共同任务的要求。

理性效用最大化者在涉及核心道德的根本性人际规范和公平规范时原则上将愿意为使他人遵守规范并进行合作，付出自己本身也遵守规范及合作的代价。但这一事实根本改变不了他作为一个严格考虑后果的决策人的地位，他完全是在斟酌了在某一行为情形中所有可供选择的可能性的基础上做出单个决定的。这也特别适用于他是否应该在某种情况下采取符合规范的行为这一问题。只有当在某一具体个别情况下他自己遵守规范这一选择有鉴于特殊情况对他来说可能是最好的行为时，他才会付出这一代价。

虽然我们现在知道这——至少对核心道德规范而言——对他原则上是一个能够获得合算的等价物的"好价钱"。但他作为理性行为人则是把他通过自己的行为能够施加影响的东西和他无法影响到的东西严格区别开来。因此，只有在他通过互惠性行为方式也确实能够充分影响到其行为对他的利益范围具有重要意义的、也就是能够做出有利于或不利于他个人利益的事情的那些人的决定情形时，他才会付出这一代价。只有这时，为获得好处而承担代价对他来说才是值得的。

---

[1] 参见霍斯特在个人利益基础上对这种最低道德所做的精辟的伦理辩护，1981 年。

E. 透明性与未来的阴影：持久的人际关系和关联团体

分析促进人际互惠性战略效果的关系结构，可以概括出——除了已经强调过的权力关系的相对均衡性——两个具有一般性意义的特点：一是这些关系的透明性，二是其不确定的时间界限。关系透明性的含义是，当事人相互都完全了解其伙伴的重要行为，尤其是偏离规范的行为不会是隐匿发生的，就是说无法识别或者未被察觉或者无法归结到某个行为人头上。这里涉及的"隐匿性"不仅是一种作为事实上的识别障碍的结果，而且是作为成本效益核算的可能结果。在此处所指的重要意义上，即使由于考虑到将得到的好处而不值得承担揭发破坏规范行为或指认作案人的代价，对规范的破坏也是"隐匿"的。关系的透明性使得行为人有可能恰恰在确实发生了有关行为时作为影响行为的手段做出互惠性反应，并且针对确实是此一行为始作俑者的那个人。

某一关系的开放性时间界限应该用来描述以下情况，关系持续到未来，并且相关人不知道其共同的未来何时结束。作为影响行为的手段，尽管人际互惠性在经济世界里作为一种对未来的投资在特定条件下在理性上是有道理的——但对理性效用最大化者来说，它也仅仅是作为对未来的投资而在理性上站得住脚。就是说，必须确实存在这样一个未来[1]。如果人际伙伴之间的关系对参与者来说显然不只是一种一次性的、时间有限的、"个别"的联系，或者只是一种肯定就要结束的关系，而是一直持续到不确定时间的一种关系，那么这一条件就满足了。如此一来，便值得对这一关系的未来及对人际伙伴的未来行为进行投资。在这一点上，参与人之间以前是否有过相互合作和相互影响并不重要——一段可能的共同"历史"既起不到积极的作用也起不到消极的作用。任何经济人如果知道自己的行为方式不会带给他好处

---

〔1〕 它对当事人必须足够重要，参见阿克塞洛德，1988 年，第 11 页起。

都不会承担自己遵守规范的代价，因为他人未来的行为对他的利益不再起任何作用——但他在合适的条件下也不会由于相关人以前在较为不利的条件下没有进行合作而是有过敌对关系就被吓回去而不采取合作性态度。

如果"未来的阴影"[1]投在社会关系中，如果关系对当事人来说是绝对透明的，那么总的来说就存在着对理性效用最大化者之间的人际互惠性因而也是对其相互合作及遵守规范有利的条件[2]。如果这些前提存在了，就可以说当事人之间存在着持久的人际关系。我在下文中把行为人同其保持着这一意义上的持久关系的那些人称作他的"关联团体"，而其"社会团体"的成员则应包括所有其行为对他可能产生不利或有利后果的那些人，就是说也包括例如他只同其有断断续续或隐匿式联系的那些人。所以，行为人的关联团体不必等同于他的社会团体，前者通常是后者的一个分支团体。

在持久的人际关系中经常会重复这样的情形，当事人的行为方式在这样的情形中会相互产生不利或有利的后果。对于有关个人来说，下述问题同样反复出现，即行为人在某一具体情况下对另外一个人采取互惠性行为方式在理性上是否站得住脚以及所提到的另外这个人在这一点上是否会有有理的期待。但在这种情况下，问题的重复恰恰是它的答案。这样产生了一个共同的未来，对参与者来说值得在每时每刻为此进行投资。

F. 关联团体中的公平规范

---

[1] 这一贴切的比喻出自罗伯特·阿克塞洛德，1988年，第113页。

[2] 这是社会行为现代经济学理论的一个根本认识，它主要建立在所谓"超级博弈"的博弈理论研究的基础上。参见奥曼，1981年；阿克塞洛德，1981年；1988年；比蒙，1992年；弗里德曼，1986年；霍夫施塔特，1983年；克里姆特，1986a；克里姆特/绍恩贝格，1982年；劳卜/福斯，1986年；朔特尔，1981年；M. 泰勒，1976年；1987年；福斯，1985年。

核心道德的人际规范不必费太大力气就能够在关联团体结构中确立起来，这些规范的内容是对个人产品有利或不利的行为方式。根据前提，这些规范的生效即使在效用最大化的规范制定者作为规范对象必须自己付出遵守规范的代价时也符合他们的利益，就是说，这些规范的生效从这个意义上说符合某一团体成员的共同利益。此外，它们还是规范制定人能在同各个规范对象直接的人际关系中有效贯彻的那些规范，这样一来，它们就满足了对规范制定者来说值得采取人际互惠性战略的条件。结果是出现了这些规范的稳定生效：这将是符合对行为有效的意志的规范。

但关联团体的成员不只对确立保护他们个人产品的人际规范感兴趣，他们也对用以提供和保护集体产品的公平规范的生效感兴趣。同个人产品不同，公共或集体产品不仅有利于某一特定的个人，也有利于整个团体，即由个人组成的集体。集体产品的特点首先是其"非财产独占"[1]。这些产品的好处可供团体的任何成员支配，任何人都不会被排除在享受这些产品之外，除非通过烦冗而花费不菲的预防措施。所以，个人对提供某一集体产品所做的贡献与个人从利用这些产品中获得的收益之间并不存在"自然"的联系。因此，个别获益者可能受到不参加提供和维护这些产品的诱惑[2]。

公共产品经济学理论的一个"典型"论点是，如果一个由理性效用最大化者组成的团体的成员数目超过临界值，那么该团体便无法或只能次优地提供集体产品[3]。一种公共产品能否在充足程度上可供支配，在大的团体中经常完全不取决于各个成员个

---

〔1〕 通过"非保护性"和"非排他性"的特点对公共产品所下的经验论定义见保罗·萨缪尔森，1954年。

〔2〕 关于公共产品问题参见奥尔森，1968年；哈丁，1971年；1982年。

〔3〕 奥尔森，1968年，第8页起；对这一"典型"看法的批评参见德·雅赛，1989年，第149页及下页。

人所做的贡献。如果在这种条件下没有额外的、"选择性"的激励或者不存在对行为进行监督的社会机制，那么理性效用最大化者当然就不会做出贡献。如此一来，在一个只是由理性效用最大化者组成的团体中将无法或无法在充足的程度上生产出这样一种产品。

但是，如果个人为提供产品做贡献时付出的代价超过他从自己的贡献中获得的好处，即使在"较小"的社会团体中也会出现这一典型的"集体产品问题[1]"。例如，如果他为提供产品所做的贡献鉴于诸多贡献的必要累积而微不足道或可以忽略不计，就会产生这种情况。在这一条件下，对各个团体成员来说不做出自己的贡献同样在理性上能够站得住脚。

因此，出现集体产品问题时，理性效用最大化者中间可能会出现一种同其利益背道而驰的结果，即无法或无法在充足程度上提供公共产品，即使在各个人所做的贡献从成本角度看考虑到他从集体产品中获得的全部好处可以承受时也无法提供。在这种情况下，理性效用最大化者想必希望规定为提供相关公共产品做出公平贡献的规范能够生效。这里，此种公平规范的生效同所期待的集体产品本身一样符合团体成员的利益，因为个人遵守规范做出的牺牲被普遍遵守规范带来的好处平衡了。理性效用最大化者有理由希望此种公平规范在持久人际关系框架内可以借助人际互惠性战略确立起来吗？

初看上去这似乎很容易理解。如果单个人必须从以下情况出发，即其他团体成员自己做出贡献取决于公共产品的所有其他潜在的受益者也做出他们的贡献，就是说，如果他们在看到作为个人的他无视相关的公平规范时自己也不再做出贡献，那么他就会通过自己一人拒绝做出贡献而危及公共产品的总体提供。如果他

---

〔1〕 参见科尔曼，1990年，第241页起。

不作出贡献别人也不会作出贡献。考虑到这种后果，他不得不做出贡献以确保集体产品的提供。团体其他成员的互惠性反应使单个人的贡献对所有其他人的贡献行为具有因果关系上的重要性，以此在某种程度上"替代"了单个人的贡献对集体产品所缺少的直接的因果关系上的重要性。

然而，仔细观察就会发现这一"答案"不是很具有说服力。虽然在所有相关人的行为都以这种方式确实相互作用时它也会有效，但对一个潜在的规范偏离者和"搭便车者"来说，真正出现这种反应并不十分令人信服。对此可以列举两个在某种意义上说相反的理由：

1. 如果从单个搭便车者的不公平行为对其他团体成员利益状况有何重要性的角度分析这种情况，那么规范对象即潜在的偏离者可以对自己这样说，他个人不做出贡献将不会使其他团体成员的现状发生根本性变化。如果他们通过积极做贡献的行为致力于提供集体产品，搭便车者或多或少既无法危及集体产品也不会明显抬高其价格，其行为情形的重要特征保持不变。但如果是这样，其他团体成员为何要以一致拒绝做出他们自己的贡献作为对这样一个搭便车者的惩罚而拿他们从集体产品的存在中享有的好处冒险呢？个别规范对象拒绝做出贡献以及以偏离规范行为的方式拒绝做出贡献并不构成规范制定者方面做出势必导致其完全中止合作并因而严重损害其本身利益的反应的充分理由。这样一种类型的对等行为一定显得是一种非理性的"过激反应[1]"。

2. 相反，如果从个别规范制定者可能"制裁性地"拒绝做

---

[1] 同样的论据可用以反驳所有想假定在其他愿意合作者数目的特定"极值"上存在着有条件的合作意愿的构想（参见 M. 泰勒，1976 年，第 28 页起）。但对这样一种界限值的论断却总是面临一个无法回答的问题，即为什么重要的恰恰是个人 n—1 的贡献行为。

出贡献对规范对象的处境有何重要意义这一角度分析这一情况，就产生了一个补充性的问题。从某种角度来看，个别规范支持者作为单独行为人同潜在偏离者的处境相同。个别的偏离者可以对自己说，对于其他团体成员而言，他一个人拒绝做出贡献作为做出对他们自己也具有毁灭性反应的理由太微不足道了，而规范支持者则必须告诉自己，对改变他个人的贡献行为进行制裁对偏离者来说同样无足轻重。由于从偏离者的角度看，多一个拒绝者或少一个拒绝者也都不会使其现状发生本质性变化，个别规范支持者可能做出的对等反应孤立地看构不成对偏离者的威胁。然而，仅其个人的制裁潜力也对规范支持者的决策起着决定性的作用：对理性效用最大化者来说，重要是他的行为作为单个行为有什么后果，而不是其他人不依赖于他自己的决定也做出相同决定时会产生什么后果。因此，在单个规范支持者看来，其他规范支持者如何行为也是无所谓的，对他来说，没有理由为了影响偏离者的行为而改变自己的行为。这样一来，集体问题在制裁者方面也出现了，因为个人贡献行为对提供集体产品原则上的无足轻重使这一贡献行为作为制裁手段也失去了任何意义。

如果规范支持者一致采取某一消极性反应或拒绝做出贡献，则会产生另一种结果，这一点是正确的。但理性效用最大化者原则上恰恰从不作为"集体"做出决定，而总是作为单个的人权衡其个人行为方式的后果。由于个人行为方式在这种情况下对集体结果无足轻重，因此，可能的集体结果对单个人而言也不可能成为有效的行为理由[1]。

---

〔1〕 从博弈理论上看，集体产品问题的这些"解决方法"苦于其不具备"子博弈完备性"，就是说，如果必须真正实施"威胁"作为对某一不合作行为采取的反应，它就不再是理性的了。参见比蒙，1992年，第377页起；泽尔滕，1965年；1975年。

但未必非得在这种"要么全是要么全非"战略的意义上实施人际互惠性，还有另外一种途径能够利用关联团体的社会结构确立公平规范。有两个基本概念在此具有重要意义：一是互惠性战略并不局限于"以其人之道还治其人之身"。相对于规范对象而言，规范制定者为实施某一公平规范不仅可以采取不公平的行为作为反应。他也可能在另一方面撤消其"合作的善意"并实施制裁以损害规范对象。有的行为可以非常有效而明显地进行制裁，但对实施制裁的人却只产生较小的代价。

第二，对拒绝对集体产品做出其贡献的人的制裁本身就是一种公共产品——事实并非必然导致出现一个未加改变的集体产品问题新翻版。由于"较高层次"的集体产品——对拒绝做出贡献者的制裁——必须由一个至少比应该提供初级集体产品的团体要少一个人（就是说至少缺了那个应通过制裁促使其采取公平行为的行为人）的团体提供，单个人的贡献趋向更重要。这样，对他来说做出自己的贡献以确保有效制裁这一集体产品毋宁说在理性上站得住脚。由于集体产品问题向各自更高层次的转移一直继续下去，以至于对潜在偏离者进行制裁任务涉及的团体越来越小，因此有可能在这些层次中的某一个最终完全解决的这一公共产品问题，因为单个人对提供这种产品所做的贡献将起到决定性作用，并且他从个人所做贡献中得到的好处超过了这一贡献的代价。如果达到了这一点，那么实施公平规范的过程便可能在所有参与者之间的持久的人际关系的基础上重新由"顶部"向"底部"扩展到关联团体的全体成员[1]。

---

〔1〕 对公共产品问题这一"分层"解决方法的分析参见科尔曼，1990 年，第 270 页起，第 821 页起。当然，科尔曼自己在这一上下文联系中多次强调，这种解决战略只有在紧密的人际关系和封闭的社会"网络"内部才有可能，参见第 275 页起。

据此，可以将关联团体中公平规范的确立设想成一个渐进的过程，该过程开始于由"积极分子"组成的一个小团体，其他团体成员根据"滚雪球制度"的模型逐渐被包括进来，直至做贡献者的人数最后使得提供起初希望的集体产品成为可能。通过这种方式，公平规范的适用得以稳定不是通过不可信的以突如其来的集体拒绝相威胁，而是通过单个人之间的人际互惠性的"交织"行动。

G. 关联团体中的社会秩序

如果存在适宜的现实框架条件，经济世界中将会出现基本人际规范和公平规范的生效。人际互惠性战略能够成为贯彻规范的有效手段的重要前提是，行为人的单个行为会对那些其未来行为对自己十分重要的人的决策情形产生直接影响。在这一条件下，会出现一个互相影响和监督的过程，关联行为伙伴的行为在这一过程中直接相互依赖[1]。但只有在存在着具有特定"凝聚力"与"紧密关系"的相互依存的社会关系时，这一"内在"有效的制裁机制才能得以确立。在由关联团体组成的相互进行社会监督的严密机制内部，用自己遵守规范对人际伙伴遵守规范做出反应及通过针锋相对的行为对不遵守规范做出消极反应对当事人来说在任何具体情况下都是一种理性的决定。对基本道德规范生效的共同愿望将转化为采取互惠性行为战略的有效意志。如果"未来的阴影"充分地投向这些社会关系并且参与人的行为互相保持透明，那么满足"规范需要"便无须集体行为的社会规划和组织。

社会规范生效的这一解释没有流于"准功能主义"的危险，因为从有关个人存在某一共同愿望中并不能直接得出该愿望将实现的结论。它能展示将这一愿望转化为一种有效的行为意志的有

---

〔1〕 参见布坎南，1984年，第53页，第94页；凡贝格，1982年，第48页，第130页。

效的诱因的存在[1]。但在这种态势中，对规范适用的共同愿望不仅转化为一种同方向的意志以及相应的行为动机，而且该愿望的实现在一个关联团体中也是一种稳定的状态。当事人相互之间对规范的遵守处于一种"均衡"，就是说，任何相关人都不会在他人做出行为时受到激励，从而为改善自身的处境而去变换自己的战略[2]，在这种意义上不需要某种实体化的"集体"或"普遍"意志。惟一的基础是首先只针对他人遵守规范的那些人的个人利益、愿望和意志形成。对所有人均有约束力的社会规范生效的共同愿望只是下述认识的结果，即单方面遵守规范是不可能实现的，它要求付出自己也遵守规范的代价。

　　对关联团体的核心道德来说，规范生效的经济学理论能够令人满意地回答社会学家若想用规范生效对行为规律性进行解释就必须回答的问题。首先，它能够将关联团体成员全体确认为规范制定人，因为在核心道德规范上，社会团体的所有成员都是规范利益人。其次，它能够解释规范制定者为什么是规范利益人，也就是说他们为什么希望他人的行为应该符合这些规范。第三，最后它能够解释这些规范利益者如何使其意志发生作用，也就是说它能够解释规范制定者存在于采取互惠性行为方式的能力中的权力基础。

　　如此一来，社会秩序的经济学理论便是名符其实的规范生效理论。它不局限于对"纯粹"行为规律性的解释，而是将行为方式解释为规范制定人实施这些行为方式的意志的结果——因而是一种以规范为导向的行为。社会秩序在关联团体中的产生不是

---

〔1〕　托马斯·福斯不无道理地谴责了经济学传统的某些作者的这种"准功能主义"的行为，如乌尔曼—马加利特，1977 年，参见福斯，1985 年，第 80 页，第 98 页，第 112 页，第 117 页及下页，第 121 页。

〔2〕　有关"均衡"的博弈论观点参见比蒙，1992 年，第 275 页起。

"市场模型"意义上的完全"自发"的，它并非个人理性利益追求的无意识的副产品，其存在是有关个人战略行为和"应该设想"的目标。社会秩序的经济学理论也必须是规范生效的理论，因为如果没有作为规范制定者的人希望实施特定行为方式的愿望，就无法解释核心道德规范在经济世界中的生效——恰恰在经济世界中无法解释，因为遵守这些规范恰恰在这个世界里必然首先是违背规范对象的利益的。只有通过有针对性地改变其行为选择可能性的效用值对其决定自主权进行限制才能促使其采取持续并且经常符合规范的行为。因此，规范生效的经济学理论必须考虑的重要因果关系因素中包括着眼于他人行为的愿望和意图以及某些人根据其他人的愿望和意志应该实施特定行为的事实。

但使用一种与有意念性实体有着重要联系的非简约主义的规范设想与经济学分析方法并不是相距遥远，而是很接近。因为经济人的特点在于他想达到他人采取特定行为方式的目的并策略性地考虑他人在有关他的行为方面想达到什么目的。这同时也就意味着，他本人不仅必须对自己的意图和目的一清二楚并向他人加以表达，而且也必须能够考虑、预先推定并"理解"他人的意图和目的。愿望及意愿的传播与表达属于经济世界中具有重大理论意义的事实[1]。

三 关联团体以外的规范生效:流动性与隐匿性

A. 关联团体和社会团体——社群和社会

---

[1] 在这个意义上参见克姆特，1990b。尽管如此，由于片面关注"看不见的手的解释"和社会秩序的"市场模型"，社会规范概念在经济学理论中经常被从纯粹行为主义角度降低为行为规律性。参见凡贝格，1984年，第140页起；福斯，1985年，第2页，第135页起。

　　如果经济世界包含着现代大社会典型的社会结构，就无法指望其居民希望他人遵守规范的愿望仅仅通过其关联团体中的互惠性机制即能实现。"规范需求"将不会局限于同关联行为伙伴的关系，人们在地方性社群框架内同这些伙伴保持着密切持久的个人关系。在这种条件下，一个个人不是同其社会团体中的所有成员都保持着持续的个人关系，他不会同其行为方式对他的利益有重要影响的所有人保持经常性的个人关系。他同一些人根本没有直接接触，这些人是匿名的，他也不会获得有关这些人行为方式的信息，同其他一些人则只有断断续续的从一开始即有时间限制的关系。

　　但是，由于这些人的行为方式也可能对理性效用最大化者及其利益具有重要影响，他也会希望这些人采取特定行为方式——即遵守特定规范，并且原则上也愿意为了实现这些愿望而进行有关投资。这样，即使是断断续续的个人接触中也存在一种哪怕时间上受到限制的社会关系，相关人在这种关系中既可能互相帮助也可能互相伤害：他们可以互相行窃、诈骗或抢劫，但他们也可以互相帮助，方式便是不实施这种行为方式而代之以交换服务或产品。对相关人来说，相互之间遵守人际规范即使在这种短期的社会关系中也是值得欢迎的，它较之一种不遵守规范的状况更可取。对公平规范而言也同样如此。即使我们不认识也不了解其行为的人也可能污染环境，民主也会由于人们漠不关心和抵制选举而面临危险。

　　如果我们必须得出对理性行为人来说个人遵守规范的可能性仅限于关联团体中的持久个人关系的结论，那么我们马上就能认识到人际互惠性的有效范围非常有限。这样一来，至少在现代社会的条件下，这种互惠性作为个人行为战略便没有多大的意义。一个拥有众多成员的社会中的、地区性社群中持久的个人关系只占社会关系一小部分的广泛社会秩序便无法再用这一机制进行解释。虽然规范制定者可以期待他所希望的在其各自关联团体中遵守规范作为一种地区性的社会秩序也能在一个"敌方"的环境中继续得以维持[1]，但以此却并未消除来自外部的对其个人产品的威胁，而公共产品的提供总体上也受到危害，因为它不再仅仅取决于关联团体成员的行为。

鉴于这种生活关系，对理性效用最大化者提出的问题是：为了实现其要求他人采取符合规范行为的愿望，他能否在其关联团体之外也通过单独使用其个人的权力手段，即通过人际互惠性战略采取成功的行动，或者这种战略的成功仅限于持久的人际关系？要回答这个问题就必须研究持久的个人关系是否不仅是有效互惠性战略的充足前提并且也是其必要前提。

B．其关联团体以外的经济人

1．迭代反复与信息相对于流动性和隐匿性

在陌生人之间断断续续的匿名联系还是透明关联团体中的持久个人关系中选择其一绝对没有完全包括人际关系的可能结构。正如一个现代化的大社会不只是由持久个人关系的交织组成的一样，它在这些关系之外的存在也不只是由互相孤立的个人聚集而成的。由于这个原因，不能除了社会依存性极度"浓缩"为持久个人关系外就只考虑到极度"解体"为断断续续和匿名的联系，还必须将可能的中间层次包括进来。

持久个人关系的特点有两个，一是相关人关系的迭代反复——未来的阴影，二是相互了解对方行为的全面情况——即其关系的透明性。为了确定人际互惠性机制在关联团体以外的其他社会结构中是否也能发挥效用，就必须研究能否放弃上述两个特征中的一个，或能否弱化其中的一个。必须确定经济世界的社会秩序能够承担多少流动性与隐匿性。让我们先从关系的迭代反复

---

〔1〕 参见凡贝格/布坎南，1988 年。

开始：能够为了相关人的灵活性和互动行为伙伴的可能变换而驱散未来的阴影吗？

2.第三者，交织联系和社会网络

原则上，只有当互惠性行为方式——前面就是这样推定的——是对未来的投资，更确切地说是对他人未来行为方式的投资时，它在经济世界中才是理性上站得住脚的。行为人的行为必须对其未来行为对他具有重要意义的那些人的决定情形具有直接影响。经济世界中无法放弃这一未来相关性，因为可以这样说，它存在于经济行为模型的前提中。没有一个理性效用最大化者在没有获得他人将来遵守规范这种形式的好处时还会愿意承担遵守规范的代价。因此，人与人之间断断续续的联系不包括生成规范的力量，必须存在一种未来。

不过，从中却未必得出该未来是与眼前的互动行为伙伴共同未来的结论，而在持续性人际关系中却是这种情况。在此，人们为了有利于另外一个人而做出自己遵守规范的投资，因为他得到的回报是可以期待该人采取相应互惠的行为。但是规范利益者的决定中难道不可以也涉及他与其他人共同的未来吗？他同某些人在行为发生时尚不存在"互动行为"，但这些人以后也可能对他的利益具有重要的作用——如果他同目前的交互行为伙伴不再拥有共同的未来，对他来说投资于这样一个未来便是有意义的。

正是经济学导向的研究经常在这一意义上指出同潜在的互动行为伙伴的关系[1]。行为者当前的行为方式虽然对其利益既无有利影响也无有害影响，但这些伙伴作为第三者却能获悉行为人对其目前的互动行为伙伴采取了怎样的行为。这样一来，遵守规

---

[1]　参见阿克塞洛德，1988年，第97页起；格拉诺维特，1985年；劳卜/威泽，1990年；凡贝格，1982年，第131页；福斯，1985年，第58页及下页，第211页及下页；威德，1986年，第18页。

范的行为对他来说作为一种对与他们共同未来的投资就可能是值得的。如果行为人同其当前的互动行为伙伴间只有断断续续的联系，但这种联系却不是孤立发生的，而是受到其潜在互动行为伙伴的直接或间接的观察，那么也会产生人际互惠性的动机。

如果对理性效用最大化经济人来说，在断断续续的社会联系中也对潜在的互动行为伙伴"表现"出遵守规范的行为在理性上也是能够说明理由的，那么不仅在其各自的关联团体的较小圈子中而且在他与其只是通过间接的社会关系才"交织"在一起的那些人的大得多的圈子里也会存在得到非正式关系支持的规范生效[1]。这样一来，社会规范生效即使在行为人数量较多时也仍然是人际互惠性行为的结果。随着团体成员数量的增多，社会关系的交织甚至可以说是增加了，随之增加的还有这样的情形，人与其各自互动行为伙伴的行为虽然并不在持久的人际关系中进行，但却受到他人的观察。用人际关系的总数衡量，大团体中紧密的人际关系减少，但同时社会监督却可能加强。"大数的两难境地"[2]明显减缓。

但是，仅仅只是交织在一起的社会联系中的人际互惠性机制能对理性效用最大化者真正生效吗？首先可以断定的是，理性效用最大化者即使在考虑到同潜在互动行为伙伴之间可能的未来关系时也会明显具有互相遵守规范的偏好。在当前的关系中自己遵守规范的代价原则上对他来说不会太高，如果这一行为方式对促使其未来的互动行为伙伴同样采取他所期望的符合规范的行为是必要且足够的话。当然，这一推论还不能证明这一理性上能够说明理由的愿望在具体的决定情形中也将真正转化为一种对相应行

---

〔1〕 在这种条件下，人际互惠性机制特别也在市场上的典型交换关系中有助于
　　　 规范的稳定生效。马克·格拉诺维特特别强调这一可能性（1985 年）。

〔2〕 参见布坎南，1977 年；奥尔森，1968 年，第 8 页起。

为的意志。让我们来观察几种"交织"关系的变化形式。出发点各是一个行为人，他在一种断续的社会关系中行为，假设如果没有第三者的观察他在这一关系中就不会产生采取互惠性行为战略及符合规范行为的动机。

（1）从零星接触到持久关系。所有相关人都能认识到行为人同其所有的未来互动行为伙伴之间处于持久个人关系的开始阶段。但在这一前提下，他没有任何理由为了给其未来的互动行为伙伴留下深刻印象而在其目前零星接触的范围内采取符合规范的行为，因为这些人作为在经济世界中进行理性思考的居民知道，对行为人来说在同这些人之间可能的持久关系中不会存在促使其偏离互惠性行为方式的诱因，且无论他目前对其眼下的互动行为伙伴如何行为。

此外，对于这些人来说，作为与行为人存在一种持久关系的未来伙伴在这一关系刚开始时就将自己遵守规范与否同该行为人是否在他人面前举止得当挂钩也不是明智的态度。提出这一条件从利益角度来看只有当它是自己获得所期望服务的前提时才是有理由的，但这里不是这种情况。满足这样一个条件只是对他人有利。

据此，理性效用最大化者同其未来的互动行为伙伴如果处在一种持久关系的开始阶段，那么他在与一个受到第三者观察的人的零星接触中的表现将无异于在一种孤立的即未被观察的零星接触中的表现。他知道在这种条件下投资于对其未来互动行为伙伴的影响纯属多余。如果其未来伙伴是进行理性权衡的人，那么无论行为人在他人面前行为得体或不得体都不会对他们产生有害或有利的影响。在这种态势下，就没有额外的理由激励理性效用最大化者采取人际互惠性行为，因此，对所有相关人来说都令人不满的持久性个人关系以外的规范生效状态也便不会有任何改变。

（2）从零星接触到零星及孤立的接触。与行为人未来互动行为伙伴之间的关系同样可能只是一种零星的，但除此之外还是孤立的接触。比方说只是服务与回报的一次性的、逐渐出现的交换，这种交换反过来没有被观察到。在这一前提下，行为人的潜在伙伴——与前面情况下不同——不再能够寄希望于未来关系中自发的互惠性机制产生作用，而相互遵守规范本来就是通过这种机制才得到保障的。在这种前提下，行为人为了相应影响其未来互动行为伙伴的期望而在目前的互动行为中遵守规范从理性上讲能站得住脚吗？

情况并非如此，因为这种影响在给定条件下是不可能的。经济世界的所有相关人都清楚，理性效用最大化者未来的决定是不会由其过去的决定行为所确定的。他在每一个别情况下做出决定的惟一基础只是权衡给定可能性中的哪一种的结果对他最为有利。是否做出同过去一样的决定仅仅取决于对决定具有重要影响的方面的情况是否同过去一样——但却不取决于过去是如何做出有关决定的。如果理性效用最大化者在某一特定情况下采取了符合规范的行为，那么这一行为可能的对象会知道，只有在考虑到未来将会出现的情形状况这种行为方式再次是利益最大化的因而也是理性的时，他才会再次对他们做出同样的决定。

但行为人的潜在互动行为伙伴在这种情况下知道这种条件没有得到满足。行为人在与他的零星接触中肯定不会有理性的理由重复某一他可能对别人采取过的符合规范的行为。因此，行为人在另一次零星接触中是否如此行为对潜在互动行为伙伴的期望来说完全是无所谓的。由于没有一个值得对其进行投资的未来，总的说来互惠性行为方式在孤立和零星的接触中不具理性合理性，因此任何情况下他都不会期待这样的行为方式。同样，零星接触与孤立的零星接触之间的交织序列中不会在经济世界中产生新的采取人际互惠性战略的动机。

（3）社会网络。如果考虑被称为"社会网络"的人际关系的另一种情况，情况当然就会大不相同了。这种情况应当产生于行为人零星关系的持续交织，其各个环节通过潜在互动行为伙伴在每一单独联系中了解其行为方式彼此相连。较之上述可能性，可以说这样一根完整的链条使人们感到采取互惠性及符合规范的行为作为对未来进行的投资是值得的互惠性。

类似于持久的个人关系，这也涉及同类决定情形时间上不确定的迭代反复，在这里也能在问题的迭代反复中推测到其答案。下述论据很容易理解：在上面刚刚研究过的情况下，如果作为行为人的潜在互动行为伙伴鉴于某一即将发生的零星的孤立联系而无法期待会重复某一符合规范的行为，那么这就应归结为行为人未来的决策情形同其目前的决策情形的区别在于将来不再会有作为观察者的潜在互动行为伙伴，但恰恰决策情形的这一区别却不再会出现在社会网络的行为序列内部。所有参与者都知道对于行为人来说决策情形将具有完全一样的对决策具有重要意义的特点。总有潜在的互动行为伙伴可供存在，行为人在做出决定时必须考虑这些人未来的反应。如果行为人的潜在互动行为伙伴由此确定行为人鉴于他们对其行为的了解从而决定采取符合规范的行为，那么他们在未来将要出现的决策情形的结构相同性质基础上能够有理由期待下述事实，即行为人即使处于同他们的某一零星社会接触中并受到其他潜在互动行为伙伴的观察，那么他也将重复这一决定。

然而仔细考虑就会看到这种机制在经济世界中是无法起作用的。理性效用最大化者目前的决定无法约束其未来的决定这一事实在社会网络中也会存在。他做出各个决定时依然仅以其权衡为基础，即哪种选择在给定情况下对他具有最为有利的结果，因此，他的潜在互动行为伙伴没有理由要求他对他人采取符合规范的行为这一点仍然是正确的。他们必须知道他们以此只能改变行为人目前的行为情形，却无法在对决定具有重要影响的程度上改变其未来的、对他们自身的利益具有决定性影响的行为情形。他们无法通过提出这一要求产生超出目前情况以外的激励，潜在互动行为伙伴的链条在社会网络中没有"中断"这一事实也无法对此有任何改变。

尽管如此还是可能提出异议，认为这样一来就没有相应考虑到同上面那种情况之间的本质区别。虽然从行为人潜在的互动行为伙伴的角度看在上述情况中也没有理由为了确保未来行为符合规范而要求行为人目前采取符合规范的行为这一点是正确的，但同上述交织情况不同的是，潜在互动行为伙伴并非一开始就清楚哪种决定将来对行为人是效用最大化的。这样一来，行为人目前的行为难道不正是能够向潜在的互动行为伙伴提供这一信息并因此让他有理由确定其对行为人未来行为的期待吗？

如果考虑一下行为人潜在的互动行为伙伴为能对行为人未来对他们采取的行为进行预测缺少哪些信息，就会看到这一论据也是没有说服力的，这显然不是关于行为人本人的信息！因为根据假设，行为人的潜在互动行为伙伴已经知道了行为人对其决定有重要关联的偏好——尤其是对他来说存在于单方面遵守规范、相互遵守规范以及偏离规范之间的偏好先后顺序。可以说，行为人潜在的互动行为伙伴预测行为人的决定所缺少的是有关在社会网络中可能成为行为人另外的互动行为伙伴的那些人的行为的信息。行为人未来在理性上是否有理由采取符合规范的行为取决于他们，因为只有当行为人的行为方式能够影响到他们的期待时，行为人才会认为做出遵守规范的牺牲是值得的。

但潜在的互动行为伙伴不必通过研究行为人的行为才能得到这些信息，而是要通过对自我的研究获得这些信息，因为他同行为人未来潜在的互动行为伙伴处境相同。他只须扪心自问将他自己对行为人未来行为的期待同行为人目前对他人采取的行为方式相联系对他自己来说是否有道理。这里，这一思考到达了一个回归起点的终点：因为对潜在互动行为伙伴来说，行为人当前的行为能够影响其期待的只可能是两个原因。要么是因为当前行为对行为人的未来行为具有因果关系重要性，要么就是因为它揭示了有关未来也很重要的决定因素的信息，但这两个原因在此都不适用。第一个原因不适用，是因为原则上在经济世界中不可能存在目前决定对未来决定的约束。第二个原因之所以不适用，是因为潜在的互动行为伙伴已经知道了行为人的对决定具有重要影响的偏好。

　　但由此得出的结论则是，潜在互动行为伙伴在给定条件下一般来说没有理性上的理由将其期待及自己的行为方式同行为人对他人的行为联系起来。无论他将来看到行为人处于何种决定情形之中，他都不会以自己当前的决定为基础对行为人未来决定的结果进行预测，这些决定不会提供任何潜在的互动行为伙伴尚不知道的关于他和他未来行为的情况。由于这一点同样适用于行为人所有其他潜在的互动行为伙伴，所以仅仅为了能对其潜在互动行为伙伴的期待施加影响而采取符合规范的行为对他来说原则上没有意义，即使在社会网络的网结中他也没有理由选择人际互惠性战略。虽然他能够通过遵守规范或者违反规范的行为对他人真正的行为情形施加影响——但他通过这样一种行为却无法影响他人对他未来遵守规范或者偏离规范的期待。尽管乍看上去前提有利，但社会网络也不能提供一个从理性效用最大化立场看值得对其进行投资的未来。

　　只有行为人在网络中依次顺序排列的互动行为伙伴使其自己的合作实际取决于对其前面的人的得体行为时，这一点才会发生变化。但是正如行为人当前的互动行为伙伴鲜有理由使其自己的反应取决于行为人对他人采取的行为，这一点也很少适用于其后面的人。任何理性效用最大化者都不会对其他行为人设定某种条件，如果该条件的满足不符合其自身利益的话。与一个人持久的社会关系和不同互动行为伙伴之间的社会网络间的根本区别也正是存在于这一事实情况中——即有条件的合作意愿缺少理性，尽管两种情况下都存在关系的不断的"连续性"。

因此，与当前重要互动行为伙伴关系的迭代反复便构成人际互惠性机制生效必不可少的前提——该机制"承担"不起流动与变化的伙伴[1]。相应行为方式只有当它是对持久个人关系的未来的投资时，它对理性效用最大化者来说才是值得的。如果知道某一行为人在任何决定情形中都仅仅根据其主观效用最大化的标准行事，那么对他来说只是为了显示其合作或者制裁的愿望而在某一特定情况下采取互惠性行为就没有任何意义。这种显示在经济世界中没有可信性。所有参与人都知道"显示者"在重新面临做出决定的情况时不会依赖于他此前所做的决定或者"显示"。只有当这一行为方式考虑到所有情况还是最佳选择时，他才会重新做出这样的决定。不过，如果这本来就是可以期待的，那他就不必只是为了显示而行为了。

据此，实施规范的互惠性机制在经济世界中原则上无法通过一种"声誉机制"加以补充[2]——如果这种声誉机制指的是下述现象，即一个人当前的决定和行为对于论证有关其未来决定和行为的期待是合适且必要的[3]。如果他的同伴了解他的对决定

---

[1] 这对认为"市场的奇迹"也能对市场参与者的个人道德做出贡献的希望当头泼了冷水。只要其交换关系没有持久个人关系的特点——现代市场尽管会出现这一点，但不是经常，那么市场上的"社会网络"就几乎不会促使理性效用最大化者自觉遵守规范。据此，市场在经济世界中确实有赖于"外部的道德补给"。

[2] 即使人们像在博弈理论中普遍的那样试验信誉战略和其成效，也不能解决这个问题。这样，在个别情况下使用这样的战略从理性效用最大化者立场看有多合理的问题就被回避掉了。

[3] 在第三部分中我还将详细阐述信誉机制。对包括"信誉效用"的人际互惠性的分析参见阿克塞洛齐，1988 年，第 80 页起，第 131 页起；克莱普斯/威尔森，1982 年；克莱普斯/米尔格罗姆/罗伯茨/威尔森，1982 年；拉诺，1995 年，第 207 页起；米尔格罗姆/罗伯茨，1982 年；劳卜/威泽，1990 年；罗威，1989 年，第 36 页起；威尔森，1985 年。

有重要影响的偏好，那么投资于"好名声"对经济人来说不是一笔将来可以生息的资本。他们知道，作为一个理性效用最大化者，他仅仅是在权衡各自给定的选择中哪一个当前对他具有最有利的结果的基础上做出其决定。在这个意义上，过去对他而言原则上没有意义[1]。决定他行为的只是现在和未来。过去决定的事实对理性效用最大化者目前的意志和当前的决策过程没有直接影响，从这一事实中也不能得出一个可能的倾向，即他在特定情况下会不进行利益权衡就做出同样的决定：原因非常简单，因为根据经济行为模型的前提理性效用最大化者不可能具备这种倾向。由过去先定的决定行为同受制于规范的行为方式或者采取内在立场一样会超出经济人模型的范围[2]。

在这个意义上，经济人是一个"没有性格的人"，一个没有个性和个人行为倾向的人——由于这个原因也永远不可"信任"经济人，在褒义和贬义上都是如此。他是可以预测的，同时又是不可预测的：说他可预测是因为他在任何情况下都只考虑其行为各自的后果及其主观利益；说他不可预测是因为其决定与行为不受本人经历和过去的约束。这种不受约束和没有性格最终会违

---

[1] "经济学理论向前看。经济学家让过去安歇。商品与服务的交换着眼于未来而不是过去。"（希思，1976年，第59页；我的翻译）

[2] 经济人的这一特点详见克里姆特，1984年；1987年；1993a；1993b；经济性的博弈论文献参见居特/莱尼格尔/斯特凡，1991年；赛尔顿，1965年；1975年。尼古拉斯·罗威从这一事实中得出具有深远意义的结论："对于一个理性行为个人来说，过去已经一去不复返了，因此，他将永远不会追求一种当前行为不可避免地以过去的事情为基础的威慑战略……由于这一原因，行为个人同社会制度的存在不相容。"（罗威，1989年，第74页及下页；我的翻译）但这一结论至少在其第二部分是错误的，因为在持久关系中实施规范的互惠性战略可能纯粹以结果为导向。这里，愿意进行有条件的合作并不是作为对过去的反应而在理性上站得住脚，而是作为人际伙伴行为选择及期望值目前生效的变化形式。

背他自己的利益，尽管正是这些初看上去使他具有所有选择并使其拥有完全的决定自由。

3. 无知之幕

根据前提，持久个人关系的特点不仅是有关人之间经常进行社会交换，而且他们相互之间完全了解各自的行为方式。如果可以部分放弃这些信息而不危及互惠性机制，那么人际互惠性战略就具有明显扩大了的生效范围。

这尤其适用于公平规范的贯彻。保护或者损害个人产品通常都与直接的人与人之间的接触因而也与对各个行为人及其行为方式的了解有关，而涉及保护或损害集体产品时就必须考虑到完全不同的情形。通常情况下，一批人的行为方式才有决定性意义。很多集体价值取决于众人所做的贡献，而单个贡献不仅作为对有关价值显得微不足道，而且作为个别现象确实也是不"易察觉"的。此外，在许多情况下，连彼此相关人之间空间上的相近都不必要。一位罗马尼亚工厂主完全可能像我的邻居一样破坏我的环境。就确保集体价值提供的公平标准而言，经常难以确定各种违反规范的事实，更难将某一已经确认的事实算到具体个人的头上。

但是，从对参与者的完全了解比从其人际关系的持续性中更容易看到，这种了解在经济世界中通常是人际互惠性机制生效的必要条件。匿名破坏规范是可能的，如果破坏规范的事实不为人知，或者无法将其归罪于某一罪犯头上，或者如果规范对象认为不值得揭开匿名的面纱及承担揭发破坏规范行为或确认及追踪罪犯的费用。这样一来，人际互惠性战略就将无法落实。这在破坏规范未被发现时很明显：如果规范利益者不知道他所希望的规范遭到了破坏，他当然也不可能对这一事实做出反应。

如果破坏规范的行为本身已被发现，但无法确认及抓获罪犯，至少无法用规范利益者可接受的代价抓获他，那么这种情况下这一点就不那么显而易见了。这种情况下，规范利益者对某一偏离规范的行为做出反应并不是从一开始就不可能。在已发现的破坏人际规范及公平规范的行为中，规范制定者如果不能确认罪犯，他也会自己破坏规范作为对此所做的反应。但这种反应在理性上是对的吗？

如果规范利益者鉴于其个人产品受到匿名者侵犯而用毫无目标地损害他人个人产品作为反应，那么受损的将只是他同其尚维系着正常关系的那些人的和平合作，而通常情况下他没有多大的机会击中真正的作案人。即使行为人在他生活于其中的社会团体中经常苦于规范被匿名地破坏，那对他来说更应该至少在由于关系具有透明性而不可能隐匿地破坏规范的那些领域维护合作与规范生效[1]。

关于公平规范的贯彻，情况乍看上去则有所不同，因为规范利益者通过拒绝做出积极贡献行为而作出的相应对等反应原则上也涉及不明罪犯与集体产品有关的利益——因此，确定罪犯身份同抓捕他同样显得多余。但已经断定的是，公平规范原则上只能通过互惠对等反应战略得以贯彻，这一战略放弃了"镜像"式回答，用违反人际规范时相同的方式针对具体的确实是采取偏离规范行为的个人进行制裁。

据此，有关规范对象身份及行为方式的不完整信息如同规范利益者和规范对象之间缺少一个共同未来那样破坏了人际互惠性机制，共同未来的阴影不能被无知之幕所掩盖。持久个人关系中社会联系的透明与迭代反复确实不仅是人际互惠对等关系在经济世界中生效的充分前提，也是其必要前提[2]。规范利益者只有

---

〔1〕 当然，在很小的团体中可能会有偏离于此的例外，在这样的团体中通过"毫无目标"的制裁击中罪犯的可能性足够大。

〔2〕 参见脚注 39 和 46（中文版第 141 页注〔1〕和第 146 页注〔2〕——译者）中的文献说明。

了解规范对象的行为方式并同他们保持持续联系，才能通过有条件的合作与制裁意愿为成功贯彻人际规范与公平规范做出贡献。相反，如果社会关系的流动性与隐匿性增加，那么单个规范利益者的个人可能性与资源就会贬值，他将越来越没有能力利用其个人手段使个人与集体产品受到保护及提供个人与集体产品。

当然，流动性与隐匿性不仅使理性效用最大化者作为规范利益者成为可能受到伤害的人，也使其作为规范对象可能成为潜在的施害方。作为彻头彻尾的机会主义者，他们本人将毫无保留地利用对规范进行不受制裁的破坏的机会，在这个意义上，理性效用最大化者是在挖自己的墙角。至少在其关联团体以外，他们自己的行为使其有可能重新回到对所有人都不利的"自然状态"。

C. 个人制裁权力的界限

1. 人际规范与公平规范的两难境地

理性效用最大化者作为规范利益者在持久个人关系以外面临的根本性问题具有对其颇具典范意义的两难境地的形式，这一两难境地表现在，在缺少社会依存性的条件下，个人理性和效用最大化行为对相关人来说导致一种恰恰从理性效用最大化者的角度来看是他们所不希望看到的一种情况。如果缺少采取人际互惠对等战略的激励，他们中便不会有任何人有理由采取符合规范的行为。这样就会出现一种形势，他们在其中的处境比遵守他们相互希望遵守的规范要糟糕。虽然存在着相关人之间相互遵守规范的共同愿望和共同兴趣，但他们却无法通过相应的共同意志实现这一状态。愿望与意志之间产生了一道鸿沟，至少用纯粹个人的战略不再能够逾越这道鸿沟。

两难境地的一般结构——首先是人际规范——可用两个行为

人际规范的两难境地

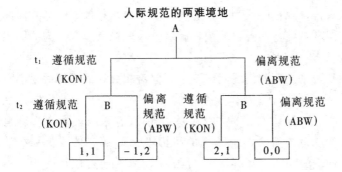

人 A 和 B 下述树状决定结构图进行解释[1]，基层组织的第一组数据系 A 的相关行为选择可能性的效用值，而第二组数字则是 B 的效用值。A 在 t_1 时可以选择符合规范（KON）或者偏离规范（ABW）的行为，B 在 t_2 时也能够选择遵守或偏离规范。

在持久个人关系之外，行为人知道他们同其互动行为伙伴间的联系将在某个时间结束或者其身份及行为方式不为人所知。这一树状决定示意图对两种情况都适用，因为两种情况下不管对方的行为如何就采取偏离规范的行为对 A 和 B 都是更好的。由于自己的行为方式不能影响对方的行为——要么是他对行为一无所知，不认识始作俑者，要么关系行将结束，不值得再顾及对方，那么自己遵守规范只能是一种不必要的、在最坏的情况下甚至是单方面的牺牲。

结果是：A 和 B 都将选择偏离规范的行为，在理性效用最大化者的角度看也只能进行这样的选择。他们的两难境地是：两人各自在理性上站得住脚的偏离规范的行为使其只能实现较之两人

---

〔1〕　这一囚徒困境及其他社会两难境地的描述与分析参见迪克曼/米特尔，1986 年；卢斯/赖弗，1957 年；拉波波特/卡曼，1965 年；乌尔曼—马加利特，1977 年；福斯，1985 年。霍夫施塔特 1983 年对此做了特别精辟与直观的描述。

共同采取符合规范的行为更小的利益。在给定条件下，其共同愿望和共同利益与他们各自希望只有对方采取符合规范行为的愿望一样难以实现。

涉及公平规范时情况就简单了，但对相关人的不利后果则不可避免。这种情况涉及作为个人的 A 与——对于提供集体产品很重要的——集体 K 之间的关系。由于没有未来的阴影，却有隐匿破坏规范的机会，所以 A 的行为不会得到 K 的成员积极或消极的回应。所以，集体 K 的行为对 A 来说便是他行为的一个给定的、他无法对其施加影响的框架条件。在这种情况下，第一组数字表示的是对集体 K 单个成员来说的效用值，而第二组数字表示的则是 A 的效用值——由于个人贡献行为的不重要性，A 的决定不会造成 K 的成员的利益发生改变。A 在 t_2 时间既可以选择符合规范的行为也可以选择偏离规范的行为，他要么考虑到集体 K 中合作的行为方式做出决定，要么则考虑到集体 K 中不合作的行为方式做出决定，这就是说，K 要么提供要么不提供相应的集体产品。

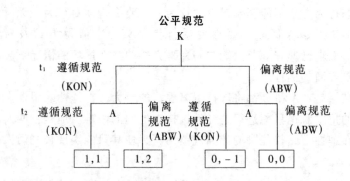

只要 A 行为选择可能性的效用值由于缺少对 K 成员的社会依存性而不会因制裁而改变，对 A 来说，选择偏离规范的行为，

不管集体 K 中哪种行为方式占了上风，总是较好的。如果集体产品本来也不可支配，A 的"公平"行为便没有意义；然而，如果集体产品的提供有保障，那么 A 就可以无偿从集体 K 的公平行为中受益，而不必担心他拒绝做出贡献会改变对他有利的集体的行为。这种情况对所有参与人来说则产生了一种两难境地，因为这一考虑不仅适用于 A，而且也适用于集体 K 中任一成员对集体中其他成员的关系。这样一来，最终到达的是一种令所有人都不愉快的一致的"不公平"状态，所期望的集体产品不再可供支配。在这种条件下无法实现对公平规范的共同遵守，而这样的公平规范集体产品带来的好处对每个人来说都将超过他做出贡献所需的代价。

从缺少社会依存性的结构中产生的这一理性效用最大化者所面临的两难境地无法在个人战略行为的基础上得到克服，他们对确保有利于各方合作的遵守规范的愿望无法得到实现。当然，在这里谈及"规范生成"情形就不单单是一种误导了[1]。尽管这些情形中存在"规范需求"，即对有效规范的愿望，但这些情形同时阻止了这一需求的满足及愿望的实现，所以，它们恰恰不是"生成"规范的情形。在这里，正如行为人希望除他以外所有人都遵守特定规范的愿望几乎不能导致一种"规范生成"的状态一样，共同愿望也不能够导致这种状态。毋宁说，这种类型的两难结构再次表明，经济学理论必须对行为人愿望的解释——个人愿望或共同愿望——和决定这些行为人行为的意志的解释严加区分。前一种解释对后一种解释是必要的，但绝非充分的。

此外，理性效用最大化者中间已经存在着规范需求和规范利益——正如已经看到的那样，且完全不依赖于两难结构的社会情

---

〔1〕 参见乌尔曼—马加利特，1977 年，第 9 页及下页，第 22 页，或参见福斯，1985 年，第 122 页起。

形。正是这样，这一需求也才会导致一种共同愿望和一种规范生成情形，愿望在这一情形中将转化为有效的行为动机。具有所述两难境地的情形的特征是，它们还另外产生所希望规范的特殊"贯彻欠缺"，因为在这种条件下，理性效用最大化者非但没有理由将其规范适用愿望转化为有效行为意志，反而受到特别的阻挠。

因此，与其说此类情形"生成规范"，倒不如说它们"阻止规范"，在经济世界中要克服这一点需要特别的即集体的努力。最多可以在下述意义上认为这是"制度生成"情形，即它们令有关个人产生对社会设施的"后续愿望"，这些社会设施取代单个的规范制定者，作为规范保障者"承担"了贯彻规范以及根据人们的希望对规范对象施加影响的任务——当然，规范制定者如何将这一愿望转化为一种有效意志同样无法从两难结构中获悉。相反，乍看上去似乎这一愿望的实现也面临同样的问题。

2. 作为公共产品的规范生效

如果不认识有关的人，同这些人也没有经常性的个人联系或者不了解其行为方式，对特定行为方式的愿望通过何种途径实现这个问题并非一个不重要的问题。它是现代社会的核心问题之一。在流动性与隐匿性条件下如何达到足够稳定的规范生效的问题如果得不到回答，那么"社会秩序问题"在这个社会中原则上就是无法解决的。个人通常只（能够）与相对较少的人保持持久而密切的个人关系。但至少在近代社会中，人通常在较大的团体中共同生活，因此，许多人的行为都对某一个人的利益具有重要影响，而他或许在生活中从未见过这些人或仅是一面之交，他不了解这些人的行为方式，他知道自己与他们的关系是短期的，或者他不可能影响这些人的决定。在这样一个社会中，人会受到环境污染与投票率低的损害，会遇到被偷或被拦路打劫的危险，或者必须考虑到诈骗或不信守合同的情况，而人们却不认识作案者，更别说同他们有较密切的个人关系了。

如果社会秩序的经济学理论想提供的不是仅对远古氏族社会和与世隔绝的山村感兴趣的看法与解释，那么现代社会这些典型的生活条件也必须反映在经济模型世界中。在这些条件下，流动性与隐匿性问题并非例外，而是惯例，应当将这些条件概括性地称为隐匿性社会关系中的生活或是隐匿性团体中的生活。当然，生活在隐匿性团体中不能与行为人同他人只有隐匿性关系相提并论。通常情况下，他既是关联团体的成员，也是隐匿性团体的成员，它所具有的一个重要结果是行为人在隐匿性团体中不必丧失从纳入关联团体中获得的好处[1]。

但是，人际互惠性的有限影响范围的后果是，经济社会中的行为人在其关联团体以外面临着一场"所有人对所有人的战争"，因为缺乏有效的人际规范，他必须保护自己免遭针对他的人身及个人产品的行为并起而反抗。此外，他还得担心公共产品的提供与维护，如果这些公共产品依赖于公平规范的适用的话，这样，隐匿性团体中可能出现违背所有相关人利益的情形。由于行为人在经济世界中作为理性效用最大化者同其他人一样考虑问题，所以他将置自己对其他情况的愿望于不顾而亲自参与他所害怕的危险与危害的制造。在自己的关联团体以外，没有哪个相关人受到采取并贯彻符合规范行为的激励，也没有理由期待他人如此行为。

从理性效用最大化角度看，规范的稳定生效在自己关联团体以外也是值得欢迎的这一事实对此没有任何改变。同无人遵守核心道德规范的状态相比，依然更应偏向于普遍遵守规范的状态。隐匿性团体内部也存在着共同的"团体利益"以及共同的对确立

---

〔1〕　参见凡贝格／布坎南，1988 年；许斯勒，1990 年，第 61 页起；凡贝格／康列顿，1992 年。

及确保那些在关联团体框架内能够真正确立和确保的规范的"团体愿望"。于是出现了一种相悖的情形,即由理性人组成的团体没有能力实现一种该团体所有成员都希望的、其实现无疑也没有超出相关人行为可能性范围之外的状态。

这样,人际规范与公平规范的生效本身在隐匿的社会团体中也成为一种同样具有典型的"集体产品问题"的公共产品。只要理性效用最大化者为解决其他产品的此类集体产品问题而希望公平规范的生效,他们就必须看到医生被传染上了患者的疾病,他自己也需要医生的帮助[1]。"集体"理性和"个人"理性陷入矛盾之中,"集体幸福"在这种情况下也同个人的利益认知发生冲突,如果这种"集体幸福"同样符合所有相关个人的利益。

为认识确立社会规范时可能出现的集体产品问题的特殊本质,比迄今为止更细致地区分第一层次的集体产品问题与第二层次及第三层次的集体产品问题是适宜的。第一层次和第二层次的集体产品问题还能通过规范手段得到解决,而出现第三层次的集体产品问题时规范本身也将受到该问题的"侵袭"。此问题的这一"繁殖"其实也根本不是什么出人意料之事,因为解决集体产品问题和提供集体产品的任何一种手段本身反过来也是一种集体产品,因而容易传染上这种典型的弱点。

(1) 公平问题。第一层次的集体产品问题应该理解成这样一个问题,即集体产品能够产生对贡献负担进行不公平分配的诱因。只要集体产品的提供依赖于团体特定的、从其贡献中可望获得的好处超过做贡献的代价的成员个人所做的贡献,那么尽管通常会提供集体产品,但它却经常发生在某种程度上不公平的前提

---

[1] 将社会规范秩序解释成集体产品参见凡贝格,1982年,第147页起;凡贝格/布坎南,1988年;福斯,1985年,第178页起;克里姆特,1988年。

下，做出贡献的那些人将看到自己受到了一伙搭便车者的剥削[1]。

（2）不显著性问题。如果社会团体中的成员无法认定从他们个人为某一集体产品所做贡献中获得的好处大于其做贡献的代价，第二层次的集体产品问题便产生了。如果单个人对提供集体产品所做的贡献相对无足轻重或者可以忽略不计，就会出现这种情况。这样一来，单个人不会受到做出贡献的激励，因为同制造集体产品所需要的总量相比，这一贡献"不明显"，由此产生的危险是无人做出贡献，从而也无法提供集体产品。

（3）依存性问题。最后，第三层次的集体产品问题应该理解为这样一个问题，即社会团体中的各个成员没有受到为集体产品做贡献的激励，因为存在不显著性的问题，以及由于团体成员间缺少持久关系从而使人际互惠性战略无法对贯彻公平规范发挥作用，这种情况下也存在无法提供有关集体产品的危险。

第一层次和第二层次的集体产品问题——即公平问题和不显著问题——在特定条件下能够通过使公平规范发挥效用得到解决，而出现依存性问题时却有最终无法提供集体产品的危险。只要不出现依存性问题，对单个人来说，即使在他个人对集体产品的直接贡献本身并不重要时也对他人的贡献行为进行投资从理性上就可能是站得住脚的。然而，如果同相关人之间缺少持久的个人关系，那么这种投资就不再对个人有利。

仔细观察，依存性问题的出现发生在规范生效层面上不显著性问题的重复上——因此，也可以称之为较高次序的不显著性问题。如果在持久个人关系以外个人的制裁行为作为对影响规范对象的涉及规范的行为所做的贡献"不够显著"，如果互惠性行为对他产生的弊大于他从这一行为中所获的利，正是在这样的时候

---

〔1〕 对这种情况的详细分析参见德·雅赛，1989年，第125页起。

这一较高次序的不显著性问题便产生了。"一般"的不显著问题首先涉及个人贡献量同集体产品总贡献量之间的比例关系，依赖性问题则主要涉及个人贡献行为与团体其他成员贡献行为之间的因果关系。

显然，这一问题不再能通过确立以人际互惠性为基础的规范加以解决，因为如果不显著性现象的根源是缺少社会依存性的问题，那么互惠性行为战略原则上就没有了根基。只有不出现依存性问题时，也就是说只有不显著性问题不在规范生效的集体产品的层面上重复时，才能通过由个人贯彻的规范生效解决不显著问题。

但在隐匿性团体中，不但公平规范会出现依存性问题，人际规范也会出现这一问题。通过制裁行为促成人际规范贯彻的规范制定者将在隐匿性关系的框架内为相关社会团体——他的贡献并未给他本人带来相应利益——提供集体产品。通过制裁行为他促使有些人遵守规范，这些人符合规范的行为至少潜在地对社会团体中的所有成员有利。这同样适用于经常遵守人际规范的规范对象。通过自己的行为他也能给其他团体成员带来好处，而他则不能期待从其善意中受益的那些人会给予回报。

将集体产品问题的各个方面进行分类弱化了经常将集体产品问题直接等同于"大数的两难境地"或"大数问题[1]"的观点。社会团体成员人数众多只是下述情形的一种可能的原因——虽然在经验论上无疑是居支配地位的，即个人没有受到为所有人都希望的产品做出自己贡献的激励。尤其涉及不显著性问题时，社会团体成员的人数具有直接影响：社会团体成员人数越多，个人对公共产品存在所做的贡献就越不重要，但这样的不显著性问题原则上是可能通过社会依存性加以解决的。因此，任何没有解

---

〔1〕 布坎南对此做了具有典范意义的阐述，1977 年。

决的集体产品问题本质上最终是缺少社会依存性的问题[1]——
但社会依存性同团体的大小没有必然联系。荒野中的五个单枪匹
马相互孤立的人之间同大都市中数百万居民之间同样可能缺少社
会依存性。

如果经济世界中的理性效用最大化者面临现代大社会典型的
隐匿性、流动性及由此产生的较低社会依存性问题，那么他无论
如何都不得不断定通过个人行为战略他不再能够充分实现自己希
望他人采取符合规范的行为的愿望。在这种生活条件下，作为规
范利益者他缺少使其意志对所有对他具有重要意义的规范对象生
效的权力。如果社会秩序本身出现了集体产品问题，那么该秩序
的规范不仅作为克服集体产品问题的手段失去了效用，而且这些
规范本身有败于集体产品问题之虞，这样一来，建立在人际互惠
性基础上的和平合作与互利共处就仅限于关联团体的内部秩序
中。

如果经济人在此已经到达其可能性的极致，那么社会秩序的
经济学理论单单在解释近代社会根本生活情况这一点上就要缴械
投降，因为这个社会显然在不同程度上也在存在大量隐匿性关系
的大团体中成功地确立并保障了社会规范的适用，当然，在非正
式社会关系中发挥作用的显然不只是个人的行为战略，还存在着
社会制度与组织，它们集中致力于使足够的遵守规范的行为得到
贯彻。

然而已经指出的是，根据经济学分析思路的"个人主义"前
提，除了个人追求目标这一手段外，行为者也能够在集体追求目
标的框架内实现人们期待的状态。有计划地将个人的力量集中在
共同的行为中对他们来说总是一个理性的、效用最大化的决定，
如果这是还想实现其愿望的惟一（并且值得的）的可能性的话。

---

〔1〕 在这个意义上奥尔森已有阐述，1968 年，第 44 页。

　　容易看出的是，个人力量的这种集中与组织乃国家法律制度的基础。因此，长期以来许多经济学传统理论的作者即在专门制裁机构的"正式"措施对规范贯彻的非正式机制的补充中看到了霍布斯勾勒出的可以用来在理论上和实际上都巧妙地解决确立和贯彻社会秩序中出现的问题的一剂灵丹妙药。从理性个人对存在社会规范的期望及其对这一秩序无序生成的局限的认识中应理所当然地发展出对国家"利维坦"以及对一个更多地确保所需的贯彻社会秩序规范的社会组织的愿望。如果集体行为形式被证明是更有效的，就必须用组织制度对个人的行为战略进行补充，这从个人效用最大化角度看也是完全正确的。

　　但是，即使在集体行为的框架中，理性上能够说明理由的愿望本身也还不是有效意志。在这一点上也要防范"准功能主义的"解释。贯彻规范的国家和法律机制不是从天上掉下来的，社会成员必须创立并维护这些机制。不过，我们有什么理由认为提供一个对所有人都有好处的组织较之确立对所有人都有利的规范生效可以更多地避开集体产品问题呢："有关个人帮助这些机构得以贯彻的动机从何而来呢"〔1〕？一个组织的产生与维护在经济世界中只能解释为理性最大化者个人决定的结果，表明特定愿望在理性上站得住脚永远只能是进行这一解释的第一步〔2〕。

───────────

〔1〕　克里姆特，1988 年，第 155 页。

〔2〕　因此，詹姆斯·M. 布坎南不无道理地推定，霍布斯的观点起初只是对贯彻规范的制度的存在所做的在这个意义上的"逻辑"的解释，1977 年，第 164 页起。

第四章

集体制裁权力的产生

一　作为公共产品的集体制裁权力

A. 从个人行为到集体行为

成员具有共同利益的团体的行为不一定必然促进其共同利益[1]。理性效用最大化在非正式的及不协调的社会关联行为中可能导致根本违背所有相关人利益的总体结果。如果非正式的、未加协调的个人行为导致不受欢迎的结果，那么就存在着有计划地对行为进行组织的可能性，从而通过这种途径用集体行为实现共同愿望[2]。将集体行为包括进来的可能性同经济学分析思路的方法论个人主义与经济世界观的假设并不抵触——尽管集体行为这一手段在传统经济学中由于受到自发形成秩序的市场模型的影响而长期被低估并被宣判为失败的"建构主义"（哈耶克语）[3]。

然而，正如行为人理性最大化决定的结果可能是使其可以根据自己的权衡单独使用其个人能力与手段一样，这样一个决定的

---

[1] 奥尔森，1968 年，第 1 页及下页。

[2] 参见第 143 页。

[3] 参见维克多·凡贝格对这种片面性所做的批评，1981 年；1982 年，第 12 页起，第 37 页起，第 61 页起；1984 年。

结果也可能是将个人能力与手段投资于一个组织中，就是说，同其他个人的资源相结合并放弃对其使用进行自主的监督[1]。当然，这种决定要求对同资源所做的这种"转让"相联系的特殊代价和风险进行权衡，这可能是丧失行为人从个人对这些资源的支配中可能获得的收益，也可能是这些资源被用于有违于其意愿的目标的危险[2]，与其相对的可能收益则是，每个参与者都可能通过集体行为得到比他通过个人行为战略所能实现的更大好处。

B. 从人际互惠性到制裁班子

在所有发达社会中，社会规范的贯彻在相当大程度上是集体行为的内容，这显然是一个事实。单个规范利益者的个人制裁权力被有组织的制裁班子的制裁权力取代，这些制裁班子作为规范保障者提供贯彻规范这一集体产品。制裁班子的特殊定位能够克服在较大社会团体中对非正式制裁机制构成的两个主要障碍，即社会关系的流动性和隐匿性，就是说许多个人联系的短期性与没有未来以及如果个人想获得有关其他团体成员行为的情况或者试图确认并捕获作恶者通常所带来的难以承受的代价。如果存在一个由规范保障者专门设立的集体，那么在较高水平上普遍遵守规范就不再取决于社会各个成员的个人制裁行为，而对制裁班子成员来说，由于不再担任其他工作以及特殊的奖励，他们就能够将注意力完全集中在其特殊工作上——对涉及规范的行为进行监督审查、揭发偏离规范的行为、查处追捕罪犯以及实施与执行强制行为等，这对他们个人来说也是值得的。

如果组织是实现团体共同利益的必要前提，那么存在这样的

---

[1] 有关组织的这一概念参见科尔曼，1979b；1980年；1986年；1988年；1990年，第325页起。

[2] 参见科尔曼，1979b，第35页起，1980年；凡贝格，1982年，第15页起，第176页起；劳卜，1984年，第7页起。

组织也就符合团体的共同利益。如果理性行为人不得不认识到他对规范稳定生效的关切无法通过别的途径实现，他从个人效用最大化立场出发会更愿意选择一个存在制裁班子的社会。因此，较之一个无人遵守规范的社会，他不仅更喜欢一个普遍遵守规范的社会，而且更喜欢一个通过集体制裁与强制权力贯彻并确保普遍遵守规范的社会[1]。

　　至此，社会秩序的经济学理论看来朝着法律经济社会学方向又迈出了重要的一步。因为现在不仅能够看到理性效用最大化者有通过有效制裁贯彻社会规范的合理愿望，而且也可以看到他们除此之外还有对有效实施这些制裁的组织的愿望。这就意味着，理性效用最大化者也希望存在在该词的现代意义上来说对法律秩序具有典型意义的国家制度。

　　但我们已经受到过警告，不要将经济人理性上合理的愿望当真看做能够导致目标明确地实现这些愿望的有效行为动机。只有转让给制裁班子成员的资源相当可观时，机制化和有组织的贯彻规范才能通过制裁班子转化为成社会现实。正如理性最大化者必须权衡是否值得采取一种个人互惠性战略作为采取符合规范的行为的手段一样，他现在必须考虑将必要的资源转让给一个特殊的制裁班子对他是否是一笔有利可图的投资。在此完全可以假设，对许多规范来说，对集体贯彻规范的利与弊的基本权衡是容易做出的，至少对核心道德的规范来说，适用规范带来的好处明显超过中央制裁机构的管理成本。

　　理性效用最大化者为实现自己的利益在特定前提下希望共同行为这一事实对他是一个完全根据个人效用最大化标准做出决定

---

[1]　"如果社会结构不能为满足规范潜在受益者的利益而充分有效地支持某一规范，就会产生共同体行为人的结构的问题。"（科尔曼，1990 年，第 327页；我的翻译。）

的人的特点没有丝毫改变。从中特别可以得出的结论是，他将希望提供组织的费用由其他人而不是由他本人承担——正如他从一开始就希望社会规范最好只适用于他人而不适用于他本人一样。他本人将尽力避免与建立和维系组织有关的义务与负担，因此，认识到他对组织存在感兴趣绝不会自动导致真正建立并保护该组织的相应行为。

社会团体组织不可能是轻易即可支配的用以克服共同愿望与共同意志之间两难鸿沟的灵丹妙药，这一点是显而易见的。因为，如果团体的集体利益只能通过该团体的组织才能实现，那么建立和维护该组织也是该团体的共同利益，它同最初的团体目标一样最初受制于同样的条件。普遍遵守规范的状态如果涉及一种公共产品，那么确保这一状态的组织的存在也将是一种公共产品[1]。如果团体个别成员考虑到不显著性或者由于缺少依存性而认为撤回自己为原来团体目标所做的贡献在理性上是正确的，那么可以理解，对该成员来说，撤回他为补救性团体组织做出个人贡献在理性上也同样是正确的。

C. 作为集体产品的制裁班子

但是，"普遍遵守规范"的集体价值同"贯彻普遍遵守规范的组织"的集体产品之间存在着重要的本质区别，这些区别不允许操之过急地将两者相提并论。因为"普遍遵守规范"这一产品的生产依赖于社会团体所有成员或多或少参与其生产，而这一点却不适用于贯彻普遍遵守规范的组织——这样一个组织原则上也可以由社会团体的一个分团体建立并支撑。这就是说，个人对于应该在何种条件下参与有关产品生产的考虑可能会不尽相同。通过自己遵守规范而对"普遍遵守规范"这一产品做出贡献可能对他是不理性的，但这一点未必同样适用于对贯彻规范的组织做出

〔1〕 参见克里姆特，1986a，第194页起；1988年；凡贝格，1982年，第153页。

贡献，比如当他能够在相对较少的其他人的帮助下成立这样一个组织时[1]。从在人际互惠性战略框架中一个人对于贯彻符合规范的行为所做的贡献不显著的事实中并不必然得出他对贯彻符合规范行为的组织可能做出的贡献必定不显然这一结论。

不过我们这里暂不考虑以下可能性，即一个单独的个人在其所处的位置中单凭其个人资源就能够为建立和维护一个为能在社会团体中贯彻规范而拥有充分制裁权力的组织做出重要甚至是决定性的贡献。我们的出发点是经济世界中的居民对建立一个拥有能够使他们所希望的规范生效的制裁权力的机构有共同的兴趣，因此，首先也应该研究一下他们都有哪些可能性去帮助成立这样一个作为集体产品的机构。当然，如果情况是社会团体中的个别人或者少数几个人有机会确立一种具有贯彻能力的强制权力而不依赖于其他人的支持，那么这些"强者"就没有理由将这样一个组织当作集体产品加以提供：他们将没有理由根据整个团体的共同利益行使由他们建立的组织权力。如果他们从一开始就处于能够对组织的成立和维护施加重要影响的地位，毋宁说他们将努力使这种集体权力的行使仅仅符合他们的利益并专门用于贯彻他们的意志，这样一来，他们就有能力实现理性效用最大化者（要求他人）单方面履行强加的规范义务的"梦想"。在其他成员看来，产生的集体权力将不会发展为一种公益，而是一种公害[2]。

因此，这种情况下也应该从大致的权力均质性出发。正如迄今所做的假设那样，即没有任何团体成员能在其个人权力的基础上对其他团体成员单方面贯彻自己的意志并由此贯彻强加于人的

---

〔1〕　前提是个人从该集体产品中的收益还是超过个人付出的代价——对这里描述的可能情况的详细分析参见奥尔森，1968年，第21页起；德·雅赛，1989年，第125页起。

〔2〕　这种可能性被放弃当然并不意味着根本没有考虑到它，相反，他还将起到决定性作用。参见第五章"法治国家与人民的权力"。

规范义务，从现在开始也应该假设任何团体成员都不支配仅仅连同少数几个盟友即得以成立并维持行使集体制裁权力的组织的足够资源。为了满足对这种权力的愿望，每个人都应该依赖于团体中绝大部分其他成员对此做出贡献——据此，每个人都意识到是否成立这样一个机构并不取决于他个人的资源。

D. 制裁班子和集体产品问题

但在这些前提下，对于"贯彻普遍遵守规范的组织"这一集体产品来说出现的就不仅仅是不显著性的问题。鉴于社会框架条件未发生变化，依存性问题也再次出现了，非正式贯彻规范时它就是产生最初的集体产品问题的根源。有出现恶性循环的危险，因为成立贯彻普遍遵守规范组织恰恰应该使依存性问题的解决成为可能。有组织的制裁权力似乎同没有这样一种制度的社会一样不可能，因为"必须假设想要解决的问题在另外的层面上至少是已经得到基本解决的[1]"。

仔细观察，困难在于最终无法回避非正式和无组织的规范贯彻的必要性：如果建立集体制裁权力存在不显著性问题从而对个人来说缺少为成立这样一个组织做出贡献的激励，那么对这一组织感兴趣的人必然希望确保团体中产生足够的贡献行为的规范生效。他必然期望"组织规范"的生效，作为特殊的公平规范，这些规范要求团体中的每一个成员都为组织的成立和维持做出应有的贡献，这样，对集体组织贯彻社会规范的愿望不可避免地成为对其他规范生效的愿望。集体机构和组织不提供原则上能够替代规范的形成社会秩序的手段，相反，它们自己还依赖于规范的生效。但贯彻规范的组织因此容易受到相同问题的侵袭，它们本应通过这样的规范克服这些问题，贯彻这些规范是它们的目标。

在他所希望的组织规范方面，规范制定者也再次面临与其他

---

〔1〕 克里姆特，1988年，第158页。

规范同样的问题，他必须问自己通过人际互惠性战略实现其希望这些规范生效的愿望对他来说是不是一个理性的决定。当然，正如那些他为了其贯彻而希望存在有关组织的规范一样，他将不得不看到他在组织规范上也面临依存性问题，因为这些规范所涉及的对象中的相当大一部分处在他的关联团体以外——而这恰恰是他希望有一个贯彻规范的组织的愿望的原因，这样一来，他在贯彻组织规范时也无法指望人际互惠性机制。缺乏社会依存性的相同情况妨碍了他实现最初的规范愿望，也将阻碍实现他那些后继愿望。因此，支持国家制裁班子必要性的大部分理由"也同样是反对制裁班子可能性的理由[1]"。对有组织的制裁权力的成功解释看起来自动也是对其多余性的成功解释。

最初问题"继续遗传"给问题解决机制本身清楚地表明，有组织的集体行为只是初看上去似乎是克服经济世界中同社会规范的确立与贯彻有关的困难的一种可以普遍使用的手段。只要有组织的集体也建立在"进行组织的"规范的基础上，这些规范就不能全部通过有组织的行为再次得到保障，至少社会团体的基础性组织结构必须从无组织状态中发展起来。社会秩序理论不能回避在无组织行为的基础上对至少几个重要的社会规范的生效进行解释的要求。霍布斯曾做过精辟描述的"社会秩序问题"有一个硬核，它的解体想必是在社会法律制度以外，霍布斯本人也将其视作出路。

不管怎么说，暂时的结论是，在缺少社会依存性的条件下没有促使理性效用最大化者为确立和维护他所希望的集体制裁权力做出个人贡献的有效激励。这里再次出现了对于理性效用最大化者具有典型意义的愿望与意志之间的鸿沟。规范生效的经济学理论看起来似乎由于要求集体行为而承担起徒劳的复归，并且只是

---

〔1〕 克里姆特，1986a，第195页。

把"社会秩序问题"推到另一个层面上。

当然，从某种角度看，问题的这种位移也是完全适宜的，因为——正如在研究的第一部分看到的那样——在人们能够解释作为规范贯彻手段的国家法律机构之前，必须首先解释它们自己作为社会秩序的组成部分是怎样产生与存在的。从这个意义上讲，解释这些机构的产生时提出作为集体制裁机构本身基础的那些规范是通过何种途径确立起来的问题就是合乎逻辑的了。社会秩序经济学理论问题只是反映了这些机构的真正结构。

E. 再个人化与强制执行

规范制定者在经济世界中要实现他的愿望还有哪些可能性呢？原则上说在这种情况下有两条出路可以考虑：一是某一组织的结构可以如此选择，以至于它包括了由它提供的集体产品的再个人化；一是某一组织可以尝试通过强制执行迫使人们做出必要的贡献。

集体产品的再个人化意味着，只有对这种产品做出贡献的人才能够享受这一产品，就是说重新建立起做贡献与受益之间原本缺少的"自然"联系。这样一种再个人化如能成功，那么诸如在成立和维护组织时采取搭便车行为的激励即使在任意大和隐匿性团体中也是能够克服的。许多集体产品原则上都能够做到再个人化，它本身是一个组织及其成本的问题。当然，通过制裁班子对偏离规范的行为进行普遍制裁无须特别的保护性措施就可以为社会团体成员提供一种集体产品：人们为对偏离规范的行为进行威慑做出了贡献，这对每个人都有利。

相反，通过强制执行为集体产品做出贡献则不会改变这一产品的特点[1]，在现代社会中，通过这种途径确保了大量公共产品的提供。比如作为资助制裁班子费用的税收就是强行征收的，

---

〔1〕 参见奥尔森，1968年，第65页起。

通过专门措施对其交付进行监督。在这个意义上，当今社会似乎通过强制执行这一途径成功地、同经济学论点完全一致地解决了迫在眉睫的集体产品问题。

然而，即使通过强制执行要求人们做出贡献作为集体产品问题的解决方法原则上或许有说服力，但作为一条克服对有组织的制裁权力的愿望与通往该组织建立与维持的具体步骤之间最初存在的鸿沟的手段它则很少适用。这种情况最终涉及的是这样一个组织，有效的强制实施手段先得借助这一组织才能创造出来。正是由于缺少有效的强制与制裁权力，才产生了将力量进行集体集中的愿望。但强制执行手段只有在已经存在足够强大的机构时才能使用。

因此，惟一的出路是有组织规范贯彻的再个人化，这条道路对经济世界中的规范制定者来说也确实是可行的[1]。因为为集体行使权力而团结起来的可能性不仅包括对社会团体所有成员进行组织的可能性，此外还有一种局部组织化的可能性，即只同少数几个人团结起来并通过成立"保护协会"至少能使令人不快的情况得到改善[2]。这里，所期望的集体产品的再个人化是在以下意义上进行的，即只有显然属于"付费"成员时才有资格享受该协会提供的服务。协会只是保护其成员免遭袭击，它只在偏离规范的行为损害了其成员的利益时才对其进行制裁。

二 保护协会和保护组织

A. 从关联团体到保护协会

---

[1] 参见布坎南，1984 年，第 156 页。

[2] 参见克里姆特，1980 年，第 37 页起；可追溯到诺齐克，1976 年，第 25 页起。

保护协会无须特别成立，它们通过"自然"的途径从各自的由个人组成的关联团体中生成。持久的个人关系及关联团体在大型社会团体成长及与此相伴而行的流动性与隐匿性增加时也会继续存在。对于任何一个行为人来说，即使他在一个越来越大的社会中不得不越来越多地会遇到不合作的行为方式，他至少同一些人保持持久的个人关系并在这个框架内享受稳定合作的好处也是有益的。作为"合作核心"的关联团体即使身处"敌意"环境中时也能运行并给其成员带来可观的好处[1]。

好处之一是团结规范的生效，即责成团体成员相互提供帮助与支持的那些规范，这种团结规范的生效已经包含着关联团体发展成为保护协会的萌芽。其保护对团体成员来说是一种"俱乐部产品[2]"，它对外通过同局外人进行严格区分、对内则通过关联团体的非正式制裁机制得到保障。其成员间持久的个人关系使采取不团结行为及拒绝为共同目标做出贡献的诱因不可能产生。在保护协会内部，个人从集体目标实现中得到的好处同他为实现这一目标做出的贡献密不可分。

在最简单的情况下，保护协会的形式是关联团体在需要时将各自的个人权力资源"团结"性地聚集在一起，保护自己免遭外来的进攻并在他们成为局外人不合作行为的牺牲品时互相提供帮助。当然，成功的保护协会——尤其是当它们在与其他协会的竞争中能够立稳脚跟时——的规模呈增加的趋势[3]。有鉴于保护协会提供的好处，将有越来越多的人想成为其成员，对于现有成员而言，成员人数增加也是极受欢迎的，因为保护协会的每一位新成员对所有成员来说都意味着协会力量的有益增长。

---

〔1〕 参见福斯，1985年，第6页；凡贝格/布坎南，1988年。

〔2〕 参见布坎南，1965年；岑特尔，1993年。

〔3〕 参见诺齐克，1976年，第25页起，第61页起。

但从较长远角度来看，这种"自然的"发展对共同贯彻规范这一集体产品的再个人化则重新提出了质疑。如此看来，保护协会内部本身就存在着团体内部的集体产品问题的危险。随着新成员的涌入，可以预计到发生下述情况的时间，这时协会变得如此之大，以至于社会依存性在超出临界点以外开始下降，团体成员之间持久的个人关系的交织断裂开来。对所有成员是否以互助的方式做出其贡献的非正式监督变得越来越困难，对个人来说由此便产生了越来越多的不再履行自己对其他团体成员所承担的义务的诱因。随着共同体的成长，其内部稳定和任务的完成受到威胁——然而另一方面，由于同其他保护协会的竞争并考虑到效率优势它几乎不可能放弃通过扩大规模去增加自己的力量。

保护协会社会内聚力的下降却不仅导致对外团结互助的减少。对于团体成员来说，如果保护协会内部出现了一个新的——隐匿的——由自己同其没有持久的个人关系的人所组成的环境，那么维护团体内部遵守规范的非正式制裁机制就受到普遍威胁。保护协会成员之间采取不合作行为以及由此引起冲突及矛盾的可能性越来越大。规模增加将外界的问题输入保护协会内部，而这些问题最初是促成建立保护协会的原因。

B. 从保护协会到制裁班子

通过有计划的干预可以制止和纠正这一过程。保护协会的成员作为理性思考的个人将认识到这一危险的、违背其共同利益的发展。只要他们在持久个人关系充分发挥作用的人际结构的基础上活动，他们就能利用包含在这一结构内部的潜力实施一种集体解决问题的战略。

由于保护性集体的成员很难放弃协会规模的继续扩大，因此为避免由此可能发生的风险就需要建立一个复杂的有组织的结构。等同于最初的关联团体的保护协会内部的或多或少的无计划自发行为还是能够想象的，而在参与者人数众多的改变了的条件下"人为"结构则是无法放弃的，在这一框架内会产生协调行为，其任务和目标有明确的定义，必须迈出由非正式保护协会到正式保护组织这一步。

对保护协会的各个成员来说，如果他们足够早地，就是说在达到规模扩大的"临界值"以前以及存在完整的社会依存性时就积极参加实施这种组织上的更新，那么这笔投资就是值得的。新的组织结构的建立虽为团体提供了一种真正的集体产品，但它不一定非得背上不可解决的集体产品问题的负担，如果它在团体发展到下述地步以前就已经完成的话，这时，由于社会依存性的缺乏阻止理性效用最大化投资于共同目标的诱因开始生效。如果保护协会成员注意到这个界限，那么就能通过同样的方式进行实现组织更新的合作，正如在关联团体中为其他共同目标而合作一样。

这种新的组织结构需要一种什么样的形式才能在规模继续扩大时保证组织结构的维持本身和保护组织任务的完成不受威胁呢？这一新组织必须利用劳动分工的好处并使这样一种结构制度化，该结构一方面为组织中的积极"代理人"、另一方面为"被动成员"规定不同的任务与功能。必须迈出"将职业法律保障者与被保护的个人区别开来"[1]的关键一步。在此，"被保护的个人"必须赋予"职业法律保障者"使用团体特定的组织资源及实物资源的支配权，定期缴纳用于经常性开支的费用，特别是用于维持那些积极代理人生计的费用，作为专员这些代理人不再有其他收入。进行这样一种角色分配的组织结构的目的是，保护组织的成员不再必须通过临时计划的共同行为和"自发的"互相支持才能实现协会的目标，这一目标的实现是该组织的积极代理人的责任。因此，这又涉及——当然这一次不是在整个社会的层面

---

〔1〕 克里姆特，1980年，第42页。

上，而是在团体内部——建立一个专业化的制裁班子。

在这种组织改革的基础上，保护协会扩大规模而不造成起不稳定作用的诱因生效看来是可能的。

1. 被动成员以向代理人缴纳补偿款项的形式定期付费很容易审核。得到这种保护的人依然只能是为这一保护付了钱的人。组织的代理人对缴纳会费的行为进行监督。

2. 代理人实现组织的目标通过一种特殊的报酬得以保障，这种报酬将组织目标的实现同代理人个人目标的实现联系起来，这样，代理人也不会有不再对组织做出积极贡献的诱因。

3. 通过委托代理人也在团体内部贯彻规范来应对由于成员人数增加而增大的团体内部"无序"的危险。保护组织越大，其外在权力也越大，而其成员受到外部威胁的危险则越小——但规范保障者对其内部社会秩序所起的作用也就越重要。

如果这些假设能够经得起考验，那么对贯彻规范的有效社会秩序的愿望在经济世界中就依然还是能够实现的。即使规范制定者与规范对象之间的社会依存性不复存在，规范制定者依然可以借助集体制裁权力使规范对象贯彻其意志。这里，他们创造的组织在某种程度上作为"看不见的手"发挥着作用：它将如人所愿地运作，尽管没有哪个参与人继续从这些愿望中推导出自己具体的行为动机。这样一个组织将是一个"自承性"机构，只要它自己生产维持它所需要的行为诱因并且不再依赖于对它的产生不可或缺的那些利益。

C. 从保护组织到国家强制权力

在保护性组织发展的最后阶段还将发生一次重要变化，这使保护性组织同现实存在的国家的法律与强制秩序更相似了。这一发展的动力在于大型社会团体中不仅将产生一个保护性组织，而是将产生大量相互竞争的此类组织。它们将受到形成垄断的激励并将为这样一种垄断而相互争斗[1]。与最终基本上同样强大的个人不同，集体能够积累截然不同的权力潜力，因此尝试最终降服其竞争对手并有望取得成功。

在这些争斗的最后将出现那些在争夺特定地区优势地位的斗争中取得了成功的保护性组织事实上的权力垄断与强制垄断。它们凭借自己的权力能够通过"使用'根本性的强制力'"[2]——也能够不顾最初局外人的愿望与意志——强迫其统治区域内的所有人都义务入会。成长为国家垄断权力的保护性组织最后便可以扔掉它发展时的拐棍，因为它现在自立于强制会员制之上并能够通过强制执行有效确保其被动成员采取积极做贡献的行为。这样，保护性组织就自发地发展到一种类似于国家的状态[3]。

能够对集体制裁权力在经济世界中的逐渐发展做出解释的"贯彻普遍遵守规范"这一集体产品的再个人化其实不是现代社会中事实上借助它确保社会被动成员支持制裁班子的手段。国家法律和强制秩序的保护没有任何区别地有利于该社会的所有成员。但缴纳必要款项的强制执行条件无疑已经得到满足。没有人会被问及他是否愿意自愿为国家机构付费，因此，从这一点上看社会秩序的经济学理论结果同社会现实完全吻合。在缺少社会依存性的条件下无法解释在经济世界中何以会出现社会团体成员为组织起集体制裁权力而进行的有效合作，而关于起初是局部的保护性协会和保护性组织的"进化"发展的观点则展示了一种至少是原则上的可能性，即为什么在所有参与人均追求理性效用最大

---

[1] 参见诺齐克，1976年，第29页起，第90页起。

[2] 克里姆特，1980年，第52页。

[3] "通过自发组成团体，联合互助，劳动分工，市场关系，经济规模优势和理智的利己从无政府状态中产生出一种同最小型国家或者有地理界限的最小型国家组成的团体极其相似的构成物。"（诺齐克，1976年，第30页）

化的前提下最终能够从"自然状态[1]"中产生广泛的集体制裁权力。

下面将在这一背景下研究对其产生做出了解释的集体制裁权力是否能在经济世界中稳定存在的问题——确切地说：它们能否作为有关社会团体的集体产品稳定存在，亦即作为一种尤其符合被动的、构成社会团体成员大多数的"普通公民"共同利益的机制而稳定存在。作为经济世界的居民，他们能够期待国家与法律成为公益吗？抑或他们不得不担心由他们所确立的机构将发展成为一种公害？

三　通过授权的权力

A. 宪法与宪法保护

制裁班子的成立意味着各个规范利益者不再拥有制裁权力的支配权，而改由制裁班子的代理人以专业规范保障者的身份行使这一权力。只要单个规范利益者作为普遍公民属于他所在的社会团体的被动成员，他便不再能够单独对何时及在何种条件下在某一具体情况下使用这一权力做出决定。建立拥有一个制裁班子的集体制裁权力的基础是一个授权过程，单个人在这一过程中将其个人权力及该权力的行使转让给由别人组成的一个集体。

在此，制裁代理人的权利不仅包括对局外人使用社会团体的集体强制手段——正如保护性协会所特有的性质那样——的权利，还包括在自己社会团体中采取制裁和实施强制的权利。制裁

---

[1]　与认为大社会中的社会组织是作为所有参与者之间最初的社会契约而产生的观点不同，可将这一观点称为"进化的"或者"连续的"社会契约；参见克里姆特，1980年，第75页及下页，第99页；1988年，第157页——奥尔森为当代大社会概述了这种类型的进化发展，1968年，第65页起。

班子的建立使普通公民承受了对其自主权的双重限制，一个限制是他们为了制裁班子的代理人而放弃了对个人权力资源的个别支配并因此创立了一个脱离了他们自己决定的权力机构。另一个限制是他们将自己置于这一机构支配之下。个人自主权的这种双重损失就提出了下面的问题，即普通公民如何确保自己免受制裁代理人可能滥用权力之虞以及他们如何才能确保他们建立起来的集体制裁权力的使用只能是为了贯彻这样一些规范，这些规范的贯彻符合他们的利益，其生效是他们所希望的。

集体制裁权力的存在本身也取决于某些规范的生效，这一点对于回答这个问题具有极其重要的意义。在上一节中已经提到了规定普通公民为制裁班子的产生和维持必须缴纳哪些费用的规范，但构成制裁班子组织基础的则不仅仅是这些"缴费规范"。任何一个组织都必须解决大量的协调问题，而另外一些组织规范则规定了制裁班子的代理人具体都要完成哪些保护和制裁任务以及在完成任务时可供其支配的手段。规范必须说明组织中需要占据的岗位与角色，将任务分配给各个在岗人员和承担不同任务的人并协调他们的工作。任何一个组织都必须通过规范对如何使用它所集中起来的资源以及何人拥有对其使用做出决定的权利与义务做出规定。

由于具有特定任务和特殊结构的组织首先得通过基本的组织规范才能得以创立，因此可将这些规范称为组织的"宪法规范"。如果我们因此接下来深入研究集体制裁权力的特定组织能否在经济世界中稳定存在的问题，就可以将这个问题等同于该组织的宪法规范是否稳定生效的问题以及是否能够预计到"宪法对象"能够充分"忠于宪法"及"宪法制定者"提供足够的"宪法保护"的问题。

集体制裁权力的宪法规范的生效带有只有这种组织形式才会产生的特殊问题，因为这样一个组织必须生活在没有有组织的强制和非正式制裁的社会空间里，没有任何一个业已存在的权力机构能够确保宪法。如果已经存在一种机制化的强制权力，那么所有其他组织的宪法原则上都能通过这一机制的制裁潜力得到保护。相反，该机构本身的"秩序问题"则以其最初的形式出现。

在这个意义上应该对下述事实产生的后果进行逻辑性的阐述，即经济世界的组织中的积极干部也是不折不扣的效用最大化决策者，他们在任何情况下都仅仅考虑自己的个人好处和幸福[1]，因此，经常遵守宪法规范也同遵守其他所有规范一样取决于同样的条件。对于规范对象来说，遵守规范在任何一个单独的情况下都必须是效用最大化决定，社会组织不是由外在与中性力量，而是由这个世界——这里是经济世界的——居民所推动的："代表人民中的人的任何一个人或者代表会议中的成员也都代表他自己这个自然人。即使作为从政的人他极为关心公共利益，他也更关心或者说同样关心他自己的幸福，关心家庭的幸福及亲朋好友的幸福。如果公共利益偶然妨碍了他的个人幸福，他通常更偏重个人幸福，因为人的激情通常会战胜人的理智。从中可以得出结论：公共利益与个人利益在哪里最相容，公共利益便在哪里得到最大的促进[2]。"

社会秩序经济学理论的核心问题事实上是制裁班子的代理人作为自然人的个人利益是否与他们作为宪法机构对忠诚于宪法所表现出来的"公共利益"恰好吻合。两种情况具有特殊意义：

第一，与建立以劳动分工方式组织起来的制裁权力同步而行

---

[1] 参见凡贝格，1982 年，第 68 页；布坎南，1984 年，第 140 页起；科尔曼，1974 年，第 44 页起，第 93 页及下页；1980 年；劳卜，1984 年，第 8 页起。

[2] 霍布斯，1651 年，第 146 页及下页。

的是规范制定者同规范对象之间的关系发生了根本性变化。原来的出发点是基本上均质的社会团体，其成员由于在重要的生活问题上或多或少具有同样的利益地位而抱有希望特定规范发挥普遍具有约束力作用的愿望。这涉及那些至少其核心部分针对社会团体全体成员的并符合该团体所有成员愿望与利益的规范。在涉及这些规范时，每个参与人都既是规范所涉及的对象也是规范的制定者。

规范对象和规范制定者之间这种人员上的高度一致性由于制裁班子的成立而遭到破坏。这在某种形式上是容易理解的，因为有关宪法规范对进行劳动分工的组织的结构做出规定并确定该组织中不同岗位责任人的权利与义务，因此不是社会团体的所有成员都能在同等程度上成为这些规范的对象。某些规范只针对组织的积极代理人和担负领导责任的人，其他一些规范则只针对普通公民。但必须审核在多大程度上从中产生了他们作为规范制定者的共同性的结束，因为社会团体的所有成员最初拥有同样的愿望，即宪法规范真正生效及制裁班子变成一种社会现实[1]。所有规范制定者同规范对象之间的完全互惠性在对均质的社会团体中核心道德规范生效的解释时可以简单地加以利用，但这种完全互惠性现在却不复存在了。

第二，必须注意到制裁与强制秩序宪法稳定性的临界界限存在于向缺乏社会依存性的状态的过渡中。只要制裁班子是关联团体的一部分，那么就能通过非贯彻规范的非正式机制确保这一制裁班子的宪法规范。团体规模的扩大则完全改变了这一点，这样

---

[1] 如果用詹姆士·M. 布坎南的专业术语表达，就是说必须审核参与人在对引进制裁班子做出"立宪"决定时的利益处境在多大程度上有别于这一制裁班子引进后他们的"后立宪"的利益处境，参见布坎南，1984 年，第 50 页起。

一来，其贯彻规范的需求总的说不再能在"规范适用市场"上得到满足，因为人际互惠性这一货币失去了其购买力。虽然由于明确考虑到这一临界界限而建立了进行劳动分工的集体制裁权力组织，但它们能否真正跨过这一界限而不致引起宪法危机——换言之就是说宪法规范是否具有"自承性"并因此能够放弃非正式的规范贯彻机制——还尚需得到澄清。

B. 作为集体制裁权力基础的授权规范

集体制裁权力宪法的一个重要组成部分是授权规范，根据规范制定人的意志通过这些规范向行为人转让特定权力[1]。其生效对拥有专业化制裁班子的集体制裁权力的产生是不可缺少的现实基础。在均质的社会团体中，制裁代理人的权力地位并不建立在他所拥有的个人权力资源的基础上，而是建立在其他团体成员要求他应该获得这一权力的意志的基础之上，他们是授权规范的规范制定者，使他们有能力贯彻这些规范和建立集体制裁权力的权力基础是其个人资源，他们可将这些个人资源置于制裁代理人的计划之下。

因此，在从无政府状态向国家秩序的过渡中，即使在经济世界中属于这种秩序核心的除了义务规范之外也还有授权规范。此前涉及的只是个人之间给定的事实上的权力分配以及这些权力潜力在共同的社会行为中的汇聚，而现在权力则是作为规范产生的一种现象而出现的，它源于他人而非当权者本人的意志。

然而，生效的愿望即使对授权规范也不足以保障其真正生效。在这种情况下，规范生效的经济学理论的重要任务在于解释如何才能在规范制定者和规范对象利益与行为诱因的基础上使作为集体制裁权力基础的授权规范得到持续贯彻。这里，关键的问题在于经济世界中的授权规范的规范制定者怎样才能使其意志生

---

[1] 参见第78页起。

效。必要的权力转让能够通过何种方式进行？通过授权规范"赋予"权力不应仅仅是一种意志的宣布：它应该创造出能够真正产生新的行为可能性的事实上的权力地位。制裁代理人这种情况涉及的是进行制裁的授权，尤其是授权实施强制，以使制裁在遇到反抗时也能实施。制裁代理人应该获得的新的行为可能性是实施制裁与强制行为的可能性，他们应该获得此前未曾拥有过的制裁与强制权力。

现在就不难解释这样一种授权制定者的权力的最初基础是什么。通常情况下，任何一个人仅凭其自然条件便拥有一定的——或多或少的——个人的潜在的制裁权力与制裁手段，因此，任何一个人似乎都能以极其"自然"的方式承担赋予他人额外的强制权力的授权规范的规范制定者的角色：即他作为规范制定者将其个人的权力潜力提供给他人。但这具体意味着什么呢？规范制定者如何才能有效保障由他授予权力的人对其权力的支配呢？

C. 经济世界中的权力转让

赋予实施制裁与实施强制权力的授权规范的对象是授权应对其生效的那些人，也就是对其实施制裁与强制的那些人。他们应该尊重这一授权并尊重由该授权中派生出来的权威。只有当被授予权力的代理人能够确保对授权规范对象的权威时，授权规范才能生效。

授权规范的规范制定者原则上可以通过三种途径扩大由他授予权力的代理人的权力，从而保障对其权威的（自愿或不自愿的）尊重：

1. 如果规范制定者的权力在于控制权力手段——如武器、物质资源或者好的论据，他就可以通过下述方法扩大获得授权的代理人的权力，即将这些手段真正赋予后者，也就是说比如把武器或钱交给他或者教给他如何进行好的论证。

2. 如果规范制定者的权力在于支配授权规范对象的行为方

式的权力，那么他可以通过下述方法扩大获得授权的代理人的权力，即运用他自己的权力使授权规范对象做获得授权的代理人希望他们做的事情。

3. 如果规范制定者的权力在于他本人也是授权规范对象，那么他可以通过下述方法扩大获得授权的代理人的权力，即他自己遵从后者的意志并且做获得授权的代理人希望他做的事情。

在这里，权力转让的所有三种途径乍看上去都很重要。我们首先看看第三种可能性。事实上，授权规范的规范参与者和规范制定者自己也属于制裁班子授权的对象。制裁班子的授权包括也对并且主要是对自己团体的成员实施制裁，这种情况为有效的权力转让提供了一种完美的可能性：作为制裁代理人采取措施的潜在对象，规范制定者可轻易通过下述方法使其希望制裁代理人拥有足够权威的愿望生效，即自己去做制裁代理人希望他们做的事情，并在必要时自愿服从其制裁。

但对经济世界中的制裁代理人来说却不存在这样一种对获得授权者所行使的权威表示自愿尊重的影响行为的动机——即使授权规范的对象同时也是规范制定者并且在"立宪"层面上原则上希望这些规范生效，因此也希望授予的权威生效并得到授权相对人的尊重时也不会存在这种动机。若想产生这样一种影响行为的动机，对他们来说作为规范对象服从制裁代理人的权威在每一单独情况下都必须是效用最大化决定。在"后立宪"决定的具体单独情况下，尊重这一权威可以要求人们服从由该权威所实施的制裁和强制措施，就是说遵守规范的个人代价是极其高昂的。正如要求其对象做出牺牲的其他规范一样，理性效用最大化者希望他所希望的授权规范是由于希望这些规范尽可能只是必须由他人遵守。相反，如果他成为制裁的牺牲品因而受到消极影响，他则没有理由自愿遵守规范，最迟在关联团体的依存结构解体后便会如此。这样，通过自愿服从其权威而对制裁代理人进行的权力转让就遇到一个无法克服的集体产品问题。这里再次出现了普遍愿望和具体意志之间的鸿沟——只是这道鸿沟在这种情况下特别深并且几乎不仅仅局限于经济世界。

但对制裁代理人来说，授权的有效性在任何情况下都取决于确保对其权威的尊重。普通公民即使在成为制裁与强制实施的牺牲品时也必须尊重这种权威。然而，由于根据上述他们即使在同其社会团体的所有其他成员同样抱有宪法及其授权规范适用的愿望时也不会自愿这样做，因此必须找到一种可能性以促使他们即使不自愿也必须认可制裁代理人的权威。

为此必须扩大制裁代理人的权力以使他们在遭到反对及遇到抵抗时也能贯彻自己的意志。由于规范制定者作为各个单独的个人拥有一定的潜在制裁权力，而这些潜在权力加在一起足以对可能的规范破坏者占上风，这样他们在需要时将这一潜力提供给制裁代理人便可以达到制裁班子权力的这种增长。就是说，他们可以在上述第二种可能性的意义上自己进行积极的干预从而使制裁代理人获得相对人的尊重。制裁代理人的权威如果在实施制裁或者贯彻强制措施时受到置疑，规范制定者必须迅速对他们提供帮助。在这种情况下，制裁班子的成员无需比其社会团体其他成员更大的个人权力资源，但在紧急情况下他们却能够支配他人的权力资源。

在这个意义上，对获得授权的代理人进行的权力转让的这种方式同前述可能性具有相似之处，即授权规范的制定者在迫切要求进行授权的具体个别情况下必须自愿承担遵守规范的负担：要么作为服从制裁代理人意志的对象，要么作为对其对象贯彻规范并从而也赋予制裁代理人意志有效性的保障者。

如此一来，第二种情况的个人负担与风险通常要比第一种情况小，尽管如此，经济世界中即使通过这种方式也几乎不可能进行有效的权力转让——至少在处于关联团体结构之外时不可能。

只要人际互惠性机制生效，那么团体成员之间的相互帮助以及通过互助规范而对符合共同利益的制裁班子所提供的帮助就能得到保障，但制裁班子恰恰是在无法再依赖人际互惠性发挥作用时也应该依然有效运作。然而在隐匿性社会团体中，个人对其关联团体的其他成员及对制裁班子的互助都是不值得的，他个人可能对支持制裁代理人权威做出的贡献或多或少是微不足道的，而由于缺少社会依存性也无法确立能够致力于克服微不足道问题的公平规范。在隐匿的社会团体中，个人行为者鲜有理性理由在制裁班子代理人实施制裁和强制措施时对其提供帮助，正如他在制裁班子存在之前很少有理由自己对偏离规范的行为进行制裁或者在他人实施制裁时对其提供支持一样。可以说正是这种缺少有利于贯彻符合共同利益的社会规范的激励的状态导致了对独立制裁机构的愿望，但该机构的存在本身却不能建立在它鉴于其有效性不足而应取而代之的机制之上。

因此，对制裁班子进行权力转让的这种可能性也受到集体产品问题的阻碍。在给定的条件下，授权规范的规范制定者无论作为该规范的制定者还是作为其对象都没有理性的理由自愿为规范生效作出贡献。虽然他们在宪法决定的层面上一般地说完全有理由将权力转让给制裁班子并由此放弃个人权力，但他们却完全没有理由通过遵守授权或者在该授权的要求违背了其受到当时情形限制的利益的个别情况下贯彻该授权而主动完成这一权力转让以及放弃权力。由于理性效用最大化者作为规范制定者和规范对象时原则上也不能受到规范的"制约"，因此他在某一特定时间希望制裁班子长期拥有特定权力地位的愿望这一事实并不能导致他由此使其未来对自己个人权力的支配权力也受到制裁班子的"制约"。

只要授权规范赋予的权利在经验上仅仅以授权规范的规范制定者的意志和行为方式为基础，那么通过授权规范的权力转让在经济世界中就是成问题的。该权利的有效性以及获得授权者的权威在这种前提下完全取决于规范制定者在各自情况下的利益——而这些利益在很多情况下恰恰同其对授权规范生效的"立宪"利益并不吻合。

为成功确立其权威而向行为人转让诸如宣布命令或者实施制裁的纯粹权利原则上是一种令人怀疑的手段，因为行为人应该获得的是即使他无此意志和意愿时也能对其行为和利益范围进行干预的能力——就是说他必须支配事实上有效的权力[1]。但个人却无法将对自己行为的事实上的控制权力转让给他人，这是一种不可转让的、从经验上看同各个资源所有者无法分离的资源[2]。获得授权的行为人如果不拥有其他使其权威生效的手段，那么他就要么依赖于规范对象自愿尊重其权威，要么依赖于规范制定者自愿提供帮助。

据此，根本问题在于集体制裁权力的宪法规范必须在下述世界中生效，这个世界还没有通过此类组织的制裁来贯彻规范并且根据前提缺少非正式的制裁机制。在这种条件下无法指望通常的、仅仅是规范性的改变世界就足够了，缺乏遵守规范的积极性不可能通过引进新的规范就得到弥补。经济世界的出路只有一个：集体制裁权力的建立不能仅限于只是通过宣布宪法对世界的规范重新进行"解释"，而是必须切实改变世界的现实！新机构

---

〔1〕 詹姆士·S.科尔曼通过"权威"和"权力"概念的特定定义强调了在此处具有决定性意义的区别："权威是监督他人行为的权利，而权力则是不管有无法律上的权利都能实施这一监督的能力。"（科尔曼，1990年，第470页；我的翻译）据此，考虑到所述问题的情况，重要的是制裁代理人获得使其不依赖于实施制裁的单纯法律上的权利的制裁权力。科尔曼对"权力"、"权利"和"规范"的定义详见布尔曼，1993年；科尔曼，1993年。

〔2〕 科尔曼，1980年；1990年，第33页，第100页；凡贝格，1982年，第10页及下页。

的基础不应只是新的规范，它还必须包括新的事实。

D. 从规范性强制垄断到事实权力垄断

将权利仅仅是规范性地转让给制裁班子的困难之处在于对于切实实施这些权利非常重要的资源随时可能被撤回或遭到拒绝。但是有可能阻止这种情况的发生。授权规范的规范制定者不仅可以通过在授权规范具体适用的情况下将自己的权力资源置于该行为人的意志之下而扩大获得授权的行为人的权力。只有当诸如个人能力或者对自己行为的监督等起决定性作用的所有资源从经验上看都无法同其占有者进行剥离时，这才是惟一的途径。相反，如果重要资源由物质上可以转让的物品组成，那么也可以通过将这些物品事实上交予获得授权的行为人而扩大其潜力。这便是上述第一种——并因此也是将要阐述的最后一种——可能性。

事实上，这种类型的资源对于在制裁秩序与强制秩序的框架内贯彻规范具有极为重要的作用：即物质性权力手段。如果行为人应对他人进行制裁，违背其意志要求其采取特定行为或者对其实施强制行为，那么在"旗鼓相当"的情况下他就会冒进行一场难决胜负的角逐的风险。但是如果他拥有处于绝对优势的物质性权力手段，那么他既不依赖对其权威的自愿尊重也不依赖第三者对其提供的帮助。支配物体性的权力手段对专业化的制裁班子具有特别重要的作用，因为在缺少普通公民支持的社会环境中制裁代理人的优势通过单纯数量上的占上风并不总能得到保障。他们不仅要考虑到个别、孤立的破坏规范者，而且还必须考虑到有组织地破坏规范且自身即构成巨大权力潜力的联合起来的团体。此外，普通公民将希望为确保社会和平秩序原则上应在规范性强制垄断意义上的强制实施，以及只能在特殊授权基础上才允许这种强制实施，为此，应当贯彻这一强制垄断的那些人需要明显的优势。

　　如此一来，经济世界中的社会团体成员如果想建立一个能够有效完成其任务并有效发挥赋予它的强制功能的制裁班子便只剩下一条道路可走。他们必须努力确保制裁班子的代理人能够依赖明显占优势的物质性的权力潜力并且这种权力潜力确实集中在制裁代理人手中。制裁班子必须拥有一套自己的强制机器，建立有效的集体制裁权力首先要求普通公民对自己"解除武装"并将自己的武器交给制裁代理人。只有当制裁班子能在普通公民解除武装及对释放了的手段进行自我控制的基础上在其措施所涉及的所有对象面前立住脚时，其制裁"权利"据为基础的授权规范的生效才不再依赖于自愿的尊重或者自愿的支持。只有建立在优势强制机器的基础之上的真正的权力垄断才能贯彻规范性的强制垄断。

　　为使制裁代理人所希望的授权切实生效所须进行的权力转让过程在经济世界中必须是真正转让物质财产和资源的过程。这个一次性的转让行为以集中的强制机器的形式为制裁班子创造了长期的权力基础。如果制裁代理人真正拥有了这些资源并且支配着一部运作良好的强制机器，那么他们就能在原来的关联团体解体时将其权力基础在隐匿团体中"保存下来"。流动与隐匿的大社会中的制裁班子发挥作用的能力的重要前提似乎随着强制权力事实上垄断在制裁代理人手中而得到了满足。

　　物质资源的转让有别于单纯权利转让的最重要的一点在于这样一种转让不是仅仅以特定规范将来应该得到遵守这一愿望为基础的纯规范性的过程，相反，它是一个包括现实情况与事实发生变化的真实事件。"武器"确实从普通公民手中转移到了制裁班子积极成员的手中，物质的权力手段是完全可以与其各自支配者相脱离的资源，它们作为实物能够确实转让给他人。在这个意义上，以物质资源的这种再分配为基础的集体制裁权力的宪法也就不能仅仅用宪法规范的描述完全说明其特征，而是还必须加上事实的描述[1]。

权力的这种非规范性的、事实的转让导致了严重的后果。特别是当这些产品是物体性的权力手段时，产品的这种转让不再能够轻易被撤消。强制机器一旦存在，只有在极其困难的情况下才能再次摧毁它。将来在特定范围和界限内服从他人统治的单纯决心随时都会违背该人意志而被修改——相反，违背新的当权者的意志重新夺回人们放弃或交出的权力手段则非轻而易举之事。通过社会权力手段的集中而建立的真正的权力垄断具有某种最终性和不可更改性。社会团体成员在此迈出的一步是通往具有其他事实的世界的一步，游戏者的牌在这个世界中被重新进行分配。一旦迈出了这一步，这些事实的继续存在将来便不再依赖于导致迈出这一步的愿望与动机是否也继续存在。得到确立的权力关系不再依赖于对所赋予权威的自愿承认和自愿尊重，而是依赖于事实上的权力差异。

然而正是这样一种新的、非规范性的、事实上的因素是经济世界解决下述两难问题所需要的，即尽管所有当事人一方面都希望宪法授权规范生效，而另一方面却很清楚他们当中没有任何人在具体情况下会自愿承担贯彻宪法的个人负担。出于这个原因必须进行权力的转让，从而以快刀斩乱麻的方式解决问题并确立起没有新的当权者意志就不容易被改变的权力关系。对于作为普通公民和规范制定者的理性效用最大化者来说，将物质性权力手段或多或少不可逆转地转让给制裁代理人看起来是顺理成章并且必不可少的一步。

E. 权力的转让与权力的独立

普通公民决定将事实上的权力垄断转让给制裁班子背后的推

_____

[1] 这完全符合法治国家宪法的实际情况，其分权从特定角度看也包括实际资源的划分，参见第102页起。

动力量是其达到宪法稳定生效并确立作为公益的有效集体制裁权力的愿望。当然,建立在制裁班子事实上的权力垄断基础上的宪法稳定性在经济世界中得到保障这一点并未通过以上阐述而得到证实。迄今为止涉及的只是在通往这一目标的道路上迈出的第一步,即赋予制裁班子可靠的权力基础并因此确保对宪法授予它的权威的尊重。从该问题的解决中得出了事实上的权力垄断的重要性。

但联系到将宪法愿望与宪法事实相协调的问题,制裁班子可靠的权力基础只是一个方面。制裁代理人凭借其权力能够进行符合宪法行为尚不能保障其行为符合宪法,只有当他们也愿意采取符合宪法行为时这一点才能得到保障。以符合立宪者"委托"的方式行使其权力必须符合其自身的利益,而立宪者是社会团体中的普通公民,那么他们对制裁代理人的"宪法委托"的内容何在呢?

这一委托用最一般的方式可以表达为制裁代理人应该并且只应该为贯彻那些其遵守符合普通公民利益的规范而行使其制裁与强制权力。他们尤其不应该为了贯彻那些仅仅符合制裁班子成员自己的特殊利益的规范而行使其权力。集体制裁权力的代理人只应履行"规范保护性"任务,而不应该扮演"规范生产性"角色[1]。普通公民不仅将有要求制裁代理人履行其制裁义务的迫切愿望,他们也将对后者仅局限于履行这些义务并且不越权抱有根本利益。权力转让只在下述保留的前提下才将发生,即行使权力只能在转让者所希望的范围内也就是说必须合宪。

正如詹姆士·S.科尔曼在他的组织社会学分析中强调的那样,将权力、权利或者其他资源向一个组织进行的任何转让都面

---

[1] 类似于詹姆士·M.布坎南对"保护性"的法律保护国家与"生产性的"服务国家所做的区别,参见布坎南,1984年,第97页起。

临一个根本性的两难问题。一方面这种转让让是"团体性行为人"拥有足够可能性以实现他有义务实现的目标的必要前提，而另一方面单个人又失去了对所转让资源的个人监督。权力被同其最初的起源分裂开来〔1〕。一个组织的成立如果也意味着代理人可以做出单方面规定及违背他人意志采取行为的权利，那么它就创立了权威制度并确立了统治。授权越广泛，赋予团体性行为人的权威越大，团体其他成员个人自主权的丧失也越大，而合宪使用组织资源对他们也就越重要。

这样一来，为确保制裁班子的权力而使该权力基础独立于普通公民的情形利益似乎的确绝对必要。如果成功做到这一点并将制裁班子的权力有效地同普通公民的愿望和意愿"脱钩"，那么就必须接受下述后果，即当制裁班子的行为不再符合普通公民的愿望和意愿时它也能得以保留并行使其权力〔2〕。因此，作为普通公民，人们必然十分重视制裁代理人对宪法的忠诚即使在人们不再能够直接影响其行为时也得到保障。只有当普通公民能够期待制裁班子代理人的合宪行为主要出于其自觉性时，为制裁班子而放弃对自己资源的个人监督才是一种理性的决定。因此，制裁班子代理人是否有足够的仅仅为了规范保护性目的而行使其授权及权力手段的独立诱因的问题便具有决定性的作用。

---

〔1〕 参见科尔曼，1974年，第33页起；1980年。科尔曼在其《社会理论基础》一书中将权力越来越同个人分离并集中在组织中断定为现代社会的一个特征："对社会中的人具有重要意义的过程的越来越大的一部分处于当事人几乎无法加以监督的社团实体的控制之下。"（科尔曼，1990年，第459页，也可参见第531页起；我的翻译）

〔2〕 "具有共同利益的自然人可以在社群中联合起来，通过集体行为保护这一利益。而组织则创造了一种新的实体，它的利益与资源同创立这一组织的那些人的利益与资源不一样。"（科尔曼，1990年，第539页，我的翻译）

第五章

法治国家与人民的权力

一 从权力垄断到专制

由于制裁代理人拥有对于物质性权力手段的事实上的垄断，他们较之社会团体的其他成员便处于质上全新的位置。具有特殊影响的是，他们不仅在其作为宪法机关的"抽象"特征上支配着这些权力手段并且其行为通过宪法委托受到规范性确定，而且在他们作为制裁代理人占据其位置的时候，他们作为自然人也在事实上支配着同这些位置相连的资源：这些资源事实上处于他们个人的支配及其个人的决策权力之下。明确区分对赋予其的权力的私人支配与以宪法机关角色行使该权力是一个"只是"一个宪法上的界限。虽然权力及权力的行使只能同"地位"而不能同"个人"联系起来[1]，但如果人在占据其"地位"时事实上拥有同该位置相连的权力手段，那么这样一个界限作为经验事实和对占据该位置的人的实际约束是不存在的，这一点具有深远的影响。

因为作为理性效用最大化者，制裁代理人绝不会"盲目地"根据宪法及宪法制定者分配给自己的角色行为，倒不如说他们在任何情况上都会重新就为何目标——无论这些目标是"私人"

---

[1] "人"与"位置"的详细区分参见科尔曼，1990年，第167页起。

还是"公共"性质——而使用其权力手段作出决定。他们将反复斟酌是否应该根据宪法因而也是根据普通公民的利益还是为了有违宪法及普通公民利益的目的而使用其权力。他们将同所有其他理性效用最大化者一样做出自己的决定：他们将在每一具体情况下考虑给定的选择可能性中哪一种能给他们带来最大的好处，因此，只有当选择符合宪法的行为对他们来说经常是最优选择时才能指望他们长期忠于宪法。而他们在任何一种情况下的利益与决定都主要打上了他们个人可能拥有巨大的强制权力潜力的烙印并受其影响，这一点在经济世界中是不言而喻的。

　　一个组织总是面临该组织的代理人或多或少经常有机会为了个人目标和利益而滥用组织手段的问题。组织的成立及与此相伴而来的资源的重新分配必然产生新的愿望与野心。能够在多大程度上滥用资源当然也取决于资源的性质，一台生产鞋子的机器可以做鞋，货车则适于运输货物。在这种情况下滥用的可能性自然受到严格的限制。资源"越具有可塑性"，其使用可能性越是广泛多样，则其被滥用的可能性也就越大〔1〕。

　　然而，恰恰是集中在制裁班子手中的特殊资源几乎不可能"内在地"同符合宪法的使用相联系。强制权力同钱一样是一种几乎可以普遍使用的工具，通过它能够实现许多不同目标，它是实现个人意志的一种特别有效和灵活的手段。它一旦充分集中在某一特定行为人的手中，就肯定能发现可以借助这种手段得以实现的个人目标。在此，最大的危险之一来自下述事实，即占有优势强制权力使得当权者能够扩大其权力地位并超出其最初获得的权利与资源而获得更为广泛的权利与更多的资源。人们将优势强制机器提供给制裁代理人无异于打开了潘朵拉之盒，因为强制权

────────────

〔1〕　参见阿尔奇安/伍德沃德，1987年；1988年。

力不仅能直接滥用于个人目的，而且也适于持续地将现存权力关系进行有利于少数有权有势者的位移[1]。

伴随着作为向制裁班子转让权力后果的权力的重新分配以及权力的集中，作为社会团体成员迄今为止共同意志形成前提的个人均质的"基本配置"在一个方面，即在最重要的方面发生了变化。以前，经济世界的观察者同其居民一样可以从下述事实出发，即社会团体的任何一个成员都不处于能够试图将单方面的强制规范命令强加给其他人而有望获得成功的地位。现在到了人们不得不回忆起这种单方面强加的规范命令的愿望曾经是理性效用最大化者所有其他考虑与愿望的出发点及基础的时候。如果这种可能性在他的决定权衡中迄今未起到重要的作用，那只是因为他认识到只要他不支配相对其他人而言明显占有优势的权力潜力，实现这种可能性是不现实的。

情况正是在这个角度上发生了根本性变化。对于在拥有实际强制垄断的社会团体中的那些占有特殊权力潜力的行为人来说，强加单方面规范命令的可能性与机会的问题以新的方式提了出来。鉴于普通公民利益状况未发生变化，他们依然更愿意选择由其设立的宪法及核心道德规范，而对制裁代理人来说，宪法继续适用及该宪法应予保护的社会规范的继续生效都不一定符合其利益。他们所处的"后立宪的"利益状况极大地改变了他们在对宪法内容做出"立宪"决定阶段时的最初偏好。

特定规范秩序能够符合社会团体所有成员的共同愿望与利益的社会关系由于出现了权力的集中而发生了根本性改变。利益与愿望的整体将不再在每个方面都包括权力垄断者，而正是他们所处的地位使其能够凭借其强制机器违背他人利益贯彻其有所不同

---

〔1〕 对权力形成过程，即"如何从一点权力产生更多权力以及从更多权力产生大量权力"的精辟分析参见波皮茨，1992年，第185页起。

的偏好并有极大的希望得手[1]。作为当权者他们受到诱惑，试图以新宪法取代旧宪法，在新宪法中他们不再囿于规范保护者的角色，而是能够根据自己的利益扮演规范生产者及规范制定者的角色——就是说他们将试图实行专制独裁。

对于普通公民来说，即使"花钱"让当权者不滥用其权力手段也几乎不可能避免这种危险，这种花费至少应当接近于当权者指望从违宪使用权力手段中所能够获得的好处。因此，除了公开滥用其权力地位并导致对社会团体其他成员或多或多的直接压迫外，权力垄断者也可以通过"潜滋暗长地"侵蚀宪法达到其目标[2]，借助或明或暗的恫吓他们总能获得更多的统治权利。只有当他们基本上实现了也能通过赤裸裸的强加规范实现的目标时，他们同其在不同程度上无权无势的公民之间才可能出现新的战略平衡。然而在任何情况下都不可能通过更高的代价促使其尊重符合普通公民最初愿望的宪法——单单因为这种款项不断抬高本身就意味着对宪法进行大大限制了"付费"普通公民权利的修改。

一个互相矛盾的结果出现了。最初所有当事人所希望的宪法的实现帮助其中某些人取得了特权地位，这使他们对该宪法的继续存在不再感兴趣。应当使其作为宪法机关有能力保护现有秩序的手段同时为他们提供了为了自己的利益而策划一场"自上而下

---

〔1〕　根据罗伯特·米歇尔的一句名言，成立组织一般而言会产生新的利益状况及新的利益冲突是"寡头统治铁定法则"的结果："任何社群机关一经巩固便将培育出特殊利益是一项普遍适用的社会规律。这些特殊利益的存在必然导致与社群利益发生冲突。"（米歇尔，1949 年，第 406 页；我的翻译）同时，集中起来的组织资源使其在许多情况下能够成功战胜共同利益而贯彻其特殊利益。

〔2〕　参见科尔曼，1974 年，第 44 页起；布坎南，1984 年，第 139 页起；凡贝格，1982 年，第 176 页起。

的宪法革命"的机会与诱因。普通公民面临一种根本性的两难境地：如果他为了保障社会秩序的目的而将社会的权力手段授予特定的人，他便将这些人的利益状况与自己的利益状况区别开来并且使这些人受到利用其权力手段反对自己的诱惑。但如果他完全或部分放弃权力手段的这种集中，他便无法指望秩序保障者能够完成赋予他们的任务。看来他只能认可霍布斯的观点，即公民只能在绝对统治的危恶与不安宁的无政府主义的危恶之间进行选择[1]。

二　从专制到寡头统治

但我们不能将权力垄断者看做一个具有统一意志的行为人，他能够对其权力手段的使用做出自主决定并能不受阻挠地把从对权力手段可能进行的滥用中获得的所有好处悉收囊中。制裁班子并非由某一单独个人组成，它需要众多积极的成员，权力垄断将掌握在集体手中。从这种角度看，某些组织上的可能性似乎能够防止权力的滥用：比如通过组织内部的监督机制确保制裁代理人的行为符合宪法的等级制的命令与监督结构。

但原则上却是：即使明确考虑到所涉及的是由社会中拥有垄断权力的人组成的团体，这些人的共同利益也同普通公民的利益不相一致。可以说其利益将更多着眼于该团体在给定的对其有利的不对称权力分配的条件下谋取尽可能多的好处。拥有特别权力地位的某一个别人是否追求特殊的个人利益或者多人组成的团体是否追求特殊的集体利益都无法改变这些特殊利益同普通公民的利益发生冲突的事实。

在这种情况下，撰写并颁布一部规定建立组织内部的命令与

---

〔1〕　参见维特，1992 年；1993 年。

监督结构以监督制裁代理人采取符合宪法行为的宪法完全无关紧要。正如制裁代理人基于其权力潜力受到激励从而采取违背其最初的宪法委托的行为一样，他们基于这一权力也将受到激励废除现有的结构，如果这些结构妨碍了他们有效维护自己利益的话。只要制裁班子组织内部的命令和监督结构仅仅"存在"于普通公民的愿望基础之上，这对制裁班子代理人的实际利益状况及其决定来说如同其根本的宪法委托的存在本身一样没有任何意义。通过附加规范对宪法进行单纯补充对此不会有任何改变。

据此，权力垄断受到多人组成的团体而非一个做出一致决定与行为的行为人的控制，单单这一事实本身并不是发展出一种所有公民利益在其中都得到同等照顾的政体而不是产生独裁的原因。它只是清楚地表明一个人的独裁统治也总是建立在寡头统治的基础之上，就是说建立在特定团体统治与特权的基础之上。当然，这一事实表明权力垄断者在实施其共同愿望与利益时也要克服某些问题——正如容易看出的那样，这类问题并不是当权者产生根据普通公民利益采取符合宪法行为的诱因。

当权者团体在真正实现其建立寡头统治的共同利益时会遇到两种情况：要么其团体中的所有相关者之间存在着持久的人际关系，并且相关者鉴于运作良好的人际互惠性具有"合作能力"；要么团体本身就已经受到不显著性问题及缺乏社会依存性之苦，以至于不再能够进行符合共同统治利益的顺利合作。

只要统治者团体中存在持久的人际关系并且人际互惠性机制因此发挥作用，那么他们成功地生产其"寡头统治"这一俱乐部集体产品便没有根本性困难。当然，寡头统治集团成员之间密切的个人关系及其相互之间不断的暗中侦察也几乎无法阻止产生进行秘密政治阴谋的机会——从这个角度看，人际互惠性的作用从一开始就有明确的局限性。如果事关接管权力的战略，则有多种可能性对奸诈阴险的行为严格保密。获取情报对寡头统治集团内部的特权者永远是根本性的问题[1]。

统治者团体本身的结构如果不再能够确保单个行为的显著性及足够的社会依存性——正如大社会中的制裁班子所特有的那样，那么单凭人际互惠性便不再能够实现其统治利益。统治者集团中将重复导致形成最早的保护协会的过程——当然其征兆不同，因为尽管统治精英成员有采取集体和有组织行为的诱因，以便——在宪法规定的正式合作形式之外——联合起来形成能够发挥作用的"互助核心"，但在这种情况下则不是出于保护自己免遭他人侵犯的动机，而主要是出于尽可能有系统地、有效地剥削普通公民的目标。

如果统治者集团达到了相应规模，那么同样可以预计会形成许多相互之间存在竞争关系的这种合作性联合组织，但即使这样也不能期望形成这种联合会促使统治者遵守宪法并根据最初的目的和宪法对其的委托使用他们的权力手段[2]，因为竞争将主要围绕剥削特权展开——如果从竞争中产生出稳定的规范，那充其量只是根据统治者的利益"调整"对普通公民系统压制的规范。

寡头统治内部这种冲突性发展的结果会呈现不同的状况。相互竞争的权力中心之间可能试图就各自能够进行独占性剥削的"地区"的特定划分达成一致（"黑手党模型"）。但这种划分几乎达不到稳定的平衡，因为经常出现扩大自己权力范围的诱因。同个人之间相对稳定的权力关系不同，团体之间的权力关系具有极大的可变性，以至于特定团体总是有希望相对于与其竞争的团体大大扩大自己的权力。

因此，更有可能的是寡头统治集团内部的某一派别在某个时

---

[1] 参见图洛克，1987 年，第 17 页起。

[2] 例如克里姆特便在这个角度上进行论证，1986a，第 331 页；也参见 1988年。

候最终战胜了其他团体，但它很难稳定自己的领先地位。无法或者只能非常有限地运用将权力集中在内部"制裁班子"手中的手段来确保寡头统治的内部结构。尽管寡头集团对外可以依靠"枪杆子的权力"，但它却无法不加限制地使用这一权力解决其自身的问题，军队指挥官不能为了更好地控制军队就解除战士的武装。寡头统治组织必须由同寡头统治集团其他成员"平等"的代理人组成。某些军事独裁者和黑手党领袖不得不痛苦地感受到这一点不仅在经济世界中是建立权威结构的不稳定的基础。

因此，寡头统治组织——虽然并且也由于它能够为其成员谋取可观收益——将处于显而易见的不稳定状态，其特点是围绕最有油水的肥差和组织权力展开的长期争斗、竞争与冲突。寡头集团的各个成员将不断尝试结成新的派别，以通过"暴动"或者"宫廷革命"取得内部的统治权力[1]。

社会秩序的根本问题在寡头统治的微观宇宙内重复出现，共同愿意与利益在此也遇到其有效实施的界限。但是同最初情况的一个重要区别在于不再可能在部分剥夺相关人权力的意义上改革结构体制——为压迫其他居民依然需要其权力潜力，这对寡头集团成员造成的后果是他们必须长期生活在"自然状态"中，他们无法将自己置于"国家权力"的保护之下，因为这一"国家权力"正是他们自己。如果将与其说是寡头经济整体倒不如说是其各个得益者的害处的整体相加，那么就可以同意古尔登·图洛克对独裁者和专制君主的生活所做的评价："这是一种美好但却短暂的生活[2]。"

但是，即使能够从寡头统治无法达到十分稳定的状态这一前

---

〔1〕　图洛克对寡头统治或君主专制下的统治者所面临的危险进行了给人留下深刻印象的描述（特别是在经济前提下），1987年，特别参见第17页起。

〔2〕　引文出处同上，第127页；我的翻译。

提出发，这种不稳定性也恰恰不会趋向于实现最初的"社会契约"，也不会产生统治者与普通公民之间的共同利益。争斗与冲突将围绕统治特权展开——这将是那些事实上占有权力手段并想根据自己的利益尽可能有益使用这些资源的人之间展开的争斗与冲突，普通公民的利益与愿望在此无足轻重，其重要性仅仅在于他们是潜在的剥削对象。

三 从寡头统治到法治国家

A. 分权与监督

观察非寡头统治的自由社会中真正存在的国家制度，人们不禁会产生一种印象，即我们对寡头统治不可避免性所做的理论推测迄今没有考虑到这种制度的一个显著特征，即这种社会组织的特点是它并非仅仅通过一个由具有共同权利、义务和与地位相关的资源的人组成的均质集团支撑的。除了致力于切实实施强制措施与处罚的真正意义上的制裁班子外，还特别存在一个专门的"规范制定班子"及一个专门的"法律班子"，它们规范并监督制裁班子的行为。或许解决如何在经济世界中保障国家机关合宪性问题的答案正在这一分权中，即通过一种相互之间进行控制与监督的团体的复杂结构，并且任何团体在这一结构中都不能够获得优势？

支持社会秩序的经济学理论的作者经常提到这种可能性。虽然他们承认经济世界中存在着极为"有限的产生社会秩序的条件"，并且"仅有"人际互惠性机制"还不适宜于解释全球宏观机制的稳定性[1]"，但他们推测小团体中能够存在社会秩序的证明中也可能包含着对宏观层面上的社会秩序进行解释的答案，

---

〔1〕 福斯，1985年，第222页及下页。

各个团体在这一层面上相互间的行为类似于单独个人在这些团体内部的行为[1]。这样一来，"国家本身及其每个机构"都能够"由大量"小的组成单位"组成"，"它们相互监督"[2]与制约。

就让我们研究一下从经济世界中普通公民的利益立场出发有哪些"制约"国家权力的手段。

B. 作为宪法组成部分的义务规范

在给定的条件下，普通公民不能指望他们所追求的宪法现实能够作为所有参与者不受限制的理性利益实现的结果而自发出现。如果制裁代理人拥有决定其权力手段使用的自主权，那么这种自由的实现就将导致一种同作为宪法利益人的普通公民的愿望完全背道而驰的宪法事实，结果将是通过强制强加于人的秩序意义上的、建立在拥有强制手段者随心所欲基础上的强制秩序。对于普通公民而言，集体制裁权力将发展成一种公害而非公益。

如果行为人的自主权导致他做出的决定及选择的行为方式违背他人利益，那么后者就会希望限制前者的自主权。他们将会希望他的行为符合他们的愿望而不是根据他自己的自由量裁和喜好——就是说他们作为规范制定者将希望限制该行为人行为的那些规范被适用。由此得出的结论是，从普通公民的角度看集体制裁权力的宪法及其社会团体中的强制秩序不能仅由授权规范组成，其重要组成部分还必须包括义务规范，根据这些规范，制裁代理人的行为必须符合普通公民和立宪者的意志。不仅制裁代理人的权力，而且他们对权力的行使都必须以规范为基础。对权力手段的真正占有应同对其使用做出自主决定的权力分开。

C. 暴力使用的全面规范化

在实质上，普通公民关心的是集体制裁权力的宪法将对制裁

---

[1] 福斯，1985 年，第 223 页；凡贝格/布坎南，1988 年。

[2] 克里姆特，1980 年，第 98 页。

代理人实施强制的授权限制在违反规范的行为中，这种情况下遭到破坏的是那些其生效符合普通公民利益的规范。由于这个原因，规定制裁代理人行为的义务规范中排在首位的必须是具有条件性规则结构的强制规范，这些规范确定制裁代理人在什么条件下——尤其是在何种违反规范的情况下——有权并且有义务实施制裁及采取强制行为。但普通公民关心的不只是制裁班子采取措施的前提得到明确满足，他们还将重视下述事实，即发生特定违反规范时使用的制裁与强制手段的范围与方式不能听任制裁代理人的个人判断。

在形式上，普通公民认为最重要的是制裁代理人的行为应尽可能广泛地受到规范的制约。每当制裁代理人拥有就使用其权力手段做出自主决定的自由空间时，普通公民与制裁代理人之间就会发生潜在的利益冲突。因此，规范制裁代理人的所有行为都受到的规范化想必符合普通公民的利益，后者肯定希望这样一种强制秩序，在这种秩序中强制与权力的行使完全并且详细地包含在规范中，任何一个单独强制行为的实施只能以规范生效为基础。

为达到这一目标，不仅需要扩展的广泛规范，而且也特别需要不给个人标准与"主观个人评价"留有任何余地的丰富的内容上的规范。在第一部分中已经详细阐述了规范秩序必须具有哪些特点才能对规范使用者进行这种高度的约束[1]。这一方面包括构成决策基础的规范的特定的形式上的质，另一方面也包括对规范使用过程本身的要求。

据此，对于法治国家而言在法律保留、确定性原则以及以法律为决定理由意义上具有典型特征的权力使用"规范化"的强度从作为普通公民希望将制裁代理人不受规范制约的决定限制在最小程度的理性效用最大化者的立场出发也是值得追求的，并且恰

---

[1] 参见第106页起。

恰对他来说是如此：因为对他来说有效限制制裁代理人专横的愿望是从强大的"行政"与无权无势的公民之间的根本利益冲突在经济世界中无法避免这一认识中直接得出的。

　　D. 立法

　　根据普通公民的意志作为制裁代理人行为基础的强制秩序规范应该全面而详细地规定其行为，并对在何种前提下做出何种法律强制措施做出尽可能具体的规定。但如果应以这种精确而广泛的方式使用作为控制行为的手段的规范，那么这些规范的措词与记录必须清楚。此外，还必须确保所有相关人都能认识到哪些规范在某一特定时间作为强制秩序的内容具有约束力。强制秩序规范这种具有约束力的确定性要求成立一个拥有相应规范权限的立法机关。鉴于制裁班子的权力垄断，这样一个机关的作用便具有特殊的分量。这样一来，针对与规范利益者原则上处于冲突关系中的规范对象的规范也必须具有明确的约束力且措辞清楚。

　　在普通公民看来，立法机关结构中最重要的是代表普通公民利益的代表与决策程序。为达此目标，立法机关——规范制定班子——成员同制裁班子之间的分权原则具有决定性意义。这不仅是考虑到制裁代理人必须受制于规范制定班子颁布的规范，就是说它们之间必须存在明确的从属关系，而且也特别是因为考虑到制裁班子的成员不能同时也是规范制定班子的成员。通过互相监督的团体防御由于制裁代理人权力垄断而产生的危险的想法若想奏效，必须的前提条件就是规范制定班子成员的利益状况不能同制裁代理人由于拥有制裁班子的特殊强制手段而产生的利益状况相一致。如果想通过规范制定班子确立一种平衡制裁代理人权力与利益的力量，那么分权原则以及各个宪法机关的机关管理人之间的严格区分原则在经济世界中就是一种绝对必要的结论。

　　但是，普通公民也将对规范制定班子的决策权限加以某种限制，前者主要将不允许后者通过个别强制规范对具体个别情况行使强制适用的规范决定权力。规范制定班子成员如若有了这种可能性将可能处于此前制裁代理人一度所处的同样位置，即能够不受限制地对特定个人使用强制垄断资源。只有当规范制定班子成员仅限于颁布一般性规范，而他们自己作为规范对象也受到这些规范后果的影响时，他们的利益状况基本上才能同普通公民的利益状况相吻合[1]。

E. 基本权利

最迟随着专门立法机关的成立，普通公民也有了对基本权利的迫切需求。虽然普通公民希望有这样一个立法机关，以便通过自己的利益代表针对制裁代理人尽可能清楚明确地表述适用的强制规范并在普通公民之间也并非一开始就存在一致意见的领域确定这些规范，但是也有大量规范他并不想交由立法机关支配。这涉及有利于普通公民保护身体不受侵害、个人自由以及自主等根本利益以及确保基本个人行为权利的规范，对他们来说，这些权利属于任何一种规范秩序的无可争辩的核心内容。没有任何理由将这些规范交送给某一机关的规范制定权限——相反，从普通公民的利益立场看，它们划定了规范秩序的灵活性与可变更性到此止步的界限，他们没有理由不将这些规范以相对终极的形式一劳永逸地在宪法中确定下来。

经济世界中的普通公民即使原则上假设立法机关成员与其个人利益之间存在一致利益时也会重视该机关不得决定某些特定规范。因为即使规范制定班子成员不像制裁代理人那样拥有强制垄断的物质的权力手段，但由于功能特殊他们也有可能处于一种同普通公民发生局部利益冲突的地位。普通公民必须考虑到立法机关成员引进违背自己利益的规范在特定条件下可能符合他们的利益，因此，他肯定希望规范制定班子的决策权限也受到限制且其

---

[1] 参见第97页起。

规范制定权受到"基本权利"的约束与限制[1]。即使在经济世界中，普通公民也对下述情况具有根本利益，即立法机关的行为内容在一定程度上受宪法限制，也就是说立法者的意志形成也不是完全自由的。

F. 司法

对于经济世界的普通公民而言，独立司法机构即拥有确定现行的及对个案具有约束力的法律的权威的机构的存在具有极为重要的意义。鉴于普通公民与制裁代理人之间存在明显的利益冲突，这一重要性的解释很少是由于该机构对普通公民之间关系所起到的调解纠纷的功能，也主要不是由于规范制定班子与普通公民之间潜在的利益趋异，可以说主要是由于它对制裁代理人及"行政"所起的控制与监督作用[2]。

如果社会团体中的法制与强制秩序根据受到普通公民欢迎的宪法得到发展，那么这种"强制的秩序"就将包含大量以制裁班子成员为对象的规范。该强制秩序的规范部分将是宪法的直接组成部分，但大部分则要追溯到立法者制定规范的行为。然而，如果这些规范包括制裁代理人的特殊职责，那么遵守这些规范至少在这种情况下将不符合制裁代理人的利益，他们将受到违反规范的诱惑。因此，必须要有规范保障者监督制裁代理人遵守规范并在规范遭到破坏时予以制裁。正如经济世界中随处可见的那样，只有经常通过制裁对违反规范的行为做出反应才能期望制裁代理人经常遵守规范。

这样一来，仅仅由于制裁代理人必须服从的强制秩序对其行为做出的广泛而毫无例外的限制便使对其行为的监督与制裁成为

---

〔1〕　参见布莱南/布坎南，1993 年，109 页起。

〔2〕　参见第 101 页及下页。对司法普遍性功能即在有争议的情况下对具体个案
　　　适用内容做出权威决定的兴趣在经济世界中也可能将在关联团体中出现。

一项要求很高的任务，违反这些规范的可能性与机会同样多种多样。"法律班子"的成立应使由多人组成的团体处于这样一种情形中：由于特殊的激励与报酬致力于监督并制裁有关规范符合他们自己的利益。此外，普通公民还将希望——同规范制定班子的情况相似——法律班子的成员自己有兴趣发挥宪法及由宪法中派生出来的规范保障者的作用。

一方面，分权原则在这种情况下也将确保法律班子的成员资格排除制裁班子的成员资格——司法将是"独立于"其他机关的机构，这样一来就避免了由于参与制裁班子的权力潜力而与制裁代理人处于共同的利益状况以及脱离普通公民的利益状况。在这个意义上，法律班子成员也应该是普通公民及其利益的代表。

另一方面，法律班子成员的行为本身也受到立法机关所颁布的规范的制约。虽然他们就对个案具有约束力的规范做出权威决定的权限中包括确立决定对特定个人采取强制措施的个别强制规范的权力，但该权威可能导致的命令使用强制手段实现个人利益的诱因在法律班子这种情况下却受到下述反作用力的影响，即班子成员应该通过从立法者的一般规范中派生出个别强制规范的内容而对后者加以确立。他们在行使权力时也不是自主的，而是必须服从立法者并由此服从普通公民的规范利益。他们是通过"发现"法律而不是通过"生产"法律去司法，他们的功能也纯粹是规范保护性的。

G. 宪法愿望与宪法现实

法治国家分权理念的基础是设想有不同的权力中心发挥各不相同的功能并且相互限制及监督其权力，第一部分对此做了详细阐述。现实世界的居民——即使他们对这个世界的看法不一定同经济世界的前提相吻合——也从下述事实出发，即人在作为公共机构管理人时会试图不总是根据其所担任的公职并根据宪法扮演这一角色并使用赋予其的可能性，而是为其他目的而直接或间接加以滥用。然而，如果法治国家机构在现实世界中也首先是保护普通公民利益的手段，那么几乎必然得出的结论是，这些机构也将符合经济世界中的普通公民的愿望并且两个世界中的同一方法有可能是成功的方法。

在理性效用最大化者对有效对付权力滥用手段的愿望中确实可以再次看到在第一部分中确认的"实质"法治国家与宪法国家的根本特征。作为宪法利益者，他将希望把决定与实施强制行为的垄断权力在不同机关之间进行划分，因为他将希望在各种"权力"之间出现全面稳定的合宪性作为平衡。他将希望有一种严格区分拥有特定"合法"权限与义务的"位置"和拥有其个人资源与利益的自然"人"的法制。他将希望该秩序的规范对行使强制与权力进行缜密的限制，这尤其适用于那些规定及实施针对特定人的具体强制措施的机关。权力与统治表现得最直接的地方也应该根据理性效用最大化者的利益通过规范尽可能全面地决定统治者的意志形成及其对权力的行使：即由合法的"法治"代替人治。经济世界中的普通公民也会试图让由其创造的利维坦重新受制于宪法。

据此，解释经济世界中法治国家的产生看起来并非是一项艰巨的任务，倒更多像是一项简单的任务，由限制国家权力产生的对法治国家机制的需求在经济世界中显然令人信服。正是在这里统治者作为理性效用最大化者将受到为个人目的滥用其权力的巨大激励，也正是在这里公民出于私利将特别关心有一块个人自由与自主的领域，他们能在此领域中免遭国家权力的任意干预。虽然普通公民作为理性效用最大化者在其行为中只是根据实用性和机会做出决定，但他将愿意生活在其决定严格受制于规范与规则而不是根据实用性与机会行事的国家法律制度中。这只是乍看上去彼此矛盾，因为公民的自由依赖于国家的"不自由"："自由的论据最终实际上是支持集体行为原则性而反对集体行为实用性的论据[1]。"

因此，如果是对生活着理性效用最大化者的世界中何以产生法治国家机制的愿望进行解释，那么社会秩序的经济学理论完全能够做到这一点，如果根据它在何种程度上符合现代社会本质特征的标准进行衡量的话[2]。该理论的问题更多在于解释这些理性上站得住脚的愿望与利益如何才能成为长期的现实和宪法事实，而不仅仅是写在有忍耐性的"宪法文件"上的梦想。因此还需要迈出关键性的一步。

四 法治国家的权力基础

A. 分权与权力分配

如果想通过不同团体之间的制约机制达到经济世界中社会规范的稳定生效——即通过一种"团体互惠性"，就必须解释两个问题：第一，各团体成员将各有哪些团体利益？第二，各团体都有哪些战胜其他团体而贯彻自己团体利益的机会？

但要回答这些问题就必须先回答一个预问：为了对团体的利益状况及贯彻利益的机会做出判断，必须知道该团体支配何种特殊资源及如何评价各团体间的权力关系。但规范制定班子和法律班子的资源与权力却取决于"宪法之父"给它们的配置。作为立宪者的普通公民面临着与成立集体制裁权力同样的问题。一方面，机关统治者的权力基础必须足够大才能有效完成宪法赋予他们的使命，而另一方面他们的权力又不能大到使其利益状况同普通公民的利益状况产生太大区别的程度。

---

[1] 哈耶克，1971年，第85页。

[2] 这也适用于特殊的法治国家制度，如刑法中的有罪原则和适度性原则；参见鲍尔曼，1990b。

我们首先看一下如果不向规范制定班子及法律班子提供附加权力潜力时会发生什么情况。在这种情况下，事实上的权力分配由于新的立法与司法的宪法机关的成立没有受到触动。事实上的权力即使在"分权"后也将完全集中在制裁班子代理人的手中，新宪法没有改变权力事实，发生变化的只是规定各个宪法机关新的权利与义务的宪法规范。这种情况在经济世界中将对宪法现实产生什么样的影响呢？

在这种前提下，规范制定班子与法律班子成员实际上将处于同普通公民没有本质区别的权力地位，这在普通公民看来无疑有好处。如果新机关成员的处境原则上和普通公民相同，那么在有关社会规范包括宪法规范的内容上他们的利益与愿望实质上也将同普通公民一样——特别是在宪法生效后的"后立宪"时期。虽然从其机关性中将产生某些特殊愿望和特殊利益，但这些同普通公民之间由于个人与社会差别而产生的特殊愿望与特殊利益没有本质区别。由于它们不是建立在相差悬殊的权力潜力的基础上，所以它们无法改变对社会特定制定框架条件的共同利益。

然而，规范制定班子和法律班子的成员在这一前提下也有能力战胜制裁班子成员而有效贯彻自己的意志吗？因为制裁代理人是立法班子规范及法治国家监督行为涉及的重要对象，但制裁代理人也是事实权力的垄断者及惟一拥有有组织的强制机器的人。从自己的立场出发，他们没有任何理由服从立法班子和法律班子的成员。他们既不像普通公民和其他宪法机关成员那样对规范并监督其作为制裁代理人的行为有利益，并且鉴于其他机关相对软弱，他们也不认为必须服从这些机关的规定与指示。

事实权力关系如不发生变化，制裁代理人就很少有理由服从立法班子的规范或者接受法律班子的监督，正如他们没有理由直接服从普通公民及其宪法的意志。单纯宣布新的规范对经济世界中的行为人的利益状况没有任何影响，这一点也适用于此处。只要权力事实并没有发生变化，那么某些权力潜力同普通公民没有区别的人作为"立法者"或者"法官"出现这一事实对制裁代理人的决策考虑就无足轻重——即使这些"立法者"和"法官"享有其他公民的赞同与认可。

B. 再论通过授权的权力

如果新的宪法机构的机关管理人现有的权力不足以完成宪法赋予他们的使命，宪法利益人必须向他们转让附加权力。授权规范的生效也是立法班子及法律班子行为必要的现实基础。发挥其功能的权力如果不能建立在地位占据者现有的个人资源的基础上，它就必须归根到立宪者的意志，根据这种意志他们应当获得这种权力。社会团体成员之间的事实权力分配必须重新改变。

从第一章中对法治国家法制所做的分析中我们已经知道了有关授权规范的内容[1]。立法机关的情况涉及确立规范的授权，即有关授权规范的内容是规范涉及对象应该做立法者希望他们做的事情。由于这里主要涉及确立针对制裁代理人的强制规范的授权，该授权的关键就在于制裁代理人应当按照立法者的意志实施强制。法律班子则涉及授权制定个别强制规范，这些规范对制裁班子成员在特定情况下应当实施何种强制行为做出了规定。

立法与司法的授权规范对宪法的补充使经济世界中法治国家秩序的画面完整起来，这种规范制度具有逻辑上相互联系在一起的规范的层级结构，位于该结构顶部的是作为基础规范的授权规范，其底部则由单个强制规范构成，这些规范对制裁班子成员应如何行使其强制权力做出了具体的规定。具有这种结构的法律秩序在经济世界的"法律史"上是逐步从普通公民要求确立集体制裁与强制权力的愿望以及随之而来的要求通过宪法、法律和司法对该权力代理人的行为进行尽可能缜密的规范的愿望中产生的。

---

〔1〕 参见第25页起。

法治国家规范秩序中的规范制定者的权力基础是授权规范的生效因此也即直至立宪者的处于高位的规范制定者的意志与权力这一现象在经济世界中是下述事实的一个结果，即普通公民的权力乃所有法律机关权力的经验源泉。这些机关的权力仅仅归因于始自普通公民的权力转让过程。如果把确定该法律秩序的法律以外的、"社会的"权力基础及确定所有法律权力最终从因素关系上看都起源于它的统一的权力〔1〕描述为对法治国家社会理论的要求，那么通过将普通公民确定为法治国家强制秩序起决定性作用的宪法制定者就成功地达到了这一要求。

但众所周知，对规范生效的经济学理论来说，与授权规范生效有关的关键问题在于授权规范的规范利益者和规范制定者通过何种途径使其意志真正生效以及怎样才能帮助经其授权的行为人真正增加其权力。

向制裁班子转让权力看起来只有真正转让物质的权力手段这条路可行。如果这一次也选择这条道路，那么普通公民就必须也为立法班子和法律班子的成员配备自己的强制机器。这条道路的优势在于借此无疑可以改变权力事实，并且立法机关与司法机关的成员能够行使其权利而无须依赖对其权威的自愿尊重和来自外部的支持。如果其他宪法机关的成员也同制裁班子一样拥有自己的强制机器，那么他们当然无法拥有事实上的权力垄断，而必须同制裁班子一起分享这样的垄断——但在这种情况下不只是作为"规范性结构"，而是作为一种事实上的分权，物质的权力手段被真正划分给不同的社会团体。

在这种情况下，同立法与司法的宪法机关相对的是一个或多或少同前者一样拥有同样的权力潜力的制裁班子，但这样一来不仅规范的可贯彻性及对制裁班子的有效控制与监督在这些已经变

〔1〕　参见第86页起。

化了的事实权力关系中也仍然成问题。关键是随着事实权力关系发生的这种变化立法机关与司法机关成员的利益也将发生变化。如果说他们的利益由于自己本身"无权无势"此前在很大程度上还同普通公民的利益一致并因而有别于制裁班子成员的利益，那么这些阵线现在将发生位移。随着他们事实上成为社会垄断权力的共同占有者，他们将会有从其所处的新处境中产生出来的愿望与需要，这些愿望与需要在重要方面不再同普通公民的愿望与需要相吻合。

在谈到寡头统治的内部派别的相同结构的情况时就已经发现：如果多个社会团体在经济世界中分享事实上的社会垄断权力，那么为了无权集团成员的利益而反对与其竞争的权力集团不会符合这些集团任何一个集团成员的利益。如果统治者在经济世界中相互竞争，那么他们争夺的是对无权集团进行剥削的特权而不是为了使符合无权集团成员利益的宪法发挥作用进行竞争。因此，从普通公民利益的角度看，即使给各个集团都分别配备基本上同样强大的强制机器也无法在经济世界中实现长期而可靠的宪法稳定性。可以依赖优势强制权力的任何权力精英在经济世界中都将追求建立寡头统治——同仅仅停留"在纸上"的宪法设计无关。

考虑到这些前景，宪法利益者就必须依靠对将权力转让给立法和法律机关的其他选择予以考虑[1]。这些选择的前提是授权规范的规范制定者并不把对其个人权力资源的实际控制转让出去，而是通过自主计划使用这些资源以支持获得授权的行为人的权威。在这种情况下可以考虑两种人们熟悉的可能性：要么授权规范的规范制定者自己就是规范涉及的对象并能够使自己直接服从获得授权的行为人的意志；或者他们必须尝试使用自己个人的

---

〔1〕 参见第 209 页。

权力手段以便让授权规范的相对人做获得授权的行为人希望他们
做的事情。

这样一来，普通公民作为有关立法机关与法律机关授权规范
的规范制定者事实上也是这些规范涉及的对象。但相关人圈子中
对宪法机关的权威会"产生危险"的并非普通公民，而是制裁班
子成员。制裁班子的成员如果作为立法机关与司法机关授权涉及
的对象将处于一种理想的处境，能够赋予这些机关有效权威和权
力基础。如果他们作为事实上的权力垄断者自愿服从立法者的规
范和司法机关的监督，如果他们根据这些机关的指示与命令采取
制裁与强制行为，那么他们不但能够对制裁班子本身而且也能对
普通公民确保其权威，根据立法机关和司法机关的意志他们必要
时将采取针对后者的行动。

但制裁班子的成员在经济世界中原则上没有理由自愿服从立
法者或者司法机关的权威。鉴于所拥有的权力，他们尽管能够毫
不费力地成为法治国家宪法的保障者。但他们将不会对一部不允
许其自主决定使用这一权力的宪法感兴趣。制裁代理人没有理由
自愿服从法治国家规范并因而不会自愿服从立法机构和司法机构
的事实产生的正是赋予这些机关更多权力的需求。

对向获得授权的行为人转让所希望的权力的授权规范感兴趣
的人的最后一种可能性是他们作为规范利益者本身能够调动足够
的权力迫使授权规范的对象做获得授权的行为人希望他们做的事
情。据此，普通公民必须依靠自己的力量确保制裁代理人做立法
机关和司法机关规定他们要做的事情。在这种情况下，立法和司
法机关可以仅限于单纯的意志表达——正如前面已经说明的那
样[1]，事实上这是法治国家行使权力的典型特点。

———————————

〔1〕 参见第 61 页。

五 经济世界中有"人民的权力"吗?

A. 无权者的潜在权力

普通公民将找不到作为保障者代表其宪法利益的代理人,他们必须自己找到一条作为"老板"促使国家代理人遵守宪法的道路。但是,普通公民作为宪法利益的人能够代表一种真正的拥有足够的分量防止其他权力机关滥用权力的权力吗?作为立法与司法授权的利益人,他们相对制裁代理人而言拥有足够的权力使立法者和法治国家成员的意志发挥可靠作用吗?

人们可能会轻率地认为无法对这些问题做出肯定的回答。此前即已发现,如果对相关人积极实施规范取决于普通公民持续的意愿,那么后者作为授权规范的规范制定者是无此能力的。对为制裁班子行为创造足够权力地位的各种可能性的阐述已经清楚地表明,鉴于不显著性及依存性问题,普通公民作为理性效用最大化者没有理由在得到其授权的制裁代理人实施制裁及采取强制措施时对其提供帮助。

但是却不能把制裁班子的授权问题同立法及法律班子的授权问题简单地相提并论。在第一种情况下,规范制定者被迫原则上在对贯彻授权规范的规范提出要求的任何一种具体情况下都进行干预。在立法班子和法律班子授权的情况下则完全不同。只要制裁班子大多数成员的行为符合宪法,那么立法机关与司法机关成员就不需要依靠普通公民的支持来维护其对个别违反规范者的权威。只有制裁班子集体在基本上一致采取违背宪法的行为时,情况才变得棘手起来。

但即使这样,作为宪法利益人的普通公民也还可以做出反应及采取战略,而这些反应和战略首先不是为了使立法与司法机关的权威在孤立的个案中发挥作用。如果制裁代理人作为事实上的权力垄断者占据着专制统治者的位置，那么普通公民就可以尝试削弱其作为达到目的手段的权力或者通过一次性——个别或集体——行为撤回最初的权力转让[1]。

第一，普通公民可以用消极和无所事事对篡夺权力做出反应，并首先在经济领域使统治者从中获取其物质利益的产量下降。

第二，他可以通过移民和退出远离统治者的统治区域，这样他虽然不能根本结束他们的统治，但至少对他本人来说结束了这种统治。

第三，最后普通公民还可以有针对性地使用其个人资源反对统治者，通过积极抵抗达到削弱并废黜他们的目的。

这三种可能性显示了普通公民对国家权力占有者的潜在权力。这种潜在的权力如能转变成现实权力，那么普通公民原则上便拥有了可望获得成功的反抗手段。它们的重视和预料能够从一开始就促使国家权力的管理者按照宪法使用赋予他们的资源：如果由于缺少经济效益专制统治者不能获得可观的"利润"，就没有维持违宪权力地位的诱因。普通公民如果离开统治者的统治区域，统治者便失去了生活的基础。最后，如果大多数公民决心进行积极抵抗，那么即使借助国家的强制机器也很难长期保持对这种潜力的优势。

因此，关键的问题是"人民的"这种潜在"权力"能够在经济世界中转化成现实权力吗？

B. 自由的生产力

对于理性效用最大化者来说，只有当他作为独裁统治者个人能够获得好处时，他才会有充分的理由利用权力地位超出宪法委

---

〔1〕　参见希尔施曼，1974 年，第 1 页起；科尔曼，1974 年，第 72 页起；凡贝格，1982 年，第 181 页及下页。

托而限制他人的自由。这些好处主要是对社会产品进行有利于自己的再分配。而这些产品的总量则在很大程度上取决于普通公民的经济行为。如果其生产率下降，因而分配问题减少，那么留给统治者的东西也将相应减少。

普通公民是社会富裕的源泉这一事实赋予其相对于仅仅依靠非生产性利润生活的统治阶级的可观权力地位。普通公民通过有意识地拒绝在特定统治者的统治下进行生产可以有针对性地利用这一权力地位——但这种战略行为属于积极抵抗的变化形式，这些将在下下一节中阐述。不过，即使在无意图的前提下，也就是说即使在普通公民在特定社会框架条件下没有采取经济上的生产性行为的足够诱因时，他们的"生产者权力"也能发挥巨大的作用。

在这个意义上，对于每个统治者而言都无可更改的事实是依靠威胁与强制力不可能使经济繁荣。没有自愿的经济行为与主动性就不能指望有效与充满活力的经济，只有在一个前提下才能期待这样一种经济：它们必须带给从事经济活动的行为人个人的好处与利润。如果不能从中获得个人利益，那么经济世界中就不会有人生产私人或公共产品，也不会为其生产做出自己的贡献。这就要求有一种个人能够从其经济活动中获得利润并且其财产权与所有权得到某种程度上的可能保障的社会秩序。确保个人支配权利和自我决定的经济行为的自由空间是最高一级的经济生产力，不能被命令与服从制度所取代。统治者如果随心所欲地行使其权力并确立一种不保护普通公民重要基本权利的宪法现实，他就必须考虑到经济生产率会下降，并且他自己想切下其中最大部分的那块蛋糕会越来越小。因此，"设计如此令人难以忍受的规则以至于扼杀了所有的创业精神[1]"不可能真正符合统治者自己的

---

〔1〕 诺斯，1988年，第24页。

利益。

由此可以得出结论，一部符合普通公民利益的理想宪法同一部对于统治者来说的理想宪法是一致的，因为那样的话统治者收获的也比在独裁或寡头统治下要多[1]。权力精英如果通过促进整个社会的幸福来促进其成员的幸福而不是试图以整个社会的牺牲为代价自己致富将更为明智。应该用 F.A. 冯·哈耶克的论据说服统治者，即"我从自由中得到的好处——很大程度上是他人使用自由的结果"，这样自由社会提供给每个人的东西"较之只有他自己是自由时他所能得到的要多得多[2]"。

正如所说的那样，下述事实现在不容怀疑，即经济组织作为一个拥有纯粹接受命令者的超大劳改所是一种完全没有经济效益的举动，它最终将导致令所有有关人员——包括劳改所指挥人员——都不满意的结果。作为掠夺机器的国家限制了经济生产率，统治者不受遏制的"寄生主义"导致经济与技术的停滞。然而，就连那些通常特别强调自由的生产力的学者[3]也对这一事实将产生统治阶级与被统治阶级之间的和谐利益并使它们都成为自由法治国家利益人不抱希望。因为即使一部将统治者的权利与自由增加到最大限度的宪法同一部将经济生产率提高到最大限度的宪法之间存在对立关系，那么至少由于两个原因也不能期待这种对立关系将会成为统治者支持一部法治国家宪法的诱因：

第一，只要尚有足够的产品供统治者自己消费使用，他们将忍受即便大大降低了的经济生产率及由此造成的高昂社会负担。为自己的利益肆无忌惮的剥削与再分配将把统治者自己也感觉到经济缺乏生产率的时间长期往后拖延，即使在最贫穷的国家暴君

---

〔1〕　这一假设事实上是自由主义观点的一个组成部分，参见第 10 页及下页。

〔2〕　哈耶克，1971 年，41/7 页。

〔3〕　参见威德，1990 年，第 40 页起，有其他文献说明。

们也依然能为自己建造豪华的宫殿。小蛋糕上的一大块或许比大蛋糕上的一小块还大，再加上地位产品[1]的作用，它们通常不能增加，占有这些产品具有重要意义，且完全不取决于社会的普遍财富，其购置取决于相对收入而非绝对收入。因此，总的说来普通公民有利于经济生产率的那些权利与自由不可能同有利于统治者物质幸福的社会制度相容："将统治者（或统治阶级）的利润增加到最大限度的所有权结构实际上同能够促进经济增长的所有权结构相互矛盾[2]。"

第二，即使假设为经济主体提供特殊法律保障的"自由"市场经济从统治者角度看也具有绝对优势，因为所有其他经济秩序都是如此没有生产力以至于最后能够用于值得一做的再分配的东西太少[3]，也不能从中得出国家统治者必然成为法治国家宪法利益人的结论。尽管市场经济只有在保障经济行为人可靠的财产与计划权利的前提下才能运作，但这种保障作为特权可以主要仅限于经济企业家阶级。事实上，如果剥夺工人阶级的这些权利甚至有利于生产率和增长。法律国家的权利与自由绝不仅仅限于对经济市场的运作能力与效率必不可少的权利与自由。资本主义经济方式的框架条件与独裁政治宪法完全可能相容。

这一估计得到了经济学理论本身的证实，如"寻租社会"理论或"分配联盟"理论[4]。如果同意这些理论所得出的结论，就必然产生一个问题，即对其所有成员的根本政治参与权利也予

---

[1] 参见希尔施，1980年，第52页起。

[2] 诺斯，1988年，第28页，也参见第24页起，第44页；1992年，第164页起。统治阶级"可以向明确定义的少数人索取产品，而不会给国民经济造成很大的损害"。（琼斯，1991年，第143页）

[3] 在欧洲历史上，中世纪结束时就有这种趋势；参见琼斯，1991年，第98页起。

[4] 参见奥尔森，1991a；布坎南等，1980年。

以保障的法治国家与自由的社会是否恰恰导致了经济生产率的下降、停滞和"僵化"。在这种条件下，社会利益集团更有理由将注意力集中在政治分配斗争中，而不是直面竞争的要求[1]。这样一来，一部温和的独裁宪法甚至能更好地与实现最高经济生产率的目标相吻合[2]。

总之必须得出的结论是，作为一个社会经济生产率载体的普通公民的"静悄悄的"但原则上却相当可观的权力还是不足以迫使统治者尊重一部法治国家的宪法。虽然始终可以从下述事实出发，即从统治者利益角度来看一种对他们较为理想的社会制度或许也并不是一个极权的进行剥削与压迫的国家。为了取得某种程度上有效的结果，至少需要通过某些个人权利与自由鼓励那些掌握着生产与贸易组织的成员进行自愿合作[3]。因此，这样一种制度将不会是过分压制与暴虐的。但其结果则可能是一个具有资本主义经济秩序的社会，该社会的企业家同掌握国家权力的人关系密切，工人阶级拥有较少权利并且使用警察国家的手段对前者进行控制。这样一种经济制度最终可能无法与自由与法治国家社会中的自由资本主义在生产率上进行竞争——但它仍将长期为统治阶级提供充足的物质财富。

C. 迁移和退出

个人并不是命中注定非要在某一国家政权的地理统治区域内

---

[1]　"从论证逻辑中可以得出结论，民主联合自由时间最长久、且没有经历政治变革或遭到入侵的那些国家将遭受最多的抑制增长的组织与社团之苦。"（奥尔森，1991a，第102页）

[2]　"日本在17和18世纪的发展提醒我们不要抱有欧洲历史提出来的将政治自由与经济进步相提并论的幻想。"（琼斯，1991年，第182页），也可参见图洛克，1987年，第43页，第193页及下页。

[3]　美男菲利浦还清债务的惯用方法是烧死银行家，在这个意义上，他的行为即使在极权统治下也未必非得成为一种惯例。

忍耐坚持，他们可以"迁出"并将自己的住所搬到该国家政权的权力范围以外的地方——要么通过加入另一政治实体，要么则同其他愿意退出的人成立一个新的共同体。欧洲历史的典型特征是一种由互相竞争的、相对较小且具有相同文化的国家组成的体系，这些国家的公民在对社会与政治状况不满时能够相对容易地改变自己的国籍。与亚洲大国不同，欧洲国家始终面临来自近邻的竞争，这些国家的发展水平与其基本持平，其公民能够离开自己的国家且花费不多，个人负担也不重[1]。

如果经常存在这种公民"外迁的威胁"，那么国家统治者的决策空间在这种压力之下会大大缩小。如果他们想阻止由于人口政策、经济或者军事原因而造成国家公民的减少，他们就必须使其国家的社会状况符合臣民的利益。如果他们不想失去其公民的好感及公民本身或者想吸引其他国家的公民，那么他们就必须提供具有吸引力的生活条件而且不能建立一种纯粹的压迫制度以通过暴力增加自己的个人利益。欧洲历史表明：国家间的竞争使统治者依赖于本国人民的自愿支持并且使统治者不能仅仅把人民当成被剥削的对象对待。对资本与劳动力外流的担心导致其随心所欲地行使权力有所收敛并给予人民勉强可靠的个人权利[2]，"欧洲统治阶级的分散"迫使其"为被统治者提供服务[3]"。

但这里提出了下列问题：1. 所述历史框架条件足以使法治国家宪法得到全面贯彻吗？2. 这些经验框架条件稳定吗？3. 目

---

[1] 参见琼斯，1991 年，第 121 页起。有关"欧洲特殊道路"的一般情况也可参见阿尔伯特，1986 年；1990 年；1994 年；诺斯，1988 年；1992 年；诺斯/托马斯，1973 年。

[2] "有财产者迁出的可能性构成了对任意行使权力的无言的樊篱。……地域辽阔的帝国的臣民在这种意义上被关了起来，他们没有这种机会。"（琼斯，1991 年，第 137 页）

[3] 威德，1990 年，第 196 页。

前拥有法治国家宪法的社会中（还依然）存在这些框架条件吗？
答案如下：

第一，即使迁出或逃离本身并没有诸如遭到迫害之类的特殊
风险，从一个国家迁出或者甚至临时逃离一个国家总是需要付出
各种个人代价。通常情况下拿不回对一个国家及其机构以及对地
方私人产品所进行的投资，另一方面还有新环境中所获机会的不
确定性以及重新适应与习惯的困难。任何一个由于对本国情况不
满而考虑迁出的人都必须比较迁出的不利和留在自己国家的坏
处。从中可以得出的结论是普通公民以可能迁出相威胁的潜力从
一开始就是有限的，统治者不会因此就接受一部完全符合普通公
民利益的宪法——从这一点上说，即使在更多是促进迁出的条件
下也只能期待普通公民利益只得到相对的保障[1]。

这里，恰恰是普通公民这一相对的成功从长远看将再次削弱
其退出的权力，因为他们的个人权利越广泛越确定，他们在一个
国家获得个人产品并享有一定程度富裕生活的可能性越多，迁出
的代价也就越高，如此说来，倒是没有财产的临时工或者按日取
酬的人拥有最大的威胁潜力。如果一个国家通过明智的政府实现
了高生产率及个人财富的积累，那么统治者也将改善其重新从其
臣民身上攫取更多东西的机会，而不必迫使其流落他乡——至少
可以攫取比保障私有财产权与支配权的法治国家宪法所允许的更
多的东西。因此，可以说下述情况即使在有利的框架条件下也是
不可能的，即统治权力与退出权力之间的"平衡结果"将是一种
符合普通公民根本利益的宪法现实。

第二，同样不太可能的是这些有利于普通公民的框架条件能长
期存在。不稳定的小国林立的状况最终会融入较大的权力实体中，
后者虽然将依旧相互竞争，但对其公民产生的影响却不同。拥有数

〔1〕　威德也是这样论述的，1990年，第46页。

百万成员的大国中的竞争通常将不是为了争夺成员，成员数量的纯粹量的增长将不再意味着政治权力与军事权力的自动增长，毋宁说从经济角度看它将带来问题——因此，进行竞争的国家将不会对外来移民的迁入感兴趣相反却会阻止他们的迁入。另一方面，现代国家也由于经济的发展拥有强行阻止迁出与逃离的有效手段[1]，在这种前提下退出力量的潜在威胁总的来说减少了。

第三，最后恰恰是现代国家存在着不利于普通公民退出权力的框架条件。他们能够阻止迁出，其竞争对手对移民迁入不感兴趣，而其相对的富裕又使得迁出的个人代价很高，所有这些前提尤其也适用于那些长期稳定地存在着法治国家宪法的国家，公民的退出权力正是在这些地方尤其无足轻重[2]。因此，即使能够用公民的退出权力及暂时存在的有利条件解释法治国家宪法的产生[3]，也还是没有弄清楚为什么这些宪法在这些条件不再存在时还能得到保持。

所以，从普通公民可能迁出的权力潜力来看也应得出以下结论，即这种潜力虽然也有助于防止产生不受限制的独裁与暴政，但该权力也不构成迫使国家权力占有者长期实施法治国家宪法的可靠基础[4]。

---

[1] 这一点乍看上去恰恰证实了东欧集团国家最近40年的发展。在很长一段时间里极其成功地阻止了移民迁出，直到政治统治结构本身——例如在匈牙利——已经被动摇时它才成为一个重要因素。

[2] 北美由于其长期存在的内部迁徙的可能性构成一个例外；参见希尔施曼，1974年，第90页起。

[3] 而事实上所有对法治国家宪法产生的解释都必将涉及这些前提条件。欧洲法治国家在这些特殊条件下产生当然绝非偶然。

[4] 赞成经济学分析方法的经济史学家也强调指出欧洲国家间的竞争无法充分解释"欧洲奇迹"："与中国、伊斯兰世界和世界其他地区相比，对欧洲成就的通常解释是政治实体之间的竞争。毋庸置疑，这种竞争是历史的一个重要部分，但显然不是全部。"（诺斯，1992年，第155页）

D. 抵抗

普通公民可以调动其抵抗潜力反对违背宪法滥用其权力地位的统治者，由于特定权力资源同自然人不可侵分割，所以这种抵抗潜力总是存在的。一个人无法将对自己行为的有意识的控制转让给另外一个人。与普通公民的其他潜在权力潜力情况相似，在抵抗潜力这种情况下也可以假设该潜力原则上对任何一个统治者都构成严重威胁。如同没有人再劳动或者一国居民纷纷逃离的可能性一样，普通公民进行积极抵抗或共同拒绝与统治者进行合作的可能性也同样可以成为统治者完全按照宪法使用其权力的充分理由。

对国家统治者进行的以完全剥夺其权力为最终目标的积极抵抗包括两个步骤：在规范层面上剥夺根据最初的宪法赋予统治者的那些权利。这一步在这一点上不成问题并且对普通公民而言在很大程度上是没有代价的，因为它只是一种意志行为，即剥夺统治者"合法性"的决定，但鉴于权力事实，仅有这种决心还不够。在事实层面上要重新取消物质权力手段的切实转让，统治者的强制机器必须予以摧毁并控制在公民手中。事实层面上的这一步对普通公民来说是关键而有风险的一步，这一点是不言而喻的。

但不仅仅由于这个原因才必须对在经济世界中调动抵抗潜力予以悲观评价。在这样一个世界中几乎不会有受到普通公民"群众"支持的"革命"、"起义"以及进攻性或防御性的大规模抵抗运动[1]。理性效用最大化者的性格不同于具有献身牺牲精神的革命者和英勇的抵抗战士。对于被压迫人民来说，反抗暴君与独裁者是一种集体产品，该产品的提供由于统治者的物质权力潜力更多了一个障碍，个人将没有理由承担相应的代价与风险，无论

---

〔1〕　参见图洛克，1974年，第26页起；1987年，第53页起；威德，1986年，第84页起；1990年，第122页起；诺斯，1988年，第46页起。

个人的抵抗行为还是有组织的集体行动都一样。

经济世界中反对专制或独裁统治的个人抵抗行为从两个角度看是不理性的：一方面，拥有国家权力的人装备精良，可以用武力战胜单枪匹马进行反抗的战士，单个人或者小部分人无法战胜国家强制机器，他们的行为在这个意义上微不足道。另一方面，孤军奋战的反对者由于缺少社会依存性无法期待自己个人的抵抗行为能够鼓励足够多的其他公民"自发"采取团结一致的行为。因此，只有有组织的集体行为方式才有成功的可能。

但即使是集体抵抗方式在经济世界中也存在一个几乎无法克服的集体产品问题[1]。对大多数公民来说，个人对建立革命组织或参加集体抵抗行为所做的贡献同样是微不足道的，他们个人的投入不会决定事业的成与败。即使个别"强有力"的人物能够发挥关键作用，他们在经济世界中也不能期望得到"广大群众"的必要支持。从自私的立场看，普通公民出于多种考虑不出风头会更好。

1. 抵抗一旦失败，其积极支持者除失败本身之外通常还将遭受其他损失。相反，如果普通公民在政治权力斗争中保持克制与中立，他就不必担心遭到后来胜利者的报复——抵抗如果成功，他将能够享受新秩序的好处却无须付出个人代价或冒个人风险。这使普通公民的处境有别于寡头统治集团成员的处境，保持中立会使他们受到严厉指责，他们在权力斗争中必须及早决定站在哪一面。相反，普通"公民"通常不会因为犹豫不决和"胆怯"而受到惩罚[2]。

---

〔1〕 参见图洛克，1974年，第26页起；科尔曼，1990年，第482页："革命是一种公共产品，它像任何一种公共产品一样产生了搭便车者的问题。"（我的翻译）

〔2〕 参见图洛克，1987年，第63页及下页。

2. "宫廷革命"或军事政变中存在的踊跃参与的重要的积极诱因在"公民"革命中不存在。符合普通公民利益的宪法不允许统治者拥有过多特权，而且担任国家权力职务是通过非人格化程序调节的。因此，为这样一部宪法而积极斗争的先驱者即使在运动取得成功时也还不能肯定他个人付出的代价与勇气将获得相应的回报。他并非自动被委任为新的统治者。但即使他成为统治者，奖赏也很少。在法制与宪法国家中掌握国家权力远不如在寡头统治或独裁政权下那样是一种有价值的地位产品。因此，参加公民革命的代价与风险需要个人承担，而胜利的好处与利益却全社会共享。

3. 统治者在经济世界中完全能够通过高价收买抵抗运动的杰出领袖背叛与颠覆运动而破坏所有抵抗运动[1]。统治者通过至少让抵抗运动的个别积极分子跻身统治阶级行列并享有其特权可能会为其提供比革命取得成功更大的个人利益。在经济世界中，抵抗运动的领导人物没有理由不接受此类的建议。理性效用最大化者原则上是机会主义者，对他们来说背叛与欺骗作为增加个人福利的手段本质上与团结及忠诚于"共同事业"处于同一层面。

然而，即使在成立一个强有力的抵抗组织时能够克服这些问题——比如通过将业已存在的"社会资本"转化为革命组织[2]，也不能指望这样一个组织进行符合普通公民利益的宪法革命，倒不如说有能力挑战执政统治者的能够贯彻自己意志的组织的成员作为新的统治集团成员同样——就像任何一个在经济世界中拥有特殊权力潜力的集团一样——会产生不再符合无组织的公民群众的利益的特殊利益。他们进行争夺权力的斗争只是为了自己取代

[1] 参见图洛克，1987年，第68页；波皮茨，1992年，第195页。
[2] 参见科尔曼，1990年，第494页。

被他们战胜的统治者，参加争夺主导权的只是一个新的团体而已[1]。

这样一来，在普通公民看来惟一的结论是："普通公民通过被动、政治上的节制或者中立能够在最大限度上避免不利影响或损失。任何个人的参与都只能增加他在斗争中遭受损失的危险，即使他站在正确的一方进行斗争也几乎不能指望获得很高的个人奖赏。此外他的参与几乎不会增加胜利及获取想得到的……产品的可能性。小人物能够施加值得一提的影响的惟一一种可能性是通过中立不遭受损失[2]。"戈尔登·图洛克等经济传统学者在其前提的基础之上认为东欧集团国家的自由运动没有多少成功的机会便不足为奇了："理性决策者经过慎重考虑参加革命的可能性显然非常小[3]。"经济学理论能够解释的是历史上独裁政权的抵抗力而不是其变革："反抗国家权力时产生的个人代价导致麻木不仁及忍受国家的规定，无论这些规定如何令人窒息[4]。"

经济学关于政治的理论的一个核心论点是，对政治表现出普遍的冷漠、不关心和毫无兴趣对普通公民来说是明智的。作为理性效用最大化者他甚至不会去了解政治问题，因为反正他个人的

---

[1] 有组织的权力与特殊利益产生之间的紧密联系使得詹姆士·S. 科尔曼的"革命理论"无法适用于公民革命。科尔曼认为如下便能解决革命者的集体产品问题并出现"群众参与"的情况，即行为人在具有共同革命目标和高度社会依存性的社会团体中行动（科尔曼，1990 年，第 493 页起）。但理性效用最大化者只有在某一目标的实现取决于团体行动或得到明确支持时才会作为团体共同追求该目标。而其团体如果强大到能够实现革命目标，其行为就不会根据其他不那么强大的团体的利益，而是会通过革命追求有利于自己团体的目标。通过这种方式恰恰达不到追求共同目标的真正的"群众参与"，因为具有高度社会依存性的团体将永远不会包括"群众"。

[2] 威德，1990 年，第 123 页及下页。

[3] 图洛克，1987 年，第 64 页；我的翻译；也见第 63 页及下页。

[4] 诺斯，1988 年，第 32 页。

不重要性使其政治能力无足轻重。由于同样的原因他也不会参加
选举，哪怕他生活在一个拥有一部有利于他的宪法的民主社会
中[1]。参加选举是为了对民主社会的集体产品做出自己的——
微不足道的——贡献，然而一个连这一点都做不到的人也不会为
了保卫这个社会而上街游行。理性效用最大化者的革命只有"宫
廷革命"这种形式，在这种革命中叛乱的人取代寡头统治者夺取
权力并享有与此相连的特权[2]。建立在群众运动基础上的"浪
漫革命"（图洛克语）仍是一个未解之"谜"（科尔曼语）。

六 人民的无力乃是利维坦的权力

据此，普通公民潜在的权力潜力将不足以构成对国家统治者
下述诱因的强有力的平衡力量，即滥用其地位以公开或"偷偷"
破坏宪法。鉴于该权力的集体产品的性质，经济世界中将不会显
示"人民的权力"的现象。尽管国家权力精英与普通公民之间平
衡状态的结果未必以赤裸裸的掠夺性的剥夺而告终。行为明智的
寡头统治集团仅从经济效益角度就将会至少确保稳定规则与个人
权利的核心内容，但该集团没有理由尊重一部根据普通公民的利
益规定它应当如何行使其权力的宪法。相反，正是对普通公民潜
在权力潜力的研究再一次强调了国家强制机器占有者在经济世界
中所处的权力地位，它不仅建立在占有优势的物质权力手段的基
础之上，而且还建立在普通公民无法作为理性效用最大化者根据
共同利益采取行动的基础之上。

在经济学分析方法的前提下几乎必然取得的结果是：国家的

---

[1] 参见唐斯，1968年，第215页起。
[2] "革命将是由统治者的代理人、与其竞争的统治者或者小型精英集团（在
列宁所指的意义上）进行的宫廷革命。"（诺斯，1988年，第33页）

建立是为了确保公民的利益，因为公民自己无法确保其利益。但在经济世界中任何人都不会为他人利益挺身而出。大卫·休谟希望"人类最好最无与伦比的发明之一"——也就是人类社会的国家组织——"能够使当权者……直接关心较大多数臣民的利益[1]"被证明过于乐观了。

自己不谋求国家公职的个人在经济世界中面临一个无法解决的问题：谁来贯彻一部符合他利益的宪法呢？没有强有力的行为人会愿意以宪法捍卫者的身份采取普通公民的立场。如果社会机构应该为人民利益服务，那么真正的权力就必须来自人民，但人民如果交出其权力，它就会发现这种权力被用来对付它及它的利益。由理性效用最大化者组成的世界中的任何一个支配权力手段的人都会毫不犹豫地使用这些手段谋取最根本的个人利益。任何一个强者都不会主动根据无权者的利益行使其权力，也不会遵守要求所有人权利平等的规则[2]。

但人民的权力在经济世界中只是一个抽象的实体，因为它无法现实化。人们再次遇到了在规范生效的经济学理论的头几步中就已经出现过的障碍。总是不能通过非正式方式——为共同幸福——采取符合相互利益的集体行动。由于这个原因，理性效用最大化者的愿望常常落空，即使他人亦有同样的愿望并且原本能够通过与他人的共同努力实现这些愿望。

由于经济学的社会理论的代表人物不厌其烦地强调担任公职的人也是只追求自己利益的人[3]，他们于是比别人更清楚地指出"约束利维坦[4]"何其不易。国家集权的建立使人们创造出

---

〔1〕 休谟，1739 年，第 288 页。
〔2〕 参见科勒尔，1983 年，第 294 页及下页。
〔3〕 "我们假定其行为只是为了获得与公职联系在一起的收入、声望和权力。"（唐斯，1968 年，第 27 页）
〔4〕 布坎南，1984 年，第 18 页。

一种人为的东西，它"形成自己的意志并摆脱了其创造者的控制[1]"。但经济学理论的许多代表人物还是低估了国家权力"独立化"问题的严重性，因为他们经常建议将新规范纳入宪法以解决这些问题[2]。但这样一来显然就必须假设宪法本身生效已经得到保障而且扮演"利维坦"角色的理性效用最大化者原则上不会反对一部约束自己的宪法——尽管按照经济世界的逻辑他恰恰必然会反对[3]。此类建议还是没有充分重视"理解国家的关键在于它行使权力的可能性[4]"这一认识。

七　法治国家中的经济人：自己国家中的陌生人

A. 强盗团伙而非法治国家

让我们尝试对经济世界社会机构的发展历史做一总结。在个人无足轻重及缺少社会依存性的前提下国家中央政权的建立乍看上去符合这个世界居民的利益，因为舍此无法实现充分发挥作用的社会规范秩序，然而为这一国家中央政权设计的法治国家宪法——它同样符合普通公民的愿望——在经济世界中却无法存在，因为无法阻止掌握权力的国家中央政权代理人为其团体的特殊利益而利用其权力地位。既不能将宪法设计成"自承自立式的"并包含足以使国家权力占有者自愿遵守其规范的诱因，而且也无法使普通公民潜在的权力构成能够抗衡国家权力手段的力量。

----

〔1〕　科尔曼，1974 年，第 57 页。

〔2〕　威廉·里克斯断定存在"对宪法规范限制对国家权力的任意行使的效果的过分赞扬"。（里克斯，1976 年，第 13 页；我的翻译）

〔3〕　"确保……有限国家权力的问题不在于发明划定范围的宪法工具，而在于确定这些手段被使用、尊重并至少保留到它们多多少少发挥作用时的条件，如果有这样的条件的话。"（德·雅赛，1991 年，第 94 页）

〔4〕　诺斯，1988 年，第 21 页。

尽管不能由此得出以下结论，即国家秩序必然发展成不受控制的独裁和强制统治，臣民在这种统治下被迫处于农奴和奴隶的地位。压制与压迫是非生产性的力量，给予一定的自由发展可能性并保障特别是在经济领域中的个人权利将符合统治者本身的利益。但即使有利于统治阶级的秩序不仅仅具有压制性，实行资本主义经济结构的极权警察国家或带有寄生性"特权阶层"的僵硬的计划经济也很难满足公民的理想。

如果说在经济世界中建立国家中央政权的结果是几乎不可避免地发展为或多或少典型的寡头统治的话，那就当然不仅可以断定关于社会秩序的经济学理论必须对法治国家机构的存在做出解释，而且还可以对这样一种理论能解释国家法律秩序的存在置疑。因为如果理性效用最大化者认识到权力集中与中央集权带来的危险，如果假设他们没有采取霍布斯所谓任何一种国家权力都好于没有国家权力的消极态度，那么他们将从一开始起就会放弃建立中央集权强制权力的决定性的一步，而且宁愿根本不将其个人权力资源拱手让出[1]。考虑到可以选择生活在关联团体"互助核心"内部的无政府状态中，放弃这一步原则上说绝非自相矛盾[2]。无政府的风险恰恰排除了同社会权力手段集中在少数人手中有关的特殊风险。

事实上国家法律结构形成的解释确实几乎不能归因为理性效用最大化者自愿生活在这样一种秩序中的决定。但前几章中的阐述十分清楚地表明能够（而且必须）从完全不同于根据"社会契

---

〔1〕 "问题是理性的个人是否会因为不知情而赋予一个惟一的机构即国家以垄断权力，答案很可能是'不'。"（科尔曼，1990年，第367页；我的翻译）维特1992年及1993年也有类似阐述。

〔2〕 例如哈特穆特·克里姆特便更倾向于适当谨慎一些："即使承认某些风险是随着保护组织的成立才出现的，也不太容易理解恰恰是那些不惧怕无组织原始状态风险的人会特别惧怕这些风险。"（1980年，第45页）

约"模型的自愿服从的其他方面找到产生国家中央集权的令人信服的解释。经济社会理论可能不能对法治国家的存在做出令人信服的解释——但它能够对下述现象做出甚至颇具说服力的解释，即为什么在大多数当事人都拒绝国家中央集权时它还将产生。

因为如果占据权力与统治地位正是在经济世界中极为有益且值得追求，那么属于社会秩序传统经济学理论支柱的一个基本假设就将发生动摇。这一假设认为团体中进行合作而不是进行争斗必然符合社会团体成员的共同利益，并且认为存在着一种无可争议的核心道德，该道德创造和平及促进合作的规范有利于所有人。换言之，该假设认为社会团体的所有成员从理性效用最大化立场出发都更愿意他们所在的团体远离"自然状态"并不使用强制与武力作为利益斗争的工具。

然而这一假设只在——就像霍布斯那样——仅仅考虑单独孤立行为者的个人的权力资源时才具有说服力，任何人在这种情况下都确实不能指望长期奴役其他人，但如果从一开始起也一并考虑集体行为的选择情况当然就不同了。因为如果一个人与他人共同结成有组织的团体并将个人资源汇集成一种强大的潜力，他就完全有可能长期控制其他人。这种行为方式当然不无风险，因为人们可能卷入对立团体之间的权力争斗之中。但与个人之间的权力之争不同的是，某一团体原则上能够最终贯彻自己的意志并彻底战胜其他团体。

相互竞争的保护性联合会的产生本来就是经济世界的必然结果，但这些联合会的目标的防御性太强。保护性联合会与其他联合会的竞争不是为了提供更好的保护服务，而是为了更好地压制与剥削其成员。寡头统治不是作为国家中央集权成立的结果才出现的，而国家中央集权的成立本身则将是寡头权力之争的结果。

据此，经济世界中社会秩序的发展史原则上将不同于迄今为止所假设的那样。国家权力的产生将不会是公民试图创造一种公益机构的结果，对于他们来说，国家权力从一开始就将作为一种公害而产生，即作为统治阶级进行压迫的工具。在这个意义上，找到愿意承担建立与维持有组织的国家中央集权的"风险"的人也就不是什么困难的事情了。与此相反的情况则是为争夺这一制度的成员资格与位置而爆发的一场激烈竞争。经济世界居民的第一个冲动不会是建立一种对任何人都具有同样约束力的核心道德的规范秩序，而是隶属于一个能够赖以赢得优越权力地位的团体。社会秩序问题的解决看起来更多是强制性的而不是自愿性的[1]。理性效用最大化者的"真正"驱动力与梦想——即成为奴隶世界的统治者——一开始就将取得胜利。

在这种前提下，国家的形成将不会是自由公民的联合，而将是"强盗团伙"征服与统治的结果[2]，"生产者"同"强盗"相比将永远处于劣势，其大多规模庞大的集体没有组织能力，它们可能受到一个相对较小、有组织的并习惯于实施强制的团体的有效压迫："因此，纯理论考虑认为，国家产生于有组织犯罪，许多国家机器与黑手党具有持久的相似性，窃贼统治是政治统治的通常形式[3]。"

尽管权力是社会秩序经济学理论中一个具有极强解释能力的因素。谁在经济世界中掌握权力，谁就将使他人贯彻自己的意志并因此努力确保有关规范的生效。但权力行使本身受制于规范——并且这些规范不是强者团体内部力量平衡的结果，而其生效则符合屈从权力者的利益——的观点在经济世界中却是难以实现的乌托邦："如何才能促使国家像中立的第三者那样行为呢？……就我们目前的知

---

[1] 参见阿尔伯特，1986年；安德莱斯基，1968年；科尔曼，1990年，第346页；诺斯，1984年；1988年，第20页起；蒂利，1985年。
[2] "最早的欧洲国家是武士首领王朝统治的结果。"（琼斯，1991年，第148页）
[3] 威德，1990年，第190页。

识程度而言，没有人能够告诉我们应当如何创造这种强制权力。是的，如果我们严格从财产最大化行为的假设出发，甚至仅仅想出一种模型也是困难的。简言之：如果国家具有强制权力，那么控制国家的那些人就将为了一己私利而以其他社会成员的牺牲为代价使用这种强制权力……公众选举行为文献中的经济国家模型将国家描述为黑手党性质的实体绝非偶然[1]"。

经济学理论充其量能够在轻微的意义上解释法治国家秩序：即将其解释为普通公民愿望的内容。它能够使人相信法治国家秩序符合所有那些不拥有而且也不追求社会决定性权力位置的人的位置。从伦理规范的角度看，绝对不应低估这一结论。不过从社会学角度看这些愿望在经济世界中似乎只能是美好的梦想，拥有法治国家秩序的公民社会在这个世界中不可能实现。

考虑到这一背景，下述情况就不会令人吃惊了，即经济学分析方法的代表人物自己也坦率地承认在经济前提下必须把非寡头的、民主与法治国家社会的存在看成"欧洲奇迹[2]"，关于政治的经济学理论"不能完全解释民主如何得以产生——这是一件神秘的幸事[3]"。埃里希·威德在其《经济、国家与社会》一书中言简意赅地指出："因此必须删去'民主如何得以产生'一章[4]。"但经济学理论却能够更好地解释自由民主社会的集体价值为何原则上受到威胁："人类社会的均衡状态最终是暴政[5]。"

B. 法治国家是异常现象还是挑战？

尽管如此，赞成经济社会理论的人还是可能会对达到的结果感到满意。他可以指出正是理论上从经济学分析方法观点中得出

---

〔1〕 诺斯，1992年，第70页起/167页。

〔2〕 这是埃里克·列昂内尔·琼斯1991年所写的一本书的名字。

〔3〕 威德，1990年，第126页。

〔4〕 引文出处同上。

〔5〕 图洛克，1987年，第190页；我的翻译。

的对稳定及自由的社会秩序的极大限制同重要事实十分吻合，而且在这个意义上很多事情都证明了现实世界的确是一个经济世界。重要事实是迄今为止人类历史上的国体：它们表明人在现实中也不应该对社会秩序的质量抱有乐观的期待。

相反，把社会看做自我调节体系或者将社会秩序归因于规范融合过程的经济社会理论的反对者却难以解释社会权力斗争及矛盾的发展。我们正在经历国家秩序的崩溃，流血的内战以及武力冲突，其程度是社会学家的远见直到不久前还难以想象的。根据霍布斯的经济学分析方法观点，秩序力量始终处于同动乱力量的斗争中以及这场斗争的结果绝非确定与不可更改是不言而喻的，而"传统"社会学理论则面临下述困难，即现实存在的社会无序性已经成为一个需要他们解释的问题。

但是，正如人们能够从存在社会秩序现象这一无可争议的观察出发一样，人们也必须从下述同样不容否定的观察出发，即也存在着社会不稳定和"反常"行为现象。社会制度会整体崩溃，单独的个人总是会采取"偏离性"行为。任何一种社会秩序都有瓦解的风险。在社会科学理论中不允许社会秩序"问题"变成"社会无序问题"。这一点支持了不是将原则上的和谐而是将原则上的利益斗争视作社会基础的经济学理论[1]。

从中导出的独裁与寡头统治乃国家秩序的正常情况的假设在此特别得到历史与现实事实的极好证明——正如这些国体经常被内部权力斗争所动摇的假设一样。无疑曾经存在过并依然存在着大量这样的国家，其统治精英肆无忌惮地剥削其他人民，而被压迫阶层却不会尝试结束这种行为。无疑也存在着利益集团与卡特尔通过经济权力对国家统治的腐蚀、无组织刑事犯罪的胡作非为以及私人军队与"杀人队"的恐怖。此外担任公职者与这些集团

[1] 参见鲍尔曼，1994a。

进行合作的诱因要大于置其反对于不顾贯彻符合宪法的秩序的诱因。

　　事实上只有占极小比例的人经历过一种比原则上压制性的统治制度更好的国体，任何情况下都可以从这一无可争辩的历史事实中得出以下结论：不能对社会秩序经济学理论做"太大的"修改。任何一种社会科学理论都必须能够解释为什么历史惯例不是符合普通公民利益的稳定自由的秩序而是争夺独裁统治地位的斗争。有些社会学观点已经把"社会秩序问题"纳入其行为模型的前提中，据此人们本来就倾向于采取符合规范的行为，尤其是这些观点有在这一点上解释"过多"的危险。

　　尽管如此最终还是无法"拯救"有关社会秩序的经济学理论，这样一种理论必须满足做出普通解释的要求。它必须能够至少将已知的社会秩序的"基本类型"纳入其理论，而现代宪法国家恰恰属于这些基本类型。民主与法治国家是"神秘"的幸事、从历史角度看它们几乎无足轻重的看法固然或许是正确的，但不能将其存在作为"统计学上的偏差值"登记在经验理论的不可避免的"异常现象"一项中。反对这样做的理由令人信服：首先，这些国体从规范伦理角度看太重要了，以至于无法在解释性理论中忽略它们。其次，它们是成功的[1]，支撑它们的显然是那些历史上很早就已经在争取公民社会的斗争中表现出来的强大而且能够贯彻自己的利益，即使它们相对较少能够得到贯彻，但其精神基础很长时间以来就已经奠定了[2]。第三也是最后一点，它们成为社会科学的突出内容的原因很简单，就是因为社会科学的大多数代表人物生活在民主的法治国家里。由于这些原因无法否

---

〔1〕　正是在最近一段时间也由于在戈尔登·图洛克看来无法同经济学革命理论相容的原因。

〔2〕　参见哈耶克，1971 年，第 195 页起。

认这种类型的社会必然属于社会秩序理论的使用范围，正是其例外性要求社会学家做出解释[1]。

社会秩序经济学理论恰好败于现代西方社会，正是近代欧洲法制与宪法国家取得的历史上无与伦比的依法"限制"与"约束"国家权力的成就[2]令经济学理论白费力气，相反它似乎更适于前工业阶段的"普通国家思想……即征服与剥削的思想，此乃理论史上的一个讽刺。独裁结构"很大程度上依赖强制工作，其特点是被压迫人民所特有的无权无势，"各统治集团在其中能够将自己的人民当作猎物一样对待与剥削[3]"，这种结构对现代经济人来说是比公民社会的自由的现代宪法国家更适宜的游戏场地，而经济人比其他任何人都更是宪法国家的产物。

因为，对于一个关心尽可能不受干扰地追求自己主观利益的人来说有什么地方比下面这种社会制度能更让他感到放松的呢？这种社会制度通过有效限制私人及公共机关权力对个人自治区域的干预而确保了个人的自由权利。在某种程度上甚至可以说只有现代自由社会才能够产生经济人这种经验现象，因为即使能够假设中世纪的人也是经济人，传统社会也几乎不能显示出该人自己所特有的在享受个人自由时独立在各种可能性之间做出决定并根据自己的利益决定其生活道路的本质，个人的社会角色甚至其一生在这种社会中都被外在力量预先确定，他在其中"没有选择"的余地。只有使用一部建立在对人的相应看法的基础之上的宪法的法治国家与自由的社会才能够帮助经济人真正取得突破，办法

[1] 完全在马克斯·韦伯的意义上："现代欧洲文明世界之子将不可避免地并且完全有理由从下列提问中处理人类历史问题：哪些情况的交织导致——正如至少我们愿意想象得那样具有普遍意义与适用性的发展方向的？文明现象恰恰并仅仅出现在西方土地上。"（韦伯，1920a，第1页）
[2] 参见阿尔贝特颇具建议性的描述，1986年，第9页起，第17页起。
[3] 引文出处同上，第15页。

是由其机构为自由人提供发展其特殊能力所需要的自由空间。

　　但经济人为过上适合他的生活而需要法治国家的事实却不会造就法治国家。如果我们不把经济人看做这种国体的创造物与获益者，而是将其看做其创造者与维护者，那么恰恰是那些使法治国家对作为获益者的经济人具有极大吸引力的质量——即个人决策自由与个人自治的保障——必将转向反面。因为法治国家只能通过极大限制那些应当将其（指法治国家）作为国家权力地位占有者加以保护与维持的人的权利与自由才能保障法治国家获益者的权利与自由。也就是说正是那些从作为获益者的经济人的角度令法治国家具有极大好处的东西使法治国家在这个国家的生产者与保护者眼中失去了吸引力：经济人是自己国家中的陌生人。

　　C. 法治国家的悖论

　　为发展一种成功的法治国家的社会理论，有必要再次回忆一下经济学理论败于哪些方面。在第一部分中已经强调了同作为社会理论解释对象的法治国家规范秩序有关的特殊解释任务，让我们回忆一下主要的要求。

　　对于一般性研究社会秩序问题的社会学家来说，确保社会规范生效的法律首先是一种手段，而对于将法律作为主要解释对象加以研究的社会学家来说法律则是本身即为"社会秩序问题"一部分的一种制度。法制的存在被证明与特定社会规范也就是主要以强制与权力的行使为对象的规范的生效具有同等重要的意义。因此，用法制规范的生效解释将强制与权力的行使视为以规范为导向的行为是社会学解释任务的核心。它原则上同对以规范为导向的行为的一般性解释没有区别，尤其法律次级规范为其他主要规范的生效发挥特定功能的事实并没有使这项任务变得轻松。所有社会规范在这个意义上都发挥着作用，但这种功能性的观察方法并不能取代对规范制定者如何真正确保发挥这一作用所做的解释。

众所周知，对规范导向行为的任何一种社会学解释都必须经历三个阶段[1]：首先必须确认谁是有关规范的规范制定者，其次必须解释规范制定者为什么希望相对人以某种特定方式行为，最后需要解释规范制定者凭借哪些权力手段能够使规范对象贯彻自己的意志。

如果想用法治国家强制秩序规范的生效来解释社会行使强制的实践，也必须经历这三个阶段。分析这一规范秩序对这种解释来说当然说明了特殊的结果。社会学家从法治国家强制秩序呈现一种高级与次级规范的复杂结构的事实中得出的结论是他必须从其他规范的生效中寻找特定规范生效的原因。他的解释任务是重复的，因为规范生效所产生的事实与行为方式大部分本身就是规范生效的结果。对三个解释阶段来说这具体意味着：

1. 确认规范制定者：法治国家根据其意志行使强制与权力的规范制定者一方面是通过法制授权规范被委任为法定规范制定者的那些人，另一方面是作为非法定规范制定者和宪法利益者希望拥有并能够贯彻一部针对其社会强制秩序的法治国家宪法的那些人[2]。

2. 规范制定者意志方向的解释：如果规范制定者在其决定中他主地受制于法制中"位阶更高"的规范，那么就必须用这些规范的生效来解释其意志方向。与此相反，立宪者自主的意志形成则完全建立在法律以外原因的基础之上[3]。

3. 规范制定者权力的解释：法定规范制定者的权力必须用授权规范的生效来解释，授权规范使其成为规范制定者。立宪者的权力基础则必须来自法制以外并追溯到纯粹的"社会"

---

〔1〕 参见第 78 页起。
〔2〕 参见第 86 页起。
〔3〕 参见第 115 页起。

因素[1]。

在此背景下，经济学理论的不足可具体确定为：

第一，虽然在该理论的前提下可以将社会的普通公民确定为法治国家宪法的利益人，但却无法确定希望制定并且也能够贯彻一部法治国家宪法的规范制定人，因为关心宪法的普通公民无法发动其潜在的权力。普通公民这种无力状况也转移到根据他们的意志应当发挥法定规范制定者作用的机关那里。如果其生效构成立法与司法机关权力基础的授权规范由于普通公民缺乏贯彻能力而失效，那么立法与司法机关就无法发挥其作用。经济学理论无法解释为什么根据法治国家法制的授权规范可以被确定为法定规范制定者的那些人能够真正成为规范制定者。

第二，虽然能够在经济学分析方法的基础上并根据下述对普通公民希望法治国家宪法生效的愿望做出解释，即根据该宪法的内容法定规范制定者的决定应受制于法制规范，但由于经济学理论无法解释宪法利益人如何贯彻其愿望，因此它也无法将法定规范制定者的意志方向解释为法制规范的结果。

第三也是最后一点，无法解释法定规范制定者的权力，因为无法解释授权规范的生效，而规范制定者作为法律机关的权威与权力却必须建立在此基础上。这是以下事实的必然结果，即经济学理论总的来说无法解释法治国家秩序中的立宪者在法律之外的权力基础。

如果把经济学理论的种种缺陷做一归纳，就可以得出这样的结论：它虽然能够令人信服地回答所有法治国家社会理论的核心问题，即谁是该秩序的宪法利益人，但它却无法解决"法治国家的悖论"，即该宪法的利益人作为普通公民不拥有任何国家权力手段并且正是由于这个原因才成为法治国家宪法的利益人，鉴于

─────────
〔1〕 参见第78页起。

其无权无势，他们如何才能也成为这样一部宪法的捍卫者，而控制国家权力手段并因此能够成为法治国家宪法捍卫者的那些人鉴于其权力却很难成为该宪法的利益人。可以说这一悖论在经济行为模型及其效用最大化基础上才充分显示出来。

经济学分析方法不能创造法治国家理论，因为它无法用规范生效来解释权力及权力的使用。在他那里权力事实战胜了意志事实。在经济世界中不可能将使用国家强制机器的规范决定同真正占有该机器分割开来。在法治国家典型的事实分权——即强制手段集中在行政机构手中——的基础上，社会秩序的经济学理论无法让人理解法治国家宪法规范为什么会生效。

如果从法治国家行政机构体现着特定组织类型的角度对其进行观察[1]，那么经济学理论的问题就在于它无法解释制裁班子何以能够作为官僚组织建立起来。马克斯·韦伯认为官僚组织的本质在于其行为的"抽象规则性"，在于"原则上拒绝'逐案'解决"以及排除了表现为"对个案所做的没有规则可循的个人判断"的不受制约的恣意妄为[2]。但在经济世界中，制裁班子成员将会逃避适用于他们的"抽象"规则并转而对"个案"做出随意且"没有规则可循的个人判断"。作为理性效用最大化者，他们将"逐案"重新审核如何使用其掌握的手段才对他们自己的利益有最好的结果。创造一个官僚机构是为了尽可能全面限制某一组织成员的自主权一而在经济世界中不可能或者只能有限限制真正统治者自主权。但是没有行政机关的官僚化也就不可能有法治国家[3]。

---

〔1〕 参见第 111 页起。

〔2〕 韦伯，1921 年，第 565 页起。

〔3〕 有些传统经济学者认为韦伯所说的官僚组织原则上是无法实现的，因为他们认为不可能在如此高的程度上用规范对作为组织代理人的自私的行为人进行约束与监督（科尔曼，1990 年，第 422 页起）。但这样一来，单单由于这个原因法治国家在经验上就是不可能的。

到头来，根据经济学理论能够解释的是一个同现实世界根本对立的愿望世界。愿望世界通过普通公民对法治国家宪法的愿望表现出来，据此，该宪法的原则、立法者的法律以及司法机关的判决应当规定如何行使国家统治者的权力。但现实却打上了统治者意志的烙印，他们将希望并实现下面的社会，他们在这个社会中可以根据自己的决定自主使用其权力手段，规范生效在这种社会中建立在权力行使的基础之上，而权力的行使则没有建立在规范生效的基础之上。经济学理论只能把法治国家解释成远离现实的梦想，而权力统治则是严酷的现实[1]。

D. 法律与道德

经济世界中无法解释法治国家强制秩序的产生与存在，因为无法解释这样一种秩序在经济世界中如何满足其"道德需求"，也就是说如何才能使作为法治国家强制秩序存在基础且其本身不能通过国家强制手段得以实施的规范得到充分遵守。换言之：无法解释在法治国家强制制度内部自愿的合作何以可能[2]。

从经济学理论的失败中可以得出结论，对于法制与宪法国家的存在来说，公民行为中除了将受到消极制裁或希望得到奖赏的估计外一定还有其他动机对经常遵守社会规范产生了作用。拥有法治国家宪法的社会的产生和存在同该社会所有成员在所有需要做出决定的情况下都只致力于使其主观效用最大化的假设相矛盾。这种不受遏制的"自私自利"的细菌将不可避免地摧毁这样一个社会的复杂的宪法架构。

社会秩序的经济学理论认为"盲目"而"不作算计"地遵守社会规范是不可能的，正是这一理论清楚地表明如果不是由于贯

---

〔1〕 "用卢梭的话来说，事实上可能是人生来就有希望国家权力最小化的愿望，但随时随地却遇到最大化的国家权力。"（德·雅赛，1991年，第78页）

〔2〕 参见对 H.L.A. 哈特所做的论述，第124页起。

彻规范的"人为"机构的影响而长期遵守规范是最关键的。规范
生效作为社会秩序的基础在非正式社会关系的市场中确立，人们
无法回避这一点。道德显然是粘合剂，即使在带有等级结构、重
叠机构和相互监督机制的"联合"及组织起来的社会中也不能放
弃这一粘合剂。相反，这样一种拥有众多位置与角色、大量义务
与权利及同样多种可以不为人知地为个人利益而偏离规范与规则
的可能性的社会结构设计得越来越精密，这一不稳定的结构便越
是无法放弃与制裁威胁无关的对其宪法及由宪法认定为合法的规
范的"道德上的"忠诚[1]。即使一个高度组织、控制与计划的
社会中也必定有比乍看上去更多的无政府状态及非正式发挥作用
的行为机制，如此一来，经济传统令人敬畏的"市场模型"最后
又在一定程度上被恢复了名誉——当然代价是这一市场上碰到的
将不只是经济人的家庭成员。

　　对社会秩序经济学理论所做的这一回顾不一定证实了对社会
科学中的个人主义与经济学分析方法持批评态度的人不断以各种
形式提出的主要指责，即仅仅根据个人理性决定与主观效用最大
化的原则基本上无法回答社会秩序何以可能这一典型的社会学问
题。但这一总结却证明并深化了该批评的一种变化了的形式，方
法论个人主义传统作家如马克斯·韦伯或 H.L.A. 哈特等都赞成
这一形式。这些作家尽管从"社会秩序问题"在个人主义行为模
型框架内原则上能够解决这一前提出发，但这些行为模型除了效
用导向的、目的理性的个案权衡外想必还为采取受制于规范行为
的策略留有余地，据此，经常遵守规范不能只用对积极或消极制

---

〔1〕 那些想把"道德问题""推卸给"社会规则的制度化从而使行为在这些规
　　则之下不依赖于道德动机的学者低估了这一点："道德在市场经济中的系
　　统位置是框架秩序。"（霍曼/布洛姆德累斯，1992 年，第 35 页，第 20 页
　　起。）

裁的估计来解释。特别是哈特有关需要一种对法制规范采取内在立场的论点无法通过经济学理论做出合适的回答或予以驳回。它无法表明法治国家的法制在下述条件下是能够存在的，即所有规范对象都从外在立场看待该秩序的规范，也就是说只有当符合规范的行为对他们是效用最大化选择时他们才会遵守这些规范，然而这样一来作为社会科学理论基本模型的经济人的经济行为模型就完全以失败告终〔1〕。

E. 自由主义理想图景依赖于经济世界吗？

但本研究的主要关切不在于对社会秩序经济学理论进行审查或对经济学分析方法进行一般评价，它最关心的是回答自由主义的下述理想是否正确的问题，即启蒙的世俗性、经济富裕、政治自由和个人道德之间存在和谐也就是——确切地说——经济高效、政治统治受到"约束"以及公民具有道德美德的世俗社会秩序同全体社会成员都理性地追求个人利益是否相容或者甚至得到这样一种全面利益导向的促进。为此曾经应用过社会秩序的经济学理论，因为它在其理论前提中所做的假设正是此处经验的出发点，即个人作为被启蒙了的务实的行为人在其行为和决定中理性地以其利益和个人效用为指导。考虑到这一点，选择了对法治国家产生与存在条件的研究作为"试题"，因为——正如在导言中已经说过的那样——法治国家作为现代自由社会的真正产物特别适宜于在现代社会条件下审核并——如果成功的话——并更新自由主义的理想。

穿越经济世界的艰难的考察旅行旨在发现经济世界中的法治国家制度，所以这次旅行是在以下明确前提下进行的，即该世界

---

〔1〕 这也是经济史学家有鉴于该模型在解释上的缺陷得出的一个结论："要想解释变化与稳定就需要比个人成本效用盘算更多的东西。"（诺斯，1988年，第12页）

本质上符合利益导向社会的观点，而这一观点是自由主义理想图景的基础。在这一前提下，对法治国家制度产生与存在所做的成功解释本可以作为对自由主义观点的证实，然而对于这种观点来说，现在应如何对这种解释未获成功做出评价呢？

乍看上去批评自由主义理想图景的人在一些重要方面似乎得到了证实。既无法证明公民和统治者对个人利益的理性取向能够约束国家权力与统治的行使——相反，对利益导向社会必然滑人暴政与独裁的担心却似乎得到了证实。也无法使"贸易和平"的论点令人信服，即具有合作性交换行为链条的市场可能是个人道德的源泉。分析一下社会网络，毋宁说必须承认下面这些人是对的，这些人认为市场上的交换关系通常具有过高的隐匿性与灵动性，以至于私利与道德不可能自动平衡。

最后，这些结论似乎也支持了对自由主义持批评态度的现代社群主义者的观点，即衡量道德行为的有约束力的标准和产生这些行为的充分诱因只可能存在于具有可靠人际关系的社会共同体中，生活在隐匿及流动的现代大社会中则必将连同对利己个人主义的宣传导致危及生存的社会危机。个人理性与集体理性之间的鸿沟以及个人利益的理性导向在特定情况下可能导致同所有当事人本身利益完全相反的结果的两难境地在经济世界中被证明事实上是无法克服的，如此一来对自由主义的内在批评也得到了证实：看不见的墙比看不见的手还强大。

但如果仅以这些结论就宣布自由主义观点的失败及同意其批评者复兴"集体联系"或重振道德与世界观的要求则未免太过仓促。这样投降有些操之过急，因为首先要看看如果我们想设计一个符合自由主义理想的理论世界是否真的必须完全原封不动地照搬经济学分析方法的前提。

如果仅把社会秩序经济学理论的失败看成经验理论解释能力

的问题，那么放弃经济行为模型并宣布其对手获胜[1]，也就是说充满悔恨地重回社会人的怀抱可能更容易让人理解。但姑且不说这种观点本身就带有许多大大促进了经济人"复活"的难题，迈出这一步不仅将宣布经济学理论的失败，而且也将宣布捍卫自由主义理想的努力的失败。用社会人行为模型解释法治国家制度的理论几乎不能再证实下述假设，即这些制度同社会成员全面的利益取向相容——社会人行为模型的产生无论如何也是为了拥有一种模型，借助它恰恰能够使人相信人们行为中的利益取向是可以克服的。

对经济行为模型的修正当然不可避免，经济人必须进行治疗。但对于这里进行的计划来说关键问题在于能否对经济行为模型进行这样的修改，以至于人们紧接着还能够令人信服地说这是以"务实的世俗性"理性地追求其个人利益的人的行为模型。当然，如果说"典型"经济人意义上的经济行为模型应该是用其塑造以利益为基础的理性行为思想的惟一的社会学行为模型的话，那么有关社会秩序的经济学理论的失败实际上与捍卫自由主义理想的努力的失败具有相同的意义。

但仔细观察理性效用最大化模型就会发现，可以将它分解为多个相互独立的部分。因此有可能只是通过部分修正克服其不足并继续保护具有重要理论意义的理性自利行为人的模型。这样一种尝试不必从零开始。首先至今——正如开始时已经强调过的——在经济学理论传统内部已有一种越来越明显的对经济人传

---

〔1〕 例如在安东尼·德·雅赛所指的意义上，他在对"在纯粹效用最大化范例之内"能够限制国家权力提出质疑后紧接着说，他"本人坚信"只有同社会较大部分人盲目信任某些形而上学的基本假设联合起来才能进行这种限制。……在约束理智权衡及抵抗受个人利益驱动的集体决定的不可阻挡的前进方向，宗教、禁忌和迷信将发挥必不可缺的作用。（德·雅赛，1991年，第104页）

统模型进行修改的趋势。另外在这一点上也可以追溯到社会学大师即马克斯·韦伯。我们从韦伯那里可以学到理性效用最大化模型都包含哪些具体内容，哪些是可以弥补的，而不必扭曲以"务实的世俗性"理智地追求自己利益的人的"灵魂"。

第三部分

道德的市场

第六章

效用最大化及规范约束

一　重新认识马克斯·韦伯

A. 目的理性及价值理性：双元行为模型

如同经济学研究纲领一样，马克斯·韦伯也遵循个人主义的及"理性主义的"分析方法。他将社会事实和社会过程视为个人行为"相互作用"的结果。在韦伯的理论中，理性行为的概念占有重要的地位[1]。但在一些重要方面，韦伯的分析法有别于现代方法论中的个人主义，这不仅表现在他对自身的分析方法的略有不同的论证上，也体现在其对这一分析法的具体设计塑造中。

因此，尽管依据韦伯的方法论，个人主义的出发点是整个社会学的基础，但根据他的观点，这并不适合用来解释行为的理性模型。将社会现象归结为个人行为的结果，不可能也不一定必然意味着是理性行为和选择的结果。在其基本行为分类中，韦伯不仅重视诸如"感情行为"[2]或"传统行为"等非理性行为类型，而且明确提出：在他看来，社会秩序稳定的关键特征——如社会秩序的合理性——完全可以是由非理性认识和动机"赋予"或

---

〔1〕 见本书第 130 页。

〔2〕 见韦伯 1921 年，第 12 页及以下。

"归结于此"的[1]。

但这并不意味着，韦伯为了特定目的而不置可否地将理性行为和非理性行为混淆在一起。在他对现代资本主义社会的分析中，理性行为模型占主导地位。然而，韦伯的该理论并非建立在对人的本性或对理性行为的基于历史的普适意义的假设之上。行为的理性导向，自近代西方社会以来才获得根本的经验论（也即理论的）意义，在韦伯看来属基本认识。韦伯认为，"理性主义"是一种历史现象，是在西方文化和社会秩序漫长而独特的发展进程中产生的独一无二的产品[2]。"西方理性化"的形成过程一直使韦伯为之着迷并成为其不懈探索的对象。他断言，这种社会发展至晚期，其各个方面——不论是制度的还是个人的——都充满了高度的理性[3]。

尽管韦伯关于近代资本主义社会的理论出发点是建立在现代方法论个人主义基础之上的——尽管论述方法可能不尽相同，但区别则是显而易见的。今天看来，最引人瞩目的不同是韦伯在对理性行为的分析中——有别于几乎所有的后来者——从一开始就提出了双元模型，即创造了两种理性行为模型，也就是众所周知的关于"目的理性"与"价值理性"的二分法。在韦伯看来，这两种"理性模型"对社会学的理论构建同等不可或缺。

有趣的是，韦伯创造的目的理性与价值理性这两种"理想类型（Idealtypen）"其基本线条同现代社会学中所谓的经济人与社会人模型相吻合。这也就是说，韦伯认为有必要将这两种构想进行结合，这也导致了在韦伯死后，社会学理论——无论是在基本定位还是在行为模型上——演变成两种彼此独立、相互竞争的流

---

〔1〕 见韦伯 1921 年，第 17 页及以下。
〔2〕 比较韦伯，1920a，17 页及以下。
〔3〕 见鲍尔曼 1991 论著 A 卷，1991 论著 B 卷。

派，即一派是"理性主义的"、"个人主义的"，另一派是"规范主义的"、"整体主义的"[1]。

　　不足为怪但非常明显的是，这些流派的代表人物——在对韦伯理论进行研究的过程中——总是按照自己的观点看待韦伯。就是说，他们要么取其价值理性行为模型，要么取其目的理性行为模型，却几乎无人重视一个十分有趣的事实，即韦伯的独特性恰恰体现在其对两种行为模型的应用。只有充分注意韦伯将两种行为方式等值地视为"社会学的基本概念"且尤其不像某些后来人那样试图将简约去其中一种模型而只留下另一种模型[2]，人们才能恰当理解韦伯社会学著作的理论基础和中心思想，并肃然起敬。

　　以下对韦伯理论进行的重建，重点不在纠正对其理论的错误认识。本人的兴趣更多存在于寻找造成误解的起因。重建的结果之一将是突出下述论点，即同后来的"一元化"发展相比，韦伯的二元论作为社会学行为理论的基础更加牢固。在社会学研究中，试图将行为理论只构建在两种行为模型之一基础上的理论同

----

〔1〕　有关社会学的这两大流派，参见波内恩 1975 年、凡贝格 1975 年及劳卜/福斯 1981 年著作。

〔2〕　这种片面性的典型代表是塔尔考特·帕森斯对韦伯作品的——在这一意义上可惜是——影响深远的诠释，见帕森斯 1968 年著作第 44 页及以下，649 页及以下。对其诠释的批评见：科恩/哈泽尔利克/波普尔 1975 年著作 A 卷，1975 年著作 B 卷；波普/科恩/哈泽尔利克 1975 年和 1977 年著作；见帕森斯 1975 年和 1976 年对批评的回复；见缪兴 1982 年对帕森斯表示支持的意见第 230 页及以下，296 页及以下；类似的片面性可见诸：魏斯 1975 年作品第 57 页，82 页及以下，93 页；凯斯勒 1978 年论著 122 页及以下；哈贝马斯 1981 年论著 208 页及以下，377 页及以下。用具有启发意义的论据对此片面诠释进行恰当批评的，见霍普夫 1986 年论著，亚历山大 J1983 年论著第 27 页及以下，59 页及以下，113 页及以下。这种批评制度意识到韦伯两种行为模型的重要性，但更多是将其视为进行批判的理由，因为这样一来韦伯过分强调了"工具化"行为的意义，参见 88 页及以下及 100 页及以下。

韦伯的理论相比必定处于劣势。

显然不能简单地高呼"回归马克斯·韦伯",因为韦伯的行为类型学本身也有缺陷。比如,该类型学缺乏内在的统一,结果使原本对目的理性和价值理性的区分只能涵盖社会学相关行为模型的一部分。另外,该理论忽略了理性行为的一个重要维度。有鉴于此,本章的重要任务之一是对韦伯的行为类型学进行扩展。

B. 目的和规范,理念价值和主观效用

对韦伯的行为类型学进行扩展的念头之所以产生,是因为韦伯把"目的理性"及"行为理性"概念与逻辑上互不关联的两大行为特征进行了两两组合。因此,自然而然就提出了一个问题,即从经验论上能否证明这些特征可以独立于对方而任意变动,从而产生其他韦伯未能考虑到的组合。涉及的行为特征分"选择规则"和"行为动机"。韦伯列举了两种选择规则:

1. 目的导向(Zweckorientierung)。在这种情况下,行为者以"目的、手段及附带后果[1]"为"导向"。他不仅"在手段和目的之间、目的和附带后果之间,而且在各种可能的目的之间"进行权衡,他的行为"同他对外界事物和他人行为的预期有关"。

"目的导向"意味着,在面临选择时,行为者确认各种可支配的行为可能,对可能的后果进行探究并根据自己的标准权衡所有方面,然后选出最佳行为。韦伯认为,"目的导向"并不意味着——正如一知半解的评论者经常假定的那样——行为者在预定目标或"给定的"目的下仅仅选择最有效、成本最低的手段。相反,对一定目标或目的进行理性选择也是目的理性选择过程的一部分,对此韦伯的阐述明白无误,即行为者理性权衡"各种不同的目的"并在"各种相互竞争、相互冲突的目的和后果之间"进

---

〔1〕 下面文中所有未加引号的摘录均见韦伯 1921 年论著 12 页及以下。

行选择[1]。

人们可能对韦伯失之公允，如果将其目的理性行为的概念视作仅仅适用于结构简单的选择情景——即"给定"行为目标前提下的——（太过）简单化的对应选择模型。韦伯的阐述尽管直观简练，但包括了现代理性选择模型的各个主要方面。据此模型，理性选择者在给定的诸多可能中，基于对其行为可能造成的各种后果的经验论认知，按其评判标准选择具有最大期望值的可能[2]。重要的是不能将此理性选择模型等同于经济学的行为模型。与经济人模型相反，韦伯的模型并未就评判标准的内涵进行假设，更未假设选择者希望的只是个人效用的最大化。这种以个案后果导向为特征的理性选择模型只是经济学行为模型的一部分。

为了不造成进一步的误解，即不将韦伯的目的导向观点错误定义为以既定目的为导向，下面的讨论将使用广为接受的"后果导向（Folgenorientierung）"取代"目的导向"。

2. 规范约束（Normbindung）。与后果导向相反，在受规范约束的行为中，行为者"不考虑可预见的后果"，即不考虑"外界事物和他人的行为"，即不根据规定特定行为的"信条"或"要求"进行选择。

"规范约束"意味着，行为者的行为基础不是对各种行为选择及其相应的后果进行比较性评估，而是在特定情形下从可供选择的可能中选择符合某一规范的行为。姑且将"理性"行为公式化地理解成可预计的、"非任意的"行为，那么，后果导向情况

---

[1] 然而，也有些不清晰不准确的表达，如韦伯1922年论著第42页。

[2] 对该模型的简明扼要的论述也见：贝克尔1982年论著第1页及以下；埃尔斯特尔1986年论著第1页及以下；奥普1983年论著第31页及以下；劳卜1984年论著第43页及以下；舍马克1982年论著；福斯1985年论著第9页及以下。

下对各种可供的选择进行系统的权衡，及在规范约束情况下通过对一定的行为选择进行规范标识，都会避免任意行为的产生。

要清楚地区别这两种选择规则，重要的是要区分基于受规范约束行为之上的规律性服从规范和基于"具体情形下服从规范[1]"行为之上的规律性服从规范这两者的不同。后者之所以是以后果导向为出发点进行选择产生排序的结果，仅仅是因为行为者每次对行为可能进行个别权衡后，都会认为服从规范为最佳选择。"仅由目的理性动机构成的秩序[2]"的范例是服从规范，因为行为者在特定的情景下会考虑惩罚或奖赏的因素。具体情形下服从规范在结构上同其他后果导向的行为没有区别，它建立在特定情形下对所有"相互竞争、相互冲突的目的和后果"进行的个别权衡的基础上。

在经济学世界中，具体情形下服从规范显然是服从规范的惟一可能方式，因为经济人总是根据具体特定情形对可供选择的可能性进行权衡，然后做出选择。在具体情形下服从规范时，没有理由将这样一种行为单独作为一种选择规则。具体情形下服从规范无一例外均建立在以后果导向的权衡和选择基础之上。因此，准确地说，规范对象在这一条件下仅仅以一个个别的规范为"导向"，即这样一个规范，它针对给定选择情形这一特定个案并要求某一具体的人在特定的时刻采取某种特定的行为[3]。

规范约束或"真正的服从规范[4]"则完全不同。在此情况

---

〔1〕 见凡贝格 1988 年论著 B 卷第 152 页。

〔2〕 见韦伯 1921 年论著第 16 页。

〔3〕 区别"普通的"和"局部的"或"个别的"规范，见怀特 1963 年论著 A 卷第 79 页及以下；凯尔森 1960 年论著第 20 页。

〔4〕 见凡贝格 1988 年论著 B 卷第 148 页；为区别"规范约束"和"个案导向的调整"也可见克里姆特 1984 年论著第 32 页及以下，1985 年论著第 203 页及以下及 1987 年论著。

下，选择行为并不取决于对各种可能进行的权衡，相反，行为者按照事先即对某一行为做出规定的规范行事。在合乎规范的情形下，行为者依据规范行事，而不考虑被规范界定的行为在该情形中同其他选择相比哪个最佳，即不考虑服从规范在具体情况下可能产生的经验论后果。从定义中也不难看出，受规范约束的行为完全排除了选择理论意义上的个别情形下的个别权衡。出于这个原因，作为受规范约束行为的结果而产生的重复或规律性服从规范不能归因为以后果为导向的选择的排序结果。相反，由于受规范约束的行为是独立于其他可选方案之外的标识行为，行为者服从规范而不权衡具体情形下的利弊，根据不同的经验论框架条件，这几乎不可避免地将导致产生下列情形，即后果导向的权衡将产生有别于受规范"设定"的选择的结果。

因此，理性的具体情形下的服从规范行为也总是理性的后果导向行为，但这一点并不适用于"理性"的规范约束行为。在此，按特定情形下后果权衡之标准来衡量，行为人选择的行为可能是非理性的。因此，将两种选择规则通过剖析加以明确区分非常必要和富有意义。

基于规范约束的以规范为导向的行为同哈特有关对规范采取"内在立场[1]"的理论不谋而合。在经济学世界中——正如已经多次强调的那样——不可能有受规范约束的行为和对规范采取内在立场。经济人无力对规范进行内化并在行为中接受规范的"约束"，在特定情形下对行为的可能后果进行权衡的能力对其而言甚至属于强迫。当他处在选择中发现某一行为相比于其他行为有可能产生更大的效用时，他必定选择前者行为，因为这样做符合他的"本性"，即每次选择都实现效用最大化的预期，而改变此"本性"则不在其选择之列。对行为者具有按规范采取行为的

---

[1] 对比本书第 124 页及以下。

能力的假设，超出了传统经济学行为模型的内涵。

在阐述了后果导向及规范约束这两种选择规则后，韦伯提出了两种行为动机：

1. 基于效用（Nutzenfundierung）。在这种情况下，行为的动机是取得主观效用。如果行为者理性行事，他便会"根据自己有意识权衡的紧迫性将自己已知的主观需求冲动进行排列"，其行为导向是"尽力按此顺序满足这些需要"（边际效用原则）。

对基于效用的行为而言，预期的主观效用是行为者评估其行为备选方案的尺度，也是一种——时髦地说，他根据该尺度对可供自己选择的可能性形成"偏好结构"。用这种形式将效用预期作为个人偏好结构的基础，有别于现代理性选择的理论。现代理论通常的做法是，从定义上将个人表达出的或是在选择中确实"显示出"的对一定产品的偏好等同于根据它们的主观效用对这些财富进行的评价。根据这种程式，偏好由主观的"效用函数"来体现，而不是由主观效用设想来决定或生成[1]。在此前提下，一个人事实上的偏好结构包含了主观效用函数，也可以说——在"显示出"的偏好的理论框架下——每一理性选择在此前提下都可以归咎为效用函数最大化："在现代经济学理论中，效用是偏好的缩略语，而效用最大化则是选择最受偏好的备选方案的缩略语[2]。"

重要的是，韦伯在其行为类型学中使用的效用概念不同于此处涉及的偏好概念。在韦伯看来，主观效用只是理性的行为者对各种备选方案加以评价并借以确定偏好的一种可能的尺度。在这种设想下，行为选择的主观效用是偏好的一个独立的具有因果效

---

〔1〕 见舍马克 1982 年论著第 532 页；哈桑依 1986 年论著第 86 页。

〔2〕 见埃尔斯特 1982 年论著第 118 页；见我的译著；比较鲍尔曼 1980 年论著；
对该方法的批评可比较克里姆特 1984 年论著和森 1986 年论著。

应的决定因素，并具有一种不依赖于行为者在理性选择行为中最终如何评估该选择的特质。只有以此种方式将主观效用与偏好分开，在理性行为者获取主观效用之外再假设其他行为动机，才有实际意义。

2. 基于价值。在这种情况下，行为的动机是实现理念价值。行为者"按照自己对义务、尊严、美、宗教训示、崇敬或某一（事物）的重要性的信念采取行动，无论这些价值是何种形式，它们仿佛是在要求他这样做"。

"理念价值"给评价各种不同事物提供了标准。根据理念的价值尺度，社会关系、事件、行为、人、物、艺术对象或社会规范都或多或少拥有价值。例如，人可以是善良的、高尚的，画可以是美丽的、有格调的，某种行为可能是出于义务的或某种规范秩序可能是公平的。理念价值也可以如同主观效用那样成为衡量标准，行为者可据此对行为可能进行先后排序并确定其偏好。

主观效用和理念价值具有一个重要的形式方面的共同点，该共同点解释了它们在选择过程上中具有的等价功能并有理由将其均称为"行为动机"："好"、"坏"、"美"、"正义"及"有用的"都属价值概念[1]。如同主观上的有用性一样，理念价值也是评价尺度，使客体在不同程度上与其相符合。因而，不仅对基于效用的行为而且对基于价值的行为而言，我们都可以说，它们均取决于基于"价值"所做出的"价值判断"：要么是从基于个体的经验性需要和个别利益中推导出的主观效用值，要么基于被个体视为非自利目标而努力实现的理念价值。行为动机总是出于广泛意义上的"价值"。以行为动机来衡量，行为只有当其有助于实现行为者的个人价值时，才是理性的，即要么主观上有用，要么理念上

---

〔1〕　有关对价值概念进行的形式方面的探索见库彻拉 1973 年论著第 85 页及以下，1982 年论著第 10 页及以下。

有价值[1]。理性行为的这一标准适用于不同目的及规范之间进行的理性选择[2]。

C.经济人及社会人

如下图所示,韦伯分别将一种行为动机和一种选择规则结合,提出了"目的理性"和"价值理性"这两种行为类型。目的理性行为,系目的或后果导向的选择规则同基于主观效用的行为动机的结合的行为。韦伯认为,"绝对的"目的理性行为必须是——不仅"在手段和目的之间、目的和附带后果之间",而且"在相互竞争、相互冲突的目的和后果之间"——根据"主观需要冲动"的原则进行评估和权衡。符合"目的的行为"的理想境界是以"边际效用原则"为"评价标准[3]"的。与此相反,在价值理性行为中,韦伯将实现理念价值的行为动机和受规范约束的选择规则结合在一起,即"纯粹的价值理性行为不考虑可预见的后果"。"价值理性行为总是行为者按照对自身提出的'信条'或'要求'采取的行为。"价值理性行为者不谋求"行为的后果",而"只"关心行为的"固有价值"。"价值理性行为"从根本上不以"预期为导向[4]"。

在目的理性行为的理想类型中,不难看到经济人模型的影子,因为经济人只注重具体情形下的行为后果,并且主观效用最大化是他行为的惟一动机。但是在价值理性行为类型中,前人的

---

[1] 有关对不同价值尺度进行的进一步分析见怀特 1963 年论著 B 卷。

[2] 目的及规范合乎理性的相对弱化的尺度完全符合韦伯经常被引用的"价值怀疑主义"。因为,首先目的及规范的合乎理性同行为者的个人价值有关;第二,并不要求接受此价值也一定要符合理性。因此,作为"价值理论家",我们可以同意韦伯关于选择一定价值不一定要符合理性的立场,但却仍接受本书定义下的理性行为及理性论断的构想。有关对韦伯价值理论的进一步阐述,见施泰格穆勒 1979 年论著。

[3] 见韦伯 1922 年论著第 329 页。

[4] 同上,第 442 页。

理性行为

选择规则

	后果导向	规范约束
主观效用	1 "目的理性" （经济人）	2 ？
理性价值	3 ？	4 "价值理性" （社会人）

行为动机（列于左侧，对应"主观效用"与"理性价值"两行）

脚印也清晰可见，这有助于理解韦伯何以能够将作为行为动机的理念价值如此不言而喻地和受规范约束的行为紧密相连。此处不难发现伊曼努埃尔·康德的道德哲学的影子。康德认为，个人只有在行为中"无条件"地遵循伦理的规范总成之信条，其行为才具有道德价值。价值理性行为的两个特征在康德的伦理学中以纯粹的形式出现：作为理念价值的行为道德价值同"单纯实用性"严格区分开来，因为"不论是恐惧还是偏好"作为一种行为的"动因"，都不能赋予该行为以一种"道德价值"[1]。然而，何种行为在特定的行为情形下在道德上最具有价值，则只能从"普遍法则[2]"中推导出来，即界定某一特定行为的"绝对命令"为道德上惟一正确的行为。在康德看来，道德价值并非"评价行为"的标准，道德价值的实现惟有通过对包含着这些标准的"道德法则"的"绝对"尊重才能得以实现[3]。

　　康德的伦理学传统指出，行为之所以具有道德价值，是因为

[1]　康德 1788 年论著第 103 页，1785 年论著第 64 页，14 页及以下；1788 年论著第 70 页，84 页及以下，96 页及以下。

[2]　同上，1785 年论著第 20 页。

[3]　同上，1788 年论著第 89 页。

行为符合道德规定和指向并且惟有这样它们才具有道德价值，道德的善只有通过受规范约束的行为才能实现〔1〕。从这一传统中发展出了现代伦理学中规则伦理学的非实体论概念。将承认道德价值与接受严格规定某一行为方式的规范的约束相结合，却绝非必须，甚或按其概念之要义就非此莫属（begriffsnotwendig），而是取决于特定的伦理学说。只有当人们认为这些价值的实现要求采取基于给定规则和规范的行为时，追求理念的——道德的——价值才有必要同受规范约束的行为相结合。

康德意义上的道德人（Kantianer）后来演变成知名度不低于经济人的知名人士，即社会人〔2〕。同以前的康德意义上的道德人的不同首先在于，社会人不把理念价值当作"纯粹美德观念的原动力"，也不将其视为对"令人战栗"的"义务圣旨"的屈从，相反，社会人在"社会化过程"中获得了其行为的价值导向和规范约束。社会人以一定的社会价值为导向并接受一定的规范约束，因为他将这些价值和规范"内化"，即"潜移默化并将其作为自己行为的决定性动机"〔3〕。

D. 在目的理性及价值理性之外

如果区分目的理性行为及价值理性行为符合社会学关于经济人及社会人行为模型的划分，那么我们不仅会问关于两种模型不能统一的假设是否有些轻率，而且对韦伯类型学的批评也会涉及对这些现代模型的构思。如果认为韦伯的分类确实未将所有重要的方面囊括进去，那经济人及社会人模型也难免有缺陷。与韦伯的当代捍卫者所采取的战略完全不同的是——他们试图将研究只

---

〔1〕 见弗兰克纳 1994 年论著第 30 页及以下，马基 1981 年论著第 189 页及以下，库彻拉 1982 年论著第 66 页及以下。

〔2〕 有关社会人模型见达仁道夫 1968 年论著。

〔3〕 同上，第 163 页。

建立在两种模型之一的基础上，这样一来我们或许甚至要引进两种以上的模型是更为关键的一点。这样做似乎会带来难有结果的"模型泛滥"的危险。但这种危险在现实中并不存在，因为可以两两成对地合成其他两种行为模型的四个特征，对于目的理性及价值理性行为已经属于构成性（Konstitutiv）的既有特征，也就是说，"构成类型"的特征总数保持不变。

韦伯自己给其"分类"的质量规定了标准："对我们而言，只有结果方能证明其合乎目的性。"图表清楚地显示韦伯分类的合乎目的性之关键何在。不允许存在符合迄今为止空着的空格2和空格3的特征组合的、社会学上有关联的行为方式，这些"空格"对社会学可能缺乏意义的原因有三：第一，由相应的特征组合而成的行为可能称不上理性行为；第二，在经验上也许可以排除此类特征组合会确实出现，相应的行为类型也许只是停留在逻辑上的建构物；最后也就是第三点，此类行为理论意义有限，作为社会学理论体系的"砌墙砖"纯属多余。

然而，事实上无论从经验论上或从理性假设的推导中都找不到理由来证明：为何效用动机只能与后果导向对应，或者价值动机为何只能与规范约束相对应。此外，一直存有重要的理论观点，提出为什么要努力为至少某一空格寻找可能的"对象"之原因。这一努力不仅反映在韦伯本人的理论著作及当代社会学的原则辩论中，而且也反映在本书研究的目标和阶段性成果中。

E. 从社会人到政治人

我已强调指出，在价值理性行为模型中将价值动机和规范约束相连并非顺理成章，相反，这种将两个独立的行为特征合成的关键取决于特定的、非普通的前提。要么取决于导致社会价值和规范"内化"的社会化过程，要么取决于行为者的信念，即认为符合规范的行为能最佳地实现其个人价值之信念。将理念价值同受规范约束的行为结合——正如康德的例子所表明的那样——说明涉及的并非一个没有疑问的联系。实现理念价值的意向不一定必然导致采取服从规范的行为。

相反，如果作为评价尺度的理念价值及主观效用值在功能上等价并同属价值概念，那么显然就没有理由认为实现理念价值的意图比实现主观效用最大化的意图更能促使理性行为者原则上以另一选择规则为导向。如果主观效用价值和理念价值作为价值判断的基础从形式看功能相同，那么二者在行为者的选择过程中所起的作用也应相似。因此，从这个角度上看，将基于价值的行为同规范约束挂钩并不见得比将该种行为同后果导向挂钩更能令人信服。

这一点可以用康德的著名提问加以解释，即如果遇到杀人者向你打听无辜受害者的地点时，你可否撒谎。如果你出于道德原因认为遵守"不应撒谎！"的规范当属义务，那么，从绝对命令中推导出的行为将有别于根据特定情形在"说真话"的价值与"无辜者的生命"的价值间进行选择后所采取的行为。在后一种情况下，影响选择的价值相互冲突，需要在评估可选行为时进行权衡。在理念价值间权衡的过程与在主观效用值间的权衡没有不同，行为者在两种情况下都会优先采取个人价值最大化得以实现的选择。以道德为导向的人显然只有在他认为道德允许他在此情形中根据对价值的个人权衡而非基于普遍的、千篇一律的具有约束力的规范进行选择时才会选择这种方式，也就是说，只有当他不是"康德意义上的道德人"时才会如此行事。

这个例子清楚表明，即使"非康德意义上的道德人（Nicht-Kantianer）"也是通过将后果导向的原则和其行为的价值追求结合起来而做出坚定的选择并采取坚定的行为，而不必将其选择和行为方式同"康德意义上的道德人"相比，认为它们是衍生的或有欠缺的。这种行为类型既是独立的，也是韦伯所指意义上的价值理性行为。一个希望实现理念价值的理性之人完全可以以"对外界的事物和他人的行为的预期"为导向，并利用这种"预期作为'条件'或作为'手段'"，去实现"自己作为成就追求的、经过权衡的理性目的"。在此，他"不仅需要在手段和目的之间、目的和附带后果之间，而且最终也必须在各种可能的目的之间进行理性"权衡。同韦伯的目的理性行为模型惟一的不同是，权衡和评价的标准是理念价值而非行为者的主观效用。

　　结论是，韦伯将基于价值的行为无一例外地同"纯粹以某一特定的自身行为的无条件的本来价值为导向并且不依赖于结果"的导向挂钩的论断经不起推敲。如果理念价值有可能需要使用相应手段以在世界上实现某种状态，那么从基于价值这一角度出发，对"外界事物"变化的认知及"以结果为导向"甚至绝对必要而且绝非韦伯所称的那样是"价值上非理性"的。将基于价值同后果导向相结合不仅经验论上可能，而且在一定前提下属理性之准则。

　　作为对此建立在基于价值和后果导向相结合之上的行为方式独特意义的辩白，也能从韦伯对"理念伦理（Gesinnungsethik）"和"责任伦理（Verantwortungsethik）"之间的区别所做的影响深远的阐述中得到支持。韦伯以有德行的政治家为例，明白无误地指出，在不"考虑"后果[1]、无一例外地规定特定行为方式的"绝对伦理"类型之外，还同样存在着另一类必须为其行为的后果承担道德责任的伦理[2]。对韦伯来说，为行为后果"承担"道德责任意味着基于道德价值在可供的行为选择及其各不相同的结果和附带后果之间进行权衡，而且视具体情况必须面对其严重程度不尽相同的价值冲突，就是说"世界上没有任何伦理可以回避这样一个事实，即在许多情况下，实现'良好'目的往往必须

---

〔1〕　见韦伯1921年论著第551页。
〔2〕　同上，第552页。

忍受不尽道德或至少是危险的手段及可能或不良的附带后果的存在"[1]。但在此条件下，根据韦伯最初对目的理性行为特征所做的描述，道德选择必须建立在下述基础之上，即"不仅在手段和目的之间、目的和附带后果之间，而且最终也必须在各种可能的目的之间"进行权衡。

应该公平地指出，韦伯并未将后果为导向的对可选行为方案进行的道德权衡视为基于价值行为模型的一种完全不成问题的变化形式。特别是涉及政治的、包含使用权力和暴力的选择时，他对该模型的适用性尤其悲观。因为每一道德价值"自身"要求实现其完整性及完美性。任何对道德完整性及完美性要求的降低都会被看做道德残缺和道德缺陷。在韦伯看来，我们被迫进行价值权衡和达成由此产生的无法令人满意的价值妥协，是因为我们生活在一个"非理性的伦理世界中"，"不同价值秩序"的实现不仅不是互不冲突的，而且"处于无法调和的相互斗争中[2]"。

无论是否同意韦伯的观点，即"各单个秩序和价值之诸神"[3] 处于难分胜负的相互斗争中；或者无论人们是否持别的观点：不容怀疑的是，我们生活在其中的世界因其不断变化的经验现实情况迫使我们不得不在有限的可能性之间重新加以权衡并选择最佳方案，同样正确的是，我们也被迫明显降低我们的愿望和目标。这一点可能令人遗憾或感到悲伤，但可以肯定的是，对人的力量作出的这种令人不快的限制不仅存在于主观效用方面，而且也存在于理念价值方面。因此，从这一事实中不会产生同样不把对理念价值的权衡纳入后果导向的行为模型中以及不把作为行为动机的理念价值与主观效用在结构上等量齐观的理由。

---

〔1〕 见韦伯 1921 年论著第 552 页，另见韦伯 1922 年论著第 505 页及以下。
〔2〕 见韦伯 1921 年论著第 603 页。
〔3〕 同上，第 604 页。

综上所述，可以得出以下结论：不论是从逻辑——概念的一致性出发，还是从理性标准的角度出发，扩展理性行为类型学并引入一种"纯粹"的行为类型富有意义，该类型以基于价值和后果导向之间的相结合为基础，是目的理性行为和价值理性行为的真正对立面。这一补充并非是"现实行为"对"纯概念类型"的脱离，因为它恰恰是源自概念理论的思考，作为类型具有和韦伯早期建议中同样的"纯概念"或"理想性"。至于该类型在经验或理论中的意义有多大暂不做探讨，因为该类型对在本书阐述的理论目标中不起作用。

理性行为

选择规则

	后果导向	规范约束
主观效用	1 经济人 （"目的理性"）	2 ?
理性价值	3 政治人 （"责任伦理的"）	4 社会人 （"价值理性"）

（表左侧标注：行为动机）

将该类型取名为"政治人"，是因为韦伯曾以"有使命感的"，即有道德责任感的政治家为例探讨过该主题，但该称谓也名副其实。普通人在日常生活中经常面对同类的、特征相同的选择情形，通过服从规范就能确保从价值角度上看做出"正确"的选择。相反，政治家必须面对新的难题和变化的组合，他不能按格式进行选择，而必须对可能性及可预期的后果进行仔细的权衡。社会人代表了有道德行为者的"日常行为版本"，而政治人则相当于在综合难题前承担非常选择责任的人士。

因此，引入新的行为类型也不会引起下列后果：由于不能用理性来解释在这两者之间进行的选择，因而这两种价值取向的行为模型之间"缺乏联系"。一个富有理念价值义务感的行为者也可以理性地对下述原则性问题做出选择，即在采取特定行为方式时究竟是否应服从规范。尺度永远是，如何最佳地实现价值，这不仅适用于后果导向行为类型下的不同可能之间的选择，也适用于规范约束行为类型下的不同规范之间的选择，还同样适用于在后果导向的行为及规范约束的行为之间的选择。因此，"康德意义上的道德人"选择规范约束的行为符合理性，因为他认为服从绝对命令才能实现道德价值；而功利主义者选择后果导向的行为也符合理性，因为在他看来，惟有兼顾行为的结果才能实现道德价值。其行为不仅作为在特定的选择规则之间进行的选择符合理性，也作为在特定选择规则之下的行为符合理性。

作为政治人闲适的近亲，社会人满足于服从社会赋予的规范和规则，从不花费精力评判在个案情形下何种行为最有价值。在许多社会学家看来，和不停计算的政治人相比，社会人显然更属常例。在社会科学论著中对这两种类型鲜有区分，原因可能是，对大多数社会学家而言，两者在某一从理论角度出发非常瞩目的根本方面相互吻合，即在认定行为者不是受到个人效用而是理念的、"人际"价值的驱使的前提下，两者就"社会秩序问题"所提供的答案都停留在传统社会学的范畴内。因此，在价值取向的行为模型内做进一步的细化可能并不特别重要。

F. 经济人 + 社会人 = 现代人？

从以上分析得知，价值取向的行为并不必然导致规范约束。随之而来的问题是反向推论是否同样正确，即是否规范约束也不必以理念价值为行为动机。从形式上看，我们这一图表无论如何至少还留有将以主观效用为行为动机同规范约束的选择规则结合起来的可能性。究竟空格 2 有无相应的"候选者"？这将意味着，在追求个人效用前提下，采取规范约束的行为合乎理性。然而，浏览有关社会学论著似乎可以看出学者对该问题兴趣不大，一直到几年前都几乎无人对下述问题尝试探讨，即是否以及在何种条件下对追求主观效用的个人而言，在选择中接受规范约束也符合理性，而不是对可能性及相应的后果进行个人权衡；难道这种行为模型在社会现实中没有意义？该行为从经验论上是否可以排除？或该行为与理性前提相矛盾？

不管怎么说，从众人对这些问题的沉默中似乎看到，以往互不相让的辩论各方在该问题上达成了罕见的学术上的一致。没有人将该模型视为一种严肃的可能性，即理性的个人之所以接受规范的约束，是为了获取尽可能大的主观效用。方法论个人主义的代表人物，特别是多数经济学家，过去只可设想如下的以效用为导向的理性行为，即个人在每一特定情形下试图重新通过对所有可能性进行后果导向的权衡达到主观效用最大化。规范约束似乎沦为次优的选择，因为行为者何以断定一种从一开始就业已确定某种确定的行为方式会获得效用最大化的结果？对具体情况进行个别评判想必更胜一筹。

在这一点上，社会人的"追随者"在过去和今天都持完全相同的观点。他们认为，社会规范的功能恰恰在于让规范对象放弃主观效用并选择从个人效用最大化角度出发并非最佳的可能；只有将价值和规范"内化"，才可能超越个人利益和社会秩序要求之间的鸿沟。对主观效用的无节制追求首先会导致对社会规范的践踏，而不会成为经常服从社会规范的动机。

事实上，这些观点有其正确的方面。如同本书第一部分所强调的，一定社会秩序的核心规范的有效性是以规范制定者要求规范对象采取出于自身本能不会采取的行为[1]的愿望和意志为基

---

[1] 参见本书第48页及以下。

础的。从规范制定者利益出发逆规范对象利益而贯彻某一规范的出发点，到受规范约束的行为方式符合规范对象自身根本利益，这中间显然必定要经历相当长的一段历程。

这第四种可能的纯组合类型给人的印象似乎是无足轻重，这也体现在韦伯的论著中。在此情形下没有线索证明韦伯本人曾经考虑对行为特征进行这种组合。难道这又意味着，该一行为类型只是一种逻辑建构物，亦即一种来自形式构想的没有生命的艺术品？

然而，对韦伯论著进一步的分析让我们得出了另外的印象。关键不在于发现一些个别的论述，它们似乎要求将规范约束和效用导向的组合至少作为一个间接的前提，更重要的是在这些间或清楚间或含糊的论述背后隐藏着韦伯理论的根本问题。用他自己的理论和概念工具主义的手段，韦伯可能几乎无法解决这个问题。他所缺乏的一个关键性工具恰恰是对这种附加行为类型的清晰勾画。鉴于韦伯的问题同经济学思路的难题有相同之处，该类型值得加以探讨。

韦伯面对的难题在于，基于其基本理论假设的一面及对现代西方社会所作的具体历史分析的另一面，他无法再令人满意地回答为何恰恰是这样一个社会——而这正是韦伯学术探讨的中心——具有一个稳定社会秩序问题。仔细观察之后发现，韦伯对近代西方社会典型特征的阶段性认识和其一般社会理论中的核心说法很难统一起来。

在其一般社会理论中，韦伯不仅一再强调自愿服从社会规范对确保社会"持续存在[1]"的重要意义，而且强调"仅由目的理性动机维持的秩序[2]"的"不稳定性"。规范导向行为的必要稳

---

〔1〕 见韦伯 1922 年论著第 484 页。
〔2〕 见韦伯 1921 年论著第 16 页。

定性只有通过"设想合法秩序（legitime Ordnung）的存在[1]"才能得到保证，即来源于理念价值。韦伯的合法统治（legitime Herrschaft）理论在很大程度上同社会学就霍布斯问题提供的"古典"答案并无二致，据此，只有当社会成员不仅以个人效用最大化为动机，而且也将社会规范和价值"内化"以后，社会秩序才能持续存在。给出这种答案的人不仅援引了韦伯的话，而且无疑也有一定的道理。

然而，这只是事物的一方面，该观点反映在韦伯一般社会理论中有关社会秩序稳定存在前提的论述中，该前提应当适用于所有社会秩序和统治秩序。另一方面，韦伯提出了现代西方社会的具体理论。根据韦伯的诊断，该社会具有三大特征，恰恰是这些假设使韦伯又退回到霍布斯无力摆脱的困境：

1. 理性化。根据韦伯的观点，现代西方社会的特点是在各个方面都具有高度理性[2]，这也包括个人行为方面。因此，特别是"感情（affektuell）"行为和"传统"行为同理性导向行为相比退居次位。

2. 规范结构化（Normstrukturierung）。该社会的主要制度，如公共行政和法律，不论是形式上还是内容上都通过透明的规则和规范被完全结构化。有鉴于此，稳定而可靠地服从规范恰恰是保证现代社会存在的根本前提。

3. 利益支配（Interessendominanz）。除此之外，现代社会的制度都有"冷静的务实性"和合乎目的的有用性的特征。它们"不可改变的命运"在于变成"随时变形、对内容不迷信的技术机器[3]"。在世界全面"解咒"的过程中，作为行为基础的理念

---

〔1〕 见韦伯 1921 年论著第 16 页。
〔2〕 对该观点的扼要概括见韦伯 1920 年论著第 1 页及以下。
〔3〕 同上，1921 年论著第 513 页。

价值导向和"内心对业已成为习惯的道德的遵从适应"已渐渐让位于"对利益状况的有计划适应[1]"。

如果仍然肯定从韦伯的一般社会秩序理论中得出的关键性前提，即稳定的社会秩序只能通过对理念价值的导向和对"合法性信念"来保障，则无法解释现代西方社会如何满足其成员对达致可靠的规范一致性的极大需求。根据韦伯自己的诊断，在该社会中，不论是理念价值的基础，还是非理性的、情感的或传统的行为的基础都在消失，而韦伯却未能由此而推断出该理性化、功利化的社会即将崩溃的结论。

如果要坚持韦伯现代社会的理论，出路只有一条，即对韦伯有关理性行为者稳定地服从社会规范必须同关于理念价值基础挂钩的理论假设提出质疑。要么证明可靠的、持续的规范一致性同样可以是目的理性行为的结果，要么证明基于效用的受规范约束的行为类型确实存在，而且在现代社会中存在着使自利的个人接受社会秩序规范的约束对己有益的条件。

据此，对是否存在基于效用的受规范约束的理性行为进行探讨的兴趣，不仅仅可以通过将图表中的组合可能性"游戏进行到底"的刺激加以证明，而且可以从韦伯本人著作中作出的理论角度看，这一问题也被证明是重要的、值得讨论的。在韦伯的论著中至少也可以发现一些暗示，在此基础上可以猜测存在着有别于基于价值的受规范约束的行为之外的行为类型。比如，韦伯在列举"确保"自觉接受社会秩序规范约束的动机时，除了提及"对产生义务的价值的绝对有效性的信仰[2]"，也谈及被统治者的

〔1〕 对该观点的扼要概括见韦伯1921年论著第15页，对韦伯观点的进一步阐述和此社会发展涉及的有关伦理问题见鲍尔曼1991年论著A卷和1992年论著B卷。
〔2〕 见韦伯1921年论著第17页。

"利益状况"和他们实体上"对主人的利益忠诚[1]"。相应的声称还有，"由那些表现为合法权力产生的经功利主义评判的强制力"会极大地促进对现代法律秩序的"顺从[2]"。然而，如果受规范约束的理性行为只能扎根于理念价值中，那么"对主人的利益忠诚"或社会秩序的"功利主义价值"又如何能促进"被统治者的事实顺从[3]"呢？

一些在此框架下发现韦伯观点模糊的学者，多将矛头指向韦伯的"工具主义"和其据称对社会行为"价值基础[4]"的忽视。他们宁愿坚持韦伯价值理性行为模型的根本意义的理论假设，而对其对现代社会所做的分析及"冷静的务实性"的观点大打折扣。没有必要将韦伯对现代社会的认识结论中悬而未决的问题看作是其基本理论阐述的缺陷或倒退。韦伯之所以再次陷入了霍布斯的难题中，仅仅是因为他对西方资本主义社会的分析较其大多数后来者更清晰更执着。另外，韦伯一生中从不为了"挽救"受人喜爱的理论而牺牲一些棘手的论点，或把它们当作不受欢迎的经验论事实，等到配上合适的理论眼镜之后方能看到其正确的光芒。

不过，本书并不想诠释韦伯的论著，我之所以提出韦伯有关现代西方社会的理论，是因为他的理论所面临的问题和我要探讨的问题完全相似。探讨韦伯理论中建立一种基于效用的受规范约束的行为模型的可能性的原因，也同样适合致力于捍卫自由主义理想图景的理论。首先，从韦伯对西方现代社会特征——理性化、规范结构化及利益支配——的概括中不难看出具有法治国家

〔1〕　见韦伯1922年论著第484页。
〔2〕　同上，1921年论著第502页。
〔3〕　同上，1922年论著第484页。
〔4〕　比如，参见J.亚历山大1983年论著第80页及以下、第100页及以下。

秩序的世俗化和自由化社会的基本特点，本人将其视为解释对象。第二，对经济学分析法进行研究探讨得出的结论是，仅依据目的理性行为模型至少无法解释诸如法律社会中被高度"全面规范化的"制度的存在。第三，为了捍卫自由主义的理想图景同样必须回答下列问题，即在一个利益占据支配地位的社会中如何在同个人理性行为保持一致的前提下"保障"社会秩序的有效性，如果基于目的理性的效用最大化无法提供这种保障的话。

在用经济学行为模型解释法律国家失败后，重建韦伯的行为类型学使我们看到还有哪些可能。如果仍把理性追求个人利益作为解释基础的话，就无法采用政治人或社会人模型。但所建议的类型则提供了一种可能性，即通过引进基于效用导向和规范约束的行为创建一种新的行为模型，该模型在重要的方面有别于经济人，且不会朝社会人或政治人方向靠得太近。

捍卫自由主义理想图景的重点是，以这种方式新建的行为模型尽管明显有别于经济学的行为模型——这也给解释性理论提供了一次全新的机会——但它仍能被理解为有助于理性追求个人利益的行为模型。据此，经济人不再是用来刻画意在通过"务实的世俗主义"增加主观效用的个人进行选择和行为的惟一行为模型。根据基于效用的受规范约束行为的模型，行为者只有在确定通过规范行为较之个案的后果导向能更好地实现其主观效用之后，才会按规范行事。在坚决维护个人利益这一原则上，行为者绝不落后于经济人。一个拥有众多此类行为者的世界同样可以声称，自己也像经济人组成的经济学世界那样符合自由主义关于世俗化的、以利益为主导的社会的理想图景。

然而，在理论世界中愿望也不可能自动变成现实。"新的"行为类型可能拥有有益的解释功能，但尚不能证明其潜在的优点也一定会实现。有三个问题亟待解决：第一，须从个人维护利益的角度出发，证明受规范约束的行为属理性行为，即在一定条件下最符合行为者利益的行为；第二，必须证明，新补充了受规范约束行为的行为模型从经验论上看是适宜的，即该模型不包含有悖经验论事实的关于个人能力及特征的假设；第三，该模型也必须通过经济人业已经历的关键考验，即这一扩展的行为模型能否解释法治国家的根本制度？

概括地说，该模型需满足三个要求，即，同理性标准相吻合；不是柏拉图式的模型；可用于实际解释。在令人信服的理论论证展开之前，不妨先将图表中的类型全部列出。

理性行为

选择规则

		后果导向	规范约束
主观效用		1 目的理性 （经济人）	2 现代人
行为动机			
理性价值		3 政治人	4 社会人

新的行为模型是否及多大程度上符合"现代人"的荣誉称号，它是否在经验论上系人类行为能力再现的最准确模型，以及该模型是否代表着一种睿智的、优于其他可能的生活对策，这一切都有待进一步研究来证明。目前，不妨将该称号看做是希望的表达：个人"对实用的现世"的开明接受不仅与理性的个人生活方式相一致，而且能满足集体理性、公共福祉和社会秩序诫命的要求；还有——不妨再借用哈特的概念，对道德和法律要求采取内在立场的"社会必要性"和下述生活观相吻合，即个人能理性地以相应的经验性利益为导向，而不受制于意识形态的教条和说教。

　　不论这一尝试结果如何，所建议的类型学证明，基于效用的行为模型至少在模型构建方面较其竞争对手具有优势。重建社会人模型的两种表现形式，即政治人和价值理性的行为者，再次暴露了该模型的典型弱点：因为，社会人试图通过其行为实现理念价值，这在社会学理论体系上成了一个无法解释的"假设"，充其量只能通过心理学理论和"社会化"或"内化"过程最终尝试回答有关行为者遵循何种价值和规范的问题。如此看来，价值取向的行为模型从整体上看似乎是一种具有为目的而目的的特点的架构，它尽管可以用来填充理论的解释性盲点，但从方法论角度看值得商榷。

　　相反，如能在基于效用的理性行为模型的基础上成功解释社会秩序稳定存在的原因，则意味着在任何情况下都拥有一种既统一又较经济的研究方法。这种方法之所以统一，是因为可将一切有待解释的现象要么归咎于理性追求利益的结果，要么划归不需理性解释的经验事实，即个人将主观效用或损害与一定的事物相联系——不同于根据理念价值的标准进行的判断——是源自人的本性的经验事实。根据这一标准，行为不再是无法解释的"预设"。之所以说它经济，是因为可以放弃将理念价值作为行为动机的假设。如果社会秩序的根本现象可以用效用导向的行为模型加以解释的话，则社会学的理论空间少了一个（对许多人来说）朦胧的本体。出于上述原因也值得探讨是否"存在"理性的、基于效用的并受规范约束的行为模型以及该理论作为社会学理论框架的基石是否经得起推敲。

二　内在制裁

A. 偏好变化——一种经济学的"内化模型"？

　　在对基于效用的受规范约束的行为进行进一步探讨前，有必要介绍一种理论，它经常被提出来作为摆脱经济学分析方法的一条捷径，而且同本书提出的对经济学行为模型的补充相比似乎较少周折。

如果再看一看制裁在经济学世界中所起的作用，就可以看到这种可能性的意义。只有当经济人传统模型意义上的理性效用最大化者认为合乎规范的行为属最佳选择时，他才会按规范行事。这类人只关心"具体情形下的"服从规范。但由于社会秩序的核心规范往往要求采取并不符合规范对象利益的行为，因此重复地服从规范只能依靠重复地实施制裁来保证。我们不难发现，作为规范利益者的理性效用最大化者没有能力实施足够有效的制裁。

对经济学世界中制裁的有效性的分析过去都集中在外部制裁上，即对规范对象选择的、由外在环境因素造成的外部影响，它们直接归因为其他行为人的行为。这些外部制裁有一局限性，即要求制裁者常备不懈，从而经常产生成本。

然而，实施外部制裁似乎并非使服从规范成为效用最大化的选择的惟一方式。制裁机制不仅可以理解成外来的作为行为决定因素的有效制裁，也可理解成个人因自己合乎规范或违反规范而产生的积极或消极反应的"内在"制裁。就经济学世界中达到的经常性服从规范而言，这些内在制裁同外在制裁一样能达到目的，或者比后者更适合。两者也都能达到抵消违反规范的诱惑的目的[1]。原则上，这种内在制裁能更好地达到目的，只要其效果——一旦该制裁机制已建立——不依赖于下列现象，即作为规范保障者及制裁者的某些行为者为了"启动"制裁机制而必须先忍受个人成本才能采取行动。规范利益人不必注视不断变化的外

---

〔1〕　关于内在制裁和外在制裁等值性的形式证据见克里姆特 1990 年论著 A 卷第 52 页及以下。

部社会关系，而只需致力于规范对象内在心理关系的一次性变化，并投资于合适的"社会化机制"[1]。

内在制裁包括许多种类的情感反应，如过错感和义务感、后悔和羞耻、对自我优越性的满足感和由于失误形成的良心谴责[2]等。这些感受给服从规范带来"内在（intrinsisch）"收益或效用，也给偏离规范产生"内在"成本。由于这些感受能积极或消极地改变相关选择下的主观效用价值，它们同外在制裁影响个人意志形成的方式并无不同[3]。

不论这些心理机制和心理过程具体是如何产生作用的，其表现结果始终是个人偏好的变化，即可供其选择的主观偏好次序的变动。因此，在经济学行为模型中使用内在制裁的前提是，经济人既定的偏好在一定条件下可自变也可被变。如此一来，我们无疑偏离了"纯粹学说"，但正如一些学者所言，还不至于严重到必须对理论原则进行根本修正的地步。尽管必须放弃关于人类行为从时间上看以稳定的、准"自然的"需要和利益为基础的假设，也必须放弃单纯以变化后的"约束"来解释行为变化的目标[4]，但经济学行为模型的核心并未受到触动。即便服从规范会产生内在效用或收益，但经济人首先只忠于具体情形下服从规范的原则，即在具体选择情形下对诸多可能进行权衡并选出具有最高期望值的可能性，转而采取针对一种受规范约束行为的选择

---

[1] 参见科尔曼 1987 年论著。

[2] 作为内在制裁的情感的有效性的一系列原则实例见弗兰克 1992 年论著。

[3] 以认为服从规范可能给理性之效用最大化者产生固有价值为假设进行研究的有科尔曼 1987 年作品，弗兰克 1987 年、1992 年论著，林登堡 1983 年论著，奥普 1983 年、1984 年、1986 年论著，M. 泰勒 1993 年论著，当然，其目标各不相同。

[4] 有关该纲领参见贝克尔 1982 年论著第 3 页及以下，施蒂格勒/贝克尔 1977年论著。

规则及离开典型的经济学世界似乎没有必要[1]。

B.诱致性、适应性及战略性偏好变化

当然，以内在制裁这一实体来丰富经济学实体论并非理所当然地可行。首先面临的是方法论的质疑。从方法论角度出发，将理论上"需要"或经验论上难以解释的行为自圆其说地与主观效用挂钩，用此方法将新的效用观点引入经济学行为模型会有保全自己及纯属权宜之假设的嫌疑，因为借助这种方法显然可以事后将每一行为方式的类型都"解释"为效用最大化的选择[2]。如果列举不出不依赖于有待解释行为的单纯出现的、使人能够接受附加效用论据的理由，人们就可以永无止境地为那些首先不能在个人利益基础之上进行解释的行为方式分别引入合适的"特殊动机"。

如此一来，人们不仅陷入"自以为是"和"做作"地过度扩大对收益/成本的计算[3]的窘境，也同样面临程度不相上下的危险——即不对理论在经验方面的重要的实质性区别进行探索和揭示，而对其进行混淆和掩盖——如果一种规律性的规范一致性明显偏离了基于效用为导向的目的理性的原则，则理论模型应当指出这一重要偏差并进行分析，而不是试图掩盖这一区别。否则，人们难免回到社会学传统的规范内化的做法——这恰恰受到经济学分析法代表人物的指责——即为了填补理论"盲点"而将

---

〔1〕 卡尔—迪特·奥普特别强烈地要求将经济学行为模型适度地修正为所谓的"利他主义"行为模型。1983年论著，第9页及以下；第49页及以下，第56页及以下，第213页及以下；1984年论著及1986年论著。

〔2〕 持不同意见的有：希格泽尔曼/劳卜/福斯1986年论著；克里姆特1984年和1987年论著；劳卜/福斯1990年论著。维克多·凡贝格认为，类似的对相应的"效用功能"的"即时细分"在有关规范和规则的经济学讨论中并非不常见（见其1998年论著 B 卷第153页；见本人翻译，同时参见其1988年论著 A 卷）。

〔3〕 见克里姆特1984年论著第44页。

接受社会规范和价值约束的行为倾向作为假设加以利用。或者，人们甚至会倾向于康德的观点，即不得不把规范可能变成行为动机本身接受为无法解释的事实[1]。

如果想满足这种方法论上的考虑，那么只有在能够提出有关偏好变化可信性的其他强有力的假设时，即提出在理论上和经验论上自成一体而且论证充分[2]的假设时，才可以在经济学分析法中应用内在制裁机制。原则上存在三种可能性：

1. 诱致性偏好变化。这一有关偏好变化的可靠假设来自经验心理学方面的认识。心理学的规律可能导致人们在一定条件下修正个人价值和利益，经历服从规范作为目的本身，或培养内在奖罚的情感机制。支持这一观点的理论有心理分析（通过社会化产生的行使制裁的诸个"超我"）、学习理论（通过报酬、惩罚或习惯此类"强化工具"而改变动机结构）或认知差别（cognitive Dissonanz）理论（调整偏好以降低心理"压力"）。

上述情形都属"诱致性偏好变化"[3]。该变化系非目的性过程，由当事人影响力之外的原因引起并受其控制。该过程独立于当事人的意图和计划，充其量只是偶然与当事人的利益相吻合。诱致性偏好变化的决定因素是作用于个人"身后"心理体系的过程。典型的例子如孩提时代的"社会化"过程或"条件化"过程，这些过程（据称）对个人重要性格和行为倾向的形成，特别是个人与社会秩序规范的关系具有重大的乃至最终定型的影响。

在经济学纲领看来，由于诱致性变化过程自身的特点，用该过程来解释偏好次序结构的变化当属外生解释。这样的偏好变化

---

〔1〕 参见鲍尔曼 1987 年论著 B 卷的《康德体系的作用》。

〔2〕 参见凡贝格 1988 年论著 A 卷。

〔3〕 丹尼斯·C. 米勒关于考虑"适应性自私"的建议也属同一方向，参见米勒 1986 年及 1992 年论著。

不能被认定为某一其终点为个人更好地实现其利益或取得更大效用的过程的结果。尽管吸收经验心理学、学习理论及社会心理学的知识有利于摆脱权宜之举的指责，但引入诱致性偏好变化的理论却几乎不能说只是经济学行为模型的一个微小变化。显而易见，人们将靠向下述社会学的观点，即用产生利益而非基于利益的因素来解释合乎规范的行为方式。这样一来，我们有可能被迫放弃许多经济学研究纲领原本极为广泛的解释权[1]。个人利益本身如果由社会事实决定因而变成附属的变量，就不能成为社会规范秩序和社会制度的基础。所谓社会"结构"或"体系"在很大程度上影响个人愿望和目标的社会学真理在经济学研究纲领中同样不应有其位置。

归根结底，这里涉及的是一个经验论的问题或相关理论的解释力问题，即是否必须（或可以）假设个人同社会规范保持一致在一定条件下同内在效用或收益有关，因为有诱致性偏好变化的过程在前，有可能我们不得不承认行为理论、心理学或心理分析的研究结论，但与其将它看做是对经济学研究纲领的无害发展，不如说是一次失败更合适。然而指出诱致性偏好变化的可能性对挽救经济学分析法作用有限。

这一判断从本书研究赖以为基础的问题的特殊视角来看意义非同寻常，因为，这里要强调的是在自利行为基础上对社会事实进行解释。如果一种行为模型因得到了诱致性偏好变化的补充并因而容忍了来自外部对个人行为动机基础的根本修正，那么它就不再适合作为只建立在对个人利益的理性把握基础之上的行为模型构建。

通过吸收内在制裁而保护性地发展经济学分析法——也为了便于在本书研究中继续使用该方法——只能将偏好变化过程本身

---

〔1〕 参见林登堡 1984 年论著。

作为该分析法的代表性理论工具。这种内生偏好变化经济学理论
必须"在效用基础上"对个人特性及行为者的性格变化进行下述
解释，即此变化有益于其个人利益[1]。近年来，从个人效用最
大化角度出发对偏好次序变化符合目的性条件的研究大量增
加[2]。

　　当然，内生偏好变化的经济学理论以下述基本假设为前提，
即至少在一定程度上，个人有能力对确定他拥有哪些偏好施加影
响。个人利益必定也会对其自身偏好及愿望产生影响。但迄今为
止，经济学分析法中并未有个人及心理系统的相应理论的具体内
容[3]。但原则上两种基于利益的偏好变化途径似乎都是可能的。

　　2. 适应性偏好变化[4]。基于利益的偏好变化犹如包括了试
错的"进化"学习过程的结果，其间个人在经验基础上使其偏好
越来越适应自己的利益。因此，对个人有益的偏好变化不一定是

----

〔1〕　以类似方法进行论证的还有：科尔曼 1990 年论著第 504 页及以下；弗兰
　　　克 1987 年论著；希格泽尔曼/劳卜/福斯 1986 年论著；劳卜/福斯 1990 年
　　　论著。

〔2〕　参见埃尔斯特 1987 年论著第 67 页及以下、106 页及以下、152 页及以下；
　　　弗兰克 1987 年论著及 1992 年论著第 13 页及以下；希格泽尔曼/劳卜/福斯
　　　1986 年论著；希尔施莱弗 1987 年论著；劳卜 1990 年论著；劳卜/福斯
　　　1990 年论著；谢林 1984 年论著第 83 页及下；森 1982 年论著第 41 页及以
　　　下、1986 年论著；V. 魏茨泽克 1971 年及 1984 年论著。

〔3〕　此前的探讨和有关的作者参见 1971 年及 1975 年法兰克福学派的论著；图
　　　根哈特 1981 年论著或瑞尔 1969 年论著；也可参见鲍尔曼 1987 年论著 A 卷
　　　第 74 页及以下和 1996 年论著 A 卷；詹姆斯·S. 科尔曼在《社会理论的基
　　　础》中也提出了一种对"自我理论"的需求，在这种需求中拥有不直接将
　　　利益转化为行为而是转化成为行为者特定的"内在状态"的理性的空间：
　　　"理性不存在于利益一致的行为之中，而存在于内在状态的构筑，使得由
　　　此内在行为体制引起的行为给行为者带来最大益处。"（见科尔曼 1990 年
　　　论著第 949 页；我的翻译。）

〔4〕　参见 V. 魏茨泽克 1971 年及 1984 年论著；埃尔斯特 1987 年论著第 212 页
　　　及以下。

源于相关个人的有意识倡议或战略所致的按计划及有目的的个性变化的结果[1]。即使缺乏前瞻的计划，对成功和失败的渐进反应也能导致从利益角度出发对较佳可能性进行成功的"选择（Selektion）"[2]。在此进化适应过程中，个人既不必要为挑选最佳可能而进行理性权衡，也不必要就此选择刻意做出决定。适应性偏好变化可能作为战略行为无意识的附带后果出现[3]，而变化本身并非行为的目的。适应性偏好变化的典型例子是葡萄的故事，因为挂得太高而让人感觉它们是酸的。

3. 战略性偏好变化。第二种基于利益的偏好变化的途径是，偏好变化直接成为个人选择的内容。同适应性偏好变化所指的无计划和无意识的个性发展不同，该变化是"按计划的"个性发展过程，即一个目的论的变化，在此变化过程中，行为者不再"被视为按照连他自己都不理解的逻辑发生变化的偏好的被动客体"，而能够对自身的偏好采取主动或战略的态度[4]。关于战略性偏好变化的成熟理论必须对"自我管理[5]"的手段及技术就其可能性、成本和限度进行分析，以便在个人希望对其个性和偏好进行改变时得以使用，这包括对环境的改变或修正，参加"亲身体

---

〔1〕 参见埃尔斯特 1987 年论著第 219 页及以下、第 227 页。

〔2〕 参见 1986 年论著；凡贝格在 1993 年论著 A 卷中从经济学思路的视角对"进化论范式"进行了总结；参见凡贝格 1993 年论著 B 卷。当然，从有关"就利益而言有效率"的结果也可以用建立在学习基础上的进化过程（而不是用有意识的选择）来解释的假设中并不一定推导出进化学习过程必然导致有效率结果的假设，该假设具有远强于此的说服力。必要的条件是符合利益角度的过去及将来之间的类同性——否则，"向经验学习"就会变得没有意义且前景黯淡。

〔3〕 V. 魏茨泽克 l984 年论著也持相同观点；参见奥普 1983 年论著第 214 页及以下。

〔4〕 见埃尔斯特 1987 年论著第 107 页。

〔5〕 见谢林 1984 年论著第 85 页。

验小组"、行为训练讲座或心理分析治疗，以及自我假想和自我
操纵[1]。

不论是成功的适应性偏好变化还是战略性偏好变化，重要的
是过程结束时达到有助于相关个人利益的状态。进化理论大致表
明，从过程角度对适应结果的功能性及效益的解释与目的论的解
释相同。作为前提，尽管适应性偏好变化不要求视符合利益的结
果为个体谨慎选择的内容，但依然可以对成功的适应性偏好变化
做出如下分析，好像对一种偏好变化的有意识的选择是偏好变化
的基础似的。

基于利益的偏好变化的这两种途径都可以用经济学分析法的
理论工具进行概括和诠释。可借用"偏好与适应博弈（Präferenz-
Adaptations-Spiel）"模型以博弈论的方法回答下列问题，即"纯以
自私的自然偏好为动机但又掌握着采取符合有效的、偏离了自然
偏好的行为技巧的理性行为者是否会接受变化后的偏好"[2]。在
该博弈中，选择者可以在偏好业已变化了的未来生活和偏好照旧
的未来生活之间权衡。在此前提下，必须对一种经济学的"世界
观"补充一个绝非寻常的假设，即不同的偏好排序也属可供理性
决定者选择的可能性之列。这一事实似乎是坚守经济学行为模型
的核心——个案情况下的理性效用最大化——的可接受的代价。
如果偏好变化的过程本身也可在该模型基础上解释得通，那么就

---

〔1〕 参见埃尔斯特 1987 年论著有关总结和阐述：第 106 页及以下、第 141 页及
以下；见谢林 1984 年论著第 63 页及以下、83 页及以下。

〔2〕 见劳卜 1990 年论著第 70 页；参见本人的翻译。要注意的是，新近获得的
"有效的"偏好总的说来必然导致在行为者看来用旧的、"自然的"偏好衡
量也更可取的结果。相反，如果允许下列可能性存在，即根据"新近的"
偏好原则行事产生的将来效益同行为者根据"旧的"标准衡量服从新近的
偏好产生的效用损失相抵，则整个思路便落入俗套，因为如此以来便可以
取得任何一种结果。

更是如此了。

C. 偏好与行为倾向

如果认为有了内在制裁和相关的偏好变化理论的结合，就无须通过探讨基于效用并受规范约束的行为以扩展经济学行为模型，同时认为还找到了扩大该模型应用范围的可能性，这样的结论未免操之过急。在内在制裁的形成过程中涉及的不是改变行为者的随意偏好，而是特定的偏好，即对规范一致性的偏好。在偏好业已变化的未来生活和偏好照旧的未来生活之间权衡，在此情况下以在具有特定的"服从规范偏好"的未来生活和没有"服从规范偏好"的未来生活之间的权衡的形式出现。

这种选择也可以理解成在两种行为倾向间的选择。将规范一致性行为同内在收益或效用相联系的个人，在相应的条件下也将根据该规范行事。他拥有按规范的界定范围行事的行为倾向。从该视角出发，行为人基于特定之服从规范偏好基础上的合乎规范的行为方式可以通过两种形式加以描述：

一方面，可以以新获得的偏好为出发点并根据经济人行为模型的理论将合乎规范的行为理解成以后果为导向的权衡的结果，在权衡中新获得的合乎规范性之偏好战胜了原有的偏好。另一方面，可以原有的既定偏好为基础，则新获之符合规范的行为的倾向似乎不再是后果导向的选择过程中的一个附加决定因素，而是一个使得一种作为选择手段的、后果导向的权衡失效的因素。与在服从规范行为倾向基础上的行为相比，在原有偏好基础上的权衡可能导致不同的结果。如此看来，符合规范的行为是下列事实的结果，即符合规范行为的倾向制止了后果导向权衡基础上的选择，取而代之的是人们出于规范约束采取了由规范"界定"的行为。

因此，出发点不同，各种考虑角度的重要性也不同。若以变化后的偏好结构为出发点，则规范服从偏好似乎是行为者在选择过程中须附加考虑的众多偏好中的一种，而行为者的选择行为在其中原则上不发生变化。若以原先的偏好为出发点，则服从规范的行为倾向似乎是对完全不同的选择行为的行为倾向。行为者的选择行为由规范的内容而不再是由权衡后果决定。合乎规范的行为究竟是被解释为带来内在制裁效果的后果导向的行为，还是有着达致规范一致性行为倾向的规范约束的行为，将只取决于以哪种行为动机为出发点，即是以新获的还是原有的偏好为出发点？

在变化后的偏好及内在制裁基础上的合乎规范的行为，不只是相应条件下受规范约束的行为，也是以理性方式维护个人利益的受规范约束的行为，即符合本人在类型学中提出的既受规范约束又以效用为基础的行为。要想通过基于利益之上的偏好变化解释内在制裁须具备下列前提，即从原先既定的偏好考虑，获得一种服从规范的偏好、由此获得一种合乎规范的行为倾向对行为者有益。然而这种行为倾向恰恰会制止行为者在今后选择按照原有的偏好属于最佳的那种行为。因此有必要证明，在给定偏好的基础上，行为者在未来选择情形下不总是选择根据既定偏好属于最佳选择的行为也可能对其有益。"不加计算地"服从规范必须最终相比于在每一情形下不断重新寻找实现目标与利益的合适的方式和途径更有好处。

因而，有效的内在制裁机制不是以经济人对其偏好产生"怀疑"为前提，而是以对其本性的一大基本特征——即视具体情况而定的选择行为——的怀疑为前提。因此，变化后的偏好本身对行为者并不重要，它只是确保行为受到规范约束的手段。因此，对规范一致性的偏好不只是在众多行为选择中选择某一种的任意偏好，而是一种对另一种可选的选择规则的偏好。

结论是，作为描述及分析工具，效用为基础并受规范约束的行为模型理应得到偏重优待。总的说来，该一后果导向的效用最大化模型属更具说服力的方案。只在已经以存在内在制裁为出发点的情况下，后果导向的效用最大化模型方可用来解释受内在制裁驱动的合乎规范的行为。若要解释内在制裁的产生则必须证明，从行为者的利益角度出发，对存在一种合乎规范的行为倾向的愿望已经独立于内在制裁的存在之外而得到理性的解释。内在制裁的形成只是该行为倾向所具备的有益性的产物。

因此，借助引入内在的"规范—致性效用"应该达到的规律性的服从规范与后果导向的效用最大化者选择模型的统一仅仅停留在表面上。该表面下真正的基础必须是存在着在一定选择时接受规范约束而非采取个别的后果权衡战略的利益。原本的因果关系发生了反转，正是它令内在制裁的提法对经济学分析法乍看上去如此具有吸引力：原先是应由内在制裁来解释合乎规范行为的合理性；进一步观察却发现，只有当受规范约束的行为即使没有内在制裁也符合利益并能用理性加以解释时，内在制裁本身才能得到解释。因此，理性效用最大化者基于内在制裁而达致规范—致性的"真正"原因不是这些制裁本身，而是受规范约束行为的有用性。只有当人们采用一种受规范约束的行为模型而非人为扩大后果导向行为模型的应用范围时，这一事实才会得到应有的表述。

内在制裁的概念经常被作为替经济人模型开脱的论据。但即便决定仅仅把一种后果导向行为的统一模型停留在描述层面上，从事实出发，我们也必须借助效用为基础和后果为导向的行为。至于此行为模型是否同理性标准相符合，拥有哪些经验内涵和解释性价值，这些问题都无法回避。要"节约"只能将研究停留在表面上，而这恰恰不妥当，因为它掩盖了重要的区别。对于规范适用的经济学理论而言，内在制裁并非人们为了拯救经济人而寄予厚望的必由之路。

D. 内在制裁及意愿与意志间的鸿沟

然而，绝不能因此就把内在制裁的概念看得毫无价值，只不过它的价值有异于原来的设想。它的价值不在于使受规范约束的行为模型成为多余，而是使我们在对该模型的探讨中将注意力集中到一个重要的方面。这一概念包含了重要的提示，即行为者如何将其对行为接受规范约束可能抱有的兴趣转变成为事实，也即经验上如何成功实现规范的约束。

与此相关，有必要注意下列情况：如行为者有兴趣获得一种采取受规范约束的行为倾向时，他就成为在对个人的规范生效意义上的规范利益人。他有兴趣在特定情形下采取合乎规范的行为，即使恰恰由于在此特定情形中存在截然相反的行为诱因，即他有兴趣变其对规范的外在立场为内在立场。但即便作为一种个人规范的利益人，行为者也面临着难题，即符合理性的、对一项规范的生效的愿望并不必然转为有效实现一种驱动行为的意志，这一意志使得所期待的规范生效得以实现。即使对个人的规范生效也由于意愿与意志间存在的鸿沟变得更加困难。在个别情形下，当偏离本来希望遵循的规范对行为者有利的话，这鸿沟便出现了。类似的诱惑必定出现，因为受规范约束行为的特别功能恰恰是用来抵制这些诱惑的，否则将行为纳入规范的愿望实属多余。因此，自利的但希望采取规范约束行为的行为者总是处在诱惑当中，试图倒回到根据特定情形、以后果为导向的选择者的角色，成为在选择中不受规范约束的典型经济人的角色。

因此，为了将规范作用于个人的意愿变成有效的意志，需要借助一种精神辅助手段，即需要一种制止这种倒退的"内在隔层"。行为者如不拥有对这种"作为物质锁链和来自外部的惩罚威胁[1]的心理学替代形式"，就无法摆脱要求行为者加以个人权衡的"强制"。应该为了将来实现一种真正的规范约束而放弃以后果为导向的选择行为，这可以从利益角度出发得到符合理性的解释。但是仅凭这一事实尚不能说明这样一种规范约束确能形成。

因此，偏好变化的可能性拥有了新的意义，不应当将其仅仅

---

[1] 见马基 1981 年论著第 146 页。

视为将经济人选择行为同经常性受规范约束相协调的一种可能
性，还应当将其视为让个体摆脱经济人角色并获得受规范约束的
行为能力的工具。偏好变化可作为必需的心理隔层，防止"退
回"到根据个别情形追求效用最大化的危险并保证经常性地采取
符合规范要求的选择。对规范一致性的偏好将成为行为者行为和
规范之间的粘合剂。关于存在一种特别的服从规范偏好的假设因
而从一开始就不是对现存的效用论点的"随意"扩展，而是假定
了超越后果导向的效用最大化的特殊可能性的存在[1]。偏好变
化成了跨越接受规范约束的理性化愿望和依情形而定的行为意志
间鸿沟的桥梁。

　　当然，所谓的"物质枷锁的心理替代形式"是否只能借助偏
好变化得以实现，或是否还有其他通过规范将个人行为"程序
化"的"技巧"，这些问题的理论意义相对次要。如果内在制裁
及偏好变化只是实现规范约束行为的目的之手段，则此功能显然
可由任意一种可导致某种行为的行为倾向来承担，该行为倾向迫
使行为者在预知后果的情况下采取特定的行为方式[2]。若不得
不以假设存在该行为倾向为前提，因为否则社会生活的根本事实
将因缺少受规范约束的行为维度而无法解释，则该行为倾向通过
何种"心理硬件"取得便显得相对次要了。该行为倾向的获得究
竟是通过适应性还是战略性偏好变化，是通过培养特定的情感还
是其他"自我管理"的工具，这一点相对于下列问题显得不那么
重要：即该行为倾向的存在从根本上是否及多大程度上同理性地

---

〔1〕 "事实上，积极或消极的情感都有助于促使个人在行动中抛开实用的自身
　　　利益。"（希尔施莱弗1987年论著第308页；参见本人的译作。）
〔2〕 一个在此意义上不加具体描述的规范约束行为倾向概念，见高蒂埃1986
　　　年论著第157页及以下；克里姆特1987年论著；凡贝格1988年论著A卷
　　　和1988年论著B卷。有关结合情感的行为倾向的阐述可参见弗兰克1987
　　　年及1992年论著；希尔施莱弗1987年论著。

维护个人利益相一致，规范约束行为模型是否的确是解决社会秩序经济学理论面临问题的关键所在？

三 有行为倾向的效用最大化者模型

A. 结合具体情形和有行为倾向的效用最大化

作为理性的效用最大化者的经济人在每一选择情形下总是选择具有最大预期效用的可能，所以我们可称之为结合具体情形的效用最大化者。作为结合具体情形的效用最大化者的经济人无力根据其他选择规则采取行动，在每一情形下追求主观效用最大化属命中注定，对他而言，不存在根据何种规则选择的问题。在经济学行为模型中引入效用为基础并受规范约束的行为模型赋予了人类行为者两种新增的能力：

首先，行为者不必在任何选择情形下根据后果导向的个案权衡的选择规则采取行动，而是可以在行动中接受规范的约束。他将获得一种行为倾向，即采取一种被认定符合规范要求的选择而不依赖于服从规范在此情形下产生的后果。

第二，行为者有能力使其选择行为逐步与其利益相统一。他们在各种情形的排序中是否按照在行为倾向上受规范约束的方式或严格按照根据特定情形、以后果为导向的方式行动，原则上取决于何种选择规则对他们更为有利。

拥有这些附加能力的行为者被我称为有行为倾向的效用最大化者（dispositionelle Nutzenmaximierer）[1]。有行为倾向效用最大

---

〔1〕 对类似的行为模型的发展见弗兰克 1987 年及 1992 年论著；高蒂埃 1986 年论著；克里姆特 1987 年论著和 1990 年论著 B 卷，1993 年论著 B 卷；罗威 1989 年论著；凡贝格 1988 年论著 A 卷，1988 年论著 B 卷，1993 年论著 A 卷及 1993 年论著 B 卷。

化者同结合具体情形的效用最大化者都是理性的效用最大化者，即他们都能在相应的情况和限制下采取行动以最佳方式实现主观效用最大化。与结合具体情形的效用最大化者不同的是，有行为倾向的效用最大化者也能够通过由行为倾向决定的行为实现效用。行为者在维护自己利益的过程中既可按后果导向也可受规范约束地采取行动，其标准是哪一种方式更能带来成果。

B. 经济人：从独生子到大家庭

应用有行为倾向效用最大化者的模型作为"古典"经济人的补充保全了经济学思路的三个基本原则：第一，方法论的个人主义保持不变；第二，个人行为的理性模型继续作为解释的基础；第三，理性个人行为的效用及利益基础未受损害。惟一的重大区别是，在后果导向的行为之外纳入了受规范约束的行为，因此完全有理由把它看成对经济学分析方法的扩展而不是告别[1]。在一定的行为范畴内通过采取受规范约束的行为而不是采取对各种备选可能性的个别权衡来维护自身利益的行为者同经济人间存在亲缘性，在坚决追求利益方面，前者绝不比后者逊色。

两者不仅在外在联系上存在相似之处，而且在出身上更是血缘关系。因为如果在一定范围将行为接受规范约束比就具体情况衡量行为后果对个人更为有利的话，那么受规范约束的行为本身符合对与一种一方面以规范约束为基础、另一方面以后果导向为基础的行为挂钩的预期效用的理性权衡。原先的理性效用最大化经济学模型仍将是更基本的模型，因为该模型可以在有关不同选择间的取舍这样"更高"的层次上使用，两种行为类型因而融入

---

〔1〕 凡贝格也持同样观点，见其 1988 年论著 B 卷，1993 年论著 A 卷及 1993 年论著 B 卷。尼古拉斯·罗威视以受规范约束的行为来扩展经济学行为模型为对经济学分析方法最小的"改变"，"之所以必须这样做，是为了适应社会制度"。（罗威 1989 年论著第 33 页；参见本人的翻译。）

了一个统一的构想之中。它们之间并非彼此"没有关系"，相反，它们彼此之间的转换可以解释为建立在利益基础之上的过程。因此，这样的构想符合既有服从规范的特点也有以后果为导向的特点的人的本性。

C. 通往不自由的自由

同结合具体情形的效用最大化者不同的是，有行为倾向效用最大化者对规范持内在立场。因为他们有能力接受规范约束，便可服从规范而不必每次都对服从或违反规范的利弊进行权衡。对于有行为倾向效用最大化者来说，不仅存在着社会规范，而且还存在着其行为要求并非指向其他规范对象而是规范制定者自身的个人规范。如同规范利益人在有关一项规范的社会生效情况下希望他人采取违背结合具体情形之效用最大化原则的行为一样，因为他人追求具体情形下效用最大化违背规范利益人的利益，规范利益人在有关一项规范的个人效用情况下也希望作为规范对象的自己采取违背结合具体情形之效用最大化原则的行为，因为他追求具体情形下效用最大化违背自身利益。有行为倾向的效用最大化者可以承认或接受规范，也包括自己作为规范对象这一层根本意思。

有行为倾向效用最大化者的模型扩大了理性效用最大化者的可能及能力，使其获得了新的选择——其自主权得到扩展[1]。结合具体情形之效用最大化者尽管可以在每一选择情形下选择对其具有最佳结果的可能，却无力通过选择预先确定将来面对选择情形采取何种选择——即便这种事先确定可能对其最具益处。结合具体情形的效用最大化者不具备这种可能，因为其缺乏"自我约束能力"。结合具体情形的效用最大化者在任何时候均可随心所欲

---

〔1〕 在这一点上持鲜明立场的有：见克里姆特1990年论著A卷第78页；1993年论著A卷，1993年论著B卷。

地进行新的选择的"全能",从此意义上说就成了一种无能[1]。

相反,一种受制于特定行为倾向的、受一种规范的约束提供了一种"自动行为装置",将个人同一定的行为方式进行"程序化",从而使其摆脱特定情形诱惑的影响。受特定行为倾向约束采取特定行为的能力可使另一能力——即具体情形下的效用最大化能力——失效。有行为倾向效用最大化者可据此能力对其将来的选择进行控制。如此看来,就行为可能性而言,有行为倾向效用最大化者优于结合具体情形的效用最大化者——即便前者新增的选择可能意味着将来选择可能的减少:"如果个人接受规则并服从规则,则意味着他在事前的计划阶段通过对随后的具体选择情形下的自由加以限制来行使选择自由[2]。"

D."理性测试":规范约束的有用性

在何种程度上将结合特定行为倾向的规范约束这种可能性看做对理性效用最大化者能力的根本扩展,取决于这种约束在多大程度上可作为行为者促进个人效用的有效工具。如果具体情形下的效用最大化的可能性同时存在,这种"通往不自由的自由"作为维护利益的手段究竟有无意义?关键问题是,受规范约束并以效用为基础的行为是否符合理性标准,或是否有相关事例可证明借助受规范约束的行为比借助后果为导向的个案权衡能更理想地实现个人效用?[3]

粗略看来,这似乎的确难以自圆其说,即个人如何愿意事先确定自己的选择并因而放弃在将来某一时刻选择最佳行为的自由:"对要求选择有别于最佳选择的规则的服从究竟好在哪里?"

---

〔1〕"纯属矛盾。充分自由也包括进行自我约束以及承担限制自身选择可能性的义务的自由。"(见谢林 1984 年论著第 98 页;参见本人译作。)

〔2〕 见布坎南 1984 年论著第 213 页。

〔3〕 见罗威 1989 年论著。参见本译作。

但放弃在任何情形下选择最具效用性的行为可能更有益的观点却绝不荒谬。根本不需要假设特别的场合来证明放弃自由对个人后果有利。如果涉及的仅仅是从利益角度来看希望自己的行为受到规范约束在特定情况下是否符合理性这一问题，就可发现此行为模型的前提条件通常已经得到满足。

此类情形的古典范例是奥德赛。为了抵御海妖的诱惑将自己束缚在船上的桅杆上，对他来说既是理性的愿望也是理性的选择。类似的例子还可找到很多[1]：从为了健康采取的节制饮食，到定期储蓄和购买保险，以及戒掉各种不同的嗜好。在上述事例中，行为者都有理由希望限制自己的行动自由。类似的例子在集体行为者身上和集体选择方面也可找到，如民主决策机关对其权限的"自我限制"完全可能符合其成员的长远自身利益[2]。

希望有效限制选择自主权的理性理由在许多人际和战略性场合中也存在，即当面对他人在一定行为中自我"约束"有利时，理由总是成立。如当我处于肆无忌惮的绑架者的武力之中，那么说服自己在获释之后不将绑架者出卖给警方对我的生存有利；如果我的潜在敌人知道，即便成本再高，我也会对损害我利益的行为以牙还牙，那么我就有威慑对方并使其放弃采取敌意行为的成功希望；如我绝不屈服讹诈，我就不会成为任何讹诈者的牺牲品；如在谈判中我的某些妥协底线不"容谈判"，那么我就可以对"软化"本人立场的企图进行有效抵制。

然而，自我约束的潜在有效性不只存在于避免成本和危害。如果我能把握自己信守诺言和契约，而不论在适当机会时违背它对自己如何有利；如果我可以"强迫"自己遵守公平和诚实原则，而不论损人利己和不诚实的诱惑有多大，那么即使在那些如

---

〔1〕 我将在下一章对类似的例子进行合理的分类。
〔2〕 参见/布坎南1993年论著第109页及以下。

果拥有完全决策自主权就无法进行有利合作的条件下，我也可以指望同他人进行有利的合作。有能力解决"自我约束问题"的个人一定会获益匪浅[1]。

　　显而易见，在任何情形下对行为可能进行自由权衡和选择，从理性追求个人利益出发并不总受欢迎。"如果我们不断地追求最佳结果，可能会把结果搞糟[2]。"纯粹情形下的效用最大化不能摆脱"享乐主义悖论"，即恰恰是放弃对个人效用的无休止追求会带来个人效用。在许多情况下只有放弃工具式的计算才会带来工具式的成果[3]。受限制的自由最终比不受限制的自由会带来更大的收益。如果理性选择者可以做出选择，他在一定条件下会出于"效用最大化的原因"做出未来选择时不据此原因进行选择的决定[4]。

---

〔1〕　许多类似的例子包括用博弈论进行的分析参见：阿克塞洛德 1988 年论著第 23 页及以下；布坎南 1984 年论著第 132 页及以下；埃尔斯特 1987 年论著第 68 页及以下，118 页及以下，152 页及以下，166 页及以下，1988 年论著；弗兰克 1987 年论著，1992 年论著第 48 页及以下；高蒂埃 1986 年论著第 157 页及以下；黑格泽尔曼/劳卜/福斯 1986 年论著；希尔施莱弗 1987 年论著；马基 1982 年论著；帕费特 1984 年论著第 12 页及以下，20 页及以下；劳卜 1990 年论著；罗威 1989 年论著第 36 页及以下；谢林 1960 年论著第 123 页及以下，第 131 页及以下，1984 年论著第 83 页及以下，98 页及以下；塔勒尔/谢夫朗 1981 年论著；威廉姆森 1983 年论著，1990 年论著第 187 页及以下。

〔2〕　帕费特 1984 年论著第 49 页；参见本人翻译。

〔3〕　此意义上显然属非理性行为的有用性可以通过德里克·帕费特所举的一个详细例子来证明，参见帕费特 1984 年论著第 12 页及以下。但如果将理性获得的行为倾向"盲目"付诸实施，并从定义上把这一实施行为划归为符合后果导向效用之最大化意义上的理性行为，似乎荒谬并引起误解，因为在这个意义上，原先确定采取这一行为方式的愿望已经被证明是符合理性的；见高蒂埃 1986 年论著第 165 页及第 182 页及以下；比蒙 1993 年也客观谈及该观点；克里姆特 1993 年论著 A 卷；凡贝格/布坎南 1988 年论著。

〔4〕　高蒂埃 1986 年论著，第 158 页，我的翻译。

由此，有行为倾向效用最大化者的模型通过了第一场测试。由于确实存在着对行为者更为有利的不完全行使其选择自主权的原因，因此效用最大化的行为者在此条件下采取受规范约束而非后果导向的行为，既合逻辑又合理性。在理性行为类型学中接纳效用为基础并受规范约束的行为模型符合概念和逻辑的内在性。一个理性追逐主观效用的个人完全有理由欢欣鼓舞，因为他不仅可作为经济人也可作为现代人采取行动。

然而，所列举的例子不仅显示了规范约束的行为有利于行为者的利益，而且说明了类似的行为在人类行为的现实中充当着不可忽视的角色。人类不总是以后果导向的选择者的面目出现是不争的事实，他们在许多情形下或多或少"盲目地"跟随熟悉的习惯和个人的日常节奏，不假思索地服从风尚、习俗，道德或传统。这一特点在经济人的最原始领地——市场也表现得特别明显，如普通消费者在购买一定的商品时，不总是比较可供的各种选择，而是在决定购买时根据"所喜好的"习惯。在后果导向的个案选择之外引入的结合特定行为倾向的受规范约束的行为模型具体到经验证据方面几乎不比经济人逊色。

E. 有行为倾向效用最大化者的权力与无能

模型柏拉图主义（Modellplatonismus）问题就此并未完全解决。具体到有行为倾向效用最大化者采取一种受规范约束行为的能力如何具体构架，该问题才刚刚具有现实意义。中心问题是规范约束的能力的局限所在。在模型构筑层面上可供支配的基本选择不妨通过一张简单的选择图表来说明[1]，借助这张图表可以再次分清结合具体情形的效用最大化者同有行为倾向效用最大化者之间的根本区别。

---

[1] 引用了哈特姆特/克里姆特 1990 年论著 B 卷中的图表。

结合具体情形的效用最大化者及有行为倾向的效用最大化者

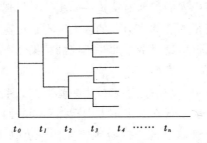

t_0　　t_1　　t_2　　t_3　　t_4 ……… t_n

　　此图表中的分叉分别代表行为者在 t_1、t_2 及 t_3 时刻拥有的选择可能。具体情形的效用最大化者必须在每一时刻重新权衡采取何种选择，由于他不可能在现在确定未来的选择，他就无力例如在 t1 时刻前按图中粗线标明的"路径"确定选择。他就 t_2 及 t_3 时刻所作的决定必须在相应的时刻来临时才会做出。具体情形的效用最大化者是在"旅途中"也即在选择之树的枝杈之间穿行中做出选择。他不能在任何一时刻 t_n 适用个人规范，使自己在时刻 tn + 1 不基于效用最大化权衡采取行动。

　　有行为倾向的效用最大化者则不同：原则上他有不同可能性对未来的选择——比如时刻 t_2 及 t_3——要么按照后果导向要么按照规范约束的规则做出。与结合具体情形的效用最大化者不同，他有能力沿着粗线表明的"程序化"选择道路前进并等于事先确定了未来的选择。但他不必一定要接受这样一种约束，而是可以在面临选择时在一种结合具体情形的效用最大化意义上按后果导向作出选择。

　　这里，就浮出了对受规范约束的行为能力进行建模的两种完全不同的可能性。一方面可以假设，规范约束一经接受就不能更正，另一方面也可赋予有行为倾向效用最大化者更正这一选择的能力。在后一种情况下他当然不具备不可更改地接受特定规范约束的可能性。

根据在建模中人们如何对待这一问题，会出现有行为倾向效用最大化者所获得的"约束力"的巨大区别，相应的也会在社会秩序理论中使用该模型时造成非常不同的结果。有必要进一步观察这两种不同版本的模型。

问题的关键是，在决定未来行为接受规范约束对行为者有利的情形之后有可能出现在一根本方面截然不同的两种情形。不妨假设订立了一份有效合同，内容规定合同一方在 t_1 时刻一次性预付款项后作为合同另一方的行为者有义务从 t_2 时刻起进行定期给付。在 t_0 时刻，行为者愿意使其行为受到一种规定应履行合同的规范的约束，这一愿望符合理性，因为规范约束的态度是潜在的伙伴同他订立合同并进行预付的关键[1]。在下述情况下便有可能出现这种情况：由于对潜在的合同方而言订立的是没有共同未来前景的一次性合同，那么结合具体情形的效用最大化者不会兑现承诺的己方给付。

在己方给付来临的时刻，作为有行为倾向效用最大化者的行为者可能面临两种完全不同的情形。在既定事实之外，也即行为者基于规范约束兑现在具体情形的效用最大化者看来非理性的己方给付，还存在着另一可能，即规范约束在此时刻后不再符合结合行为倾向的效用最大化原则。在前一种情况下，有行为倾向效用最大化者的理性愿望同受规范约束的行为方式继续保持一致，而在后一种情况下则不然，即行为者不再希望按规范约束采取行动。

让我们借助具体例子进一步解释这两种情况。一份成问题的合同规定如下内容：90 岁的 A 预付给 20 岁的 B 一笔钱，B 则有义务在 A 去世后向 A 的孙子 C 定期提供服务。此交易对 B 而言有利可图，因为规定的报酬给予即将提供的服务应有的回报。B

---

[1] 此处暂时未考虑有关甄别及伪装规范约束带来的问题。

有充分的理由通过行为的规范约束获得 A 的必要信任。

　　我们进一步假设，和其他人订立类似的合同可能性对 B 不存在。即便 B 在 A 去世后失去受此类合同规范约束的行为倾向，也不会造成在以后可能签订的"后续合同"中失去收益的危险。因此出现的情况是：有行为倾向的效用最大化者有合理理由接受一种规范约束，这种约束在将来某一时刻不再合乎其愿望——但不会改变这样的推断，即 B 能够表现出这样一种行为倾向，作为同 A 订立合同的必要前提，这对 B 自己总体上来看是有利的。

　　我们假设，有行为倾向的效用最大化者具备一种接受不可更改的规范约束的能力，那么 B 即便在此条件下也会长期接受规范约束，即"鼓励"他无休止地履行对 A 和 C 承担的合同义务。如果 A 知道 B 接受规范约束的能力并——我们在此愿意做此假定——能够对此加以核实，那么双赢的合同便会签订，B 将逆结合具体情形的效用最大化原则"遵守合同"照顾 A 的孙子。可以说，B 在开始履行合同后根本否认了理性效用最大化的原则，因为在 A 去世后没有理由宣称，忠实履行合同义务在任何一方面符合 B 的利益。

　　如果使用有行为倾向的效用最大化者模型的第二个版本，情况便完全不同。据此形式，其行为的受规范约束性可以更改，如规范约束不再符合其利益，其他更符合其利益的行为方式将取而代之。如果 B 属有行为倾向的效用最大化者的第二种变体，那么在 t_1 时刻接受规范约束并不妨碍他在面临己方给付时退回采取结合具体情形的效用最大化方式。

　　这一判断对本例产生重大后果。A 去世后，接受规范约束不再给 B 带来有益后果而只会产生成本的事实，将导致忠于合同的选择囿于现实的利益情形发生变化，B 因而将他人的孙子置之不顾而不受"良心的谴责"。如果 A 知道 B 的这一弱点，那么合同便不会——这对 A 和 B 均不利——订立。B 取消受规范约束行为的能力也清楚地划出了其自我约束能力的界限，即在接受约束的利益是暂时而非长久的时候，自我约束能力也达到了其界限。

然而，如果 B 在 A 去世后仍有与他人订立类似有利可图的合同的可能性，那么即便按照第二种模型变体，事情也会按照更有利于 A 和 B 利益的轨道发展。他人在同 B 订立合同时也将考虑 B 的受规范约束能力，因此，在此条件下，作为有行为倾向效用最大化者的 B 即便在 A 去世后及乙方给付到期时也具有继续证明其具有相应行为倾向的理性愿望。他因而无须违背现实利益而是同利益相一致地采取行动。他受规范约束的意愿将不是暂时而是长久地符合理性。在此基础上两方间的合同将成立，因为 A 可以肯定 B 将履行合同及稳定地受规范约束。

在有关第二种模型变体情况下有行为倾向的效用最大化者自我约束能力的界限取决于受规范约束的行为适应之后产生的经验情形。关键是接受规范约束的利益是否仍然存在，或是否该利益不再存在，相反，重新按后果导向并结合具体情形的选择战略对行为者更为有利。在第一种情况下，对有行为倾向的效用最大化者来说两种情形的区别不重要，因为他接受规范约束的能力不可更正。

在有关第二种模型变体情况中，结合具体情形的效用最大化和有行为倾向的效用最大化进一步靠拢。据此表现形式，只有当行为接受规范约束较后果导向的模型更能持续地产生更大效用，有行为倾向的效用最大化者采取受规范约束行为的能力才能显露出来[1]。因此也可以说，受规范约束行为的选择在此想必具有

---

[1] 尼古拉斯·罗威（见其 1989 年论著第 36 页及以下）也以类似的方式描绘了理性之效用最大化者的规范导向，但他的出发点却站不住脚，即认为为了将"规范约束的"行为纳入经济学行为模型，可以完全不考虑行为倾向的真实能力。但他忽视了一个问题，即单凭结合具体情形之效用最大化者的采取接受规范约束行为的理性愿望并不能产生类似的行为或是仅仅产生类似行为的表象。因为如果这种能力在现实中不存在，则没有必要采取相应行为，好像这种能力存在一样。罗威的观点也可参见凡贝格 1993 年论著 B 卷。

"自承性"。酝酿这种选择的因素和鼓励力量不会像梯子那样用完就被搁置一旁，而是行为者片刻不离的支柱。

在这种情况下，不可更改的规范约束的效用难以实现，相反，基于可更正的规范约束之上的特定灵活性和适应性会带来收益。不可更改的行为倾向在变化着的外部环境里通常伴有过多风险而且很少真正有益处。有能力更改规范约束的、有行为倾向的效用最大化者因此代表着中间道路，他尽管可以为了服从规范而放弃结合具体情形的效用最大化，但他绝非不可变更地接受约束，而是只有当相应的激励结构稳定存在且保持其行为倾向一直属于其最佳可选方案时才会去实践。

F. 个人规范及意愿与意志间的鸿沟

与规范约束不可更改为特征的模型不同，有行为倾向的效用最大化模型的第二种变体包含着对行为者自我约束能力的清楚限定，即接受规范约束必须长久符合其利益。然而哪一种模型变体更能反映对人类行为者的真正"约束力"呢？

不妨再回顾一下有关受限制的选择能力的根本有用性例子，这样一来就不难看出，现实中进行此类限制的理性意愿并不总是也并不总能简单地转化为有效的和持续的行为选择。内在的枷锁面对各种海妖的诱惑通常仅有有限的作用。绑架者出于同样原因也不会盲目相信受害者获释后会保持沉默的诺言。敲诈者也不会因不屈服敲诈的豪言壮语而受到震慑。在"理性化"的西方社会，威胁以牙还牙同发誓终身感激或终身为友一样不会使人印象深刻：一旦昔日的朋友作为政客上了台，对其作为私人朋友拥有的可贵品格不变的盲目信任就显得幼稚。

在个人规范的适用性方面也要考虑意愿和意志间鸿沟的存在。单凭意愿既不可能使自己行为接受规范约束也不能使合乎规范的行为在他人身上得到贯彻，一定是相关的行为决定因素上出现了真正的变化。用于实现此目标的"心理工具"在有效性方面被证明是有限的。在下列情况下（类似奥德赛的例子），这种不足显而易见并对当事人产生特殊的痛苦，即个人由于担心在未来选择情形中符合利益的选择会面对强大而直接的诱惑受到损害而希望对自己的选择自由进行限制。缺乏意志力不能无限制地由规范约束来替代。生活的经验告诉我们，面对巨大诱惑即便是多年来已形成或积淀的"原则"也会失效。面对展现在眼前的奖赏的诱惑力，行为倾向并不总是不可逾越的"屏障"。

因此，对行为者而言，外界的经验性预防经常成为其有效减少选择可能的手段。他们"转嫁"其意志至"一外在结构"，"转嫁"至"外部世界的某一因果过程，该过程在一定时候会回归本原并影响其行为[1]"。该功能不仅体现在奥德塞的桅杆上，而且体现在其他"人为的桅杆"上，如闹钟、强制保险或被丈夫用来提醒不得吸烟的妻子。特别是受法律制裁保护的合同也是人为制造不可更改的规范约束的典型工具。

如果人们拥有内在自我约束的无穷技巧，我们的世界可能面目全非[2]。如果在行为倾向这一"盾牌"的作用下人们可以绝对地信守诺言，将威胁变为现实或不屈服敲诈，社会关系将沿着另一轨迹发展，如此一来借助外界保障规范一致性就显得多余。在此行为模型基础上的社会秩序理论最后可能会过多而不是过少地解释社会秩序。通过参与的个体接受相应约定的约束方式，不仅规范稳定生效的问题借助"契约理论"从根本上全部可以解决，在无政府条件下，大型社会中社会秩序的稳定也成为可能。如此一来，我们既不可能再清楚地说明为什么在许多情况下未能建立和维护社会秩序，也不能理智地解释为何国家制度的有形制裁事实上显然对贯彻社会规范起着非常重要的作用。人们凭什么

---

〔1〕　见埃尔斯特 1987 年论著第 74 页。

〔2〕　参见克里姆特 1987 年论著。

承担由社会机构组织的合作的成本，如果人的本性可以无偿提供这种组织能力的话？在此行为模型基础上的社会秩序理论将败于对社会无序现象所做的解释。

具有不可变更的规范约束可能性的、结合行为倾向的效用最大化模型明显违背经验事实，这一点也可通过学习理论及其结论得到证实。在此，学习理论是绝好的不可辩驳的权威，因为学习理论的基本假设和有行为倾向的效用最大化者模型一致。学习理论不仅假定人们的行为可由行为倾向确定，而且认为行为倾向的形成是建立在该倾向对相关个人的有用性基础上的。"条件化"和"强化"是那些被对象以收益或损害的形式感受的事件的作用[1]。但最关键的是，学习理论还假设行为倾向是可变的，即它的持久性取决于"持续的强化[2]"。如此，该理论鲜明地支持了有行为倾向的效用最大化模型的第二种变体，同时反对不可变更的规范约束，即"关键是，制度化的规范的延续不能只靠原有的一次性形成的不具备后续制裁的约束，规范约束不仅在形成而且在保持阶段都需要制裁约束[3]"。

经验事实，特别是来自人类生活的边缘领域的事实，也证明了上述观点的可信性。在非常规的生活情形下——比如奴隶社会或集中营，人类的行为倾向总的说来是"可塑的"，对根本的变化不具备免疫力。如果生活的环境及现存的刺激个人形成特定行为倾向的诱因发生广泛变化，如在"极端的制度[4]"中，就会出现个人品格的"溶解[5]"，即迄今代表某一个体的标志性性

---

[1] 丹尼斯·C. 米勒强调了该统一性，参见其 1986 年论著和 1992 年论著。

[2] 参见斯科特 1971 年论著第 13 章 65 页及以下，第 93、101、110、179、210 页及以下，216 页。

[3] 同上，第 103 页；参见本人译作。

[4] 高夫曼 1961 年论著第 12 章。

[5] 同上，第 20 页。

格特征的完全消失（非人化）。布鲁诺·贝特海姆描述过集中营里的类似过程[1]。"有关极端制度特别是有关集中营的作品得出的基本结论是，行为及道德对社会环境的依赖远远超过日常理智及道德行为的现象学的幼稚假设[2]。"

阶段性结论是，具有可变更的规范约束的、有行为倾向的效用最大化模型理应受到青睐。人类自我约束能力有其限度的经验事实应当在行为模型中得到系统考虑和再现。必须区分有行为倾向的效用最大化者通过受规范约束的行为能够实现其利益的情况和不可能实现其利益的情况。这样，我们肯定能比借助行为者一朝拥有规范就能够抵挡各方"作梗"的模型更能接近人类行为的现实。

G. 作为"内心宁静"人士的有行为倾向的效用最大化者

哈耶克曾说过，"人既是服从规则又是以目的为导向的生灵[3]"。有行为倾向的效用最大化者模型在其崭新的变体中系统考虑了这一特征：

首先，后果导向及规范约束作为选择规则被证明都是追求利益的有效工具，两者都可和作为行为动机的获取主观效用相连接。

第二，两种选择规则并非互无关系，在两者间的选择本身也是基于利益之上的选择过程。

第三，统一的理性标准得以保全，因为根据这一模型，并非始终按两种选择规则之一行动的个人，而是只有始终根据最终可以将其主观效用予以最大化的选择规则行为的行为人才是真正的理性个人。因此，有行为倾向的效用最大化者原则上也只有一种

---

[1] 参见斯考特 1971 年论著第 204 页及以下。

[2] 同上，第 207 页；参见本人译作。

[3] 见哈耶克 1973 年论著第 11 页及以下；参见本人译作。

理性行为方式。经济人模型的基本出发点也得以保全，即理性个人在每一情形下都会在各种备选方案中选取最能促进其利益的方案。

有行为倾向的效用最大化者从中获得了重要的个人品格。当以前的行为倾向现在违背他的利益时，他不会成为该取舍的"无助牺牲品"，因此，他也不会陷入"后悔"其行为受到规范约束的境地。如此一来，他便成了"内心宁静"的平衡而和谐的人士。他的行为模型总是能和其利益相一致，最起码在此方面他无愧于"现代人"的称号。

H. 心理学及社会学行为模型

此前，本书就有行为倾向的效用最大化者模型的基本假设既非不现实也非经验上不成立进行了论证，但也有必要提醒人们对这种努力不要抱过高期望。该模型不是对内在心理过程和程序进行描述和分析的心理学模型[1]，但有鉴于根据利益加以调适的行为倾向的"外在"形成过程，也有必要补充两点：

1. 惰性因素。人类行为倾向的变化并非即时完成。即便行为倾向可以获得、变化及消失的观点正确，但该倾向同时也相对稳定："个人不能随意施展或排除这种倾向[2]。"对行为倾向利弊的认识及经验需要一定的时间，之后才能落实到对行为倾向的重新调整上。以通常较长的过程为出发点似乎较为合适，因为其中行为倾向只能逐渐增强或弱化，并产生相应的投资及投资失误成本。

考虑该惰性因素不仅使探讨更接近现实，而且从一特殊视角看更属绝对必要。若假定，行为倾向随行为者面临的现实利益发生调整可瞬时完成，则有行为倾向的效用最大化者将再次失去在

---

〔1〕 有关该方向的一些考虑参见鲍尔曼 1996 年论著 A 卷。

〔2〕 见马基 1981 年论著第 241 页。

现实中的自我约束能力。他因而有可能在偏离规范对其有利的每
一情形下背离行为的规范约束。只有其变化需要时间的行为倾向
才能从根本上区别结合具体情形的和有行为倾向的效用最大化者
的行为。

2. 适应性及战略性行为倾向变化。人们很少在有意识及深
思熟虑的权衡和选择之后改变自己的个人品质。行为倾向变化的
心理过程一般来说并非处于意识力控制的基于选择的过程。我们
无法像挑选筐里的苹果那样选择我们的行为倾向，在有行为倾向
的效用最大化者模型中，这种不现实的设想也没有必要被作为前
提。"仅仅"从下述假设出发，品格变化的结果符合相关个人的
利益，因而基本上可以被理解成似乎是效用最大化选择的权衡后
的结果[1]。作为社会学行为模型，有行为倾向的效用最大化者
模型包含下面的假设，即在后果导向及规范约束的两种行为方式
间选择的决定性因果因素是相应的收益及相应的成本，而没有包
涵涉及伴随此选择的心理过程及机制的假设。

至于不受理性控制却又符合利益的品格变化过程如何演变，
在此前有关偏好变化的外在影响的理论的章节已作了探讨。据
此，个人品格的有用性及功能性不仅能通过目的论的观点，也能
通过一个有关由适应和选择组成的进化过程的观点来解释。在该
过程中，合理的行为倾向得到了加强，那些不起作用、使行为者
遭受失败或带来挫折的行为倾向逐渐被削弱。尽管此类反馈过程
并不要求行为者进行理性计算，但它们还是产生了符合行为者利
益的结果。旨在挑选出最佳可能的理性选择原则同结果是适者生
存的进化论优胜劣汰原则完全等价。如行为倾向的适应性形成和
改变可能是基于利益的过程，我们在研究中就不必再依赖下列有
待商榷的假设，即行为倾向的有用性是以理性控制的、有意识计

─────────

〔1〕 参见克里姆特1985年论著第205页、207页；凡贝格1988年论著A卷。

划的过程为基础的[1]。

I. 作为"有品格的人"的有行为倾向的效用最大化者

就我们研究的目的而言，有行为倾向效用最大化者的模型已十分清晰。如同结合具体情形的效用最大化者一样，有行为倾向的效用最大化者也是理性的效用最大化者，即只以理性地追求个人利益为目的采取行动。与经济人不同，有行为倾向的效用最大化者是有个人"品格"的人，他培养了特殊的行为倾向、性格特征和习惯，使之有别于他人，其他人可以通过他有所"获益"。同结合具体情形的效用最大化者不同，有行为倾向的效用最大化者过去的行为作为信息来源具有完全不同的价值："人类不仅拥有将来，而且拥有过去[2]。"这一再平常不过的道理只是通过有行为倾向的效用最大化者模型才在经济学世界中成了不言而喻的事情。

有行为倾向的效用最大化者模型不仅有别于"社会化不足"的经济人[3]，后者作为"没有品格的人"不具备通过社会关系获得的性格特征；有行为倾向的效用最大化者同社会人也有本质区别，后者作为"过度社会化"的行为者[4]不能在合乎规范和偏离规范的行为之间及不同的可选规范之间进行基于利益的权衡。但对于本书研究所提问题非常重要的恰恰是，对规范采取"内在立场"也即"接受"和"承认"规范必须同如下假设相调

---

[1]　按照琼·埃尔斯特的观点，以特定行为倾向的（战略）有用性假设为出发点的行为模型建立在两个值得商榷的前提下："（a）个体可以选择获得一种行为倾向……（b）他人有能力识别这一行为倾向。"（见埃尔斯特1989年论著第43页；参见本人译作）第一个异议的作用已被淡化，第二个异议我们还将详细探讨。

[2]　见米勒1986年论著第19页；参见本人译作。

[3]　参见格拉诺维特1985年论著。

[4]　参见奥普1986年论著。

和：即只有当规范约束有益于个体利益时，行为者才会以"实用的现世性"接受规范的约束。因此，采用有行为倾向的效用最大化者模型，我们并未告别以自由主义理想图景为基础的人的形象，我们也没有从人类行为基于效用考虑的观点后退。我们只是假设，人类在追求利益的过程中，除在每一情形下以后果为导向选择最佳可能外，还有其他可供的选择。

完全可以当仁不让地说，有行为倾向的效用最大化者模型较传统的经济人模型更大大接近人类行为的经验现实。尽管这样更为贴近生活事实，但我们仍应清楚地看到，我们仍停留在一个适用简化后的有关人的本性的理论模型世界中，即在该模型世界中，非理性、狂热及意识形态如同魔鬼及上帝一样属罕见之物。因而本书研究仍以下述愿望为基础，即我们生活的真实世界中的重要社会事实不取决于这些现象。

第七章

规范约束与规范的产生

一 作为自我控制工具、经验法则及美德的个人规范

A. 新经济学世界

接下来探讨的是"新经济学世界"。"旧经济学世界"里充斥着符合经济人含义的结合具体情形的效用最大化者。新经济学世界的居民则由有行为倾向之效用最大化者组成,他们既可按照后果导向又可按照规范约束的"方式"采取行动。对这些新居民人们寄予希望,希望同充斥着结合具体情形的效用最大化者的世界相比,新世界能更好地解决"社会秩序的问题",希望新经济学世界的居民基于其内化规范的特殊能力充分地从"机会主义者"发展为"社会的人(soziales Wesen)",从而可以放弃引入社会人(homo sociologicus)模型。

在新经济学世界里,社会秩序经济理论同样面临一个新的"基本问题"。为了将有行为倾向之效用最大化者的模型成功纳入社会秩序的相关理论,只原则地说明在一定条件下有行为倾向之效用最大化者将自身行为接受规范约束因为有益所以符合理性,是远远不够的。光寻找个人规范起作用的例子不足以说明问题,有必要使人相信,这些个人规范可能是对社会秩序的存在至关重要的规范。有行为倾向之效用最大化者采取受规范约束行为的能力如果不能特别对那些社会秩序理论需要优先解释其适用的规范

发挥影响，那该能力从此理论的角度看就几乎谈不上是一种"进步"。

因此，新经济学世界中社会秩序经济学理论须探讨的基本问题是：从个人追求效用的角度出发，社会规范在个人身上发生作用是否合乎理性？该问题无疑系特殊挑战，要获得肯定的答案必须在两个乍看上去互相矛盾的事实中找到平衡点：一方面，社会规范的作用建立在规范兴趣者的意愿及意志上，这些意愿及意志开始似乎同规范对象的利益背道而驰。另一方面，个人规范的生效必须符合规范对象的意愿及意志，规范对象在行为中接受规范约束必须符合其自身的利益。因此，社会及个人规范的一致必须具备下列前提，即规范兴趣者能够创造条件，在这些条件下，他希望规范对象对其行为方式接受其行为倾向约束，而这些约束同时也符合规范对象自身的利益。

第一步要分析，使受规范约束的行为符合有行为倾向之效用最大化者的利益并由其将其兴趣转化成相应的行为倾向，总的说来取决于哪些经验条件？在前一章中尽管已列举了许多证明行为接受规范约束符合行为者利益的例子，但现在关键的是对迄今未系统化的例子进行客观的合目的性的分类，以便辨别那些可以成为受规范约束行为的有用性及有效性基础的不同的经验性因素。第二步是，在认识这些因素的基础上探讨新经济学世界中"形成规范的情形"，特别是观察此类情形在旧经济学世界难以产生符合规范行为的相同条件下能否出现。对规范采取内在立场的能力恰恰应当在符合规范的行为对于结合具体情形的效用最大化者不再具有理性时发挥其作用。

对有行为倾向之效用最大化者将其接受规范的兴趣转换成行为倾向的经验条件进行分析时首先必须注意，此处不只是在特定时刻需要符合理性的对个人规范的意愿，而且要求此兴趣持续并且稳定。正如已经看到的那样，要找到自我约束对个人有益的情形的例子并不困难，困难的是将这些情形同兴趣真正能得以实现的情形区别开来。

原则上，有行为倾向之效用最大化者受规范约束的行为方式在下列三种条件下可能符合理性并且稳定：

1. 当规范内容系一种行为方式，其实施总是，即在每一情形下都符合行为者的利益。

2. 当规范内容系一种行为方式，其实施在通常情况下，即在多数情形下都符合行为者的利益。

3. 当规范约束这一事实本身总是或在通常情况下符合行为者的利益。

研究将证明，特别是在第三个条件成立的情况下，个人规范有可能也是社会规范，因为作为规范约束的事实只有当其受到他人的褒奖时才会对行为者产生有益的后果。但对于社会规范的适用而言，规范理性且持续地作用于个人的三种可能性共同发生作用也具有重要意义。

B. 个人规范作为自我控制的工具

若规范内容系一种行为方式，其实施始终，即在每一情形下都符合行为者的利益，则结合具体情形的效用最大化者也会选择该方式。在此前提下，个人规范将产生符合基于后果导向权衡之上的选择规则的结果。尽管如此，在此类情况下接受规范约束的愿望也可能是符合理性的，因为确有一些影响因素使原则上理性的行为者也难以真正采取在保持一定距离和经过斟酌考虑时看来属符合其利益的行为方式。原因是，不论是意志还是评判方面，人类都是不完美的选择者。

其意志不完整性的典型例子是奥德塞中海妖的诱惑。在类似的情形中，行为者尽管可能有能力对备选方案及其经验后果进行"认知性"的把握和"判断性"的评估，但面对直接的强大的诱惑，由于意志薄弱他可能不具备真正采取符合其利益的最佳选择的能力。类似的情形有酒瘾、烟瘾和毒瘾，以及那些在特定情形下"背离常理"左右个人的狂热、好感及嗜好[1]。

人类选择者在评判力方面的不完整性早已被大卫·休谟所认识并从此不足中得出了具有深远意义的国家哲学的相关结论[2]。休谟发现，人类由于判断薄弱不理智地倾向于将其目前利益估计得高于其未来利益。他们面临着陷入不仅是来自海妖的诱惑，而且更是"来自当前的诱惑"的不能自拔的危险。不恰当地高估短期可实现的好处同时不恰当地低估远期的成本和收益的倾向，不仅通过基本的生活真谛而且通过无数经验心理学的实验得到了证实[3]。此行为的非理性化并非体现在认为未来占有的财富比现在占有的财富价值要低的基本观念上，而是更多体现在偏好秩序在时间先后变化的前后不一致中[4]。

所以，不仅在意志方面而且在评判方面，行为者都可能面临不能选择和实施符合其自身利益的理性行为方式的障碍，因此他会产生限制其选择自由并拥有自我控制工具以平衡其意志及判断薄弱的愿望。类似的工具可以是对其选择和行为进行有效规范约束，使行为者免受强烈的具体的吸引的困扰。在此条件下，受规范约束的选择行为自身并不优于后果导向的选择行为，它们"仅仅是"有助于在具体情形下确实贯彻效用最大化的选择。

但前一章中的例子已清楚表明，借助可更改的行为倾向完全克服选择弱点的行为模型从经验上看难以成立。特别是古典的榜

---

〔1〕 具体例子见埃尔斯特 1987 年论著第 68 页及以下；弗兰克 1992 年论著第 75 页及以下；谢林 1984 年论著第 63 页及以下。
〔2〕 参见休谟 1739 年论著第 283 页及以下。
〔3〕 参见弗兰克 1992 年论著第 72 页及以下的详细阐述。
〔4〕 参见埃尔斯特 1987 年论著第 96 页及以下，弗兰克 1992 年论著第 73 页及以下。该现象对选择之合乎理性的负面影响不仅表现在时间偏好的恒定上，而且表现在对经验事件的概率的预测上。

样也说明了人类可能的限度，如奥德赛必须将自己捆在桅杆上，因为他缺乏心灵的桅杆。有行为倾向之效用最大化的模型能处理好人类自我控制有限性的问题吗？

根据该模型，有效的规范约束取决于约束本身持续得到动机性的"支持"。必要的前提是维护该倾向持续地符合行为者的利益。尽管在需要自我控制时该前提毋庸置疑存在，即规范约束应成为一种实现行为方式的工具，而始终采取这种行为方式符合行为者的利益。

但在缺乏意志力及判断力的情况下却存在一特殊问题，即对结合行为倾向的行为模型的兴趣之所以存在，恰恰是因为行为者没有能力在相关的情形下"源于自我"地采取符合自身利益的行为。他处于一种原则上缺乏实现自身利益的能力的状态。然而，如果他没有采取对其有利的具体行为的能力，那么他在同一时段内获得并保持相应行为倾向的能力似乎不能令人信服。这样一来出现的情况必定是例如他有可能具有戒毒的行为倾向，但同时在面对具体情形时又无法放弃吸毒。我们到何处去寻找对行为倾向的形成和保持至关重要的"心理力量"，如果这些力量从根本上不足以影响一种相应的个别行为？行为者不能始终采取符合其利益的行为的事实必然会对其行为倾向"产生影响"。

但不能得出下述结论，即依据结合行为倾向之效用最大化模型，规范约束作为自我控制的工具肯定总是无效。这样的结论经验上也同样难于令人信服。因为正如我们有把握认为通过获得行为倾向不能解决我们意志力和判断力薄弱的所有问题一样，我们也肯定同样可以举出一些例子说明行为倾向有助于至少部分弥补意志力和判断力的不足。

但在结合行为倾向之效用最大化模型的基础上可以令人信服地证明，自我控制能力大体可以给我们的不完美性提供一定的保护。必须注意，根据该模型，结合行为倾向的行为约束并非瞬间产生或消失，而是表现出一定的变更惰性。然而在意志力及判断力不足的情况下，"理性化"的功能可能恰恰同此延误效果密不可分。

这一点可以借助下面的例子说明：体重超常的 A 希望节食，并不断地同自己的意志不足及低估未来健康危险的倾向进行较量。A 因而没有能力依靠自己的精神力量形成对己有利的遵循节食计划的行为倾向"约束"。我们假设，为此目的他借助未来帮助：他参加疗养，以便通过类似的"强化措施"使自己习惯节食方法和获得相应的行为倾向。该行为倾向由于其惯性作用在 A 结束疗养后仍可一定程度保证他不立即捡起老毛病。但是如果一段时间后 A 的本能需要再次以过去的形式和过去的强度出现，这些需要就会对付"行为倾向"，削弱或腐蚀它，最后完全消除行为倾向。A 就得再次前去疗养。

A 的不幸经验具有普遍意义。尤其在染上恶瘾方面一再得以证明的是，由一定制度"人为"制造行为者艰难获得的行为倾向，当外部稳定器消失后很快又会失效并成为过去原动力的牺牲品。

但事情也可以以另一种对 A 及与其同病相怜者更为有利的方式发展。我们假设，从一开始 A 只是在特定的情形下没有控制饮食的能力，受行为倾向"薄弱"侵袭的日子同 A 行为倾向"坚强"日子交替出现。在此情况下疗养会产生什么作用呢？疗养期间获得的行为倾向在疗养结束后不必再不断地同顽固的行为原动力做斗争。行为倾向得到"加强"的情形会同其被侵蚀的情形交替出现。但如果 A 的薄弱行为倾向控制在一定范围，则行为倾向的惯性会帮助他度过困难时期，同时他自己也能够在顺利时期"帮助"加强行为倾向以备困难时期之用。

因此，根据结合行为倾向之效用最大化的模型，作为自我控制工具的个人规范的有效性取决于，相关个人即使不求助规范约束也应在相当程度上具备采取符合其利益的行为的意志力和远见。酗酒的人必须有能力在一些情况下依靠自身力量不去饮酒，嗜食者必须时常有能力毅然对美食佳肴说不，挥霍者有时也应该对节约钱财的益处当下做出正确评价。如果此条件具备，依据结合行为倾向之效用最大化模型的假设，相应行为倾向的获得将给意志力薄弱和短视的危害提供又一防护。

就人类意志力薄弱和判断力缺乏、对此通过规范约束予以部分补救及对此过程的模型再现，还有许多需要说明的地方[1]。同这些难题相关的无疑是经验和理论方面高要求的问题。对个体的利益而言和从心理学的角度看，作为自我控制的工具的规范属重要的现象，但从社会秩序理论的角度则不然。从后者的角度看，只有在一种由这类动机因素促成的规范约束在人类何以对社会秩序的核心规范采取内化立场的问题上产生重要作用时，规范才可能成为重要现象，事实上，规范约束尽管在此情形下扮演着一定的角色，但——这一点我们还将会看到——不是主要的、而更多是次要的角色。原因在于，面对选择的意志力和判断力的不足，规范"只"对从结合具体情形之效用最大化角度看也属理性的行为起到稳定的作用。但类似的问题从社会秩序理论的视角看却并非关键。规范生效之经济学理论所缺少的是对根据结合具体情形之效用最大化标准违反理性的规范一致性进行解释。此类情况原则上涉及其他情形，它们不同于结合意志力及判断力缺陷阐述的那些情形。

然而，即使有行为倾向之效用最大化者的模型对研究人类意志力及判断力不足的问题没有帮助，它也不能否认相关领域中不

---

〔1〕 参见埃莱 1975 年论著；埃尔斯特 1987 年论著第 68 页及以下；弗兰克 1992 年论著第 75 页及以下；谢林 1984 年论著第 57 页及以下；索尔尼克等 1980 年论著；塔勒尔/谢夫朗 1981 年论著；温斯顿 1980 年论著。

争的事实，其中一个显而易见的事实便是人类作为选择者通过采取规范约束行为弥补其不足的能力尽管有限，但也只是有限。我们通过"内在的屏障"只能有限地抑制这些不足的无奈事实将给另一行为模型提供舞台，根据该模型，行为者并非不可变更地受一定行为倾向的约束，相反，对他产生作用的行为决定因素原则上时时刻刻也都在影响着他的行为倾向。

C. 个人规范作为经验法则

我们现在讨论有行为倾向之效用最大化者趋向规范约束行为的意愿可能符合理性及稳定的第二个条件，即规范内容系一种行为方式，其实施在通常情况下符合行为者的利益。行为方式在"通常情况下"符合行为者的利益，意味着按照结合具体情形的效用最大化的标准，该行为方式在大多数情况下属"好的"甚或是最好的选择，但根据同一标准在少数情况下也可能是次优甚或是"坏的"选择。视在此前提下被认定为符合一种规范的行为方式而定，遵循规范可能产生好或坏的不同结果：如果出于担心道路堵塞只在 12 点至 15 点间驾车进城购物，其效果比起为了追求质量而一味购买同类的最贵产品结果要好得多。

尽管服从类似规范极有可能不能获得在每一情形下采取后果导向的行为权衡的行为者看来最佳的结果，但在行为中采取在通常情况下产生好的或令人满意的结果的规范约束对个人仍可能具有（巨大）的好处。有两个原因或单独或共同促成规范约束的选择，即个人的个案权衡的成本和选择者在认知方面的不完整性。

对"选择成本问题"的考虑带来了经济学研究中对经济人模型的明显变化，这一发展是由于一系列被观察到的、同后果导向的选择行为不相吻合的行为方式引起的[1]。如何将人类行为的不争事实，如惯例、习俗、风俗、习惯或例行公事纳入经济学模

---

〔1〕 参见本书第 3 章的参考书目。

型中？这些现象，特别是当它们在一些——如市场——行为者无
须将个人效用后置的情形或领域发生作用时，更显得"不合时
宜"。尽管如此，行为者还是经常放弃对行为的后果导向的权衡，
而是根据规范和规则做出选择。

　　与其否认上述行为方式的理性化（这将导致在日常经济生活
中几乎没有人的行为是理性的），不妨认为受规则引导的、符合
习惯的行为也可以以理性的效用最大化为基础。出现这种情况的
前提是，第一，有关的规则或习惯不能被其他获得更好的行为结
果的规则或习惯所取代；第二，选择的成本，特别是采取结合具
体情形选择策略以信息的获取及评估的形式出现的成本，超过由
于按规范行动因而不总是或永远无法获得最佳选择造成的间或或
定期效用损失。如果这两个前提成立，放弃后果导向的行为权衡
并根据经验法则标准解决方案采取行动效果更好："出于对信息
获得及在新情形下使用信息的成本的考虑，习惯比起通盘考虑、
似乎带来效用最大化的选择在应对环境的轻微或短暂变化方面属
更有效的方式[1]。"因此，将理性的效用最大化的权衡方法应用
到选择过程本身曾经被作为经济学理性模型的成功扩展而隆重推
出，因为纳入选择成本此前只被看做结合具体情形的效用最大化
的更为广阔策略的表现。

　　在选择成本之外，还有一个被证明是体现遵守经验法则的好
处的选择过程的重要变量。对人类能力的客观观察必将达到下述
认识，即人类不仅在意志力和判断力方面，而且在认知力方面也
是不完全的选择者。不能期待个人在每一选择情形下都能分辨出
对其最佳的选择。一般而言，人类只拥有有限的个人知识和有限
的记忆容量，在选择的时刻不能将复杂的相互关系完全浮现在自
己的眼前。再加上当现实的吸引和信息在质和量上超过一定界限

――――――――
　　〔1〕　见施蒂格勒/贝克尔1977年论著第82页；见本人的翻译。

值时，人类对其的正确感知和加工就更加困难。由于无知、信息加工容量的限度及有限的学习能力，必然导致后果导向的选择行为的选择性和误差性。有穷尽的大脑、有穷尽的记忆力及有限的"捕捉和估算速度"迫使人类在对待其知识财富上也得对有限的资源进行经营[1]。

有必要指出三个学者，他们以人类选择者的认知不完整性为由要求对经济学的行为模型进行修正，他们是 F.A. 哈耶克、赫尔伯特·A. 西蒙和罗纳尔德·A. 海涅尔。哈耶克认为，人类知识的不完全及由此产生的缺乏在考虑所有相关后果前提下采取选择的能力是理解社会规范和社会制度的中心所在[2]。在哈耶克看来，有关认识其生命和社会环境的方方面面并能前瞻性地理性地计划未来的"近乎无所不知的个体[3]"的神化是社会理论的原罪，它直接导致了对人类能力的完全错误的估计及偏离轨道的"理性主义"和"建构主义"[4]。西蒙在其意义深远的著作中提倡"有限理性"，并强调了完整的现实世界与依靠对其行为选择和可能的后果过于简单化认识的行为者的主观世界的区别[5]。有选择的感受及"有选择的受启发"而不完全信息和全面的权衡成了人类选择的基础[6]。海涅尔突出了纯结合情形的选择者由于其不可避免的缺陷带来的必然消极结果。在一个拥有复杂情形、极高选择难度及有限选择能力的世界里，希冀在每一情形下

---

〔1〕 概括：见凡贝格 1988 年论著 B 卷及 1993 年论著 A 卷。

〔2〕 参见哈耶克 1984 年论著第 33 页及以下，1969 年论著第 32 页及以下，75 页及以下，144 页及以下，1973 年论著第 8 页及以下；1975 年论著。

〔3〕 同上，1948 年论著第 46 页。

〔4〕 参见同一出处，1973 年论著第 8 页及以下，31 页及以下；1975 年论著；对哈耶克的反建构主义的肯定及批评参见凡贝格 1981 年论著第 12 页及以下。

〔5〕 参见西蒙 1957 年论著，1979 年论著 A 卷；1979 年论著 B 卷；1982 年论著。

〔6〕 参见同一出处，1979 年论著 A 卷。

都取得最佳结果的目标恰恰必定是非创造性的。由于上述原因，在某些领域作为遗传发生学的反应模式，规范约束的行为从进化论角度看也更为富有成果[1]。

根据结合具体情形的效用最大化的原则采取的选择行为产生的相关成本和认知要求，使个人规范作为规则有了用武之地。按规范采取的行为大大降低选择成本和选择情形的关联性，因为只需要找出规范应用的条件即可做出正确的决定，而其他情况和可能的行为后果则可以忽略不计。通过这种"选择性"的选择规则，成本和失误风险也相应降低。

毫无疑问，可以找出许多经验法则，它们在一些行为领域较成本密集的、易出错的个案权衡效果更佳。人们显然可以将其有限的智能手段用于同个案结合的选择行为，因为他们生活在这样的一个世界中：尽管由众多个别因素组成的复杂"多样化"难以直接把握，但经验结构及规则和规律性则有相当大的恒定性。相同出发情形如果不超过一定数量，许多行为方式"通常情况下"会产生相同或近似的后果，因此，给不完美的人类选择者用于平衡其弱点的经验法则可以大显身手。

另外还有一个重要因素，即人类作为"能工巧匠"会有意识地塑造自然和社会环境，从而使环境的同样性和"可预见性"大大提高。在他所处的社会世界中，恰恰又是规范确保了规范对象在一定的条件下可预见地按一定的方式行动。尊重规范就有可能将"互补"的经验法则固定下来，这些经验法则的基础是能够期待在一定的条件下"通常"会采取一定的行为。借助社会规范提高社会行为的理性可预见性在马克斯·韦伯的现代社会理论中占

---

[1] 参见海涅尔 1983 年论著，1988 年论著 A 卷；1988 年论著 B 卷；1990 年论著。

有主导地位[1]。

基于上述原因，不能低估按照经验法则采取的行为在人类实践中的意义，绝大多数日常选择都是参照经验法则进行的[2]。这一点在当今经济学的代表人物中似乎没有争议[3]。但经常没有给予足够肯定的是，承认上述事实意味着结合具体情形的效用最大化模型朝着有利于规范约束的行为方向作了巨大修正。因为即便是在遵循经验法则只被视为"经济人为了降低选择成本进行的调整"的情形下，"这种降低的可能性也没有改变下述事实，即经验法则在的确带有动机的事件中扮演着同个案导向适应模型相矛盾的角色[4]"。服从经验法则的行为者在具体的情形下并非在对可能的选择进行个别的权衡后采取行动，而是按照超越个案界定一定选择的规范采取行动。

在经验法则下，有行为倾向之效用最大化者采取"自承（selbsttragend）"的因而也是稳定的规范约束的"关键"条件已经明显得到满足。若经验性框架条件保持足够的稳定，则放弃个案权衡将持续优于对所有信息进行评价及对各种可能进行权衡。因此对有行为倾向之效用最大化者而言，在时间顺序上也不会形成

---

[1] 参见鲍尔曼 1991 年论著 A 卷，1991 年论著 B 卷。

[2] 舍马克（Shömaker）在 1982 年论著第 552 页中已被引用的结论；参见本书第 132 页，人类选择行为中接受经验法则约束的突出价值当遇到下列困难时凸显出来，即当试图通过"人工智能"手段用模型形式塑造实用理性行为时。在此情况下，根本的问题总是有关模拟"启发式"的规则和原则的问题，而恰恰不是有关按步骤对"所有"选择进行权衡和广泛审核的问题。参见鲍尔曼/曼斯 1984 年论著。

[3] 参见埃塞尔 1990 年论著，1991 年论著 A 卷第 82 页及以下，1991 年论著 B 卷，见弗莱 1988 年论著；林登堡 1989 年论著，1993 年论著；林登堡/弗莱 1993 年论著；特维尔斯基/坎内曼 1986 年论著。

[4] 见克里姆特 1984 年论著第 42 页；凡贝格在 1988 年论著 B 卷中也强调，服从经验法则属一种"真正规范取向的行为"类型；见其 1993 年论著 A 卷。

使之背离由经验法则确定的选择行为的理由和诱因，同样也不会产生对培育有效行为倾向的障碍。

剖析经验法则的相应本质不难看到，对有行为倾向之效用最大化者而言能重新修正其规范约束是多么重要，因为如果经验性的框架条件变化且一定的行为方式"通常情况下"不再有益，则行为者如果不再能够放弃"熟悉的"习惯就可能面临十分有害的后果。有行为倾向之效用最大化者如果不具备根据利益情形调整行为倾向的能力，他就可能几乎无法利用恰恰是由经验规则带来的巨大效用。在许多情况下，获得一种面对变化了的周围环境无法做出调整的墨守成规的行为套路风险实在太大。

当然，服从经验法则还体现为一种受规范约束的行为方式特例，也可称之为一种"微弱意义上"的规范约束。经验法则在一定程度上只是通往"真正的"规范约束的过渡阶段，因为一方面行为者放弃了按照结合具体情形的效用最大化的原则进行选择，原因仅仅在于他不清楚具体选择情况下哪种选择是效用最大化的选择，或发现它成本太高或没有把握。但如果他从任何一个渠道低成本并可靠地获得信息，那他就没有理由再继续服从规范或采取可能属次优的选择。另一方面，面向经验法则并不一定要借助产生行为倾向的"心理拐杖"，因为只要选择成本和选择风险相应过高，则任何具体情形下效用最大化的选择必然是使用经验法则和服从经验法则，所以不会产生背离经验法则的情形诱因。事实上，趋向经验法则恰恰经常同个人的取舍能力和根深蒂固的习惯，特别是人的性格特征紧密相连。

与此相反，"强烈意义上"的规范约束则是，行为者即使在下列条件下也将规范作为行为基础并在相关情形下服从规范，即他很清楚规范规定了结合具体情形的效用最大化的原则绝非最佳的行为选择而且也知道有更佳或甚至最佳的选择。因此，强烈意义上的规范约束同服从经验法则的出发点不同，特别是不存在服从规范会得到节约选择成本或降低风险的奖赏的出发点。即便选择成本和风险按结合具体情形的选择战略对行为者而言完全可以接受，强烈意义上的规范约束此时也必须发挥作用。我们将发现，恰恰是当我们想要实现结合行为倾向的、接受社会规范的约束时，此等强烈意义上的规范约束必不可少。

D. 个人规范作为美德

根据个人规范作为自我控制的工具并作为经验法则有助于降低选择成本和弥补作为选择者的人类的不完美性的事实，我们有可能得出结论，即既不面对意志力和判断力薄弱及权衡过程的缺陷、又不担心选择成本的完美的选择者可以放弃个人规范并应该努力在每一情形中实现自己的最佳利益。尽管如此，仍有一系列重要因素回答了为何在一定的行为情形中接受规范的约束对有行为倾向之效用最大化者而言可能是有利的这一问题。即便有行为倾向之效用最大化者无所不知，不犯错误，意志力坚定，不必考虑选择过程中的成本，他仍有充分的理由在一定的条件下采取受规范约束的行为方式。

但此处涉及的规范不是作为其对象的行为方式的实施始终或在通常情况下符合行为者利益的规范，而是作为其对象的行为方式从单一行为的视角观察在通常情况下甚或始终违背行为者利益的规范，也就是说，在此情况下采取受规范约束的行为方式的特定原因恰恰在于所要求的行为方式同行为者的"具体情形下"的利益不相一致，即行为者在相应的情形下一般不会选择采取规范所要求的行为方式。尽管如此，仍存在着一些对自利的个人而言产生服从规范的理性愿望的条件。符合条件的情况是，尽管规范所要求的行为方式有规律地或在通常情况下不符合行为者的利益，但该行为方式却符合规范约束这一事实本身。然而，只有当该事实本身具有有利后果时，受规范约束这一事实才有可能符合个体的利益。这可能吗？如何才能出现下列情况，即在情形 Y

中行为者采取行为 X 不符合其利益，但他拥有在情形 Y 中会采取行为 X 的行为倾向这一事实却符合其利益？

对他人而言，行为者按结合行为倾向的规范约束方式采取行动将产生一个重要的后果，即他人能够预见行为者在特定的情形下将采取符合其行为倾向的行为方式，无论该行为方式在此情形中是有益或有损其利益。结合行为倾向的规范约束使下列预言成为可能，即行为者在一定条件下不会作为结合具体情形的效用最大化者出现，而是排除后果导向的权衡按规范规定的方式行事。当然，此类行为倾向的"外在影响"并不在于观察者或关联伙伴能够预测行为者的行为方式，而在于他们可以指望若没有此行为倾向便不会出现的一定行为方式[1]。这就是同规范约束这一事实本身紧密相连的特有的"崭新"的经验现象。因此，同该现象相连的必定还有将规范作为个人规范对行为者而言符合理性的潜在有利后果，尽管该规范规定的行为方式就单个行为而言既非始终也非在通常情况下符合其利益。

和个人规范作为自我控制的工具及经验法则的情况不同，此处必定需要一个在人际性、战略性环境中的特别格局。因而根据上述判断，规范约束这一事实本身只可能在下述条件下对行为者有利，即他确定采取的特定行为对他人及他人的决定具有于已有利的影响。必定存在这样的情形，即当关联伙伴预计行为者不会刻板地按个案导向或机会主义的原则而是受规范约束地行事时会

---

〔1〕　因此，不应该再犯人们常犯的错误，认为服从规范约束的价值体现在因之才产生的行为的可预测性及前瞻性上。情况正相反，同按规范约束行事的个体相比，结合情形之效用最大化者的行为同样好预测或者甚至较前者更好预测。在这个问题上，规范并未"降低""复杂性"。相反，关键在于，即便在根据结合情形之效用最大化可能得出其他完全不同的预测的情况下，结合行为倾向的服从规范约束行为也允许人们预测存在一种符合规范的行为方式；参见本书第 61 页及以下。

出现对其有利的结果。此有利的后果必须能平衡规范规定的行为在个案看来给行为者造成的效用损失。在个案情况下的效用损失必定同规范约束本身的有利性紧密相连，因为行为者接受规范约束只有当其以并非在每一单独情形下均符合行为者利益的行为方式为内容时，才会包含着对关联行为伙伴意义重大的新信息。

从上一章的例子中，我们已经知道的确存在着许多这样的情形，对行为者而言，行为的规范约束对他人行为带来的有利效果在这些情形下明显超过以个案造成的效用损失形式出现的有害的"附带后果"。规范约束的行为可震慑敌人，给谈判对手产生坚定的印象，也给伙伴合作与公平的安全感。在这些情况中，行为者可以预期其行为倾向对其有利，恰恰因为他人必定或能够认为，行为者在特定的情形下将逆自己直接的利益行事。这种来自对手或伙伴的期望将使行为者获得通过其他途径——特别是坚持选择自由不受限制时——无法获得的益处。这不是个别行为的特征或经验论后果，也不是产生效用的实施规范的行为，而是规范约束这一事实本身。

在此条件下，行为者的规范约束只"指向"他人，周围的人的行为将会受到规范约束的行为方式的影响。个人规范由此而成为对他人产生影响的特有手段，其"意义"在于面对他人自我约束自我固定，并引导他们的行为向有利于行为者的特定方向发展。从该角度看，将规范约束的能力视为理性效用最大化者能力的扩展也令人信服，它提供了影响他人的期待及行为的新的可能[1]。

不是通过保障或促进结合具体情形的效用最大化的原则而是通过促使行为者违背该原则行事来促进行为者利益，这种规范约

---

〔1〕 这一点尼古拉斯·罗威也强调过，参见其1989年论著第6页、第22页及以下，第44页及以下，第73页。

束的行为方式或曰个人规范，我称之为"美德（Tugend）"。此意义上的美德将导致完全不能再用结合具体情形的效用最大化的原则来解释的行为。同作为自我控制及经验法则的个人规范不同的是，美德不会帮助行为者在具体情形下向效用最大化的行为接近，相反，美德包含着在具体情况下以牺牲自我利益促进他人利益的行为方式。对具有美德的个体来说，实践美德只有通过他人对其美德所作的反应才能产生效用。美德可能产生的有用性总是间接出现的[1]：要么他人害怕这一品德，因为美德有可能对他们是危险，要么他人珍视这一品德，因为美德符合他们的利益。在此，对他人而言，美德的特殊危险性或有用性恰恰在于在相应的情形下美德的行为是在"不考虑"行为者利益的情况下被实施的。

已强调指出，与结合具体情形的效用最大化者不同，有行为倾向之效用最大化者将成为具有个人行为倾向和性格特征的"人物"，他们完全有别于其他人，即使这些人也同样是有行为倾向之效用最大化者。特别是涉及美德时，这一事实对其周围的人来说非常重要，因为美德指的是在人际关系框架中非常重要的行为倾向。作为拥有形成美德能力的行为者的关联伙伴，不能再期待这些行为者在同一情形下——同样"约束条件"下——采取相同行为。相反，新经济学世界的居民必定获取我们熟悉的经验，即相同的外在条件下，不同个人的行为方式差异极大，因为他们的行为在很大程度上取决于沉淀在他们性格中的因素。要预见他们的行为，就必须认识这些因素。有行为倾向之效用最大化者不再仅仅拥有现在和将来，而且拥有过去和影响他们个人性格及参与决定他们现在行为方式的自传，这一来自过去对现在的影响在旧经济学世界中是完全不可能的。对只关注未来的结合具体情形的

---

〔1〕 此处使用的美德的概念有别于古典的美德概念。

效用最大化者来说，过去的事件，特别是他本人过去的选择，对其现在的行为方式没有直接的影响。他看重的只是行为在未来可能产生的后果。因此，旧经济学世界的人是可互换的。

有行为倾向之效用最大化者的行为的根本历史关连性，也即个人"历史"对其现今状态的重要性，要求其关联伙伴了解"他是怎样一个人"，如果他们想预测他在特定的情形下如何行动的话。得出的结论是，对相互关联的行为者来说，规范约束的行为的存在首先大大提高了社会环境的错综复杂性。因为不仅不同的行为者遵循不同的规范（或根本不遵循任何规范）造成了个体对同样情形条件作出极为不同的反应，而且应被人们认识的、旨在预测有行为倾向之效用最大化者行为的关键的"内在"行为因子同外在的情形特征相比难以被透析：第一，所涉及的并非可直接观察到的事实和数据而是倾向，对此，原则上不存在具有确定性的核实程序，因为在判断中使用的都是假设的因素。第二，为了获得确定行为倾向的必要信息，必须研究个人的行为，特别是为了估计个人现在和未来的行为，需要对其过去的行为进行了解。第三，所涉及的信息是较观察者而言被行为者以另一种并且大多数情况下也是更可信的方式支配的信息。对行为倾向的了解并非像对行为情形的外在特征的了解那样属自然而然的"可分享的了解"，这种知识一方面必需先由观察者开发出来且可能被行为者通过各种战略隐藏起来，另一方面当行为者希望表达它时却又难以传达。

上述寥寥数个暗示即已清楚地表明，用有行为倾向之效用最大化者采取规范约束的能力作为工具来实现作为美德的个人规范在人际关系中的潜在益处并非易事。要成功地使用它需要克服一系列障碍和陷阱。夸张地说，结合具体情形的效用最大化者的透明的行为战略和可预测的行为被有行为倾向之效用最大化者的不透明的行为战略和不可预测的行为所替代。

　　如同其他的个人规范一样，成功实现美德行为的潜在效用的障碍之一同有行为倾向之效用最大化者的有限自我约束能力有关。对拥有美德的兴趣必须稳定而持续地存在，特定时刻符合理性的愿望本身不足以使自己成为有美德的人并保持下去[1]。采取有行为倾向的行为及实践道德的能力也并非根据参与者共同利益应对一切场合的灵丹妙药。

　　有行为倾向的规范约束符合行为者理性的经验条件的持续性问题在具体到美德时甚至更加突出。因为必须支撑美德倾向的利益状况的稳定性是关联伙伴如何看待行为者的直接结果，培育美德对有行为倾向之效用最大化者是否有益根本上取决于他们的反应。如果周围的人不能认识及奖励美德，美德对行为者将失去意义。

　　由于上述原因，有必要在新经济学世界中研究作为美德的个人规范在何种条件下能在社会生活中发挥有效的作用及在何种条件下不能。意义重大的不仅是，个人对美德的兴趣在多大程度上保持足够的稳定和延续，而且还涉及美德的个人在多大程度上能成功地向关联伙伴证明自己的可信性以及关联伙伴如何能防范欺骗者及伪善者。有行为倾向之效用最大化者是否及在多大程度上具有美德是解释社会规范的关键问题，这一点不言而喻，因为社会规范尤其能以美德的形态变成个人规范，也即具体到美德方面，行为者采取规范约束的理由之一在于涉及的行为方式的实施是他人所希望的。

二　新经济学世界中生成规范的情形

A. 有行为倾向之效用最大化者作为规范兴趣者和规范对象

---

　　[1] 可将它称为道德的"亚里士多德问题"，如亚里士多德所见，问题并不在于识别或希冀美德的行为，而在于如何具有美德。

在前一章中已经对个人规范的三种级别分别进行了阐述，即作为自我控制工具、作为经验法则及作为美德的个人规范。在一定的条件下，将行为接受规范的约束符合有行为倾向之效用最大化者的利益。下面将更加详细地分析，在新经济学世界的何种情形里存在着类似的条件。在此特别需要关注的当然是接受个人规范的约束对社会秩序的形成有何贡献，也即找出新经济学世界中哪些情形在导致社会规范生效的意义上"生成规范（normgenerierend）"。

这一探讨的前期步骤在旧经济学世界和新经济学世界间并没有根本区别。作为规范兴趣者的理性效用最大化者的考量在此也是"自然"的出发点。如同对结合具体情形的效用最大化者的假设一样，我们不妨也假设有行为倾向之效用最大化者对他人服从一定的规范抱有根本的兴趣。从其利益立场出发，他希望限制周围的人的自由也符合理性，因为他不能肯定周围的人会出于本性选择放弃对自己有害的行为或采取对自己有益的行为。由于新经济学世界的居民同样是只以个人利益为导向的自利的个体，因此原则上也会出现类似旧经济学世界中的严重利益冲突。同经济人相比，现代人作为"天生"的规范兴趣者毫不逊色。同结合具体情形的效用最大化者一样，有行为倾向之效用最大化者也有同样的需要和兴趣，因此他们希望周围的人服从的规范的内容也没有任何改变。

新旧经济学世界的根本区别不在于行为者的基本利益方面，而是在于他们如何能够实现其利益方面。每一规范兴趣者若想实现自己的愿望，显然必须在同规范对象的关系中拥有一定的力量[1]，他必须拥有在相当程度上改变他人行为决定因素的能力。在旧经济学世界中，实现此目的的可选手段有限，因为可影响结

---

[1] 参见本书第78页及以下。

合具体情形的效用最大化者的因素有限。经济学行为模型前提下的有效行为决定因素仅仅是各自行为方式可预见的后果及其主观效用值。从结合具体情形的效用最大化者的立场出发，只有一个原因能让规范对象在一定的行为情形下服从规范，即对他来说服从规范的选择肯定是产生很可能是最佳后果的选择。因此对旧经济学世界的规范兴趣者而言，要实现他人遵循规范的愿望的道路只有一条，即他必须通过正面鼓励（positive Sanktionen）或负面制裁（negative Sanktionen）的方法改变他们行为的外在决定要素，亦或改变行为的可预见的后果的效用值。在旧经济学世界中，始终服从规范只能是规范制定者和规范保证者始终实行鼓励和制裁的结果。在每一涉及规范的情形下都必须确保外在行为决定因素发生决定性的变化。

在新经济学世界中有两个重要的变化。一方面，作为规范兴趣者的有行为倾向之效用最大化者可以以一种不同于结合具体情形的效用最大化者的方式对规范对象动用其个人力量资源。另一方面，对作为规范对象的有行为倾向之效用最大化者动用手段，同对结合具体情形的效用最大化者动用相比产生作用的方式也不同。这两种变化的基础是，对有行为倾向之效用最大化者而言，不仅是行为的可预见的后果起着决定性的作用，而且倾向本身也成了重要的行为决定因素。

关于有行为倾向之效用最大化者作为规范兴趣者的角色问题，他按其行为倾向接受约束将导致的后果是，即使采取正面鼓励或负面制裁在具体情形下对规范兴趣者而言并非是产生效用最大化的选择，规范对象也能够并且必须估计到会采取制裁行为。制裁行为的约束将此行为同相应的情形诱因分离，借此可大大增加非正式制裁机制的有效性，但这样一来也增加了规范兴趣者面向规范对象赋予自己意愿以有效性的权力。

另一方面，作为规范对象的有行为倾向之效用最大化者也可以有倾向地行事的事实赋予规范兴趣者改变规范对象内在行为决定因素的新的可能。在此条件下，规范兴趣者可以寄希望于规范对象培养采取受规范约束行为的行为倾向，而不是通过改变行为的外在要素仅仅对其行为施加影响。尽管在新经济学世界中也没有类似教条化或内化等"心理学"的机制可用于改变行为的内在决定因素，但规范兴趣者必须设法让结合行为倾向的规范约束符合规范对象的理性利益，而在多大程度上做到这一点最终还是取决于规范对象的外部行为条件。但重要的是，将规范兴趣者从在每一涉及规范的情形中充当制裁实施者的角色中解救出来，因为没有必要为了将规范约束变成对规范对象有益的行为倾向而将每一次规范服从都变成对其而言效用最大化的选择。

作为研究新经济学世界的社会秩序的参考，来自旧经济学世界中结合具体情形的效用最大化者的"经验"有可取之处。在旧的经济学世界中，在非正式机制基础上令参与者满意的同社会规范的一致性只能出现在对局部群体和紧密的利益共同体典型的情形下，而不可能出现在现代的、匿名的大众社会的非个格化的和非恒定的社会关系中。生成规范的情形过去只存在于关联群体内。现在，显然有必要探讨作为规范兴趣者及规范对象的有行为倾向之效用最大化者在那些在旧经济学世界中属于"破坏规范"的条件下如何行事，即是否所有或一些情形在新经济学世界中会变成生成规范的情形。我们将首先关注主要的问题，即同结合具体情形的效用最大化者相比，有行为倾向之效用最大化者是否更具备实现共同的规范利益的能力，也即他们是否有能力摆脱结合具体情形的效用最大化者面临的窘境，即虽然当他们在遵守特定规范的某些情况下总体上看处境要好一些，但他们却没有促成这种他们所希望的状态的能力。

为了逐步将问题的核心尽可能地勾勒出来并清楚指出，有行为倾向之效用最大化者从其采取规范约束的行为能力中原则上能获得哪些益处，研究刚开始时应在完全理想化的状态下进行。不妨先假设，新经济学世界的居民都是"透明的"行为者，因而可以通过其行为方式毫不费力地相互看出某一行为是以结合个案的情形权衡还是以结合行为倾向的规范约束作为基础的。这样，在研究的第一步中就排除了所有同准确区分关联伙伴的相关选择规则和"人品特征"有关的问题及同伪装诱因和规范约束行为的真实表现相关的所有问题。所有参与者都应能将可观察到的行为方式归纳为一定的行为倾向。

暂时不考虑并不意味着，这些问题是或多或少可以忽略的问题，相反，这些问题在随后的研究中将会被证明是特别重要的。一方面，因为规范约束的成功伪装的可能效用或许很大，而伪装本身显得相对简单；另一方面，因为导致的后果是可能出现一种持久的相互不信任的氛围，这种氛围可能成为实现采取结合行为倾向的规范约束带来的潜在益处的障碍之一。

B. 在持续的个人关系中的个人规范

在关联群体中持续的个人关系的框架下，符合所有参与者愿望的规范可以通过人际互惠交换性得到保证。对作为关联群体成员的行为者而言，在每一选择情形中遵守向他提出的规范同时"换取"其他关联行为伙伴的服从规范，是理性的产生效用最大化的选择。在该方面，结合具体情形的效用最大化者不会有困难去实现他的利益，而且似乎也没有对有行为倾向的效用最大化者的特殊能力的需求。在关联群体的前提下，在旧经济学世界中也存在着生成规范的情形。如涉及的是符合所有群体成员利益的社会规范，那么对作为关联群体一员的有行为倾向的效用最大者而言，乍看上去并没有让作为规范兴趣者及规范对象的他采取规范约束行为的理由。

但仔细观察却发现该结论只对作为美德的个人规范有效。为了让有行为倾向的效用最大者有充分的理由接受作为美德的个人规范，让规范约束这一事实本身得到互动关系伙伴的奖赏是——
如我们所见——有行为倾向的效用最大化者有充分的理由承认作
为美德的个人规范的必要前提。这样一种前提依存于持续的个人
关系，而对于接受社会规范约束，并不存在该种前提。关联群体
中行为者的互动关系伙伴本来就可预见到他的符合规范的行为方
式亦或他的一定的合作意愿，也就是说他们也可将此看成机会主
义者进行结合具体情形的效用最大化权衡的结果。他们不会对结
合行为倾向的、接受社会规范的约束另加奖赏。因此，从影响互
动关系伙伴的预期的角度出发，行为者作为关联群体的一员采取
规范约束行为并不符合他自身的利益。

然而，如果考虑个人规范作为自我控制的手段和作为经验法
则的潜在价值的话，即便作为关联群体的成员，行为者对规范约
束的行为方式的评价也将有所不同。根据后果导向的选择标准，
行为者被迫在每一相应的行为情形中具体判断同互动行为伙伴的
持续的个人关系的条件是否存在。只有当他是在同他的关联群体
的成员发生关系时，实践规范一致并期待他人也如此对他来说才
符合理性。相反，如果他是和一"陌生人"发生接触，此关系即
将结束或此关系允许在不被察觉的情况下藐视规范，那么从不合
作的行为中获取可能的益处不仅对他是正确的选择，而且他也必
须考虑到其对家采取不合作行为。

然而，在每一机会中都必须在合作与不合作的行为之间进行
选择的永无止境的判断非常烦琐，因而成本高昂，此外，类似选
择容易出差错，不论是来自认识上对情形的估计和缺乏远见的不
足，还是在判断上可能被短期益处的存在所迷惑，还是在意志方
面无法始终相信自己将正确认识贯彻到正确行为中去的意志力。

在类似的选择中，存在着以牺牲采取合作性和符合规范的选
择为代价的对选择的系统扭曲的危险，这符合事物的本质。作为
前瞻性的行为者必须考虑到，个人作为不完美的选择者在条件其

实并不具备的情形下会采取不合作及偏离规范的行为[1]。原因在于，不仅互动关系行为伙伴偏离规范行为的好处而且偏离规范的害处都是立刻显现出来，但合作关系的好处却或多或少体现在将来。如果作为选择者的人类的不完美性部分地体现在，他较远期好处与坏处不恰当地过高估计短期的好处和坏处并因而令人误入歧途地过高评价现存机会的吸引力和现存风险的危害，那就有理由担心行为者至少在一些情形下——尽管从周全的权衡立场出发并不合适——依然倾向于采取不合作的行为，不论他是想从自己偏离规范的行为中获益，还是想在估计他人会采取偏离规范行为之前抢先一步。

因此，对有行为倾向的效用最大者而言，不论是其作为选择者的不完美性还是高昂的选择成本都构成采取规范约束行为的理由，涉及持续的个人关系中的社会联系时也同样如此。更确切地说，它们构成不加进行结合具体情形的权衡及判断就采取规范约束的行为的理由，如果特定情形特征显示这在一定概率上涉及其关联群体中某个成员。所选的这些指标特征必须在通常情况下导致符合行为者利益的结果，即至少在通常情况下持续的个人关系的前提也的确成立。

发现此类特征在多数情况下并不困难。关联群体的成员经常通过其外在及易分辨的特征同非成员区别开来，如同住一地，同属一个部落、一个家族或一个家庭，同属一个职业、一个企业、一个俱乐部或一个协会。在此，可以举例设想同属一"行业"的、刚刚建立业务关系的个人。在此格局下，如果他们认定长期业务关系的前提成立并服从在此情形下通常信守合同和公平的经验法则而不是寻找机会占对方的便宜，他们会取得较好的结果。

因此，通常情况下行为者几乎不值得在每一机会中去判断同

---

[1]　罗伯特·弗兰克已详细论述过此问题，参见其1992年论著第72页及以下。

互动行为伙伴的持续的个人关系的前提是否成立。有行为倾向的效用最大者通常会取得较好结果，如果他在"没把握"的情况下信赖作为自我控制工具和经验法则的个人规范的益处的话。

出于这种动机接受规范约束将在相关群体中对规范生成情形产生进一步的稳定效果，但对根本增加规范生成情形的作用则很有限。尽管此规范约束也会导致在非关联群体成员间——可谓"阴差阳错"地——采取规范约束的行为，但这种现象从建立全面社会秩序的角度考虑必定是微不足道的。这充其量是将发生在关联群体"边缘"的人际联系纳入进来，而立刻将其同关联群体区分开来则是困难的。但对个体而言，在大众社会中存在着一系列这样的联系，不用费心研究或冒很大的失误风险就可断定它们并非属于持续个人关系的起始或继续。对个体的利益而言，该社会中一系列无疑身处关联群体之外的个人的行为举止非常重要。

C. 在链型社会联系中的个人规范

1. 过去的复归及未来的阴影

在旧经济学世界中，非正式地服从社会规范的循环动机只能来源于持续个人关系基础上的人际互惠性战略的有效性。关系的透明度，即伙伴关键行为的完全信息亦或匿名违背规范的不可能性，和同相应的互动行为伙伴的共同未来被证明是生成规范情形的不可或缺的要素。下面我们将研究的是社会关系的透明度及迭代重复性在新经济学世界生成规范的情形中扮演何种角色？不妨先从"未来的阴影"的角色开始。

在本书的第二部分已就人际关系的一些"理想类型"式格局进行了探讨，在这些格局中，持续个人关系中典型的互动行为伙伴的未来前景在许多方面已"变得散乱[1]"。探讨的出发点是，对行为者而言，投资到社会关系的未来原则上可通过两种途径：

---

[1] 参见本书第 163 页及以下。

一是投资于同现在的人际伙伴的共同未来，二是投资于同潜在的互动行为伙伴的共同未来。第二种情况的前提是存在着"链型"人际关系，即尽管相应的互动行为伙伴的行为持续性得不到保证，但行为者在现今社会关系中的行为却可持续地被潜在的互动行为伙伴所获知。

在旧的经济学世界中，这种关系的链接不会给生成规范的情形带来令人信服的未来远景。社会关系的链接并未给结合具体情形的效用最大化者增加新的贯彻规范的可能，因为所有参与者都清楚，在相应的条件下行为者的现今行为既不会规定其未来的选择，也不会透露其未来选择决定因素的相关信息。因此，从一个未来关联伙伴的利益角度出发，该未来关联伙伴把他自己同结合具体情形之效用最大化者的合作同下列条件挂钩不符合理性，即该效用最大化者在过去承担了对第三者的"责任"以及现在采取了该未来伙伴也期望其采取的一种行为方式。但这样一来，对结合具体情形的效用最大化者而言，为了影响潜在关联伙伴的期望及选择而在链型社会联系中服从规范便没有任何意义。在旧的经济学世界中，同现今有关关联伙伴的联系的迭代重复是非正式地贯彻规范的不可或缺的前提，人际互惠机制不适合于流动的和变换的伙伴。

因此，有行为倾向的效用最大化者实践符合规范或偏离规范的行为不必以延续同现今对方的关系为前提。有行为倾向之效用最大化者的行为方式有可能是一种行为倾向的表达，该行为倾向的落实与体现独立于其与各关联伙伴的共同未来的条件。同时，未来对有行为倾向之效用最大化者也具有重大意义。只有从总体上看也能在未来确保其利益，行为者的行为规范约束才能稳定和持续。如同古典经济人一样，有行为倾向之效用最大化者的行为最终也同样仅在其作为对未来的投资时才具有理性。由于潜在关联伙伴的存在导致的对未来的顾忌对有行为倾向之效用最大化者

采取规范约束行为而言是否足以在链型社会联系中产生生成规范
的情形？

  但不管怎样，作为自我控制及作为经验法则的个人规范在链
型关系中不可能成为确立社会规范的基础。相反，如果行为者确
信他是在链型社会联系中行事，则他必定知道，对其现今及将来
的关联伙伴采取合作行为方式作为单个行为既不可能定期地、也
不可能在通常情形下符合其利益。如此一来，不仅作为自我控制
的工具的个人规范的有用性的前提，而且作为经验法则的个人规
范的有用性的前提都不复存在。

  然而，如果关注的是在链型社会联系中规范约束这一事实本
身——即"美德"——在何种程度上符合有行为倾向之效用最大
化者的利益，则情况就会根本不同。如前所述，如果行为者有计
划地行事并且规范约束事实本身得到关联伙伴的奖赏，则约束便
有可能符合其利益，并且他之所以得到奖赏恰恰是因为后果导向
的权衡的宗旨在其选择中不再发挥作用。这样一来，对链型社会
联系中行为者的潜在关联伙伴而言，行为者用规范约束"取代"
后果导向必定确实非常重要。如果面临的是在这种情况下根据结
合具体情形的效用最大化的原则行事的行为者，他们就会知道不
能期待他会采取合作的行为。但若潜在的关联伙伴坚信同他们打
交道的行为者在同他们的关系中按规范行事，而且即使遵守规范
在具体情况下对自己不利时也服从社会规范，他们就会承认他为
自己的伙伴并进行对双方都有利的合作，哪怕只是时间短暂、没
有共同未来前景的合作。

  一种受规范约束的行为方式本身在链型社会关系中的有用性
的前提看上去成立了：第一，行为者的规范约束导致了同后果导
向选择完全不同的结果。第二，存在着对于行为者重要的、将其
采取相应合作行为同行为者首先服从规范相联系的人。第三，作
为规范约束后果的合作的效用超过坚持后果导向的选择方式的

效用。

　　然而，如果面对潜在的关联伙伴采取规范约束对行为者有益，那么面对现今关联伙伴实践亦或显示这种美德对他来说也符合理性，因为其潜在的关联伙伴只有通过对其事实行为方式的观察才能获得有关其行为倾向的必要信息[1]。如此，链接的社会联系中的合作链就环环相扣、"完整合龙"了。现今的关联伙伴可以预期并从中获益的是行为者出于对自己未来关联伙伴的考虑现在就会实践其美德。

　　潜在关联伙伴从有行为倾向之效用最大化者现今行为中推导出其未来行为的意图——有别于在旧经济学世界中的类似意图——在此是完全合理的。在一定情形下按规范约束行事的行为者遵循一定的行为倾向，该倾向在未来出现同样条件时也将确定其行为。同结合具体情形的效用最大化者相比，通过有行为倾向之效用最大化者现今的及过去的行为方式可以更多地获知其"品格"及未来的行为方式。并非因为其现今的选择直接"包含着"未来的选择，而是因为它们可能代表着行为者的行为按其行为倾向接受规范约束的迹象。对有行为倾向之效用最大化者来说，其现今选择及行为对他人预测其未来的选择及行为不仅合适而且必要。

　　在新经济学世界中，如果要评判未来伙伴在同他人联系时的行为，就必须根本改变评估方法。一方面如果将该伙伴单纯视为结合具体情形的效用最大化者，则将其面对他人采取的合作性行为作为其合作意愿的前提不可能符合理性，另一方面如果将他看作具有采取接受规范约束能力的有行为倾向之效用最大化者，则上述论点完全符合理性。我们也不再将只对他人有益的个别行为，而是将拥有特定的、以使得未来伙伴本身也获得行为倾向的形式带给人好处的个人品格作为条件。至于这些品格也对行为者

---

　　〔1〕　暂时假定，对将行为归纳为一定的行为倾向没有异议。

的现今关联伙伴有益，因为他们目前处于只有成为未来关联伙伴才将处身其中的情形，则属不情愿的副产品，也就是说，一只"看不见的手"在努力进行利益协调，并且使某一规范兴趣者利益的实现也有益于其他规范兴趣者。

2. 作为生成规范情形的社会网络

据此，在新经济学世界中，链型社会关系成为生成规范的情形的前提比在旧经济学世界中要有利得多。但即便在新经济学世界中，未来的阴影也不会被现在和过去的光明完全驱散。并非各类链型社会关系都会被纳入生成规范的情形清单中。

众所周知，有行为倾向之效用最大化者自我控制能力的有限性同下面两个保持稳定及持续的规范约束的条件联系在一起：

(1) 在接受规范约束的行为倾向的形成阶段，行为者对其行为接受规范约束的兴趣必须存在。

(2) 在行为倾向发挥作用阶段，行为者的兴趣必须继续存在，这样才不会产生修正其行为倾向的理由。

在链型社会关系中，只有当这两个条件得到满足，潜在的关联伙伴才可有理由期待，行为者的规范约束具有必要的持续性并足以在未来同关联伙伴的关系中作为行为基础产生作用。我们从该视角来探讨一下已在旧经济学世界中提及的链型社会关系的三种形态[1]。

(1) 从零星的联系到持续的关系。如果作为有行为倾向之效用最大化者的行为者处在同其未来关联伙伴建立持续个人关系的起点，那他没有理由为了给其未来的互动行为伙伴留下印象而在同他人现今的联系中显示其结合行为倾向的规范约束行为。作为经济学世界中进行理性计算的居民，互动行为伙伴知道在即将形成的同他们的持续关系中，行为者即使不接受规范约束也没有必

---

[1] 参见本书第163页及以下。

要偏离合作性的行为方式。从自利的视角出发，要求自己对他人采取受规范约束的行为若要有其正当理由，除非该要求得到满足是自己也得到所希望的回报（Leistung）的前提。但是即便在此条件下，在新经济学世界里也不是这种情况。在持续的社会关系中，由于保障参与者的自身利益在每一情况下都与一种相互采取的、与规范一致的行为方式合拍，规范兴趣者并不关注规范对象的美德。

因而，在此情形下对其现今关联伙伴采取符合规范的行为或对己采取一种结合行为倾向的规范约束，这对有行为倾向之效用最大化者而言不存在新的附加激励。他知道在此情形下在影响未来互动行为伙伴上进行投资实属多余。不仅是在观察阶段，而且在未来同新伙伴发生互动行为的阶段，产生规范约束的愿望均不符合理性。在这种情况下，有行为倾向之效用最大化者实践持续的规范约束的两个前提都不能成立。因而，同持续的个人关系链接的零星社会联系即使在新经济学世界中也构不成生成规范的情形。虽然具有未来，但它却不是有行为倾向之效用最大化者值得投资的未来，因为该未来即使没有这样的投资也会如愿来到。

（2）从零星的联系到零星及孤立的联系。因此，联系行为者和未来关联伙伴的是一开始就限定的而且属孤立的社会关系，也就是说是一种既不存在共同未来的开放式前景、而且行为者的行为也不被其他潜在的互动行为伙伴注视的关系。这样一来，行为者的未来伙伴便无法相信持续个人关系的机制，该机制即使没有有行为倾向的规范约束也能保障相互的规范一致性。

在此前提下，从未来互动行为伙伴的立场出发，将行为者在同他人关系中采取合作行为——准确地说是合作性的行为作为一种相应的结合行为倾向的接受行为约束的表达——作为同其建立合作关系的条件暂时是完全理性的。在持续的个人关系之外，只有当行为者拥有采取规范约束的行为倾向并在选择时不单纯结合具体情形及后果导向时，未来关联伙伴才能预期行为者的合作态度。这样一来，有行为倾向之效用最大化者的美德性的第一个条件似乎已经成立。行为者必定要有培养有行为倾向的规范约束的兴趣，因为只有在现今联系中显示这种行为倾向，他才能按自己的考虑影响未来互动行为伙伴的期望。

但每一潜在的关联伙伴都会考虑，行为者的规范约束不仅在过去和现在，而且在履行对关联伙伴义务的未来行为空间从各自面临的具体情形而言都必定同样也符合行为者的利益。作为有行为倾向之效用最大化者的可能伙伴，只有当规范约束持续存在的第二个条件也成立时，才会为了未来而寄希望于行为者现今拥有的美德。

所说的第二个条件显然构成"关键的"障碍。有行为倾向之效用最大化者的未来关联伙伴面对既定的情形必然得出该条件不成立的结论。如所假设的那样，相应的互动行为情形是有限的孤立的联系，以致对行为者而言，既没有从人际互惠角度出发合作性行事的理由，也没有出于对后来潜在关联伙伴的期望产生影响的考虑而持续保持及培育受规范约束行为方式的理由。对行为者而言，美德不会给他带来效用，只会产生成本。

但从行为者对规范约束的兴趣并不持续及该倾向面临的事实中，尚不致得出有行为倾向之效用最大化者特有的行为倾向在这种情形下根本不会对生成规范的情形的形成有任何帮助的结论。在类似情形中有必要考虑行为倾向的"惰性因素"，即行为倾向不是随时可以获得或放弃的，它的形成或者放弃需要一定的带有相同的行为诱因的时间。从该角度出发，即使在对于行为者本人来说具有行为倾向的愿望不再具有理性理由的时候，人们必须对行为者体现该行为倾向"提出要求"。在提出这种要求之后，人们信赖行为者这一特定行为倾向也还是有意义的：即所希望的行为方式在短期内即将生效，而不必等到在遥远的将来才予以兑现。在类似的情形中，对行为者的未来关联伙伴而言，将自己的合作意愿同行为者在同现今伙伴合作中显示的规范约束行为挂钩是理性的战略。

但在其他情形下，即在规范约束的有效性从规范兴趣者立场出发必须超过一定的时间得到保证的情形下，零星的社会关系同零星的及孤立的社会关系的链接即便在新经济学世界中也不会促进有利于合作的规范的贯彻。在这些情形下，旧经济学世界的模型依然有效，即不论行为者在现今的关系中如何行事，其潜在的关联伙伴都不会预期他的未来合作性行为，因为即使对有行为倾向之效用最大化者而言，各种选择情形必须足够类似才能使得一定的行为方式及一定的行为倾向保持稳定。如果未来的关联伙伴的期望不会受行为者的现今行为方式的影响，那么行为者就缺乏在同现今关联伙伴的零星联系中对有行为倾向的行为方式进行投资的诱因。因此，作为保证规范约束持续性的第二个条件不能成立的后果，第一个条件也不复存在。不仅在同现今关联伙伴的关系中，而且在同未来关联伙伴的关系中，合作都不能成立。

如旧经济学世界一样，同其他零星及孤立的社会联系链接的零星社会关系在新经济学世界中也构不成生成规范的情形。作为规范兴趣者，行为者的未来关联伙伴在此不能有效地持续改变作为规范对象的行为者的内在行为决定因素。相反，作为同样希望其潜在关联伙伴采取合作性态度的规范兴趣者的行为者也不能充分有效地施展其结合其行为倾向的接受规范约束的能力而对规范对象的期望施加他自己所希望的影响。但确有零星联系同短期将出现的并短期存续的互动关系链接的特别情况，新经济学世界中在此情况下可能出现生成规范的情形。

（3）社会网络。在新经济学世界中也同样只是在考虑了构成"社会网络"的人际关系时情形才会发生根本的变化。这样一种格局由行为者零星的社会联系的持续链接组成，贯穿其中的是每一单个联系都处在未来关联伙伴的注视中亦或在存续行为者的那些关系的时间过程中都有了解其现在的行为的潜在关联伙伴。在此情形下，对行为者行为的"社会监督"天衣无缝。

如同前面探讨过的格局一样，在这样的社会网络中有行为倾向之效用最大化者有效采取接受规范约束的第一个条件成立。对行为者而言，对其行为的规范约束是他实现同未来关联伙伴合作获取可能的益处的前提。但在社会网络"针眼密集"的人际相互关系中，第二个条件也成立，即面对潜在关联伙伴的不间断监督，行为者对接受结合其行为倾向的规范约束的兴趣也将永远存在。对其兴趣具有重要意义的行为情形的特征不会发生变化。行为者必须时刻预料到总有那些了解其现今行为方式的潜在关联伙伴。他因而有充分的理由时刻"显示"自己服从规范的行为倾向。在社会网络的框架里，在任何阶段都不会让他产生更正其结合行为倾向的行为约束及退回到采取结合具体情形的效用最大化的方法的激励。实施行为使行为倾向实际生效的每一个时刻同时也是行为者被观察的时刻，它也是行为者实践接受规范约束的事实对他人的期望产生对自己有利影响的时刻。

因此，与旧经济学世界的情况不同，在新经济学世界中，行为者零星的社会联系同一定网络中其他零星社会联系的链接过程构成了生成规范的情形。在此条件下，会呈现一个——尽管各关联伙伴会发生变换—对有行为倾向之效用最大化者而言值得投资的相关未来。社会网络的存在通过这种方式促进参与者的共同利益[1]。他们可以让那些他们希望彼此遵守的确保合作的规范持续地生效。从行为者作为规范兴趣者希望其未来关联伙伴采取合作性行为的视角出发，结合行为倾向的规范约束在此是通过于已有利的方式影响作为规范对象的关联伙伴的期望的手段。相反，

---

〔1〕 参见劳卜/威泽 1990 年论著。

从未来关联伙伴作为规范兴趣者希望行为者采取结合行为倾向的规范约束行为的视角出发，有条件的合作意愿似乎是一种使行为者内在行为决定因素发生对自己有利的变化的有效工具。

同样可以发现，即便在新经济学世界中，社会关系的开放时空也是稳定而持续的规范有效性的必不可少的前提。同同一关联伙伴的联系的迭代重复在此可被各种变化着的联系的迭代重复所替代。结合行为倾向的受规范约束的行为如果能够对关联伙伴的期望及选择产生有效的影响，那它大体可以作为持续的个人关系的"替代品"。至于成本方面并无根本变化，因为如果对各自遵守规范的相互"交换"总的来说对双方有益，则该益处是由后果导向的个案选择的结果还是植根于结合行为倾向的服从规范的结果所致并不重要。这样一来，规范约束只是起到确保参与者期望的相互保持规范一致性的作用，即作为连接意愿及意志的"传送带"。这条"传送带"使有行为倾向的效用最大化者在社会条件下建立稳定的合作成为可能，在此条件下结合具体情形的效用最大化者不可能做到这一点，因为对一个现代人而言，即便服从规范按个体的个案权衡标准属非理性，规范约束的行为也依然可能是有益的。

3. 从互惠性到声誉

在新经济学世界中，不仅社会规范生效的互惠性机制可以发挥作用，而且声誉机制也可以起作用[1]。在旧经济学世界中这

---

[1] 以声誉机制为基础进行分析的作者有，阿克塞洛德 1988 年论著第 80 页及以下；格拉诺维特 1985 年论著；克莱普斯/威尔森 1982 年论著；克莱普斯/米尔格罗姆/罗伯茨/威尔森 1982 年论著；兰诺 1995 年论著第 207 页及以下；米尔格罗姆/罗伯茨 1982 年论著；劳卜/威泽 1990 年论著；罗威 1989 年论著第 36 页及以下；凡贝格 1982 年论著第 131 页；福斯 1985 年论著第 58 页及以下，211 页及以下；威德 1986 年论著第 18 页及以下；威尔森 1985 年论著；从社会生物学视角，参见 R. 亚历山大 1987 年论著第 77 页及以下。

样的声誉机制不可想象，因为经济人的互动行为伙伴对经济人过去和现在的选择行为并不赋予折射未来行为的意义，至少在涉及对经济人未来选择的约束及确定上是这样的。关联伙伴不会将自己同对方的合作意愿与对方在过去同自己及同他人的行为举止挂钩。"好名声"对经济人而言不是可给其带来利息的资本，在名声上投资对他没有意义。因而，同相应的关联伙伴缺乏共同的未来必定已经摧毁了合作性关系的基础，因为在链型社会联系中，对社会关系未来的投资只能是对个人声誉的投资。

对有行为倾向之效用最大化者而言，同现今关联伙伴之外的他人共同投资未来不仅符合对自己声誉的投资的意义，也确有可能。在此方面，新经济学世界在很重要的一个方面更为贴近现实，因为在社会网络的框架内存在着稳定和有规律地服从规范的现象是不争的事实。该现象不适合结合具体情形的效用最大化者组成的世界，它也不适合一些再浅显不过的事实，如许诺和威胁的可信性从其在过去被遵守及被付诸实施中获益匪浅的事实。

因而在旧经济学世界中，制裁的生效方式不可能建立在众人熟悉的机制上，即现今施行的制裁会对受制裁者对未来实施制裁的预期产生影响。相反，在新经济学世界中制裁又会通过"通常"途径产生作用。有行为倾向之效用最大化者过去及现今的行为方式对预测其未来的行为具有不可或缺的信息价值。只有通过他的确实制裁举措，人们才能"获悉"作为制裁者的他在未来情形下将如何行事。如此就奠定了面向未来的"预防机制"的基础，因为在此条件下，制裁的现今施行会对他人对制裁的未来施行的期望产生根本性影响。正是对于未来的这一习得效果在新经济学世界中使实施制裁在即使制裁并非是持续个人关系中有条件合作的组成部分时也可能成为制裁实施者的理性选择。但制裁者要达到该效果，不是通过施行作为孤立选择表现形式的单个制裁行动，而只能通过在一定条件下不依赖于个案后果权衡采取制裁的行为倾向。

当然，有行为倾向之效用最大化者和经济人在一个重要的方面沾亲带故，即对有行为倾向之效用最大化者而言，制裁有效性的底线在于即使在将来施行制裁亦或拥有施行制裁的行为倾向也仍然必须符合其利益。只有当制裁对象可以估计到将来保持这种行为倾向从制裁实施者的利益角度出发也将符合理性时，作为对未来的威胁或许诺，制裁的现今施行才对有行为倾向之效用最大化者具有可信性。

4. 美德及流动性

在一些社会结构中，有行为倾向之效用最大化者使用对其行为规范加以约束的能力，因为接受结合行为倾向的规范约束本身符合其利益。社会网络是这些社会结构的实例，它们是形成作为美德的个人规范的前提，具有特别的特质，即社会网络具有一定程度的流动性及非个人性（Unpersönlichkeit）。社会网络尽管不具备像零星并且孤立的社会联系所具备的那种程度的流动性及非个人化，但社会网络中的人际联系的迭代重复性并不等于同相应的关联伙伴建立持续关系。参与者的流动性及由此导致的其联系的非个人性使社会网络同行为者所在的关联群体中的持续的个人关系有根本的区别。

对社会网络进行分析得出的在某些方面令人吃惊的结果并非是有行为倾向之效用最大化者不像结合具体情形的效用最大化者对社会流动性如此"敏感"。令人吃惊的并不是有行为倾向之效用最大化者的接受规范约束的能力在其互动行为伙伴具有流动性的情况下仍能发挥作用，令人吃惊的更多的是，在社会网络中，在给定条件下，参与者的流动性恰恰是此能力得以发挥的必要前提。只有在关联伙伴经常变换的情况下，才会对一种对具体个案情况的诱因具有"免疫力"的根据特定行为倾向行事的行为产生"需求"，惟有如此，有行为倾向之效用最大化者才会觉得显示

"性格"和"品德"而非"结合具体情形的自私"是值得的。相反，在具有持续的个人关系的关联群体中，没有参与者会看重其他关联伙伴的美德，因为人人都知道，群体中的其他成员仅从结合具体情形的效用最大化考虑就会服从所希望的规范。

此处第一次显示，将非自私的、利他的及服从社会规范义务的行为等同于在较小的、"盟誓"的共同体内的生活并抱怨在拥有类似小群体结构的现代社会中"道德"和"美德"的基础同样在削弱是成问题的。这不仅属为逝去的生活方式唱挽歌的浪漫情怀，而且抱怨的前提从根本意义上看就是错误的。恰恰是美德的特征，即我们有理由视其为一种稳定道德的生存条件的特征，也即制止个人在每一情形下机会主义地权衡个人利弊的特征，在一个关联群体的封闭社会结构中没有根基。在一个关联群体中存在高度的规范一致性在此是错误的指示器，因为个体利益及公共利益在这种群体的自有条件下已然有幸和谐相处。对真实的美德的需求只有当此和谐被打破时才会产生。因此，并非社会的流动性及匿名性自身对美德产生了根本性的破坏作用，相反，一定的流动性及匿名性似乎是美德的长生不老丹。流动的及匿名的社会特别依赖美德和具有美德的人。

但这已经有些操之过急。还是先分析不同社会情形结构如何能够使服从规范约束的行为方式对有行为倾向之效用最大化者带来益处，也即它们在多大程度上是生成规范及"生成美德"的情形。即便在新经济学世界中，光凭社会网络框架下的声誉机制也并不能促进"社会秩序问题"的解决。

D. 在匿名的社会关系中的个人规范

个体不仅在关联群体的共同体及社会网络的蜂巢中行动，而且在类似的结构之外还存在着同他人的社会联系及关系，此乃现代大型社会的特征。即便没有持续的个人及"网络化"的联系，人类的行为方式也会彼此对各自的利益产生重大影响，即使他们

对他人的存在或其行为尚一无所知，这些行为本身也对彼此具有
非常重要的意义。

在"匿名的社会关系"的概念下，我归纳了行为者之间的各
种不同类别的关系，这些关系在基本要点方面有别于持续的个人
关系及社会网络中的关系[1]。符合此意义上的匿名关系包括所
有并不为参与者的潜在关联伙伴所知的非迭代重复的社会联系，
特别是两个行为者之间单一的、"孤单"的交换行为所特有的零
星及孤立的联系。匿名关系也指涉及可能发生违背规范行为的关
系，这些违背规范的行为尽管带来明显后果，但始作俑者却无从
查证。最后，匿名关系也指所有行为相互产生有害或有益的后果
但行为自身或后果无法逐一登记的人类联系，典型的例子是不事
声张的环境污染。因而，在匿名的社会关系中缺乏社会联系的开
放性未来和（或）透明度，即缺乏有关行为的始作俑者及行为的
事实本身的重要事实信息。这些关系的共同之处在于，在旧的经
济学世界中，不能指望在此关系的基础上出现社会规范依托非正
式安排途径生效。在旧经济学世界中存在着规范需求，但不存在
生成规范的情形。在新经济学世界中满足这种需求的情况又是怎
样的呢？

首先我们可以假设，有行为倾向之效用最大化者通常具备这
样的能力，即在一定程度上不必费力即可辨认出在特定行为情形
下存在着匿名关系的条件，寻找或评估信息且选择成本也不算昂
贵，因而出错的风险也较低。他将很容易发现，涉及的要么是极
可能既不会同相应的关联伙伴继续的、也不会受潜在关联伙伴监
督的孤立零散的关系，要么是发生偏离规范行为时行为者或行为
本身无从查证的情形。尽管有许多情形不清晰的模棱两可的情
况，但的确也存在着一系列的"黄金机会"，这时的情况是，对

---

〔1〕　参见本书第181页。

特定参与者而言，个人偏离规范的风险毫无疑问极其有限且鉴于获利的可能完全值得这样做。不妨想一下对公共产品的贡献受到特征不明显及相互关联问题的困扰：如偷税漏税，逃避兵役，放弃选举，不了解情况，不按规定处理垃圾，不节约水和汽油，对偏离规范不进行制裁及将捍卫自由和法律的权利交给他人，在这些行为中，人们在身临选择情形时无须费力就可清楚，在相应的情况下采取上述行为极有可能不为人知晓或无从追查。但损坏个人产品也经常被"匿名性的面纱"所掩盖。

面对经常是显而易见的匿名关系的存在，有行为倾向之效用最大化者出于节省信息及选择成本和（或）降低误差风险的考虑，没有理由选择规范约束的行为方式作为自我控制的工具和作为规则，并因而放弃通过个案权衡带来的益处。他既不必要过分担心对重要的行为条件的判断失误，也无法假设规范约束的行为方式会始终或在通常情况下符合其利益。为了防止在不清晰及有风险的模棱两可的情形中过早贪图仅仅是可能的益处，行为者还可借助服从为此"边缘领域"特定的规范获得额外的保护。至于受到规范约束的行为方式为何在匿名的社会关系中仍有可能符合有行为倾向之效用最大化者的利益，可能的原因只能是接受规范约束事实本身即美德本身即便在匿名的社会关系中也仍可能对其有益。

我们先来观察在匿名的社会关系的表现形式中具有典型意义的两个行为者间的零星孤立的联系，就会发现有行为倾向之效用最大化者采取规范约束行为的理性意愿在此也完全有其道理。因为了避免类似情形中经常出现的人际规范的尴尬，不按照结合具体情形的效用最大化的原则而是在同关联伙伴的关系中令人信服地坚持互惠的行为方式并能够显示相应的行为倾向，对有行为倾向之效用最大化者有益。这样一种接受规范约束行为具备有用性的基本前提——即该事实得到其他人的奖赏，因为他们期待行为者采取不符合结合具体情形的效用最大化原则的行为——在零星孤立的联系中也相应成立。

这种联系具有时间局限性的特征，这不是并非不可逾越的障碍。正常情况下，每个行为者一生中都会面对许多事先无法预料其出现顺序的短期联系。在每一零星孤立的联系终结之后，他在将来还会面临此类新的联系。这类由匿名联系排列组成的先后序列（Abfolge）不能等同于在一个社会网络中的一个链接，因为在这样一种匿名联系先后序列中，未来的关联伙伴不是行为者现今行为的证人。但这并不能改变下述事实，即零星孤立的联系的持续性也赋予了决定有行为倾向之效用最大化者选择的情形特征以稳定性。因此，即便在零星孤立的社会联系的先后序列中，也不存在让有行为倾向之效用最大化者更正其已获得的规范约束的激励。

但即便在新经济学世界中零星孤立的社会联系中也不会形成促进合作的规范。因为尽管在这样的关系结构中服从规范约束的行为方式原则上较后果导向的选择战略能给行为者带来更大益处的判断正确，通过这种规范约束，行为者无疑将以一种对自己有利的方式对其关联伙伴施加影响。例如，如果他们知道行为者受自己诺言的"约束"，那么他们即使在一次性的、由双方非同步完成（sukzessiv）的交换中也会自愿先行有所付出[1]，但为了实现此潜在效用，行为者的关联伙伴必须在关键联系形成时刻前知道，行为者确实具备相应的行为倾向。然而，恰恰是此条件作为前提在正在探讨的社会关系类型中不存在，即便这些联系对行为者而言没有间隙地前后依次紧密排列。相应的"新"关联伙伴不知道自己的对家在其他的零星孤立的联系中曾如何行事，行为者

---

〔1〕　贝恩德·兰诺在其1995年论著第62页及以下已就累进交换中的许诺的特殊作用进行了分析。

因而也没有机会向其未来关联伙伴"显示"一定的行为倾向。换句话说，他没有赢得声誉的机会。相应地他也就不可能有兴趣形成并保持作为美德的结合行为倾向的规范约束。所以说，即便在新经济学世界中零星孤立的社会联系也不是生成规范的情形。

在这种情形里，新经济学世界更多是在重复着旧经济学世界的难题，即参与者没有将意愿与意志付诸实施并创造一个符合共同利益的状态的能力，尽管他们作为有行为倾向之效用最大化者还拥有附加的特殊能力。在此情形下，即便有行为倾向之效用最大化者也无法逾越两难的激励结构，因为必要的声誉机制并不发挥作用。参与者无法得到有关其伙伴的行为倾向的必要知识，但这样一来，有行为倾向之效用最大化者也无法充分利用其相对于结合具体情形的效用最大化者的潜在益处。乍看上去像是社会关系缺乏迭代重复性的问题，仔细观察却成了信息问题，即缺乏透明度的问题。如果在零星孤立的联系中行为者能获得有关对家行为选择的可信知识，社会关系迭代重复性缺乏的问题就不再是无法解决的难题。

上述结论也适用于其他类型匿名关系的情形。因为只要因缺乏透明度而无法获得行为者行为选择的足够信息，行为者就不可能有理由按美德要求行事。在此条件下，囿于公平规范的尴尬同囿于人际规范的尴尬都难以避免。服从规范约束事实本身只有得到他人的奖赏才可能给行为者带来效用，但前提是他人可对其进行审核。

总之，同结合具体情形的效用最大化者一样，有行为倾向之效用最大化者也依赖其社会关系的未来，并且在此关系中信息前提起决定性的作用。作为规范兴趣者的有行为倾向之效用最大化者如果要实现其意愿，也必须将自己置于有关他人能了解自己性格及行为方式的情形之中，这样他人才能通过对这些性格及行为方式的了解使自己的决定受到影响[1]。与结合具体情形的效用最大化者不同，有行为倾向之效用最大化者拥有服从行为规范约束这一工具，但该工具在有效性方面也有限度。拥有采取规范约束行为的能力及建立在此基础上的声誉机制并非可以解决实现共同利益的所有问题的万能武器。不是每一进退两难的情形都可以通过美德得以化解并转化为生成规范的情形。恰恰是在对有助于始终服从规范至关重要的激励的需求特别大的情形中——即匿名的社会联系中，有行为倾向之效用最大化者稳定而持续的服从规范约束行为的必要前提却不成立。即便在新经济学秩序中，愿望与意志的鸿沟也太深了。

然而，在诸如持续个人关系中及一定程度上存在于社会网络中的完全透明度和在零星孤立的联系中对关联伙伴本人及其行为方式的必要信息的完全缺少来说，在新经济学世界中还存在着另一可能。这涉及的是一定的社会关系，其中虽然并不缺乏对关联伙伴个人性格的透明度，但对其个别行为的透明度则很有限。在结合具体情形的效用最大化者看来，只有参与者的社会交换不仅有规律地重复而且个人间的距离如此之近以至双方对彼此的行为方式完全了解的情形下的关系才能有助于社会规范的形成。相反，在违背规范的行为无人察觉或难于归咎于某一行为者的关系中，结合具体情形的效用最大化者不能实现其规范利益。我们将发现，与前述不同的是，在新经济学世界中，特定行为之前"无知之幕"不一定必然阻碍生成规范的情形的形成。

E. 合作企业中的个人规范

1. 旧经济学世界中的集体行为及组织

---

[1] "为了使行为倾向能够带来好处，其他人必须具有发现我们拥有根据该行为倾向行事的能力。"（弗兰克 1992 年论著第 11 页），参见罗威 1989 年论著第 22 页及以下，第 47 页，第 98 页。

有行为倾向之效用最大化者的特殊能力不仅对旧经济学世界业已存在的众所周知的社会关系结构产生新的影响，而且给行为者提供了构筑对自己有益的且结合具体情形的效用最大化者原则上不可能拥有的关系结构的可能性。这一点尤其对集体行为的某些形式非常重要。

集体行为对人类而言可能具有本质的益处。在一定的前提下，将个人的力量凝聚成统一的潜能能极大地促进众人的利益，即便他们必须限制自己的自主权和对个人资源的决定权限。在面临的众多任务及设想前，相对于个体的孤立努力，有计划地将个人的行为协调成共同的行为将会产生巨大的效率收益，这一点属人类生存的最基本条件。没有将个体力量聚合成分工合作的不同形式，技术和社会的根本成就及对自然和社会的不断改造，也即人类有史以来整个文明的发展都不可想象。作为有目的可协调的合作意义上的组织是人类各种文明的最伟大最不可或缺的原动力之一[1]。恰恰是在对个人利益的不懈追求中，经常会产生建立组织的强大激励，以便通过集体的手段更好地实现个体的目标[2]。

成立组织——暂时抛开不愿意成为成员的可能——原则上有两种途径：对成立组织的兴趣者同那些与自己追求同样目的并认为组织是实现共同目的的手段的人联合起来，或对组织的兴趣者招徕那些本身对组织目的没有直接兴趣但应该可以作为组织成员实现该组织目的的人。在第二种情况下，组织兴趣者必须为这些组织成员的活动提供"报酬"之类的其他形式的激励。

---

〔1〕 "在人的创新能力中，使用组织以实现自身目标是最大及最初的创新能力。"（见埃洛 1971 年论著第 224 页；见本人翻译。）

〔2〕 在这里，"组织"的概念在极广的意义上使用：每一集体的行为，只要不是纯即兴所致，而是包含着有计划的协调，都是此处意义上的组织。

　　然而在旧经济学世界中，有组织的合作的可能性及可能达到的稳定性和效率由于特殊的限制而非常有限。原因在于作为组织成员的结合具体情形的效用最大化者所表现出来的选择方式及行为方式上。组织的成功并非天上掉馅饼，集体行为的目标只有当合作的个体对所期待的结果的实现做出自己的贡献时才会实现。任何有组织的合作——不论是在鲜花店或是在全球化的大企业——都具有以下特点，即参与者必须承担一定的义务和任务，能否承担关系到合作目标的实现。但恰恰因为集体行为的结果是共同努力所致并非个人可以单独实现，对个体而言可能存在逃避义务的激励，目的是尽可能只作为消费者享受合作带来的共同收益，却将成本转嫁到其他伙伴身上。即便四个人抬一柜子，其中个别人都可能难于摆脱少出力将重量加在他人身上的诱惑。对几乎所有形式的合作而言，都存在着不引人瞩目和不为人觉察地逃避义务和任务或直接从用组织的收益中饱私囊的机会。收银员可能从柜中拿钱，售货员可能偷衣物，秘书可能不按要求整理卷宗，法官可能拖延审判，警察可能不认真巡逻，或教师可能不认真备课。在组织内部，即便实现组织目标完全符合其成员的共同利益，也就是即便并非从一开始就存在"委托人"和"代理人"利益冲突，也存在着搭便车的激励[1]。

　　即便是组织成员拥有共同的目标，采取不合作行为的激励仍经常出现，因为大多数组织受到内部集体产品难题的困扰[2]。一方面单个成员对组织目标及组织收益的贡献在许多情况下并不

---

[1] 有关委托代理问题的原则，参见阿尔钦/德姆塞茨1972年论著；阿尔钦/伍德沃德1987年、1988年论著；班贝格/施普雷曼1989年论著；埃森哈特1989年论著；法玛/延森1983年论著；麦克唐纳1984年论著；米尔格罗姆/罗伯茨1992年论著；普拉特/策克豪泽1991年论著；温格尔·特尔贝格1988年论著；威廉姆森1975年论著。

[2] 参见本书第183页及以下。

重要，例如某个成员参加俱乐部馆舍建设积极与否对结果并不重要，如果反正有数十个成员随时准备效力。而且在个别成员看来，即便是在对组织的整体收益有明显损害的情况下，被动地拖延自己的贡献通常也更为有益。即便在蔬菜店由于商品质量不佳生意惨淡时，对某一合伙人而言，采购劣质产品而收受批发商的贿赂也比采购优质产品对其个人更加值得。对个体而言，其为实现组织目标做出个人贡献产生的成本将明显超过他从这一贡献中可期待的收益，这更多的是规律而非例外。必须考虑到，此处涉及的不只是为直接实现组织目标所付出的正面贡献，而是也涉及杜绝诸如贪污组织财产的"负面"贡献。

另一方面，在许多组织中除存在特征不明显问题（Insignifikanzsproblem）外，还存在互相依赖问题（Interdependenzproblem）。将不会有有效的用于保证可靠的贡献行为的非正式监控及制裁机制，因为如果没有特殊的、在一些情况下困难且高成本的预防，个别成员的非合作行为通常无法被发现或归咎到具体人身上。只有在少数情况下，某一组织的成员才会形成关联群体，在该群体中组织的结构和流程如此"清晰"地交织在一起，以至组织成员间的关系类似对各自关联伙伴的行为方式的信息彼此完全掌握的持续的个人关系。

组织中的集体产品问题首先是不知情的问题、匿名及缺乏透明度的问题[1]。存在违反规范的可能性，并且对背离规范的行为者不会产生明显的消极后果。作为组织成员的结合具体情形的效用最大化者在相应的条件下不会付出或不完全付出大家期待的其对组织目标应作的贡献，也不会服从对其有效的组织规范。由于在旧的经济学世界中此立场作用于所有的组织成员，因此组织的成功和存在都值得怀疑。

---

〔1〕 参见唐纳森 1980 年论著；雷勃尔/凡·吉尔德 1982 年论著。

　　鉴于上述危险，旧经济学世界中对组织的兴趣者只有两种可能性。要么他们可以努力将符合组织利益的积极贡献尽可能地同成员的个人利益相结合，如通过使收益直接同个人贡献的质量挂钩的报酬及奖励机制。但不可能对每一类型的组织都找到相应的将成员的个人利益直接同组织的收益挂钩的结构。此外，类似的结构本身又对形形色色的机会主义的暗中破坏无能为力[1]。即便圆满地解决了实现组织目标的积极贡献中的个体意义有限的问题，但用同样的方式却解决不了"负面"贡献中的特征不明显的问题。因为即便对组织成员而言，有规律地承担其在组织中的任务及贡献义务符合个体理性，但对该成员仍不乏在此之外通过非法途径据组织的财产及收益为己有的激励。

　　作为对组织的兴趣者，如果无法在成员利益与组织利益之间找到平衡，出路只有一条，即建立正式的调控及监督机制层次，以尽可能天衣无缝地对行为进行调控及监督。但以对全体组织成员的行为进行完全调控及监督为目的的组织结构，从效率的角度出发也只是在例外情况下属有益的结构。通常情况下，该结构会带来高成本并对组织本身目标的实现产生巨大的掣肘[2]。广泛而缜密的规定很难制定并被监督执行，特别是当被规范的行为的方式及程度无法直接受到观察时。对失误的固执追查、对绩效的无休止考核及个体间对相互推卸责任的惶恐会造成组织的瘫痪并误导其成员，将更多精力放在确保自身在组织中的地位以及对自己的选择进行辩解上，而不是放在实现组织本身的目标上[3]。

　　个人间的有效合作及力量的有益协调自身并不依赖对其所有

---

〔1〕　参见格拉诺维特 1985 年论著。
〔2〕　"对行为进行限制的测算的成本如此之高，以致在缺乏对个人最大化进行限制的意识形态信念下，经济秩序的有效性受到威胁。"（见诺斯 1988 年论著第 45 页）
〔3〕　参见克莱斯泰克/祖姆布洛克 1993 年论著第 96 页及以下。

单一行为从始至终的调控。相反，根据组织目标及具体问题，组织内部规定如不过分规范组织生活中的每一细节，协调及监督机制少些僵硬，组织成员能各负其责地灵活地适应各种情形的要求的话，可能更加符合目的。如果在一快速变化的组织环境中需要解决复杂的任务，而面对的又是多样性、不同的情形和崭新的、事前无法分析的难题，那么给予个人判断、倡议及灵感更大空间，将责任下放及分权并在不同选择层次上允许自我决定及自我控制的组织结构有可能更加合适[1]。在类似的组织中，仅仅因为许多成员的自主地位就经常存在着匿名地、无从查起的或至少难咎特定个体的违背规范的机会[2]。这种"非官僚的"组织结构不得不具备一个前提，即组织成员即使在活动中不被监督和控制时，也为组织的目标作出贡献。

然而，姑且不考虑效率及成本，对许多组织实际上不可能建立包罗万象的控制及监控机制[3]。另外还应考虑一重要方面，即集体行为的成功在很大程度上取决于其参与者对相应的责任及任务不是"按字面意思"，而是根据其"精神"加以承担，就是说，即使当缺乏明确的规范或只存在规定不完全的规范时，参与者也会为了完成任务而毫无保留地竭其所能，尽其所长。但组织的某一成员是否的确为了共同的目标尽了努力的义务，却几乎无法控制。一方面是个人的贡献意愿及工作热情对合作的成功无比

---

〔1〕 参见基泽尔/库比采克 1992 年论著第 33 页及以下，191 页及以下和 365 页及以下；希尔/费尔鲍姆/乌尔利希 1992 年论著第 141 页及以下，第 369 页及以下；迈因茨 1982 年论著第 120 页及以下。

〔2〕 参见贝克尔等 1988 年论著；科恩豪泽 1962 年论著。

〔3〕 "在合伙企业中，事实上几乎始终不可能对伙伴的行为进行监督。"（弗兰克 1991 年论著第 51 页）；"由于测量的困难，个体工作的量和质不能完全通过规则来保证。"（诺斯 1988 年论著第 48 页）；参见科尔曼 1990 年论著第 421 页及以下。

重要，另一方面是难以对这些主观意念进行客观衡量。

由此得出结论，在旧经济学世界中集体行为的存在受到巨大的限制并不得不容忍以低效率组织结构、监控及控制机制高成本形式——当然也不排除如欺骗、逃避工作、偷懒、伪装、破坏、故意疏忽、诈骗、贪污及盗窃现象——出现的高内耗。组织中经常笼罩着一层"无知之幕"，其后存在着结合具体情形的效用最大化者无法抵御的违背规范的可能性。如同在其他社会关系中，他在集体行为的框架下也需要同样的透明度以成功实现其作为对组织之兴趣者的意愿。因此，在许多情况下他不得不完全放弃集体行为的好处。

2. 合作性企业

即便不是绝大多数情况，但多数情况下只有其成员能大体自觉完成自己的任务，自主追寻组织目标，基于"内在"动机穷尽自身能力并出于其自身的动力公平合理地承担一部分共同负担，一个有效且成本合理的组织才能成立[1]。即便符合此意义的自愿性合作在一定的组织内并非实现某些目的所必需，但在任何情况下都值得希冀。组织内成员的自愿合作将产生降低成本、提高效率及促进稳定的作用。每一个希望通过集体行为手段更好实现其利益因而建立组织的行为者，都会优先考虑符合此要求的伙伴和员工。

建立在至少是部分员工的自愿合作及贡献态度基础上的组织，我称之为"合作性企业"或简称"企业"。根据定义，合作性企业总面临着内部控制及集体产品问题。因此，对企业的兴趣者依赖于下述事实，即至少一部分伙伴和员工要对企业规范和企业目标采取内在立场并且要付出为实现企业利益所必需的贡献，

---

〔1〕 对类似内在动机的分析和价值的判断，参见布鲁诺·S. 弗莱1992年论著，1993年论著 A 卷和1993年论著 B 卷；弗莱/波内特1994年论著。

即使该贡献在个别情况下同成员的个体利益并不吻合。在旧经济学世界中，合作性企业缺乏存在的基础，即使它们对所有的参与者有利并为所有人所希冀。结合具体情形的效用最大化者不是此意义上的企业的合适成员，因为他们在机会出现时必定会屈从采取非合作行为的激励。如果作为"企业家"的兴趣者无法期待其企业成员采取偏离结合具体情形的最大化原则行为的理性缘由，则合作性企业作为组织形式根本不会出现[1]。合作性企业存在及获得同集体行为形式相关联的特别益处的必要前提是，潜在地拥有具备采取非机会主义的、符合规范的行为方式的特殊能力的个人。

有行为倾向的效用最大化者基于其服从规范约束的能力原则上适合成为合作性企业成员的事实，还不能说明他们作为企业成员会通过必要的耐力和可信度将此能力确实转化成符合规范的行为。即使在新经济学世界中，也只有在对企业之兴趣者能够假定出于自我控制考虑或是在服从经验法则的意义上，结合行为倾向服从规范符合企业成员的利益或是结合行为倾向服从规范这一事实本身给成员带来足够的益处时，合作性企业才能稳定存在。换句话说，他们必须能够假定在合作性企业中存在着生成规范的情形，并且对作为企业成员的有行为倾向之效用最大化者而言，将企业的组织规范作为个人规范加以接受符合理性。

3. 合作性企业、自我控制及经验法则

对作为规范兴趣者的企业家而言，如果能够在企业中指望得上"看不见的手"再好不过，借助这只手企业成员即使没有企业家的积极干预也能自觉采取服从规范约束的行为方式。当作为自我约束的工具和/或作为经验法则的个人规范促成了所希冀的企

---

[1] 这也是高蒂埃的中心论点，见其 1986 年论著第 157 页及以下；此外也可参见弗兰克 1992 年论著第 9 页及以下；第 26 页及以下和第 48 页及以下。

业成员的规范一致性时，就可能是这种情况。作为自我约束工具和作为经验法则的个人规范的有用性并不取决于作为规范兴趣者的他人明确承认并奖赏对规范的服从。

作为自我约束工具或作为经验法则的个人规范只有在下列情况下才符合有行为倾向的效用最大化者的利益，即规范的内容涉及那些始终或在通常情况下会导致满意结果的行为方式，或行为者由于强烈的"诱惑"和不明朗的选择情形担心其意志力、判断力和认知力的不完整性所带来的风险，或采用个案权衡选择策略的信息及选择成本超过带来的收益。这些原因完全可能在合作性企业中有一定的影响。

合作性企业的基础在于，成为类似企业的成员总的说来利大于弊，也即成为成员的收益超过服从义务的成本。就是说，始终服从规范在任何情况下都将给企业成员带来"令人满意的"的合法收益，同时在机会出现时通过采取违背规范的行为方式获取额外收益的企图存在受到制裁的风险。作为经验法则的个人规范在合作性企业存在的必要前提因而得到满足，即作为企业成员的行为者如果将服从企业规范作为个人规范，他就可以预期按此规范行事在多数情况下会产生好的结果，即使他不得不忍受以错过诸如逃避工作、偷懒、欺骗、偷盗和贪污的机会的形式出现的收益损失。

同结合具体情形的选择策略产生的风险及成本相比，如何看待上述损失呢？尽管根据前提，合作性企业总有匿名违背规范的可能性，但合作性企业中的"匿名性的面纱"并非总是厚重无比。企业中的搭便车者必须在他能在可接受的风险范围内采取偏离规范的行为的机会与风险过大可能被察觉的机会之间小心选择。他必须小心不要过分"贪婪"地攫取每一个看似出现的机会。在互相依赖层层叠叠的组织结构中，要将面临的"陷阱"同"黄金机会"区分开来可能困难而且颇费周折。科学的选择对信息的需求可能十分不经济而且选择失误的风险可能高得异乎寻常。

因而不能排除的是，对有行为倾向的效用最大化者而言，将对他提出的作为自我约束工具和作为经验法则的企业规范变成个人规范可能符合理性。对此规范的"盲从"无论如何都将会给他带来每一个负责任行事的企业成员均可从其企业成员身份中所期待的收益剩余（Nutzenueberschuss），并使其免遭轻率而不合时宜地屈服于眼前诱惑的危险[1]。

综观可能的组织结构的多样性和多变性，则上述结论的有效性只能适用于企业中特定活动领域。相反，在其他活动领域中则存在着相对较易识别的或多或少没有危险性地采取背离规范行为的机会，也即明显值得为此行为冒险的机会。不妨再回顾一下蔬菜店的简单例子：尽管从利益的立场出发，将不从收银机中偷钱——即便无人察觉——变为个人规范符合理性，因为随时都会有人走进商店。但同样出于该立场，接受批发商的贿赂也符合理性，因为他一个人单独负责采购而且被揭露的概率很小。所以说很少发生下述情况，即在企业的各种不同活动中，风险的天平总是朝向负责地完成任务的方向倾斜。

所以，一方面为了防止诱惑、错误及选择成本，另一方面考虑到"黄金机会"的存在，有行为倾向的效用最大化者最好采取"混合战略"。在被发现的风险和错误风险较高的行为领域，他将无一例外地通过接受个人规范的约束来履行其义务，而在那些风险较低的领域他将优先采取对其机遇进行机会主义评判和权衡的策略。仔细审核其行为领域并区分那些值得采用结合具体情形的选择战略和那些在其中采取此战略风险和耗费过高的行为领域对他来说是值得的。

因此，企业家几乎不能指望其伙伴和员工单单出于自我控

---

[1] 参见弗兰克 1992 论著第 68 页及以下。

制、行为情形的复杂性或信息及选择成本等原因就会有充分的理由将企业规范全部化为个人规范并对企业的目标始终采取内在的立场。尽管他们可能不会利用每一次机会等待着去逃避义务及中饱私囊，在许多情况下他们都会按惯例以合作和符合规范的方式行事。但企业家据此必须预见到，在敏感的企业领域中存在着足够多的使机会主义者的精确计算和权衡行为有望成功的"漏洞"。

4. 合作性企业，美德及声誉

因此，只有当接受个人规范的第三个可能的原因对企业的成员起作用时，企业家在新经济学世界中才能实现其成功建立合作性企业的意愿。这第三个可能的原因就是：规范约束事实本身必定符合其利益。只有当声誉机制有效，即拥有一定美德的有行为倾向的效用最大化者作为企业成员借此较结合具体情形的效用最大化者和机会主义者获得明显的益处时，合作性企业才能生存。但这也就意味着作为"美德兴趣者"的企业家不能再指望"看不见的手"，而是必须自己采取主动行动。只有当行为者服从规范约束的事实为他人所察觉并受到相应的奖励，声誉机制才能有效。

在此，对企业家而言在同希望成为其企业成员的个体的关系中拥有并非不重要的权力至关重要。他可以通过接受他们成为合伙人或员工来奖赏他们的美德，也可以通过拒绝他们成为合伙人或员工来制裁他们的机会主义倾向。就是说，他可以把企业成员按规范行事并对企业特有的义务采取内在立场作为成为其企业成员的条件。作为规范兴趣者，他拥有必要的手段使规范对象的行为决定因子朝着有利于服从规范约束的方向发生明显改变[1]。

---

〔1〕 许斯勒在 1990 年论著中和凡贝格/孔恩顿 1992 年论著中所显示的模拟模型表明，类似的经筛选的合作可能是增加破坏者难度的有效战略。

他们若想看到合作性企业的大门向自己敞开，就必须努力成为合作性关系的合格成员。

为了正确估计作为规范兴趣者的企业家的权力地位，有必要再次回顾集体、公共行为的突出意义。成为组织和企业的成员并拥有加入与他人的合作性关系的机会对每一个人来说都是不可替代的生存基础。每一个人必定都有进入类似关系的根本兴趣以分享人类合作带来的不可替代的益处[1]。当然不能只考虑物质的益处，广义的合作性企业也存在于婚姻、家庭、俱乐部、辩论团体或一起度假中。人们建立公司以增加其经济的财富，联合组成团体以代表其共同的政治和社会利益，或建立共同体以追求理想目标。合作性企业可以具备政治、宗教、世界观、经济或社会的性质。任何时候，只要存在共同的利益或共同的项目且通过有计划的合作比孤立的行为能更好地实现之，则使用有组织的行为总是值得并且有意义的。然而进入合作性企业之所以重要，却不仅是因为个体能同企业其他成员一道追求共同目标，而且也是因为他通过参与获得报酬而间接获取集体行为的收益。个人如果原则上被排除在合作性企业之外并在追求其目标和利益过程中只能依靠自身的力量，则生存的机会就大打折扣[2]。

据此，如果一方面考虑到每一个人进入合作性企业的根本利

---

〔1〕 "归属的经验是社会经验的基本形态，归属的确定性是社会的自我确定性的基本形态。"（波皮茨1992年论著第141页）。高蒂埃1988年论著和弗兰克1992年论著；参见霍尔斯特1982年论著；克里姆特1993年论著B卷；凡贝格1988年论著A卷；1988年论著B卷和1993年论著A卷；鲍曼/克里姆特1995年论著。

〔2〕 采取道德行为的行为倾向可能值得，因为该倾向提供了在其他情况下不可能出现的合作的可能性，对该意念的详细分析见高蒂埃1988年论著和弗兰克1992年论著；参见霍尔斯特1982年论著；克里姆特1993年论著B卷；凡贝格1988年论著A卷；1988年论著B卷和1993年论著A卷；鲍尔曼/克里姆特1995年论著。

益，另一方面考虑到企业家关注其伙伴和员工拥有美德的根本利益，则声誉机制有效性的前提原则上已经成立。对作为合作性企业成员"候选人"的有行为倾向的效用最大化者而言，其行为服从规范约束将符合理性，因为这是他被企业家接受的条件。只有当其他参与者认为他不会利用每一机会实现个人效用最大化并获取个人额外利润时，他才能得到进入合作性企业的入场券并享受这种形式的合作的益处。如果参与不同形式的人类合作的益处对个体如此重要，则勇担美德的重担而不是冒基本上堵死参与类似合作机会的风险对个体利益来说将是值得的："只有当人们拥有真正非自利的立场，合作的益处才能完全穷尽[1]。"

当然，对企业家而言，是否可以期待其伙伴和员工的这种"非自利性"的持续存在也非常重要。他们的美德不仅在其成为企业成员之时，而且在他们作为成员期间行为受到考验的过程中都应持久地符合其利益。但对企业家而言，这种期望完全合情合理，因为在此方面他也可以通过自己的行为及借助其自身手段促使企业成员不会产生更改自己的规范约束行为的激励。为了实现此目的，他拥有两种相互补充的战略：

一方面，他不仅可将个人的美德作为其加入企业的条件，而且还可作为其"留驻企业的条件"，即个人能否留在企业取决于其能否保有美德。如同企业家将自己初始的合作意愿同潜在的合伙人及员工服从规范约束挂钩不失为一种明智的战略一样，当他发现对方的性格不再符合对企业成员的要求而结束同对方的合作也同样是一种明智的战略。

另一方面，他也可以通过向值得信任和有着创造绩效动机的个人提供企业内的"晋升机会"而有目的地加强合伙人和员工作为企业成员时的美德，如通过各种金钱和非金钱的方式予以承

---

〔1〕 见弗兰克 1987 年论著第 602 页；见本人翻译。

认，将其纳人重要的决策及计划过程或委以领导岗位，并赋予其自负其责并可领导他人的行为特权[1]。

这些战略的成功与否显然取决于企业成员的行为方式被企业家充分察觉，这样企业家才能够对对方的个人品格和行为倾向做出必要的判断。但成功并非必须以企业成员的行为方式不间断地被察觉为前提——这反倒可能会使得美德的功能失去意义，因为企业家之所以重视美德恰恰是因为得不到有关企业成员行为的完全信息。

对有行为倾向的效用最大化者的不间断观察不是考察其行为符合规范约束的必要前提，因为决定其行为的行为倾向有"惰性（traege）"，并且只根据那些行为情形序列而不是具体个别的行为情形做出调适。有行为倾向的效用最大化者没有能力基于当前存在的诱因便"毫不迟疑"地改变其基本的选择行为。对他有意义的备选方案一方面是在一定时间内的持续的规范约束，另一方面是相应时间内的持续的后果导向的选择战略。他没有能力在个别情况下就去放弃采取服从规范约束行为的行为倾向，而通过——比如他不处于被观察之中——对备选方案进行个别权衡获取益处。只有当他从结合具体情形的选择战略中获益持续而明显地超过从服从规范约束的行为方式中获益时，我们才可能预期其选择行为的相应修正。只要行为接受规范约束的事实经常符合其利益就足够了，就是说该事实没有必要始终即在每一具体个案情况下均符合其利益。

因此，要保证作为企业成员的有行为倾向的效用最大化者的美德的稳定性，只要其服从规范约束的行为较后果导向的选择战略在其作为企业成员期间总的来说为正数即可。这样一来，企业

---

〔1〕 影响内在动机的增强或削弱的因素，见弗莱 1992 年论著、1993 年论著 A 卷和 1993 年论著 B 卷。弗莱/波内特 1994 年论著。

家为了确保他保持其行为倾向而对其进行观察和监督的时间可以
间隔较大。但这种局部性社会监督的前提在合作制企业中容易存
在或通常业已存在：没有人际联系及一定程度上相互掌握合作伙
伴行为的信息，集体及有组织的行为难以想象[1]。

据此，在新经济学世界中基本前提似乎已经存在，因为借助
有行为倾向的效用最大化者的特殊能力及声誉机制的有效性可以
产生合作制企业及新型社会关系和生成规范的情形。如同社会网
络中的声誉机制能克服对社会关系未来展望的削弱——并使社会
流动性的增加成为可能，它在合作制企业内也能抵偿社会关系透
明度的模糊化并使社会匿名性的增加成为可能。有行为倾向的效
用最大化者由此将获得在同样的社会条件下结合具体情形的效用
最大化者原则上无法获得的合作及实现规范利益的机会。有行为
倾向的效用最大化者适合作为合作制企业的合作伙伴是迄今为止
最突出的证据，它表明有行为倾向的效用最大化者能够感受"合
作的好处，而结合具体情形的效用最大化者不论多么具有前瞻性
都无法得到这种好处[2]"。

在此，合作制企业中的人际关系结构不仅拥有社会网络和关
联群体的特征，也拥有匿名关系的特征。同匿名关系相同的是，
由于存在"无知之幕"，社会监督存在缺陷并且人们拥有违背规
范、拒绝付出及进行搭便车的"黄金机会"。这一事实也是为何
存在美德需求的原因，如果没有这些机会的存在，我们也不需要
那些自愿放弃利用这些机会的个人。因此，企业中的匿名性同社
会网络中的流动性一样都是美德产生的必要前提。

与此相反，合作制企业同社会网络一样也具有对有行为倾向

---

〔1〕 有关在类似情况下如此从对行为者的可观察到的行为中可靠地推导出其行
　　　为倾向的问题，应——如前所述——暂时忽略。
〔2〕 见高蒂埃 1986 年论著第 170 页，见本人译作。

的效用最大化者而言采取行为规范约束对己有益之情形的迭代重复性。因为不仅在社会网络中而且在合作制企业里，行为者的行为方式能被充分地观察，因而其关联伙伴可以对其性格作出判断。在这种社会结构中，珍惜自己的"声望"并在关联伙伴的相应期待上进行投资对行为者而言总是有益的。

在合作制的企业中一群个体在较长的时间内拥有相对紧密的人际关系，这一事实类似关联群体中持续的人际关系——但也有明显的差别，即这种相对紧密的人际关系并不能带来对关联伙伴的重要行为方式的完全信息。尽管如此，合作企业类似于关联群体，拥有相对稳定的处于较为密切的人际交流的一群人这一事实仍将具有重要的作用[1]。

同此作用相关的是，本章的结论都是在"英雄般的理想化"做法的保护下取得的。中心问题是，有行为倾向的效用最大化者有无理由较结合具体情形的效用最大化者在更大程度上实践其与社会规范的一致性。研究表明这一点在一定条件下原则上是正确的——但"原则上"意味着：有行为倾向的效用最大化者的关联伙伴可以预期他也确实拥有恪守美德的行为倾向。在此情形下，我们假定了一个"玻璃人"，也即我们假定从可观察的行为中可以轻易地判断出作为其基础的行为倾向。可以得出这种结论原则上具有决定性的意义，这一点显而易见：只有当他人可以确认某人具有美德时，一位有行为倾向的效用最大化者才值得拥有美德。

这种结论在现实中却面临着两个重大且互补的问题，即伪装

---

[1] 从人际关系结构的这种"理想类型中"，我们当然还可以设想出不同的混合形态，如类似合作性企业但不追求共同目的的群体，以邻居为例。但出于以后愈加明显的理由，分析合作性企业在社会秩序理论中占有特别的位置。

和不信任。从个体的行为推导出其行为倾向有可能不正确，因为个体的行为不真实并且反映的是美德的假象。个体的真正美德可能没有意义，因为由于对其行为真实性有所怀疑而没有从其行为中推导出其行为倾向。我们"英雄般的理想化"做法因而在于我们简单地以诚实和信任为前提。为了进一步检验我们的研究结果在较为现实的假设中是否有价值，有必要将伪装和不信任这两个概念引入新经济学世界。

第八章

伪装和信任

一　假象和真相

A. 诚实和美德

对有着行为倾向的效用最大化者而言，只有在将声誉机制作为影响他人预期的工具的背景下，美德才有效用。然而，怀疑和相互不信任的种子同时也被埋下。这种子不会很快发芽，因为单纯知道美德对声誉机制有效性的"战略意义"并不会产生不良后果，只要人们假定根据个体的事实行为方式可以准确地认定其行为是否以规范约束为基础。凭借此假定，所有在甄别行为倾向中确实出现的问题都被排除在外。因此，迄今为止尚没有出现诚实不足、伪装及缺乏信任的问题。在新经济学世界中，相互作用的个体的充分"透明性"得到保证[1]。

现在，在掌握了行为人性格的可靠知识的前提下，最好应将前述结论解释为下述内容的明证，即如果人们拥有这些知识而不是在理论模型中假定其已给定[2]，这将是何等的珍贵。对具体行为及行为方式的观察通常仅能对相关个体的性格及行为倾向做出极不确定和极无把握的结论，这属于人类生存及人际关系的基

---

[1]　有关"透明性"和"半透明性"的区别见高蒂埃 1986 年论著第 174 页。
[2]　见克里姆特 1987 年论著第 47 页。

本条件。在社会学理论中不应绕过这一基本问题，特别是当这些结论在该理论中的可信性至关重要并且同时包含着一些前提——如所有参与者的"动机"首先是自私的动机，而这些前提又有理由对可信性产生怀疑时，更不应该绕过这一问题。

下面必须探讨的问题是更现实地观察获取他人行为倾向的可靠知识的可能性及研究从这一更大的现实中得出的后果。这是一个关键问题，因为有着行为倾向的效用最大化者的关联伙伴如果不能充分信赖自己对有着行为倾向的效用最大化者的行为准备的推测，有着行为倾向的效用最大化者美德的天性就几乎不可能以人们所希冀的程度产生造福各方的影响。在声誉机制方面，来自针对行为倾向的规范约束的能力的潜在益处只有当该能力同甄别美德之人并将其同"不具备内在约束"的机会主义者区分开来的能力相结合时，才能变为现实[1]。

如果假定对他人行为方式的观察不会得出有关其性格和行为倾向的令人信服的推断的话，那么在合作取决于伙伴美德的情形中，诚实和信任就成了中心问题[2]。不论是行为者还是其伙伴都必定对解决该问题和获得有关决定行为的性格的充分信息怀有极大的兴趣。只有当个体能够令人信服地向其伙伴显示自己拥有美德时，拥有美德才能对个体及其伙伴有益。如果出现相互拥有美德是成功合作的前提的情形——通常都是如此，两种利益就统一在行为者一人身上。一方面他必须向其关联伙伴令人信服地显

---

[1] "如果合作者和破坏者外表上没有区别，不可能出现真正的合作。"（弗兰克 1992 年论著第 58 页）

[2] "信任"此处指狭义上的对个体的美德的信任，而不是指广义上的——在参考书中经常在广义上使用的——对某一特定的行为方式的信任。有关信任所起的促进合作的作用，见巴贝格 1983 年论著；科尔曼 1990 年论著第 91 页及以下，第 175 页及以下；甘贝塔 1988 年论著；哈丁 1991 年论著和 1992 年论著。

示自己拥有所希冀的美德，另一方面他也必须有能力发现其伙伴身上的相应行为倾向。

B. 真实及伪装的行为倾向

如果假设对行为方式的观察反正能推导出对行为者行为倾向的可靠结论，那么可以不考虑哪些现实困难呢？前一章中所作的理想化并未足以将有关个体相关性格的正确信息大胆地作为前提。这种信息的运用以前更多是取决于个体的相关行为方式可以被观察。这一点原则上也完全是现实的，因为人的性格和行为倾向只能通过他人观察其实际行为和行为方式分析出来。理想化却在于通过假定这些结论的充分可靠性，可以不考虑行为倾向与符合经验的可观察的行为之间的矛盾关系。

该关系的"问题"有两个方面。一方面是在具体的行为和行为倾向之间没有明确的归类。因此，尽管在了解个体在一定行为情形中的行为倾向及其框架条件时可以对行为方式作推导性的预测，但反过来，在了解一定行为情形中的行为方式及其框架条件的情况下对行为倾向作出归纳性的反向推论则绝非必然而是假设。可观察到的行为事后总可以用不同的行为倾向加以解释。后续的行为方式原则上总能推翻这种假设[1]。将行为倾向归类为行为具有理论解释的特性，人们也依赖其解释性内容，因为人们不仅需要对他人行为方式的描述及描述性分类，而且希望获得对他人未来行为的假定。在此方面，人们的处境犹如在其经验基础上寻找强大理论的科学家。这些理论尽管能够得到事实的支持并且在解释和预测功能上或多或少经得住考验，但却丝毫没有改变其原则上假定性的和"只能个案对待"的特性。

然而，归纳性结论所包含的无法消除的不确定性对实践中使

---

〔1〕 有关行为倾向概念的本质，参见施泰格米勒 1970 年论著第 213 页及以下；埃斯勒 1982 年论著第 160 页及以下；库彻拉 1972 年论著第 264 页及以下。

用的"对人的认识"似乎并不是根本无法逾越的障碍——正如发现具有强大解释力量的经验论理论对自然科学家并非无法逾越的障碍一样。通过扩大已有的数据基础和收集尽可能分散的个体行为方式的信息，观察者可以尝试对可能的行为倾向进行有效限定。即使如此翔尽的数据也仍不能回溯出一个准确的行为倾向，但新获得的数据却经常可对哪些行为倾向不再正确回推出一个准确的结论。作为这一充满试错过程的结果，似乎也可以产生出不论在解释上还是在预测功能上都富有成果且极为可靠的行为解释。

但行为倾向和行为之间的矛盾关系还有另外一个维度，该维度单凭扩大数据基础的可能性尚不能得到满足，因为这里还必须考虑到对所拥有的行为数据进行分析和诠释也同样十分困难。人际间的"信任障碍"不只是源自信息基础可能过于狭窄，而更多也是源自对他人真实性进行审核的必要性。人们可能受到仅仅伪装出美德的诱惑的事实进一步增加了准确甄别行为倾向的难度。尽管不真实性乍看上去只是在解释行为的各种倾向的范围内又多了一种可能性，但此行为倾向却有着对观察者产生严重后果的特性[1]。

如果必须考虑个体的不真实性，我们可能面对难题，即几乎所有的行为方式都可能是此行为倾向的表达，也即试图掩盖其他一定行为倾向的表达。扩大数据基础、寻找有关个体及其行为的新的信息面临失去其在缩小可供选择的行为解释方面的筛选作用的威胁。如果个体想伪装一定的行为倾向，那他会在受到观察的情况下始终做出符合伪装后的行为倾向的行为，而只有在不受观察的情况下才做出符合真正行为倾向的行为。作为真实行为倾向的表达的行为同仅仅是作为伪装后的行为倾向的表达的行为在观察者可接触到的情况中是一致的。只要伪装者不犯错误，即便延长观察时间观察者也得不到有说服力的数据。观察者因而陷人怪

---

〔1〕 将个体的理解同经验论理论构筑等同的问题，参见鲍尔曼/马斯1984年论著。

圈，因为为了能将可观察到的行为方式作为对行为倾向存在分析的指示器，他必须预设一定行为倾向的存在——即真实或不真实——作为前提。

在拥有有着行为倾向的效用最大化者的经济学世界中，这一问题更加尖锐。之所以如此，恰恰是因为观察者先验地——即不考虑可观察到的事实的行为——对行为者的真实与不真实已作了有根据的假设，当然，完全有理由认为此世界上的行为者不是真实的个体而是彻头彻尾的伪装者。若此怀疑真的成立，则我们须理性地用非常消极的偏见看待所有人。这种观点将对有着行为倾向的效用最大化者的合作机会产生消极的影响。如果老练的伪装者果真能面对观察者像展示自己的"原来肤色"那样显示同样的行为，则我们作为消极偏见的牺牲品几乎没有机会更正此偏见——不过，因而也就几乎没有机会在信任的基础上倡议合作。

对他人美德的本能不信任似乎在经济学世界中不无根据，因为对有着行为倾向的效用最大化者而言，美德的有益后果只建立在他人认定自己拥有美德的假设上，根据此假设产生了对行为者未来行为的相应期待，而这期待会令人对行为者表示善意和尊重的态度。对有着行为倾向的效用最大化者而言，美德只是实现目的的手段，它"本身"并非"报酬本身"，也无内在自我价值。对从美德中获得益处而言，关键不在于他确实拥有该行为倾向。倒不如说，从他自我利益的角度出发能够获得相应的声誉，但在现实中只是伪装美德并获得在美德的外衣下带来的额外好处，似乎更加理想。

C. 作为"精心伪装的老手"的、有着具备行为倾向的效用最大化者

如同真正的美德给真正的美德之人带来益处一样，美德的假象也给虚假的美德之人带来益处，根据此事实我们可以得出结论，即对理性的效用最大化者而言，采取伪装的战略原则上更为

明智。但对其本人产生的后果却远不令人鼓舞。因为在此条件下，既不会产生对所有参与者有益、建立在信任基础上的合作，又不会有人从伪装美德中获利。这样一来，没有人会指望他人真正拥有美德，后果是美德之人和伪装者都"空手而归"。

因此，由于伪装和不信任的问题，有着行为倾向的效用最大化者面临灾难性的自我实现预言的问题，即对伪装的巨大诱惑的认识必然导致普遍的不信任，这使得令人信服地证明美德变得困难。克服现存的不信任的机会越少，表现真实美德的积极性就越小，这反过来又加剧了不信任感。最后，不仅努力拥有美德的动机消失，而且伪装美德的动机也会消失。意愿和意志间不可逾越的鸿沟的窘境在新经济学世界中将在更高层面上重复。

自利及理性权衡的个体受到诱惑成为虚伪者和"精心伪装的老手"的根本问题早就为大卫·休谟探讨过："诚实最能持久，是众所周知的普遍规律，但诚实也有许多例外；我们或许可以认为，遵守普遍规律并从所有例外中获益的人，是最睿智行事的人。"对该观点被令人信服地推翻休谟并不过度乐观："如果有人认为，该证据需要马上得到答案，那我必须承认，找到令他满意和信服的证据似乎有些困难[1]。"

"精心伪装的老手"的立场如果不能被驳倒，就可能对社会

---

[1] 休谟1777年论著，第213页。柏拉图也早已精确阐述过该问题。如果认为美德的价值仅仅在于它将导致"好的名声"，那么人们赞美的"将不是正义，而是正义的假象"。阿德曼多斯从这种论据中得出如下结论："因为我不能够同时表现出正义，那么即使我是正义的，又将能获得什么呢。他们说，这没有任何用处，只是显而易见的不快和损失；然而，如果我是不正义的，却知道仅仅给他人制造我的是正义的假象，我将获得美妙无比的生活。因此，正如智者证明的那样，如果'假象战胜了真理本身'，而是正是福祉所依赖的：那么我便不得不完全如此。"对于柏拉图来说，要想拯救美德的辩护词，只能"称赞"正义"本身"值得珍惜的东西，"即它自己并且为了自己对它所包含的内容有所帮助，并且对不公正带来损害"。参见柏拉图《理想国》，第二册第362d及下。

秩序的理论产生令人不快的影响。至少是作为建立社会规范的工具，有着行为倾向的效用最大化者采取规范约束行为的能力就会相应贬值。要想摆脱这一后果，就必须证明，同休谟所担心的相反，即便从自利的立场出发，对利弊进行冷静权衡的"精心伪装的老手"的生活也并不一定值得推崇。

两个因素可能起证明的作用：即同伪装者的生活相连的个人成本及风险。如果同可能的盈利相比，伪装战略的成本过高并且被戳穿的风险过大，则作为理性行为者的、有着行为倾向的效用最大化者将会放弃这一战略。作为其伙伴，人们也就不必在每一情形下过度猜疑或谨慎，即便对其"品德"依然没有充分认识，人们起码又可以采取相对中性、"不带偏见"的立场。恶性循环也将被打破，因为如果可以消除不信任，则对有着行为倾向的效用最大化者而言，不仅展示其美德的表象，而且拥有美德的本质，就重新成为更值得推崇的了。

二　伪装的成本及风险

A. 间谍及诚实的人

因此，即便是粗浅的观察也不难发现，对伪装者而言每一伪装都会产生个人成本并同巨大风险相连。不可否认的是，对个人品格的长期成功的伪装并不容易而且"对道德完美性的伪装处于随时被某人戳穿的巨大风险之中[1]"。如果考虑到伪装的特性通常是同难以模仿的情感及心理反应联系在一起的话，这一点便更是如此[2]。"精心准备的漠然、刻意的不计较、精确估算的慷

---

〔1〕　见埃尔斯特 1987 年论著第 174 页。

〔2〕　持同样观点的有罗伯特·弗兰克，见其 1987 年论著第 595 页，1992 年论著第 101 页及以下；对相关问题的论述也可参见埃尔斯特 1987 年论著第 166 页及以下。

第八章 伪装和信任 *389*

慨大方或深思熟虑后的自发性"[1]都时刻面临被戳穿的危险，而且每一个行为者都可能遇到一个聪明到足以看透自己的观察者[2]。

尽管如此，我们不能过于简单化而走向另一个极端。如果以伪装战略本身的个人成本和风险门槛高得让人望而却步为出发点，则在经验论上是错误的，理论上属一种典型的特别假设。实际上，这些因素同各自的社会框架的总体条件相差很大。伪装可能富有成效，在一定情况下可伪装几年或数十年，这一点可以通过间谍或"默默无闻"的银行职员的例子说明，他们一生的大部分时间都在默默地付出，为了在关键的时候亮出漂亮的一击。我们不可以假定，由于个人成本和风险，理性权衡的行为者采取伪装战略在任何情形下都不明智。但另一方面，系统的伪装似乎并不经常出现，尽管不乏缘由和机会，显然有特别的原因使得人们尽管拥有"技术"的确可面对诱惑依然远离伪装战略。

所以，如果成本及风险可能使伪装战略成为错误的选择，那么只可能是在特定的经验条件下。关键在于找到原因，成本和风险的高低取决于此原因。在此基础上，可以确认伪装战略的同情形相关的利弊，然后便可以估计在新经济学世界的何种情形下可以预料到伪装的企图以及在何种条件下可以预料到参与者的真实行为。但首先必须清楚伪装者的成本及风险的具体组成。与此相关联，有必要如同在经济学思路中通常所做的那样，将对人的本性的简略图像做进一步刻画。

B. 伪装的个人成本

1. 客观成本

同建立在伪装基础上的生活相关联的成本具有客观及主观性

---

[1] 见埃尔斯特 1987 年论著，第 171 页。
[2] 同上，第 175 页。

质。客观成本指伪装者在三类选择情形下发生的信息及选择成本。第一种情形是对是否在一定的条件下尝试进行"机会主义"伪装须作出的基本选择。对此问题的睿智选择需要对相关的社会关系的本质进行深入的调查。伪装者必须谨慎权衡预期的盈利机会是否大过承受伪装过程中出现的个人成本及风险。这种权衡的前提不仅是对相关社会关系也确实发生作用的经验条件的广泛认识,而且也是对伪装者可能被戳穿产生的后果的全面了解。

第二种产生信息及选择成本的可能是,伪装者要在特定的选择中决定当个别机会出现时可否在伪装的外衣下"动手"。这种形式的选择在伪装者的双重生活中非常典型。因为如果其伪装战略想获得益处的话,那他必须首先甄别出自己能尽可能无危险地获取伪装"收益"的机会。但是他却常常难以将必须继续保持伪装的情形同采取机会主义行为而不撕下"面具"的情形准确地分开。许多一眼望去像是"黄金机会"的情形,仔细观察却被证明是对疏忽的伪装者构成露馅威胁的"危险陷阱"[1]。伪装者处于某种尴尬的境地,因为一方面他应尽可能不放弃任何机会,如果他要从伪装中获益的话;另一方面为了降低被戳穿的危险,他又必须小心不致过快受到诱惑的吸引。伪装最大的保护在于时刻按伪装后的行为倾向行事,而从伪装中获取的最大益处则在于不放过任何出现的机会。

此外,对伪装者更加困难的是伪装战略的明显盈利通常是在伪装者始终成功地从伪装中受益一段时间后才会出现。一次性的"大捞一把"较少出现。从这个角度上讲,伪装者必须注重保持自己的伪装。在有关是否在一定的情形中采取背离规范行为的选

---

〔1〕 类似的信息和选择成本起着重要的作用,但涉及的不是戳穿伪装者的危险,而"只是"被觉察出违背义务的单一行为的危险,参见本书第399页及以下。

择中，他难以承受高度的不确定性。但如此谨慎需要以产生高成本的对行为条件进行的考察和对机会及风险的冷静权衡为前提。

对"精心准备的老手"产生客观成本的第三种情形是，当他被观察时，他必须为了伪装的目的展示符合伪装了的美德的行为。由于此成本对真实接受规范约束的个体更高（与机会主义者不同，他们即便是在不受观察的情况下也服从规范），似乎不能将它算作以特殊形式同伪装战略相联系的成本，但此类成本在伪装者的估算中和在其信息及选择成本中仍占有特殊地位，值得相应关注。

精明的伪装者会试图尽可能地降低这种成本。尽管客观地看他不能完全绕过此成本，但为了能成功地对某一行为倾向进行伪装，他必须在一定的机会前显示相应的行为。但伪装者的战略必定将始终体现在尽量避开符合规范的行为可能产生奇高成本的情形——即便他不会犯只在"低成本情形"中证明自己所谓美德的愚蠢错误。但挑选各自"正确"情形将使自己面对一些选择难题并会在其信息及选择成本的负债表上增加负债。

在此，伪装者也面临一个令人不适的两难境地。一方面，他承受不了在伪装上太过昂贵的投资，因而只是为了伪装成公平、勇气和可信赖便自愿投入到没有胜利前景的斗争中，对他而言不符合理性。在此条件下，伪装尽管有把握成功，但成功的代价太高。通过周全而前瞻的计划和策略尽可能避免这种"高成本情形"并降低这方面的风险，符合伪装者的根本利益。另一方面，个人高成本的情形恰恰是令人信服地显示美德的理想机会。伪装者必须注意不错过这样的机会，即尽管美德行为成本相对较高但因"证明力"巨大仍可接受的机会。

2．主观成本

在客观成本之外，伪装者还面对特别的主观成本。这些主观成本恰恰同成功的伪装有关并同保守秘密事实本身紧密相连。它以对伪装者的直接和间接的内心及心理负担的形式出现。对虚拟的人品事实的任何掩饰和伪装都会带来情感的负担、智力的集中及神经紧张的后果。

（1）丧失自然性和自发性。伪装者需要有或多或少时刻紧绷的注意力和较高的自我控制能力。他必须在深思熟虑后"吃力"地制造一些个人特性和行为方式，而在确有美德时这些都是"自发"产生的。当行为者通过真实的规范约束从源自规则产生的例行公事的行为方式本身带来的轻松中获益时，伪装者不仅必须小心在甄别关键的情形特征时不犯错误和掩盖真实想法，他还必须向外界展示一个无须为这些问题费尽思量的人的"轻松"的精神状态。他不得不时刻小心，以便不脱离所扮演的角色并不让他人不加控制地进入自己的"灵魂世界"。所涉及的不只是因失去自然性和自发性带来的缺憾，而且还有为了掩盖此缺憾而向外界刻意作出的自然性和自发性[1]。

伪装者必须小心不在不利的情形中明显偏离规范，但他也面临因不慎的表达和前后不一致的反应被戳穿的危险。伪装者和虚伪者拥有"诚实人"所不拥有的知识且不会放弃这种知识——起码是有关自己背离规范的知识，但通常也包括其他对甄别背离规范的机会有利的事实和常识，如银行职员如果暴露出他了解警报装置的细节，就会引起他人的怀疑。但伪装者不仅经常面对隐瞒真相的难题，而且还必须为了应对"构思"杜撰的情节。如不忠的丈夫不仅要隐瞒自己拈花惹草的真实地点，而且还要编造一则令人信服的故事，以尽可能"滴水不漏"并在妻子可能进行的盘问中顺利过关[2]。

---

〔1〕 同此相关的问题参见埃尔斯特在 1987 年论著第 166 页及以下的论述；参见弗兰克 1987 年论著及 1992 年论著第 46 页及以下和 88 页及以下。

〔2〕 参见埃克曼 1989 年论著第 27 页及以下。

因此，伪装者不仅被迫伪装一定的个人性格和性格特征，而且还被迫隐瞒事实并杜撰事实。他们生活在充满谎言和担心错误、失算及不慎失言的极不和谐的生活里。在此心理压力之外，必然还存在着对他人无时无刻的不信任，即担心他人已产生怀疑，已刻意审视及监督伪装者的行为及反应，或者甚至早就有目的地给自己设下陷阱。与此相反，遵循真理且不依赖外表则会节约心力并能自然地同他人进行交往。

（2）损失正直诚实品格。然而，作为伪装者心理负担的伪装战略的主观成本不仅体现在双重生活带来的实际困难和高度复杂产生的"麻烦"上。伪装者不仅必须承担所需的用于完成伪装的手段所产生的心理投资的主观成本，成功的伪装还会对伪装者产生同广义的为保持伪装的"技术"难题没有关系的连带消极后果。此处我们也可以采纳大卫·休谟对真实和公开生活好处的描述："大凡高贵的人，他们对背叛和欺骗是如此的厌恶，以至连向其提供益处或钱财都不能补偿。内心的宁静、对自我正直诚实品格的意识、对自己行为的惬意回顾，这一切都是幸福的重要前提并会受到体会到其意义的诚实之人的珍惜和呵护〔1〕。"

为了更直观更可信地找到基于"正直诚实品格的意识"基础上的"内心宁静"的主观价值，不必将此价值同空洞的自我满足连在一起或寻求类似"内心煎熬"及"超我"等概念的帮助。我们也可以将这种"内心宁静"视为下列事实的结果，即正直诚实品格符合沉淀于人的本性及人际关系本性中的根本需要的事实。据此，"伪装及不严肃的生活"不仅是"遮遮掩掩的随时可能被戳穿的生活〔2〕"，而且也是即便伪装成功也会对人类不可替代

---

〔1〕 见休谟1777年论著第213页及以下。古典的观点似乎认为，只有正义的人才会有幸福，因为只有他才拥有和谐及平衡的心灵。

〔2〕 见 P. 辛格尔1984年论著第290页。

的对真实性的追求带来根本损害的生活。

C. 作为个人财富的正直诚实品格

1. 外在形象和自我形象

如何将拥有完好品德的人士同伪装者及虚伪者区别开来？拥有符合此意义上的正直诚实品格的个人必须是，他人心目中有关个人自己的人品、自己的目标、自己的动机及自己的观点的形象同个人自己心目中的自我形象，即对自己的性格和性格特征的了解——特别是在涉及他人利益的方面——基本吻合。符合此意义上的正直诚实人士意味着，必须过着没有战略性伪装和虚伪的"真实"的生活，不去为了有针对性地造成他人心目中对个人自己的人品和性格形成错误的形象并从这一错误形象中获取个人益处而有计划地掩盖自己的观点和感受。

自我评价与外来评价的统一如果想满足人类的一大心灵需要，而且对正直诚实品格的渴望显示了其独有且"终极"的利益，则有必要将对此利益的侵害同伪装者采取伪装战略产生的其他已经提到的必须忍受的这种主观成本带来的对利益的侵害明确地区别开来。所涉及的不只是由于注意力时刻紧绷产生的对自然性和自发性的损害及心理的重压，事实上我们能够识别对伪装者造成的这种巨大的个人损害。伪装者在伪装战略成功的同时，恰恰使自己因此丧失了一个关键的能力，即同他人建立真实的相互人际关系的能力[1]。

2. 真实的人际关系

"真实的人际关系"或简称"真实关系"应当理解为以相互信任和公开为特征的人与人之间的关系。在此关系中，没有任何

---

[1] 此概念参照 P.F. 斯特拉夫松的观点，见其 1978 年论著第 208 页及以下。但在一个完全不同于此的设问前提下，本人对斯特拉夫松的纲领进行了详细的研究，见鲍尔曼 1987 年论著 A 卷第 145 页及以下。

参与者会为了私利而试图隐瞒有关自己的品格和自己在关系中所追求的动机及意图。在真实的相互人际关系中，存在着"不必谨小慎微"采取情绪化凭直觉的行为方式，即不受有意识和理性自我控制的行为方式的空间。真实关系中的伙伴既不必担心会泄露被他人利用的信息，也不必隐瞒可能对他人造成损害的信息。因而，此关系中的行为不仅将是冷静权衡及客观考虑后的结果，而且是自发反应及不加考虑的情感的结果。有效的真实关系可让人省却对行为后果的也同样多疑的算计的徒劳。

根据 P.F. 斯特拉夫松的观点，可将真实人际关系中伙伴的态度称作"参与性态度"以区别于"客观态度"[1]。对关联伙伴采取"客观态度"意味着，将对方视为实现自己目的的手段和尽可能施加影响的"客体"，并仅仅根据下述权衡对他采取特定行为，即这些行为都是最适合达到所期望的反应的。根据事物的本质，对他人的这种"工具化"排除了面对他人采取自发的凭感觉的行为的可能，并要求对自己的情感保持相当的距离和自我控制。

如果个体试图通过有目的地掩盖自己的行为意图及行为倾向的关键事实以达到影响他人采取对己有利的行为的话，也会采取此意义上的客观态度。伪装者的关联伙伴因此被降格成为（不正大光明）策略的客体。伪装者通过有意识地保留对关联伙伴的选择具有重要性的信息并向对方隐瞒自己的真实计划和品格，将对方变为实现自己利益的工具。关联伙伴成了操纵的对象[2]。伪装者因而没有能力同被他蒙蔽的个体建立真正的人际关系。从这一角度出发，伪装战略意味着一定的无能：伪装者面对被蒙蔽的

---

〔1〕 参见斯特拉夫松 1978 年论著第 211 页。

〔2〕 此处操纵的概念指的是存在着"不对称知识情形"的状况，参见鲍尔曼 1987 年论著 A 卷第 89 页及以下。

人无法袒露自己的人格，也不能自由流露自己的情感。

被操纵的、非真实的关系通常会损害作为被蒙蔽的对象的他人，这一点不言而喻。伪装经常是剥削及渔利的基础。但此处关键的问题是，伪装者本身无力建立真实关系也给自己造成巨大的个人成本和损失——即便他是在同拥有正直诚实人格的关联伙伴打交道并且自己对伪装及操纵并不担心。

那么对伪装者大门紧闭的真实人际关系的独特优点何在？形象地说，它存在于他人将此关系作为个人品格及个人行为的镜子而产生的效用上。此处特别是指下述两种现象：一方面的事实是，作为人类的我们在自我形象、自我理解及自我定位的许多方面取决于他人对我们的性格及特性是如何反应的，是如何诠释和判断我们的行为、能力及优劣势的。没有他人的感受作为我们品格的"反射"，相应的自我感受及自我认识、建设性的自我批评和个人的持续发展几乎不可想象。这一点可称之为真实人际关系的认识效用。

另一方面，这种关系还有重要的情感意义。该意义是建立在人们在真实关系中可以没有风险地满足表达行为的需要的基础之上的。人们酝酿出的许多感觉和感受有向他人表达的意愿。通过情感的表达，人们可能得到直接的满足，不论这些情感是积极还是消极的。凭直觉的联系较基于利益的一致或冲突大多更能影响我们同他人的关联。在斯特拉夫松的分析中，真实关系这一情感及表达的方面占据突出地位。根据他的观点，恰恰是采取凭直觉、"没有距离的态度和反应"，如"感谢、厌恶、宽容及友爱"，才赋予真实关系如此之高的价值[1]。

这里涉及的是一个本质上非常通俗的事实，即人们通常有本能的、同虚荣心无关的自我表现的需要，惟有通过不加修饰地表

---

[1] 见斯特拉夫松 1978 年论著第 205 页。

达自己的品格，例如性格、偏好、强项、弱处、愿望、需要、情感及感受才能获得"内心的宁静"，且他人对自我表现的反应不论在认识上还是在情感上都对自我定位具有根本的意义。还是借用斯特拉夫松的话："我想再重复的老生常谈仍然是我们对他人对我们自己的态度和意图所赋予的重要意义，和我们对此态度及意图的高度信服或对此态度及意图的高度包容。"[1]

此时，只有当我们不戴面具地站在镜子前，镜子才能再次为我们反射出一个同现实吻合的图像。只有以真实方式按其真实品格行事并展示其真实性格特征和感受的正直诚实人士，才能从他人的反应中受益。虚伪者和伪装者没有能力做到这一点。在此方面他们是生活的乞丐。作为不能够信任关联伙伴这一事实的必然后果，他不得不忍受因不能或只能有考虑有筛选地向其透露自己的感受、态度、恐惧、担忧及希冀带来的特殊孤独。伪装者不得不放弃蕴涵着充满信任及坦诚的沟通的"内在财富[2]"，如自我表现、自我认识、情感化，还有善意的批评、好的建议或安慰。即便而且恰恰是从自利的角度出发，"认识自己的正直诚实品格"的生活也比"遮遮掩掩"的生活更值得推荐。

3. 工具化及可表达的利益

对人的本性的看待存在局限性的又一方面表现在，对建立在信任基础上的人际关系的独有价值重视不够，经济人的"典型"行为模型即以这种局限性为基础。这一点反映在牺牲人类的表达和表达导向性利益而片面强调其工具性和效果导向性的利益。在经济学传统中出现的个人，他们的意愿几乎只同对外界的积极及

〔1〕 见斯特拉夫松 1978 年论著第 205 页及以下。
〔2〕 共同行为本身会给参与者带来"内在"财富，这也是"社群主义者"阿拉斯代尔·麦肯泰尔的一个重要而正确的论点，参见其 1987 年论著第 253 页。

有针对性的干预和对世界的改变联系在一起。但事实上人类并不只是一味"干预主义式"地围绕着行为的经验后果和效果而行事，表达感受和感觉、担忧和希冀扮演着同样不可替代的角色并对他起着独特的效用。对他而言，品格的可表达的表现属目的本身，而目的本身的意义同积极或消极的后果均无关，相应的表达行为可能还会带来这一目的本身。

对真实展开的生活的价值的认识可以追溯到古希腊罗马时代的"和谐品格"的理想境界。根据此理想境界，个人幸福的实现以同道德和美德要求相一致的生活为前提。值得注意的是，在古典时期，不仅在唯心主义思想家而且在唯物主义思想家身上都可以发现这一观点[1]。或许这表明，此观点与其说符合抽象的哲学杜撰，倒不如说更符合对人的本性的周密观察。认为具有关联伙伴的"参与性态度"的人际关系对自我发现及性格形成过程不可或缺的观点，在今天得到了个性发展的心理理论的进一步证明[2]。据此理论，个体只有在同他人的开放交往中才能获得并保持独特的"特征"：只要尽可能少地强调"自己的事"，就可获得纯粹私人的"自我形象"。

总的看来，有令人信服的理论及经验论证据证明下列假设，即心理成熟且健康的人士只有在同他人自发及开放的关系中才能发展并得到承认，并且这种关系对主观的幸福感有着很高的价值。这结果非常关键，因为据此得出结论，每一个体必定对真实的关系有着根本的兴趣，并且不会时刻以"精心准备的老手"的面目面对所有人行事。完美人士的"内心宁静"可以理解成这样一种精神状态，即你不必时刻提防他人，而是可以无保留地同他

---

〔1〕 参见鲍尔曼 1987 年论著 B 卷第 64 页及以下。

〔2〕 见乔治·赫尔伯特·米德和埃尔文·高夫曼的"相互影响"理论，或列奥·费斯廷格尔及后来者的"认识不协调"理论。

们进行坦率的交流，并且不存在必须隐藏某些事情的压力，此时就会出现这种状态：这也是真实人际关系的优点不折不扣并且没有任何内心保留地得以实现的时刻。

在此情况下值得注意的是，恰恰是当涉及履行重大义务时，保持正直诚实品格的兴趣凸显出来。同逃避"微不足道的小义务"相比，暗地里逃避这些义务会被视为重大的失信行为。这样一来，就"退缩"到下述境地中去，这时他人能够拥有信任便具有更重要的意义。在此情况下，隐瞒错误事实对双方都是重大的行为，因而也构成行为者人品完美性的重大转折。伪装带来的好处也会成比例地导致正直诚实品格"损失的增加"这一事实，鉴于在此情形下采取机会主义行为的强烈诱因而成为重要制衡。据此，同伪装战略的可变收益相比，品格完美性不拥有恒定价值，而是对诱惑程度做出事实上自动的调整。这一点同经验论上的经验相一致：同在艰难时期没有与他人同甘共苦或在正义的防御战争中逃避兵役相比，人们偷税漏税或乘公共交通工具却不买票通常不会产生骗子或揩油者的负疚感。

4. 可表达的兴趣的价值

对正直诚实品格的意愿有多强烈及该意愿在何种社会关系中不可抗拒？斯特拉夫松认为，同他人真实关系的兴趣原则上不可替代："人际关系不间断的客观性及由此可能引出的人的孤立性看来并非人类所能够承当。"[1]在此我们也应避免给一种理论强加过分的假设。内心对——呼吁自己及他人遵守的——规范和美德相一致的真实生活的兴趣的假设仅仅应当用一种相对微弱的措辞提出来。据此，尽管随时及在所有方面欺骗所有人对行为者可能会产生高昂的主观成本，但总在所有方面欺骗许多人——如果相应的好处频频招手的话——对于他人而言则完全可能是可以接

---

〔1〕 见斯特拉夫松 1978 年论著第 214 页及以下。

受的。因此对本真性和正直诚实品格的需求并不是在所有的社会领域及在所有的群体中都以同样的方式表现出来的。尽管我们必须同意斯特拉夫松的观点，即没有任何一个心理正常的人能够完全放弃真实的人际关系并将自己同周围的所有人隔开。但这一令人信服的假设不应得出结论，即伪装战略的个人成本在所有情况下都会排斥作为"精心准备的老手"的选择。

将正直诚实品格的根本益处的强度弱化的假设可以得出结论：行为者在伪装战略和真实行为间进行选择时原则上必须考虑两个方面：一方面，为了满足其对真实关系的兴趣，他需要有一个自己能够不加掩饰坦率行事的人群。另一方面他必须权衡，在此之外他是否要同那些自己值得扮演双重角色的人群建立关系，因为采取伪装战略的特殊成本足够低。

属于第一群体的只能是行为者同其保持着持续和经常性个人关系的人，因为只有这些人才能对行为者有足够的了解，因而才有能力对行为者的品德作出恰当的回应。行为者也只能够同这些人培养出以非算计、并且同样也是以纯情感为特征的人际关系所必须的信任关系。但此群体的人不仅是行为者用于建立真实关系的"领域"所需人群的受欢迎的"靠前候选人"，他们同时也是作为伪装战略潜在对象的人群的"靠后候选人"。在此，机会成本是一个因素，因为行为者可能失去真实人际关系的潜在伙伴，但另一个重要方面是，为了蒙蔽他人，行为者必须一定程度上同他们隔开或将自己保护起来，不能让他们"太近"地"接触"自己的想法和感受。然而，同有关的人接触越多，同他们的联系越经常越紧密，人际关系持续的时间越长，建立并可靠地保持隔墙就越难，成本就越高。出现此情况，不仅因为同相同的人群保持经常的联系会增大被戳穿的危险且用于成功伪装的措施的成本随着关系的紧密性而加大，还因为随着人际关系的稳定会产生基于感受的吸引和相互的好感，使得行为者难以将对方视为实现自我目的的手段。在没有例外的情况下，随着同被蒙蔽的他人的关系的持续和紧密，双重生活的个人成本会相应增加。

结论是，对行为者而言，有足够的理由说明要在同他保持经常和持续的关系的人群内建立不可替代的真实关系，同样的理由也说明不要在此人群中寻找可能的伪装战略的牺牲品。因此，伪装战略的可能受害者将首先从行为者同他们保持流动人际关系和联系的人群中寻找。在这种关系中，既不会在成功形成"内在隔阂"时出现特殊困难，也不会失去真实关系的潜在伙伴。

D. 伪装的个人风险

1. 丧失声誉和地位

在分析伪装者的个人风险时，必须区分两个不同方面：一方面是被戳穿时给伪装者带来的损害，另一方面是伪装者面临着被戳穿和产生损害的可能性。让我们先来看一看伪装者在被戳穿时面临的损害的实质。

在此方面，必须清楚区分结合情形的效用最大化者在具体情形下背离规范所面临的损害同有着行为倾向的效用最大化者在采取同声称的美德相矛盾的行为时面临的损害。对行为者的关联伙伴而言，发现有着行为倾向的效用最大化者通过伪装的美德获益的企图同发现结合具体情形的效用最大化者利用有利机会违背义务，意义完全不同。对结合具体情形的效用最大化者，人们从一开始就不抱幻想。只有当具体情形下一定的行为方式符合其利益他才会服从规范的事实，并没有包含关于其人品及"性格"的新信息，因而也不会改变人们对其未来行为方式的预期。结合具体情形的效用最大化者不会获得或失去认真履行义务的声誉，因为他无法获得或失去认真履行义务的行为倾向。出于此原因，发现其不合作的举止并不会影响人们对结合情形的效用最大化者的基本态度。因此，除了间或背离规范的行为以外，他没有什么值得隐藏的，如被戳穿也没有什么值得害怕的。

　　尽管这并不意味着，结合具体情形的效用最大化者如采取背离规范的行为就没有任何风险。如果他面对关联伙伴举止不合作，他也会受到制裁。但对结合具体情形的效用最大化者而言，风险并不在于由于在其潜在的关联伙伴眼里，他总体上属缺乏合作能力的人，因而永远失去合作关系的潜在益处。如果将来出现基于互惠交换机制采取合作行为对所有参与者都合乎理性的情景，人们也会同结合情形的效用最大化者及机会主义者合作，即便他在其他场合被证明采取了不合作的行为。

　　对有着行为倾向的效用最大化者而言，采取不合作行为被戳穿可能带来的损害则完全不同。作为有着行为倾向的效用最大化者的关联伙伴如何预期前者的行为方式，取决于人们对他的个人品格及行为倾向的估计。此估计决定人们在合作关系中是否给予他相应的信任。有着行为倾向的效用最大化者的行为方式不仅作为孤立行为所产生的积极或消极影响对其伙伴重要，而且作为其美德或恶习的显示器也很重要。比起有着行为倾向的效用最大化者偏离规范行为所引起的具体损害，更令其现今及潜在关联伙伴感兴趣的是该行为所蕴涵的信息内容。从显而易见的经确证的偏离规范的行为中，他们可以也必然得出结论，即他的道德纯属伪装。他们因而不（仅）会对孤立的偏离规范的行为进行制裁，还要在未来需要正直诚实的有道德人士时不将有着行为倾向的效用最大化者作为合作伙伴而拒之门外。由于其偏离规范的行为，有着行为倾向的效用最大化者摧毁了自己的声誉。

　　但享有声望的人因而也失去了自己在社会中的入场券。丧失声誉意味着丧失社会地位，即丧失参与有利可图的合作关系的机会。若联系到过去，则对有着行为倾向的效用最大化者而言无异于投资流产。对他来说，获得良好声望的成本之所以值得，仅仅因为这是获得按照自己的意思影响他人工具所必需的花费。他的声望是可以在未来通过获得相应地位及参与有利可图的企业产生利息的资本[1]——对伪装者则更是加倍计息。如果其声誉受损，则过去的投资变得毫无意义，因为良好声誉通常只会在较长一段时期后才会结出真正的果实。

因此，采取伪装战略的有着行为倾向的效用最大化者在被戳穿时，必须面对与结合具体情形的效用最大化者在采取偏离规范行为被识破时完全不同且大得多的损失。他们两人可能犯了同样的错误，即错误估计行为情形，但其结果则有本质的不同。结合具体情形的效用最大化者尽管面临直接的制裁，但他可以通过显示合作意愿重新"医治"自己的过失创伤。伪装者则在眼前的损害以外面临被永远排除在合作性关系之外的长期损害。同作为对偏离规范行为的直接反应的有针对性的厌恶相比，丧失信任带来的作为"惩罚"的效用损失要严峻得多。

2. 一旦声望被毁

丧失声誉之所以可能是非常严重的损害，也是因为总的来说，一旦失去声誉要想重新获得的机会很渺茫，产生的损害可能会成为不可逆转的损害。因为丧失"好"的声望并不意味着将来"不再"拥有声望，而是拥有"不好"的声望。然而，要失去好的声望很容易，但要将不好的声望转变成好的声望则很难。值得信赖和正直诚实的人士的假设可能仅凭当事人的一次失误就完全被推翻，而再多的符合规范及美德的行为都难以令人信服地推翻某人是伪装者的观点。

"没有"声望、"好"的声望及"不好"的声望之间的差别同本书已描述的行为及行为倾向间的矛盾关系有关。总的说来，观察者必须克服的一个难题是个人的可确证的行为方式往往可以用

---

〔1〕"对背离规范带来的潜在益处经过权衡而加以放弃，可被视为对良好声誉的人力资本进行的投资。"（见凡贝格 1988 年论著 A 卷第 23 页；参见本人翻译。）

不同的行为倾向来加以解释。如果一个人"没有"声望，则观察者就会不带偏见地分析自己掌握的数据并以自己认为最可靠的行为者的行为倾向为基础。这样一来，被考察的人也有机会通过自己的行为"展示"一定的态度。但是，如果行为者已被认定为伪装者——也即拥有"不好"的声望，则情形就变得对他极为不利。观察者将（也必定）在认定自己在同伪装者打交道的前提下诠释行为者的举止。另外，认为行为者会继续伪装的怀疑也并非缺乏根据：如果个体被证明伪装，则他就失去了参与合作性关系的机会。然而如果没有这些机会，那么对其美德进行投资对他们来说就根本没有任何吸引力，有了这些机会，真正进行这种投资的诱因也相对减少。面对这种"偏见"，有悔意的罪人很难让观察者相信自己新获得的品德。

被戳穿的伪装者看到自己被"打上了烙印"，要翻转完全无望，如此一来，他陷入了恶性循环。恰恰由于他周围的人了解他的暗淡前景，会对他表现出来的善意举止持更加怀疑的态度。正如已经确认的那样，对个体的可靠性的怀疑具有自我暗示实现的特点，因为不信任降低了此人的可靠性的价值并因而让其有进一步节约可靠性成本的动机[1]。这可能带来另外一个灾难性的后果，即即便是确实存在的性格长处也不再值得称道，因为它们也被视为"伪装的假设"并不再得到鼓励，结果可能是摧毁整个"道德"之人。这种演变符合人们熟悉的"背离常理的升迁变化"现象，这是违背规范行为理论的中心对象。

因此，伪装者被戳穿后面临漩涡效应，即使他以后果真放弃伪装也会陷入无底深渊，这有其同行为方式及行为倾向之间的特殊关系有关的"方法论"原因。带有"偏见"的观察者不应受到

---

[1] "贴上标签的最有趣及最令人不安的后果之一是，它可能导致自我印证的陈规化。"（见阿克塞洛德 1988 年论著第 132 页。）

道德或智力方面的谴责，但他却受到相关困难的折磨，即因经验
方面基础的波动无法获得他人行为倾向的有根据的假设。一定程
度上他必须带有戒心，因为从经验上看几乎没有证据可以根本消
除他的不信任，即便他本人确实希望得到这样的证据——他不可
能怀有通过其不信任而阻止他人重新获得声誉的兴趣。因为这些
人将来被迫对他采取不合作的态度，所以他不仅会失去潜在的伙
伴，而且会树立潜在的敌人。

应该说，不能完全排除重获丧失的声誉的可能性。一个顿悟
的伪装者可以借助一个通常属于使之采取伪装战略额外动机的现
象。我们已指出，涉及规范的情形通常会向规范对象提出完全不
同的要求。对伪装者而言，关键在于通过尽量避免"高成本情
形"而从伪装战略中获益。而悔过的伪装者正相反，他恰恰可能
必须寻找类似的情形。通过即便成本昂贵也要显示美德的行为的
方式，他拥有了可以在不利条件下证明自己可信性的极富希望然
而也并非没有风险的工具。每个人都听说过这样的伤感故事，即
过去的作恶者为了不可辩驳地证明自己的悔过自新，不惜舍身救
人或接受危险的使命。即便这种情形蕴涵高风险，但从长远的自
利角度看冒风险仍可能完全符合理性，如果它有助于恢复声誉及
社会地位的话。然而从另一原因看，这种方法的价值也有局限：
因为人们可以证明自己品德的情形不是想要它出现它就会出现
的。

3. 被戳穿的可能性

估计个体在采取伪装战略时不得不考虑的风险，不但同潜在
的损害的程度有关系，而且同出现损害的可能性也有关系。伪装
者被戳穿及作为后果而必须忍受声誉和地位的丧失都取决于哪些
因素呢？

原则上至少可以断定，没有相当风险因素的存在，声誉机制

也不可能存在[1]。它产生作用的前提是，对伪装者而言落入陷阱及被戳穿的可能性不可疏忽。如果伪装者的确掌握不被戳穿的伪装术，则赋予个体的名声一定的意义就不符合理性。完美的伪装者处于被观察的情形时绝不会显示引人注目的举止，但一个人的声誉恰恰只能建立在这种观察的基础上。若理智的人相信声誉的作用，则他必定从下述假设出发，即伪装者要想获得无可指摘的声誉事实上都有不同程度的困难，也就是说他们总会被戳穿。

当然，乍一看，人们似乎确实可能倾向于认为伪装的成功完全掌握在相应的个体手中，进行明智权衡的行为者因而有充足的机会大大降低被戳穿的可能性并使其有利于自己。充其量——可以这样论证——他只需在对被戳穿没把握时显示出符合伪装后道德的举止。如同每个正直诚实的人一样，这对他来说也是完全可能的。

下这样的结论未免过早。特别是三个（风险）因素使伪装者不能从容披挂双重外衣。第一，只要一次失误，伪装者就会被戳穿——至少是在有意识偏离规范的明显的情况下[2]。伪装者因而如同在进行一场要么全赢要么全输的赌博，为了成功他注定不被允许犯任何一个错误。第二，作为伪装者，要不犯任何错误并非易事。选择情形通常是复杂的，难以分析，同时伪装者必须同自身的自我控制及意志薄弱等现象抗衡。第三，即便伪装者的确没有犯可以追究到具体人头上的偏离规范形式的错误，他仍没有得到完全的保护。认为伪装者可以随心所欲模仿正直诚实人士所有的典型特征的假设不尽正确。这一假设尽管总的来看适用于直

---

[1] 参见弗兰克 1992 年论著第 68 页及以下和第 83 页及以下。

[2] 当然，柏拉图就已经认识到，在许多情况下，对一个"不公正者"来说，即使他疏忽了什么，也有可能重新予以弥补，方法是当他的罪行有可能使自己暴露时，巧妙地让人相信他。

接显示符合规范的行为的第一性特征，但却不同样适用于每一正直诚实人士另外拥有的第二性特征。而这些由正直诚实人士本能传导给他人的构成"整体形象"的第二性特征或者"症状"——我在后面将称之为"症状"——恰恰是多多少少不受意志控制且难以模仿的。

4. 全赢或全输原则

作为伪装者，在处于观察的情形中哪怕只是一次偏离伪装后的行为倾向，都意味着在知情者眼里自己已输掉了一场游戏。伪装者必须预期，作为惟一一次错误估计及选择失误的后果，他可能丧失全部声誉。惟一的一次错误判断就可能对其声望产生不可弥补的后果并可能使之失去未来同他人合作的机会。

"精心准备的老手"在这一点上也受到反映行为和行为倾向间关系本质的不对称的困惑。一方面，惟一的一次偏离行为倾向原则上就足以不可挽回地摧毁行为者的好名声，另一方面，诸多"好"的行为方式则既不能"证明"行为倾向也不能使对家忘却"过失"并使自己可靠地重获好名声。人们多年来积攒的"诚实正派的嫁妆"（休谟）只需惟一的一次失误就会丧失殆尽。如此一来他的声誉大打折扣，他的外观受到玷污，不论此前他无数次诚实而正直地行事。

因此，丧失声誉并不是一个人们可以引导和控制的过程。要么伪装的过程从头到尾天衣无缝，要么伪装被完全戳穿。不存在逐步的被戳穿，也没有缓和的坡道可以让人掉头。伪装者被戳穿并遭受声誉丧失的可能性，总的来看同只要一次就被识破的可能性一样大，即在不存在匿名性保护的情况下只要一次采取背离规范的行为就被戳穿。换一种说法：对伪装者而言，成功的可能性总的来看同永不犯任何错误及永不错误地利用所谓的机会的可能性相一致。在此前提下伪装者多大程度上可以现实预期自己实现伪装战略的成功机会，完全取决于在特定的行为情形下其他两个风险因素的作用。

5. 意志薄弱、压力及缺乏清晰

伪装者面对正直诚实的他人还须承担其他成本，如果他找不到从伪装战略获益的可能性的话。如果不能利用这种可能性，伪装者除了承担"同伪装有关"的成本之外，还须同真正的美德之人一样，承载道德的重负。因此他总是处于不要"错过"有利机会的巨大压力之中。这种压力恰恰阻碍了在具体选择情形中对正反方面所需的仔细权衡。从所谓的采取偏离规范行为的机会中肯定有特别的诱惑，因为这种行为的益处会在短期内出现而可能的消极后果则发生在不确定的未来[1]。伪装者采取符合其面具行为的时间越长，"最终"也享受一下好处的诱惑也就越危险。错误选择要么这样要么那样让他尴尬：要么他费尽心力的伪装战略不划算，要么他面临不慎带来的被立刻戳穿的威胁。因此，人类选择者意志及判断上的不完全的危害以特有的方式威胁着伪装者。

但是，伪装者情绪的失衡及"眼前利益"的诱惑也进一步加剧了选择者认识不完全造成的危害。缺乏在特定的情形下识别最佳选择的能力，原因主要在于个体缺乏知识、缺乏记忆功能及缺乏感受和整理的能力，后果是随着选择情形复杂度的增加，选择过程中选取和失误的危险也增大。但伪装者经常面对极其复杂的选择情形。他不仅要经常收集和评估诸多的经验事实，而且还必须考虑到他人——可能对他已不信任——已采取了特别的不易被察觉的预防措施使得伪装者进行"作业"的难度增大。他必须预计到"看不见"的监督、伪装的陷阱和类似的情形。在此，对伪装者而言，避免能透视出其本质的直接迹象也特别重要。伪装者

---

〔1〕 弗兰克在其 1992 年论著中第 68 页及以下，特别强调了对伪装者存在的危险。

不仅会因为明显的偏离规范而且会因为其他一系列泄露真情的行为方式暴露自己。在不仅个别行为而且行为倾向都会被制裁的情况下，机会主义者因选择失误及出错被戳穿的危险大增。

伪装者的出路只有一条，即通过"启发学"或经验法则来面对这些难题，这些学问或者法则会告诉他在何种情况下利用伪装"一般"来说对自己有利。因为这些法则显而易见会导致他在具体情形下采取次优的选择。在许多情形下，这种选择可以被接受，但对伪装者则不然。即便在个别情况下，他也承受不了错误选择的后果。只是取得"满意"的结果在他要么全赢要么全输的世界中没有位子。如果他须在是否冒风险采取偏离规范的行为问题上进行选择，伪装者必须进行个案权衡。他陷进了时刻对行为进行后果导向的权衡的困境中。

由此得出结论，伪装者不得不经常在对形成正确判断不利及增加错误选择可能性的条件下进行选择，如受短期利益的诱惑、面临无法摊销成本的伪装战略的不断增加的成本的心理压力、对因失误造成的巨大的且经常是不可挽回的损失的担心、面对判断失误危险且没有启发学或经验法则补救可能的复杂和不清晰的选择情形[1]。对"精心准备的老手"而言，问题会因为几乎不存在可以避免错误选择又同时不增加自己被戳穿危险的战略而进一步复杂。减少失误风险的前提是，伪装者收集尽可能广泛的信息并对此进行谨慎分析，但所涉及的却是一个正直诚实的人士从一开始就不感兴趣的信息和分析。伪装者因而不仅要小心不作出错误选择，而且必须对整个使其免受类似失误和错误之累的信息、选择及权衡过程保密。单单发现他提出用于进行特定选择准备的典型考虑及为此收集一定的信息，就足以戳穿其伪装。有行为倾

---

〔1〕"撒谎而不犯错非常困难。"（埃克曼 1989 年论著第 206 页）。如果涉及不只是一两次的撒谎，而是对个人特性进行长期伪装，则难上加难。

向的规范约束恰恰表现在，行为者放弃了对"机会"的思前虑后。

6. 症状

伪装者逃脱被戳穿的可能性不仅取决于他对在正确的时间采取正确行为这一难题的驾驭程度，他还不得不面对正直诚实人士拥有一系列"第二性特征"的现象。所谓的第二性特征或者说是症状指的是在明显的符合规范或偏离规范的行为之外也可提供个体真实性迹象的性格及反应方式[1]。这些迹象对观察者的价值并不在于可向其提供关于个体品德令人信服的结论，仅凭症状可能无法有说服力地戳穿伪装者。但这些迹象可以发射出"信号"，增强对某人的信任或猜疑，导引出对伪装者的怀疑，或明显增加其落入陷阱的风险。

根据前面描述的双重生活的主观及客观困难，借助症状将正直诚实人士同伪装者区分开来完全可行。面对这些困难，伪装者的心灵和情感状态明显有别于正直诚实人士。他不得不时刻小心并对周围的环境保持戒心，他必须控制自己的感受并同因伪装难免产生的无奈和孤独抗争。即便伪装者能成功避免犯明显偏离常规的行为的错误，但他的精神状态仍难免有不能完全处于意志控制的特殊征兆。伪装者拥有一些很难完全遮掩的典型情绪和反应方式。如显示自然性和自发性就几乎不可能，因为他要时刻掩盖自己的真实意图。但也有一些清晰的身体现象，很多人在试图说谎或欺骗时就会出现这些现象，如面部泛红，苍白或出汗，面部表情、说话速度、声音高低、身体语言出现变化，局促不安或面对被骗之人显得不自然[2]。

---

〔1〕 参见弗兰克 1992 年论著第 88 页及以下。

〔2〕 参见埃尔曼 1989 年论著第 59 页及以下及第 97 页及以下；见佐默尔 1993 年论著第 119 页及以下。

对观察者而言，评价及解读这些症状的困难在于，这些感受和心灵状态的迹象难以可靠并准确地被识别和归类，他们同相关个体及其文化和社会背景并不一致，同时要求观察者具备经验、"对人的认识"和一定程度的直感和细腻。对伪装者而言，有目的地制造这些症状比起制造具体的行为方式要困难得多，而且这些症状经常不受控制或无意识间流露出来。他们从本质上非刻意行为的结果，因而也难以进行有意的仿效。因此说演员是一门拥有特殊资格的职业，不仅要有扎实的培训，而且要有特殊的天赋。

伪装者另一困难是，他经常被迫显示同其真实精神状态恰恰相反的心灵状态。他必须显得沉着而随意，尽管他在紧张地盘算和思考；他必须显得无所谓，尽管他已预感机会来临；他必须显得平静而冷静，尽管他事实上非常局促而紧张；他必须显得例行公事，尽管他仔细权衡各种可能。他必须向对方表示好感和亲近，尽管他在冷酷地利用对方；显示热爱真理，尽管自己是个骗子；显示满意，尽管失望；显示愤怒和愤慨，尽管惬意和凯旋[1]。

我们相信自己即便不完全掌握某人的行为信息也可识别其真实性格特征，这一点可以用罗伯特·F·弗兰克建议的简单思维实验加以解释。例如某个熟人，我们完全有把握他不会欺骗他人，即便这样做没有被戳穿的风险[2]。我们的把握从何而来？此人过去已显露的行为方式意义有限，因为恰恰不能从这些经验中总结出根本的结论，所涉及的是相关的个人在没有被戳穿风险的情

〔1〕"撒谎之所以常常站不住脚，因为人总是可以通过迹象流露出潜藏的情感……有所感受，但却要保持平衡、冷静及无所谓的外表，是最难的事。"（埃克曼1989年论著第6页及第18页）。
〔2〕参见弗兰克1992年论著第22页。

形时如何行事。我们的把握必定来自其他渠道："在思维实验中回答'是'意味着，您相信，您理解至少部分人的内在动机[1]。"

此外，这种思维实验也清楚表明，在可以使人对某人产生"怀疑"的症状及显示某人正直诚实品行的症状间存在着一定的不对称。因此虽然在一些人身上我们"绝对"有把握认为他们值得无保留地信任，这些人身上凝聚着一系列正面症状，以至于我们认为伪装几乎是不可能的。然而，另一方面，当缺乏这种清晰的信号时我们往往难以做出判断。并不是每一个真正正直诚实人士都会给人留下相应的、不容怀疑的印象的。

从该视角出发，伪装者的问题较少是造成某些让人直接感觉他是伪装者的症状的危险。即便是智商平平的伪装者通常也具备不"引人注目"的能力，即避免唐突的行为反常的能力。他面临的问题是，只有在罕见的表演天赋的情况下他才能令人信服地制造让人认为是正直诚实人士确凿证明的症状。不具备此能力尽管不会让人直接生疑，但如果作为一定性格的可靠迹象的症状有可取之处，则观察者难免会认为缺乏症状背后等于缺乏相应的性格[2]。

我们对他人的把握的一大特点是，我们对他们性格的判断不仅仅等同于拼凑万花筒，可以对个别观察和形象逐一进行评估、解读、权衡，然后有意识及审慎地形成整体判断。人们经常在同他人的第一次见面时就瞬间形成了对其的"整体印象"。人们有能力通过直觉的感受，接受和加工一系列无意识的对他人的行为、表情、身体反应及感觉表达的印象，这一事实会大大增加伪装者在某些关系方面作假的难度，甚至可能使其无法作假。因为

---

〔1〕 参见弗兰克 1992 年论著第 125 页。
〔2〕 同上，第 100 页。

在此许多关键的特征及过程不仅对观察者而且对制造者都呈无意识状态——而同有意识的感受相比，对虚假和伪装的症状的无意识感受更敏锐。

尽管如此，我们仍不应相信这种判断他人的特殊能力。生活的经验显示，这样做可能出现巨大的偏差，因为对人的认识及感受能力差异极大，人们"展示"自己性格的方式多种多样，他们的表演天赋也千差万别。第二性特征也是让人感兴趣的方面的"症状"，即在个体的第二性特征同真实的性格之间不存在令人信服的关联性。但这并不意味着，关注这些症状就不是使自己免受伪装者及虚伪者之害的有效工具。症状可以解释并对怀疑进行推导，可以保持戒心并增强信任，他们有助于人们增强获得关键性第一性证据的信心。第二性特征及症状对判断他人最后究竟有何价值，关键还是取决于相应的行为条件及关联行为的种类。

E. 伪装的成本及风险间的关系

我们再总结一下伪装者的成本及风险：伪装者的客观成本指的是产生的信息和选择成本，用来甄别进行不为人察觉的偏离规范的"黄金"机会，规避采取符合规范行为产生奇高代价的情形并绕开可能被戳穿的陷阱。但是，主观成本指的是丧失自然性和自发性，还有必要的自我控制及他对周围的戒心。主观成本特别作为正直诚实品格不足及参与真实人际关系的可能受限的后果，也以缺乏"内心宁静"的形式出现。

伪装者的风险一方面同他可能被戳穿产生的相关损害相连，即沉重的无法更正的声誉和地位及未来合作机会的丧失。另一方面他必须考虑到可能大幅度增加出现损害可能性的一些因素：第一，他在进行的是一场全赢或全输的游戏，这意味着一次错误的选择就会令他丧失声誉；第二，他可能面临复杂而不明了的选择情形，不得不在压力、强烈诱惑的影响及没有既定解决模型的情况下做出审慎权衡的选择。第三，他不得不面对事实，即尽管仔细计划、理智选择及避免犯唐突的错误，他还是几乎不能完全避免流露出可以推导其真实性格的第二性迹象。

诸多的不便、负担及危险因而落在了伪装者身上。他们相互作用又变本加厉，如感到一次失误就会引起"灾难"的意识会使主观及客观成本明显增加。伪装者的个人成本及风险看上去本身就很高。休谟已突出强调过这一点，按他的话，一个诚实的人"经常惬意地"看到，骗子尽管所谓狡猾和巧妙却是如何在自己的原则上被套的。当他们正在按部就班悄无声息地行骗时，出现了一个诱人的机会。人的本性如此不坚定，于是他们走进了陷阱。结果是，当他们出来时已经完全丧失了声望，丧失了他人对他们的信任和信誉[1]。

甚至在经济学世界中一定的先入为主的信任也可能是可取的。丧失对他人的信任的轻易性却是相信某人的又一个理由，尽管这似乎有悖常理。面对意在保全"好印象"而时刻提醒自己的谨慎原则，与其想方设法伪装信任等待可以利用伪装的机会，不如真正成为可信赖的人来得更聪明。但另一方面也不应忘记向成功的伪装者招手的巨大利润。我们几乎不可能假设，对有着行为倾向的效用最大化者而言伪装战略在任何情况下都是非理性和不聪明的。在我们已基本明确了伪装战略的成本及风险因素以后，重要的是探讨此战略在特定情形下的成本及风险，也即何种条件下伪装者的成本及风险会发生变化。

基于同任何伪装战略相连的基本成本及风险，我们可以提出一个概括的观点，即如果伪装可能产生的利润从一开始就明显低于一定值，则在这些领域有着行为倾向的效用最大化者采取伪装就不值得。他不会为了任何一点蝇头小利而损害自己的正直诚实品格。从此角度出发，如果"低成本情形"存在，即规范对象服

---

〔1〕 见休谟 1777 年论著第 214 页。

从规范只产生较低的个人牺牲，则在新经济学世界中真实的规范约束的行为完全可能〔1〕。如果个体间产生的义务不是过分沉甸，则在拥有有着行为倾向的效用最大化者的世界中，自愿承担此义务本身即便在最不利的条件下也不能完全排除。这并非无足轻重的方面，如果我们考虑到社会秩序的重要支柱往往都是靠个人的贡献来支撑的，这些贡献——如参与民主选举——要求个体仅仅做出或多或少无足轻重的贡献。

三　在关联群体中的伪装

在行为者所在的关联群体里观察有着行为倾向的效用最大化者在选择中是否采取伪装战略的成本及风险因素时，我们首先就会发现，行为者的关联群体是一个对其正直诚实人品非常重要的群体。根据定义，他同关联群体中的成员处在循环往复、持续不断及紧密的人际交往之中。在此群体中丧失正直诚实品格后果严重：一方面，行为者可能失去进行真实人际关系的合适关联伙伴，另一方面，为了在此情形下成功地保持伪装，他所设置的"隔离墙"必定又高又牢固，因而在自我克制及自我控制方面会产生巨大的主观成本，因为在其关联群体中社会监督丝丝入扣，伪装者没有容身之处。有许多理由令有着行为倾向的效用最大化者在同其关联群体成员打交道时放弃伪装战略。

因此，关联群体成员的正直诚实品格并不会对符合规范及美

〔1〕 一种规范行为局限在低成本情形里的双轨行为模型是由哈特穆特·克里姆特倡议的，见其 1986 年论著 B 卷；1987 年论著，1990 年论著 B 卷；见布雷恩曼/洛马斯基 1993 年论著第 19 页及以下；基尔希盖斯纳/波默雷纳 1993 年论著；岑特尔 1989 年论著。道格拉斯·C.诺斯也指出过低成本情形对社会程序的稳定和改变的普遍意义，见其 1988 年论著第 58 页及 1992 年论著第 98 页及以下。

德的行为产生积极的影响。同关联群体中的关联行为伙伴，行为者不仅保持循环往复持续不断的社会接触，而且保持不间断的个人关系。但在这种关系中，显而易见没有对道德的需求，因为在此关系中，即便对结合具体情形的效用最大化者而言，遵守社会规范采取合作态度也是最理智的原则。由于其间有效的互惠交换机制在起作用，行为者的规范约束不会得到其关联行为伙伴的额外奖励，但与此相应，对他来说，从一开始就没有伪装规范约束的动机，他从没有期待通过伪装获取额外的利益。在此关联群体内，行为者如采取机会主义分子的"不道德行为"马上就会显露原形。

四 在匿名社会关系中的伪装

匿名关系是各种社会关系大全中的另一极端。在关联群体中行为者正直诚实品格的前提合适，但让其采取规范约束行为的必要基础即关联行为伙伴对其规范约束的兴趣则缺乏；在匿名的社会关系中这两点正相反。关联行为伙伴对行为者的规范约束的兴趣极大，但行为者正直诚实品格的前提似乎不佳，因为伪装战略的成本及风险最小。

在匿名的社会关系中，行为情形的复杂性总的来说较低，对潜在的伪装者而言，偏离规范的机会通常不需信息和选择成本也无失误的风险立即可以识别出来。这里笼罩着不亲密的距离感，面对"陌生人"缺乏正直诚实品格几乎无足轻重，也不担心丧失声誉。由于在匿名关系中不存在继续此关系的问题，而且潜在的关联行为伙伴对行为者的相关行为也不了解，被戳穿后他的声誉不会受损，也即在当前关联行为伙伴损失声誉不会产生消极后果。对伪装艺术、自我克制及情感控制的要求要么没有，因为他可以在未受观察的情况下行事，要么鉴于关系的肤浅而不值一提。

因此，在匿名的社会关系中伪装者的成本及风险很小。但在匿名的社会关系中同样缺乏声誉机制的基础，因为人们在此关系中基本没有机会发现当前或潜在的关联行为伙伴的品格。既无可能在同他人的关系中对其行为进行观察，也没有"结识"他并了解他的行为方式的机会。因而在匿名的社会关系的框架内缺乏必要的对个体的性格进行揣摩的前提。

结论是，在新经济学世界中的匿名社会关系的框架内，也没有必要预期对美德的伪装，相反，一定程度上可以预期真实的行为。对有着行为倾向的效用最大化者而言，伪装战略同真实的规范约束一样没有意义。如果原则上缺乏确认行为者行为倾向的观察基础，则伪装者伪装行为倾向的基础也不存在。匿名社会关系产生的结果如此说来同——即便出于其他原因——关联群体的结果一样，有着行为倾向的效用最大化者在两种情况下都会放弃伪装战略。但他的真实行为将类似机会主义者的选择行为，即根据特定的情形进行个人效用最大化。不论在关联群体中还是在匿名的社会关系里，不论是作为真正的还是伪装后的行为倾向的美德都不符合有着行为倾向的效用最大化者的利益。

五　在社会网络中的伪装

社会网络中的情形同匿名关系中的情形的区别首先在于，前者原则上存在着收集行为者人品信息的基础，行为者的每一接触都受到其未来关联行为伙伴的注视。在社会网络中声誉机制可能发生作用，如果行为者行为方式的信息被其潜在关联行为伙伴视为预测其未来行为方式的可信的基础的话。那么他们可以信赖这些信息吗，或者他们必须考虑到成为伪装战略的牺牲品？

答案出乎意料：在社会网络中行为者的潜在关联行为伙伴不

在乎行为者被观察时是真实实践美德还是仅仅是虚假伪装美德。社会网络保证了对行为者的时刻控制，因为他在每一有关的行为情景中都处于观察之中。但在此前提下，对行为者来说，为了保持其声誉显示符合规范的行为及针对行为倾向的规范约束一般说来是合适的——不论是为了伪装和掩盖的目的，还是他确实拥有美德。因为其潜在的关联行为伙伴知道，行为者出于声誉的原因一定会在同自己打交道时符合规范，因此行为者是真实行事还是佯装行事，对他来说不重要。相对其事实的行为，这一点没有意义。在这一点上，社会网络同关联群体的情形相似。

当然，面对可能的伪装战略，行为者的关联行为伙伴之所以如此冷静，是因为他有把握他同行为者同处一个"封闭"的社会网络，也即他有把握他同行为者的接触也处在他人的观察中，但这种把握性并非时时都有。每一参与者都清楚地知道并考虑到，从较长的时间段出发，没有漏洞的封闭的社会网络更像是例外情况。以"残缺"的社会网络为出发点更现实一些：在社会关系的链接中，尽管总的来说存在观察者，但链条也会缺少"链节"。因为在一些情况下第三者可能不掌握行为者行为的信息，或者掌握信息的第三者不是潜在的关联行为伙伴。

但社会网络中缺少的"链节"却构成了伪装者以潜在的关联行为伙伴为代价从伪装的美德中获益的"黄金机会"。在此条件下，同正直诚实的个人还是同骗子打交道对关联伙伴不再是无所谓的事。他们需要多大的戒心也取决于如何估计伪装者在社会网络中的成本及风险。

在社会网络中，行为情形的复杂性及伪装者的主观信息和选择成本相差很大。但伪装者还是可以预期，在社会关系的众多链接方式中时常会出现一些情形，从中可以轻易发现采取偏离规范的行为被察觉的风险很小且行为的始作俑者得以不被察觉或不受损害地逃脱。伪装者的信息及选择成本因而在社会网络中较低，因为在多数情况下他的损害风险似乎可以接受：其声誉的价值经常相对偏低。尽管在社会网络中伪装者的被人察觉的失误也会使其丧失声誉，但导致的不能参与未来合作可能造成的利润的损失却有一定限度。原因是，对被戳穿的伪装者来说，自己的声誉损失只局限在了解自己失误的有关潜在关联行为伙伴之间。如果走运的话，可能他只在某一个体面前失去良好声望。被戳穿的伪装者担心的丧失声誉引起的灾难性连锁反应，在社会网络中并非一定会出现。

但以丧失自发性及自然性形式出现的主观成本对伪装者来说也很低。面对社会网络中行为者同其关联行为伙伴特有的短暂而间或的人际联系，行为者不必拥有高度的自我控制及自我克制能力来显示符合正直诚实品德的行为方式。他不需要时刻绷紧注意力以防不慎的表达和引起怀疑的反应，他意识到自己被观察的情形从时间上看有限。在零星的社会联系中不存在紧密而持续的人际关系，因而伪装者面对自己伪装的牺牲品认为自己失去正直诚实品格的程度相应有限。他对真实相互人际关系的根本兴趣几乎没有受到影响。最后，在社会网络中没有人要求他具备尽管流露某些症状但不致引起怀疑的表演能力，这些症状的信息价值关键取决于人际联系的长短和紧密性。关系越保持距离，伪装者具有的"虚假的"第二性特征不致引人注目的机会就越佳。

由于社会网络中伪装战略的成本及风险相对较低，有着行为倾向的效用最大化者必定有强烈的诱因去采取这一战略。作为其关联行为伙伴，人们几乎不可能指望其个人正直诚实品格和真实态度，人们也不能期待握有戳穿伪装者及识别真正道德之人的王牌。对行为倾向进行归类需要有尽可能广泛的信息基础，并非任何一类有关他人行为方式的信息都是获得他人性格结论的可靠基础。但凭短暂的人际联系及对少量代表社会网络的相关情形的观察可能不足以证明对他人可信赖性的评判的正确性，它们无法构成对潜在伙伴的美德进行投资的基础。

后果是，如果理想化的信息条件不存在，即便在新经济学世界中声誉机制在社会网络中也几乎不可能发生作用，社会网络也会失去其作为促成规范情形的地位——除非参与者可以信赖社会网络的完美封闭性[1]。但如同关联群体一样，封闭的社会网络只覆盖了现代社会中有关人际关系的一小部分。即便社会关系链接的现象并不罕见，但我们必须预期，社会关系的完整的链接与其说是规律倒不如说是例外。

六　合作制企业中的伪装

A."标准企业"

合作制企业的显著特点是，它具有一个经常给参与者带来出于个人益处而偏离义务机会的结构，社会监督并非无所不在且没有漏洞。企业家依赖其伙伴及员工的自愿合作态度，依赖他们当中至少有相当部分的人对企业的目标及任务持有一定的内在立场。合作制企业是新经济学世界中关系的真实产物，因为只有在此世界中行为者才能拥有对其行为的规范约束能力。

因此，如同"不连贯"的社会网络一样，合作制企业的显著特点是行为者的正直诚实人格具有主导作用。在此，如果真的假设采取伪装战略的诱惑很大而保护自己免受伪装者的欺骗的可能性很小的话，则即便在新经济学世界中也不会形成合作制企业。在合作制企业内形成的一定群体的有组织的合作的行为情形根本有别于社会网络中具有的那种个人间单一交换行为的链接。在一

---

〔１〕　对类似的"封闭"社会网络中的声誉效果进行分析的有，克莱普斯/米尔格罗姆/威尔森 1982 年论著；克莱普斯/威尔森 1982 年论著；兰诺 1995 年论著第 207 页及以下；劳卜/威泽 1990 年论著。

些方面，合作制企业更像是关联群体而非社会网络。中心问题是，这种差别是否导致了较社会网络高得多的伪装成本及伪装风险。

显然，不只有一种合作制企业，合作制企业的形式和形态及规模和任务都各不相同。三个人抬一张桌子同世界上所有国家参加联合国都是所谓的合作制企业。为了使探讨更为明确，我先提出合作制企业的"标准形式"的概念。"标准企业"的特征应该是，有相对多的个体组成的群体在较长的时间内在一固定的组织结构内通过直接的人际联系共同作用。偏离此标准形式对所讨论的问题的后果——如伪装者的赢利期望、成本及风险——轻易可见，如果事先对起决定性作用的因素进行甄别的话[1]。

B. 很高的地位风险

如果被戳穿，作为合作制企业成员的伪装者面临最大损失：一方面，失去在相关合作制企业中的成员资格及失去其成员资格给自己带来的所有的将来益处；另一方面，完全失去声誉及社会地位，因而也失去作为其他合作制企业成员带来的所有未来益处。

不情愿地失去在一定的合作制企业中的成员资格对个体而言可能具有相当严重的后果，因为在许多企业内都可能进行较长时间的合作。在许多情况下，成为企业的成员可能是终生的并且随着时间的推移会带来成员在企业内地位的持续改善。因此，被排除出某一个企业就可能给相关成员带来巨大损失，但是对于在企业中被戳穿的伪装者来说，特别危险的是完全丧失声誉及地位。因为与在社会网络中不同，他不仅可能面对"偶然"知情的潜在伙伴的排斥态度，还必须考虑到他基本上丧失了进入合作制企业

---

[1] 如果不另加注释的话，今后本人使用的"合作性企业"的概念指的是"标准企业"意义上的。

的可能性。

产生此后果的主要因素有二：

第一，在某一合作制企业中的成员资格经常意味着较长时间的互动联系，因此，企业家会在对潜在伙伴的声誉的考核上进行投资并采取极为审慎的态度。如果条件允许，他会要求行为者出示其在其他合作制企业中行为的可信信息及个人经历作为接受条件。行为者必须出示自己的"简历"、证书和评语。企业家自己也会审核行为者的口碑，进行调查并征询其他企业家的意见，因此，伪装者几乎不可能长期掩盖自己在其他企业的前科。简历中的"空白"反而会让人一开始就对他产生疑窦。

更让伪装者无奈的是，为了被企业容纳，每一真正具有正直诚实品格的候选人都具有证明自己可靠性和正直诚实的根本兴趣。他自己会指出足以证明其真正美德的所有可能的事实，特别是指出所谓的"高成本情形"，即同一定的行为方式相连的而伪装者几乎不可能承受的较高个人成本的情形[1]。这种作用体现在——如果涉及专业资格——著名教育机构的证书上，或体现在——如果涉及道德水准——以对其成员性格的要求著称的机构和群体中的成员资格上。马克斯·韦伯举了北美早期的公谊会教派的例子。他们的教徒很受欢迎，因为人们知道如果不真正具备相应的品格，他们是不会成为这个道德严谨的禁欲教派的成员的。

第二，有关个体过去和现在在企业中的声誉的信息较其在其他社会联系中的行为的信息要容易得到的多。基于其时间上的长度及参与者的数量，拥有合作制企业成员的资格本身要比同单个

---

〔1〕 美国前总统乔治·布什在阅兵时，通常会展示自己在二战中被击落过的同一类型的飞机。比尔·克林顿之所以被认为有"人品问题"，是因为他不能用类似的飞机证明自己。

个体的关系来得更有引人注目的效果。另外，单纯从数量上看，在人的一生中成为企业成员的次数远比同零星的社会关系少很多，因而也便于进行广泛考察。以汽车销售商为例，我们较容易获悉他在学校、在养鸽协会、在服兵役时、在作为教会理事会领导成员时及在作为汽车销售商联合会会员时的行为，而较难获悉他在无数的销售合同中是否总被证明是公平而可靠的伙伴。

在人的一生中，每个人一方面有许多除当事人之外他人无从知晓的同其他个人的社会联系和关系，另一方面却难于以匿名方式掩盖自己在合作制企业中的成员资格。如此一来，就给他人提供了了解作为企业成员的行为者的行为的更佳可能。由拥有不同合作制企业成员资格形成的社会网络，极可能比由单一行为组成的社会网络要来得更加"封闭[1]"。

鉴于加入合作制企业前的这种严格考核及由此获得个人相关数据的极佳可能，伪装者必须预期，只要惟一一次从合作制企业中"不光彩地被驱逐"就会完全并且可能是不可挽回地丧失自己参与未来有利可图的合作的机会，一夜之间他的社会地位就可能一落千丈。

社会地位的恶化对行为者意味着对其生存的威胁。对多数人而言，进入合作制企业的可能性是其物质富裕的主要来源。但正如我们先前所强调的那样，合作制企业指的不单是以物质利益为目标的产业性企业。在人的一生中，就合作制企业的重要性而言，追求经济利益尽管起着重要的作用，但绝非惟一的作用。合作制企业在人们实现政治、社会、宗教及个人利益方面同样不可或缺——另外，合作制企业还为实践真正的人际关系提供了"内在财富"。比如你要同朋友一起度假，那么一般情况下并非由于

---

[1] 现代社会存在的"匿名的海洋"（阿克塞洛德语）因为合作性企业间的网络而大部分暴露无遗，参见格拉贝尔 1993 年论著。

"共同度假"这一合作制企业带来更高的"度假效益",而是因为你想同他人享受真实人际关系的快乐。作为合作制企业的婚姻至少从今天来看与其说是为了增加经济财富不如说是出于相爱的缘故,即出于实践具有特殊情感意义的真实人际关系的缘故。

因此,这里使用的个人较高社会地位的概念不同于通常同高收入、有社会地位的职业或属于某一社会阶层相关的社会地位的概念。在此处所指的意义上,一个人只要被视为品德高尚之士并因此拥有进入给其带来重要物质及非物质益处的合作制企业的可能性,他就拥有较高的社会地位。根据此标准,在一个工厂工作、属于工会成员、加入狩猎协会并参加当地教堂唱诗班的工人的社会地位等同于拥有高收入、作为大公司董事长且是扶轮社成员的经理的社会地位。

因此,丧失声誉和地位及由此丧失潜在关联行为伙伴对自己"合群能力"的信任不仅仅是意味着失去获得一个高收入的体面的工作岗位的可能性。完全丧失声誉及地位等同于被排除出各种形式的社会共同体,因为事实上所有的共同体都期待自己的成员和得益者具备一定的促进共同体宗旨的美德。没有声誉及地位的个体被定位为"反社会的",因为他们从根本上被剥夺了人类合作及共同生存的社会性。

这再一次证明,丧失声誉及社会地位的"惩罚"比作为恶直接加以实施的大多数处罚形式要严重得多。作为震慑的工具,将某人排除出合作性关系的威胁特别有效。尽管并不是戳穿某人伪装者及机会主义者面目的错误的第一步就意味着其"非社会性"的极致不可避免,但行为者无疑踏上了——如前所述——难以站立的斜面。出于这些原因,理智估算且冷静权衡的有着行为倾向的效用最大化者永远不会将其达到的社会地位和作为合作制企业成员的声誉轻易作为赌注。

C. 正直诚实品格的重要价值

在某一企业内较长时间的合作需要以其成员间的有规律而持续的人际关系为前提。其成员不仅像在社会网络中那样发生短期而短暂的联系，而且经常多年在一共同的生活或工作场景下进行合作。这种社会关联的高度依存性使得合作制企业的情形同关联群体的情形具有了可比性。当然，在此也不应忽视其中的重大区别。与关联群体中的人际关系不同的是，企业中的人际关系并不能提供参与者行为方式的完整信息。

但对行为者而言共同点在于，在两种情况下他都是在同这样一群人打交道，即通过直接的人际交流同他们进行协商并同他们一起度过人生中一段并不短暂的时光。在对伪装战略的主观成本的分析中曾经假设，每个人都有保持真实人际关系的根本需要，因而都需要一个他可以在较长时间内同其保持紧密人际联系的关联行为伙伴的圈子。只有在这一圈子内，他才可能发现对他有足够的了解因而有能力对他的行为方式及性格进行对他来说重要的反馈的人士，也只有在此他才能培养出对于并非经过算计并且也打上了情感烙印的人际关系的必要信任。

这些前提现在不仅通过行为者所处的关联群体的成员而且通过"其"所在的合作制企业的成员得以模范地实现。他同这些人形成了社会共同体，基于参与者人际关系的紧密性，这些社会共同体使真实人际关系的"内在价值"有望实现。在关联群体及在合作制企业中采取伪装战略的行为者每次都面临着以放弃内在价值为形式的成本。但是，关联群体和合作制企业中的成员不仅是真实人际关系的"积极候选人"，而且同时也是伪装战略的"消极候选人"。为了蒙蔽他人，伪装者必须在思维和感受中同他人保持距离或同他人隔绝，他不能同他人进行坦率的交流。同他人发生关联行为的时间越长程度越紧，这种隔绝和封闭对"内在的心灵宁静"的影响就越大。这种影响从情感上看也会带来成本的不断上升，因为随着人际距离的拉近，情感上的亲近和彼此的好感会让他越来越难以把他人仅仅作为伪装的对象。保持斯特拉夫松提出的对他人的"客观态度"是件吃力的事，它会随着关系的紧密难上加难。当伪装者必须对其社会紧密层伙伴放弃真实关系并维持某种"内心不安宁"时，他承受的心理压力会不断增大。

因此，从对个人正直诚实品格及参与真实人际关系的兴趣的角度出发，有充分理由认为，有着行为倾向的效用最大化者不应在自己身为成员的合作制企业内寻找伪装战略的牺牲品。双重生活及系统的伪装战略在此不可避免地同较高的主观成本联系在一起。

D. 症状的不可避免

根据前提，合作制企业尽管不允许对个体的美德的第一性特征进行完全的监控，即不允许对成员的所有单一行为进行不间断的监控，但允许在有关个人品格的第二性特征方面进行高度的社会监督。同他人的经常联系必然导致对对方的个人表达方式的频繁碰撞。正直诚实品格的间接迹象，即若隐若现的、经常只能是无意识和通过直觉获得的对方的心灵状态及情绪的症状在合作制企业中处于不间断的被观察之中。据此，特别是可以观察到个体行为的变化[1]。

尽管这些症状不能使观察者得到有关个体品行的令人信服的结论，但恰恰在积极的情况下——即正直诚实品格确实存在的情况下，这些症状会产生额外的信任并带来高度的知觉上的安全感。在较长时间内保持经常联系的个体，在对自己伙伴的可靠性和正直诚实品格的评价中经常非常有把握，即便他们自己并没有确实可靠的"证据"。在消极的情况下，这些症状反而更能让个体引起他人注意，引起怀疑，让人猜疑和猜忌并成为谣言和闲言

---

[1] "要识破谎言，就必须了解可疑对象的情感特征。"（埃克曼 1989 年论著第 144 页）

的对象。在此，根本不必流露出以异常的个人距离和离群形式出现的明显症状，单是缺乏某些积极的症状就足以被人视为"可疑"。不定期参加企业组织的郊游或不同同事偶尔一醉方休的人，容易被看做不可信任的"不可靠的滑头"。

这种形式的社会监督可能会产生重大偏差，也几乎不能让伪装者有安全感和聊以自慰。经常以情感和个人好恶为特点的对他人的评价和判决中的人性反映及观点形成的不可预测性，在伪装者看来更多是又一个威胁，会增加其不安。他必须将其精力的大部分放在尽可能避免引人注目和反常上，但伪装者无法完全做到避免这种不情愿的流露。他流露出让人怀疑的症状及他在该时刻在合作制企业内处于被观察的地位，这样的风险非常巨大。

然而，伪装者通过第二性特征被戳穿的危险在合作制企业内不只因为相对较高的监视度而成为必须重视的风险。除此之外，起了疑心的企业家还拥有加重怀疑或最终证实怀疑的可能性。在企业内违背企业利益而不受监督地行事的机会并非天成，它之所以存在是因为对企业成员近乎完全的监督单从成本的原因就不可行。但如果某一企业成员引起怀疑，则完全有可能起码在一定时期内以可接受的花费加强监督，以监督此人及其行为或有意给他布下陷阱。哪怕只是朦胧的猜测，企业中合作的长期性也使得人们有足够的时间来证实它。恰恰是在企业中的行为条件下，即便是可信性很低的第二性特征和症状也可以成为有助于并最终成为戳穿可能的伪装者的有效工具。

因此，合作制企业中的伪装者在任何情况下都面临着很高的主观成本。他不得不对不加雕琢的冷静大打折扣。由于企业中的社会关系经常发生在人际间较"亲密的范围"，在他作为其成员期间，自我控制、自我克制、神经紧绷、注意力集中和重压将时刻陪伴着他。另外，伪装者还必须调动自己可观的表演才能。

E. 选择情形的高度综合性

合作企业中的伪装者忍受着巨大的风险，即可能以丧失声誉和地位形式出现的损害迅速发展到威胁其生存的程度。对惟一的一次失误在某些情况下即可能带来最大损害的担心加大了行为者不得犯错误及必须在所有情形下做出正确选择的压力。与此相应，对选择质量的要求和产生的信息及选择成本也必定很高。另外，伪装者的选择情形经常面临复杂性和不确定性。一定规模的合作制企业都存在着一定的综合性问题，即拥有分工结构、不同协调中心、多个控制和选择层次、众多员工及相互重叠的工作流程的组织自身并不透明，且不能一目了然。这种综合性无疑也给伪装者提供了机会，但也向他提出了审慎计划其选择及战略和仔细分析可能性的要求。

但是，企业环境的综合性既有大体可称为"自然的"、同该集体行为组织自身相连的原因，也有"人为的"原因。这一现象对伪装者很危险并要求他保持特别的精力集中，因为他必须考虑到，在企业内除了"正式的"机构之外，还潜藏着另一进行秘密控制和监控的机制。这一危险再次大大增加了伪装者的不安全感，因为他担心可能已经采取了专门针对其本人的考核措施，或者他不得不考虑到，即便没有具体的怀疑对个别企业成员的秘密检查和监控也会自发进行。

基于"自然"和"人为"的不确定性，合作制企业中伪装者的信息及选择的成本总的来说很高。在此条件下，选择者如果再被"逼迫"不得犯任何错误和失误，那么他就不得不在选择的质量上下大工夫。另外，一般说来，他并没有把握能否总是保持自我控制和自我监督的水准，使自己即便在困难的选择情形中也能抵制眼前的诱惑，在对自己的可能性和机会进行审慎的权衡后再做出周全的选择。

因此，行为条件的综合性、与此相连的并由心理压力进一步造成的选择的易失误性及较高信息和选择成本，都是有着行为倾向的效用最大化选择放弃伪装战略，听凭真实美德引导的天平上的额外砝码[1]。但天平最后向何方倾斜，则仅仅取决于对涉及选择的所有方面进行综合的结果。在此，还必须考虑一个迄今未被重视的因素，即合作企业内伪装者采取伪装战略成功后可能产生的赢利。

F. 为何在合作制企业内存在伪装者？

从合作制企业中的伪装者面对的一长串成本和风险中不难得出下述结论：对达到了令人满意的社会地位并融入了可以适当分享其收益的企业的有着行为倾向的效用最大化者而言，有显而易见的理由主张行为者保持正直诚实品格和真实美德，因为这涉及他太多的利益。据此，如果在新经济学世界的前提下要回答"为何在世界上仍有许多不诚实的人？"这一问题，那么我们最后会陷入困境吗？[2]

但我们还是应该避免过早下结论。同伪装战略的危险和负面影响相对，成功地融入合作制企业的老练伪装者可能获得巨大赢利。尽管为了继续秘密的双重生活，作为企业成员的伪装者不得不较在其他社会领域付出更高的代价，并且如前所述承担巨大的风险，但在合作制企业进行系统的伪装战略的"技术"难题也并非不能逾越。成功后伪装者前景灿烂，他不仅可以借个别人的财富大发横财，而且可以从集体创造的财富中大捞一把。另外，这种暴富将可能持续相当长时间。因此，孤立地看，企业中的伪装者在同等条件下所面临的成本和风险特别让人却步，同样孤立地看，其所期待的赢利在同等条件下也似乎十分诱人。

---

〔1〕 即便这些原因自身不具有足够的说服力，因为否则的话，对作为企业成员的有着行为倾向的效用最大化者而言，个人规范单单作为自我控制和常规的工具就非常合算，参见本书第301页及以下。

〔2〕 见弗兰克1992年论著第56页。

　　另外，合作制企业成员间在企业内部岗位、作用和"级别"上也存在巨大差别，这些巨大的差别也体现在影响到对伪装战略或真实行为进行选择的要素方面。行为者采取符合规范或偏离规范行为可能期待多大收益，采取伪装战略需要克服哪些困难，在很大程度上均取决于个体在企业内担当的职务和担当该职务要求他完成的任务。企业成员间在地位上也存在着明显的差别，因而在采取伪装战略所面临的损害风险方面也存在明显的差别。在声望和社会地位上积攒的资本越雄厚，面临的损失也越大。如同机会主义或多或少可能是值得的一样，美德或多或少也有可能是值得的。当然对拥有良好声誉和较高社会地位的人来说，一般会产生使其成为伪装者的特别诱人的机会。高度信任可能带来的是极大地滥用信任。最后，同样重要的是必须考虑到合作制企业并不总是以"标准形式"出现，而是有无数的其他形态，其间由于各不相同的组织结构，对伪装者和美德的企业成员产生的赢利、成本和风险也千差万别。

　　因此，考虑到行为者在社会地位、企业内部岗位、义务和任务及所属的企业类型方面的巨大差别，则有关从有着行为倾向的效用最大化者的利益角度出发，究竟在企业内采取美德和正直诚实品格还是机会主义和虚伪更为值得的概括性结论原则上是不正确的。

　　但得出这一"无奈的"结论也为时过早。如果从企业家的视角，即从关注企业能尽量减少由于伪装者和坐享其成者带来的磨损而得以良好运行的人的视角看待企业成员正直诚实品格面临的问题，则会发现，相对于合作制企业中伪装战略动机极为多样性的决定条件，企业家也拥有制衡这些动机的极为多样性的措施。在影响企业内伪装战略的赢利、成本和风险的要素中，许多要素根本或大部分取决于企业家的选择。对企业家而言，主要有三个战略可供选择：第一，他可以减少伪装战略产生的同岗位相关的益处或/和符合义务的行为同岗位相关的负担。第二，他可以根据岗位情况调整检查的可能性并相应加大伪装者的风险。第三，他可以有针对性地加强和奖励企业成员的正直诚实品德和美德。这样一来，企业家拥有干预的可能，他可以借此对企业成员在不同的地位、不同的岗位及不同的企业类型中面临的不同诱惑重新加以平衡。

所列举的前几条措施以事实为前提，即机会主义者在企业内采取伪装战略的可能收益来自两种途径：一方面他松懈自己的贡献努力并通过不作为而"被动"逃避义务和任务，另一方面他会试图通过"主动的"行为获取益处。因此，企业家可以通过减少特别沉重的义务和任务以及/或通过堵塞企业成员出于私利滥用其岗位及资源的方法降低相应的诱惑[1]。尽管由于合作制企业的属性，企业家在以上两种情形下干预的可能性有限，许多方面受制于各自企业的类型和目的。但防范欺骗、贪污和偷窃的"技术"障碍不可能总是高得不可逾越，并非每一部"收银机"都能定期彻底清账。如果不同时危及拥有某一岗位的人为了企业的目的而对企业内部资源进行有效使用，那么他们对企业内部资源的支配权只能受到有限的限制。在合作制企业内呼吁"不要引诱我"不可能完全达到预期目的。但即便通过有限的措施，企业家也可以取得成效，因为哪怕他只是成功地将那些对行为者来说事关选择的方面稍稍偏离机会主义的战略，产生的变化就可能是起决定性作用的。

这一方法也适用于通过减少要求对"被动式的机会主义"的诱惑进行抗衡的努力，即将"沉重"的义务分摊到多人身上或通过技术变更和革新从整体上降低义务的方式。另外，对企业家有利的是，就监督者而言对让人感到累赘的行为的定期监督产生的

---

〔1〕　参见有关"老板/外卖伙计问题"的有关参考书目，见本书第 394 页。

人事花费要比被监督的行为本身少得多。这同样适用于对违背义务的行为进行的制裁。所以，在有组织的协调和监督领域，企业家将倾向于容忍不受监督的自由空间，这样可以用较低的人事费用对潜在可能性进行调控和监督。在许多社会领域，服从本原的规范比起遵从衍生的监督和制裁规范要付出多得多的代价。

比起减少同岗位有关的诱惑和负担重要得多的却是企业家可以使用的第二种工具：通过有针对性和有重点地加强监督措施提高识别伪装者的可能性。企业家首先会使用这第二种工具，如果使用第一种工具达不到目的的话。如果他不能排除某些企业成员借助自己可以支配的岗位和资源以损害企业利益为代价获取巨大个人利益的话，他至少会阶段性地加强对这些企业成员的监督和控制。这并不意味着，这个圈子中的人的行为必须处于不间断的被监管和被盘查之中。自负其责的选择和行为同该选择和行为在特定的原因时——如出现怀疑时——进行检查并强迫岗位者进行广泛的报告并不矛盾。

因为企业家借助这种局部加强控制措施的方法拥有了一个可根据需要随时使用和调整的灵活工具，他似乎原则上有能力提高伪装战略的同岗位有关的成本和风险，使他们与该战略的同岗位有关的诱惑构成等值的制衡。企业家会使用此工具使自己逐渐达到一种在其企业内伪装战略原则上不可取的状态吗？这看上去似乎并不荒谬，如果我们考虑到该做法的成功并不要求——作为前提，在合作制企业内也不可行的——完全的监控和监督。为了将潜在的伪装者的权衡根本地引入"正确的"方向，只需将戳穿的可能性相应提高到他不能接受的风险水平。由于伪装者已面对既有的成本和风险，企业家可能只用有限的措施就取得了有效的震慑效果。

但是，只有当我们对不完全的控制和监控措施也会带来的成本忽略不计时，才能在企业内让正直诚实人士完全取代伪装者。

如果考虑这些成本的话，则合作制企业中必定会出现伪装者期待的"生态角落"，但是机会主义者和正直诚实人士在那里以一定的比例保持着平衡〔1〕。

成本因素使得企业家既不能采取全面的监督体系，也不能订立尽量提高检查水平让最后一个潜在的伪装者也转变伪装战略的目标。企业家的相应标准更应该是在对监控和控制进行投资时以一临界点为限，追加的用于威慑其他伪装者的投资在该临界点会超过伪装者预期的损害。一方面他可以预期，在建立控制体系的初期相对较低的投资就会产生明显的效果。基于伪装战略的既有成本和风险，稍微增大一点被戳穿的风险，许多潜在的伪装者就会"自动退去"。但是另一方面企业家也必须考虑到新增投资的效果会越来越小。总是有这样的人，采取伪装对他们意味着极富吸引力的机会，或他们不存在丧失地位的问题，或他们必须隐瞒过去曾被戳穿的历史，或继续伪装对他们来说乃举手之劳。换句话说，总是有这样一些人，通过伪装他们获益多多或/及一旦被戳穿他们无甚损失。要成功阻止这些甘冒风险的人告别伪装战略，必须考虑通常情况下超过由这一小撮"死硬机会主义分子"造成损害的监控成本。因此，现实目标不应该是建立一个"没有伪装"的企业，而是一个伪装和坐享其成保持在一个"可容忍的"水平上的企业。

涉及企业内控制措施有效性及其限度的关键事实是，不可能存在一个对所有潜在伪装者都有效的达到后就会使他们共同放弃伪装战略的"关键"识破率。由于许多各不相同的影响伪装战略的赢利、成本和风险的因素的存在，对每一行为者而言该关键临界点原则上各不相同。因此，每一企业都有自己的由正直诚实人士和机会主义者组成的混合群体。当然这不可能是一个稳定的状

〔1〕 参见弗兰克1992年论著第56页及以下。

态，因为影响潜在伪装者的冒险行为的外在因素并不保持恒定。因此企业家也必须考虑到，随着外界框架条件的变化，会有数目不等的伪装者进入自己的企业。有必要在控制机制和伪装潜能之间不断进行调整。

除了通过建立在不信任基础上的措施破坏伪装者的成功前景的可能性外，企业家还可以通过建立在信任基础上的措施增强正直诚实人士的成功前景。为此目的，他不仅拥有将吸纳成员同其个人良好品德和正直诚实挂钩的手段，而且可以在其成为企业成员之后有针对性地加强和奖赏其个人良好品德和正直诚实。如同个体行为中真实的人际关系给参与者提供了相应的"内在财富"一样，这一点也适用集体内的合作。建立在成员间信任基础上的组织可以产生合作的"内在"动机，而仅仅建立在外部贡献诱因基础上的组织则不具备[1]。如果众人追求的岗位按信任的标准进行安排和配置，会对这些动机大有裨益。个体的美德和正直诚实应当给个体在企业内敞开新的同这些特质相联系的准入机会，如高度自决和自我负责的选择和行为。加强正直诚实和美德的机制的重要基础是，个体的可信性和可靠性使得他人可将带来高度内在满足和自我实现的任务委托给他。信任他人有助于产生可信赖性。对正直诚实的对等奖赏存在于将以满足正直诚实品行为前提的任务交给他人。

当然，旨在加强正直诚实品行和美德的信任他人的战略似乎同首先旨在震慑机会主义和伪装的对信任进行的监督措施相矛盾。但"盲目的"信任事实上只对想滥用信任的人有利。为了能真正促进正直诚实品行和美德而不仅仅是给机会主义者及伪装者留下空间，信任他人必须有所选择而不能不加选择地分摊到每一

---

[1] 进一步的分析，参见弗兰克 1992 年论著，1993 年论著 A 卷及 1993 年论著 B 卷；弗莱/波内特 1994 年论著。

个人。信任他人和信任监督事实上并非相互冲突的战略，信任他人必须有赖于信任监督。当然，重要的是，企业家应区别对待以个体会利用一切机会采取机会主义行为为出发点的监督及监控措施同旨在证明个体拥有排除机会主义行为的品德的假设的措施。如果始终把某人当作机会主义分子对待，则他也没有理由再去真正地实践另外的品格了。

因此，理性的企业家在新经济学世界中不会按照"信任当然好，监督更重要"，而是按照"尽可能多的信任，尽可能少的必要监督"的原则行事，但他的信任永远都不会是无条件的信任，相反，也是从监督，因而也是其不信任中派生出来的。即便他生活在一个某一时刻可能没人伪装的世界，但他也还是不应该放松监督的努力。人作为选择者的不正直诚实品行也会对企业家产生负面影响。眼前令人满意的情形会导致其注意力的下降，因为监督和控制需要投资，而回报则体现在未来："在一个没有不严肃的人的世界中，也就没有人再小心翼翼[1]。"然而，作为松懈的后果，对许多潜在的伪装者而言，风险将再次降到警戒线以下，只是在对这一发展作出的反应中，注意力才会重新有所上升。当然这个"反弹"过程在一定程度上也有其意义，因为难以准确把握潜在伪装者的脉络，只有在不断的尝试和错误中才能找到控制和放任之间的"平衡点"。

因此，从对合作制企业中伪装者面临的成本和风险的分析中得出的结论既不是，有着行为倾向的效用最大化者相对于真实美德优先采取伪装战略永远不会是符合理性的，也不是必须完全放弃就伪装者和正直诚实人士之间的关系得出一个普遍性的结论。结论更多地反映在此：企业家具备的对伪装者和机会主义分子带来的危害的反应的灵活性会导致一系列行为，使得伪装者和正直

---

〔1〕 见弗兰克 1992 年论著第 19 页。

诚实人士的比例维持在正常情况下不危及企业利益的实现的程度上。在新经济学世界的"正常情况下",企业成员中既有对其来说值得成为伪装者的有着行为倾向的效用最大化者,也有认为值得实践真实美德的成员,但也总会有认为值得成为企业家的人士,因为他们有机会可选择地同真正拥有正直诚实品行的人士进行合作[1],同时远离和排除那些只是伪装品德正直诚实的伪装者和机会主义分子。作为企业家,我们在很多情况下可以改变规范接受者的行为因子,使得他们当中的多数人认为,不仅具备道德人士的表象而且确属道德人士才符合理性[2]。

---

[1] 在经济学世界中,拥有真正美德的个体可以"进化式稳定"的形式生存下来——前提是,对正直诚实品格的甄别不那么昂贵而且是可信的;参见居特/克里姆特 1993 年及 1994 年论著。

[2] 当然,前面的讨论也已证明,不仅在典型的"标准企业"中能够克服伪装及不信任的困难;在一定基础上,即其他形式的合作企业和其他类型的社会关系具有对产生对正直诚实品格的需求有利并对机会主义者的"生存"不利的特征时,这些企业和关系也成了促成规范和美德的情形。例如马克·格拉诺维特(1985 年)就正确指出,经济交易经常"嵌入于"持续的社会关系结构之中,所以它们得以在一种类似企业的社会群体内机会主义行为同样能被有效戳穿及制裁的氛围里存在。然而,作为促成规范及美德的制度——尚需阐明原因——合作制企业扮演着重要的特别角色。

第九章

道德立场及道德认同

一 区域性及全球性社会秩序

前述分析表明，在新经济学世界声誉机制的基础上，生成规范的情形在一定条件下可能存在，而在旧经济学世界的同等条件下它们却是不可想象的。即使考虑到诸如伪装和不信任等现象也不能根本改变这一结论。特别是合作制企业呈现了将伪装者和正直诚实人士区分开来并令人信服地展示美德的足够机会。合作制企业给有德之士提供了同其他有德之士进行选择性合作的机会，并保护他们不受自己的美德不被他人利用或者失去价值的侵害。尽管存在着有行为倾向之效用最大化者采取伪装战略的风险，合作制企业内参与者之间并不笼罩着过分的不信任。如果看到前提条件并不特别有利——即有行为倾向之效用最大化者同结合具体情形的效用最大化者一样仅仅以增进其自我利益为导向，这样的结论已是非常有价值；如果从新经济学世界中规范兴趣者的立场观察有关情形，则他据此可能从下述前提出发，即不仅在关联群体内而且在其作为成员的合作制企业内，均可实现他让社会规范确实生效的愿望。

当然从社会秩序理论的角度看，该结论仍不令人满意。如果证明在一定的社会领域存在着生成规范的情形，则距离我们要达到的目标还有一定差距。这一结论在旧经济学世界中也可得出，即在关联群体中也可预期参与者稳定的规范一致性。但该结论最终并无多大价值，因为不能令人信服地证明，就普通公民的利益而言，社会秩序也可在其关联群体外得以发展。

但类似的推导在新经济学世界中也可能出现，因为问题在于一个由于对自己有利而在合作制企业内接受一定规范约束的有行为倾向之效用最大化者在合作制企业外将如何行事？如果考虑到有行为倾向之效用最大化者的真实规范约束只在这种企业内得到足够奖励的话，似乎不可能指望在合作制企业之外合乎规范行为的"推广"。如此一来，即使在新经济学世界中，巨大的、对社会秩序也很关键的匿名关系的领域也继续处于一种"缺乏规范"的状态。然而，如果没有个体作为匿名群体一员为实现共同利益做出一份公平贡献的意愿，有关贯彻符合普通公民利益的社会宪法的集体产品问题就不能得到解决。对进一步解释"全球性"社会秩序而言，合作性企业之"区域性"社会秩序的解释较关联群体之区域性社会秩序的解释几乎不是更好的着眼点。

如果从企业家的利益出发，这种怀疑似乎可以成立。合作制企业是否只保障其成员的利益而忽视外人的利益，是否孕育不仅关心本群体利益而且考虑"全体"利益的人士，关键在于企业家。从外人的角度看，第一种情况使合作制企业仅仅带有威胁的特点，他们不仅必须考虑到，企业成员为了实现自身目标会无视他人利益，并且不会以任何形式对他们做出比孤立行事的个体更具美德的反应，而且他们还会受到他们作为个体无法同其抗衡的集体合力的威胁。合作制企业成员乃是真正受适用于企业内的规范约束的有德之士的事实，对外人而言不是好事，而是会带来对其利益的进一步损害[1]。而在第二种情况下，外来者完全有理由对合作制企业成员表示特别的尊重，他们作为有德之士不仅值

---

[1] 较个别的罪犯，人们肯定可以更加"相信"黑手党成员——比如说他们也会可靠地将杀人的恐吓变为现实。

得信任，而且我们可以期待他们即便在匿名社会关系中也会考虑"外来者"的利益。

然而，很难一眼就看出那些能够促使作为企业家的理性效用最大化者采取一种在其自身利益和企业利益之外兼顾他人利益的"企业伦理[1]"的动机。合作制企业成功所需要的是，其成员对企业的目标拥有内化的立场，将那些明确了企业内在义务及任务的规范认同为个人规范。尽管这些规范不仅拥有同企业相关的内容，如为了生产某一产品采取特定行为的义务，而且也包含了基本道德的要求，即所要求的行为方式不仅符合某一企业成员的利益，也是任何社会秩序所需要的。对企业的成功和稳定存在重要的不仅是其成员以各自的企业目标为导向，同样重要的是，他们作为合作行为的参与者不得相互残杀，相互伤害，相互欺骗，相互偷盗或彼此缺乏互助和公平，或试图将共同的义务转嫁到他人身上。

但为何企业家在涉及这些规范时要要求其伙伴和员工拥有超越"区域性"道德的规范并将其影响范围扩展至企业界限之外呢？对企业的效益而言，其成员间不相互残杀、相互伤害、相互欺骗、相互偷盗，似乎特别必要。企业成员"选择性的"道德对企业家而言可能极为有利，因为如果他们只是服从自己企业的义务，则"无所顾忌的"企业家就能够锁定一些目标并为实现目标采取一些不符合尊重外来者利益和其他企业利益的方法——直至有可能经营一家只是采取对外界"充满敌意"的战略的企业。相

---

〔1〕 在今后的相关论述中，"企业伦理"的概念将涵盖比有关企业伦理的其他理论要广的范围。这里涉及的不是对企业规范的道德性/规范性解释，而是有关企业中哪些规范符合企业家利益的经验论/解释性问题。此意义上的"企业伦理"也可能是黑手党的"道德"。传统意义上的企业伦理，参见霍曼/布洛姆普·德雷斯 1992 年论著；施泰因曼/吕尔 1991 年论著；乌尔利希 1993 年论著。

反，如果企业成员对任何人都实践一种"全球性"的道德，则那些建立在本质上蔑视外来者利益基础上的企业战略就不可能实施。

区域性企业伦理可能还有另外一个好处。美德及规范约束要求牺牲，这种牺牲对可有行为倾向之效用最大化者而言值得付出，如果这能够确保他在合作制企业中的成员资格的话。但企业成员应予服从的规范的区域性程度越小，其所产生的牺牲就越大：同不得对任何人说谎相比，不得对企业内其他成员说谎所产生的诚实的代价的时刻要少。对作为规范制订者的理智权衡的企业家而言，他似乎不可能对抬高进入其企业的入场券的价格有兴趣——相反，要求其伙伴和员工只服从区域性的企业伦理似乎对其只有好处。

如果这些结论不可避免的话，则可有行为倾向之效用最大化者的其他能力就完全体现在更好地实现个别的群体利益上，而不是体现在更好地实现社会中全体公民的共同目标与利益上。如此一来，新经济学世界也不过主要只是重复旧经济学世界中早已为人熟知的过程似乎更是可以理解的了。类似于拥有区域性社会秩序的关联群体，不同的合作制企业也有了在内部互助基础上相互争夺权力和统治地位而不是追求也符合其他合作制企业成员利益的整体社会秩序的激励。新经济学世界的社会秩序也面临不可避免地沦为寡头统治的危险——但具有一个不能忽视的区别，即拥有在其成员服从规范约束的基础上以合作制企业的形式组织起来的的权力及强制机器的寡头统治的运作可能有效得多。由于统治者至少对其同类实践的所谓"道德"和"美德"，形成一个符合所有人利益的社会境界的机会可能更渺茫。

尽管我们在新经济学世界中也必须能够解释，为何国家统治的一般情况事实上具有寡头统治和专制的性质：因为这本身就是国家统治的常规。但在旧经济学世界中未能做出相应解释之后，我们注意力的中心应该是找到对国家统治例外情况的解释，即我们必须令人信服地证明，在可有行为倾向之效用最大化者那里也可能存在一个政治上受到限制、法律上有序的国家统治——也即新、旧经济学世界中社会秩序的形成过程不必趋同。

二　美德的影响范围：普适主义或特殊主义

A. 规范影响范围的无限性和有限性

将新、旧经济学世界的情况不加区分地等同起来无疑也有些操之过急。有两个问题必须小心区别对待。第一个问题是，对作为规范对象的可有行为倾向之效用最大化者而言，在何种条件下接受一定规范的约束符合理性。另一个问题是，该规范的影响范围有多大。将新、旧经济学世界的情况过早等同起来的做法，是建立在认为服从规范约束的前提必然限定了规范的影响范围的假设上。如果有行为倾向之效用最大化者基于其在某一合作制企业中的成员资格而接受一定规范的约束，那么这些规范也将仅仅在该企业的范围内有效。这一假设在经济学理论中乍看来起来似乎完全令人信服，因为以个人效用为取向的行为者——不论是规范制定者还是规范对象——只有当他人对其自身利益有意义时，才会考虑他人的利益。尽管如此，该假设并不令人信服，但更为合适的观点还需要进一步的分析。

规范的影响范围可以理解为因规范的生效或因得到规范对象的遵守而直接受益的规范受益者的圈子[1]。"不应杀人"这一规范的受益者是所有人，因此，这一规范的影响范围也涉及所有人；"应该尊敬父母"这一规范的受益者是为人父母的所有人，所以，该规范的影响范围局限在作为父母的人身上；"不应虐待

---

〔1〕　以后的论述参见马基1981年论著第104页及以下和第247页及以下。

对疼痛敏感的生灵"这一规范的受益者是所有人和许多动物，他们因而也构成了相应规范的共同影响范围。

规范的影响范围关键取决于在确定规范时考虑了哪些利益。当该规范的受益者涉及所有在相关方面——即在对规范的行为准则要求方面——有着一致利益格局的规范兴趣者时，才能够在确切的意义上谈到规范的无限影响范围。与此相反，所谓规范的有限影响范围指的是，当该规范的受益者不涉及所有在规范的行为准则要求方面有着一致利益格局的规范兴趣者，也即一些规范兴趣者的利益在确定规范时没有得到考虑。某一规范是否具有这个意义上的无限影响范围还是有限影响范围，光凭"看"是看不出来的。例如某些规范就可能拥有无限的影响范围，尽管它们规定只有一定的人群才能作为规范受益者享受益处——例如，应该首先关注人的幸福或应当帮助穷人和弱者。遵守这些规范尽管从直接的意义上讲仅仅有利于一定范围的人群的利益，但它们却完全可能具有无限的影响范围，如果所有在相关方面拥有一致利益的人都成了这些规范的受益者的话[1]。

出于上述原因，规范的无限影响范围或有限影响范围的关键并不在于，是否所有人、多数人或是少数人从遵循规范中受益并成为直接的受益者。伴随着规范的无限影响范围可能出现规范的影响范围只对一人有益，因为的确只有此一人具有相关的利益。但取消规范的有限影响范围经常导致规范受益者数目的增加，因为有限影响范围的规范的定义是，并非所有拥有一致利益的个体

---

[1] 也可能出现这样的情况，即规范的行为准则无一例外地作用于所有人并因而损害了特定的利益。据此，这可能涉及具有影响范围过大的规范。比如说关于不应当杀人及帮助每一个人的规范，如果自己想被人杀死的人的利益及不想别人帮助自己的人的利益在这些规范中没有得到适当考虑的话，就是这种情况——比如安乐死和父权。但规范影响范围过大的可能性在本书研究中不占主导地位。

都能成为规范的受益者。但可能出现这样的情况，即取消规范的有限影响范围在总体上并不能同规范的进一步生效相调和。不妨想一想以对小群体的特权形式出现的特定容许规范，如容许少数人污染环境的特权，为了不再片面地将该群体的利益置于他人利益之前，现在对所有人都取消此特权。

B. 一般化及道德立场

根据当代占主导地位的对道德的理解，人们从伦理规范的视角拒绝那些只考虑特定规范兴趣者利益的规范的有限影响范围。根据此理解，随着时间的推移，在确定社会及道德规范的规则中考虑尽可能多的相关者的福祉，在一定的群体界限外扩展个体和社会的权利，成了人类历史上划时代的进步：扩展至来自其他社会共同体、阶层和等级的人，扩展至其他种族、宗教和民族的成员，扩展至弱者、老者、智残者及孩童，扩展至下一代成员，直至也扩展到非人类的生灵。所要求的是考虑到所有目前和潜在地受规范影响的相关者的福祉和利益的具有无限影响范围的社会和道德规范。

从该视角出发，单方面照顾某一群体利益的有限影响范围的规范属于应摒弃的特殊规范（partikulare Normen），因为特定个体及其相关利益被随心所欲地弃之不顾。这些规范违背了规范必须具有普适性（universalierbar）的根本要求。作为正当规范的条件，对普适性的要求意味着，通过该规范，所有在相关方面同样的个体应受到平等对待。如果规范给个体带来好处或负担，那么它就必须给每一个具有相同的基本特征的个体带来好处或负担[1]。根据该原则，"对某一个体正确的事物，必然也应该对其他个体同样正确，只要其他个体以相关的方式拥有类似的性格并以相关

---

[1] 参见马基 1981 年论著第 104 页及以下，对道德泛化进行了详细论述。

的方式处于类似的情形〔1〕"。

对规范的普适性的要求可以理解为，它要求对个体就接受或不接受规范的选择进行"一般化（verallgemeinern）"，即只承认那些并非只是由个体从单一视角，而是从所有现今或潜在相关者的视角可以接受的规范——也即现在人们常说的经所有相关者"同意"的规范。在这种理解中，普适化（Universalisierung）原则包含了某种"位置对调"，即"有关某一受到追捧的准则是否真的可以普适化的问题，应通过将自己置于对方境地并扪心自问在这种情况下他是否还将会采取同样行为来决定〔2〕"。检验规范是否可以普适化可通过"角色互换"来进行。个体如果在制定规范时有着像考虑自身看法一样以相同方式考虑他人的看法并仅仅以"可一般化的"利益为出发点的意愿，我们可以称之为采取了道德的立场（moralischer Standpunkt）。道德立场导致的后果是人们仅仅在可与追求他人利益相协调的程度上追求自身利益，并只让那些拥有无限影响范围的规范发挥作用〔3〕。

普适化的原则和道德立场在伦理学当中是否及如何解释得通及站得住脚，这是一个具有根本意义的道德哲学问题。但对此问题进行伦理规范方面的解释不是本人的重点，也不是此前论述的目的。更不应当将此前的论述误认为是对新经济学世界中居民的行为和选择进行道德评价所作的准备〔4〕。将普适化的原则和道

---

〔1〕 见 M. 辛格尔 1975 年论著第 41 页。

〔2〕 见马基 1981 年论著第 114 页。

〔3〕 道德立场的典型例子常见的有"金科玉律"（己所不欲，勿施于人）及"绝对命令"（"始终做自己能够想做的事情，你的行为的准则将成为放之四海而皆准的规律"）。

〔4〕 值得研究的是，是否必须将理性效用最大化模型本身纳入现世伦理的基础中：这样一来，或许理性之效用最大化者可能违背道德立场或蔑视普遍化原则的事实与其说是"反对"理性效用最大化者的论据，倒不如将其评价为反对这些原则的论据。

德立场引入讨论是出于另外一个原因，因为它们从社会秩序理论的纯粹解释性及经验性方面也具有重要意义。

尽管探讨有行为倾向之效用最大化者的行为同大力提倡的伦理上的普适化或一般化原则之间的关系及该行为在特定的条件下是否同该原则吻合本身可能是一个有趣的问题，但关键在于规范影响范围的一般化原则涉及一个从经验角度对社会秩序的存在非常重要的方面。这一点在本章的导言中应当已经阐述得非常清楚了：如果假设成立，即作为合作制企业成员的有行为倾向之效用最大化者所服从的规范系影响范围只局限在企业成员内的特殊规范，则我们几乎不能期待，从普通公民的角度出发，社会秩序的问题在新经济学世界中比在旧经济学世界中能从根本上得到更好的解决。

因此，对社会秩序的理论而言，重要的问题是有行为倾向之效用最大化者是否有理由采取道德的立场并——部分或全部地——通过将他作为个人规范加以认可的或者要求他人遵守的规范进行普适化达到将规范的影响范围扩展至其作为成员的合作制企业的范围之外。如果有行为倾向之效用最大化者作为企业家和规范制定者将无限影响范围的规范付诸实施，同时作为企业成员和规范对象服从该规范，则新经济学世界的居民们在合作制企业外也会实践规范一致性和美德——即便他们美德的基础仍然是这些企业的成员资格。在此前提下，对合作制企业中的区域性社会秩序的解释也为解释全球性的社会秩序提供了一个显然更好的出发点。

社会秩序的经济学理论的"基本问题"因而可以这样重新表述：从个体追求效用的角度出发，无限影响范围的社会规范在个体身上发生作用是否符合理性——即兼顾所有规范兴趣者利益的规范在个体身上发生作用是否符合理性？或用伦理学的语言来表述的话，就是我们可否期待有行为倾向之效用最大化者会承认一

般化的原则并采取道德的立场，以及——由于有行为倾向之效用
最大化者只做符合其利益的事——承认一般化的原则并采取道德
的立场符合有行为倾向之效用最大化者的利益吗[1]？

如果对该问题做出肯定的回答，则意味着不仅在社会秩序的
经济学理论方面取得进展，而且从社会学的角度清楚表明，对一
般化的要求和采取道德的立场属于现代道德学说的基本原则并非
偶然。该要求将不只是道德价值和理想的反映，而是同现代社会
存在的经验前提紧密相关。另外，我们也找到了有关证据，即该
要求并非建立在脱离现实的乌托邦上，而是即便在充满极为自利
个体的世界的"超现实"条件下也有实现的机会。

C. 从规范对象和规范兴趣者角度看道德立场

但这显然是永远无法搞清的猜测，因为采取道德立场对有行
为倾向之效用最大化者来说似乎远未顺理成章。对他来说，实践
一种普遍主义伦理的要求，即只追求"有一般化能力的"利益的
实现是完全陌生的。根据前提，有行为倾向之效用最大化者只关
注自身的利益和自身的益处。从此出发点考虑，在自己行为和选
择中同等照顾他人利益的准则成了其意图的绊脚石。有行为倾向
之效用最大化者更像是特殊道德的天然追随者，他人的需要和愿
望对他毫无意义。尽管有行为倾向之效用最大化者也被迫考虑他
人的利益和立场——特别是当这些人的行为对其利益有意义时，
但扩大对他人利益的考虑范围对他来说则必须用可预期的益处进
行解释。

---

[1] 将规范从其无限影响范围意义上进行普遍化作为解释对象，可能会不必要
地增加解释的难度。对解决社会秩序的问题而言，例如探讨一下不超过诸
如国家这样的大群体范围的规范的相对普遍化似乎已经足够了。但是，对
规范的完全普遍化的可能性进行研究会使我们获得对于分析规范的相对普
遍化也具有认识价值的观点。此外，仅凭社会规范的相对普遍化也无法对
现代社会中法治国家秩序的形成和存在进行解释，参见第 528 页。

如此一来，作为规范对象的有行为倾向之效用最大化者将要服从的规范的影响范围似乎出现了不可逾越的界限。这条界限将那些对有行为倾向之效用最大化者自身利益有重要性的规范受益者——指的是同他相关的规范兴趣者——同那些无关的规范受益者及规范兴趣者区分开来。如果那些人对其利益毫无意义——因为他们既不能给他带来好处也不能造成损害，有行为倾向之效用最大化者凭什么要服从那些兼顾了他人利益的规范？自利的行为者凭什么要通过采取道德立场让那些对自己的善行或恶行没有力量一报还一报的人也得到益处？对有行为倾向之效用最大化者而言，这类力量似乎是让他"平等"待人的惟一标准。这样一来，对规范对象重要的规范兴趣者因而也许自然而然地等同于规范对象所服从的规范的影响范围。

但此结论可能有误。从有关始终只是一定范围的人对有行为倾向之效用最大化者的利益有意义的事实中，并不必然导出后者作为规范对象服从规范或接受规范约束时只考虑了这些人的利益的结论。关键的问题是，对他有约束力的规范的影响范围不取决于他的选择，也不取决于对他利益而言哪些人作为规范兴趣者有意义。起决定作用的是，从对他重要的规范兴趣者视角出发，这些规范应当有多大的影响范围！因此，也不一定是下列情况，即当某一规范的所有受益者都对他的利益重要时，有行为倾向之效用最大化者才会接受有无限影响范围的规范的约束。作为规范对象的有行为倾向之效用最大化者尽管不情愿并发自内心将规范的影响范围扩展到对自己重要的规范兴趣者之外，但如果对他重要的规范兴趣者要求他这样做的话，那么服从这些规范对他来说就可能是符合理性的。

因此起码可以认为，作为规范对象的有行为倾向之效用最大化者将会服从兼顾所有当事方利益的规范，这也包括对其自身利益并不重要的那些人的利益。但该可能性能否真正得以实现，则取决于对其重要的规范制定者及他们的利益状况。关注点应从规范对象的决定情形向规范兴趣者的决定情形转移。为了回答有关从个体追逐效用的角度出发使具有无限影响范围的社会规范在个人身上得到体现是否合乎理性的问题，首先必须回答有关让在自身利益之外兼顾所有规范兴趣者利益的规范生效是否符合作为规范制定者的有行为倾向之效用最大化者的利益的问题，即对作为规范制定者的他来说，采取这一意义上的道德立场是否可能符合理性。

但是，作为规范制定者的自利的行为者，推动除他自己之外也包括其他所有作为受益者的规范兴趣者的规范的实现的原因是什么？他要作为担保者代表他人使其不被排除在道德的影响范围之外的动机是什么？在经济学世界中，这显得荒唐，就如同设想让某一规范对象自愿兼顾同其利益不相干的他人的愿望一样不合常理。在本章开头就企业家的利益状况所做的粗略的评论似乎可以支持这一视角。

但即便是在这种情况下也不应过早下结论。在经济学世界中，规范的普适化必须具备下述前提，即不仅面对自己遵守规范符合个体的自身利益，而且面对他人也遵守规范同样符合其自身利益。证明这一点原则上并不困难，因为从规范制定者的利益角度出发，并非要求遵守只对自身有利的规范才符合理性。主要有两个原因可以说明，作为规范制定者的极为自利的行为者也可能在确定由其主张的规范的影响范围时也会考虑他人的愿望和需求。

第一个原因是，其他规范兴趣者可能属于规范制定者现今或潜在的重要关联伙伴的范围，因而保护他们的利益间接地也对保护规范制定者的自身利益有好处。如果相应放大"合作"这一概念，使它也包括同他人的人际及情感的关系，则我们可以断言，规范制定者代表他人贯彻规范的利益同其自身的合作利益一样重要。他将期待规范对象在面对同自己已有合作关系或可能对其形成合作关系具有重要意义的所有人时遵循社会及道德规范。这样做不一定出于无私的考虑。规范制定者为了使不受第三者干扰的共同生活和合作得以保障，就会力主将其现今及潜在合作伙伴纳入影响范围的规范。同他人合作关系的稳定性和可预见性关键取决于，在该关系嵌入其中的社会环境中，社会秩序的核心规范面对这些人也得到遵守：如同与受到歧视和迫害的人的爱情关系难以维系一样，与其生命和财产得不到尊重的伙伴的经济关系也难以维持一样。

　　因此对规范制定者而言，其所希冀的规范在面对特定他人时也得到遵守通常完全符合其根本利益。他因而也有动力保障规范的相应贯彻，只要这一切处于他的权力之内[1]。显然并非每一规范制定者都会因其合作利益成为影响范围涵盖所有人的普适化的规范的代言人。合作利益本身显然可能也具有极不相同的影响范围。事实上他们总是有局限性且永远不会覆盖所有人。决定规范受益者标准的仍旧是对与规范制定者利益相关的选择而非他们自身的利益状况。

　　尽管如此，在特定条件下并在其他因素的共同作用下，规范制定者的合作利益可能有助于规范的真正普适化。这些因素同第二个原因有关，即为何自利的规范制定者能够承担起成为其他规范兴趣者的规范担保者的角色。

---

　　〔1〕此外，将相应的分析方法应用到旧经济学世界中的尝试将由于规范制定者缺乏权力基础而失败。由于在旧经济学世界中，规范制定者只在同规范对象的持续的人际关系中拥有贯彻规范的权力，他也只有在完全控制相关行为情形的情况下，才能确保在同第三者打交道时遵守规范。但他却不能根本性地扩大规范影响范围，尽管他有相应的愿望和利益。只有当规范对象即便不再处于规范制定者的直接影响下也能基于规范约束而对他人采取合乎规范的行为，规范制定者的合作利益才可能成为扩大规范影响范围的有效杠杆。

第二个原因是，可能形成一种"偶然的"利益和谐，即并非由任何参与者有意识地促成的规范兴趣者间的利益和谐。在此情形下，一只"看不见的手"促使特定的规范制定者在追求自身利益的同时，作为无意识的附带后果也实现他人乃至所有规范兴趣者的利益。规范制定者因而采取道德的立场，虽然他并不想采取这样的立场。这听起来简直相互矛盾，因为根据定义，拥有无限影响范围的规范是涵盖了所有处在相同利益状况中的受益者的规范。但是，一个未被规范兴趣者在有意识地顾及到他人利益的情况下予以确定的旨在尽可能最优地服务于其自身利益的规范何以恰恰是能同样顾及到所有人利益的规范呢？

但无论规范制定者在确定某一规范时最后如何取舍，有一点在经济学世界中从一开始就确认无疑，即从规范制定者立场出发，有关他所希冀的规范究竟应当拥有无限影响范围还是有限影响范围的问题根本不会出现。在有行为倾向之效用最大化者的动机清单中不存在"可一般化的"利益这一概念。只要他人不再同自己的利益发生关系，有行为倾向之效用最大化者顾及他人利益的意愿将告一段落，这一点对他来说毋庸置疑。确定规范时以何种方式兼顾所有规范兴趣者的利益，这种结果并非经济学世界中规范制定者的既定目标。由于这一原因，在有限影响范围的规范和无限影响范围的规范间进行的选择也必须从另一角度进行解释，而不是从将何人和何种利益纳入某一规范的角度——如果作为规范制定者的自利的行为者应当在此问题上进行认真选择的话，而事实上的确面临这一问题。

三　实质性规范及或有规范

从规范兴趣者视角出发，一个重要的区别是规范规定其对象一定行为的条件——即应用条件——同规范受益者的利益是在实质上（substantiell）还是或有地（kontingent）发生联系。为简洁起见，下面我就称其为"实质"规范和"或有"规范或规范的"实质"的和"或有"的应用条件。

实质规范指的是，规范的应用条件同规范兴趣者利益状况的存在条件相一致，而该条件是其希望采取由规范确定的行为的原因。这种一致性要么通过将相应的利益状况的存在明确地作为规范的应用条件来实现：如"他人有难，应当帮助"，"当别人需要真诚的建议时，献出你的才智"，"当别人绝望时，给予安慰"；要么通过将一些事实关联（Sachverhalte）作为规范的应用条件来实现，这些事实关联同相关利益状况在经验事实方面挂钩，以至于则该利益状况一般情况下也会出现：如"应在经济上帮助穷人"，"应信守诺言"，"应教育儿童"。

实质规范总是当且仅当出现了希望采取一定的行为的利益时，才要求规范对象采取一定的行为。作为结果，规范应用条件和规范受益者利益之间的这种内在一致性（intrinsische Korrespondenz）给规范兴趣者带来了确定性，也就是说，只要他或他人存有服从规范的利益，他就总可以预料到出现受规范约束的行为——但由从此经验上的因果关联产生的内在一致性所带来的确定性不如由基于应用条件及利益状况的概念上的同一性（begriffliche Identitaet）而产生的内在一致性所带来的确定性那么大[1]。

让我们来观察实质规范的一些例子。无条件的规范如"不能说谎"、"不能骗人"或"不能偷窃"不带有任何特定的应用条件，即这些戒条在任何条件下对任何人都适用。恰恰是这一点使

---

〔1〕　即便作为规范制定者的个体想在此方面取得尽可能大的确定性，仍有一些不容忽视的实用原因（如规范应用的简便性）使得相应的利益状况不能径自成为规范的适用条件。该问题可参见霍尔斯特对"理想规范"和"实践规范"所做的区别，参见其 1991 年论著 B 卷第 128 页及以下。

得这些戒条有资格成为实质规范，因为这些戒条适用的相关利益
状况并不同任何特别的经验前提相连。一般说来，这些利益状况
在任何条件下在任何人身上都会出现。而有条件的规范如"当他
人面临饥渴时，给他食物和饮水"之所以也是实质规范，因为其
应用条件从概念上考虑同相应的利益状况同一。有条件的规范如
"当你父母年老时，你应照顾他们"构成实质规范，只要其应用
条件同这些人在同其子女的关系上的特殊利益状况的经验存在条
件相一致。在实质规范的这些例子中重要的是：处在有关利益状
况之下的任何人作为这些规范的受益者都不会被排除在外，因为
从概念或经验考虑，根据这些规范应采取一定行为的情形同时也
是出现希望采取此行为的典型的利益状况的情形。

　　相反，在规范确定的某一行为的条件及某一规范受益者的利
益间出现或有联系的情况是，规范的应用条件在决定规范兴趣者
采取规范约束行为的利益状况的条件之外还包括其他条件。因
此，在规范兴趣者方面出现希望采取该规范及由该规范规定的行
为方式的利益状况时，或有规范并不总是要求规范对象采取一定
的行为。这意味着，或有规范的潜在受益者不会因为处在相应的
利益状况就享受服从规范的益处，而只有在除此之外还满足一个
"或有"条件时方能如此，该条件既不同他的影响规范的利益状
况相一致也不同经验的必要前提相关。因此，当规范要求采取一
定行为的情形同出现相关利益状况的情形处于或有关系时，较实
质规范不同的是，规范兴趣者不能仅凭自身或他人利益状况存在
的事实就期待符合规范的行为[1]。如果规范的应用条件同规范

---

[1] 或有规范的概念也可能包括这样的规范，它们要求的条件非但不多于规范
　　相关利益存在所需的条件，而是少于此。如此一来，这些规范的受益者中
　　也包括那些对遵守规范根本不感兴趣的人。如果某些利益状况的界定不够
　　清楚时，这样一种战略在规范利益者看来依然可能是理性的。

兴趣者相关利益状况并非实质相连而是或有地相连，从逻辑上及经验上便存在着可能，即某人拥有一定的利益状况，而同时由规范应用条件规定的情形则不存在。

或有规范的例子指的尤其是那些将规范受益者的地位同其一定的自然或社会群体的归属关系挂钩但该归属关系却不会对相关的利益带来后果的规范，典型的如基于物种、种族、国别、等级、阶层、部落、宗氏及家庭属性基础上的歧视或特权。据此，属于或有规范范畴的还有那些将服从戒条同规范受益者须为同一合作企业成员作为条件挂钩的规范，这些戒条比如包括要说真话，要乐于助人，要信守约定或要公平承担共同任务。就某人不欺骗、不说谎或受到公平对待的根本利益而言，在合作企业内的共同成员资格同其种族或国别一样不起决定作用[1]。

我们假定，由于或有规范的附加应用条件，至少一些在相关方面有着相同利益状况的规范兴趣者将确实被排除在规范受益者圈外，如此一来，以规范将行为准则同规范受益者的利益状况是实质挂钩还是或有挂钩来区别规范就等同于以规范是拥有无限影响范围还是有限影响范围来区别规范。因为，一方面如果在规范要求采取一定行为的情形同存在对此行为的特定利益状况的情形之间确有内在一致性的话，则该规范的受益者应包括所有在相关方面处于相同利益状况的规范兴趣者。相应地，在其影响范围内不排除任何处于相同利益状况的规范兴趣者的规范必定规定了实质性的应用条件。另一方面，如果规范的应用条件在存在着规范受益者的相关利益状况外要求满足附加的或有条件，则该规范不

---

[1] 在此普遍利益之外，当然还可能存在着其他的利益，特别是不受伙伴欺骗和愚弄的利益——也就是说，完全有可能存在这样的规范，它们涉及作为企业或家庭成员的个体的特殊利益状况，但却仍被视为根本利益，因为其适用条件内在地同这一特别的利益状况的存在相连。

会同等考虑到所有处于相同利益状况的个人，相应地，其影响范围排除了处于相同利益状况的特定规范兴趣者的规范必定包含了或有的应用条件。

尽管区分实质和或有规范同区分无限影响范围和有限影响范围的规范相吻合，但规范制定者用完全不同的方式看待实质规范和或有规范的区别。

四　从规范兴趣者的视角看待实质规范和或有规范

A. 歧视战略

作为自利的行为者，经济学世界中的规范制定者希望规范发生作用的原因只有一个：因为他在一定的情形下从规定的行为方式中获益——要么他本身是该行为方式的直接受益者，要么他从其他对其合作关系具有重要意义的个体成为规范受益者中间接受益。因此，规范的应用条件必须在尽可能高的程度上确保相应的服从规范的利益在行为者自身或其现今和潜在的合作伙伴身上出现时，规范总能产生作用。如果涉及的是实质规范且其应用条件同服从规范利益的存在条件总的来说相吻合，他就会拥有这种确定性。

理性的规范兴趣者只有在下述前提下才会为了选择或有规范而放弃应用条件和服从规范利益间的这种内在一致性，这个前提就是或有规范的附加应用条件不会将他自己和对他具有重要意义的个体排除在规范受益者的圈子之外。如同在实质规范中一样，他非常关注的是在或有规范情形下他从规定的行为方式直接或间接获益的条件和使规范规定的行为方式在一定的情形内产生作用的条件间存在着尽可能可信及持久的关联。不过从他的立场出发，规范适用的条件不必确保只要规范相关的利益状况存在就适用规范规定的行为准则，而只需确保当这种利益状况在其自身或其合作伙伴身上存在时适用规范规定的行为准则。这原则上为规范制定者在衡量自身利益时考虑使用或有规范替代实质规范提供了可能。规范制定者拥有两种途径去阐述或有规范的合适应用条件：

1. 他可以通过将特定的人自主确定为规范受益者，在规范适用条件中对他所希望的规范受益者的圈子进行个别化。

2. 他可以通过根据某一普遍特征把特定的人确定为规范受益者，在规范适用条件框架内对他所希望的规范受益者的圈子进行类别化。

在以上两种情况下，涉及的都是确定或有规范的"歧视性"应用条件，以便当相关的规范服从利益出现在特定的、规范制定者授予其特权的群体时行为准则能产生作用。然而，这一"歧视战略"对规范制定者而言带有一定的根本性的缺陷和风险——当然，这些缺陷与风险依据其各自的情况可能截然不同。

B. 歧视战略的风险

1. 规范服从利益和规范应用条件间的一致

在歧视战略的第二种形态中必须区别两类歧视性的特征：一类为固定在个体身上不变的特征，另一类则不然。为了说明可变特征，不妨设想一个作为或有规范的禁止说谎的例子，即"不应该对天主教徒说谎"。为了成为该规范的受益者，必须满足的条件就是你得是天主教徒。作为天主教徒的特征同不想被骗的利益间的相互关系是或有的，因为它不符合内在一致性。信奉天主教并不产生说真话的利益，基督徒和无神论者也有这样的利益。因此，理性的规范制定者只有在以下情况下才会适用这一规范，即如果在他本人之外他想赋予其禁止说谎的益处的那些人也是天主教徒且可以预计他们将保持信仰。只有这样，在其规范服从利益和让规范的行为准则生效的条件之间才会存在可信而持久的关联。

但对规范兴趣者而言，作为规范的或有应用条件的可变特征还面临一个根本的问题。由于这些特征在其自身及对其具有重要意义的那些人身上可能发生变化——天主教徒也可能成为无信仰者，规范服从利益同规范应用条件间的经验联系也可能再次丧失，他本人及其重要的合作伙伴都可能重新不再受到某一规范的保护，而且这种风险同其自身和其相关个体在未来不再符合使其作为或有规范的受益者的可能性成正比增加。信仰天主教可能会对变化具有较强的免疫力，但其他社会群体的成员却可能很快发生变更。根据定义，在可变特征情况下永远无法完全排除丧失特征的可能性。

根据事物的本质，在不变的特征情况下则不存在特定的规范受益者和或有的应用条件间经验联系不可靠的危险。这些特征中的候选者包括血亲关系或贵族成员中的继承关系，种族归属关系，地缘归属关系，国籍或人类种群归属关系[1]。在上述情形中，规范兴趣者有把握确信，拥有这些特征的人也会保持这些特征。基于这些特征作为或有规范的应用条件成为规范受益者的人，不必再担心丧失这一地位——即便这些特征像可变的歧视性特征一样同相关规范利益只存在着外在的联系。

尽管如此，不变特征对规范制定者也存在风险，即规范服从利益同规范的应用条件间的联系也可能再度丧失——至少在不只是涉及他本人处于作为规范受益者的地位时。因为从规范制定者的视角出发，为了确保或有规范能同利益相一致地使用的可信度，重要的不只是同他相关的关联伙伴多大程度上能够尽量可信

---

〔1〕 这一最后提出的条件属占据统治地位的道德的几乎所有规范的不言而喻的组成部分。这一条件使许多规范变成了或有规范，因为对尽可能没有痛苦的生活的强烈兴趣并不是内在地同人类种群归属联系在一起的；从规范性/伦理视角对类似"种群主义（Speziesismus）"的批评见 P. 辛格尔 1984 年论著第 70 页及以下；霍尔斯特 1991 年论著 B 卷第 55 页及以下。

地保有这一歧视性特征，对他来说，他在多大程度上可以指望同他相关的关联伙伴的圈子将来也能同具有此特征的群体相一致也同样重要甚至更为重要。贵族、家族首领、部落首领、讲英语的人或白人在多大程度上有把握能在贵族中、家族内、部落内、同一语言区里或种族内找到那些对其实现未来合作利益的计划具有重要意义的人？

因此，规范制定者在确定或有规范的过程中关心的不只是歧视特征同带有此特征的个体之间的相互关系的本质，也关心同据此特征形成及被排除在外的群体间利益关系的稳定性。即便在涉及经验上不变的歧视特征情况下，这种利益关系也同样并非必然不变的：拥有特定特征的相关的关联伙伴可能成为拥有这一特定特征的无关的个体；没有关键特征的无关的个体可能成为没有此特征的相关的个体。因此，对或有规范的规范制定者而言，第一重要的并非是由其选定的歧视标准尽可能保持不变，而是让歧视标准和合作利益尽可能可靠而持续地保持一致。但任何一个行为者都不可能在任何情况下同其现今及潜在的关联伙伴组成的群体都处于一种如此稳定的社会或自然联系，以至于可以在这种纽带的基础上构建合适的歧视标准。

因此，不仅在可变而且在不变的歧视特征情况下，或有规范的规范制定者面临的核心难题在于，他是否且在多大程度上可以指望歧视性特征在未来也仍能涵盖作为其重要的关联伙伴的个体？他的合作利益必须保持在根据该特征划出的界限内。但无论可能性如何：对规范兴趣者而言不可能有绝对把握的是，未被或有规范的应用标准涵盖的个体将来也会成为对其利益具有重要意义的人。相反——正如我们稍后将要看到的那样——根据外部框架条件的变化甚至完全可能出现的情况是，行为者合作利益的发展同其关联伙伴的这种或有个人特征并不"一致"。

现在可以清楚地看到，如果规范制定者为了使或有规范尽可能同其主观利益相连而采取个别化的战略，此问题将更加突出。尽管这种战略一眼看去似乎特别适合此目的：还有什么能比将作为个体的规范受益者明确地——列入规范的应用条件更能有效保护其特定利益的呢？但在这种情况下，或有规范的不灵活性在合作利益的潜在活力面前暴露无遗。这样一来，规范制定者可能在其中赢得合作关系伙伴的群体一般来说比涉及歧视性的一般特征情况下还要小很多。因为存在着未被规范的应用标准涵盖的个体同规范制定者发生关联而导致规范的或有应用条件和规范制定者合作利益间联系的丧失的可能性，这种可能性从一开始就高得多。

因此，规范服从利益及合作利益同或有规范应用条件关系中这种经验上的或有性对规范制定者而言是一个弊端，在条件相同的情况下势必会发生倾向实质规范的变动。

2. 服从规范的行为倾向的定型

首先作为企业家的规范兴趣者重视的是，规范对象在其行为中接受自己希望的规范的约束，也即他们培养出按规范行事的行为倾向。因此，他还必须对这种行为倾向的心理定型要尽可能有抵抗力且稳定予以关注。兼顾此"心理维度"往往给规范制定者提供了确立实质规范的又一理由。

即便在从结合情形的效用最大化的视角出发规范约束的行为方式不符合理性的情形下，结合行为倾向的服从规范约束要求也应当能促使规范对象遵守规范。结合行为倾向的服从规范约束要求应成为采取偏离规范的行为的动因和诱惑的"对立面"。有行为倾向之效用最大化者的模型在关于受规范约束行为的行为倾向如何在心理上"发生作用"问题上有意识留下悬念[1]。但我们必须假设，这种行为倾向的有效性根本取决于一种同一指向的感

---

[1] 参见本书第 324 页及以下。

觉倾向的存在：有关的行为者有必要在情感上接受所要求的行为
方式的约束[1]。

这种在情感上接受规范规定的行为方式的约束可能通过以下
方式产生，即规范对象在情感上置身规范兴趣者的处境并"身临
其境"地感悟当他们在蔑视规范时面临的个人损害。规范对象可
以对规范兴趣者的利益状况"认同"，他至少可能逐渐形成利他
的态度，以至满足他人利益在一定程度上成了他的自我目的。
由于每个人都有利益，他原则上也可以感受他人利益受损时
的心情。建立在感受基础上的、结合行为倾向的对规范约束的服
从的依据是，对规范对象而言，他人的利益也可能是行为的动
因[2]。

这样，在涉及实质规范的情况下，同规范受益者的利益的认
同完全可以"不受干扰"地出现。只要出现相关的利益，实质规
范的行为准则就会生效。对实质规范的服从证明并突出了接受规
范受益者利益的相应情感约束的存在。这种服从与这一约束是
"同一指向"的。

规范的行为准则同对规范受益者的利益的感受之间的这种和
谐在或有规范情形中却不能以同样的方式得到保证。根据或有规
范的使用条件，涉及的并非存在服从规范利益自身。只有当其他
特定的、对该利益不起关键作用的条件得到满足，该服从规范利
益才起作用。因此，在一定程度上，人们期待或有规范的规范对
象在认知上区别对待，他恰恰不应不假思索地听任不加区别、单
凭感觉而产生的对他人利益的认同的支配，而应根据对规范受益

---

[1] 参见鲍尔曼1996年论著A卷。

[2] 当然，不应该为了解释服从规范约束的行为而提出"内化模型"，这同先
前的意向声明相矛盾。此处之所以涉及这些过程，仅仅是因为它们能够附
带地增强结合行为倾向之规范约束——但根据有行为倾向之效用最大化者
的模型，规范约束的基础仍旧是规范对象对自身利益的追求。

者的规范相关利益不存在内在联系的特征而产生的务实的认同行事。

尽管或有规范的歧视性特征从其本身来看有可能涉及规范对象同其具有特殊人际关系的群体，因为他本来就对这些人抱有好感，并且他很容易就能够对他们的利益产生同感——例如涉及的人是与他有着密切人际关系的人。但其前提条件是，规范制定者的合作利益及其相关标准和歧视性标准恰恰覆盖了规范对象与其拥有情感联系的那些人。传统社会中的未开化小群体就可能是这种情况——而在发达的大社会的关系中，规范制定者目前及潜在的关联行为伙伴通常要覆盖比对于规范对象具有或可能具有情感上的特殊重要性要大得多的其他人。

在这些条件下，或有规范中对他人利益受损的直接"体验"和规范的要求之间的和谐必然受到干扰。规范对象被迫向情感认同相反的方向努力，方法是在适用或有规范的情况下兼顾特定规范受益者的利益，而在这些利益同样存在但适用或有规范的条件不成立的情况下忽视这些利益——自己同相关个体的关系却没有任何原则性的不同，就是说，一定程度上他必须让自己的感受"丧失功能"，而不是根据感受行事。但这样一来，或有规范的规范制定者就面临规范对象情感上服从规范约束的程度会减弱的风险，而他面对"获得特权"的规范兴趣者迅速屈服于采取背离规范的行为的诱惑的危险也相应增大。如果由于"无端"歧视处于相同利益状况的特定个体而缺乏前后一致地接受规范约束的情感基础，可能导致对结合行为倾向的规范约束的整个"感觉基础"造成侵蚀。

据此，实质规范在一般情况下会改善使规范对象从感觉上认同行为准则的前提。同或有规范相比，这些会促成结合行为倾向之规范约束的进一步形成和扎根。作为规范制定者的个体如果要最佳地利用在服从规范约束方面可能的情感约束作用的话，那他大多数情况下应当将实质规范置于或有规范之前[1]。

3. 作为理智伎俩的道德立场

从规范制定者的利益角度出发，或有规范带有独特的弊端和风险。或有规范可能在合作利益和规范的应用条件之间形成一种"剪刀差"，并且在心理形成方面似乎劣于实质规范。如果只是孤立地从这些弊端和风险的可能性的角度观察规范兴趣者的选择情形，则只让实质规范生效可能对他最为有利。实质规范将赋予他最高程度上的把握，即只要情形符合规范服从利益，规范要求的行为方式就会得以实施。

即便这只是撇开或有规范对规范制定者可能带来的益处时得出的清楚结论，但结论自身仍令人深思。我们已确认，区别或有和实质规范等同于区别有限影响范围和无限影响范围的规范：或有规范必定是特殊的，实质规范必定是普遍的。但得出的结论是，实行无限影响范围亦即普遍的规范可能符合规范制定者自身益处的可能性不能被排除。采取道德立场确实可能符合个体的利益。

因此，一种乍看根本没有道理的行为方式至少是有可能的。之所以可能，因为从自利的行为者的角度并不重要的一种区分若换另一种"描述"就马上变得非常重要：从在普遍和特殊规范间进行选择变成在实质和或有规范间进行选择。"理智的伎俩"通过这种方式可能会促使规范制定者在其自利的选择中作为无意识的附带后果兼顾所有他人的利益。从每一个规范制定者都有的在尽可能高的程度上确保规范服从利益和规范应用条件之间一致性

---

[1] 从该立场出发，也必须考虑将非人类的生物纳入规范受益者范围，如果它们的利益在相关方面同作为人类的规范兴趣者的利益有相同的地方，如远离疼痛的利益。只有这样，规范对象的"感觉一致"才能得到广泛保障，从中也推导出保护动物权利的伦理学观点。

的理性愿望出发，一只"看不见的手"将促成个体利益和普遍利益之间的和谐。

因此，即便是在只拥有自利行为者的世界中，也不是一开始就完全没有让规范制定者的选择表达"可一般化的"利益的可能。这一点也适合规范对象，只要他有理由服从实质规范。在这些条件下，不仅规范兴趣者而且规范对象都会采取相应举止，好像他们是有意识地采取道德立场的。

五　从企业家视角看待实质和或有规范

A．歧视标准和合作利益

作为规范制定者的企业家面对实质和或有规范的选择如何举止，对社会秩序的经济学理论意义重大。因为只有当合作制企业能孕育出影响范围明显超出各自企业界限的规范，我们才能期待它们对解决全球性社会秩序面临的问题做出重大的贡献。

就如同每一个在选择实质规范还是或有规范之间进行权衡的规范制定者一样，对企业家来说也有两群人非常重要：一群人是由或有规范的可能的歧视标准区别开来的、被看做是享有特权的规范受益者的"核心群体"。另一群人是根据合作利益确认的群体——即通过合作关系同企业家已经发生联系或对其未来合作关系可能有关的人。

对企业家来说，属于第二群体的——除了现今的企业成员外，首先是那些现在和未来可能成为企业成员的人和他必须依赖的、潜在的作为企业伙伴和员工的人。通过这些个体被融入社会和受到社会秩序规范的保护以确保自己与他们的合作机会得到促进和保障，企业家对此有着强烈的兴趣。但企业家的利益还包括企业外的个体及目前和将来对其企业目标重要的其他企业家——例如作为交换和贸易伙伴。在此情形中，他也关注自己同这圈人的合作关系不受到损害，因为这些人会将合作关系排除在社会规范的保护之外。最后，企业家通常不只是一个企业的成员，他不只将融入一个合作制企业，而是也融入关联的人员群体。因此将这些其他企业和群体的成员作为与其相关的关联行为伙伴也纳入其倡导的规范的影响范围，必定也符合其作为规范制定者的利益。因此，企业家的合作利益事实上总是超出企业自身的界限。相应地，他作为规范制定者所倡导的规范的影响范围所涵盖的人群必定大大超出他企业现今的成员人数。

　　如果企业家考虑确定或有规范，则因歧视特征而享有特权的规范受益者群体应尽可能地同对其具有重要意义的合作伙伴所组成的群体保持一致并持续不变，这一点对他如同对其他规范制定者一样至关重要。因此，或有规范的应用条件应尽可能地覆盖现今或将来对其合作关系具有重要意义的伙伴。抛开对所希的规范受益者进行个别化的这种成功可能性较小的歧视战略，企业家必须找到作为歧视标准的一个特征，使自己和现今及未来的相关合作伙伴拥有共同点并使自己同该群体尽可能稳定而不变地联系在一起。只有这样，他才能确保歧视标准和合作利益之间保持持久的一致。

　　同时，企业家也面临着每一或有规范制定者都面临的两大威胁：首先，歧视标准和合作利益之间的一致可能不复存在，因为歧视特征可以发生变化及同他相关的个体可以丧失这些特征。第二，这种一致可能丧失，因为相关人群的组成可以发生变化，迄今为止符合歧视特征的相关人士变成无关或目前不具备歧视特征的无关人士变成相关人士。在两种情况下，连接企业家和其相关合作伙伴群体的经验纽带被证明为并不够牢靠，其规范服从利益和或有规范应用条件间的一致不再得到保障。这两种危险也可能相互水涨船高：一个在企业内和企业外只想同天主教徒合作的天主教企业家将可能遇到的情况是许多可能成为企业员工或伙伴的天主教徒或已是企业成员的天主教徒变成了无信仰者，而同时有越来越多的新教教徒获得了企业发展所需的特定资格。

但同其关联合作伙伴的稳定关系的风险也可能来自企业家自身。可能他丧失了迄今同他们共有的个人特征，他可能放弃自己的宗教信仰，离开居住的村落和国家，他可能加入另一政党，进入另一社会阶层，但他也可能改变了自己的利益、目标和计划，以至为了实现其计划那些并不被现今歧视标准覆盖的人群变得重要。然而，即便在目标不变的情况下，对合作伙伴的能力的期待也会发生变化。另外也可能发生，对企业家在企业范围外的人际关系具有重要意义的关联伙伴的圈子也会发生变化，不论这种变化是在没有企业家主动的情况下发生的，因为新来者"进入"了他的生活；还是因为企业家主动在其企业外的社会联系中寻找新的方向。

因此，规范制定者对或有规范的相应歧视标准所要求的不变性和稳定性有可能同企业家关联群体潜在的可变性和不稳定性发生冲突。一方面或有规范的规范受益者形成了一个区别于其他群体的有着固定界限的静态群体，另一方面，对企业家重要的合作伙伴群体则可能是一个开放和灵活的群体，其组成不断变化。尽管血亲关系和出生地属于企业家无须担心特定的人群和特定的特征之间的相互关系可能因之而丧失的个人特征，但他必须考虑到在由通过这些特征形成的人群中他是否总能找到符合企业目标和要求或他能在企业外愿意与其共度私人时光的伙伴。

当然，歧视标准同合作利益间可能存在的这种逆向性在现实中究竟严重到何种地步，根本上取决于作为个人的企业家几乎无法影响的外部因素。歧视标准的必要"静态"在多大程度上同合作利益可能具有的"动态"发生冲突，将由整个社会的静态和动态程度来决定。

B. 封闭和开放的社会

1. 封闭社会

通过对"封闭"社会和"开放"社会典型的极端进行对比，我们可以将有关的情形进行比照。"封闭"社会指的是有着静态社会结构的传统社会，其成员在稳定和明确圈定的共同体内及人际鲜明的关系中共处。在封闭社会中，社会、政治、经济和地理方面较少流动性。在这样的社会中，基础设施、通讯条件和科学技术比较落后，提升现有水平的动因也不够强大。人们在狭隘的社会和自然界限内生活。不是变化和动力，而是个体及集体的连贯性和停滞构成了该社会的特征。

在封闭社会中，个体的生活前景在很大程度上已由其归属的群体及其社会角色事先确定。这不仅体现在技能和能力的获得，也体现在物质财富的获取和在其一生中可能遇到的社会关系和联系中。个人自由让位于集体要求。特别是封闭社会成员追求经济利益的方式受到家庭和社会阶层的影响：成为"企业家"还是"打工者"并不取决于个人的愿望和素质，而是取决于他出生于商人家庭还是打工者的后代；作为商人是卖布还是卖香料，也不是由个人的好恶决定，而是取决于他在哪座城市出生。教育和培训同等级、出生、宗教或地域相连，不论是保存行业秘密禁止将知识外传和传播，还是"行会"为了保持垄断阻止其他群体成员获得特定能力或从事相应行业。在封闭社会中，企业家不能自由选择目标和手段，而是社会给定目标和集体行为的方式。但这也意味着他不可能在一生中改变其兴趣和计划并在其他社会和地域范围内实现自己新的目标。在封闭社会中，人们被禁止或实际上不可能变换职业、社会地位或离开出生的居住地。

与此相应，企业家也不可能按自己的标准挑选伙伴和员工，而只能委屈地同在他附近找到的作为伙伴和员工被强行塞进其行业的人共处。单是传统社会地域上的不流动性就使得企业家难以同其周边以外的人建立联系。这些限制在其同其他企业或外来的个体之间的合作关系中也随处可见，即便这圈人也不是"自发"形成的或出自企业家的个人倡议。但在封闭社会中，不自由和非自愿也主宰着那些并不涉及获取经济财富的领域。在那些服务于非物质的社会和个人目的的共同体中，封闭社会的成员认为自己"生来既定"，没有根据个人判断和意愿离开它或根据自己设想建立新的共同体的可能。

但对企业家的情形和利益状况关键的是，在封闭社会中他仅凭出生即成为其成员的那些未开化共同体和社会群体同他走完一生及追求全部利益的共同体和群体在很大程度上是一致的。在经济、社会、私人或宗教领域间进行清楚划分不可能。在典型的封闭社会中，私人生活和"公共"生活属同一生活范畴。特别是经济关系相对于每一行为者都深深融入其中的共同体联系也是不独立的。对于个人来说，后果是他在人生的所有领域和社会关系中总是只和同一群体的成员打交道：作为企业家他同他们共建企业，作为成员加入他们的企业，同他们进行交换和贸易，同他们一起满足对宗教、情感和政治的兴趣。手工企业中的伙伴同时也是亲戚、酒友、聊天的邻居和打架的帮手。

这样的社会情形使得其成员较少有个性发挥的空间。它们广泛地定义了成员社会生存的方式，极大地限制了他们挑选同其发生联系建立关系的个体的范围。在封闭社会中，部落、种族、家族、村落、城市、地区、国别、等级、阶层、行业或种族的障碍对个体来说出于自然或社会原因可能是无法逾越的。但反之他们也不必担心，清晰的共同体纽带以及他和对他重要的合作伙伴之间持续且一目了然的关系会被摧毁或发生根本变化。如果匿名性和流动性是现代社会面临的危险的话，则传统社会的成员不受这些危险的干扰。

由于非流动性，封闭社会中的许多社会特征或多或少不可更改地同个体联系在一起：等级和阶级的属性、职业、财产、居

所、宗教、生活方式及技能。但这些特征不仅本身或多或少不
变，同其他自身或多或少不变的特征如社会出身、地域、出生及
种族一道，它们构成了人际间或多或少不变的经验纽带。它们不
仅是个体的共同特征，而且将长期把他们联系在其社会关系中。

从企业家和规范制定者的视角意味着：社会情形在多大程度
上符合封闭社会的理想类型，社会群体成员间的经验纽带因而在
多大程度上具有抵抗力和持续性，企业家就可以在多大程度上有
把握认为在或有规范也即特殊规范的歧视标准和合作利益之间不
会出现危险的剪刀差。如能找到歧视性的特征，既能大致不变地
附着在特征携带者身上又能可靠地同那些在其一生中成为经济、
社会和私人重要伙伴的人所组成的圈子相连，对他来说更多将是
一件容易的事情。在封闭社会中存在着许多社会和自然的"纽
带"，将人们几乎是不可分开地焊接在一起。在此条件下，企业家
的合作利益从一开始就存在局部局限性，其现今和潜在的合作伙
伴将来自因其独特特征而有别于他人的群体——不论该特征是种
姓、部落、阶级、种族、宗教或是民族属性。

出于该原因，封闭社会的企业家可以预料，基于适当歧视特
征享有特权的规范受益者群体极可能同对其重要的合作伙伴群体
保持一致。他将能够对特殊规范的应用条件进行这样的选择，从
而使规范的保护范围极有把握覆盖所有现今和未来可能成为其合
作关系伙伴的个体。同企业家关联的人既不会丧失使自己成为享
有特权的规范受益者的特征，不具备相应特征的人也不会同他发
生联系，企业家本人也不会引火烧身。放弃宗教，离开村落或部
落，进入另一阶层或改变自己的利益和目标，这种可能在封闭社
会中对他不存在。他无法自己撰写自己的人生传记。

在封闭社会中，或有规范的歧视特征必要的不变性和稳定性
同与企业家相关的人群的事实上的不变性和非流动性相一致。在
封闭社会中，企业家不必放弃同被排除在特殊规范有效性之外的

人群进行可能富有成果的合作关系[1]。同样，从情感上确立这些规范的问题对他也不重要，因为社会关系的狭窄性和局限性使其合作伙伴经常同属一个群体，其成员彼此间原本就拥有特殊的情感联系。

因此，在封闭社会中，没有"理智的伎俩"和"看不见的手"能够发挥作用而迫使作为企业家和规范制定者的理性效用最大化者如此行事，好像他在追求"可一般化的"利益并以道德立场为指导。如果他生活在因合作关系只同特定"类别"的人群打交道的社会情形中，则或有规范所涉及的规范服从利益和规范适用条件之间关系的潜在弊端和风险就不会有多大意义。由于他可以预料只有满足特定特征的人才可能成为其合作伙伴，他可以只要求规范对象服从有限影响范围的特殊规范，而不必担心其合作利益受损。

2. 开放社会

然而，如果将理想的封闭社会的情形同理想的"开放"社会的情形进行比照，作为规范制定者的企业家的考虑就不得不发生变化。开放社会的变化和动力取代了静止的社会结构。人们不是生活在稳定、界限清楚的共同体和人性化的关系中，社会群体变得灵活和通透，成员相互流动，群体的界限和组成发生着变化。基础设施、通讯条件、科学技术在开放社会中处在不断的发展之中。不存在稳定和停滞，而是私人、社会、政治、经济和地域的流动性。

开放社会以高度的个性化为特征。在个体的生活前景和其归属某一集体之间不存在不可解除的关系。人生阅历和生活方式不由群体的成员资格和社会角色预先确定，它们取决于主观利益、

---

[1] 设想一个具备极端特征的封闭社会，则对享受特权的规范受益者的区别对待也可能成为有望获得成功的歧视战略。

个人素质、能力及个人生命中的"机缘巧合"。在开放社会中，个体的命运将从集体的家庭或阶级命运变成个人的命运：他的生活条件将打上其自身选择和个人性格、而不完全是社会情形安排的烙印。个体不再是"生来就属于"特定共同体和社会关系，他有能力自己选择和根据自己爱好构筑他加入的共同体和社会关系，特别是他有可能在自己的一生中改变自己的兴趣、计划和目标。

个别化和个人自由及自主的增加作用于开放社会的各个领域。教育和培训首先取决于个人素质和偏好，而不是同阶层、出生、宗教或地域联系在一起。作为开放社会成员，个人以何种方式追求经济利益，不一定由家庭出身和社会背景来决定。在开放社会中，打工者的儿子也可以成为商人，在以织布为传统的城市居住的商人也可以迁往港口城市，以从事异国香料贸易——他将能够根据自己的想法决定和谁作为伙伴和员工经营该行当以及和谁建立贸易联系。他并不依赖他在其社会近处打交道的伙伴。同样，自由和自愿主导着那些并非获取经济财富的领域。相信何人，和何人一起做礼拜，和谁结婚，和谁打牌喝酒或和谁参与社会和政治活动，这一切在很大程度上将由其自身的选择和意愿决定。

也只有在开放社会才有了社会领域的清楚划分，使人们可以在其中分别关注经济、社会、私人或宗教的利益。只有在此，个人生活的"公"与"私"才得以在彼此区分的社会前提下进行，不同的社会关系和群体联系才获得一定的自主权。产生的重要后果是，作为开放社会的成员，人们不再只是与同一群体成员打交道。在经济关系中，人们和合作伙伴的关系有别于私人关系，在私人关系中人们也不一定要关注宗教和政治利益。共同企业中的伙伴因而也不一定是亲戚，不是酒肉朋友，不是聊天的邻居，不是打架的帮手。

据此，在开放社会中尽管在所有方面都存在着较大的个人自由和个体选择的多样性。个人在一生中可能同其发生关系的人群的圈子不受到"人为"障碍的限制，但拥有稳定清晰人际关系的可信可预见的群体纽带也变得更少。开放社会的流动性必然导致匿名性和社会关系伙伴的"可替代性"。

然而从企业家合作利益的角度出发，开放社会首先拥有值得肯定的地方，即企业家在同其他个体建立合作关系的时候不受自然和社会障碍的约束。作为开放社会的成员，他享有根据自己的判断同他人合作、共同实施项目、再次放弃并重新再来的自由。这种自由得以发挥的前提是封闭社会的"静止"和特有的社会结构已被超越，人际间基于社会出身、亲戚关系、性别和阶级之上的"人性"纽带对合作不再重要，人们只从在何地方及何种环境能最佳实现自己的目标这一客观角度选择生活的地点和环境。个体的流动性和社会关系的动力是充分挖掘人类合作潜力的必要前提。彼此陌生及身处异地的人可以为了共同的计划并在拥有对彼此有益能力的前提下走到一起，共同合作。

因此，开放社会的情形似乎对企业家的合作利益颇为有利，因为他的选择可能和成功机会较大。他可以自由决定在他认为对实现目的最有效的地方投入个人资源，可以在他认为回报率最佳的领域建立企业。如果企业家面对其他社会成员无力将封闭社会的情形为自己所用[1]，则他的前景只能在社会接近开放社会的理想类型的过程中得到改善——这不仅适用于追求物质目标也适用于追求非物质目标的企业。不论企业家追求何种目标，在开放社会中他选择伙伴的惟一标准只能是，哪些人适合实现自己的目的和计划，他并不依赖凑巧成为其家庭、家族、部落、村落、等级和阶级成员的那些人。作为手工业作坊的主人，他可以雇佣掌

---

[1] 参见第六节"权力与社会控制"。

握最佳手工技能的人，作为商人，他可以同报价最合适的人进行交易，作为平常人，他可以同有着同样文化偏好的人建立协会，最后他可以同所爱的人结合。

但是，这些显而易见有利的情形同时也是或有规范及特殊规范的弊端和风险特别明显的情形。由于开放社会的成员在不同的生活领域面对不同社会群体和共同体的成员，在特殊规范应用条件中的可能的歧视标准与在行为者一生中可能对其具有重要意义的合作伙伴的人群之间难以形成稳定的一致。在社会群体之间流动和相互依存占主导地位且个体可以根据自己兴趣和计划随意灵活变更其社会及地域位置的状况下，受歧视特征照顾的规范受益者群体更难同行为者关联的合作伙伴群体保持一致。由于在开放社会中总的说来缺乏将人们持续联系在一起的经验"纽带"，行为者因而不能指望在其社会关系中总能从同样的社会群体或共同体中挑选到对其现今和未来重要的伙伴。生活目标、利益和能力的一致并不必然和在一定的社会或自然群体中的共同成员资格划等号。所有的一致性和共同性随着时间的推移都会发生变化：人们在一生中会另有所想，会寻找新的目标和任务，会更换住所，会建立不同的企业，自己本身也会成为不同企业的成员。

情形越接近开放社会的理想模型，威胁或有规范及特殊规范的歧视标准和规范制定者合作利益之间平衡的两大根本危险对企业家来说就越明显：

首先，由于社会和个体的流动性，许多在封闭社会或多或少不变地同个体相连的特征成了可变的特征：阶层和等级的归属、职业、财产、住所、宗教、生活方式，能力，还有政治观点和世界观，人的这些特征在开放社会中的人的一生中将多次发生变化。对企业家意味着，符合条件可供挑选的，也即使他同特定的人可靠地联系在一起的特征总的来说越来越少。

其次，在开放社会中，既不是可变的也不是诸如出生、社会和地域背景这些不可变特征在个体之间构成了将他们的利益关系持久地联系在一起的长久经验纽带。几乎不存在一个可以明确定义的群体，他们可在开放社会中作为经济、社会和私人伙伴随时听候调遣或长期互相依赖。来自家庭、村落、城市、地区、国家、等级、性别或种族的限制并非不可逾越。因而，这些限制并不能保证在这些界限内的群体同对企业家现今和未来重要的合作伙伴的群体保持一致。更多的情况可能是，具有一定歧视特征的人对企业家变得无关紧要，因为他们"游离出"可能成为合作伙伴的圈子，也可能是——这对开放社会中的企业家更重要——其他人"进入"这个圈子，尽管他们并没有通过一个可以作为歧视性特征的特征同这个圈子联系在一起。

因此，开放社会的变化和动力、社会群体的通透性、社会关系的相互依赖性，个体自身的流动性及作为现今和未来重要合作伙伴的群体的流动性，这一切对企业家来说意味着，开放社会面临着歧视标准和合作利益之间"剪刀差"的威胁。对他而言，事实上难以找到一个适合作为特殊规范的或有应用条件的特征，该特征应长期将他同那些掌握了有利于实现其利益和目标的素质的人群联系在一起，同时又不会将过多同样拥有该素质的人排除在圈外。成功的歧视所要求的"静止"不可避免地同开放社会中的社会关系动力陷入冲突。在此条件下依然坚持或有规范的企业家在期待从特殊的企业伦理中可能获利的同时，也面临机会成本，该成本源自他在实现自身利益的时候不再能够期望由按其重要性标准适合成为其合作伙伴的那些人组成的整体。

另外，在开放社会中，确立或有规范的情感立足点是个难以权衡把握的问题，这一问题也比在封闭社会中还要突出。一方面规范制定者的合作利益覆盖了较其相互之间可能出现特殊的"情感归属"情况更多且更杂的人。另一方面，群体界限的通透性和高度的社会关联性形成了许多机会，使得规范对象在对受歧视的规范兴趣者显而易见的不利情况下，不得不感受哪怕同特定的享受特权的规范受益者的利益的认同的"不一致"。

但是在开放社会中，保持特殊的企业伦理由于同其他企业的竞争而对企业家也将变得昂贵。从企业效益的角度看，将特定的群体从潜在的伙伴和员工的圈子里隔离开来违背生产力的要求。许多以分工结构和让专业合格人员承担岗位为前提的企业目标使得完全以能力标准来充分利用"匿名"人力储备变得几乎无法避免。这种对企业家的"压力"在对利润、伙伴和员工的竞争中变得白热化。企业家要建立企业或为现存企业找到新的伙伴和员工，就必须"给予"某些东西。企业必须为所有员工获取足够的收益。但是如果企业在寻找企业成员时也按照下述标准行事，即员工的能力对企业目的无所贡献，则企业的赢利能力总的来说要低于那些以中立标准吸纳成员的企业。作为后果，不仅企业家的个人赢利预期变得暗淡，而且他可能不得不面对下述局面——由于其他企业在其他条件不变情况下可以为其成员提供加入其企业的更大好处，即自己企业成员中的最出色者被挖走：只雇佣家庭成员的企业家必须考虑，如果其他企业能提供更好的前景，自己家庭成员也会离开。主张特殊企业伦理的企业家在开放社会中可能面临生存的威胁。

因此，总的看来，开放社会促进了非局部、跨地区的合作利益的形成。对这个社会的许多成员来说，不存在可靠的歧视性特征将拥有合作利益的人群同没有合作利益的人群区别开来。随着市场关系的深入和分工的发展，群体的界限变得通透，群体的归属发生变化。社会群体和共同体不再孤立于其环境，其成员相互流动，不再受不变的纽带的束缚。缺乏静止的社会联系导致了在合作关系中或多或少频繁地更换伙伴。在这样一个"无界限的"社会中，人们不能依赖暂存的界限和区分。

因此，在寻找合作企业合适伙伴的过程中，人们在开放社会中有充分理由不去寻找只对特定人群实践美德的个体，而是寻找随时随地持有这一立场的个体，他们在所遵循的规范中兼顾行为涉及的所有人的利益而不仅仅是特定类型的人的利益。拥有许多成员的社会、人际间客观和非人性化的关系、社会群体间的流动、匿名性和流动性，这一切经常被视为分割和削弱完好无损的共同体及以人性为特点的关系的破坏力量。但这些现象也意味着，刚开始没有很多共同之处的人们可以发生联系并建立关系。这些现象的后果是，尽管存在种族、国家、社会或文化的差别，人们仍可以在一起生活和工作——只有在此条件下，以无限影响范围的规范为导向的个体才会对同类的利益变得珍贵。开放社会的匿名性、动态和流动性将或有规范及特殊规范的弊端和风险完全放大，与此相应，在规范制定者看来支持确立实质及普遍规范的理由便具有了最大的分量。

因此，在开放社会中似乎确实有一只"看不见的手"在发生作用，它使得作为企业家和规范制定者的理性效用最大化者如此选择和行事，好像他在追逐"可一般化的"利益并采取道德的立场——然而还不能确定的是，这只看不见的手有何力量，是否还存在着其他让作为规范制定者的企业家向另一方向发展的力量。开放社会企业家是否及在多大程度上受看不见的手的引导（引诱）而采取道德的立场，最终取决于这些反作用力。

六　权力和社会控制

A. 合作利益及剥削利益

对企业家而言，不存在可以从根本上绕开特殊规范的弊端和风险的歧视战略——起码在他生活的开放社会中不存在。对企业家而言，在开放社会生活条件下从其合作利益角度出发存在着使他作为普遍主义规范的制定者的独特理由并不意味着，同在他看来可能使他赞成特殊规范的相反理由相比总是更有份量。尽管这些理由会主导其选择，如果本来就没有特别的诱因让人们去为适用特殊规范的可能赢利下赌注。但迄今为止，我们只是口口声声地提及企业家从企业伦理的有限影响范围中得到的益处。为了更全面地看待包括可能给规范制定者带来的益处在内的特殊规范，我们必须放弃将视角只孤立在特殊规范的弊端和风险的方法。

对规范制定者而言，相比普遍规范也即实质规范而采取特殊规范也即或有规范的根本诱因是，他可以从特殊规范对象面对被规范的影响范围排除在外的人不必遵循规范规定的行为准则中获益：贵族可以从贵族阶层的其他成员只对贵族采取道德行为而为了贵族利益剥削和压迫非贵族中获益。企业家采取将部分人排除在规范受益者群体之外的局限在地域中的企业伦理的主要诱因是，他可能从其企业成员为了企业目标而说谎、欺骗、利用和坑害外来者中获益。倡导特殊企业伦理的企业家可能追求只能通过蔑视其他人和其他企业的利益才能达到的目标，他可能为了实现自己的目标选择只能以牺牲他人为代价方可加以运用的手段——直至建立这样的企业，其惟一目的就是通过偷窃、敲诈、恐吓和奴役获取利润[1]。

换句话说，提倡特殊规范并将部分人排除在规范的保护范围之外对规范制定者总是在下述情况下意味着潜在的利益，即他面对这些人原则上不追求合作利益。分割合作利益并不只是源出自然或社会障碍，它也可能出于以下考虑：对规范制定者而言，部分人从一

---

〔1〕 普遍化原则并不排除企业同局外人之间的竞争及相应的有限利益冲突，因为在特定的领域中允许竞争及对自身利益的部分高估可能符合所有参与者的利益——但前提只能是遵守特定"游戏规则"，即在追求自身利益时原则上考虑他人的利益。但本文涉及的却是不受任何"游戏规则"约束的企业战略。

开始就不是作为其现今或潜在的合作伙伴，而只是作为其现今或潜在的剥削对象对他具有重要意义。在特定领域，如果规范制定者的剥削利益超过合作利益，则他有理由倡导相应的特殊规范，而无须冒因为采取歧视战略使自己的合作利益受损的风险。

追求这种剥削利益的企业战略可能有两种形态，即公开的和隐蔽的，可以是通过不加掩饰使用强力以奴役和剥夺为目标，甚至使用有形暴力和强制，但也可以试图暗里利用"无知之幕"，无人知晓或无从查起地破坏规范。因此，两种方法的赢利预期要么取决于企业家在同外部个人和群体以及其他企业家的公开冲突中获胜的权力，要么取决于企业采取隐蔽非合作战略面临被戳穿的风险。我们先来看一下建立在企业家占据优势权力地位基础上的战略。

B. 不平等的权力关系

与单一、孤立行事的个体不同的是，合作制企业在其权力方面区别很大。这也特别表现在它们在必要时通过强制和暴力实现目标的能力上。拥有有形垄断权力的现代化国家——如同两人企业一样——均属合作制企业。然而，现代经济学世界中的企业家如果拥有强制作为个体或集体的他人接受自己意志的权力手段的话，作为个体的他会毫不犹豫地为了自身利益使用强力，这一点和理性的效用最大化者没有不同。占优势的强制权力展示了压迫力量处于劣势的个体和群体的可能性。将自身资源用于剥削而非用于生产目的，建立以暴力支撑的统治及奴役他人可能比建立在利益平衡基础上的和平合作和劳务及商品的自愿交换要更有利可图——这不仅适用于本社会的其他阶级和阶层，也适用于其他民族和国家。

据此，处于优势权力地位的企业家有着强烈的动因，对不那么强大的个体和群体采取不合作的企业战略。企业同其周边环境的关系越强大，他也就越不依赖合作性的外部关系，因为企业可将此关系在相当程度上改变成非合作的、由权力支撑的依赖及压迫关系。对企业家来说，只有当他推行特殊企业伦理而丧失合作机会时才依赖合作关系，或一开始就推行合作性企业战略会构成重大损失。相反，对于强大的企业家来说，看不到有令人信服的理由让他从利益的角度优先采取拥有实质规范的普遍的企业伦理——该伦理要求其伙伴和员工平等兼顾外来者的利益，他会要求他们在使用企业的强力资源时置这些利益于不顾。

在此方面，新经济学世界的情景同旧经济学世界的情景没有不同。不论行为者是有行为倾向的或是结合情形的效用最大化者，作为原则上自利的选择者，他将使用自己的强力以尽可能有效地实现自己的愿望和意志——如果其优势的强力位置使得这一切有可能，那么就不只局限在和平合作的框架内，也可违背他人和群体的意志和抵触行事。即便是阻止有行为倾向之效用最大化者的这种行为，也只可通过相应的制衡力使其非合作战略的风险超过警戒线，从而迫使其采取合作的态度。

然而，不可能根本避免企业间的巨大权力落差，单单企业成员人数就产生差距。但如果企业间权力差距不可避免，则对较强企业而言，在同处于劣势的个体和群体关系中利用强力的诱惑就不可避免。在此基础上，可能会演变出完全类似旧经济学世界的情形，即不同的强力群体要么为获取社会中的"剥削特权"互相争斗，要么联合起来共同行使这种"特权"。

但是，如果强大的企业家得以不受阻拦地实践其优势权力的话，则在"无权无势的"企业家利益权衡天平上的砝码也将向非合作企业战略方向倾斜，而且不平等的强力关系在持续的统治结构中越牢固，这种倾斜就越明显。原因有两个：第一，作为受到强大企业剥削的后果，弱小企业从采取合作性企业战略中的赢利预期有限，它们获利的大部分本来就将上缴给强力所有者。第二，随着受强力支撑的统治关系的稳定，以合作为导向的企业的社会框架条件总体上变得更糟糕了。

因为强权者的战略不只是局限在直接获取企业收益，他们也将试图——也是为了确保自身的强力地位——限制和管理企业建立和企业活动的"自由市场"。他们将限制企业家的权利和迁徙自由，将部分人排除在有利可图的企业活动之外，或原则上禁止建立某些类型的企业。这特别是针对那些目的定位为非获取物质利益的企业，因为他们关注的是实现共同行为的"内在"财富。恰恰是这些"不怀目的性"的企业可能对压迫体制中的统治者构成特别的威胁。根据自己的意志同他人结合，根据自己的设想和计划同自选的伙伴建立社会共同体，这些自由对建立在奴役和剥削弱小成员基础上的社会的强权者就如同眼中钉。他们会试图阻挡开放社会的典型特征，转而追求封闭社会的特征。

这一切之所以值得追求，不仅是因为要建立一个尽可能有效的压迫和剥削体制，而且也是从建立一个让特殊规范生效的尽可能有利的框架条件考虑。剥削和压迫利益的代言人必须关注的是，区别他可以对其施行强力的人和施行强力的合作者。为此，限制社会流动性，阻止社会流动性，阻止社会不同群体间特别是特权群体和受歧视群体间的渗透，显得有意义。从特殊规范的规范制定者的角度出发，如果他们能通过尽可能清晰和持久的特征——如谁是统治体制的受益者或牺牲者——将社会成员分开[1]，则再好不过。只有当目的是为了贯彻特殊利益并将特定人群从规范受益者圈子分离，促进社会群体间的相互孤立和社会的不流动性才显得顺理成章。封闭和孤立，形成群体和画地为牢是以强力为支撑的统治的基础和结果。强力痴迷者必然也是封闭社会的痴迷者。

---

〔1〕 前南斯拉夫进行的"种族清洗"就是一个在建立统治制度的过程中试图用拥有彼此分割的社会群体的封闭社会取代开放社会结构的一个典型的极端残酷的例子。

　　然而，问题在于——如在本章前面部分已经确认的那样—，合作利益的实现及合作性企业战略的成功前景取决于开放社会的存在。在开放社会中，企业家可以根据自身选择利用人力资源使得人尽其用，可以在赢利预期最佳的领域建立企业。在该社会中，他拥有可供选择的伙伴及员工的巨大储备，可根据自己的标准充分利用。作为生意及贸易伙伴，他可以挑选那些最诚实和报价最好的个人和企业家作为伙伴。只有开放的社会才会使他获得公平的机会，在与其他竞争者的自由竞争中通过提供"好"产品或"好"服务获得"好"价格，因此，也只有在开放的社会中，合作的利益才能从根本上压倒权力及剥削的利益，因为从长远看，以和平利用从业机会为导向可能比通过使用强迫和暴力对"政治租金"进行投资更有赢利前景。

　　但如果因社会缺乏开放性而使采取合作性企业战略的成功前景变得渺茫，弱小企业家选择不合作企业战略及特殊企业伦理的其他诱因也将发生作用。在相互尊重利益前提下所分配的蛋糕越小，则期望通过其他方式获取蛋糕的诱惑就越大。在压迫及剥削体制中，惟一的生存机会可能只有通过肆无忌惮的生存之争才可获得——面对处于同样不利境地的人也如此或者恰恰是面对这些人时这样行为。另外，至少在一个方面，弱小的企业家也可能从社会的封闭性中获益，即他们既然已经被迫选择非合作的企业战略，特殊规范的弊端和风险对他们来说也大大减少。如果他们作为受压迫阶级的成员反正只能从本阶级中挑选合作伙伴，则他们也可以使用相应的歧视标准，而不必担心弊端和风险。

　　因此，反对和平合作而倾向进攻性非合作企业战略的力量，即反对普遍企业伦理而倾向特殊企业伦理的力量，在强大和弱小的企业家身上以同样的方式发挥作用。如果社会中的强势者利用其强势地位建立一有利于己的统治体制，作为规范制定者的所有参与者将更有理由实践只让作为规范受益者的自己社会群体成员的利益受到照顾的特殊规范。开放社会构成了普遍规范的基础，不仅因为如果规范制定者采取特殊规范该社会对其不利和带来风险，而且也是因为开放社会确保了采取合作性企业战略所应有的赢利前景的必要前提，也相应确保了合作利益在个人和集体中的重要地位。

在此背景下，可以清楚地看到，由于社会群体间权力不平等造成的问题，即使在新经济世界中也不能通过惟一占支配地位的企业——即国家——的权力垄断来解决。作为国家强制机器的代言人的有行为倾向之效用最大化者，他们的想法本质上和旧经济学世界中的同行没有区别：权力导致滥用，绝对权力导致绝对滥用。如果新经济学世界中的合作制企业——"国家"——拥有事实上的权力垄断，基于其强力地位可以随心所欲地贯彻自己的意志，则作为该"企业"成员的有行为倾向之效用最大化者也会毫不迟疑地为了个人利益使用可选的强力资源。从该立场看，拥有强力和强制机器的国家在新经济学世界中也不过是众多企业中一个因其权力构架而特别具有威胁的企业。

C. 中性化的权力关系

因此，企业间权力差异既不能通过建立一个作为垄断权力占据绝对支配地位的权力垄断者那样的机构来平衡，事实上也不能完全消除企业间存在的权力差异。在此条件下，从根本上减少促使强势企业采取不合作企业战略动因的惟一出路是弱化社会中事实上存在的权力差异，使强权者不能使用其强力压迫弱小者。此意义上的中性的权力关系也是开放社会存在的必要前提，因为如果无法有效阻止处于强势者为了私利滥用强势，则开放社会的框架条件也无法保持。

尽管存在着不可避免的事实上的权力差异，之所以还有原则上对权力关系进行中性化的可能，是因为相对强大的企业会受到比自己更强势的企业或受到单个看权力上比自己弱小的企业的集体行动的牵制，因而无法在与相对弱小的企业的双边关系中真正利用其强势地位，但前提必须是，社会中最强大的企业——通常是国家——不能强大到可以逆社会中其他所有成员的整体力量行事并贯彻意志。如果不希望在新经济学世界中也出现少数人凌驾多数人的统治，则恰恰是社会中占支配地位的企业的权力必须受到制约力量的牵制。

据此，单个企业实际上的强力地位及企业间真实的强力关系属多层次的现象，因为它们不仅取决于相互间实际拥有的强力潜能的对比，而且取决于社会成员是否有意愿及能力在必要时将各自的强力聚合起来共同对付强力滥用。在新经济学世界中也存在着潜在强力与现实强力之间的差异。因此，相对弱势的合作企业间的潜在集体力量可能远远大于相对强大的单个企业的个别力量。但如果这些弱小企业没有能力将各自强力"团结一致地"联合扩展到企业的界线之外，则它们的现实强力在具体冲突发生时通常可能处于单个强大企业的下风。因此，在新经济学世界中具有重大意义的是，强权者的事实支配不仅基于其个人的权力资源，而且也可能建立在被压迫者缺乏集体行动能力的事实上。对强势企业的权力起关键作用的因素是其他企业和个体能否联合各自的强力资源在面对强势企业时捍卫共同利益，还是只关心各自的个体利益。

因此，弱小的个体在集体中可能成为强大者这一事实尽管展现了下述基本可能性，即即便在社会群体间存在不可避免的权力差异，权力关系也可以中性化。但该事实也指出了新经济学世界中的一个根本障碍，因为即便在此情形下我们也不能认定，因为存在着特征不明显及相互依赖的问题，参与提供集体产品，以个体形式或与所在企业一起为整体利益服务符合个体利益；如果因此而必须以公开冲突和争执的风险为代价，那么就更不能这样认为了[1]。与旧经济学世界相比，这一点似乎并没有取得突破。如同在在旧经济学世界中一样，人们不得不面对窘境，即要么特定群体足够强大，在社会的权力斗争中可以克服特征不明显和相互依赖的问题——但这样一来他们的行为将不会从社会全体人员的共同利益出发，要么他们因无力决定性地介入这场争斗而有理由继续采取被动的态度。

但在新经济学世界中性化的权力关系如何从可能变为现实，解释这问题还要后置一段时间。首先要解释的是这些关系的存在对全球性社会秩序形成的后果。为此目的，不妨先达成一阶段性结论，即企业家只有在因其企业在社会中处在强势地位并有能力对其他企业和个人有效行使此权力时，他才会将明显积极的赢利预期与采取公开不合作的企业战略联系在一起。在此情况下，他可以预期从该战略中获取的益处将超过采取特殊规范带来的弊端和风险。

相反，如果在开放社会中能成功地确保中性化的权力关系，使相对弱势的企业和各自为战的个体免受强势企业的强力手段的威胁或压制，则公开采取不合作的战略对强势企业家而言不合算，或者他们将无力成功地实施这一战略。只要是涉及与其他企业和个体的真实关系，在中性化的权力关系条件下，对相对弱势的企业家而言——甚至对最强的企业家而言——合作的企业战略也是惟一聪明的选择。这对处于相对弱势地位的企业的处境带来相应后果。基于下述事实——即弱小企业自身在封闭社会中和以权力为支撑的统治下经常是剥削和侵略的牺牲品，从这些企业立

---

〔1〕 在这一点上，所涉及的情形最初同旧经济学世界中的相应情形没有不同：如果涉及集体产品问题，个人在其贡献中承受的成本高于在其贡献中得到的收益，那么即使是有行为倾向之效用最大化者也没有理由参与集体产品的提供，但这并不排除有行为倾向之效用最大化者从另一视角可能会认为这样做有理由，因为他能够具有为集体产品做出公平贡献的行为倾向。但此处则不能简单地以该行为倾向为前提。

场出发采取不合作企业战略和特殊企业伦理的特殊动因同样也就不复存在了。在开放的社会中，不论其权力地位如何，所有企业在中性化的权力关系下合作利益的价值有不断提高的趋势：如果作为获取利益手段的权力重要性不断降低，则对权力感兴趣的人也会不断转化成对市场感兴趣的人[1]。

D. 社会控制

将部分人排除在规范受益者范围之外的特殊企业伦理给企业家带来的好处不仅产生于公开的不合作战略，也同样产生于为追求企业目标蔑视外来者利益的隐蔽企图。恰恰在后者中，企业的惟一目的可能就是进行"黑手党战略"意义上的地下操作并完全通过抢劫、欺诈和勒索获取利益。据此，即便在开放社会的中性化权力关系下，采取非合作企业战略和追求剥削利益的动因也并非对所有企业家而言都会降低至无害的水平。如同个体一样，企业家也可能受到诱惑，利用匿名社会关系的"无知之幕"抓住不被察觉或无从调查地违背规范的"黄金机遇"。

采取隐蔽的非合作战略对企业家究竟有多大诱惑力，同该战略相连的赢利预期是否大到可以决定性地影响其采取有利于剥削利益的选择，这一切在很大程度上取决于企业家采取该战略将面临的风险，如果被察觉的可能性和侦破率很高，而且被戳穿的企业家面临严重的惩罚和制裁，则采取不合作的企业战略对他来说不划算，而风险的大小又取决于社会中存在的社会控制的水准，即为预防和察觉违背规范，找出责任之人并予以制裁而做出的

---

〔1〕 显然，这并非同样适用于所有的权力兴趣者——特别不体现在社会的外在关系上。国家和民族间的权力关系经常是很不平等的。内部拥有中立的权力关系的社会的权力利益因而可以总是继续外部取向。对规范进行真正的普遍化不使一个规范兴趣者从规范的保护地中被隔离而去，此动机即便在开放社会中也只有那些原则上不追求权力利益的作为合作及市场兴趣者的个体和规范制定者才可能拥有，参见鲍尔曼 1996 年论著 B 卷。

努力。

如同对权力关系中立化一样，对此起重要作用的也是原则上存在着建立监控和制裁机制的可能性，目的是让"偏离轨道的企业家"感受到充分的风险水准。监控和制裁机制可以以非正式制度的形式产生作用，即作为该制度兴趣者的特定的合作企业和个体各自承担相应的功能和任务或在需要时将各自的力量聚合起来。监控和制裁机制也可以以正式制度的形式建立，即通过聚合资源，建立一个特殊的合作企业，它拥有作为中央监控和制裁团队必要的权力手段。

然而，在实现社会控制制度的过程中也要考虑一个根本的障碍。必须设想，在新经济学世界中也面临着特征不明显和相互依赖的问题，它们会妨碍集体产品的形成。这一点不仅适用于个体公民，也适用于个体企业家：从一般企业家的立场出发，为在匿名社会关系中实现社会规范浪费自己企业的资源不符合理性，他也没有理由说服自己自愿贡献资源，以维持一个制裁团队或支持他们的工作并控制他们。这一点也同样适用于多种多样的作为制止不合作企业战略的预防性工具的控制和监督可能性的实现[1]。即使在新经济学世界中，企业家的自身利益也不是同整体利益事先就处在稳定的和谐之中的。

如此一来，我们似乎又再次面对窘境，即在非正式基础上的社会控制水平要么过低；要么由特设的制裁团队行使的正式社会控制无法局限在所希望的领域里，因为权力垄断者的存在会威胁中性化的权力关系的存在。在出现特征不明显和依赖性问题时，有行为倾向之效用最大化者与结合情形的效用最大化者一样，都不会立刻有说服自己的理性理由为提供集体产品自愿做出贡献。一定的状态符合共同利益，每人做出自己的贡献对大家有利，这

---

〔1〕 有关可能性的一览表，参见科尔曼 1990 年论著第 553 页及以下。

一事实对有行为倾向之效用最大化者也不构成直接有效的行为动机——他们也受制于意愿与意志间鸿沟的困扰。

然而，就像对在新经济学世界中中性化的权力关系是否能从意愿变为现实进行的探讨一样，对在此世界中足够有效而且有序的社会控制体制能否从可能变为社会现实的问题进行的探讨也要后置。首先要进一步澄清的问题是，如果在开放社会的中性化权力关系下存在着社会控制的体制，可能会出现何种后果。

因此，我们不妨对前面章节的讨论进行阶段性总结。据此，下述三个条件可能会促使企业家采取合作性企业战略：

1.存在着拥有结社自由和因采取合作性企业战略展现较佳赢利预期的开放社会；

2.存在着中性化的权力关系，使得强势企业家不能公开采取不合作的战略；

3.存在着有效的社会控制体制，使得隐蔽的不合作战略的风险高到可起威慑作用的水平。

如果社会的框架条件给自主自愿的合作提供了自由空间，能保障人们不受恣意行使权力的侵害，监督人们遵守"游戏规则"并惩罚违规者，则建立以公开或隐蔽方式通过系统侵害或蔑视外来个体或其他企业家利益获利的企业的诱因就会减少。如果企业的合作利益既不是局限于某地，也不是部分或全部地受到权力或剥削利益的支配，则作为规范制定者的他既没有理由，通过正面的差别待遇仅仅将部分人纳入他所代表的规范的保护圈内，也没有理由，通过负面歧视将部分人排除在保护范围之外。相反，他有足够理由原则上不采取特殊规范。在这种情况下，公平地照顾所有人利益的道德立场符合他的利益立场。

但如果作为规范制定者的企业家有理由要求其伙伴和员工接受无限影响范围的规范的约束并作为该规范保证人在规范的贯彻上进行投资，则作为规范对象的其伙伴和员工也有理由服从无限影响范围规范的约束。换句话说：不仅作为规范制定者而且作为规范对象的企业成员都有理由采取道德立场并在选择和行动中遵循一般化原则。在以中性化权力关系和有效社会控制为特点的开放社会中，合作性企业中的规范制定者和规范对象的个体利益就此看来确实可能与社会所有其他成员的利益相一致——即便其选择和行为并不以有意识地兼顾他人利益为基础。

在此条件下，合作企业中规范形成的情景远远不只是区域性社会秩序的场所。作为接受普遍规范约束的企业成员的有行为倾向之效用最大化者在企业外与他人交换时也会按照此规范的行为准则行事——而不管这样做在具体情况下对其是否划算。因此，同旧经济学世界相比，新经济学世界的确也为解释全球性社会秩序提供了更好的着眼点。即使有行为倾向之效用最大化者真正接受规范只在其合作性企业内受到嘉奖，我们还是可以期待在合作性企业外也推广与规范相一致的行为。但是，如果合作性企业成员生产出影响超过企业界限的"道德赢余"，则一条总体上可以满足社会"道德需求"的道路已清晰可见[1]。

---

[1] 我们似乎没有必要地把问题复杂化了，因为不通过规范普遍化，而"只"通过将社会规范的影响范围扩展至相应规模群体的边界，则似乎也可能满足"道德需求"及"解决社会秩序问题"。事实上，提出的思路也可轻易进行修正，使之也可以解释对外"不合作"并以权力利益为特征的社会内在秩序。该解释想必也是可能的，因为相应的社会无疑是社会秩序理论的解释对象。尽管如此，社会规范在本书中被普遍化仍然具有特殊的意义，因为涉及的是原则上对作为利益斗争工具的权力进行控制和限制的法治国家社会秩序。但这意味着，合作利益总体上必须战胜权力利益，因为不论是理论上还是经验论上，权力利益完全外部取向而真正的合作利益在社会内主导的现象不可能存在。从压迫和剥削其他民族和国家中获益的人也会使用同样的手段对付本社会内的其他阶级和群体。从经验论上看，特殊道德支配和自由法制社会的存在几乎互不相容。如果想解释这样一个社会的存在，就必须解释在合作利益战胜权力利益的基础上，普遍化道德如何能够产生并得以贯彻，因为道德普遍化成了现代自由社会的基本特征并非偶然。

七　道德认同

A. 个人规范和个人规范秩序

根据一般意义，美德这一概念通常不仅意味着个人拥有人格的完整性，采取道德立场并在行动中自觉接受特定规范的约束。人们还期望美德之人是一个拥有"道德认同"的人士。这是什么意思呢？道德认同在此指的是一种现象[1]，即个人在行为中不仅要接受一个在一份规范目录意义上的、由各种单一、彼此孤立的规范组成的、补充性的规范集的约束，而且其个人规范也是具有内在联系的规范秩序的组成部分，该规范秩序既包括了具体的和特定的行为规范，也包括了作为"基础规范"的特定的普遍的基本原则[2]。

有许多原因可以说明，为什么从伦理角度出发这种道德认同的形成值得追求，为什么规范对象接受既包括了具体和特定行为准则又包括了普遍原则的规范秩序的约束比接受单纯的规范目录约束更为可取：

第一，人类的接受和辨别能力有局限性。人们在行为中能够可靠地予以考虑的单一规范的数量难以无限制地逐一排列。如果规范目录要想具有实用性，必然限制其数量。如果把具有约束性的规范狭窄地理解成具体的行为规则之大成，则要么规范对象面对数量力不从心，要么有关行为情景只能被排除在规范之外。

第二，不可能事前就对所有相关的行为情景确定准确的规范。有可能出现事先无法预见的经验组合。如果主要的框架条件发生变化，由具体行为规则组成的目录如果保持不变可能引致不

---

〔1〕　参见克里姆特 1985 年论著第 256 页。
〔2〕　有关规范制度的概念参见本书第 75 页及以下。

当的准则或禁忌；或如果出现制定目录时尚未预见的新问题时，目录中便出现盲点。

第三，人们也不希望对所有相关的行为情景事先确定准确的规范。我们经常面对这样的情景，如果我们在兼顾和权衡个案特殊情况后再选择行为方式，而不是仅仅套用既定的规范，在某些情况下会取得更好的道德效果。

从规范目录的明显缺陷中尽管不应得出结论，即应当根本放弃拥有具体和特定内容的规范。在那些从道德视角出发行为的确定性和可预见性应当优先予以考虑的领域，这些规范对此提供了保障。但如果我们局限于类似的规范，则必须面对窘境，即在许多行为情景中，人们按不适当的规范行事或参与者在行为方式的选择中随心所欲。如果想从伦理方面较满意地解决这些"事先未预料"到的开放性情景的问题，特别是不让其任由行为者本人完全随心所欲地选择，则在规范对象应当遵守的规范中，除了有详细的行为规则之外，也必须包括针对未被这些行为规范所涵盖的情景的"规范性导引"。

在此，这些"较高层次"的规范可能是一般化的抽象的原则，尽管其中已包含了一定的规范内容，但所需的、可在特定情景中使用的行为指南却必须在对内容的具体化过程中才可以推导过来。这种一般化的抽象原则比如有"你应当爱他人"，在对内容具体化过程中推导出"你不应当杀人"，"你应当帮助他人"。这些规范也可能是自身不包含据此才能确定行为规则的具体内容的标准和尺度，比如这种规范属于"金科玉律"，在使用此种规则中可以推导出有具体内容的规范，如不应偷窃或欺骗。

作为规范秩序的组成部分，这类普遍原则可以对所有在某一特定方面具有相同特征的情景进行规范化的处理。如果我们追求以前后一致的方式把同规范对象有关的、从规范角度安排的行为领域扩展到由具体的特殊行为规则组成的目录之外，则我们可以在一种本身含有那些对这些规则要求起决定性作用的原因的原则中寻找这些行为规则的一般化。单纯的规范目录只能根据特定的已知特征的标准情景规定适当的行为方式，而包含一般的基本原则的规范秩序则也可以解决相似以及全新的情景问题。

因此，对具有道德认同的人，我们不仅可以期待他在特定条件下准确采取特定行为，而且可以期待他除此之外也会接受一定的"道德反思指导方针[1]"并在回答有关哪些具体行为规则可以被纳入其个人规范目录的问题上接受规范的导引。因此，道德认同总的来说不仅拓展了受规范调节的个人的行为范围，而且提高了以规范为导向的行为的前后一致性。如果他们所遵循的规范在规范秩序中有机地联系在一起，则规范间的逻辑关系也具有了引导行为的功能。因此，只有那些具有道德认同的人的行为才会在思想上同"更高层次"上的规范与原则相联系的意义上受到"道德论证"和"道德论据"的影响。

但是，如同在探讨规范的影响范围时一样，这里对道德认同的探讨较少涉及伦理性、规范性的解释，也较少涉及有关有行为倾向之效用最大化者多大程度上符合道德和伦理的理想世界的问题——对该问题的回答至多不过是受欢迎的副产品。然而，在此框架内，社会秩序的经济学理论也遭遇一些在伦理方面同样意义重大的问题却并非偶然，因为人类道德的认同也涉及社会规范存在的一个重要而真实的前提，对一种单纯解释性和经验性视角的社会秩序经济学理论也意义重大。

B. 道德认同和全球性社会秩序

有行为倾向之效用最大化者在人格完整性和接受普遍主义规范的约束之外是否还具备"道德认同"，这个问题的解释性和经验性的意义类似于在讨论规范的影响范围时的考虑。在此前提

---

〔1〕 见克里姆特1985年论著第257页。

下，问题在于有行为倾向之效用最大化只有在自己是合作性企业的成员时才会有足够的理由培养自己的品格完整性并确定接受某些规范的约束。因而，担心这种规范的影响范围基本上也只涉及相关企业成员有一定的道理。然而，如此一来将难以看出如何通过合作性企业中的生成规范的情景使全球性社会秩序的"道德需求"也能得到满足。

作为合作性企业成员的有行为倾向之效用最大化者接受其制约的规范的内容也是另外一个同样令人担心的问题。因为即便这些规范有着无限影响范围并因而对企业外的所有规范兴趣者有利，也还不能认为这些规范能够保护对企业外规范兴趣者具有重要意义并且其保护乃社会秩序规范的核心的所有个人或集体产品，解释全球性社会秩序的另一障碍可能是有行为倾向之效用最大化者的美德的内容——尽管美德的影响范围不受影响——局限在各自合作性企业的内在需求和难题内，并将所有超出企业界限、涉及作为整体的社会群体的问题排除在外。从此角度出发，社会秩序的经济学理论的"根本问题"可以重新加以补充：从个体追逐效用的立场出发，将拥有无限影响范围和内容不受局限的规范变为个人规范是否符合理性？将保护符合一个社会群体成员的共同利益的产品的规范变成个人规范具有理性吗？

对此问题先持怀疑态度似乎也没有不妥。因为作为企业成员的有行为倾向之效用最大化者所受约束的规范内容只取决于与他相关的规范制定者的利益和意愿，也即能够让他进入企业或将他拒之门外的企业家的利益和意愿。对作为企业成员的有行为倾向之效用最大化者起约束作用的企业伦理规范的内容，取决于企业家们的利益状况。为了判断效用最大化者的个人规范是否能保护其他对全球性社会秩序存在至关重要的个人及集体产品，必须探讨保证这些产品的规范生效是否可能符合企业家们的利益。

然而，如果从企业家的角度看待此问题，作为自利的行为者会有理由让从"全社会角度"看内容上不受限制的规范生效，这似乎不太令人信服。如前所述，尽管不言而喻的是有些规范内容不仅对合作性企业内而且对合作性企业外的社会关系都有意义，比如禁止杀戮、伤害、撒谎或偷窃。在这些情景下，企业家从自我利益的立场出发肯定会确定——在规范无限影响范围的前提下——对外来者直接产生益处而不是针对其企业特定的"秩序问题"的规范内容。

同样不容怀疑的是，也有一些规范只对企业具有重要意义，其内容也有明确的特殊性，因为它们以保护企业特定的产品为内容，比如因生产某一产品或提供某一服务而产生的义务。不容怀疑的还有，有些规范只保护非企业特定的产品并对社会群体所有成员的利益非常重要，比如以提供该群体集体产品的义务为内容的规范，如保护环境、纳税、参加选举、服兵役、见义勇为和参与政治。

以保护非企业特定产品为内容的规范从社会秩序的理论角度出发当然非常重要，因为这些规范涉及社会群体所有成员的利益。如果想解释全球化社会秩序如何生效的问题，首先必须解释这些规范如何生效的问题。而恰恰是这些规范并不能让人一目了然地弄清楚作为规范制定者的企业家为何要把它们融入企业伦理中来。解决企业内在的问题和任务并不依赖于企业成员对这些规范的服从：不参加选举或逃避兵役的人仍可能是个可信赖的会计或勤奋的员工。尽管原则上企业家也完全会成为一个对包含非企业特定内容的规范感兴趣的人。只要这些规范有利于符合社会群体共同利益的集体产品的提供和保护，作为群体成员的他就会对这些产品得以被提供和被保护感兴趣。此外，许多这样的集体产品同样属企业的有利外部条件，缺乏这些条件，企业家的成功会全部或部分受到损害：洁净的环境、巩固的国防、自由的法治国家或充足的税收，这一切对许多合作性企业来说都是不可或缺的生存前提。

然而，当一个社会在提供集体产品中出现个人贡献特征不明显及相互依赖问题时——这正好是在社会秩序经济学理论中使我们感兴趣的问题，单个企业家通常没有将相应的规范纳入其企业伦理之中的动因。提供这样的产品——包括实现对其企业有利的外部框架条件——几乎与其企业中成员的个人努力和贡献态度无关，也不会明显受此影响。即便是在新经济学世界中，我们也不能假设将企业资源听从调遣用以生产集体产品从单个企业家的角度出发符合理性——这也适用于他面对企业内伙伴和员工所倡导的规范的内容。即便企业家并不会因自己企业伦理的内容被限定而获得特殊的益处，他似乎也没有理由在其内容仅限于企业的需要和利益也即局限于企业特定产品的企业伦理之外要求其伙伴和员工服从更多的规范。

从解释性和经验论的角度看，恰恰在这一点上道德认同的"伦理现象"成了关注焦点，因为只有当企业伦理仅仅包含由具体和特定的行为规则组成的规范目录时，将企业伦理规范的内容局限在企业特定产品上才几乎是不可避免的。在这种条件下实在无法看出为何企业家要将保护非企业特定产品的规范纳入该目录。他更关心的必定是，将源自企业目标和组织结构的企业员工的义务和任务尽可能详尽而广泛地确定。在这样一个目录中，一方面一定会出现对企业外的社会生活无关轻重的规范，另一方面却会缺少许多对企业外社会生活即便不是决定性但也是重要的规范。

要想取得另外的结果，除非要求规范对象不仅仅接受这样一组由各个别行为规范组成的目录符合企业家的自身利益。在此情景下也必须改变视角以正确理解企业家的选择情景。只要仅仅提出以企业家的利益立场出发哪些产品应受到企业伦理的规范保护的问题，人们便很难找到理由说明企业家为何要将规范内容扩展至保护企业相关产品之外的领域。只有当人们提出要求其伙伴和员工具备道德认同是否可能符合企业家的自身利益这一问题时，人们才可能发现使另一种选择成为可能的角度。如同在区别无限影响范围与有限影响范围的规范一样，此处的关键是将相关的选择特征进行归纳，使这些特征在自利的规范制定者看来意义重大，并使得选择的可能性以另外一种形式向其展示。如同实质规范概念一样，道德认同概念也具备这一功能：姑且不论企业伦理的规范保护哪些产品，对作为规范制定者的企业家而言，其伙伴和员工是否具备道德认同是一种重要的替代选择。

下面将探讨两个问题：第一，从理性角度出发，企业家是否应当要求企业成员具备道德认同，也即不仅仅是按受单纯的规范目录的约束？第二，此举对企业伦理的规范内容会产生什么后果？对这两个问题的回答将影响下面这个问题，即在企业伦理的规范同全球性社会秩序的规范之间产生的内容上的差距究竟有多大。

C. 以企业家的视角看道德认同

第一个问题较易回答。每一企业家必定有根本的兴趣看到，其伙伴和员工不仅以由具体对应企业特定需求的各单一规范组成的规范目录为导向，而且以在这种具体的行为准则之外由包含了普遍和抽象原则的规范秩序为导向。在此，涉及诸如联谊的非特定的企业活动还是生产某一专业性极强的产品的工商企业原则上并不重要。因为作为规则制定者的企业家从利益立场出发面临同样问题，这些问题使得单纯的规范目录单从伦理规范的角度看即显得不那么吸引人：

首先，他知道其伙伴和员工的接受能力和辨别能力可能有限。据此原因，他就不能用一个由企业特定的规则和规定组成的目录对他们提出过分要求。如果他局限于一个这样的目录，他就必须预计到有些与企业目标相关的情景可能没有受到规范的制约。

第二，他必须意识到，作为规范制定者的他本人不可能预见到所有相关的、从企业利益角度出发需要规范化的经验情景。企业内部的规定并不能覆盖所有不确定性。因此，单纯的规范目录在特定的情景中可能会引发相反的或无意义的准则，或者导致缺少相应的准则并在新的困难和要求出现时出现漏洞。

第三，他必须考虑到，几乎在每一合作性企业中都会出现令人为难的情景，而企业成员在追求企业目标时根据具体情景权衡并作即时选择而非"死板"地套用既定规范或规则更符合企业的利益。在这种情景中，对选择和行为进行"官僚化"的规范不仅难以操作，而且也不受欢迎[1]。

尽管企业家不愿也不必完全放弃以具体行为指令形式明确规定了由企业特定义务和任务的规范所组成的目录，他看重的是在某些企业经营领域中其成员行为的确定性和可预见性在尽可能高的程度上得到保障。从其利益角度出发，在没有也不可能有行为规则的情景中，企业成员不任意进行选择而是即便在此情景中也存在着"规范性取向"，对企业家也同样重要。因此，作为规范制定者的企业家也有充分理由用普遍而抽象的原则对规范目录进行补充，这些原则可以包括那些目录的具体行为准则不能包括也不应包括的情况和情景。

因而，不言而喻的是，企业家对其伙伴和员工的意愿不仅局限在看到他们接受由那些单一规定组成的目录的约束，除此之外，他想必也有兴趣看到他们以一个广泛的规范秩序为取向。对企业家来说，与这样一些人发生关系想必也很重要：对于他们的行为，那些"规范性论据"和从规范性原则推导出的结论是有作用力的，他们不会因在一个特定情形下没有规定具体行为规则就

[1] 参见本书第395页及以下。

"退回"到一种个人利益取向。作为规范制定者的企业家，不仅完全有理由要求其伙伴和员工具有品格完整性，而且还要具有道德认同。

但即使是具有道德认同的人士所遵循的秩序规范，其内容也可能大相径庭。在此方面，合作性企业成员表现出的内容上的局限性也非常明显，从为全球性社会秩序作出贡献的角度出发，这种局限性会使个体的道德认同的价值缩水。从企业家利益的立场出发，哪些基本原则可作为企业伦理的规范秩序加以考虑呢？

D. 人际相互尊重原则和社会公平原则

为了回答这个问题，有必要再回顾一下人际规范和公平规范的区别。企业伦理规范内容上可能有的限制可能主要建立在下述事实的基础上，即社会规范的两大基本范畴之一根本不起作用。

"人际规范"指的是那些同人与人之间直接联系有关的规范，遵循这些规范对具体的受益者也即特定的个体直接产生益处：人际规范保障个体产品，体现的是对他人个体利益的"尊重"和"尊敬"。相反，"公平规范"指的是，遵循这些规范对由个体组成的集体整体不可分割地产生益处：公平规范负责提供公共产品和保障群体利益。这些规范要求规范对象为完成公共任务做出"公平的"贡献。这两类规范对全球性社会秩序都不可或缺。鉴于集体产品问题，贯彻公平规范在此更为困难。这两类规范对企业家利益的重要性何在？

说到人际规范，在企业里——姑且不论集体行为的组织的所有其他方面——存在着参与者之间的个人关系。在这种关系中，他们彼此直接相互受益或相互加害，即他们的个人产品在此关系中受企业其他成员行为方式的影响。在其企业内保护个人产品从两个角度出发符合企业家利益：一方面，由于企业家自身的个人产品也可能受到牵连，另一方面，作为组织的企业要想有效运

行，只能靠其成员尊重彼此间的独立于企业的个人利益以及不相
互杀戮，相互伤害，相互欺骗或相互偷窃。

公平规范方面不言而喻的是，合作性企业成功取决于作为集
体行为参与者的成员成为"公平的"伙伴，他们为完成共同任务
做出适当的贡献。合作性企业的目的是对由个体组成的群体的合
作进行组织，以期通过此方式达到一定目标。只有当个体履行义
务，"合理"承担部分负担并发挥自己的能动性，该计划才能成
功。要求为实现集体目标做出"公平的"贡献，要求以适当方式
参与完成其任务和义务，要求不在能动性方面退缩，这些都是公
平规范的内容。

因此，在企业伦理的规范中及作为企业成员的有行为倾向之
效用最大化者接受约束的规范中，既有人际规范也有公平规范，
即对全球性社会秩序也很关键的两大类规范都存在。同时，公平
规范在企业伦理的规范中扮演一种不可或缺的角色，这一事实也
说明了合作性企业作为规范生成情形的特殊地位。因为并不是在
所有规范生成的情形中，公平规范都起重要作用。在两人之间定
期的交换贸易中，同人际规范相比，公平规范基本没有意义。相
反，合作性企业天生就是"生成公平规范的"情形，因为该企业
的目的就是将个体力量积攒起来进行集体行动。为实现共同目的
作出贡献本身就是公平的准则。

然而，作为企业伦理的组成部分，人际规范和公平规范的内
容能超出企业的界限吗？恰恰是作为整体的社会的集体产品不可
能与作为特定合作性企业的集体产品相等同。但我们已经确认，
企业家不只满足于单纯的规范目录，他必定有兴趣看到，在他企
业中适用的人际规范和公平规范成为规范秩序的组成部分，这秩
序可使对企业成员的行为方式的规范性调节从标准情形扩展至类
似的及全新的情景。为此目的，他不仅会将内容特定而具体的人
际规范和公平规范纳入其企业伦理，而且会将这些规范一般化为

特定的基本原则。

　　企业家在选择人际规范和公平规范一般化的过程中应该注意，一方面尽可能进一步拓展规范性调节，使得一种规范秩序的基本原则也无涵盖的情形不能出现或成为例外情形。另一方面，他必须前后一致地拓展规范性调节，与其规范利益保持一致。这意味着他必须做到在应用规范性基本原则中，只能选择在相关方面具备相同特征的情形。要实现这两个目标，他应将规范秩序中影响具体行为准则的动因纳入规范秩序中的一般化的基本原则中。因此，关键问题是找到普遍影响人际规范和公平规范行为准则的动因。在此基础上，可以勾画出一些基本原则，那些虽未被特定的人际规范和公平规范涵盖、但在有关方面却具有相同特征的情形也能够被涵盖。

　　在人际规范情况下，"可一般化的"原则指的是，行为者对他人个人产品的顾忌和尊重的程度，等同于他希望他人对自己的个人产品的顾忌和尊重。该原则恰恰是在下述情况下要求规范对象尊重他人的个人产品，即当这种尊重作为他人尊重自己的相应产品的回报对他来说划算时，也即为了使他人服从规范付出自己也服从规范的代价原则上符合规范对象的利益时。我将该原则称为人际相互尊重原则，即在此意义上：该原则要求"尊重"他人的个人产品，如同期待他人也表示这种尊重一样[1]。

　　将人际规范一般化为人际相互尊重的基本原则使被规范化的行为领域以前后一致的方式得到拓展，因为在使用该原则中，有关方面相同的情形将受到同样对待。这也使被规范化的行为领域的拓展达到最大化，因为所有有关方面相同的情形将受到同样的对待。关联伙伴不只是以单一的、局限在特定的个人产品的具体人际规范为指针，而且遵循一般化了的人际相互尊重原则——即

————————

〔1〕　参见本书第147页及以下。

如果他们原则上尊重他的个人利益，这对每一个规范兴趣者有益，而且使人也增加安全感。他将优先选择这样做，如果他处在能够做到这一点的地位，他将会倾向于将此作为他人与自己合作关系的条件，即其伙伴承担遵循人际相互尊重基本原则的义务，而不只是拘泥于遵循一个漫无头绪的由各种单一人际规范组成的规范集。

作为对企业中合作不可或缺的、内容上具体化的公平规范的基础，"可一般化的"原则指的是，行为者个人应通过做出适当贡献参与提供集体产品，而且恰恰是当为此集体产品所做的这一贡献的成本超过其直接或间接从该产品获取的收益[1]——即当自己所展示公平带来的牺牲大于他从他人所展示公平所预期的好处。这些社会公平的普遍原则原则上要求规范对象"公平地"参与共同目标和利益的实现，参与共同任务和义务的实现。

将公平规范一般化为社会公平的基本原则也使得对被规范化行为领域以前后一致方式达致最大拓展成为可能，因为所有在有关方面相同的情形将受到同等的对待。对作为集体行为参与者的每个行为者而言，其伙伴不只以单一的、细化到特定集体产品的公平规范为导向，而是还遵循一般化的公平原则，在这种情况下符合其利益。同个人产品相比，人们在面对集体产品时更不可能始终事先就准确获知哪些产品对集体行为至关重要，为确保这些产品的提供，个体必须确切地做出哪些贡献。因而，如同对待人际规范一样，每一个规范兴趣者在面对公平规范时都会倾向于其伙伴不只是以规范目录，而且也以普遍的、非特定的公平准则为

---

〔1〕 该条件不可同下述情况混淆，即从贡献本身中得到的个人收益可能超过个人做出贡献产生的成本。在这种情况下，将不会存在个人贡献特征不明显或者相互依赖问题，为了确保集体产品所需的公平规范原本即属多余。参见第 181 页及以下。

导向，这有利于确保他们原则上参与提供对群体重要的所有的集体产品。

在此必须提请注意，不论是人际规范或是公平规范，从规范兴趣者的角度出发，对规范对象要求的出发点始终是其希望自己的利益尽可能广泛地受到尊重和重视。从该视角出发，制定以保护特定的个人产品为内容的规范只是实现该普遍利益的辅助手段。相反，如果规范对象自己在具体的行为准则之外也接受相互保护双方利益的普遍原则，规范制定者的利益就可以得到最佳的保障。

据此，企业家如果对其伙伴和员工的道德认同有兴趣并要求他们接受规范秩序的约束，他就会选择人际相互尊重原则及社会公平的原则作为该规范秩序的基本原则。作为具体特定的人际规范和公平规范的一般化，这些原则能够将对标准情形下行为的规范性调节以前后一致的方式拓展至在相关方面拥有相同特征的情形。这种拓展方式确保相似的情形不被遗漏，因为人际尊重和社会公平的原则本身已包含了一般形式的有关特征。

在涉及企业伦理规范具有一种无限影响范围的情形时，这种无限影响范围禁止人际相互尊重和社会公平原则只应用在特定规范受益群体。联系到这一点，将这些原则纳入企业伦理将导致这些规范在内容上看也具有无限影响范围。这些原则不仅保障对特定企业重要的个人和集体产品，也保障了对全球性社会秩序的存在至关重要的个人和集体产品。一个以社会公平基本原则为导向的人，会"公平地"承担提供和保护集体产品的份额，只要该产品符合其利益。同样，一个接受了人际相互尊重基本原则的人会尊重所有与行为有关的人的产品和利益，不论他们是否同为一个合作性企业的成员还是"偶然"成为匿名社会关系的关联伙伴。

八 作为"道德人士"的有行为倾向的效用最大化者

在一般化了的尊重原则及公平原则的影响下，只在企业内起作用的规范与对广大社会群体重要的规范之间内容上的差异得到了弥合。之所以得到弥合，并非因为作为规范制定者的企业家有直接的利益要求其伙伴和员工实践保护非企业特定产品的规范。之所以可以弥合也受"看不见的手"的引领，导致对社会全体成员有益的结果。以自己利益尽可能无限和广泛地受到保护为目标的企业家的行为方式和行为倾向将要求其企业成员也能自动地保护他人的利益。

如果作为合作性企业成员的有行为倾向之效用最大化者有充分的理由接受人际相互尊重原则和社会公平原则的约束，则扩展了的社会秩序的经济学理论的"基本问题"不论从哪一方面——即所有事后出现的渐次补充——也都终于可以找到答案：从个体追求效用的角度出发，社会规范可对个人生效的确可能符合理性——即便这些规范有着无限影响范围和无限的内容。在此条件下，那些其生效符合社会群体成员共同利益的规范可能成为个人规范秩序的组成部分，因为这些规范源自作为该规范秩序基本规范的尊重及公平原则。

有行为倾向之效用最大化者从特定合作企业成员发展成为"社会之人"的最后一个障碍因此得以消除。只要企业外部和企业内部的相应条件具备，他将成为一个具备人格完整性和道德认同的人士，在行为中接受那些兼顾所有规范兴趣者利益的规范的约束——但不是因为其"自私"的品格发生了神秘的变异，而是因为相应的行为倾向和"性格"特征得到极大奖赏，以致从理性追求效用最大化角度看它们也是值得形成的。对"品格发展"起关键作用的只能是实实在在的企业家的利益，即其企业成员在行为中真实地接受人际尊重和社会公平原则的约束对他们有益。

兼顾规范兴趣者的视角，得到此结论并不会令人惊奇，这一点与从自利之规范对象的视角看待问题有所不同：因为他人对行为者的人格完整性、道德认同和道德立场的兴趣，与认为这种需要源自自利的行为者本人的看法相比，直觉上就不会让人觉得那么不可信。在经济学世界里，永远只能是他人的愿望和利益才能促使行为者采取"道德举止"。

面对这些由有行为倾向之效用最大化者最后演变成的人士，我们可以毫无保留地说，他们是真正意义上的美德的代表者：他们始终遵循社会规范，行为方式并不以担心受到惩罚或希望得到奖赏为动机。他们完美，在行为中兼顾所有相关人的利益，积极参与社会共同体的事务。他们对他人的需求和愿望表现出来的"公平"和"尊重"也不是因为要遵守小家子气的规则和规定。在这些人身上，"表象"和"实在"没有区别。他们也不会拥有双重道德标准，即在祭台上洗礼，但信徒离去后却开怀畅饮；他们拥有的是"真正的"道德举止，而不是被掩饰起来的结合情景之效用最大化行为。我们可以说，在此条件下，有行为倾向之效用最大化者演变成为一个道德人士。

如果该结论能够成立，那么经济学世界中的居民也可能是令人吃惊地接近传统道德理想的人。这既适用于这些理想的现实内容，也适用于经济学理论。尽管如此，经济学世界的居民在重要的一点上依然将偏离这些理想，即他们是理性的效用最大化者，他们所做的一切最终都是为了增加自己的个人效用。尽管他们不再像结合情形的效用最大化者那样试图通过利用每一个机会"永无休止地"追逐其个人的好处达到这一点，他们赋予自己从长远看对其有利的"性格"。然而，他们的美德与道德依然深深植根于其个人的利益之中——这也决定了他们当中鲜有人能够成为圣者和英雄。但这也是同经验现实极为吻合的一个结论。

第十章

道德市场和法治国家

一 合作性企业以外的规范生效

如果前面章节中形成的论点成立的话，那么一定条件下在新经济学世界里可以找到"道德人士"的踪迹：即便——例如在匿名关系中——他们偏离规范不会受到负面制裁，保持规范一致也不希冀得到即期的奖励，他们仍会采取与社会规范相一致的行为。他们不只是伪装美德，会保持道德立场，只要他们所遵循的规范具有无限有效性并且源自一般化了的尊重原则和公平原则。之所以存在这些人士，一方面是因为在一定条件下展示自己采取受规范约束行为的能力符合有行为倾向之效用最大化者的利益；另一方面，他所遵循的规范具有无限有效性并可以一般化成为一般性的尊重原则和公平原则，也符合相关的规范制定者的利益。

关键的问题是，是否在这些结果的基础上可以解释全球性社会秩序特别是法治国家制度的存在？有行为倾向之效用最大化者的"社会质量"是否强大到人们可以期待他们通过自愿遵循规范和贯彻规范满足法治国家产生的"道德需求"？或者在新经济学世界中诞生符合普通公民利益的全球性社会秩序的前提仍过于严厉？

为了回答此问题，必须再次将自己置于单个规范兴趣者的地位。他的前景、他的需要、他的愿望以及他的行为可能性仍旧是个人主义的社会秩序理论的既定出发点。他目前面临的处境如何？作为规范兴趣者，有行为倾向之效用最大化者与结合情形之效用最大化者的区别，主要不在于自己的基本需要和愿望，而更多地在于他如何面对规范对象实现自己的愿望和利益。在旧经济学世界中，规范兴趣者要实现看到他人遵循规范的愿望，必须求助于通过改变他人行为的外在因素使服从规范成为他们效用最大化的选择，而在新经济学世界中，规范兴趣者也可以指望改变规范对象的内在行为因子。我们已经看到，通过这种方式，规范兴趣者首先在企业里面对规范对象是如何贯彻自己利益的，又是如何创造新型的合作关系的？

因此，与结合情形之效用最大化者相比，有行为倾向之效用最大化者在贯彻自己希望的规范方面无疑是有更佳的可能性。但规范兴趣者的意愿不只是局限于其直接关联伙伴的规范一致性——即便这个圈子因其作为多个合作性企业的成员而拥有相当规模。在新经济学世界中，对作为一个大社会的成员的行为者而言，他的行为不只局限于关联群体、社会网络或合作性企业，而是也体现在此结构之外的匿名群体中的零星孤立的社会联系中，这才更具有典型意义。作为整体的社会不可能像合作性企业那样运作，企业家可以拒绝不合格的候选人成为成员。与那些或许未曾谋面或甚至不知道其存在的人仅仅发生短暂关系，他们的行为方式可能对自己的利益有着重要意义，这一点也适用于有行为倾向之效用最大化者。然而，在匿名关系中，有行为倾向之效用最大化者影响他人的可能性并不比经济人要好[1]。因此，有行为倾向之效用最大化者也同样面临紧迫的问题，即对自己无法影响其行为方式的本社会群体成员有何期待？新经济学世界中的规范兴趣者通过自己行为直接接触的个体的圈子其实并不见得比旧经

---

〔1〕 参见本书第386页及以下。

济学世界中的规范兴趣者发挥作用的圈子大多少——至少在把这个圈子与一个大社会的成员总数进行对比时是这样。因此，新经济学世界中的规范兴趣者也同样面临尖锐的"社会秩序的问题"，即他面对处于自己参与其中的社会共同体和合作关系之外的人群时如何实现自己的规范利益。对行为者现今或潜在利益重要的群体同行为者同其发生合作性关系的群体之间的差异在新经济学世界里也相当之大。作为规范兴趣者，他将（能够）如何应对这个难题呢？

原则上，存在着三种已知的可能性。他可以在个体行为中投入个人资源，他可以在集体行为中将自己的资源与其他行为者的资源进行联合，或听任"看不见的手"支配自己的利益，这只手无须行为者的主观努力自行实现其利益。在旧经济学世界中，规范兴趣者不得不承认，在有关其关联群体之外的同类的规范一致性方面，他既不能指望"看不见的手"，也不能靠个人战略独自实现目标。为了保护自己的利益，他被迫采取集体行为的方式：众所周知，成功没有把握。

关于关联群体及合作企业中直接关联伙伴的问题，新经济学世界中的规范兴趣者与旧经济学世界中的规范兴趣者所处的地位没有任何不同。为了看到自己的关联伙伴采取符合规范的行为，规范兴趣者必须个别地、战略地使用个人手段。如果涉及的是面对伪装者和搭便车者的威胁确保伙伴和员工的品德，在合作性企业中尤其需要高明和周全的行为方式。但是，即便在新经济学世界中，个体战略也可能无法遍及所有其行为方式对行为者利益非常重要的人群。因此有必要提出的问题是，新经济学世界中的居民是否如旧经济学世界中的规范兴趣者一样面对同样的处境：他是否不得不转而采取集体行为的战略并寻求保障共同体及保障组织的庇护使自己免受攻击？整个历史是否在一个有所不同的迹象下重新开始？

二 道德的市场

　　未必一定出现历史的重复。在一重要方面，新经济学世界中的规范兴趣者面临的情形不同于旧经济学世界中的规范兴趣者面临的情形。只要旧经济学世界中不存在集体制裁力量而只有非正式的贯彻规范的机制，规范兴趣者如果期望他人对自己采取符合规范的行为，就必须作为个体能直接地或作为集体成员能间接地影响规范对象自身的行为。没有对他人善意行为的投资，就不可能期待出现善意的行为。

　　这一点在新经济学世界中完全不同。根本区别在于，规范兴趣者对其直接关联伙伴的行为产生了无意的附带后果并造成了"外溢效应"，而这在以结合情形之效用最大化者为主的旧经济学世界中根本不会存在：如果企业家要求其伙伴和员工接受普遍主义的人际尊重及社会平等原则的约束，则该美德也会直接惠及他人的利益。道德人士创造"道德丰收"，会自动使社会其他成员也受益。在行为中以普遍主义的人际尊重及社会公平原则为导向的人将尊重他人的个人产品，即便他们并非同一个合作性企业的成员；他也会为实现集体利益做出自己公平的贡献，即便所涉及的是匿名规模群体成员的利益。

　　作为"主动的"规范制定者的企业家并非自愿地也促进其他规范兴趣者的利益，这一事实并不能给他自身带来直接的益处。尊重他的个人产品并对他采取公平态度的人群并不会因此扩大。但作为"被动的"规范兴趣者的他却从其他主动的规范制定者身上获益，因为他们作为企业家也要求其伙伴和员工同样接受具有无限影响范围的规范和原则的约束。面对这些人，他承担的是"接受馈赠的"规范受益者的角色，犹如其他规范兴趣者也同样从他作为规范制定者的努力中无偿受益一样。

被"证明"是合作性企业成员的这些人在此条件下即便是处在单一、孤立的联系中也是"炙手可热"的关联伙伴。人们知道,作为合作性企业的成员,有行为倾向之效用最大化者有理由真正地接受普遍主义的人际尊重和社会公平原则的约束,这是一种行为倾向,也会"影响"其在其他社会领域的行为。因而,期待自己的利益即便在匿名的关系情况下也会受到这样一位人士的尊重,也不再是彻头彻尾的不理性了。在这种情形中,有关信息不够似乎也不再是不可逾越的障碍,因为获得关于某人是否为一个拥有"良好声誉"的合作性企业的成员的信息,比起调查某个个体是否拥有良好声誉及他过去在不同场合中如何举止要容易。

因此,在新经济学世界中,规范兴趣者似乎确有机会通过"看不见的手"也无需主观努力地实现让全球性社会秩序稳定生效的利益,即该状态并非他本人或其他参与者行为的目的。尽管作为规范制定者每个人都只关注自身利益,但他会促进处于自己本来意图之外的某种目的,因为从自身利益出发,他会要求其关联伙伴采取有助于促进作为整体的社会秩序的存在的美德行为。规范制定者在新经济学世界中也只能直接影响一小部分人群这一事实,并不会必然导致他恐惧他人行为或不得不采取措施保护自己。作为对策,似乎只有一种可能,即无为。因为自己的利益由一只"看不见的手"无偿地支配,新经济学世界中的人们真的就生活在最好的世道上了么?经济学理论的代言人真的可以为秩序的骤然出现而庆祝"古典"经济学理论的复兴吗?

然而,在这种情形下,"看不见的手"的有效性也取决于一种制度的存在,即一种专门的市场制度的存在,以便让这只手施展其充满福祉的效力。如果规范兴趣者生活其中的社会里只有几个这样的企业存在——它们追寻合作性企业战略并且只在需要时同拥有美德的成员"偶遇",这不能让兴趣者满意。他所希望的社会规范秩序的稳定生效更多取决于社会中存在着足够的道德人士。只有当合作性企业在社会中形成足够大的道德市场，在该市场中存在着对适合成为合作性企业的伙伴和员工的美德之人的有效需求时，才会出现这种情况。只有这一道德市场稳定存在，由道德完整人士组成的供方才将不仅能使合作性企业保持运转，而且能向作为整体的社会"输送"这种产品。只有到这时候，规范兴趣者才可以有理由期望，为数众多的自己的同类会有根据其行为倾向接受社会规范的约束，他自己才可以期望个人和集体产品受到一定程度的保障，而作为个体的他不必直接和明确对该状态做出贡献，也不必将个人资源带进保障共同体中。

道德市场有效运行的必要前提是，社会中的绝大多数企业家追求合作性战略，从而产生对道德人士的强大需求。为此需要满足三大条件[1]：第一，必须有一个拥有结盟和结社自由的开放社会的存在，给合作性企业战略带来良好的赢利前景；第二，必须存在中立化的权力关系，使强势群体和企业不能压迫弱势成员；第三，需要一个有效的正式或非正式的社会控制机制的存在，大大提高采取隐蔽违背规范行为的风险水平。只有当社会框架条件保障自主合作的空间并保护人们免受肆意行使权力及匿名背离规范的危害，社会奉行公开或隐蔽的非合作性战略的企业所受的诱因才会减少，企业家也才会有理由偏爱那些真实接受普遍主义的人际尊重和社会公平原则约束的伙伴和员工。

在此背景下，规范兴趣者面临两大问题：一方面，对道德市场来说，如此良好框架条件取决于哪些因素？在此条件下生活，他的前景如何？这是一个有关道德市场形成和存在的问题。另一方面，规范兴趣者对有效运转的道德市场的效率作何期望，道德市场具有哪些"道德生产力"？我们不妨先从第二个问题入手。

---

〔1〕 参见本书第526页及以下。

三 新经济学世界中的社会秩序

A. 社会无序的问题

社会中如果存在着道德市场，则该社会也存在着采取合作性企业战略的企业，这些企业有着对道德人士的需求。如果我们现在不从经济学资源最佳配置的角度看待该市场的有效性和效率，而是从"整体社会"的角度来考察该市场是否制造了足以维持社会秩序存在的这种特殊产品，则影响潜在提供者将资源投资在生产这种所需的产品的吸引力越大——即对社会成员而言，投资于道德培养而不是将资源改作它用更加值得——道德市场的运转就更加有效。从"道德生产力"的角度看，如果对道德人士的有效需求能遍及社会所有成员，即每个潜在的道德供给者都有理由也确实供给这种产品[1]，则道德市场的佳境将随之而来。

有关道德市场从"社会整体"意义上达到何等效益的问题，对规范兴趣者也非常重要，因为他面临着如何在自己的手段无法影响其行为的人群面前维护自己利益的难题。如果他能假定道德市场达到了有效性的最佳境界，以致社会的所有成员同等受益于合作性企业的益处并被作为成员融入该企业，则他可以期待，所有社会成员也都是道德人士，从有行为倾向之效用最大化角度出发，接受普遍主义的人际尊重和社会公平原则的约束，对他们有利。如此，他的确可以完全相信道德市场中"看不见的手"，因为这些与他只是处在匿名关系之中的个体也会尊重他的个人利益并促进共同利益。

---

〔1〕 即便道德市场按经济学含义属完全的市场，但也不能保证有符合社会学标准的足够的美德"产生"：即便只是对少数供应者有投资美德的价值，仍有可能在道德市场上出现帕累托最优的结果。

在此条件下，不仅社会秩序的理论家而且作为"实践家"的规范兴趣者似乎都可以松一口气。如果社会全体成员都是此意义上的道德人士的话，"社会秩序的问题"将不言而喻地得到解决，任何人都不必再担心社会规范会受到践踏使自己受害，任何人也都没有必要为公共产品的提供瞎操心。只要所涉及之事适合全体利益，一切都会水到渠成。在此情形下，旧经济学世界中在理想条件下理论上可行的适用于关联群体内部的关系似乎也可以套用在匿名群体中，即任意大小的社会中。

虽然这一结论从规范兴趣者实用角度出发可能令人欣慰，但事实上从理论家的角度还远远不能令人满意。如果社会秩序的经济学理论得出的是这样的结论，则它又经历一次失败。这一次并非该理论提供的解释"太少"，即无力解释社会秩序的出现和存在，而是由于它解释得"太多"。该理论会为社会秩序的存在提供"强大"依据，以至于没有给社会无序留下空间：即没有给个体的和集体的背离规范的行为，特别是没有给以特定方式关注社会无序的社会机构和法治国家机构留下空间。对集体制裁力量和拥有强制机器的制裁团队的需求也将不存在。

尽管社会秩序经济学理论的最早版本因未能对称地解释非正式存在的规范生效和自愿服从规范的现象而告失败，但在对该理论的扩展中，规范约束和道德的原因也不至于强大到不给正式的制裁和"公共强制力量"留下任何空间的地步。正确的社会秩序的理论必须能解释这两种现象：即不仅解释一定程度存在的自愿服从规范和"道德"的现象，也必须解释并非只是偶尔出现的背离规范和不道德的现象。该理论必须——按 H.L.A. 哈特的说法——能够解释为何存在着在强制体制中自愿合作的可能性和必要性。

现实世界中充斥着独裁、寡头、民主、法治国家，也随处可见道德的、遵守法律的人士、罪犯、搭便车者，也不乏慈善团体、犯罪团伙和黑社会，但却不存在仅仅以人类美德为支柱的和平的无政府状况。在集体层面上无法解释和平、公正的社会秩序的存在，在个体层面上无法解释道德完整性人士的存在，这样的理论显然有缺陷。事实上，在集体层面无法解释压迫和剥削制度的存在、在个体层面上无法解释背离规范行为存在的理论同样也不可能正确[1]。

但社会秩序的经济学理论的发展不可能导出"无序的问题"。该理论不会得出在"宏观层面"上总是存在道德市场运行的框架条件的结论，也不会得出在"微观层面"上个体和集体实践完全规范一致性的结论。并非作为有行为倾向之效用最大化者的群体所有的成员都会成为道德人士，也不是所有企业都会采取合作性的战略——即便在社会中存在着良好运作的道德市场也不会如此。

B. 道德市场的局限

一般来说，道德市场在达到最佳"道德生产率"之前就早已"饱和"。因此，不论是规范兴趣者或是观望者都不能期望，成为接受普遍主义的人际尊重和社会公平原则约束的道德人士可能符合社会全体成员的利益。没有理由盲目相信道德市场中"看不见的手"的作用。整体社会意义上的"道德和美德的需求"作为需求因素在该市场不起作用，起作用的始终只是源出各单个企业家的需求，他们产生对美德的需求的同时并不兼顾社会普遍利益的基本需要。

道德市场局限性的原因有很多：

1. 社会的框架条件并不以同样的方式作用于所有成员。即便在开放社会中也并非所有成员都有兴趣利用或促进"全球性"合作机会。因而，我们不能期待，在拥有中性化权力关系的开放

---

[1] 参见鲍曼 1994 年论著 A 卷。

社会中，所有成员会成为一般化的、无限影响范围的规范秩序的捍卫者和代言人[1]。会有这样的人，他们即使为普遍规范的实现做出个人成就也不会从中受益，因而也没有理由实践这些规范或为确保这些规范而对之进行投资。

这些人中包括了那些仍旧生活在相当于封闭社会中的人士。对他们而言，其现今及潜在的合作伙伴的圈子从一开始就清楚地被勾勒出来。另外，要实现跨地域的合作利益还要考虑到语言、社会、文化及空间上的障碍，这对个体而言尽管难易不同，但都难以逾越，而且会使合作关系的扩大代价变高使人望而却步。因此，在开放社会中也将存在着这样的人士，他们的相关合作伙伴具有较易识别的共同特征，因而如果其社会环境内规范的影响范围受到相应的歧视性标准的限制的话，对其合作利益不会构成明显的风险。

另外，还必须考虑成本因素，如果他人合作利益得以实现的话，对某些人而言会产生成本。合作的扩大一般来说也是竞争的扩大，现在的能力和现有的手段都会贬值。劳动力市场是特别典型的例子：就业岗位竞争加剧会导致工资水平的降低。如果在货物和劳务市场上出现新的而且可能是更生猛的需求方的话——价值就会上扬，原先的需求方的购买力就会萎缩。市场"自由化"会产生牺牲者，因为在竞争中力不从心的人群的资源就会被剥夺。

另外，即便在开放社会中还可以找到这样的人，他们的合作利益并不处于或并不完全处于支配权力利益的地位。因而存在这样的人，他们不仅没有理由代表普遍性的规范并为其实现做出贡献，反而甚至有理由实现特殊的、其影响范围受限的规范秩序。这些人可能来自前面提及的圈子，他们在他人把握跨地区合作机

---

[1] 参见鲍曼 1996 年论著 B 卷。

会中几乎只是受害。对他们而言合作是一种祸害，制止合作对他们可能有益。为达到这一目的，人们可能对移民进行威胁和恐吓，迫使他们离开一个国家。人们可能通过强制和暴力的方式制止他人作为平等伙伴参与市场活动。人们可能拒绝向他们提供根本的平等合作机会，而单方面将合作和共处的条件强加给他人。隔离和歧视可能是有效的手段，用于干扰平等条件下的合作，结束不情愿的合作并将讨厌的竞争者驱逐出局。

但从这个群体中也会产生权力兴趣者，通过对规范的特殊化，他们不是或不主要是为了避免规范秩序普遍化的成本，而是期望通过对特定群体的隔离获得直接利润。这些权力兴趣者关心的不只是干扰合作而且还要建立支配地位。社会中这种权力兴趣者既有对内的也有对外的，对内指的是特定群体通过剥夺社会群体中其他成员根本权利和自由获得的好处，比如竞争力不佳的企业家可以从剥夺员工的结社权中获益，没有特长的工人可以通过对其他种族的系统压迫确保自己的特权；腐败的政客在专制体制中比在民主制度中获得更好收入；不称职的官僚在管制经济中比在市场经济管理中能获得更大的收益。

对外指的是社会特定群体和阶层通过压迫和剥削其他民族和国家可能获得的好处。合作性关系与由权力规定的关系之间的过渡在此是流畅的：既有强迫他人接受不平等的贸易关系，也有强迫他人支付或掠夺原材料，直至压迫和奴役其他民族。同时，对内的权力利益经常同对外的权力利益同时作用：那些在社会之外从受权力规定的关系中比从合作性关系中更能获益的群体，他们在对内关系中也经常受这种权力利益的规定。这种权力利益即便是在具有中性化权力关系的开放社会中，即对合作利益的信任占主导地位的社会，也不可能永远消亡。合作利益在集体中占据支配地位并不会导致合作利益在社会全体成员的每一个体身上都占支配地位，权力利益引而不发，但当出现经济和政治危机时又会东山再起。

2. 作为需求方的有赢利前景的合作性企业数量不足，因而无法让社会全体成员都感到投资美德有利可图。美德的价码不能随意降低。对每一潜在的供方都有一条底线，底线之外他能够将个人资源投入到具有更好赢利前景的其他产品中去——他将保持"机会主义"而不是保持美德。即便是假设一个运转良好的道德市场和开放社会的理想状态的存在，参与前景良好的合作性企业的可能性还是有限。此外，社会中合作性企业的赢利前景取决于历史和文化的背景、生产力水平、劳动分工的水平、现存的基础设施、地理及气候条件、相应的自然资源、综合经济形势以及即时的"景气"，也即"偶然因素"租或多或少不受人类影响和计划驱使的因素。因此，并非所有社会成员都有进入诱人的合作性企业的可能，并以同样方式得到从参与该企业获益的机会，因此，也不是对社会全体成员而言，个人美德和接受尊重与公平原则都是取得个人辉煌的关键。

3. 即便道德市场可以制造出最佳需求，以致使所有潜在的道德供给方认为成为合作性企业的成员有利可图，但是仍然有一些供给方认为虚假美德及采取伪装战略更有利可图。在第八章的分析中我们已解释了为何不可避免地存在着伪装者的藏身之地。由于企业内部监控监视系统的成本遵循边际效用递减的法则，企业家对该系统的投资只以考虑到漏网的伪装者预期造成的损害后仍有利可图为原则。该体制单就成本考虑，也只能在极少数情况下加大揭露所有潜在的伪装者的风险。因此，对某些人而言，采取伪装战略会给他们带来良机。作为"不折不扣的机会主义者"，甘冒采取这一战略带来的危险符合理性。但这些人不仅在企业界限内作为"骗子"和搭便车者行事，而且在企业外对其他社会成员也以同样方式行事。

4. 姑且不论道德市场的有效性和合作性企业的需求力，总是存在着这样的群体，他们由于背离规范丧失了其声誉和社会地位。因为即使对某些个体而言，冒风险采取伪装战略有利可图，但绝不意味着任何伪装者都不会被戳穿或其背离规范的行为不会受到制裁。但失去声誉和地位原则上意味着被接受成为合作性企业的伙伴和员工的机会的急剧减少——甚至可能被完全排除在道德市场之外。拥有"坏名声"的人会陷入自动实现预言的怪圈，因为被"打上"伪装者的印记便难以洗刷，降低美德和人格完整性的动机因而进一步降低。存在着消极地位进一步巩固的"背离常规的前途"的威胁[1]。这些"钉在十字架"上的人不仅在时机似乎有利时便会单独冒着极大的风险采取背离规范的行为，而且他们还会有动机彼此进行合作并建立以非合作为目的以及对外采取敌意态度的企业。

5. 由于成本原因形成的监督控制有限的问题——在企业中造成采取伪装战略和形成搭便车者有藏身之处的诱因——也出现在拥有类似后果的广泛社会控制的层面上，因为即便正式或非正式的社会控制体系存在，它也不会是完整的。在此情况下，人们也不会将监督控制措施扩大到以至无论是个体还是企业都不再适宜采取非合作性的企业战略的程度，而只是扩大到以边际成本开始大于边际收益为限。因此，即便在拥有有效社会控制体制的社会中，不论是对个人还是对集体都经常存在着这样一些领域，即原则上值得冒采取背离规范的行为和非合作性的企业战略的风险。另外，尽管总的来说，以合作为主导的企业成功的最大障碍来自封闭社会中的静止和停滞，但即便是在开放社会中总的说来较为有利的框架条件中，合作性企业战略的赢利预期也极不相同。这些预期取决于企业的地位、目标和手段、对特定物品和服务的需求、企业成员的素质和企业产品的质量、企业的组织和领

〔1〕 参见本书第430页及以下。

导以及企业家本人的运气或厄运。

C. 新经济学世界中的集体制裁力量

1. 人际规范及道德市场

如果某一规范兴趣者所属的社会群体中并非所有成员都接受人际尊重原则的约束，则他们也不会都自觉尊重兴趣者的个人产品并遵守相应的人际规范。如此会产生危害性后果，这特别是因为规范兴趣者不仅要担心个人会损害自己的利益，而且也担心有组织的集体同样会损害自己的利益，且后者的危害性从程度上看要大大超过孤立的个体。

如果规范兴趣者依靠自己的力量，他可能难以免受这些危险的威胁——拥有运转良好的道德市场的社会中的情况也是如此，即使这些危险只是源自极少数的个体和集体。为了保护自己的个人产品并使人际规范在新经济学世界中发挥尽可能大的作用，规范兴趣者希望采取一定的预防和措施，而不会相信其同类会自愿根据人际尊重原则行事。要获得这样的保护就必须让"次级的（sekondaer）"的规范生效，其内容是有效实施"初级的"人际规范。

这首先是制裁规范，该规范不将制裁背离规范的行为任由群体成员随心所欲，而是自己将其作为义务执行。通过实施制裁规范，对背离规范行为的制裁也不再由直接当事人自行决定。群体中越多的成员对背离规范的行为施以制裁，自然而然地"背离者"的风险也就越大，其放弃背离规范行为的机会就越大。即便并非所有规范对象都履行制裁义务，但制裁规范的目的仍能实现，这对规范兴趣者有利。即便是在社会规范并不被全体成员遵守的社会中，规范兴趣者仍可以期待，只要有足够多的群体服从社会规范和制裁规范，制裁规范便会足够有效。

但对制裁规范生效的愿望也几乎必定会产生让强制规范也生效的愿望，后者规定，必要时可以通过使用有形的暴力手段对反抗者实施作为强制行为的制裁。只有通过有效的强制规范，适用制裁规范产生的震慑效用方能令人信服。但从普通规范兴趣者的角度出发，强制规范不仅受欢迎，因为它使制裁的实施更有效更可信，而且他会希望普遍使用强制手段，如果其自身利益受到他人或集体使用强制和暴力的威胁。作为没有突出权力地位的普通公民，他希望使用强制从根本上避免他人对自己动用强力，因为他不能从社会中使用强制和暴力作为解决冲突的手段中获益。

因此，如果规范兴趣者产生让强制秩序——即一个独享规范性暴力垄断并禁止将使用暴力和强迫作为贯彻利益手段的秩序——生效的愿望，即便是在新经济学世界中也令人信服，除非在一定条件下该秩序的规范特别允许或规定可以使用强制或暴力[1]。如果该规范秩序以可列举的方式决定谁在何种条件下有权使用有形的暴力手段，在新世界中也符合普通公民的利益。只要道德市场不会造就"天堂"般的情景，使作为道德完整人士的全体社会成员自愿放弃为了实现自身利益而蔑视他人利益，规范兴趣者就必须考虑到个别或有组织的集体会为了实现目标而想对自己采取暴力手段。因而他会欢迎一种有效的强制秩序，一方面剥夺个体在自主决策中使用强制和暴力，另一方面又明确规定在特定条件下可动用强迫和暴力以贯彻社会规范。

如果有行为倾向之效用最大化者对强制秩序的生效原则上有着根本兴趣的话，则他本人也会出现"后续希望"：为了减少自己成为规定的强制行为的牺牲品的风险，他会重视将实行制裁行为的条件尽可能详细地列举并予以事先周知。强制秩序中的规范被准确地阐述并尽可能有清晰的、可辨识的"识别特征"，这符合效用最大化者的利益。另外，他会希望一个集体的选择程序，该程序能够有约束力地确立规范并以和平方式对有争议的规范进

---

[1] 参见本书第91页及以下。

行决断。在新经济学世界中强制秩序的画面最终变得完整，形成一个基本的法律秩序，一个拥有初级和次级规范的统一的规范体系，一个拥有宪法和规范对象可以从其应用中放心推导出现行规范的"基本规范"体系。

然而，我们迄今仍旧独自徘徊在规范兴趣者愿望的世界中。他们希望一个拥有这种特征的制裁及强制秩序——如同在旧经济学世界中一样——或许是可信的。但他们的愿望在现实中是否也可行？道德市场在其中又扮演何种角色？

2. 公平规范及道德市场

如果我们将理论讨论的关注点和规范兴趣者的关注点转移到公平规范的生效上来，即那些在社会中促进集体产品的提供和保护的规范上来，就会发现，规范兴趣者的确可以寄希望于道德市场的力量，因为具有上述特征的制裁及强制秩序对规范兴趣者而言属集体产品，它的提供取决于公平规范的有效性以及该规范的受益者"公平地"承担部分成本。他们不应当只是局限于通过一次性的宣誓行为"接受"和"承认"该秩序的宪法，而且还应当服从和贯彻在此宪法基础上确立的规范。他们首先应当通过自己以"实物付出"形式直接参与实施制裁和强制行为的方式，或是支持实施制裁和强制行为之人的方式，帮助制裁和强制规范生效。

据此，规范兴趣者是否可以预期他所希望的强制秩序生效，这个问题也等同于它是否可以预期公平规范在其社会群体内生效，这些规范普遍且专门为此确保公共产品的提供。然而，在规范兴趣者视角中无法保证人际规范充分有效的道德市场能否在保证公平规范方面有所作为？粗略看来似乎不能。如果并非社会的全体成员接受人际尊重和社会公平原则的约束，则他们中间的一些人不但会蔑视他人的个人产品，而且也不会自觉参与集体产品的提供，也不会自觉遵守公平规范。如果规范兴趣者不得不面对践踏人际规范，则他也不得不面对践踏公平规范。

但在有关规范对象只是零星接受规范约束对相关产品产生的负面影响方面，人际规范和公平规范之间可能产生巨大的区别。哪怕人际规范只是一次被违背，就不可避免地对规范兴趣者的个人产品造成本来应当通过适用相应规范加以制止的损害。但如果公平规范被违背，并不一定会对集体产品造成本来应当通过适用相应的公平规范予以制止的损害。与人际规范不同，公平规范的作用在于，即使只是一小部分规范对象遵照规范行事并且认为自己有义务为提供产品作出贡献，他们的产品也会得到足够的保障。在极端情况下，甚至只要有一个规范对象服从规范即足矣，比如他为公共产品提供一大笔款项。公平规范的这种"坚韧性"在于，公平规范要求单个规范对象为集体产品做出个人贡献的份额本身对产品的提供无足轻重。这些个人份额经常如此之小，以至即使多数人不提供也不会有碍大局[1]。另外，有些集体产品可以通过少数人的极大努力就能提供给群体的大多数人。

在旧经济学世界中，公平规范的这种特征特点不可能产生积极作用，因为它最多会产生不遵守该规范的诱因。在运转良好的道德市场条件下，情况则根本不同。在该前提下，公平规范的规范对象中也会有这样一些行为者，他们在行为中接受公平原则的约束，并且即便在自己贡献不明显或并不受到监督时也会服从公平规范，并为公共产品做出自己的贡献。因此，公平规范的目的，即提供一定的公共产品，在新经济学世界中可以得到完全的实现，即便并非所有规范对象在行为中都有接受规范约束的理

---

〔1〕 显然，公平规范不会等到所有规范对象都服从该规范时才会实现自身目的。因为如果为了提供公共产品而使所有规范对象的贡献成为必要，则作为理性之效用最大化者他们会自愿作出贡献，这样一来也就根本不存在对公平规范的需求。

由，只要提供产品需要的足够人数接受约束即可。即便道德市场不能完全实现与公平规范的一致性，它还是能保证该规范的足够有效性。

现在的问题是，为了确实提供和保障这些产品，社会群体中公平的"水准"须根据公共产品种类的不同有所不同。这里也可能会有少数偏离者毁坏全体利益。结论是，规范兴趣者在集体产品中贯彻相应的公平规范方面不能只指望道德市场中"看不见的手"。即使存在着有效运转的道德市场，但也会出现有些公平规范缺少足够的道德人士的窘境。为了贯彻这一类公平规范，规范兴趣者在社会中同样必须指望有效的制裁及强制秩序。

尽管如此，我们在这一点上并非停滞不前。因为恰恰是在提供有效的制裁及强制秩序这一公共利益方面，确保该产品的公平规范无须为全体规范对象或近乎全体对象所服从。根据其本质，"普遍的规范一致性"取决于社会群体差不多全体做出贡献，而贯彻一种普遍的规范一致性并不需要如此。对背离规范行为的有效制裁及强制措施的确实贯彻可以只由相对少量的、拥有相应资源的"果断"人士来进行。

规范兴趣者因而处于极为有利的情形，因为确保个人和集体产品得到保护，并让人际规范和公平规范得到贯彻的制裁和强制秩序自身不必依赖道德市场不切实际的"道德生产率"。因此，作为公共产品的制裁和强制秩序在两种意义上可以完成控制功能：一方面提供这种产品不存在不可逾越的障碍，因为该秩序不必由社会全部或近乎全部成员共同承担。另一方面它会产生这样的结果，即需要逾越巨大障碍的个人和集体产品也可以被提供。制裁和强制秩序犹如能够抬起比自身重得多的东西的杠杆，这重物光靠道德市场中"看不见的手"无法挪动。

但如果在运转的道德市场中规范兴趣者有理由相信，靠市场的力量能建立起他所希望的制裁和强制秩序，则他也有理由相信，他所希望的人际规范和公平规范基本也能在下述程度上得到贯彻，使得他无需将宝贵的个人资源投入到为获得保护性共同体的成员资格之中去。

总的看来，道德市场最大的价值在于，它使公共产品即便在看上去不太有利的条件下也能由个体提供。通过让道德人士接受社会公平原则的约束，即便在个人贡献特征不明显及相互依赖困难面前也可"随机"及非正式地提供公共产品——要么以直接方式，即这些人为公共产品的提供做出自愿的贡献，或以间接方式，即为那些作为提供其他公共产品的基础的公共产品做出自愿贡献。道德市场会确保匿名社会群体的成员也会取得符合共同利益并逾越个体与集体理性间差异的结果。

从规范兴趣者角度出发值得注意的是，他本人无须为此有利于自己的状况做出贡献。道德市场保护个人和集体产品并孕育了制裁及强制秩序，但从个体选择情形的角度出发，他们则没有必要做出自己的贡献。根据前提，这里涉及的是一种情形，即由于个体特征不明显及缺乏社会关联，个体对社会群体的整体状况没有影响力。根据这一观点，单个规范兴趣者在道德市场中可以似搭便车者般行事并且可以无偿从市场的善行中获益。只要作为有行为倾向之效用最大化者的规范兴趣者不是如此行事，而是积极参与社会规范的贯彻和制裁及强制秩序的建立，那么此行为方式的理性基础就不可能是从自己利益出发促进社会秩序的动机，而只能是他作为道德人士感到受到社会公平原则的约束的事实。这一点也适合其他道德完整人士的行为方式，规范兴趣者本人从他们身上获益：他们信任道德市场中"看不见的手"，同时为所希望的状况作出贡献，但作为规范兴趣者他们没有如此行为的必要性，每个人都只要信任他人并相信这些困难可以"自行"解决即可。

由此奇特的格局得出一个对理论分析并非不重要的结论。如果运转良好的道德市场存在，则旧经济学世界中意愿和意志间

"令人心烦"的鸿沟就明显缩小了许多。在此条件下，如果社会群体的成员希望出现某种状况，因为作为公共产品的该状况符合其共同利益，则这种状况在多数情况下也的确会出现。因为将会有相当多这样的人，他们基于公平原则的约束视实现共同利益为直接的行为动机。作为观察者，我们只须分析参与者的共同意愿便可解释所希冀的状况产生的原因。

从该视角出发，甚至可以部分地为"功能性"的观察方式平反。因为如果我们假定这样一种经验论机制，通过该机制，某种状态具有有益"功能"这一事实成为其产生的原因，这样一来该观察方式便等同于一种因果论的观察方式。然而，如果我们在道德市场作用方式的基础上假定某个特定状态符合一群行为者的共同利益这一事实对于足够多的行为者来说构成达致这种状态的有效行为原因，便恰恰是这种情况。

3. 从强制秩序到集体强制力量

根据规范兴趣者的愿望，新经济学世界中作为强制及法律秩序的宪法究竟有何特征呢？兴趣者开始时必须在两种根本的可能中进行选择：这种秩序要么是分散的，即建立在法律共同体成员自助的基础上，在有需要时成员们会独自或共同行动，采取相应的制裁和强制行为。这将特别意味着，强制手段也分散在公民手中，只有当有必要动用集体强制贯彻法律秩序时才会偶尔集中起来。法律秩序也可以是集中的，即建立一个作为集体制裁及强制力量的专业制裁团队，其成员作为规范担保者省却公民自助的义务，只要求他们为建立和维持制裁团队上缴部分资源。这样做的后果首先是强制手段也集中在该团队成员的手中，他们拥有自己的强制机器。

在旧经济学世界中，建立一个拥有自己的强制机器的作为中央制裁团队的集体制裁力量不可避免，因为人们不能期望，规范兴趣者会自觉参与其所希望的规范的贯彻。这在新经济学世界中完全不同，至少是当道德市场有效运行时。在该条件下，我们完全可以预期有足够的规范兴趣者会为了贯彻法律而采取自助及自觉参与的方式。原则上完全可以想象一个分散的法律及强制秩序的存在。如果仍然选择集中的方式，则绝不会是以逾越自我利益和全体福祉之间的鸿沟为出发点的。

但即便是在拥有运转良好的道德市场的新经济学世界中，也有充分的理由让规范兴趣者主张法律秩序的集中化。主要有两个方面的考虑：

（1）效率方面。一个没有自己的制裁团队和强制机构的法律秩序所具有的暴力垄断要面对社会中存在的私人权力潜能贯彻自己的意志，这在实践中几乎不可想象。它面对的不仅是或多或少具有同样权力规模的个体，规范兴趣者还必须考虑到来自代表巨大权力的有组织的群体和团体的集体行为。在这种情形下，只是将个体资源临时组合和协调，不仅在一定程度上费时费钱，而且不确定并且有各种风险。这些危险完全可以由"对自己专业在行"的对风险有经验的专家——他们从一开始就拥有足够的强制手段并在现存的组织中有计划地行事——更好地加以排除。

如果考虑到法律秩序的有效性不只取决于对那些已被确认为从事了违法行为的"案犯"实施个别的制裁，那么一定程度上集中化的机构甚乎不可避免。这也并且主要是涉及对规范相关的行为进行定期的监督和控制、为制止违背规范采取预防性措施、对规范兴趣者给予预防性保护、对违背规范的行为进行揭露和登记、对案情和经过进行判断、对案犯进行侦察和追捕并"绳之以法"。没有一个常设的团队——他们备有必要的组织、财政和"警察"资源，具有特别的个人资格和能力，作为专家随时听候调遣——要完成上述任务几乎不可能。

从该视角出发，新经济学世界中的规范兴趣者也会得出结论，即有效的法律及强制秩序单靠自发性的自助手段难以得到保障。即使是社会成员原则上愿意为贯彻自己希望的规范做出个人牺牲，仍然几乎无法抵消"可动用的"组织的好处，因为后者基于其强制机构可毫不迟疑灵活地听候调遣并投入独立的行动。以制裁团队形式存在的"公共性"中央暴力，配备有可供自己调遣的强力手段，使自己也能战胜集体的有组织的暴力，单从效率的角度出发，规范兴趣者也不会愿意放弃之。

（2）公平问题。和平的无政府状况——靠道德市场的运转原则上使公共产品的提供成为可能的状态，会导致不公平[1]。那些对社会公平原则持有坚定立场并自愿为公共产品作出贡献的人——只要不采取预防措施——会受到依然存在的搭便车者的剥削。这些人从所提供的公共产品中获益，而不付出自己的贡献。这种不平等的负担分摊不仅让付出牺牲的人"不满"，他们必然希望一个更为公平的分摊，这一现象也使今后公共产品的提供潜藏着危机。道德完整人士为大众福祉承担的额外负担越重，潜藏的危险也越大，对他们来说，美德的代价太过"昂贵"，他们因而也可能受到诱惑进入机会主义者的阵营。由于不公平，由个体提供的公共产品会受到缓慢的侵蚀。因而对与潜在的搭便车者共存的社会群体成员而言，让提供公共产品的负担较为平均地分摊，而不只由接受社会公平规范约束并自愿做出牺牲的人士独自承担，同样也成了公共之善。

如此一来，这里涉及的不再只是如何动用法律秩序的手段，使公平规范得到充分遵守并进而提供公共产品，涉及的是如何在公平负担分摊前提下提供公共产品，即原则上保障社会群体全体成员定期做出自己的贡献。然而，如果没有一支由拥有自己的强制手段并且持续不断地进行工作的稳定且专职的队伍组成的集中机构，要完成这一任务事实上是不可行的。在面临多样化的公共

---

〔1〕 参见本书第 183 页。

任务的较大的社会群体中，平均的负担分摊只有借助税收系统才能实现，在该系统中普通公民被要求缴纳不加区分的、统一的税赋。如果想要保证税收定期入库的话，税收系统则必然导致征收机构的集中化[1]。

因此，即便在拥有运转良好的道德市场的新经济学世界中，从普通公民的利益立场出发，总体上看也有充分的理由提倡建立一个拥有自己强制机构的制裁团队，即使有关理由——即否则作为集体产品的有效的法律和强制秩序无法形成——不在此列，而"只是"涉及如何尽可能有效、低成本及公平地提供这一产品[2]。尽管如此，在新经济学世界中仍会形成特定的执行机构，其管理者属专家和专业人士并集结在拥有有效的强制手段的集中机构中。在此，拥有暴力垄断的法律秩序也将是拥有国家暴力垄断的国家法律秩序，它以高效地组织行使强制和动用暴力为基础。

即使从"表面"上看，结果乍看上去似乎相近，但我们仍不应忽略新旧经济学世界中的根本区别。在旧经济学世界中，之所以产生对中央国家机构的需求，是因为不存在提供公共产品的自发"社会"力量。然而在这种条件下，作为公共产品的国家也不可能持续，它不可避免地会成为公共弊端。相反，如果在新经济学世界中存在着有效运转的道德市场，则也存在着对公共产品的"社会"生产。之所以产生对国家的需求，不是因为没有国家就产生不了公共产品，而是因为人们希望通过国家更好地、更公平地生产公共产品。国家的、法律的机构从一开始就不具有根本的、而只是次级的、辅助性的功能，因而也不表现为是根本上所缺之物。在新旧经济学世界中，这些机构的"深层结构"、基础

---

〔1〕 参见德·雅赛 1989 年论著第 215 页及以下。

〔2〕 "起决定性作用的动机因而将不是对公共产品的需要或'需求'，而是对提供过程中更加公平的要求。"（同上，第 218 页；参见本人的翻译。）

及建筑材料大不相同。因此也只有在新经济学世界中，作为公共产品的国家才有存在的机会，而不必沦落为公共的弊端。

赞成建立一个拥有国家暴力垄断的集中化的法律和强制秩序的观点，在新经济学世界中从规范兴趣者的角度看，并不令人信服。原则上，参与者完全可以以其他方式实现自己的目标，尽管效率较低，较为不公平。如果与旧经济学世界一样面临同样的危险，人们宁愿放弃国家忍受低效率和不公平。在新经济学世界中，无政府状态并不像在旧经济学世界中那样耸人听闻。同可能演变成寡头统治和暴力统治的绝对弊端的国家相比，无政府状态是更为可取的相对弊端。但如果作为公共产品的国家能得到保障，则没有理由放弃国家秩序带来的益处。

4. 作为公共产品的集体制裁力量

在旧经济学世界中，社会群体的组织不可能是包治百病的良药，因为在有关建立和维护组织的问题上，个体理性和集体理性的矛盾会重复出现。相反，在新经济学世界中，我们可从反面进行论证：如果一群体原则上有能力不要借助组织就能够按共同利益行事，则他们也一定有能力建立一个符合其共同利益的组织。如果群体中的单个成员由于受公平原则的约束为实现群体目标而作为个人贡献，那么他也会为建立一个旨在更好地实现目标的组织做出个人贡献。

只要发展了的社会秩序的经济学理论可以藉无组织行为的观点解释至少某些核心社会规范生效的事实，那么它也可以解释"最初"的社会组织结构如何从无组织状况中发展出来。群体"对规范的需求"如果原则上得到满足，则其"对机构的需求"也可相应得到满足。在此条件下，要求采取集体行为以实现公共产品不会成为只是将问题转移到另一层面的、没有下文的所有权转让。如果运转良好的道德市场存在，则"社会秩序的问题"已经解决，不需要引入作为手段的有组织的集体行为以——在霍本斯战略的意义上——解决同建立和贯彻社会规范有关的根本问题。从该出发点出发，我们可以更好地看待国家及法律秩序的解释对象。在前言中我们已经强调，首先必须能够将国家—法律机构和制度作为社会秩序的组成部分进行解释，而不是从一开始就将它们的作用视为贯彻社会秩序的工具。

如此看来，在新经济学世界中迈向成为制裁团队中的专业代理人或被保护的普通公民的步骤似乎轻松了许多。如果存在着道德市场，并且相应地普遍存在着公民为集体产品作出贡献的自觉性，则建立一个集体制裁力量的贡献也无须通过再个人主义化及强制执行的"弯路"来实现。有行为倾向之效用最大化者为了贯彻社会秩序而希冀的有组织的中央暴力，与他所希冀的在非正式基础上形成的分散的强制秩序，在原则上都是可实现的。较结合情形之效用最大化者不同的是，有行为倾向之效用最大化者会为愿望的实现采取具体行动。

然而，如此建立起来的集体制裁力量从长远看将成为适合普通公民共同利益的机构，这一点在新经济学世界中也并非显而易见。在他们建立集体制裁力量之前，新经济学世界中的公民也必须将该制裁权力的优点和他们为了拥有强制权力的组织而放弃对个人产品和部分个人权力的自主控制带来的成本进行权衡。他们也必定会将制裁团队的作用产生的赢利与被转让的手段被用于不符合自己利益及意图的目标产生的风险进行对比。新经济学世界中的居民可以期望作为公共产品的国家和法律能够存在下去吗？或他们不得不像旧经济学世界中的居民那样，担心国家法律不可避免地发展成为公共弊端？

四　被授权的强力

A. 作为集体制裁力量基础的授权规范

在新经济学世界中，从分散化向集中化法律及强制秩序的过渡也包含着有形的权力潜能确实向法律机构集中的趋势。在此情况下，这些机构因而也将越来越不依赖于向它们提供权力手段的人——在此情况下，"出借"的权力也将变成"占有"的权力。因此又提出了老问题，即规范兴趣者如何保护自己免受制裁团队的代理人滥用权力的侵害，以及他们如何确保被他们自己创立的集体制裁力量只用于贯彻符合他们自身利益的规范。

在此，不应该忘记的是，新经济学世界中的居民，不论是普通公民还是制裁团队的代理人，也都是仅仅追求自身利益的理性之效用最大化者。他们接受规范约束的行为能力也可以被用来违背大众利益强制贯彻特定群体的特殊利益。面对"国家强力"，普通公民关心的中心问题仍然是，该权力代理人的个人利益是否与"公共利益"——即他们作为宪法机构要对宪法证明自己的忠诚和诚实——相一致。即便是作为有行为倾向之效用最大化者的机构管理者会接受宪法和有关原则约束的事实对此也没有任何改变。因为只有当该道德长期符合国家/法律机制的代理人的利益时，才会接受并维持宪法的约束。

然而，即使在新经济学世界中，对该机制代理人利益状况起关键作用的也是：随着集体制裁力量的建立，群体的权力结构也发生了深刻的变化。如前面已详尽叙述的那样，变化的基础是授权规范，即制裁团队的代理人被授予权利和权力，为贯彻规范而实施制裁并使用强制手段[1]。新旧经济学世界的一个重要的根本区别在于，授权规范的规范制定者如何赋予自己的意志相应的有效性，规范制定者向被授权人进行必要的权力转让以何种方式进行。作为后果，也产生了制裁团队的代理人所具有的权力地位的重要差别，以及在制裁代理人之外被宪法授权的法律机构的权

----

〔1〕 参见本书第 204 页及以下。

力地位的重要差别。

B. 有行为倾向之效用最大化者作为授权规范的规范制定者

我们再回忆一下问题的基本结构：每一个规范制定者必须拥有一定的权力，以便赋予自己的意志有效性[1]。在义务规范情况下，该权力必须包含说服规范对象采取一定的行为方式的能力。在授权规范情况下则涉及让其他行为者采取一定的行为的能力。因此，对授权规范的规范制定者而言，关键在于赋予被授权的行为者确实的权力，确实给他带来所希望的新的可能性。通过授权规范"赋予"的权力不应当只是单纯的意愿表达，而是应落实在产生确实的权力地位上。

按我们的语言表达，授权规范的对象是那些行为者的授权应当对他们产生作用的人，即那些应当尊重被授权的行为者的权威的人。被授予的权力能否成为"现实"，取决于这些人的行为。只有当被授权的行为者在规范对象面前能捍卫自己的权威，授权规范方才能产生效力。授权规范的规范制定者原则上有三种方式可以保障这种权威[2]：

1. 如果他的权力表现在拥有权力手段上，那他可以将此手段确实移交给被授权的行为者；

2. 如果规范制定者的权力表现在对授权规范的对象的行为方式有决定权，则他可以使用权力，让规范对象做被授权的行为者希望其做的事情；

3. 如果规范制定者的权力表现在自己也是授权规范的规范对象时，则他可以服从被授权的行为者的意志，做被授权的行为者希望他做的事。

对旧经济学世界中的情形具有决定性作用而且对新的权力关

---

〔1〕 参见本书第 78 页及以下。

〔2〕 参见本书第 209 页。

系的稳定性产生重大后果的是，在此世界中，普通公民在建立集体制裁权力时最终只有一条路可走，即有形的权力手段的移交。其他方式失败的原因在于，当确实出现授权的需要时，由于个人贡献特征不明显和缺乏社会相互依赖性等条件的制约，作为授权规范的规范制定者的结合情形之效用最大化者，作为该规范的担保者或规范对象都没有任何诱因为规范的生效做出积极的贡献。在规范具体适用时，做出个人贡献时会产生费用，而却没有相应的个人收益。作为规范兴趣者，尽管从普遍意义上他有充分的理由将权力移交给制裁团队，但他却没有充分的理由在具体情况下也通过服从规范和贯彻规范用自己的行为完成权力的转让。

面对这样的情形，如果旧经济学世界中的规范兴趣者选择向制裁团队的成员转移有形的权力手段并帮助他们获得确实的权力垄断的方法，则尽管他为他们搭建了一个独立的权力基础，使他们既不必依赖对权威的自愿尊敬也不必依赖第三者的支持。但制裁代理人这一独立的权力基础会产生严重的后果，即在此基础上形成的权力转移在没有新的权力所有者同意的情况下很难收回。出现了一种权力关系，它不再建立在对被授予的权威自愿承认的基础上，而是建立在事实的权力差距基础上。显而易见，这对旧经济学世界中普通公民的利益将产生何种后果。

那么新经济学世界中的有行为倾向之效用最大化者的可能性又是怎样的呢？如果他们作为授权规范的规范兴趣者及规范制定者要赋予其意志相应有效性的话。如果建立制裁团队属集体产品的话——因为该机制符合社会群体成员的共同利益——则为制裁团队的代理人行为赋予必要的权力基础的有效的授权规范也是集体产品。如果拥有道德一致性的有行为倾向之效用最大化者接受社会公平原则的约束，则他一般来说会为集体产品自愿作出贡献。这也包括作为规范制定者的他为贯彻授权规范可能作出的个人贡献。按照授权规范的规范制定者在权力转移上可能采取的三种方式，他所做的贡献要么是将权力手段直接移交给被授权的行为者，要么直接参与其意志贯彻，要么自己作为授权对象自愿服从被授权的行为者的意志。

与结合情形之效用最大化者不同的是，作为授权规范的规范制定者的有行为倾向之效用最大化者原则上可以选择所有三种可能性，至少当他在行为中接受公平原则的约束时是这样。在此条件下，在适用授权规范的具体情况下，他的行为不取决于其为授权规范适用所做的贡献是否与其当时的利益相一致，是否为效用最大化的选择。其行为仅取决于，该贡献是否符合公平的原则，因为该贡献会促进作为集体产品的授权规范的贯彻。

首先，让我们来考察一下下列可能性，即授权规范的规范制定者在需要的情况下主动用个人权力手段进行干预，确保被授权的行为者能将意志贯彻给规范对象。尽管在新经济学世界中，面对个人贡献特征不明显问题及缺乏相互依赖问题，在实践授权规范的具体情况下，规范兴趣者"救援行动"中的个人成本与个人收益不对称的事实没有任何改变，但如果他接受社会公平原则的约束，那他仍会有理由承担成本，因为这属于为集体产品贡献的成本，公平原则要求他为实现共同利益做出"适当"的贡献。如果有"困难"，那么授权规范的规范兴趣者能帮助被授权的行为者贯彻自己在规范对象面前的权威同样可能是"公平"和"适当"的。

从该角度看，我们可以认为，作为授权规范的规范制定者的有行为倾向之效用最大化者也可能接受该规范的约束。具体地说，作为规范制定者，他不是根据结合情形之效用最大化原则行事，而是当有贯彻需要时即为贯彻该规范做出自己的贡献，而不考虑他在相应情形中的利益状况。作为规范制定者接受该规范的约束是对作为规范兴趣者接受该规范约束的一种补充，在此情形中人们服从规范，而不考虑从结合情形之效用最大化原则出发服从规范是否符合理性。

　　规范制定者接受授权规范的约束使得他可以将对自己行为的"控制权"移交给被授权的行为者，尽管这种控制权事实上不能与他本人分离。但如果规范制定者接受授权规范的约束，则他也必须"约束"自己的行为，使之符合被他授权的行为者的意志。尽管规范制定者不可能将对自己行为的控制权真正移交，但他可以保证，其他行为者可以对自己的行为进行实际上的控制，只有这样，"服从"他人意志这种说法才不是一句空话。因为只有当人们有可能通过这种"服从"将自己的意志形成同自己的个人利益脱钩，授权才会比在特定情形中作符合自己利益的事意味着更多的东西。为达到这个目的，被赋予的权利面对规范制定者的即时利益必须一定程度上"不为所动"。

　　据此，有了作为授权规范的规范制定者的有行为倾向之效用最大化者，原则上完全可能做到制裁代理人自身不必较社会群体其他人拥有更大的实际权力手段但仍能有效完成任务，因为在需要时他可以根据自己的意志和要求拥有授权规范的规范制定者的个人或集体权力。

　　授权规范的规范制定者同时也是规范对象，即属于根据授权规范应当服从被授权的行为者的意志的人，这种情况下产生相同的后果。这里原则上同样适用而且有鉴于制裁，特别是考虑到制裁代理人的行为更是如此，即尽管由于个人贡献特征不明显和缺乏相互依赖性问题授权规范的规范兴趣者在特定情况下作为规范对象必须服从被授权者的意志并无怨无悔地接受制裁时，不得不面对个人成本和效益不对称的问题，但基于其接受公平原则的约束，道德之人仍然有影响其行为的理由，并将可能的重大牺牲视为对集体产品的贡献。

　　在此情况下，规范制定者接受自己所希望的授权规范的约束也是他作为规范对象服从该规范的原因。如同在前面叙述的情形那样，作为规范制定者，接受授权规范的约束促使他贯彻该规范而不考虑自己在情形中的即时利益，同样地，作对规范对象，接受授权规范的约束促使他服从该规范而不考虑自己在情形中的即时利益。在此，对自己行为的"控制权"同样被以有效的方式转让，我们也可以说——更有理由可以说——授权规范的规范制定者"服从"被他授权的行为者的意志。

尽管权力转移的这种方式一定程度上通俗易懂且容易操作，因为授权规范的规范兴趣者只要自愿服从被授权的行为者，就可以实现自己的意志，但这种方式在有关给制裁团队代理人授权方面实际上作用很有限。原因不仅在于，作为制裁代理人的对象，他们有时会被要求做出如此之大的牺牲，以至道德完整人士的美德也可能难以承受；原因更在于，认为自己接受社会公平原则约束的授权规范的规范兴趣者只在极少数情况下才属于因为背离规范行为而须对其施以制裁和强制行为的人。

但综合起来观察，这种权力转让的可能性——授权规范的规范制定者当扮演规范对象角色时服从被授权的行为者意志——非常重要。典型的例子如，授权某一团体作为立法者，也即将为该群体确立有约束性规范的权利交给对方，这对该群体而言属集体产品。作为道德一致的该规范的兴趣者，他会为实现该集体产品及立法者的权威做出贡献，方式不仅是动用权力让立法者的意志能在其他对象身上得到贯彻，而且他自己作为对象首先也要服从立法者的意志并通过该方式履行自己的贡献义务——即便某些他要服从的法律不符合他的利益或他的信念。如果没有作为授权规范的规范制定者愿意并有能力接受该规范的约束，并在违背自己的即时利益时也根据该授权行事，那么作为一个事实上在很大程度上"缺少权力"的机构的立法者的权威将难以树立——这一点在旧经济学世界中已表现得非常清楚，在其中结合情形之效用最大化者作为立法和司法授权的兴趣者，没有能力赋予该授权有效性。

我们可以暂时得出结论，即有行为倾向之效用最大化者在解决授权规范的规范制定者面临的问题时——将确实的行动权力移交给被授权的行为者并确实向他提供所希冀的新的选择可能性——与结合情形之效用最大化者根本不同。只要他作为规范制定者接受自己制定的授权规范的约束，则他希望其他行为者拥有一定权力的意愿就可能成为该行为者确实行使该权力的充分条件——因为规范约束是一种经验上一定程度摆脱自己意志控制的有效力量，可以保证行为者即使不考虑即时利益也为授权规范的生效做出贡献。

因此，对有行为倾向之效用最大化者来说，在授权规范生效的"立宪性"选择与规范在具体情况下应用的"后立宪性"选择之间不一定会出现差距。即便经授权规范赋予的权利从经验论上只依赖于规范制定者的意志和行为意愿，但在新经济学世界中产生的藉由授权规范出现的权力转让不一定要出现问题。被授权的行为者的权力可能是纯粹规范性的权力，不一定会因而更不"现实"或更少效力。在此意义上，有行为倾向之效用最大化者有理由希望对其世界的规范性变更使得他能够省却对事实的变更。只需"公布"一项宪法就可能改变世界，如果公布它的立宪者能够遵守其"诺言"遵循该宪法的话[1]。

五　从规范性的强制垄断到相对性的权力垄断

对授权规范及权力转移过程的分析从另一略有不同的角度再次证明了原已为大家熟悉的结论，即已放弃集中强制机构、事实权力手段存在于普通公民手中的分散化的法律及强制秩序在新经

---

〔1〕　如此一来，霍布斯著名的悲观主义格言就不能到处套用："没有利剑的契约只是空洞的字眼，不具有给人们最起码的安全的力量。"（霍布斯 1651 年论著第 131 页。）

济学世界中仍可存在。尽管如此，从规范兴趣者及普通公民的立场出发，在新经济学世界中也有令人信服的理由，主张通过建立制裁团队对权力手段集中化，这一点也已经详尽叙述过了。从长远观点看，一个拥有集中机构的强制秩序，其成员有能力进行自主行为，更有效、更经济、也能更好地把产生的负担公平地分摊在社会的每一公民身上。

结论是，即便在新经济学世界中，普通公民将权力移交给制裁团队的代理人也不只局限在一个纯粹"规范性"的过程中，进行的也是有形权力手段的事实移交。制裁团队将得到自己的强制机器。权力的经验形态及事实也不会保持不变，集体制裁权力的"宪法"在这种情况下也不会单凭规范描述就可以完全得到相应特征。同样地，这一步骤也有风险，因为如同旧经济学世界一样，有形权力手段的事实转移很难能够再度收回。问世后的强制机构构成了制裁代理人坚固的权力基础，该基础甚至独立于新经济学世界中普通公民的利益之外。

作为普通公民的有行为倾向之效用最大化者，如何能比结合情形之效用最大化者更有效地制止他们建立起来的强制机制逆自己的愿望和利益形成"自我"的关键问题，仍然是他们是否真的有充分的理由对将制裁权力集中在国家/法律机构中予以推动。起码对新经济学世界的普通公民来说，失去控制的国家专制权力甚至比无政府状态的危险更让人恐惧。

然而，新经济学世界中的公民不再从一开始就从规模上不断扩大制裁团队的强制机器，而在旧经济学世界中，这似乎仍然是必不可缺的。制裁团队的代理人拥有的事实上的权力地位，只能保障他们"相对的"而不是"绝对的"权力垄断。两个原因起主导作用：

1. 在拥有运转良好的道德市场的社会中，相当多的人都自愿以人际尊重和社会公平原则为准则。他们自觉遵守社会规范并监督他人遵守社会规范，同时行使制裁。在该社会中，规范兴趣者即便在作为成员的关联群体及合作企业外也不必担心，如果没有集中制裁和强制机构的威慑，自己就必然成为背离规范行为的牺牲品：他甚至可以期待自己的利益即使在匿名关系中也能在一定程度上受到尊重和保护。

在这种条件下，普通公民可能会显著减少制裁团队的权力潜能，方式是对那些遵守与否对自己的利益意义不大的社会规范放弃正式的监督和制裁。对他们来说，涉及这些规范时，制裁团队的权力带来的成本和风险超过了这些规范因经常被违背而产生的成本和风险。从该角度看，拥有道德市场的社会的强制秩序原则上可能残缺不全。和人们不信任非正式的规范贯彻机制的社会不同的是，此处的法律强制机器不必具备相同的规模。

2. 即便制裁团队的授权得到自有的强制机器的保障，也并不意味着制裁团队的权力从此以后必须仅仅依赖这个强制机器。通过利用可能性，即以事实上转让权力手段的方式扩大被授权的权力地位，作为普通公民的有行为倾向之效用最大化者并没有将其他权力转让的途径堵死，而是可以同样利用它们。这意味着他们可以赋予所希望的授权规范额外的有效性。就是说，作为规范制定者，他们通过支持让被授权行为者的意志具有更大的穿透力，并且作为规范对象自愿服从行为者的意志。制裁团队所希冀的权力地位因而产生于强制机器的潜能与规范兴趣者自愿付出的潜能，即在需要时通过自己的行为帮助所希冀的授权规范得到贯彻，如参与侦察和侦破刑事案件，监督对规范的遵守或帮助寻找案犯[1]。即便从

---

[1] 在此不是指的那些贪婪地等待邻居遵守在门前绿化的规定的"小市民"。这里首先涉及的是遵守最起码道德含有的核心规范，如禁止杀人、伤人、抢劫或强奸。如果涉及的是这些规范的贯彻，则"小市民"的态度，如"视而不见"及"事不关己高高挂起"，就再合适不过了。

该角度看，同强制机器的代理人在完成其任务时只能完全依靠自己的社会相比，普通公民也能极大地限制制裁机构的强制机器，并因此极大地限制事实权力手段的转让………制裁代理人的权力在此条件下既有规范性基础又有事实基础——规范性基础越坚实，事实基础就越经济[1]。

以上两个因素使得新经济学世界中的制裁团队不拥有自己或多或少可以随心所欲贯彻自己意志的"绝对的"权力垄断，而只是拥有面对社会上的个体和个别群体通常可以贯彻意志、面对这些个体和群体联合起来的集体力量却无法贯彻其意志的"相对的"权力垄断。这是一个非常重要的结论，如果人们要在社会中维持总体来说中性化的权力关系的话。

制裁团队单从"技术"可能性方面就可能不足以使具有进行集体行动能力的大众臣服，这一事实在新经济学世界的关系中还将具有重要意义。但该事实尚未改变以下的现象，即拥有强制机器、给自己带来相对权力垄断的制裁团队的代理人在新经济学世界中也面对社会群体的其他成员进入了一个质量完全崭新的局面。他们面对新的情景和新的激励，将孕育出新的利益和志向。特别是他们也会受到诱惑，将其位置上的公共资源变为私人资源并为了私利滥用。如同结合情形之效用最大化者一样，作为制裁代理人的有行为倾向之效用最大化者较少"盲目地"按照宪法和其他兴趣为他们设定的角色行事。同样，要期待有行为倾向之效用最大化者在扮演利维坦角色时长期忠于宪法，前提只能是其对符合宪法的行为的选择与其自身利益长期一致。但他的利益受到他拥有的巨大强制暴力潜能的影响和支配，这一事实即便在新经济学世界中也不难理解。

---

〔1〕 参见本书第 521 页及以下。

六 从相对权力垄断到法治国家

因此，面对被自己建立起来的制裁团队所拥有的事实上的权力地位，新经济学世界中的普通公民也不得不承认，尽管有些不同，但自己与旧经济学世界中的普通公民处于相近的境地。如果他们建立起一个拥有自己强制机器的制裁团队，那么面对变化了的权力关系，他们就不能再期望他们与制裁团队代理人之间存在着"天然的"利益和谐。他所希冀的、作为所有参与者无限维护自己利益后果的宪法现实不会呼之即出。出于这个原因，他们像旧经济学世界中的居民一样得出结论，即他们必须通过规范限制制裁代理人的自主权，将对方的行为置于严格的界限和规定之内。

这对普通公民希望构建一部有关法律及强制秩序的宪法的愿望具体会产生什么后果，前面已经作了详尽的分析[1]。这里，我们只是再简单明了地概括一下。他的愿望将主要集中在建立法治国家的核心机构上，以确保行使权力不受随意的干扰并且有可预见性。

1. 对动用暴力进行彻底规范。从实体方面看，涉及的是宪法对制裁代理人行使强制的授权只局限于在违背社会规范的行为出现时，即当有效性涉及普通公民利益的规范受到侵犯时。界定制裁代理人行为的规范因而首先是具有条件性规则的强制规范，其中明确了在何种条件下制裁代理人可被授权或有义务行使制裁和强制权力。从形式层面看，意味着制裁代理人的行为应尽可能缜密地通过规范予以确定。因此，需要的是一个外延广泛而内涵详细的规范化，不给"主观的自我诠释"留下空间并导致对规范

---

[1] 参见本书第 229 页及以下。

对象的高度约束。

2. 立法。作为制裁代理人的行为基础的规范必须特别清晰明了，不容改变。所有参与者都应当可以识别，哪些规范在某一特定时刻具有约束力。为此目的，有必要建立一个被授权的"规范确定团队"或立宪机构。对普通公民而言，重要的是能让他们的利益得到体现的决策程序。从该角度出发，规范确定团队和制裁团队之间的"分权"意义重大。由于规范确定团队的成员要面对制裁代理人体现普通公民的利益，因而其利益状况应有别于制裁代理人的利益状况。

3. 基本权利。普通公民不会将所有规范都交由立法机构进行支配。交出的规范都是有助于保护其人身不可侵犯、个人自由和自决等根本利益和确保其根本处置权的规范。这些规范勾勒出了界限，而从普通公民利益立场出发规范秩序的灵活性和可变性应以此界限为限。普通公民因而有理由，将这些规范以相对终了的形式纳入宪法。

4. 司法。对普通公民而言，独立的司法机构——即拥有确定成文法和判例法权威的机构——具有核心价值。面对普通公民与制裁代理人之间可能产生的利益冲突，该核心价值特别体现在司法对制裁代理人所具有的监督和控制功能上。需要有这样的担保人，他们可以随时对制裁代理人的规范一致性进行监督并确保在其违背规范时对其进行制裁。

七 宪法意愿与宪法现实

说到在新经济学世界中作为宪法兴趣者的普通公民的意愿时，则这些意愿与旧经济学世界中的普通公民的意愿一样明确，即希望建立一个法治国家作为抗衡任意和滥用权力手段的机制。他会希望将颁布和实施强制行为的垄断权分散到不同的机构，并追求一个能将一方面拥有特定"合法"权限和义务的"位置"与另一方面拥有私人资源和利益的自然人严格区分的法律秩序。他会希望，作为"强制秩序"的该秩序的规范使得行使强制和暴力将受到严密的调控，这尤其适用于所有允许对他人制定和行使具体的强制措施的机构。在那些权力和统治最直接得到体现的地方，权力所有者的意志形成和权力行使也应尽可能广泛地通过规范予以确定，这符合普通公民的利益。准确地说，合法的"法治"应代替一个人的人治。

但即便在新经济学世界中，问题也并非是否可以清楚地解释为限制国家暴力而产生对法治国家机构的需求，而在于普通公民理性的意愿能否成为现实和宪法现实。关键在于——如我们在分析旧经济学世界中已知的——建立立法和司法等新的宪法机构后，事实上的权力分工并没有受到根本的触动。即便在"分权"之后，事实权力手段仍毫无变化地集中在制裁团队的成员手中。权力的事实并没有因法制国家而改变。

因此，在旧经济学世界中，法治国家的权力分工和对立法者和司法的授权只停留在"宪法文件上"。只要事实权力关系的中心不发生改变，制裁代理人就没有理由服从立法者的规范或法律团队的监督，也没有理由直接服从普通公民的意志和他们的宪法。只要权力的事实不发生改变，某些人以"立法者"或"法官"的身份出现——即便这些"立法者"和"法官"得到其他公民的同意和承认——不会对制裁代理人的选择考虑有任何意义。

因此，对新经济学世界的普通公民而言，关键在于作为宪法兴趣者的他们能否同时也成为成功的宪法担保者，即他们是否有能力针对制裁代理人赋予立法和司法的授权相应的有效性并从而产生一个真正有效的"分工"。要证明普通公民为达此目的具有足够的权力，即便在新经济学世界中也非易事。在这里，法治国家宪法的兴趣者也是一个不具有国家强制手段却又必须将这些强制手段拥有者置于法治国家规范之中的群体。在新经济学世界中同样要强调的是，普通公民不能将此重任下放：权力的真正分工不应只存在于国家之内或国家制度之间，普通公民如果要使自己的利益得到保护，那么真正的权力也必须来自他们本人。

在此方面，新经济学世界中的居民尽管原则上比旧经济学世界中的居民处在较为有利的地位，因为对他们来说集体产品问题不是不可逾越的障碍。如前面已叙述的那样，这对贯彻授权规范也大有益处。作为这些规范的兴趣者，有行为倾向之效用最大化者即便不能给被授权的行为者提供权力手段，但仍可以赋予这些由他们授权的行为者有效的权威和权力。作为法治国家的立宪者，他们因而有机会赋予针对制裁代理人及其强制机器的立法和司法机构足够的权力地位，方法是为了维持针对制裁代理人的立法和司法的权威，个别或集体地使用自己的权力资源。较结合情形之效用最大化者不同的是，有行为倾向之效用最大化者由于个人贡献特征不明显和缺乏社会相互依赖问题原则上自己承担自己所希望的宪法规范的担保者的角色——但这并不意味着，对新经济学世界的普通公民而言，想实现和保护宪法利益就不会遇到困难。

八 民众的权力意味着利维坦的无权

A. 普通公民的权力潜能

在对旧经济学世界中的有关分析中我们已经确认，对立法和法律团队进行授权的兴趣者并非为了确保该机构的权威在每一次出现授权要求时都必须积极行动。如果制裁代理人应被说服去做立法者和法律团队希望做的事，这并不要求为了赋予立法者和司法成员的意志相应的有效性需要随时行动。只要大多数制裁代理人的行为合法，立法和司法机构的成员就不需要普通公民的援助，以面对制裁代理人中的个别偏离者贯彻自己的权威。只有当作为集体的制裁团队或多或少地共同违背宪法，目的是为了通过公开的"政变"或"颠覆"取消宪法并建立一个自有群体的寡头统治时，情景才会变得危险。

正如详尽阐述得那样，在这种情形中普通公民原则上有三种反应可能[1]。第一，他们可以试图通过迁移和退出远离权力所有者的统治范围；第二，他们可以通过被动性和无所作为进行反应，从而破坏权力所有者的物质基础；第三，他们可以进行积极的抵抗。这三种可能性代表了普通公民面对行政权力所有者所拥有的潜在权力。在新经济学世界中仍旧有效的是：如果普通公民原则上真有灵验的抵御工具的话，那么就可以将潜在权力转化成为现实权力。如此一来，国家权力的所有者从一开始就不太会产生将赋予他们的资源违宪滥用和试图推翻宪法的诱因。但在旧经济学世界中，普通公民的潜在权力不能转化成保护宪法免受强权者贪婪的现实权力。那么新经济学世界中的普通公民的机会又如何呢？

B. 迁移和退出

关于迁移和退出的可能性，新经济学世界中的居民和旧经济学世界中的居民所处的地位不同。如果普通居民能有效地行使进行"迁徙威胁"，而权力所有者出于人口政策、经济或军事原因希望制止这一迁徙，则他们就被迫不能完全忽略臣仆们的利益，也不能建立单纯的剥削和压迫的制度。众所周知，这样的情形在欧洲历史上存在过：当时存在着由互相竞争的、相对弱小的国家组成的小幅分割体制，但这些国家却由共同的文化背景相连。当居民们对社会和政治不满时，他们可以毫不费力并且没有任何风险地离开自己的国家。与亚洲大国不同的是，欧洲国家时刻面临

---

〔1〕参见本书第247页及以下。

其直接邻国带来的竞争，他们无法放弃百姓的支持。对资本和劳力外流的担心迫使他们在行使权力时温和有度，并保障其臣仆一定的个人权利[1]。

但即便是经验上对普通公民如此有利的移民环境仍不足以迫使国家权力的所有者引入并维护宪法，这一结论仍旧有效。但由于离开一个国家产生个人费用，公民采取这种威胁手段从一开始其潜能是有限的。权力所有者只须找出一条中间道路，让被强迫接受的国家形式的弊端不至超过外流的成本即可。另外，对移民有利的框架条件也不总是长期存在的，而且当人口达到数以百万计时，原先不稳定的小国统治的情况也会与大国趋同。拥有如此规模的大国彼此间一般不会相互争抢对方公民。另外，现代国家还拥有暴力制止外流和逃亡的有效可能。最后，现代国家对普通公民威胁移民国外的框架条件并不有利：现代国家有技术手段制止移民，而竞争对手对接纳移民并无兴趣。另外，公民的相对富裕使得移民国外的个人成本偏高。在确实拥有法治国家宪法的社会中，公民退出的权力确实非常有限。

据此，如果普通公民外流和退出产生的威力在新经济学世界中也不能为法治国家的稳定持续的存在提供令人信服的答案，那么历史上确有时期和地区存在过对这种威力有利的经验性边际条件这一事实意义重大。因为这些条件对法治国家的形成和发展扮演着一个不可或缺的角色，这一点我们以后还会谈到。对法治国家社会历史形成的任何解释都会和这一现象有关，因此，欧洲法治国家的发展都起源于这些特殊条件当然并非偶然。

C. 自由的生产力

对国家权力的所有者而言，只有当他作为独裁者可以从中获取巨大的个人好处时，推翻法治国家宪法才符合理性，这一点即

---

〔1〕 参见本书第251页及以下的参考书目提示。

便在新经济学世界中也是基本事实。这些好处的形成根本在于以对其有利的方式对私人产品进行的再分配。但该产品可支配的总量取决于普通公民的经济生产力。作为国民富裕的本源，他们较那些依赖没有生产力的养老金生活的统治阶级有着更强的权力地位。他们可以有目的地利用这种权力地位，方法是在某些统治者的统治下有意拒绝进行生产——但这种战略性抵抗行为我们在下一节再进行解释。这里涉及的是普通公民"作为生产者的权力"，这种权力不经意成为一个要素，原因是在一定的社会框架条件下，进行经济性生产行为的动力会减少。

在这种条件下，对每一个权力所有者和统治者不可否认的事实是，他无法通过威胁和强制使经济充满效率和活力。命令和服从的体制不能取代自愿的经济活动和主动性，只有当个人的所有权利和拥有权得到保障，以致其经济活动的收益能使其个人得益时，才会有经济活动和主动性。因此，如果权力所有者任意滥用自己的权力地位并建立一个普通公民基本权利得不到保护的宪法现实，则他必须预计到经济生产率会下降且他所希冀得到最大份额的由物质产品组成的蛋糕会越来越小。

在前面的章节中已经解释了[1]，为何符合普通公民最佳利益的宪法无法与符合权力所有者最佳利益的宪法相一致。单凭有利于经济效率最大化的宪法与有利于权力所有者的权利和自由最大化的宪法之间的矛盾并不能促使权力所有者引入法制国家的宪法。一方面，统治阶层的成员可以容忍程度低得多的经济生产力，只要通过肆无忌惮的再分配体制他们仍可获得满足他们自身需要的足够产品；另一方面，旨在获得更大经济效率的相对"自由化"并不一定等同于法治国家宪法赋予的保障。法治国家的权利和自由并不局限于使经济市场获得运作能力和效率所必要的权

---

[1] 参见本书第 247 页及以下。

利和自由。

因此，在新旧经济学世界之间并无重大区别：从已知角度看，作为经济生产率载体的公民所拥有的"无声的"权力并不会在让权力所有者在遵守法制国家宪法方面做出决定性贡献——即便他们至少能制止过度压迫公民统治政体的形成。

但在新经济学世界中还有另外一个角度。专制社会制度的权力所有者不仅可以通过对个体产品进行有利于自己的再分配获得好处，而且因为在这种条件下可以进行集体产品生产的条件恶化而受到损害。与拥有结合情形之效用最大化者的世界不同的是，某一社会群体提供使包括权力所有者在内的群体全体成员受益的公共产品的能力在新经济学世界中在特定的条件下可能明显改善，即当存在着运转良好的道德市场时，该市场孕育出道德完整性人士，他们在行为中接受社会公平原则的约束并自愿为公共产品的创造作出贡献。这种自愿创造公共产品的生产力作为自愿创造个人产品的意愿不可能被强制及控制监督体制所替代。与拥有道德市场的社会相比，一个因为不存在道德市场而缺乏这种生产力的社会在创造公共产品的能力方面明显处于劣势。但这种缺乏必定会给统治阶级成员的生活质量也带来负面影响，因为在集体产品方面长期欠缺最终会波及个人产品的创造。

但专制统治体制不仅事实上难以与道德市场相吻合，而且直接或间接促进道德市场的形成也根本不可能符合该统治体制中权力所有者的利益。

一方面，道德市场有赖于具有中性化权力关系的开放社会的存在。只有在此条件下，许多企业家才可能有理由采取合作性的企业战略并要求其伙伴和成员接受普遍主义的人际尊重和社会公平原则的约束。但就专制体制本身而言，不可能存在中性化的权力关系，结果必定是开放社会存在的前提也不成立。即便权力所有者出于机会主义考虑允许一定的"自由化"，总的说来他也会极大地限制权利和自由迁徙。为了确保统治，他们不允许不加限制的合作及结社自由，并会试图限制社会的流动性，同时制止不同社会群体之间的流动和交流。根据自己的意愿与他人结合，同自己挑选的伙伴按自己的计划经营合作性企业，这些自由在专制社会中或多或少受到限制。存在的不是开放的而是封闭的社会关系——道德市场不可或缺的存在条件荡然无存。后果是，几乎没有一个生活于强制体制中的人有理由采取道德立场并自愿为社会的集体产品的创造做出贡献。

另一方面，在有关道德市场方面，专制统治者陷入无法摆脱的怪圈。不加保留地欢迎道德市场不是他的本意，尽管该市场给他带来潜在的益处，因为他也从该市场提供的大多数公共产品中获益。但另一方面，他又感到自己的统治受到道德市场的威胁。道德市场运转越良好，社会成员因而成为接受社会公平原则约束的道德完整性人士的数量越多，专制统治者就越担心这些成员创造的公共产品对他而言远非产品。对不属于统治阶级的社会成员而言，其社会的宪法现实不是集体产品，而是集体弊端——而消除集体弊端本身又属集体产品，参与该过程又是社会公平原则的要求。因此，如果普通公民在行为中遵循这些原则，他们就不会为维持一个对他们不利的宪法自愿作出贡献。相反，他们会自愿为取消这个宪法作出贡献，方法是推翻统治体制并将权力所有者从其位拉下。因此，在他们看来的紧迫的公共产品在权力所有者看来显然是严重的弊端。

因此，如果希望通过较大的自由度促进个人及集体产品的创造的话，专制的权力所有者则面对无法摆脱的窘境。较大的自由度固然带来较高的生产效率，因为"个人主动性的精神"只有在"自由的政体"之下才能得到发挥[1]。但自由对专制权力所有者

---

[1] 哈耶克1971年论著第42页。

也意味着危险，并不因为它给个体行为创造了空间，自由会促进道德市场，它会培养个体通过集体行为实现共同利益的能力。所以要提出的问题是是否道德市场为社会全体成员创造的公共产品的益处如此之大，以至专制的权力所有者应当理智地放弃其统治并且让潜在的政变者应当理智地放弃推翻统治的念头，从而像其他公民一样在自由社会里享受该市场的好处？换句话说，单单从这一角度出发，放弃违宪使用权力潜能就符合国家权力所有者的自身利益吗？一般来说不能以此为出发点。即使可以找到这样的例子，即专制权力所有者"不明智的"政策大大削弱了经济的生产效率，以至他们拥有的物质产品的规模还不如自由社会的普通公民。这一方面的匮乏，可以从前民主德国统治阶层的"奢侈特权"中得到证实，除少数例外，这些特权者甚至达不到西方平均收入者的生活水平——如果将"第二等级"的官僚也包括在内的话，就更加可怜。因此有可能出现这样的情况，即由于独裁体制生产效率的不断削弱，法治国家制度中因遵守宪法而获得的普通红利高于独裁统治体制中权力所有者的收入。这样一种发展——历史经验已经证明——也会动摇稳定的统治结构。"退休"并给社会的民主和法律改革创造空间，使公民出于对他自愿退位的感激而至少使其晚年衣食无忧，这对独裁者可能是更好的出路。

但明智的强权政策不一样，这种政策通过确保一定程度的自由度避免宰杀可以用来挤奶的奶牛，这时的专制统治者感到完全不适，如果他们必须放弃道德市场的生产力的话。他们享有特权的官位产品及地位产品应当说与该市场没有联系。比起做自由社会的普通公民，总的说来他们有生活得更好的良机[1]。

---

〔1〕　涉及独裁者和专制者物质上的成功时，一般而言，西方较东方也远为成功。

但即便是缺乏自由的社会的生产率劣势从自身看只在极少数情况下促使权力所有者尊重法治国家的宪法，它们还是有不可忽视的意义。如果从国家权力所有者利益立场出发，还有其他理由反对违宪使用权力手段，则生产率劣势将在其中起重要作用——例如权力所有者采取此类行为带来的风险。缺乏自由的社会的生产率劣势在新经济学世界中具有更强的说服力，因为自由和缺乏自由的社会生产效率之间的差异的扩大有利于自由社会，而同权力所有者放弃专制统治相连的物质损失会相应减少。然而，如果合宪及违宪行使国家权力带来的不同赢利预期间的差异缩小，则其他要素会对在两者之间取舍施加更大的影响，并淡化接管权力的物质诱因。制裁代理人将"两次"考虑，是否应该动用强制机器推翻法治国家秩序建立一个寡头统治。

D. 抵抗

1. 作为公共产品的抵抗

如果国家权力的所有者试图推翻符合宪法的秩序，则他面临的风险的程度根本上取决于社会普通公民紧急情况下在多大程度上能通过唤起自己的抵抗潜能贯彻相应的宪法利益。在旧经济学世界中，不存在重新唤起抵抗潜能的现实机会。不可能存在得到普通公民"大众"支持的不论是具有进攻还是防守特征的大规模抵抗运动，权力所有者因而也不担心这些抵抗。结合情形之效用最大化者不是用革命者或抵抗战士的材料制成的。对普通公民而言，抵制暴君和独裁者攫取权力是集体产品，而该产品的创造受到国家权力所有者通过行使有形的暴力潜能的阻挠。"人民权力"潜能的表达在旧经济学世界的条件下不可能实现——革命的可能形式只能是"宫廷革命"，目的是让政变群体取代统治阶级获得国家权力和相关的特权。

如果新经济学世界里存在着拥有运转良好的道德市场的开放社会，则普通公民的前景完全不同。首先是国家的权力所有者的权力地位受到限制，因为由于法律秩序的不完整性，国家强制机器也有局限性。从一开始起，行政权力的所有者只能依赖"相对"而非"绝对"的权力垄断。但群体权力地位的真正价值并不单纯取决于所具有的有形的权力手段，而更是取决于群体不受限制行使权力的可能性。如果没有有组织能力的集体制衡权力，因为公民没有能力以共同利益为重行事，则相对的权力垄断也可以构成压迫人民建立寡头统治的牢固基础。如果不存在有效制衡力量的危险，统治阶级的权力基础可能相对弱小。

从这一视角出发，作为有行为倾向之效用最大化者的新经济学世界的居民有能力跨越个体理性和集体理性之间的鸿沟并通过共同行动实现共同利益的事实，远远比国家权力机构有局限性的事实重要得多。因为只有当有足够多的人在特定的情形下不计个人成本和风险，向滥用权力及侵蚀或公开推翻符合宪法的秩序的企图发出挑战，普通公民才有可能也有效战胜拥有国家强制机器的那些人。

如果道德市场存在，则该前提就成立：在此条件下，许多作为道德完整人士的社会成员愿意为集体产品作出贡献，即使他们贡献产生的效用不及产生的个人成本——在抵抗行为中这也很典型，即与个人的巨大投入相对应的是微不足道的效果。只要普通公民在其行为中接受社会公平原则的约束，那他们就不仅有让法治国家和自由宪法生效的理性意愿，而且会将此意愿转化成相应的行为意念，并为保持和保护该宪法做出"自己的贡献"——如果必要，也可以通过积极的抵抗。

较结合情形之效用最大化者不同的是，我们不可以声称，有行为倾向之效用最大化者从根本上不适合成为抵抗战士。由广大未经组织的民众即时参与的"大众起义"和有组织经过协调的抵抗运动一样，在新经济学世界中原则上都属可能。专制统治者不可能指望人民任何时候都"麻木不仁"，可以无条件地服从，而不管统治体制是如何令人压抑。作为普通公民的有行为倾向之效用最大化者可能不仅是宪法兴趣者，也是他所希冀的宪法的担保者——即使是他人拥有国家权力手段。大众权力所具有的集体产品的特点不再是不可逾越的障碍。

普通公民能够使用的抵抗方式多种多样，并随着情形灵活变通。既可以是被动的抵抗，个人或集体拒绝付出劳动，拒绝交纳税赋，拒绝传递信息或从警察队伍中开小差。在此前提下，普通公民的"生产率潜能"比其无意中显现出来时更有效得多：以总罢工形式出现的被动抵抗会使物质生产瘫痪，并使统治者的权力完全缩水。主动抵抗方式有公开批评和声讨，发动和参加聚会，张贴标语，印刷和散发传单，示威和静坐，直至破坏活动，秘密建立抵抗组织并参与武装起义。作为个体，人们可以在其周边进行抵抗，但也可以作为公共机构的职员和公务员，特别是可以作为企业家通过提供其企业在资金、组织、有形及个人的资源或与其他企业一起采取集体战略进行抵抗。

2. 更好级次的声誉机制

然而，也可以通过另一间接方式为"抵抗"这一集体产品做出有效贡献。个体不仅可以直接参与抵抗运动，他还可以支持他人参与这种行动并给予奖励。即便一个参与积极抵抗的个人能力和手段有限或起不了太大的作用，但通过这种间接的方式有可能益处大增。可以向积极的抵抗战士提供金钱、荣誉、知识和建议，可以向他们展示在某一企业或"被拯救"了的国家中的前程，或将女儿许配给他。这些来自"同情者"的"道义上"的支持会大大增强抵抗潜能，如果在抵抗运动中扮演积极角色的风险即使对于道德完整人士来说也可能过大的话，这种支持会降低成本门槛。

这一后援效果以道德市场产生后特有的一普遍现象为基础。我们将它称之为"更高级次的声誉机制"。具体指的是，行为者某一行为选择之所以受到其关联伙伴的奖励，不是因为他的选择符合关联伙伴的自身利益——例如作为企业的伙伴，它之所以受到其关联伙伴的奖励，是因为如果群体成员具备该准备，这一准备就变为群体的集体产品。因此，我们可以说在这种情况下个人品格出于道德原因得到奖励。行为者的关联伙伴强化行为者的某些"性格特征"的事实，在关联伙伴看来是对集体产品的贡献，该贡献不是出于自利所为，而是公平原则的要求[1]——此外这还是一种低成本但效果良好的贡献：来自"有资格者"的表扬对被表扬之人而言可以是强大持久的行为激励[2]。

就如同人们可以通过直接方式或以为某一创造集体产品的机构做贡献的间接方式来参与集体产品的提供一样，人们也可以通过对创造集体产品的个人的"性格形成"做贡献的方式间接促进集体产品的提供。如果在社会群体中这一较高级次的声誉机制有效运转，则不仅当行为者因其性格使其他个体直接受益时，而且当整个群体因此受益时，"良好的声誉"都会给他带来好处。

较高级次的声誉机制对"抵抗"这一集体产品有着特别重要的意义，因为通过这种手段，一种在建立和组织抵抗运动过程中经常出现的特殊需求得到了满足，即对杰出领袖人物的需求。这些人士不仅必须具有特殊能力和个人"魅力"，而且还要承担特别的风险和成本。经常会出现这样的情形，即成功的抵抗取决于这样的领袖人物，而缺乏领袖的自发的抵抗运动有可能流产。但这些对领袖人物提出的高要求远远超过一般公平原则的"普通"成本，因为它要求为实现共同利益做出超出"适当"贡献的事

---

〔1〕 从该角度出发，道德人士还可能有动机，探讨并主张一种在他们看来有利于公共福祉的理论或意识形态。

〔2〕 也可以设想人们在选举中将票投给一个具有特定"宝贵"品德的人。

情。要求某人做出这种贡献是不公平的。

在此情形下，较高级次的声誉机制能够通过将单一效果进行一定程度的集中堵塞"漏洞"[1]，因为如果诸多个体向特定行为者提供的好处作为分散、单一的贡献对贡献者而言没有超出临界局限，但这些贡献的总和却有可能构成足够的吸引，并对行为者的杰出行为也予以足够的补偿。面对高额奖励，发展那些远远超出道德人士所持普遍标准的行为倾向有可能成为值得尝试的战略。在"一般性"牺牲精神的基础上对"政治领袖"这一集体产品进行的小规模投资的总量可以产生叠加的效果，它将导致一定的行为方式，尽管该行为方式第一眼看去很难同行为者的自我利益相一致。许多"弱小"的个体可以通过这种方式成长为"强大"的人物——但同时强力者也依赖于弱者，反之亦然。

因而，有行为倾向之效用最大化者不仅是雕刻成革命和抵抗战士的木料，他们中间可能还有些人会成为革命英雄和抵抗英雄。在拥有良好运转的道德市场的新经济学世界中，不仅存在着必要时自己参与"抵抗"这一公共事业的激励，而且在有些情况下还有置身于运动的"最上层"并承担该运动的组织和领导的重任的理由。较高级次的声誉机制可以确保，让那些必定面临最大风险的抵抗积极分子的个人成本相对于可预期的赢利不至过高，也即让他们在特别的付出之后还能有收益结余——特别是当抵抗运动富有成果而其他被动参与者有理由为成功而奖励其领袖时。

3. 民众的权力：从虚构到现实

考虑这些因素，鉴于普通公民调动抵抗潜能的能力，新经济学世界中的国家权力所有者如果试图滥用权力推翻宪法并建立一

---

〔1〕 参见科尔曼1990年论著第490页及以下。

个寡头统治，其风险可能增加以至不可预测。连同自由社会同专制社会间存在着巨大的生产率差异的事实，该风险构成了权力所有者放弃篡权企图的一个重要原因。即便普通公民进行抵抗的成功前景可能因具体情况很不相同，但取得这样的成功仍然可能这一事实也在潜在的政变者的权衡砝码中构成了一个重要的不确定因素，因为面对的是原则上有能力也包括采取攻势来维护自己的共同利益的民众。独裁统治和寡头统治胜出的机会难料，专制统治者的生命之旅会问题重重。

不论在新经济学世界还是在旧经济学世界中，本身并不追求统治者地位的作为普通公民的个体都会面对同样的基本问题：谁来贯彻符合自己利益的宪法？不存在掌握强力的、愿意作为宪法的担保者、代表普通公民立场的行为者。如果社会机构的运转要符合"民众"的利益，则真正的权力必须来自"人民"自身。但是，如果"人民"将权力移交或无力调动潜在的权力，它就会发现这些权力被用来同自己及自己的利益作对。在拥有理性之效用最大化者的社会中，掌握权力手段的每个人都会毫不犹豫地使用权力获取最本原的个人效用。没有任何一个强力者会自愿为无权者的利益行使自己的权力。

但是作为经济人的普通公民不仅没有能力为保护对其有利的宪法调动自己潜在的抵抗力，而且他还会暴露出对政治基本漠不关心、冷淡及缺乏兴趣等特点。政治经济学的一个核心观点是，作为结合情形之效用最大化者的普通公民甚至不关心政治问题，因为基于其个人贡献特征不明显，他的政治能力反正无足轻重。因此，在旧经济学世界中，公民也不参加投票——即便他们生活在一个拥有对他们有利的宪法的民主社会也是如此。然而，连为民主社会的集体产品做出——"最低"——贡献而进行投票都不参加的人，也不会走上街头为该社会进行抗争。行为接受公平原则约束的有行为倾向之效用最大化者则完全不同[1]：他不仅关心政治并选举他认为值得选的政治家，他还会对国家权力所有者的行为进行监督和控制，并在紧急情况下加入抵抗运动的行列，以挽救"公民社会"制度。只有在新经济学世界中，"人民"的权力才不再只是虚拟。

但有必要作一并非无足轻重的限制。有行为倾向之效用最大化者作为普通公民调动其抵抗潜能的能力并不意味着抵抗运动和"人民起义"可以招之即来。即使存在着运转良好的道德市场并且有众多的社会成员接受社会公平原则的约束，集体抵抗的实现依然可能面临不同的困难。公平原则并不要求普通公民有英勇精神和盲目献身，也不要求他们投资于没有前景的事业。必须存在着让达致获得所盼产品的现实机会。但是普通公民的抵抗权力绝非总是前景辉煌。成功取决于许多因素，如国家强制机器的军事实力，权力所有者阶层的忠诚和团结，其领袖的魄力和能力，抵抗运动的有组织程度和其成员之间的沟通，拥有组织资源，国家机器对抵抗运动的渗透程度以及专制和压迫的程度等。

即便这样一来新经济学世界中的普通公民原则上可以作为他们所希望的法治国家宪法的担保者行事并且特别是也能够赋予制

---

[1] 具有典型意义的是，安东尼·唐斯在其选举行为的经济学理论中就不得不假定这一行为倾向的存在，尽管该行为倾向同其理论不相称："民主制度中的理性之人在一定程度上都受到同自身短期赢亏无关的社会责任感的驱动。如果把这样一种责任感视为参与投票产生的收益的一部分，则可能意味着对一些人而不是所有的理性之人而言，参加选举的收益超过参加选举的成本。"（见唐斯1968年论著第262页。相比之下，杰弗里·布里南和洛伦·洛马斯基建议的"解决方案"就不那么令人信服。他们认为，参与民主选举是为了满足表达政治偏好的需要，参见布里南和洛马斯基1993年论著第32页及以下。如果投票近乎不会带来后果的话，难道还有哪些地方比匿名的投票箱更适合用以表达？类似的观点参见布里南和洛马斯基的论著，克里姆特1986年论著B卷。）

裁代理人的立法和司法授权以有效性，但他们仍然没有能力从长期具有"战斗性"的意义上完成此任务。尽管如前所述，积极抵抗的可能性不会不给潜在的专制者留下印象，但一个其功能承担者实际上不停地权衡政变的利弊并"暗中等待"机会来临的法治国家，不仅几乎不符合现实存在的法治国家带给人们的印象，而且也与该制度功能的稳定性和可信性——这些"理性的可预见性"是兴趣者的关注重点——不相吻合。

出于上述原因，还有两个因素对法治国家的长期稳定意义重大：一方面是国家权力机构的所有者自身也能够受到法治国家宪法约束的事实；另一方面是法治国家社会——一旦建立起来——总的说来会启动一种自我强化循环意义上的机制。这两个因素都有助于法治国家制度即使没有普遍公民持久的威慑潜力也能可靠地持续下去。

九　作为合作性企业和官僚机构的强制机器

如果社会的权力平衡通过"人民权力"得到实现，则制裁团队代理人拥有自己的强制机器和特别的权力手段的事实对他们的利益状况和决定就不再起关键作用。在此条件下，可将法治国家的制裁团队组织成一个合作性企业，成员成为接受该企业伦理约束的道德完整人士是加入企业的条件。但该特殊企业的伦理由法治国家宪法规范组成——接受此伦理的约束首先意味着人们必须尊重宪法中确立的公民基本权利，承认立法和司法的权威，并且据此作为制裁团队的成员在行为中自愿服从法律的统治和法律团队的指令。

如果接受法治国家宪法约束是成为制裁团队成员的必要前提并且制裁代理人基于社会中性化的权力关系没有机会作为权力所有者反对宪法秩序，则该约束对作为有行为倾向之效用最大化者的制裁代理人而言从长远来看将符合理性。通过这种方式，作为规范制定者和宪法兴趣者的普通公民对作为规范对象的制裁代理人施加的"外在压力"就能够转变成对宪法的"内在约束"。但关键的是，普通公民要求制裁代理人接受宪法的约束不仅应当成为其加入制裁团队的接纳条件，而且应当成为其呆在其中的停留条件。如果代理人不再符合所需的人品要求或不接受宪法约束而是出现推翻宪法的倾向，普通公民原则上必须有能力将作为个人或集体的制裁团队代理人从位置上拉下来并重新剥夺他们的权力。

如果成功地建立了作为合作性企业的国家法律机构，其成员作为道德完整人士接受法治国家宪法的约束，则在普通公民看来已经取得了重要的进步。这一进步特别会对法治国家宪法规定的集中授权规范，即对立法和司法的授权产生积极的影响。制裁团队成员是该授权的重要对象，处在能赋予立法和司法机构有效权力基础的潜在有利位置。如果他们自愿服从法律和判决，因为他们接受宪法和由此推导出的规范的约束，则他们不仅确保了立法和司法面对制裁团队自身的权威，而且也确保了它们面对普通公民的权威。如果真正拥有强制手段的人感到应接受立法和司法机构约束的话，则立法者和获得授权的法律解释者决定在社会中动用强制的前提及方法方式的权利显然将会得到最佳和最顺利的保障

国家强制机器的所有者在行使权力时自觉服从法治国家规范这一状态如能达到，则他们自己也就成了宪法的担保者。通过这种"弯路"，作为宪法兴趣者的普通公民不仅成功地迫使国家权力所有者遵守宪法，而且还将他们"教育"成为不再需要强迫其如此行事的人。

如此一来，普通公民不可能在所有条件下都能调动抵抗潜能以及面对国家权力所有者的合力集体抵抗成功的前景不尽现实的

问题，就变得不再那么重要。如果国家/法律机构的成员接受宪法约束，则普通公民不必再担心，与自己打交道的这些机构的成员都只是在伺机用强制机器将自己打个落花流水并废除法治国家宪法的人。倒不如说他可以假定，如同在普通公民当中一样，他们当中也有不少人作为道德完整人士尊重普遍主义的人际尊重及社会公平原则。即便他们有明显的机会可以单独或集体滥用其位置为自己谋私利，宪法约束也会制止他们这么做，而且他们也会制止别人采取这种行为。

尽管国家权力所有者接受宪法约束并不能给普通公民带来绝对的保护，也不能从根本上省却其作为宪法担保者最终保障自己利益的努力。只有当该行为可靠并长久地符合他们的利益时，国家权力机构管理者接受宪法约束的行为才能可靠并长久地存在。但所需前提又必须是，普通公民原则上有能力对拥有该有行为倾向予以足够的奖励并对缺乏该有行为倾向进行足够的惩罚。如果国家权力所有者不再具备所要求的个人品格，他们也必须有能力再次剥夺其位置。

尽管如此，作为宪法担保者的普通公民在此条件下的任务还是大大减轻了。首先是相关的过程将需要更多的时间。普通公民确实承担宪法担保者角色的能力遭到削弱而使国家权力所有者可能摆脱宪法约束并非一个瞬间的事件，这个过程会留给普通公民时间去"觉醒"并组织抵抗。此外，普通公民注意力和积极性的瞬间削弱也不至引起权力所有者的观念的根本改变。行为倾向的形成和变化的"惰性因素"会确保即使客观利益状况出现剧烈摇摆也能得到"克服"，并使普通公民的"弱势阶段"在将遵守宪法的国家公仆转变成觊觎权力的政变者之前必须持续较长一段时间。

如果从潜在的政变者的角度对国家机构管理者接受宪法约束的后果进行观察，就可以看到情形发生了对普通公民多么有利的变化。因为即便由于普通公民中道德人士的人数减少或篡夺政权的战略机会千载难逢而在社会中出现了有利于推翻符合宪法秩序的客观事实，政变者仍然不可能肯定国家机构成员接受宪法约束的普遍情况：是否面对现实情况，这种约束在大多数人身上已经"松散"以及参与颠覆的意愿是否因而已经拥有广泛的基础。他还必须预料到，由于这种约束的刚性，许多国家权力的代理人会违背其"客观"利益行事并且拒绝参与政变，因为其对宪法的效忠仍然有效。因此，总的说来，国家权力机器对颠覆计划的反应要"迟钝"得多，其成员也无法——像结合情形之效用最大化者那样——灵活而不迟疑地适应变化了的事实，以实现对其最佳的选择。由此可能会出现的局面是，尽管作为"本原的"宪法兴趣者的普通公民的抵抗能力大幅降低，但符合宪法的秩序仍可在一定时期内保持稳定。

在稳定法治国家秩序之外，国家法律机构成员自身也接受社会中法治国家宪法的约束的事实还有另外一个重要后果。通过将国家机构，特别是国家强制机器像合作性企业般经营，其组织结构依靠成员接受规范和宪法的约束，才有了将国家强制力组织成为官僚架构的可能性。在本书开篇时我们已经指出[1]，从组织学理论视角出发，法治国家的一个根本特征是法律强制措施的命令和执行是在符合马克斯·韦伯官僚组织主要特征的组织结构下进行的：1.每一成员拥有界限清楚的义务和权力范围；2.任务的完成遵照广泛而详细的规则；3.对规则的认识和使用需要特别的素质并使得同组织有关的行为成为一个"职业"；4.成员被剥夺确定主管范围及颁布对其行为有约束力的规则的权力；5.所有选择都可以被上级机构审查和控制。根据韦伯的观点，官僚组织的"本质"在于其成员行为的"抽象的符合规范性"，在于

---

〔1〕　参见原文第111页及以下。

原则上拒绝"逐一的个案"处理，在于将"任意和恩赐"排除在外，而这也是行使强制和暴力的国家组织的"本质"。

在旧经济学世界中，建立官僚组织面临几乎不可解决的难题，国家法律机构领域更是如此。结合情形之效用最大化者是官僚主义的"敌人"：他总是"根据个案"决定用何种行为方式能够最佳地实现个人利益。"抽象的合规范性"在其行为中原则上不可能存在。来自外界的对其行为进行的规范化对他来说只可能具有寻找对其有利的绕开规范的吸引力。其行为受到规范约束越广泛，则在重要或不重要情况下背离规范的机会就越多。没有其成员一定程度上的自愿服从义务，官僚组织如同其他合作性企业一样难以经营。

在属于公共权力组成部分的官僚组织情况下更困难的是，几乎找不到一种将实现组织目标与组织成员自身利益相联系以便"自行"产生符合义务的行为激励。我们不可能让行使国家权力的官僚组织的成员像在企业那样参与分享"销售业绩"，使追求个人目标与实现组织目标等同起来。遵守法制国家规范不是为了实现与此无关的目的的手段。模范遵守这些规范某种程度上是目的本身，行使法治国家的主权权力正是行使符合宪法的主权权力。在这个过程中，并不生产或经营可以在法治国家成员之间再次进行分配或与他们的单一贡献直接相连的任何东西。在法治国家中，国家官僚机构要在不利的条件下完成艰巨的任务。正如要求掌握主权职能的成员具有极高的规范一致性水平一样，懈怠义务、不严谨、马马虎虎及腐败造成的损害也同样随处可见。与结合情形的效用最大化者也许可以建立一个国家——但既不会是官僚国家，也不会是法治国家。

只有当行为者能够在其行为中接受规范的约束并有能力面对某一机构的目标和任务采取内在的立场时，法治国家官僚机构才可能存在。只有当其成员乃有行为倾向之效用最大化者时，官僚的企业才可能像其他企业一样以同样的方式根本满足自己的规范要求：要求希望进入企业的人具有品德完整性并接受与企业相关的原则及规范的约束。如果对有行为倾向之效用最大化者而言，存在着值得成为官僚企业成员的足够激励，那他就没有理由不接受官僚企业相关伦理的约束。只有通过这样的约束，才可以创造出一个可信赖、可预见的国家官僚机构，它不必受制于其成员在特定情况下采取合宪行为"恰巧"是效用最大化的选择。只有在新经济学世界中，作为组织形态的法治国家才有现实的可能性。有行为倾向之效用最大化者不仅在其作为普通公民贯彻自己的利益时对法治国家秩序这一集体产品必不可缺，而且在其作为法治国家机构成员确保官僚机构相应运转时也是不可或缺的。

十　道德市场能存在吗？

如果迄今为止提出的考虑和观点都有根据，我们可以得到什么结论呢？结论是，新经济学世界中可以存在法治国家——前提是存在着运转良好的道德市场！但对运转良好的道德市场的前提自身得到满足取决于哪些因素的问题却未置一词。相反，如果我们回忆道德市场存在依据的条件时，必定会怀疑这些条件是否确实能够得到满足，道德市场是否确实能够存在：第一，必须存在着拥有结盟和结社自由的开放社会，使合作利益的实现获得足够的机会；第二，必须存在着中性化的权力关系，使合作利益不受权力利益的控制；第三，必须存在着抑制非合作行为方式的有效的社会控制体制。存在道德市场的推定就已经假设这些前提的满足是"内生"的事实，对其进行理论上的"内化"当然并非轻而易举之事。因为如果看一下法治国家与道德市场之间关系的构架，似乎可以发现一个循环论证的解释模型。

只有当普通公民有能力面对制裁团队代理人的权力调动自己

的权力潜能，并打消对方利用强制机器废除宪法建立寡头统治的念头，法治国家制度才能长期存在，这一点我们已经阐述过了。普通公民的这种能力取决于在社会中存在着运转良好、可以孕育足够数量的具有道德一致人士的道德市场。驯服国家权力所有者的能力意味着建立中性化权力关系的能力，然而道德市场带来的可确保法治国家存在的中性化权力关系同时也是道德市场的基本前提。但还不够，只有拥有保障个人自由权和财产权的法治国家机制才能保护开放社会的关系，而只有通过法治国家的集体制裁力量方得以存在的社会控制体制才能将背离规范行为的风险提高到警戒线之上。然而，开放社会和有效的社会控制体制如同中性化的权力关系一样本身就已经是道德市场良好运转不可缺少的基础和前提。

因此，与相信法治国家可以在道德市场中满足自己的"道德需求"不同的是，道德市场的存在本身似乎更依赖法治国家关系的存在。然而，这种其自身即依赖道德市场的存在的关系如何成为现实呢？我们需要有足够数量的具有道德完整性的人士，以提供"法治国家"这一集体产品，但足够数量的具有道德完整性的人士似乎又是以该集体产品业已存在为前提。

但事实上不存在着解释的循环论证，仔细观察甚至可以得出相反的结论，因为这种看似循环论证的现象导致的后果可能是道德市场及法治国家的高度稳定性和抵抗力。为了证明这一点，就必须将已存在着运转良好的道德市场的情形与这样一个市场尚不存在、涉及如何形成该市场的情形区别对待。因此，应当对道德市场的存在和形成分别进行解释。

如果我们假定运转良好的道德市场业已存在，就会看到，该市场必须自己创造出它建立在其上的社会条件并非该市场及其理论解释的缺陷，毋宁说道德市场异乎寻常的韧性恰恰在于此，因为运转良好的道德市场是一个自我维系自我强化的系统，是一个包涵保障自身存在机制的系统[1]。

这一点不难看出：如果存在运转良好的道德市场，则根据假设它会孕育众多道德人士，使公共产品的创造原则上得到保障。但是从普通公民的角度出发，一个社会中最重要的公共产品包括法治国家的制裁和强制权力机构及作为其基础的中性化权力关系。然而，来自道德市场的道德人士在确保法治国家机构的贯彻和安全的同时，也同时确保了——这一目标并非他们的直接意图——道德市场必要的框架条件的存在和稳定，从而也保障不断出现关心创造集体产品的其他道德人士。如此看来，道德市场具有自我维系功能，方法是通过自己孕育出来的道德人士及他们维护法治国家社会宪法的迂回道路达到巩固自己根基的目的。

道德市场除此之外还能产生出自我强化的效果，这一点只要我们以下述浅显的假设为前提就不难理解，即总体上运转良好的道德市场的框架条件也是可以改善的——之所以这样，特别是因为确保开放社会的法治国家机制、社会控制体制及权力关系的中性化通常是可以改善的。但改进集体产品的质量体系本身就属集体产品，自愿为集体产品做出"公平"贡献的人也会愿意自觉为改进集体产品的质量做出"公平"的贡献。来自道德市场的道德人士不会对其社会和法律秩序的不足坐视不管，他们会努力克服这些不足。

但是，随着法治国家机构稳定性、功能及可信度的改进，道德市场的框架条件也同时得到改善。更稳定、更有效及更可信的法治国家机构也在开放社会关系的稳定性、有效的社会控制体制及更好地保护人们免受权力任意和权力滥用方面得到更高程度的体现。如果道德市场的框架条件得到改善，就会出现更多的道德

---

〔1〕 只要能将系统论上的"术语""转化"成个性化的解释，该术语在这个意义上就不成任何问题。

人士。而社会中越多的成员积极关注公共产品，则他们在条件相同的情况下取得的成功也就越大，相应地道德市场的框架条件及"道德生产率"也会进一步改善——作为后果，社会中拥有道德完整性的人士的比例继续上升。因此，会出现一个良性的、自承的并自我强化的螺旋运动，原则上不仅导致法治国家机构质量的改进，也会带来道德市场更高的效率。当然，这种"螺旋上升"会在道德市场由于给定的经验条件而达到"饱和"时中止，而这些经验条件与该道德市场的一般性框架条件的特性和品质没有关系[1]。

法治国家和道德市场共为一个近似自成一体和"自治"的系统的要素，这一事实对两者的稳定性和抵抗力大有好处。它们一旦建立并得到认可，就可以基于其"内在"机制从对外界有利因素的依赖中解脱出来，并依靠自身力量进行再生产：方法是他们首先自己满足为维持自身所需的"道德需求"。这一理论结论与经验事实相吻合。如果法治国家能在较长时间内得到维持，一般都是靠自身力量运行的，而且其稳定性和抵抗力不断增强。

但另一方面，这些"系统特征"也会对法治国家及道德市场产生特定的危险，两者很大程度上也都依赖其内在的再生产力，正常情况下不存在来自外界的支持。这存在着一定的危险性，因为法治国家及道德市场尽管是一个自我再生产的系统，但却不是一个自我调控的系统，那些使系统保持特定的理想状态并确保出现偏差时进行修正的机制拥有这种自我调控的系统。法治国家和道德市场只在极有限的范围具有这种机制。

主要危险之一在于——与单个合作性企业内部完全相似[2]，恰恰是这种孕育道德人士的自我强化的倾向使得采取社会控制的

---

〔1〕 参见原文第 555 页及以下。
〔2〕 参见原文第 462 页及以下。

激励变弱，对社会控制的功能被低估[1]。由于符合规范行为的广泛扩散，进行这种控制的显而易见的必要性被忽视，也特别包括对国家权力所有者的控制。然而，即使因为在有利条件下存在着众多的道德完整人士，以致特别是法治国家机构也得益于其成员的宪法忠诚而有效运转，但确保该状态稳定的一个主要因素仍旧是一定程度的正式或非正式的、持续减少个体或集体违背规范的社会控制机制。在此，有效的社会控制不仅在个案的收益/成本估算中起到威慑作用，它也会为让规范对象认为值得形成并保持结合行为倾向的规范约束力做出不可缺少的贡献[2]。如果该机制长时间被忽略，必定会导致"道德水平"受到侵蚀——不仅会导致背离规范行为的增加，而且会导致道德人士的减少。

如同单一的合作性企业一样，在社会中我们总的说来也必须预见到"波浪运动"：即跟在"严酷"及"严格"时期以后的是一个"宽松"时期，直到太多社会成员再次通过采取机会主义和非合作性行为对这个时期加以利用，使得缰绳不得不再次拉紧。当然存在着这样的危险，即在宽松期内法治国家机构和道德市场受到如此冲击，以致效率降至警戒线以下，这可能导致整个体系的崩溃。并不明显的侵蚀可以变成顷刻间的坍塌，而且不总是会有明显的迹象便于及时采取补救措施。如果本来潜藏的机会主义在社会里变成公开现象，某些情况下就可能已经太晚了。许多个体和群体可能已经追求非合作、自私自利的战略，国家机构可能已经受到严重侵蚀和化解，无法制止衰亡。如果疾病的症状明显，则表明细菌可能已经具有抗药性了。

在低谷时期如果一定的警戒线被探底，则事情将是灾难性的，因为法治国家和道德市场的"联动系统"不仅有自我维系自

---

〔1〕参见鲍曼1996年论著B卷。

〔2〕同上。

我强化的机制，而且从某一点开始也同样像镜像一样的自我摧毁机制。如果社会中道德完整人士的数量减少，公共产品和法治国家的机构也会经历衰败，而这又会降低道德市场的"道德生产力"，后果是越来越少的人愿意接受人际尊重和社会公平原则的约束，公共产品的提供变得更加困难。良性的螺旋上升因而会变成恶性的螺旋下降，当然这里有一个"通往悬崖深谷的边沿"，陡坡上的下滑在此以自由落体的形式终结。如果权力关系的中性化似乎不再可能，则对残存的道德完整人士而言，冒着不可预测的风险进行努力也失去了意义。权力的天平将突然向有利于国家或非国家权力手段拥有者的方向倾斜。让暴君和专制者篡权的罪恶之门将被打开。

尽管受到损害和面临风险，法治国家体制和道德市场的生存机会总的看来仍然不错。部分原因在于，社会成员的高得"过分"的道德水准从来就没有形成过。一般情况下，道德市场在社会关注降低之前很早就已达到了"饱和"点。在运转良好的道德市场存在的情况下，在私人及公共生活中也将大量存在着个体或集体的违背规范的行为，以致社会控制的必要性从来就没有停止过。因而，一定的"不道德"实际上有助于确保道德——众所周知，这是埃米尔·涂尔干在其他前提下已经阐述过的一个观点。

十一 道德市场可否形成？

A. 事物的自然过程

即便有可能消除人们对道德市场存在"循环论证"的怀疑，但人们对有关道德市场——如此一来当然也包括法治国家——如何形成这一问题的怀疑依然可能有增无减。如果道德市场业已存在，则它可以自我运转，因为它自己通过孕育道德人士间接地创造了自己存在的前提。但恰恰是这种循环的封闭性提出了有关问题，即它开始时是如何得以从一种还没有道德市场的状态中发展出来的。道德市场包括法治及宪法国家在新经济学世界中真的只能存在，而不能形成吗？

　　特别是作为道德市场的基本条件的中性化权力关系的产生似乎难以解释。根据迄今为止的解释，中性化的权力关系的存在得到普通公民保障的前提是他们要有调动权力潜能的能力——而这一点又取决于运转良好的道德市场的存在。从中可能得出的结论是，普通公民尽管有机会捍卫法治国家，因为他们借助道德市场培养了对推翻宪法的企图发起抵抗的能力，但同时他们却没有机会引入一个法治国家秩序，因为他们无法获得对现存的暴政或专制统治进行革命的能力。在这种制度下，权力关系不会被中性化，统治者也没有允许道德市场存在的兴趣。这样一来，如何从普通公民中找到既作为捍卫法治国家秩序的潜在抵抗战士又可以作为建立这种秩序的潜在革命者的道德人士呢？如果合作利益的代言人无法作为集体团结行事，他们又如何能够战胜权力利益的代表者呢？

　　如同多次重申的那样，法治国家在历史长河中是一个几乎不可思议的现象乃是不争的事实。按百分比看，只有极少数人曾经历过比压制和专制的统治制度更好的国家形式。在此背景下，如果说在新经济学世界中的"普通"条件下道德市场包括法治国家无法形成，为此必须存在一个在现实中或许只在个别历史条件下出现过的超乎寻常的经验格局的话，这对理论的解释力绝非是不利之处。

　　事实上，即便在新经济学世界中，事物的自然过程也不会导致自由社会和法治国家。在此，结果通常可能也是并非作为公共产品、而是作为公共弊端和压迫工具的国家——如同真实历史的在过去的发展和依然发展着的那样。社会发展的起点不是那些

"自由"个体可以随意与他人组合及分离的松散匿名的大社会，开始时不存在开放社会的动力和流动性，存在的是与其他群体有着明确界线的规模较小并且明晰的社会共同体，存在的是封闭社会固定和静止的关系，在其中个人出生后作为群体成员或多或少将度过一生，而部落、家族或宗族的界限不可逾越。但在这种条件下，新经济学世界中社会群体内及不同社会群体间必定会出现在旧经济学世界中就已为我们熟悉的类似的发展[1]。

据此，拥有强制机器的国家的出现不是通过根据"社会契约"模型进行权力自愿转让的方式，而是通过篡权和压迫的方式。因为即使集体和共同体为了内部组织将有行为倾向之效用最大化者的特性为己所用，但在远古和传统社会的生活条件及社会群体之间存在巨大的权力差异的情况下，也只会形成一种个别化的道德，即只把促进自己群体的利益作为义务和美德的道德。即便在新经济学世界中，正常的发展也将是互相竞争的"强盗团伙"的形成，他们的目的是为了让尽可能多的"平和的"生产者为其效力。将出现寡头统治和暴政，在此，这也并非自愿建立国家集中暴力的无意后果，这种集中暴力的建立自身也已经是权力和统治权之争的结果。独裁、暴力统治、压迫和剥削臣仆将成为该国家的正常现象——与历史事实完全吻合，即历史上多数社会的特征是"地域性的无法律状态"："权力所有者通常是与群体其他成员完全分开的团体，他们从外部对成员进行一定的控制并靠成员的劳作生活。被压迫者的不自由经常是与极度贫困联系在一起——文明国度的历史的特点就是暴政和多数人的贫困的结合[2]。"

即使根据新经济学世界中的"逻辑"，"自然状况"也不会演

---

〔1〕 参见原文第261页及以下。

〔2〕 见阿尔伯特1990年论著第255页。

变成开放自由的社会，而是成为拥有静止社会结构及绝大多数居民受到或多或少无所顾忌的统治阶级压迫的封闭社会。这些社会中的关系不会自动改变既有的结构，他们只会更加巩固这种结构。这些社会秩序也具有自我维系和自我强化的"体制特征"，绝不会必然引起导致自己灭亡的内部演变。毋宁说权力所有者有理由为了保持其权力而巩固社会的封闭性。社会越封闭，则被压迫阶级依靠自身力量获得解放的可能性就越小。

因此，必定有一系列有利的外在因素共同作用，使得道德市场及作为其后果的法治国家机制有可能产生，原则上不能排除这种格局。这种组合原则上不能排除，是因为道德市场的前提尽管能够由业已存在的道德市场自身创造——但不一定在每一种情况下都必须以这种方式创造。发展成为拥有结社结盟自由、中性化的权力关系及有效的社会控制系统的社会不一定以视这些条件为公共产品的道德人士的存在为前提，特别是这种发展前期的重要步骤也有可能是其他因素使然。

B. 欧洲奇迹

几乎没有哪一个社会学家像马克斯·韦伯那样清除地勾勒出了欧洲发展的道路，这种发展导致了现代西方社会的"理性资本主义"。尽管在这里我们既不可能详细重温韦伯的理论，也无法回顾历史的发展，但韦伯论点中的下述原则说明在前面所述的上下文中是很重要的，即在欧洲社会史中出现了独一无二的要素组合，"例外"地导致了社会演变成非暴君的统治体制。这一观点可能有助于我们起码能笼统地描述这一异乎寻常的经验性格局，并使人们相信，在新经济学世界的前提下，该格局也能够导致一国朝着一种带有受到法治国家规范驯服的国家权力的社会秩序的方向发展。如此一来，扩展了的社会秩序的经济学理论就能够同欧洲历史的框架数据一致起来了。

这里所指的历史格局的基本特征在以前的章节已有所阐

述[1]。据此，欧洲在很长一段时间内存在着——这也是由于其特殊的自然条件——一系列进行密切交往和交换的互相竞争的小国，它们在国力方面如此势均力敌，以至于没有一个国家能长期占据强国地位。与这种国家/政治多样化并存的是文化的统一，它使得个体也可以融入其他政治群体。当社会和政治情形不再符合自己利益时，公民拥有迁移到与其进行争夺的国家的现实机会。因此出现了这样的情景：即统治者为了在国与国之间的竞争中获胜不再能够完全忽视臣民的利益，一方面是为了制止外流，另一方面是为了保持经济力量和军事实力不逊色于其他国家。权力所有者被迫保障相对的流动性并承认某些个人权利。同时，权力所有者对获取定期税收收入的兴趣导致出现了一个繁荣稳定的市场[2]。

该组合本身就足以促使权力所有者建立一个法治国家秩序的假设已不再成立，因为公民"威慑潜力"不够大。但这里涉及的根本就不再是这种特别的格局自身能否导致建立法治国家秩序的问题，要讨论的"仅仅"是这种格局如何开辟一条"发展道路"，而道路的尽头是建立一个法治国家秩序——正如历史上确实就是这种情况一样。据此，理论上的问题是我们是否及如何解释在新经济学理论前提下欧洲的这种特殊格局会进入这样一条发展道路。

解释的核心是说明欧洲历史上存在着一系列互为对手的小国这一特殊前提尽管并不直接导致法治国家秩序在这些国家的产生，但增强了这些国家的市场和合作利益并因而创造了道德市场

---

[1] 参见原文第 251 页及以下。

[2] "类似没收的任意行为只会减少来自此源头的收入，乡村贵族们发现，如果他们能控制其臣仆的冲动——而且也包括自己的冲动，尽管不情愿的话，对贸易是有利的。"（见琼斯 1991 年论著第 119 页。）

的基本前提。权力所有者面对国与国之间竞争的压力和公民持续外流的威胁，不得不赋予其臣民个人权利和自由，为此他们必然在其国家内部限制自己滥用权力，由此创造了相对中性化的权力关系。为了巩固权力的经济基础，他们特别是为臣民中的市场兴趣者进行经济活动开创了受到保护的空间，这样便形成了一定程度上的开放社会的关系，公民可以实现自己的经济利益和企业目标——这种关系受到现存的国家机器所提供的社会控制机制的保护。另外，由于地域的窄小和政治群体间的权力平衡，个体间的流动程度本来就已经很高。"市民阶级"由此得以产生，他们对市场中的和平谋生机会而不是对政治权力的赢利感兴趣，他们的合作利益一定程度上也得到保护，不受权力利益的侵害。

如前所述，这样一种发展并不等同于法治国家秩序的产生，但它等同于道德市场所必需的框架条件的产生，它奠定了自由法治国家社会的基础。当今社会的法制国家秩序最终如何从社会关系"自由化"的开端中得以产生，这在旧经济学世界中只能是个谜——有利因素的这一特殊组合未能持久更使得这一点在旧经济学世界中也只能是个谜了。但是，如果道德市场可以演变成自我维系和自我强化的体系的论点正确的话，则该市场在稳定过程中就能够脱离它原先赖以生存的外部存在条件。

C. 市场利益及权力利益

然而，在已知前提下，道德市场的产生从一开始就不是采取"纯粹的形式"。该社会的"公开性"和权力关系的中性化受到限制。即使由于情势的强迫，权力所有者不再能够任意行使权力，他们也不会情愿完全放弃统治地位。特别是社会群体间的渗透性和流动性仍旧受到限制。不同阶层间的界限仍旧不可逾越，它给个体的自由和选择带来了明显的障碍。公民企业家也并非与任何人都可以建立合作关系，仍然存在着"人为的"障碍，对于与他相关的合作伙伴而言，这些障碍起着决定性的作用。

在此条件下，只能在市民阶层内形成道德的一个"局部市场"。合作自由和结社自由及对根本自由权和所有权的保护仍局限在本阶层成员内部，因为他们对权力所有者的利益最为重要。从市民角度出发，这意味着那些现今或将来成为其合作伙伴的个体的范围清楚地区别于其他群体，比如区别于作为统治者的贵族阶层，他们不可能成为社会伙伴也不可能成为经济企业中的伙伴。又比如，区别于依赖于大地主的农民阶层。然而，如果市民阶层这一共同属性作为特征存在，可将企业家与自己现今及潜在相关合作伙伴可信并持久地联系在一起，则作为规范制度制定者的他会将此"歧视特征"作为特殊规范的基础[1]。他将会知道，在有限开放社会的已知条件下共同的阶层属性是一条相当稳定的纽带，它把自己与那些在其一生中将成为从经济、社会或私人的角度看很重要伙伴的人群联系在一起。

尽管如此，相对于封闭的社会关系，还是出现了不能忽视的规范有效性的一般化和扩展。"公民"规范兴趣者在经济活动中不再只是与来自其近距离范围及与自己来自同一社会团体的人建立合作关系。许多看似不可分割的群体纽带失去了稳定性，"成熟的"社会结构在市场关系的暴风骤雨中丧失了其联系人群的联结作用。社会中的相对开放性和流动性使得公民企业家难以找到既能够保持传统社会的"古老"的社会障碍和界限，同时又能够让他与其现今及潜在伙伴可信地联系在一起的歧视性特征。在此条件下，作为合适的歧视特征也只剩下了市民阶层这一共同属性。如果"来自公民"的规范兴趣者要求对方接受一个影响范围包括市民阶层全体成员的规范的约束，则该美德就不再只是对一地方性或区域性的小群体有效，而是对具有整体社会意义的阶层有效。

---

〔1〕 参见原文第499页及以下。

社会的部分开放和经济自由化因此产生了数个重要后果。首先，随着市民的强大，出现了一个具有阶层特殊利益的有分量的新阶层；第二，该阶层成员原则上能够有效追求作为阶层特殊利益的共同利益，因为他们在自己阶级的内部能够克服集体产品的问题；第三，他们不会为整个社会提供公共产品，只要他们接受人际尊重和社会公平原则的约束，这些原则的影响范围就只局限于其阶级成员。

如卡尔·马克思所说，从"自发的"阶级到"自觉的"阶级的关键步骤——该阶级具有"阶级意识"和共同实现阶级利益的能力——取决于通过阶级成员之间合作关系的可能性形成一个道德的"局部市场"，该市场"教育"其成员为了共同利益采取集体行为。欧洲的贵族权力所有者被迫赋予市民阶层一定的自由和权利，如此一来完全可能是打开了潘朵拉的盒子。形成的市民阶层构成了巨大的权力潜能，调动该潜能将使市民可以成功地贯彻自己的阶级利益：如果有必要，甚至可以通过"市民革命"。对专制统治者而言，对封闭社会进行自由化并给予受歧视的阶层自由空间总带有风险——因为利用这种自由空间也将促进使这些人有能力在统治者面前贯彻自身利益的那些个人品质。

这种"被迫"给予权利和自由的情形最终如何发展成为完全的法治国家关系，对于该问题具有决定性作用的是市民阶级的阶级利益应首先以继续改善和扩大有利于特别是实现其经济目标的社会条件为导向。对市民阶级的利益状况重要的是，他们作为合作利益的代表原则上应当优先促进和平合作及商品和劳务的自愿交流，而不是对弱者动用暴力[1]。如同韦伯认为的那样，西方

---

〔1〕"贸易造就了一个拥有国际联系、政治影响不断增长以及或许对和平交往而不是对贸易战带来的没有把握的成功更感兴趣的民众阶层。"（见琼斯1991年论著第146页。）

特有的经营资本主义（Betriebskapitalismus）不是以政治权力的赢利机会为取向，而是以企业的"盈利能力"，即从和平经营中获得可理性预见的持续利润的能力为取向。这一点将西方的市民资本主义，即作为根据现有资本依靠稳妥的估算进行理性私人经营的企业同其他所有种种受政治影响的、具有投机性的资本主义（speculativer Kapitalismus）区别开来，后者推崇"依靠暴力获取，特别是掳掠获取：要么通过立即的战争方式，要么通过长期的掠夺钱财的方式[1]"（对臣民的掠夺）。市民阶级的政治目标因而不只是单纯改变权力关系，而是从根本上降低暴力和强制作为获取经济利益的手段的作用。市场利益应从根本上免受权力利益的侵害，具体地说：

第一，市民关心的是，让社会关系朝着开放社会的理想类型方向进一步接近，即消除现存的对贸易和执业的障碍，促进不受限制的合作和结社。市民企业家倾向建立一个交换关系建立在经济客观性基础上的市场，而不是在传统社会群体内受个人影响的经济关系。对市场兴趣者而言，社会的动态和流动性应取代结构的静止性，以便将经济资源投入到那些最有效率并给其所有者带来最佳利润的地方。

第二，市民阶级的成员将追求一个尽可能广泛、尽可能稳定的权利关系中性化，以便在尽可能高的程度上确保自己的自由权和所有权。任何形式的对国家或私人权力的滥用都会毒化公民的经济利益。与其说是需要由明智的权力所有者"恩赐"自由和特权，不如说他们更需要社会秩序的可预测性和清晰性，在其中国家权力的行使普遍服从于有效规范，而不取决于统治者的恩赐和当时的利益状况。

第三，市民依赖国家内部的一个可信的和平秩序，因为作为

---

〔1〕 参见韦伯1920年论著A卷第7页。

经济活动中心的市场和建立在强制及暴力基础上的财产获得格格不入。市民必须确定与市场规范相符的商品及劳务的转让受到有效的社会控制机制的保护，而他也不会面临暴力剥夺的危险。

然而，对市民阶级利益有利的社会框架条件同时也是对道德市场有利的框架条件，这些条件能够超越所有阶级而将道德市场予以普遍化。市民的代表一开始主要是从实现经济目标的角度追求一个具有中性化权力关系和有效社会控制机制的开放社会，通过这种方式他们不仅扩展了经济市场，也扩展了道德市场并将越来越多的人置于该市场的影响之下。

他们因而导入了一种发展过程，过程的终点既能出现一个运转良好的道德市场，也能够出现运转良好的法治国家机制。旧的阶级结构及分配机制崩溃后不得不证明自己是"道德素质"供应方的社会成员越多，因为他们无法继续凭借旧的特权或在传统社会共同体的成员资格实现参与合作关系的利益，不再接受封闭社会中特殊群体道德的约束而必须接受影响有效性大大超过群体界限的规范的社会成员的人数也就会越来越多。在这个"个别化过程"中，他们同时也成为法治国家秩序的兴趣者，因为作为没有特殊权力地位和在某一保护群体中的永久成员资格的"普通公民"，他们必定对确保个人基本权利和让国家权力接受宪法的制约性原则和规范的约束感兴趣。但被卷入这一变革过程的社会成员也会作为道德人士参与贯彻和维护该宪法。

据此，借助"欧洲奇迹"——尽管此处无法对历史做一个全面而严谨的回顾——我们再次从核心上证明了社会秩序的经济学理论的两个重要结论。第一，有关没有道德市场法治国家无法存在也无法形成的假设。在社会中必须存在着足够的个体，他们由于接受社会公平原则的约束而跨越了个体理性与集体理性间的鸿沟。如果没有个体的、自愿为实现共同利益承担公平份额的意

愿,符合普通公民利益的社会宪法的贯彻这一集体产品问题就得
不到解决[1]。第二,关于只有在极特别的经验条件下才可能由
外界"提供"道德市场的前提的假设。通常情况下,封闭社会中
存在着不平等的权力关系,强权者没有理由改变它,被压迫者没
有机会改变它。欧洲统治者对权力关系进行了中性化处理,并将
社会大大"开放",犹如不小心搬动石头便不再能够控制其运动
一样,实属历史的"偶然"。

十二 法律国家中的现代人

A. 强制及道德

较旧经济学世界不同的是,在新经济学世界中,"社会秩序
的问题"能够以完全不同的方法得到解决。尽管新经济学世界中
的居民也只对增加自己的个人福祉感兴趣,但个体理性与集体理
性间的鸿沟不再不可逾越。然而,作为有行为倾向之效用最大化
者,他们除此之还可以调整自己的个人"性格"以使自己从中获
得最大的益处。因此,在一定条件下培养行为倾向,使自己在行
为中不仅追求个人利益而且促进其他个体的福祉或群体的共同福
祉,对他们来说可能是符合理性的。

这不意味着新经济学世界中不存在个体理性与集体理性的鸿
沟。相反,这种鸿沟无所不在。需要特殊的有利的环境,使这种
鸿沟能被逾越,并能产生一种社会体制。在这种体制下,"道德
需求"和"道德供给"接近到一定的水平,使数量众多的行为者
认为值得成为道德人士并为实现共同利益承担公平份额。一旦这

---

[1] "社会学家的任务是扩展理论,使理论能预知个体什么时候乘车不买票,
什么时候买票。没有对理论的扩展,我们便不能解释由强大群体发起并全
力推动的长期社会变革的绝大部分现象。"(见诺斯 1988 年论著第 47 页。)

种水准形成，要保持也就比较容易。

而扩展后的经济学理论不仅可以在集体层面上解释，为何不仅存在法治国家而且存在专制统治，该理论还可以在个体层面上解释，为何既有"秩序"又有"无序"，既有符合规范的行为又有违背规范的行为的出现。该理论还令人信服地说明，为何在运转良好的道德市场的条件下，个体的和集体的、普通公民的和国家机制成员的不道德、反社会的行为仍将是社会现实的组成部分。

出于上述原因，对新经济学世界的规范兴趣者而言，集体的制裁权力和集中的强制机器不可缺少。扩展的社会秩序经济学理论表明"由强制和自愿组成的混合体制"仍属必要（哈特语）并解释了这种体制如何建立和维护。这个理论与下列事实并不构成矛盾，即作为"强制的秩序"的国家强制秩序尽管自身也有以要求自愿服从规范形式出现的不可替代的"道德需求"，但通过非正式的规范贯彻机制满足该需求却并不会使得国家强制秩序关门歇业。

在有关讨论中，值得强调的结论是，威胁并实施制裁不仅不可缺少，因为它们可以在具体情况下威慑偏离规范的行为，而且它们可以促进社会成员形成道德完整性。只有当偏离规范的行为及机会主义的行为战略所面临的风险达到一定警戒线，道德和美德对个体而言才是真正值得的。不仅要让"罪行"失去市场，更要让"罪犯"失去市场[1]。因此，尽管强调法律有赖于道德的存在及不能取代"公民道德"，但同样不应当幻想，道德会使法律和强制权力刀枪入库。

---

〔1〕　在这一点上，本书的探讨证明了一些刑法学家的观点，即刑法不仅通过其对个体的威慑作用，而且特别通过对"法律意识的普遍促进"及对"规范接受"的强化，来贯彻合乎规范的行为。参见鲍曼 1994 年论著 B 卷。

B. 法治国家和平民社会

拥有法治国家宪法的社会无一例外是国家成分较少的"平民"社会。在该社会中由国家强制措施贯彻的规范秩序残缺不全、漏洞百出。在该社会中可能存在着一定的"无政府状态"并且是人们所希望的，因为其公民原则上有能力以私人方式创造公共产品并自己维护其共同利益。但该社会在一些特定领域必定是无政府状态的，因为只有当作为公民集体产品的宪法受到公民自觉的保护和维护时，该社会才能长期存在。

但现代法治及宪法国家不仅具有国家行使强制力的制度的特点，它还具有一系列其他对公民的利益同样重要的社会机制，如民主选举政治家。该机制的可信功能和稳定性也根本取决于公民为该机制的保护和支持自愿做出贡献。在此，尽管一般情况下需要做出的牺牲要少于政治抵抗或革命，但解释这些公共产品对以结合情形之效用最大化者为模型的"普通"经济学理论来说仍然是一个几乎无法克服的难题。经常可以听到这样的强调和批评，即按照政治经济学理论的前提，单单因为不允许任何人参加投票及了解政治，民主国家就不能存在。

相反，在新经济学世界中，需要对公民恰恰是在此低"层次"上的参与意愿进行解释，这种参与意愿犹如星期日散步前往投票站一样属无须预设前提的内在功用。如果社会拥有在行为中接受社会公平原则约束的成员，则这些成员也会关心政治，参加投票，并鼓励他人也如此行事。他甚至会在选票棚内——这是一个完全匿名的情景，面临的是极大的个人贡献特征不明显和缺乏相互依赖问题——给他认为最能促进公共福祉的政党投上一票[1]，并选举他认为最具道德完整性的政治家。

---

[1] 参见克里姆特 1986 年论著 B 卷，1990 年论著 B 卷，当然，他认为这种行为只会在类型的"低成本情况"下出现。

即便是自我维系、自我强化的机制在具有运转良好的道德市场的社会中也并非仅让法治机制受益。以家庭为例，只有当道德市场出现后，我们才明白父母为何有理由教育孩子成为有道德完整性的人士。他们这样做，不是因为要为集体产品做出贡献，他们希望从孩子的利益出发，确保孩子在道德市场中有所"供给"[1]。如果道德和美德在社会中没有价值，关心孩子幸福的父母为什么要让孩子成为有道德有美德的人呢？但是，如果他们教育孩子有美德有道德是因为他们认为在生活中拥有这些品德是值得的，那么他们在道德市场产生直接影响前就已经提高了社会的道德水平。

较高级次的声誉机制也扮演了普通"放大器"的重要角色，即道德人士不仅直接为集体产品做出贡献，而且通过促进和加强他人的美德间接做出贡献这一事实。比如在对国家权力所有者进行的非正式监督和控制方面，该机制的重要性表现得很明显。如同普通公民紧急情况下对背离宪法的权利滥用进行抵抗的能力一样，这种监督和控制也不可缺少。但对国家行使权力进行非正式的监督并不单纯取决于单个公民在有情况时自己行动起来对可能的弊端进行斗争，更重要的是对"持批评性态度的公共舆论"进行一定程度的制度化：比如作为被普遍称为的"第四种权力"通过报纸、广播和电视进行的专业监督和控制。建立和维持这种机制及奖励其成员的个人素质时涉及的也是需要普通公民支持的公共产品——即便只是买一份"批评性"的报纸或写一封表达对某一勇敢的记者的个人承认的鼓励性的读者来信。

另外一个较高级次的声誉机制可以发挥潜在良性影响的方面

---

〔1〕 但是，如果美德市场崩溃，则从长远看即使是最好的教育也于事无补——这也是有行为倾向之效用最大化者模型得出的结论，它同现实生活的经验完全吻合。

是前面已经提到的政治领域。该机制可以促成的是，从政者也是把大众福祉真正而不仅仅是表面地作为其行动指南的道德完整人士。如果选民观察政治家的行为，对他们进行了解，并以下列原则为指南——不投仅仅出于"竞选策略"的考虑才关照选民利益的机会主义者和"伪装者"的票，而投那些有真实品德并确实具有按照大众利益行事的有行为倾向的政治家的票，做到这一点就是可能的。因此，政治家也乐于看到道德市场的形成，如果其成功取决于这些政治家的话，那么在该市场上政党也可以成为道德政治家的需求方——即使出于各种原因，人们在这个问题上不可过于盲目乐观。

虽然在此无法继续深入探讨"平民"社会的是与非，但也还是能够从中得出一个并非不重要的基本认识。这样的一个"平民"社会仍旧存在着一定程度上的不公平和不平等的负担分摊！即便是不公平和不合理的最野蛮形式也可以通过建立机制予以制止，这些机构可以向社会全体成员强迫收税，但社会机制的"终极"层次只能由自愿为维护和保护该机制做出贡献的公民的意愿来保障。如果出现需要对国家官员的滥用权力进行集体抵抗的情况，则就不再存在可以承担此任务并征收"抵抗税"以确保抵抗行为的成本公平地分担的机构了。这也适用于对国家机构管理者的宪法忠诚进行公共控制和监督的方面，尽管对此上一个例子较少戏剧性。由于并非社会全体成员都是积极提供公共产品的道德人士，而是总有只想从中渔利的搭便车者和机会主义者，维护公共利益的负担最后不可能由所有人平摊。特别是涉及确保法治国家宪法的框架条件及采取预防措施使国家机构忠于宪法方面，不可能采取"公平的再分配"——搭便车者和机会主义者在此方面总是能够让道德人士付出代价而自己坐享其成。

C. 法治国家的悖论及其解决

如果我们将取得的结论比照扩展了的社会秩序的经济学理论

的解释力，则该理论有能力完成同作为社会学解释对象的法治国家之规范秩序有关的特殊解释任务。我们再来回顾一下在本书第一部分提出的基本要求。

对于一般性研究"社会秩序问题"的社会学家来说，法律首先是作为确保社会规范生效的工具进入他的研究视野的。然而，对将法律制度视为基本解释对象的社会学家而言，法律自身即是"社会秩序问题"的组成部分。在他看来，法律首先是以在社会中规范和行使强制及暴力为内容的规范秩序。用法律秩序的规范生效来解释动用强制和暴力为规范导向的行为，这是解释的核心所在。

正如前面已详尽论述的那样，对规范导向行为进行的任何社会学解释都需要满足三个步骤：第一，必须确认谁是相应规范的规范制定者，谁的意志作为因果要素构成规范对象符合规范行为的基础；第二，必须解释，为何规范制定者希望由规范对象来进行特定的行为；第三，必须解释，规范制定者通过何种方式面对规范对象赋予自己的意志相应的有效性，也即自己权力的基础何在。

如果社会学家要用法治国家强制秩序的规范有效性来解释在社会里运用强制的现象，同样也必须经过这些步骤。当然，对法治国家强制秩序的分析清楚地表明了该秩序对于这样一种解释具有特别后果的特征。对于社会学家来说，从拥有初级和次级规范的复杂结构的法治国家强制秩序中得出的结论是，他必须从其他规范的适用中寻找特定规范适用的原因。他的解释任务不断重复，因为作为特定规范适用基础的事实和行为方式不能从"无规则"的状态中直接进行解释，相反，它们本身就已经是规范适用的结果。对于三个解释步骤来说，这具体意味着：

1.确定规范制定者：在法治国家中，依据其意志使用强制和权力的规范制定者一方面是通过法律秩序的授权规范被作为法定规范制定者加以使用的那些人，另一方面是那些作为非法定的规范制定者和宪法兴趣者贯彻法治国家宪法的那些人。

2. 解释规范制定者的意志方向：只要法定规范制定者在其决定中受制于法律秩序的规范，就必须用这些规范的适用对法定规范制定者的意志方向做出解释。相反，立宪者的意志形成则须用法律之外的原因进行解释。

3. 解释规范制定者的权力：法定规范制定者的权力必须用将其指定为规范制定者的授权规范的适用进行解释。立宪者的权力必须在法制之外并且用纯粹"社会性的"因素进行解释。

扩展了的社会秩序的经济学理论完全能够担负起这些解释任务：

第一，可以将社会的普通公民确定为法治国家宪法的兴趣者，也就是说，可以确定他们是完全有理由希望拥有法治国家强制秩序的社会团体。但是，也可以将他们确定为不仅希望拥有这样一部宪法，而且在特定条件下也有能力有效贯彻这部宪法的规范制定者。

第二，作为立宪者的普通公民的意志形成可以追溯到法律以外的原因——即他们的利益。由于也能够解释其意志通过有效宪法及法制成为经验现实，因而也可以将法定规范制定者的意志方向解释为以规范为导向的行为，只要他们在其决定中受制于宪法和法制的规范。

第三，立宪者的权力可以用纯粹"社会性"的因素进行解释，即用立宪者将其个人的权力资源聚集起来进行集体行为的能力进行解释。作为宪法的捍卫者，普通公民的权力转移到机构中去，根据他们的意志，这些机构应当获得立法、适用法律和贯彻法律的授权。如果说立宪者拥有贯彻自己所希望的宪法的权力，那么构成法定机构和规范制定者权力的经验基础的授权规范的适用也就得到了保障。

　　这种解释包含了一种"完整"的法治国家秩序：它是一种带有逻辑上相互联系在一起的规范的层级结构的规范体系，处于最高层的是作为基础规范发挥作用的授权规范，而构成其底部的则是可以从这些基础规范和经验论上的规范确立行为中推导出来的个别强制规范，它们规定了制裁班子成员在特定情况下应当如何行使其强制权力。如此一来，就可以对下述法律秩序的存在做出解释，在该法律秩序中，行使事实强制手段的规范处置权集中在本身并不拥有对这些手段的支配权、其权力仅仅建立在法制规范生效基础之上的机构里，这意味着：对其权力惟一起决定性作用的是他们作为"立法者"或者"法官"享有对宪法捍卫者的批准与承认。

　　在新经济学世界的"法律史"中，拥有这一结构和特征的法律秩序源自普通公民希望建立一个集体制裁及强制权力的愿望及让权力的代理人的行为尽可能没有漏洞地得到宪法、法律和司法的规范的附带愿望。法治国家规范秩序之规范制定者的权力自身建立在授权规范有效性也即建立在高于自己之上的规范制定者乃至宪法制定者的意志和权力之上，这一现象是普通公民的权力是所有法律机构权力的经验之本这一事实的结果。如果对法治国家社会学理论提出的"最光荣"的任务是识别法律秩序的法律外的"社会的"权力基础并对从因果关系上看一切法律权力最终均来自其中[1]的统一的权力中心进行定位，则经济学理论通过确认普通公民为法治国家法律秩序最严肃的宪法兴趣者和担保者已达到了预期目的。

　　扩展了的经济学理论因而不仅能对法治国家社会学的关键问题——谁是社会秩序的兴趣者和担保者——做出令人信服的回答，而且还能解决法治国家的"悖论"，即不拥有国家权力手段

――――――――
　　〔1〕　参见第86页及以下。

并且正因为如此才成为法治国家宪法兴趣者的普通公民是如何也成为宪法的担保者并面对拥有国家权力手段的人贯彻自己的意志的。在新经济学世界中，权力不一定总能战胜意志，而权力手段的有效性也未必始终优于规范的有效性。完全有可能将对使用国家强制机器的规范性规定同对该机器的实际支配分开。如果在此条件下国家机构有能力动用强制和暴力，那就不是因为其拥有事实上处于优势的权力手段，而是基于赋予这些机构行使强制和暴力的权威符合公民利益的事实。权力受到公民的意志和接受程度的约束，因而属规范性权力：国家权力所有者的权力和权力行使因而建立在宪法和宪法规范的有效性基础之上，而宪法及其规范的有效性却不是建立在国家权力所有者的权力和权力行使基础之上。

D. 现代人的素质

我已经指出了具有讽刺意义的现象，即建立在经济人模型基础之上的社会秩序理论恰恰在号称经济人摇篮的现代西方社会中被证明行不通。而"现代人"却愿意承担经济人的角色。作为关注个人利益尽可能不受干扰的个体，他同样也会感到在一个个人自由权和支配权得到保障的社会中自己最为如鱼得水。较经济人不同的是，现代人不仅是"名副其实"的享用者，也是法治国家的名符其实的缔造者和捍卫者。他具有最适合作为法治国家结构创造者的独特素质，因为他会使自己成为"社会的人"，并根据自己为其中一分子的整体的利益行事。

但不仅从这一"外部"角度看，现代人名副其实，即便从其维护自身利益的视角看，现代人也比经济人在能力方面毫不逊色。现代人也可以像经济人一样灵活、多样化并且有适应力——但他也不会像经济人那样聪明反被聪明误，过于灵活、多样化和有适应力。如果不灵活、单调和"呆板"符合其利益，那么现代人也可以做到。较经济人不同的是，现代人摆脱了"享乐主义的怪圈"并且恰恰由于能够放弃在任何情况下都永不停歇地追逐其个人好处而维护自身利益。现代人培养了社会性格和利他主义，因为存在着社会性格和利他主义得到奖励的条件——但他也不会对此过于"夸张"并不计条件地背叛自己的利益。他尽管愿意做出牺牲，但不会无条件牺牲。如果现代人在行为中遵循"道德"和"美德"，他就可以放弃冲动、世界观、意识形态和信仰。他是合作性企业的良好诚信的伙伴，也是希望看到其成员无保留地为公共事业做贡献的共同体的有益成员——但他也不会忽视自己的利益，并且总的说来是按从长远看对自己最为有利的方式行事。在他看来，共同的事业应同自己的事业相结合，个人利益则应成为他为之做贡献的整体利益的组成部分。因此，现代人尽管不会采取狭隘、短视的自私行为，但他也深知，如果他彻底放弃维护自身利益和追求自身目的的话，则这个世界不可能给他补偿。

因此，在某些人看来，现代人拥有一个不好的品格：人们常说，道德之所以是一种崇高的产品，是因为道德之人无私地考虑他人的利益，而现代人只有当道德和美德最终有利于自己的利益时，才会遵循道德和美德行事。但在社会学家眼中，这使得现代人更加可爱。如果道德的产生能够用自利和人的自然属性进行解释，而非必须用纯理智、客观价值或抽象的特点来解释，社会学家会感到更为惬意——或者必须用作为根据自己的需要塑造人的整体论实体的"社会"进行解释。

然而，如果人的本性确实如在有行为倾向之效用最大化者及现代人模型中所陈，它对伦理将具有重要的意义。这样一来，该模型或许将不仅能解释为何人们确实以一定方式行事，而且能够解释人应该以何种方式行事。显然，在这一伦理学中没有圣贤和英雄的位置，但也没有狂热者和热衷政治的人的位置，这样一来，伦理的要求给实现自我利益留下适当的空间似乎谈不上是坏事。如果人们没有为了其所在集体的真实的或所谓的利益而如此"壮烈地"牺牲自己的"私"利的话，世界历史上的一些灾难本来是可以避免的。

结论：自由主义的理想图景
及共同体的神话

一 自由主义的理想图景及经济学世界

　　本书的出发点并非对社会秩序的经济学理论进行反思或就经济社会学的理论进行评估。作者更多地是对下列问题感兴趣，即认为启蒙、富裕、自由及道德之间可能存在和谐的自由主义理想图景是否能够站得住脚——确切地说：一个拥有高效经济、"被驯服抑制的"政治统治并由具有个人美德的公民组成的世俗社会秩序是否能够同对个人利益的理性追求相一致，甚或受到这样一种利益导向的促进？为了回答上述问题，本书采用了经济学分析方法，因为自由主义理想图景的一个基本因素属于经济学分析方法的理论出发点，即："务实地接受现世"的个人试图以理性的方式通过其行为和决定增加其主观效用。

　　根据自由主义的理想图景，个人利益、理性和渴望和平合作诸因素可以诞生一个所有人都能和睦共处、和谐合作的社会秩序，而不必担心个人的本性受到压抑或改变，或因国家统治体系不断威胁使用强制而根除。在"自由"社会中，"市场的奇迹"导致财富的出现并促使个人在追求个人利益的同时按照总体上来说对社会最为有利的方式使用其资源。统治者对经济良性运行的兴趣及充满自信的市民阶级的权力因素使得政治统治节制有度，

"贸易和平（doux commerce）"的温和强制使个人的道德和美德最终得到弘扬，并将作为市场参与者的个人教育成为公平且值得信赖的伙伴。

在本书的引言大量篇幅勾勒了自18世纪末以来自由主义理想图景吸引力锐减的情景，特别是认为一个人人都能无所顾忌地追求自我效用的社会秩序不仅能促进经济效率，而且能促进公民美德和统治者道德的观点很快便显得荒唐。自由资本主义社会越来越受到质疑，与其相连的社会关系也遭到猛烈批评。自由社会秩序中追求个人利益不再被视为有益的驱动力量，相反，资本主义市场自那以后被视为经济、政治及道德弊端的根源。"市场的奇迹"蜕变成"市场怪物"，它导致了社会群体和人际间联系的崩溃，使原来的传统价值和个人纽带蜕变成人与人之间"异化"的经济关系。认为全方位追求个人利益将给社会及个人带来福祉的自由主义的理想图景被"自我毁灭论"所替代，这种论点认为一个以追求个人利益为主导的社会将因释放个人自私的动机而损害其自身根基，并将因经济、政治及道德危机而崩溃。

今天，对自由主义的批判主要来自两种思潮，他们的论点概括如下：

（1）所谓的"社群主义"指责自由主义不仅在理论上而且在实践中牺牲"社群"的价值，过度强调"个人主义"。社群主义者的论点主要有三：从哲学角度看，自由主义视人为"原子式"个人或"孤立"的个人，可以无视其所处的社会联系自由确定目标或价值。这种预设阔顾"嵌入"于社会关系是形成个人认同的必要前提。融入一个社群不仅具有工具性的作用，而且有助于个人实现只有加入社群实践方可获得的不可替代的"内在产品"。从伦理学角度看，社群主义者认为，从根本的社会框架中"脱离"的自由主义个人无力对价值和规范做出有约束力的选择。没有"构成性的社群联系"，道德和社会的价值将会受到任意和自由裁量行为的干扰。在社群主义者看来，要服从基于个人利益之上的道德及社会规范动因不足而且无法用理性进行解释。道德行为的评价标准和激励只有当个人扎根于一个社会性的社群中方可形成。最后，社会学观点认为，以利益为主导的自由社会必然迈向自毁根基，因为该社会从长远看无力保证其公民在维护自由社会的政治和经济体制必不可少的程度上从事社会公益、发展共同信念和参与。助长个人主义的功利性，对经济进程的驱动力的放任以及社会的"无限"流动性导致"生长而成的"社群和社会联系越来越被破坏，并削弱公民美德形成必不可缺的根基，无此根基，则基本的社群利益无法在同个体利益对抗中发挥其作用。

（2）对自由主义理想图景的固有批评主要依托传统的经济学理论的工具和成果本身，特别是有关个人理性和集体理性之间鸿沟的观点。该鸿沟对自由主义的三大法宝均提出质疑：首先，两者的鸿沟危及市场的运作能力，因为竞争虽然符合经济行为人的共同利益，但对单个竞争者来说，尽可能逃避竞争仍然不失为一项理性战略，后果是产生了"分配联盟"，他们无视大众福祉贯彻其特殊利益，必将导致市场机制的"僵化"及经济生活的停滞。第二，国家在自由民主社会中面临成为弊端组成部分的危险，因为一方面政府成员为了保持自己的权力和权势集团结盟，而不是反对特殊利益；另一方面公民或选民由于理性机会主义而无力有效贯彻其共同利益。第三，市场不可能将参与市场交换的个人教育成为有道德行为的参与者。不仅因为将在市场中发挥作用的合作倾向总的来说偏弱，而且市场中的匿名关系释放了诱导个人采取非社会或非合作行为的反方向的破坏性诱因。作为或多或少彼此孤立的个人之间的交易的序列，市场不可能培育道德和美德，相反，市场的顺利运行本身有赖于业已存在的道德和美德。

一言以蔽之，自由主义批评者的观点汇聚成对现代自由社会基本特征的全面否定。他们反对人与人之间的陌生感，反对流动性，反对政权还俗主义和世俗化，反对个人主义和主观主义居于主导地位，反对缺乏世界观和缺乏对客观价值的认同。反对的核心是声讨自由社会面临根本的"道德赤字"，认为这是该社会真正的关键问题，惊骇自由主义所谓不可避免地缺乏以实现共同利益为直接行为动因的个人。引言部分也提及批评者为自由主义面临的"道德危机"所开的药方。根据他们的诊断，既然力量的自由发挥引发了问题，它就不可能解决问题，因此需要有意识地进行干预：对道德和世界观重新进行武装，有意识地反对"现实的现世观"，有计划地"生产"和推广道德。

在此背景下，特别是考虑到内在和外在自由始终面临试图通过说教和社会机构的干预以期提高人的道德的危险，提出了本书的主导问题：自由主义的理想图景能够在要求社会进行道德"复辟"的呼声中站稳脚跟吗——还是只能屈服于下述观点，即只要人的本性打上了自利和追求个人效用的烙印，就需要通过强制、世界观、意识形态或宗教加以遏制？

为了回答此问题，本书选择法治国家作为"考察对象"，因为法治国家似乎特别适合在当今社会关系中对自由主义理想图景进行考查。一方面，法治国家毋庸置疑是意义重大的成就，属自由主义的根本要素。但恰恰法治国家也是现代自由社会以及该社会摒弃"世界观遗产"的根本产物，因为作为实证化的法律秩序，它以超越传统的自然法及宗教关于法律的客观与主观作用为前提。因此，法治国家机构的存在和相对稳定起码可以证明，一个世俗化和以功利为主导的社会也有能力提供那些并非单纯从以前的社会阶段中继承的公共产品。

另一方面，法治国家秩序涉及自由主义理想图景的所有重要方面。作为自由裁量式统治的对立面，法治国家意味着为了公民的自由而对政治统治加以极大的限制。法治国家对个人权利的保证是市场经济有效运行并且因而是社会福祉的重要前提。最后，法治国家具有根本的"道德需求"，没有社会中业已存在的较高的真实道德水准，法治国家无法生存。据此，证明法治国家机构这一公共产品可以稳定存在于一个以功利为主导的社会本质上同证明可能存在下面这样一个社会具有同等重要的意义，即受到启蒙的人们在其中以理性的方式追求个人利益，同时为一个经济富庶与政治及个人道德与时共进的社会秩序做出贡献。

作为"考察方法"，本文采用搭建和分析经济学模型世界的方法，因为经济人行为模型作为一种模型似乎最适合解释自由主义理想图景假定的个体的理性及以自我利益为主的行为。经济学环境本质上似乎同自由主义理想图景中受利益支配的社会相一致，即如下环境：个人在对行为选择深思熟虑后采取使其主观需要和个人愿望尽可能得到最优满足的决定。如能在此前提下成功地解释经济学环境中法治国家的产生和延续，那么自由主义的理想图景将得到印证。

研究结果是否定的。根据经济人行为模型，无法解释法治国家秩序的产生和存在。解释的核心必须是令人信服地说明为何拥有国家强制机器的统治者在行使其权力时遵循规则和规范，而非出于私利滥用其权力地位。但从经济学行为模型出发，却连同处强势地位的个人如何能够克服采取不合作、不合规范行为的诱因都无法解释。在强势人群同弱势人群的关系中，此种诱因不可避免地会增强，有鉴于此，这些困难被证明不再能够被克服。用经济人行为模型充其量只能解释专制和寡头统治中统治者以私利当头动用权力，却无法解释法治国家秩序中国家当权者在使用权力过程中何以能够服从规范。拥有法治国家宪法的社会的稳定存在无法和下列假设相一致，即该社会的全体成员在面临任何选择时都只以主观效用最大化为原则。

作为对该结果的反应，建议在有行为倾向的效用最大化者模

型的意义上对经济人行为模型进行修正。该模型尽管明显偏离了
"传统"经济人的模型，但仍不失为分析自由主义理想图景意义
上的基于自我利益行为的一个合适的模型。修正后的模型也未触
及"经济学对人的观点"的核心，即人类行为以自利的理性导向
为出发点。只有当规范约束战略较结合个案情况以后果为导向能
够更好地实现有行为倾向之效用最大化者的主观效用时，他才会
如此行为，在不懈追求自己利益这方面，有行为倾向之效用最大
化者原则上绝不比经济人逊色。拥有众多此类行为者的世界完全
可以认定，自己同经济人世界一样也符合世俗化及受利益支配的
社会的自由主义理想图景——即便如此一来要研究的不再只是具
体情形下理性选择的问题，而且也是一个以自利的理性为导向的
个人如何培育自己性格和个性的问题。然而，现代大众社会生活
条件下个体理性与集体理性之间的鸿沟依靠经济人行为模型似乎
无法克服，但借助有行为倾向效用最大化者的模型则可以令人信
服地说明，即使在这样的关系中，拥有符合道德的行为倾向和美
德，因而愿意为公共产品作出贡献并保障这些产品也有可能符合
个人的长远自我利益。

那么，考虑到自由主义的理想图景，借助有行为倾向之效用
最大化者模型取得的成果概括起来应做何评价呢？

二 自由主义理想图景和道德市场

对自由主义理想图景的批评者在两个重要方面很有道理：首
先，对法治国家秩序中的根本性"道德需求"所做的分析表明，
为了维持自由社会的稳定存在，其成员显现一定程度的非自利和
道德的行为具有决定性意义。不总是有一只看不见的手能将那些
仅仅追逐个人利益的行为方式可靠地转变为普遍的公共福祉。没
有那些自愿履行政治、法律和道德义务并为实现及维护公共利益

作出一份公平的贡献的个人，一种符合普通公民利益的社会秩序便不能稳定存在——而原则上为实现个人利益提供了空间的自由社会秩序就更无从谈起。以捍卫和保证这一空间为己任的社会、经济和法律机构自身也需要其社会成员不总是在任何个案情况下都仅仅为了自己的利益而滥用这一空间。在这个意义上，美德是自由社会秩序不可或缺的粘合剂。

第二，对匿名关系和"易于破损"的社会网络所做的分析——对经济市场中的交换对象具有某种典型意义——证明，经济市场无法完全满足社会基本的"道德要求"。有关"贸易和平"的论点是站不住脚的，该论点认为贸易和交换本身即可产生足够的道德和美德诱因，因为作为市场参与者的公民认识到拥有诸如忠诚和诚实等品德符合自身利益。相反，无可争议的是，以竞争、非人格化和以私人利润为目的的市场关系很多情况下促进了机会主义战略。尽管贸易和交换产生对诸如诚信、诚实、可信赖等道德行为的需求，但市场上的交换关系和人际相互依赖的网络却不够紧密，无法使市场参与者的个人利益同相互间合作的行为相结合[1]。由于交换关系的瞬间性和匿名性，市场参与者的流动性及伙伴的可替代性，总会出现牺牲他人而无风险地获取自身私利的"黄金机遇"。因此，只有当交换伙伴已拥有一定程度的道德和美德，贸易和交换方可长期互信地进行。

对"贸易和平"论点的批评在某些方面甚至有增无减，因为即便市场借助交换关系的网络是一种生成规范的情形，可以促使参与者接受社会规范的约束，但它依然难以促进对社会秩序的存在至关重要的规范的实现，即保证公共产品得到提供的公平原则的适用。交换关系通常属于仅仅涉及参与者个人产品的社会关

---

〔1〕 这也是为何企业家从市场退回到企业内经济关系一体化的众多原因之一。参见鲍曼/克里姆特 1995 年论著。

系，据此，交换者首先期待人们尊重人际尊重原则，而公平原则只有在面临集体行为涉及公共产品的实现时才起到重要作用。这种情景在市场的交换关系中并不存在，它只能出现在合作性企业中。这也就是为何合作性企业获得社会秩序不可缺少的"加工厂"的特殊地位的原因所在。

这样一来也就已经涉及了评价自由主义理想图景的结论的关键问题，那就是对于该评价来说，最为重要的是市场的交换关系和个人之间的竞争并非是自由经济秩序和社会秩序的惟一特征。经济市场行为的显著性不应导致对自由社会另一特征的忽视或低估，这一特殊性在寻找自由社会道德和美德形成的可能原因方面必定是人们注意的焦点。

在这一视角下具有根本性意义的是，在现代自由社会中不仅市场从各式各样的禁锢和束缚中得到解放，公民享有独立进行经济活动的自由，而且自由结盟、自主决定组成共同体或合作企业的权利也得到彻底"解放"[1]，不论是采取组成旨在赢利的工商企业的形式，旨在代表公共利益的经济或政治团体的形式，还是采取信奉某一理想的协会或是在公共实践中以"内在财富"为中心的社会性的共同体的形式。然而，自由社会不仅赋予其公民根据自定目标同自我选择的伙伴进行合作的自由，而且设置机构以确保公民的相应权利，这些机构赋予特定的合作形式以特殊的保护和有效的行为手段。现代自由社会在很高的程度上实现了开放社会的关系，是具有市场自由和结盟自由的社会。

在此，结盟自由的广泛发展从历史上看如同经济市场的扩张

---

〔1〕"自由主义最贴切的特征是它是一种人际关系理论，其中心是自由联合，它懂得在自愿情况下行使解除或退出现存关系的权利。"（瓦尔赛尔1993年论著第179页。）

一样同自由社会的成果密不可分。这种发展的前提是，传统社会的樊篱和特权消失，社会出身、亲属关系、性别、种族和阶级对于建立合作关系越来越不重要，人是"流动"的，而且能停留在那些他们的能力能得到最好发挥且资源得以最充分利用的地方。当今大众社会经常被抨击的匿名性和流动性实际上破坏了"固有的"人际及社会联系，它们是合作自由不可或缺的前提。这种自由给每个人选择最适合实现自身目标、利益或偏好的合作伙伴提供了机会。这种与他人建立合作关系的基本自由属自由社会相比传统和封闭社会所取得的最重要的进步之一。

因此，如同市场竞争对手之间的竞争一样，企业内伙伴间的合作也是自由社会的一个基本特征。假如自由社会中存在着有效确保公民的合作及结盟自由免遭任意行使权力干扰的开放社会条件和关系，那么行之有效的道德市场的必要前提也就得到了满足。在这种情况下，自由社会中产生了对道德完整并因而适合同他人合作的个人的稳定需求。即使没有强迫经营和有计划的预先准备，道德市场也将通过其看不见的手造就道德之人，这些人在其行为中遵循人际间互相尊重和社会公平的原则，并乐于为提供社会秩序存在所必需的公共产品做出贡献。

于是，自由主义的理想图景获得了新的基础。在前述条件下，对自由社会中的许多个人来说，即使从纯利益考虑角度出发，培养美德和个人品德也将符合理性。当然，这样一来，问题就不在于个人在特定的具体情形下是否愿意遵守道德戒律，而事关整体品德的基本特征：即是否想成为一个在任何情况下都追求个人功利最大化的人，还是想成为一个可靠地遵循特定原则和规范并因而有能力在特定情形下放弃个人利益的人。但关键是在两者之间进行选择同样以利益衡量为基础，对个人来说，拥有道德和"品格"总的说来比起在每一情形下追求个人利益最大化可能带来更大的益处及更为有利。自由主义理想图景的本质因而未受到触动，因为个人行为方式和行为倾向的基础仍然是主观利益的理性考虑。

只要自由社会确保其公民自由而有效的合作的有利框架条件并因而确保拥有中立化的权力关系和有效社会控制机制的开放社会的结构，那么在此社会中就会形成道德的市场，对许多社会成员来说也将因此而产生为个人长远利益而采取并保持道德行为约束的足够激励。因此，自由竞争的市场经济社会绝非只是奖励自私、"不道德的"算计[1]——尽管这种社会总的看来鼓励人们认识和实现自己的利益。在这样一个社会中，存在着道德温床，它完全不依赖诸如哲学家、牧师或教师等专职"道德企业家"们的活动，也不依赖于道德生产机构有针对性的干预和措施。在受利益支配的社会中，道德可以发挥作用，因为要求他人拥有道德行为和美德符合个人的利益，而在特定条件下，确实采取人们要求其采取的行为并真正实践所要求的美德也符合被要求这样做的这些他人的利益。自由社会道德生命力之关键是该社会所确保和促进的自由，自行确定并自负责任地建立合作关系的自由是培养具有"社会性格"的个人及道德完整的个人的关键基础，我们可以期待这些人自愿遵循社会规范并积极投身社会、宪法和其他机构。

如果自由社会中个人理性同集体理性之间的鸿沟可通过道德市场的存在得到弥合，那么建立在存在这一差距的假设的基础之上的对自由主义理想图景的批评便会苍白无力。如果自由社会可以解决满足任何一种自由社会秩序都将产生的根本"道德需求"

---

〔1〕 同预期相反，现代社会出现了许多新型的道德行为，这一点卡尔·奥托·洪特里希和克劳迪娅·科赫—阿尔茨贝格尔用了许多经验论例子加以证明：互助是对工业社会面临的社会问题的回答……同抱怨互助越来越少相反，本书的论点是互助在现代社会中与其说日渐式微，不如说方兴未艾。（洪特里希和科赫—阿尔茨贝格尔1992年论著第7页。）

这一关键问题，那么人们既不必担心必然的"对民主的侵蚀"将使得民选政府无法战胜集团利益代表大众利益，而且由于"逃离市场"而使市场机制越来越被一场政治上的分配战所替代也并非不可避免的[1]。民主社会的普通公民不必拘泥于政治经济学为其刻画的走形的肖像：如公民出于社会公平原则的呼唤就会参加选举，他就会关心政治和政治家，他也会将那些在决策中照顾特殊利益的政治家选下去。这样一来，似乎并非从一开始就完全排除下述可能性，即民主政体中的当政者也可能会对市场机制陷入瘫痪进行抵制，会确保竞争机制的有效，而不是通过花样不断翻新的特权、优待和补贴葬送竞争。

因此，受到削弱的不仅是对自由主义内在批评的论据，而且还有社群主义对自由主义社会所持的保留看法——至少是这些保留看法的核心，即认为自由社会忽视了人们对于参与社会关系的根本需求，导致道德异化和道德虚无主义，并趋向于动摇自由根基本身：

首先，自由主义并非一定要以将人看成是一种"失去根基"的和"孤立化"的、原则上可以放弃社会联系和共同体嵌入性的自我的人的形象为出发点。相反，由于自由社会比起其他任何社会形态都在更大程度上保障其公民合作及结盟的自由，因此它赋

---

〔1〕曼库尔·奥尔森在其著作《大国的兴衰》的结尾也承认，尽管存在着采取照顾特殊利益的机会主义政策的强大诱因，但对"明智而坚决的政治措施"的希冀也并非完全不切实际："如果特殊利益（如本人声称的那样）会损害经济增长、充分就业、和谐的政策、机会均等及社会流动，难道我们就不能理智地期待，随着时间的推移，该领域的研究人员将会越来越认识到这一点吗？难道这种认识最后不会得到大部分人的认同吗？难道这种认识的扩散不会大大限制特殊利益造成的损害吗？这恰恰是我所期待的，特别是如果我追求圆满结局的话。"（见奥尔森1991年论著A卷第309页）但这种期待——正是基于奥尔森本人的理论——等同于对参与者的行为在相当程度上由"道德"动机和大众福祉导向决定的期待。

予个体不受阻挠地参与社会联系的可能性[1]。现代自由社会破坏了传统社会的"生长而成"的共同体，因为流动性和动态使得不同群体之间无法存在固定的界限，并且不保障特定群体的存在，这虽然是正确的，但自由社会却使个人拥有自由选择成为某一社会群体成员的可能性，使个人能够同他可以根据自己的偏好加以确定的伙伴结成共同体，也可以在该共同体不再符合自己的设想时再次离开。恰恰当人们同社群主义者一样重视共同体联系对个人的重要性时，下述情况想必是极为不利的，那就是即使当这种共同系联系对其利益来说发生了不利的变化，个体也无法从中脱离出来。在这种情况下，自由社会中成为社会共同体成员的选择自由和自愿性似乎比起其他社会秩序中个人被"锁定"在特定群体和共同体中更符合社群主义者所描述的人的形象。

也并非自由主义或一种将人看做原则上自利的行为者的观点一定要否认，对人来说，存在着超越集体行为的工具价值的共同体实践的"内在财富"。在开放有行为倾向之效用最大化者的模型时，我们也多次尝试将人类需求的这一非工具化的、可表达的方面用真实的人际关系的概念加以概括并纳入基于利益的行为模型。当然，也同样是在这一背景之下，一个让个体自己决定在何种条件下以何种形式同何人一起满足自己对真实人际关系的需求的自由社会似乎比起一个在这方面不给个体选择的社会更能促进共同体行为的"内在财富"。

---

[1] 阿列克斯·德·托克维尔早已确定美国的"个人主义"情况就是如此："各种年龄、地位和思想的美国人不断结合在一起。他们不仅组成了包括所有人在内的商业和职业联合会，还成立了无数其他形式的组织：宗教的，道德的，严肃的，轻浮的，非常一般的，极为特殊的，巨大的和极小的。美国人联合起来搞庆祝活动，成立研习班，建造客栈，修建教堂，传播图书以及把传教士派遣到对跖者那里去。他们通过这种方式建造医院、监狱和学校。最后，如果事关宣布真理或者借助一个伟大的例子促进某种感觉，他们就成立联合会。"（托克维尔，1835年论著248页）

　　第二，无论是自由主义的理想图景还是自由主义的实践都不会导致就规范和价值做出决定时的任意性和强制性。如果自由社会成员的行为基础是其个人利益，那么他们也完全拥有能够就社会和道德规范做出符合理性的决定的基础。这不仅适用于以保护根本性的个人和集体产品为内容的核心道德，也适合于核心道德之外的规范，例如，即使存在利益冲突或者达成共同规范产生过高的谈判费用，这些规范作为次级的规范生成规范也能够确保社会规范的有效适用。在所有这些情况下，受利益支配的社会都不会存在"相对主义"或"虚无主义"的危险。从规范利益者的角度出发，所规定的规范在其社会群体中得到遵守更符合其利益。这尤其适用于自由社会机构自身：作为规范受益者的普通公民有充分的自由赞成法治国家和自由社会的宪法，恰恰有鉴于该社会形式的基本原则，他们没有理由认为这样一个决定是任意或随心所欲的。

　　然而，在规范受益者看来，个人利益不仅是决定社会规范内容的最合适的标准，而且在现代自由社会中也是充分的动力基础，使个人作为规范对象遵循规范及作为规范制定者贯彻规范——当规范对象和规范制定者作为有行为倾向的利益最大化者在行为中具有受规范约束的能力并生活在拥有运转良好的道德市场的开放社会中时就会如此。如此一来，社群主义的第三个也是"社会学"的论据也将不攻自破：他们认为在一个自由的、受利益支配的社会中，其"功利伦理"无法满足对社会生存至关重要的"道德需求"。但即便是这样的社会中，公民也可能有充分的动力在维护自由社会机构所需的程度上参与公共活动，培养共同体意识。

　　因此，概括地说，我们有充分的理由相信，自由社会公民所享有的政治和思想自由无需为了传统共同体结构和世界观教条的复兴而受到限制。如果道德市场可以在自由社会中运行，那么就能够抛却旨在"束缚理性算计"（德·雅赛）的对宗教、禁忌和迷信的"盲目信任"，放弃源出宗教的"本体论的信任本源"（科斯洛夫斯基）。即便是一个原则上世俗的、利益支配的社会也可以解决"社会秩序的难题"，使符合普通公民利益的自由秩序产生并延续。政治统治受到约束这一划时代的成果同下列假设吻合——或许只能同该假设相吻合？即一个社会的成员以理性和开明的方式以关注自己的利益为重。据此，似乎没有必要在启蒙的道路上后退，只要该道路有助于使个人在其行为中不受到形而上学或宗教投机和信仰的支配，而受包括自己的天性和自身利益在内的经验性世界知识的支配。

三　共同体的神话[1]

由于现代自由社会的匿名性、流动性、个人主义和物质主义等特征对道德和美德具有所谓的破坏性作用，对它们广为传播的批评的可信性通常是建立在一个可以被称为"共同体神话"的基本假设之上的。这种假设以多种形态影响我们的生活，有时是作为常识的组成部分，有时出现在形形色色的科学理论中。这一神话的核心认定，个体只有融入较小的、规模合适的及稳定的共同

---

〔1〕"该时代的偶像是共同体。如同平衡我们生活中的艰难和平淡一样，这一观念将所有的甜蜜变成甜腻，所有的温存变成无力，所有屈服变成丧失尊严。在其脑海中，在饱受折磨的心灵的幻像中，一度被摒弃的东西以令人吃惊的残忍形式重新迸发出来。机器、商业和政治的抽象导致人与人之间关系的极度冷漠，这就决定了狂热的、在其所有成员身上均迸发出来的共同体的过度反弹。与算计和冷酷无情地做生意相对的是轻率地委身于人的快乐，一方面是由于猜忌而分裂成彼此漠不关心的国家，另一方面则为维护世界和平成立了国际联盟。距离法则一文不值，孤独的魔力在下降。破坏形式和界限的趋势却促使人们致力于拉平所有的差距。在跨越式的有机联系中共同献身的理想使得我们不道德地放弃了人与人之间的距离法则，人本身也由此受到威胁。"（普莱斯纳尔1924年论著第26页）

体，才会在行为中持续可信地遵循道德规范。在这种小群体内紧
密而持续的人际关系是互相尊重和互助的基础。稳定且明晰的生
活环境会使群体成员之间产生情感上的联系并有利于非物质的
"价值观念"代代相传。争夺有限的资源的竞争不会引起人与人
之间冲突的激化，如果业已形成的社会角色和社会习惯不给这些
冲突和分配之争留有很大的空间。在拥有所谓稳定结构的社会
里，人们在人际关系框架内还互相帮助，为共同事业而努力，而
非时时刻刻考虑私利，不啻是对"过去的好时光"常用的空话。
相反的画面则是"冰冷"和非人性化的现代都市文化氛围，在这
里连邻里都形同陌路，人们无休止地从一个地方迁徙到另一个地
方，人际间亲近鲜有而危险，萦绕在都市丛林市民脑际中的只是
自己的生存和自身的物质满足[1]。

现在，共同体的神话有了真正的核心。如本书研究结果所
示，只有当现代的大社会不是一个未定形的没有结构的整体，而
是以合作企业的方式将小群体关系的特定因素内置其中时，它才
能够期待道德与美德行为拥有一个可靠的基础。但从另外一个方
面看，共同体的神话则根本站不住脚。虽然在封闭小群体紧密的
人际关系和联系内部，个体对共同体其他成员的忠诚和互助确实
在很大程度上得到保障，但同特定的某些人的关系越紧密越长
久，观察其人品，判断其品格和道德完整性的机会就越佳，那些
被甄别并被清除出列的偏离道德者面临的风险就越大，人们也就
越能肯定，可以通过相应的行为从自己对道德行为的"投资"中
获得他人的回报。

---

〔1〕 此外，该神话也经常见诸经济学分析法的代表人物，由于互惠与声誉机制
依赖于获得关联行为伙伴行为方式与特征的信息可能性，这一点就不令人感到意外
了。但看看上去，关联行为伙伴之间的联系越持久，其相互之间的"距离"越小，
这种可能性也就越大。

但在这种稳定、封闭的群体中形成的道德规范又能有多大影响范围呢？在这样一个范围内，也即群体成员固定不变，群体之间互相隔离互不流动，人际联系只固定在群体自身内部的情形下，会相应产生确立其作用范围局限于本群体成员的特殊群体道德的诱因。成员间缺少流动和迁徙的固定小群体对传统社会结构具有典型意义，其特征如同样的部落、同样的地域、同样的行为，将特定的个人几乎不可分割地联系在一起。但我们从对封闭社会的分析中得知，在这种情况下，群体成员没有理由相互要求对方拥有除了其他群体成员利益之外还顾及外人利益的道德。相反，如果一个同质的、对外相对封闭的"局部利益群体"业已形成，有什么理由不去为了增加本群体的财富而想方设法剥削和压迫"他人"和"外人"呢？

由此可以看出，小群体道德不会是同样兼顾所有人利益的普遍道德，它将是片面优先照顾群体成员的道德，是一种严格区分成员和非成员，拒绝对局外人提供保护的"群体内部道德"。因此，不论从伦理还是从社会学标准出发，都没有理由赞美这种静态和小范围的社会群体，在该群体中，特殊利益和群体自私还可能同个人为"共同事业"的牺牲精神联系在一起，但更为重要的是这种道德无法满足现代大型社会生活条件下自由社会秩序的特殊"道德需求"。共同体神话所展示的只是海市蜃楼。

本研究得出的一个重要结论是，事实上恰恰是被共同体神话所唾弃的诸如陌生感、流动性和动态等现代市场经济社会的特征是培养具有普遍意义的道德的必不可少的前提。在这样一个社会中，缺乏稳定联系导致社会群体和关联行为伙伴经常变化，由此也造成合作关系和合作性企业中的伙伴频繁更换。现存群体的一个典型特点是它们同外部世界之间不存在恒定的截然界线。面对匿名的环境，他们并非是孤立的，而是"布满漏洞"，其成员在流动，没有任何恒久不变的纽带将其相互绑缚在一起。在这样一个"无边"的社会中，人们不可能信赖暂时存在的界限和樊篱。

因此，只有进入了匿名的大型社会，人们在寻找合适的合作关系伙伴时才不会寻找那些只对特定人群遵循道德的人。人们将寻找那些采取普遍道德立场、其道德兼顾其行为涉及的所有人的利益、而非特定类型的群体利益的人。只有在这种根本有别于传统社会的社会生活的社会中，才会产生对普遍道德的需求，因为源自群体私利的道德在这种情况下对群体成员自身来说也必定是冒险的。

也只有现代自由社会通过广泛促进跨界合作才使合作利益在和权力利益的抗争中赢得上风。合作的可能性越多，合作利益便越会最终战胜权力利益，因为着眼于和平的赢利机会从长远来看比起通过使用强制或暴力形式对"政治租金"进行投机要有利得多。这样一来，如生产商通过员工自愿的工作、劳务市场上的竞争及有购买力的需求中获益比起封建贵族和大地主通过强迫劳动和强迫税赋获益要大得多，商人通过贸易关系的自由扩展和交换获利比起海盗和军阀通过掠夺和敲诈所得要大，消费者通过自愿生产的商品的质量、供给的多样性及供应商之间的竞争获益比起在指定价格下被迫生产也要大。

据此，恰恰是其流动性和陌生感经常遭到抨击的现代社会构成了普遍道德形成的必要基础。这一研究结论不仅部分支持了社会学的现代化理论，而且揭穿了共同体的神话，因为如果没有在社会群体间划出或多或少不可穿透的界限，现代社会的流动性便不会消失，没有对可能的合作伙伴进行锁定，社会关系的匿名性也不会改变。如果人们渴望一个没有流动性和匿名性的社会，那么就必须接受封闭社会的情形，合作利益将只局部存在，而它会产生在群体界限外优先考虑权力利益的激励。这一结论无疑符合历史经验。固定群体内稳定的内部道德往往同对外采取敌意及对群体外个体进行压迫相伴而生。

因此，从社会学角度看，道德需要做出解释的也不是建立在特殊道德基础之上的排除与歧视，而是根据一般化的、具有无限影响范围的道德采取的包容与一视同仁。人类自然进程的出发点是规模有限、与外界隔离的共同体，其奉行的道德只对其成员有利。界限并非划定的，而是业已存在，必须予以拆除。社会关系和道德规范的"无限性"是历史发展到开放社会过程中的一个"人为的"和脆弱的产品。

这一结果同一个根据一种普遍流行的观点被认为是正确的结论正相反。根据这一观点，根据当代社会的生活条件追求个人利益是文化、政治和道德诸恶之源。人口众多的大型社会，人与人之间实际的、非人格化的关系，社会群体之间的流动以及匿名性和流动性经常被视作破坏性的力量，它们腐蚀并破坏了起保护性作用的社会结构、共同体联系和人际关系。但它们也使互不相识并且开始时没有多少共同之处的人们进行接触并建立起关系。它们使人们共同生活与工作，尽管存在着种族、民族、社会和文化上的差异一只有在这种条件下，以普遍道德为导向的人对于他人的利益才是宝贵的。

在经常被以道德说教的方式加以排斥的现代大型社会中消除并且经常也是痛苦地摧毁根深蒂固的联系和樊篱是从经验论上确立一种符合近代伦理概念并且自由社会存在所需要的道德的必不可缺的前提。如果传统社会的社会与自然樊篱不拆除，个体之间不可割断的"个人"纽带不消失，人与人之间的关系不由务实性所决定，人不能"流动"也无法自行选择其居住地和生活方式，就不可能产生下面这样的道德市场，该市场存在着对拥有道德认同的品德高尚之人的需求，其行为受人际尊重和社会公平原则的制约。也惟有如此，才能够存在拥有思想启蒙、政治自由、经济富裕和个人道德的社会秩序，也就是说，古老的自由主义理想图景在该秩序中依然能够变成现实。

四 结束语

本研究最后得出三个结论：

1. 如果所有公民的行为都仅以自利为导向，拥有民主、法治国家和自由秩序的社会不可能存续。

2. 如果道德和美德不想在这个世界上销声匿迹，它们从长期来看就必须是值得的。

3. 道德说教是徒劳的。

文　献

Ainslie, G. (1975), Specious Reward: A Behavioral Theory of Impulsiveness and ImpulseControl, in: *Psychological Bulletin*, 485—489.

Albert, H. (1967), *Marktsoziologie und Entscheidungslogik*, Neuwied-Berlin.

- (1977), Individuelles Handeln und soziale Steuerung-Die ökonomische Tradition undihr Erkenntnisprogramm, in: H. Lenk (Hrsg.), *Handlungstheorien interdisziplinär IV*, München, 177—225.

- (1978), Nationalökonomie als sozialwissenschaftliches Erkenntnisprogramm, in: ders. et al. (Hrsg.), *Ökonometrische Modelle und sozialwissenschaftliche Erkenntnisprogramme*, Mannheim-Wien-Zürich, 49—71.

- (1986), *Freiheit und Ordnung. Zwei Abhandlungen zum Problem einer offenen Gesell-schaft*, Tübingen.

- (1990), Die Verfassung der Freiheit. Bedingungen der Möglichkeit sozialer Ordnung, in: O. Marquard (Hrsg.), *Einheit und Vielheit. XIV. Deutscher Kongreß für Philosophie*, Hamburg, 253—276.

- (1994), *Das Ideal der Freiheit und das Problem der sozialen Ordnung*, Freiburg i. Br. Alchian, A. A. /H. Demsetz (1972), Production, Information Costs and Economic Organization, in: *American Economic Review*, 777—795.

- /S. Woodward (1987), Reflections on the Theory of the Firm, in: *Zeitschrift für die gesamte Staatswissenschaft*, 110—136.

- (1988), The Firm Is Dead: Long Live the Firm. A Review of O-liver E. Williamson's The Economic Institutions of Capitalisms *in*: *Journal of Economic Literature*, 65—79.

Alexander, J. C. (1983), *Theoretical Logic in Sociology*. *Volume 3*. *The Classical Attempt at Theoretical Synthesis*: *Max Weber*, London-Melbourne-Henly.

Alexander, R. D. (1987), *The Biology of Moral Systems*, New York.

Alexy, R. (1991), *Theorie der juristischen Argumentation*, 2. Aufl. Frankfurt.

- (1994a), *Theorie der Grundrechte*, 2. Aufl. Frankfurt.

- (1994b), *Begriff und Geltung des Rechts*, 2. Aufl. Freiburg-München.

Andreski, S. (1968), *The African Predicament*, New York.

Arrow, K. J. (1971), *Essays in the Theory of Risk-Bearing*, Chicago.

- (1985), *Applied Economics*, Cambridge-London.

Assmann, H. -D. /Ch. Kirchner/E. Schanze (1993) (Hrsg.), *Ökonomische Analyse desRechts*, 2. Aufl. Tübingen.

Aumann, R. J. (1981), Survey of Repeated Games, in: ders. et al. (Hrsg.), *Essays in GameTheory and Mathematical Economics*, Mannheim, 11—42.

Axelrod, R. (1981), The Emergence of Cooperation among Ego-ists, in: *American PoliticalScience Review*, 306—318.

- (1986), An Evolutionary Approach to Norms, in: *American Political Science Review*, 1095—1111.

- (1988), *Die Evolution der Kooperation*, München (orig.: *The*

Evolution of Kooperation, New York 1984).

Badura, P. (1986), *Staatsrecht*. *Systematische Erläuterung des Grundgesetzes für die Bundesrepublik Deutschland*, München.

Baker, G. P. /M. C. Jensen/K. J. Murphy (1988), Compensation and Incentives: Practice versus Theory, in: *Journal of Finance*, 593—616.

Bamberg, G. /K. Spremann (1989) (Hrsg.), *Agency Theory, Information, and Incentives*, Berlin.

Barber, B (1983), *The Logic and Limits of Trust*, New Brunswick.

Baurmann, M. (1987a), *Zweckrationalität und Strafrecht*. *Argumente für ein tatbezogenes Maßnahmerecht*, Opladen.

- (1987b), Glück und moralische Regeln, in: ders. /H. Kliemt (Hrsg.), *Glück und Moral*, Stuttgart, 112—125.

- (1990a), Bürokratie im Rechtsstaat. Oder: Warum der Bürger ein Freund der Bürokratie sein sollte, in: *Fachzeitschrift für die öffentliche Verwaltung*, 84—94.

- (1990b), Strafe im Rechtsstaat, in: ders. /H. Kliemt (Hrsg.), *Die moderne Gesellschaftim Rechtsstaat*, Freiburg-München, 109—160.

- (1991a), Recht und Moral bei Max Weber, in: H. Jung/H. Müller-Dietz /U. Neumann (Hrsg.), *Recht und Moral*. *Beiträge zu einer Standortbestimmung*, Baden-Baden, 113—138.

- (1991b), Grundzüge der Rechtssoziologie Max Webers, in: *Juristische Schulung*, 97—103.

- (1993), Rechte und Normen als soziale Tatsachen. Zu James S. Colemans Grundlegungder Sozialtheorie, in: *Analyse & Kritik*, 36—61.

- (1994a), Die plötzliche Rückkehr der Wirklichkeit. Die Soziologie und das Problemder sozialen Unordnung, in: *Geschichte und Gegenwart*, 102—112.

- (1994b), Vorüberlegungen zu einer empirischen Theorie der positiven Generalprävention, in: *Goltdammer ' s Archiv für Strafrecht*, 368—384.

- (1996a), Kann Homo oeconomicus tugendhaft sein? in: *Homo oeconomicus* (im Erscheinen).

- (1996b), Universalisierung und Partikularisierung der Moral. Ein indivudalistisches Erklärungsmodell, in: R. Hegselmann/H. Kliemt (Hrsg.), *Moral und Interesse*, München (im Erscheinen).

- /H. Kliemt (1995), Zur Ökonomie der Tugend, in: P. Weise (Hrsg.), *Ökonomie undGesellschaft*. *Jahrbuch 11*, Frankfurt-New York, 13—44.

- /D. Mans (1984), Künstliche Intelligenz in den Sozialwissenschaften. Expertensystemeals Instrumente der Einstellungsforschung, in: *Analyse & Kritik*, 103—159.

Bechtler, Th. W. (1977), *Der soziologische Rechtshegriff. Eine systematische Darstellung*, Berlin.

Becker, G. S. (1982), *Der ökonomische Ansatz zur Erklärung menschlichen Verhaltens*, Tübingen.

Behrens, P. (1986), *Die ökonomischen Grundlagen des Rechts. Politische Ökonomie als rationale Jurisprudenz*, Tübingen.

Bellah, R. N. /R. Madsen/W. M. Sullivan/A. Swidler/St. M. Tipton (1987), *Gewohnheiten des Herzens. Individualismus und Gemeinsinn in der amerikanischen Gesellschaft*, Köln (orig.: *Habits of the Heart. Individualism and Commitment in American Life*, Berkeley 1985).

- (1991), *The Good Society*, New York.

Berger, P. /Th. Luckmann (1993), *Die gesellschaftliche Konstruktion der Wirklichkeit*, 5. Aufl. Frankfurt (orig.: *The Social Con-*

struction of Reality, Harmondsworth 1972).

Binmore, K. (1992), *Fun and Games. A Text on Game Theory*, Lexington-Toronto.

- (1993), Bargaining and Morality, in: D. Gauthier/R. Sugden (Hrsg.), *Rationality, Justice and the Social Contract. Themes from Morals by Agreement*, New York u. a., 131—156.

Blau, P. M. (1967), *Exchange and Power in Social Life*, New York.

Bobbio, N. (1987), Max Weber und Hans Kelsen, in: M. Rehbinder/K. -P. Tieck (Hrsg.), *Max Weber als Rechtssoziologe*, Berlin, 109—126.

Bohnen, A. (1975), *Individualismus und Gesellschaftstheorie*, Tübingen.

Brennan, G. /J. M. Buchanan (1993), *Die Begründung von Regeln. Konstitutionelle Politische Ökonomie*, Tübingen (orig.: *The Reason of Rules. Constitutional Political Economy*, Cambridge 1985).

- /L. Lomasky (1993), *Democracy and Decision. The Pure Theory of Electoral Preference*, Cambridge.

Breyer, E/P. Bernholz (1993/94), *Grundlagen der politischen Ökonomie. 1. Band: Theorie der Wirtschaftssysteme. 2. Band: Ökonomische Theorie der Politik*, 3. Aufl. Tübingen.

Briefs, G. (1920), *Untergang des Abendlandes; Christentum und Sozialismus*, Freiburg i. Br.

Buchanan, J. M. (1965), An Economic Theory of Clubs, in: *Economica*, 1—14.

- (1977), Ethics, Expected Values, and Large Numbers, in: *Freedom in Constitutional Contract*, College Station, 151—168.

- (1984), *Die Grenzen der Freiheit. Zwischen Anarchie und*

Leviathan, Tübingen（orig.： *The Limits of Liberty*. *Between Anarchy and Leviathan*, Chicago-London 1975）.

- (1990), The Domain of Constitutional Economics, in： *Constitutional Political Economy*, 1—18.

- /R. D. Tollison/G. Tullock (1980) (Hrsg.), *Towarda Theory of the Rent-Seeking Society*, College Station.

- /G. Tullock (1962), *The Calculus of Consent*, Ann Arbor.

* Bydlinski, F. (1982), *Juristische Methodenlehre und Rechtsbegriff*, Wien-New York.

- (1988), *Fundamentale Rechtsgrundsätze*. *Zur rechtsethischen Verfassung der Sozietät*, Wien-New York.

Coase, R. H. (1960), The Problem of Social Cost, *In*： *Journal of Law and Economics*, 1—44.

Cohen J. /L. Hazelrigg/W. Pope (1975a), De-Parsonizing Weber： A Critique of ParsonsInterpretation of Weber's Sociology, in： *American Sociological Review*, 229—241.

(1975b), Reply to Parsons, in： *American Sociological Review*, 670—674.

Coleman, J. S. (1974), *Power and the Structure of Society*, New York.

- (1979a), Rational Actors in Macrosociological Analysis, in： R. Harrison (Hrsg.), *Rational Action*, Cambridge, 75—91.

- (1979b), *Macht und Gesellschaftsstruktur*, Tübingen.

- (1980), Authority Systems, in： *The Public Opinion Quarterly*, 143—163.

- (1986), *Individual Interests and Collective Action*, Cambridge.

- (1987), Norms as Social Capital, in： G. Radnitzky/H. Bouillon (Hrsg.), *Ordnungs theorie und Ordnungspolitik*, Berlin, 133—155.

- (1988), The Problem of Order: Where Are Rights to Act Located?, in: *Zeitschrift fürdie gesamte Staatswissenschaft*, 367—373.

- (1990), *Foundations of Social Theory*, Cambridge-London.

- (1993), Reply to Blau, Tuomela, Diekmann and Baurmann, in: *Analyse & Kritik*, 62—69.

Dahrendorf, *R.* (*1968*), *Homo Sociologicus. Versuch zur Geschichte, Bedeutung und Kritik der Kategorie der sozialen Rolle*, in: *Pfade aus Utopia*, *München*, 128—194.

Diekmann, *A.* /P. *Mitter* (*1986*) (*Hrsg.*), Paradoxical Effects of Social Behaviour, *Heidelberg*.

Donaldson, *L.* (*1980*), Behavior Supervision, *Reading*.

Downs, *A.* (*1968*), Ökonomische Theorie der Demokratie, *Tübingen* (*orig.*: An Economic Theory of Democracy, *New York 1957*).

Dreier, *H.* (*1991*), *Hierarchische Verwaltung im demokratischen Staat. Genese, aktuelle Bedeutung und funktioneile Grenzen eines Bauprinzips der Exekutive*, *Tübingen*.

Dreier, *R.* (*1986*), *Der Begriff des Rechts*, in: Neue Juristische Wochenschrift, 890—896.

Durkheim, *E.* (*1893*), Über die Teilung der sozialen Arbeit, *Frankfurt 1977* (*orig.*: De la Division du travail social).

Dworkin, *R.* (*1984*), Bürgerrechte ernstgenommen, *Frankfurt* (*orig.*: Taking Rights Seriously, *Cambridge 1977*).

Ehrlich, *E.* (*1967*), Grundlegung der Soziologie des Rechts, *3. Aufl. Berlin*.

Eichenberger, *R.* (*1992*), Verhaltensanomalien und Wirtschaftswissenschaft: Herausforderung, Reaktionen, Perspektiven, *Wiesbaden*.

Eisenhardt, *K. M.* (*1989*), *Agency Theory*: *An Assessment and*

Review, *in*: Academy of Managment Review, 57—74.

Ekman, *P*. (*1989*), Warum Lügen kurze Beine haben. Über Täuschungen und deren Aufdeckung im privaten und öffentlichen Leben, *Berlin-New York* (*orig*. : Telling Lies. Clues to Deceit in the Marketplace, Politics, and Marriage, *New York 1985*).

Elster, *J*. (*1982*), *Rationality*, *in*: Contemporary Philosophy. A New Survey. Vol. 2, *The Hague-Boston-London*, 111—131.

- (*1986*), *Introduction*, *in*: *ders*. (*Hrsg*.), Rational Choice, *Oxford*, 1—33.

- (*1987*), Subversion der Rationalität, *Frankfurt-New York*.

- (*1988*), *Economic Order and Social Norms*, *in*: Zeitschrift für die gesamte Staatswissenschaft, 357—366.

- (*1989*), The Cement of Society, *Cambridge*.

- (*1990*), *Norms of Revenge*, *in*: Ethics, 862—885.

- (*1991*), *Rationality and Social Norms*, *in*: Europäisches Archiv für Soziologie, 109—129.

- (*1992*), Nuts and Bolts for the Social Sciences, *Cambridge*.

Engisch, *K*. (*1983*), Einführung in das juristische Denken, *8*. *Aufl*. *Stuttgart*. *Erichsen*, *H*. *K*. *et al*. (*1995*), Allgemeines Verwaltungsrecht, *10*. *Aufl*. *Berlin-New York*. *Esser*, *H*. (*1990*), > *Habits* < , > *Frames* < *and* > *Rational Choice* < . *Die Reichweite der Theorie der rationalen Wahl*, *in*: Zeitschrift für Soziologie, 231—247.

- (*1991a*), Alltagshandeln und Verstehen. Zum Verhältnis von erklärender und verstehender Soziologie am Beispiel von Alfred Schütz und > Rational Choice < , *Tübingen*.

- (*1991b*), *Die Rationalität des Alltagshandelns. Alfred Schütz und* > *Rational Choice* < , *in*: *ders*. / *K*. *G*. *Troitzsch* (*Hrsg*.), Modellierung sozialer Prozesse, *Bonn*, 235—281.

Essler, W. K. (*1982*), Wissenschaftstheorie I, 2. *Aufl.* *Freiburg-München*. *Etzioni*, A. (*1994*), Jenseits des Egoismus-Prinzips. Ein neues Bild von Wirtschaft, Politik und Gesellschaft, *Stuttgart* (*orig*. : The Moral Dimension. Toward a New Economics, *New York-London 1988*).

- (*1995*), Die Entdeckung des Gemeinwesens. Ansprüche, Verantwortlichkeiten und das Programm des Kommunitarismus, *Stuttgart* (*orig*. : The Spirit of Community. Rights, Responsibilities, and the Communitarian Agenda, *New York 1993*).

Eucken, W. (*1940*), Die Grundlagen der Nationalökonomie, 7. *Aufl*. *Berlin 1959*.

- (1952), *Grundsätze der Wirtschaftspolitik*, Bern-Tübingen.

Faber, H. (1995), *Verwaltungsrecht*, 4. Aufl. Tübingen.

Fama, E. F. /M. C. Jensen (1983), Separation of Ownership and Control, in: *Journal of Law and Economics*, 301—351.

Frank, R. H. (1987), If Homo Economicus Could Choose His Own Utility Function, Would He Want One with a Conscience?, in: American Economic Review, 593—604.

- (1992), *Die Strategie der Emotionen*, München (orig. : *Passions Within Reason*. *The Strategie Role of the Emotions*, New York-London 1988).

Frankena, W. K. (1994), *Analytische Ethik*. *Eine Einführung*, München (orig. : *Ethics*, Englewood Cliffs 1963).

Frankfurt, H. M. (1971), Freedom of the Will and the Concept of a Person, in: Journal ofPhilosophy, 5—20.

- (1975), Three Concepts of Free Action, in: *The Aristotelian Society*. *Supplementary Volume XL* Ⅳ , 113—125.

Frey, B. S. (1977), *Moderne Politische Ökonomie*. *Die Beziehun-*

gen zwischen Wirtschaft und Politik, München.

- (1980), Ökonomie als Verhaltenswissenschaft, in: *Jahrbuch für Sozialwissenschaft 31*, 21—35.

- (1988), Ein ipsatives Modell menschlichen Verhaltens. Ein Beitrag zur Ökonomie und Psychologie, in: *Analyse & Kritik*, 181—205.

- (1992), Tertium datur: Pricing, Regulating and Intrinsic Motivation, in: *Kyklos*, 161—184.

- (1993a), Motivation as a Limit to Pricing, in: *Journal of Economic Psychology*, 635—664.

- (1993b), Shirking or Work Morale?, in: *European Economic Review*, 1523—1532.

- /I. Bohnet (1994), Die Ökonomie zwischen extrmsischer und intrinsischer Motivation, in: *Homo oeconomicus*, 1—19.

- /W. Stroebe (1980), Ist das Modell des homo oeconomicus > unpsychologisch < ?, in: *Zeitschrift für die gesamte Staatswissenschaft*, 82—97.

Friedman, Ⅰ. W. (1986), *Game Theory with Applications to Economics*, Oxford.

Furubotn, E. G. /S. Pejovich (1974) (Hrsg.), *The Economics of Property Rights*, Cambridge.

Gambetta, D. (1988) (Hrsg.), *Trust: Making and Breaking Cooperative Relations*, Oxford.

Gambier, D. (1986), *Morals by Agreement*, Oxford.

Garzón Valdes, E. (1982), Die gesetzliche Begrenzung des staatlichen Souveräns, in: *Archiv für Rechts- und Sozialphilosophie*, 431—447.

Geiger, Th. (1970), *Vorstudien zu einer Soziologie des Rechts*, 2. Aufl. Neuwied.

Gerrard, B. (1993) (Hrsg.), *The Economics of Rationality*, London-New York.

Goffman, E. (1961), *Asylums*, Garden City.

Gouldner, A. W. (1961), The Norm of Reciprocity, in: *American Sociological Review*, 161—189.

Grabher, G. (1993) (Hrsg.), *The Embedded Firm. On the Socioeconomics of Industrial Networks*, London-New York.

Granovetter, M. (1985), Economic Action and Social Structure: The Problem of Embeddedness, in: *American Journal of Sociology*, 481—510.

Güth, W. /H. Kliemt (1993), Menschliche Kooperation basierend auf Vorleistungen und Vertrauen, in: *Jahrbuch für Politische Ökonomie 12*, Tübingen, 145—173.

- /- (1994), Competition or Co-operation: On the Evolutionary Economics of Trust, Exploitation and Moral Attitudes, in: *Metroeconomica*, 155—187.

- /W. Leininger/G. Stephan (1991), On Supergames and Folk Theorems, in: R. Selten (Hrsg.), *Game Equilibrium Modells II*, Heidelberg-Berlin, 56—70.

Habermas, J. (1981), *Theorie des kommunikativen Handelns. Bd. 1.*

Handlungsrationalität und gesellschaftliche Rationalisierung, Frankfurt.

Hardin, R. (1971), Collective Action as an Agreeable n-Prisoners' Dilemma, in: *Behavioral Science*, 472—481.

- (1982), *Collective Action*, Baltimore.

- (1991), Trusting Persons, Trusting Institutions, in: R. Zeckhauser (Hrsg.), *The Strategy of Choice*, Cambridge, 185—209.

- (1992), The Street-Level-Epistemology of Trust, in: *Analyse &* *Kritik*, 152—176.

Harsanyi, J. C. (1986), Advances in Understanding Rational Behavior, in: J. Elster (Hrsg.), *Rational Choice*, Oxford, 82—107.

Hart, H. L. A. (1961), *The Concept of Law*, Oxford.

Hayek, R A. von (1948), *Individualism and Economic Order*, Chicago.

- (1969), *Freiburger Studien. Gesammelte Aufsätze*, Tübingen.

- (1971), *Die Verfassung der Freiheit*, Tübingen (orig.: *The Constitution of Liberty*, Chicago-London 1960).

- (1973), *Law, Legislation and Liberty. Vol. 1. Rules and Order*, London.

- (1975), *Die Irrtümer des Konstruktivismus und die Grundlagen legitimer Kritik gesellschaftlicher Gebilde*, Tübingen.

Heath, A. (1976), *Rational Choice and Social Exchange. A Critique of Exchange Theory*, Cambridge.

Hegselmann, R. /W. Raub/Th. Voss (1986), Zur Entstehung der Moral aus natürlichen Neigungen. Eine spieltheoretische Spekulation, in:! *Analyse & Kritik*, 150—177.

Heiner, R. A. (1983), The Origin of Predictable Behavior, in: *American Economic Review*, 560—595.

- (1988a), The Necessity of Imperfect Decisions, *in: Journal of Economic Behavior and Organization*, 29—55.

- (1988b), Imperfect Decisions and Routinized Production: Implications for Evolutionary Modelmg and Inertial Technical Change, in: G. Dosi et al. (Hrsg.), *Technical Change and Economic Theory*, London-New York, 148—169.

- (1990), Rule-Governed Behavior in Evolution and Human Society, in: *Constitutional Political Economy*, 19—46.

Hesse, K. (1993), *Grundzüge des Verfassungsrechts der Bundesrepublik Deutschland*, 19. Aufl. Heidelberg.

Hill, W. /R. Fehlbaum/P. U. Ulrich (1992), *Organisationslehre l und 2*, 4. Aufl. Bern-Stuttgart.

Hirsch, F. (1980), *Die sozialen Grenzen des Wachstums*. *Eine ökonomische Analyse der Wachstumskrise*, Reinbek (orig.: *Social Limits to Growth*, Cambridge 1976).

Hirschman, A. O. (1974), *Abwanderung und Widerspruch*, Tübingen (orig.: *Exil*, *Voice and Loyality*, Cambridge 1970).

- (1987), *Leidenschaften und Interessen*. *Politische Begründungen des Kapitalismus vor seinem Sieg*, Frankfurt (orig.: *The Passions and the Interests*. *Political Arguments for Capitalism before its Triumph*, Princeton 1977).

- (1989), Der Streit um die Bewertung der Marktgesellschaft, in: ders., *Entwicklung*, *Markt und Moral*. *Abweichende Betrachtungen*, München-Wien, 192—225 (orig.: Rival Views of Market Society, *in*: *Journal of Economic Literature* 1982).

Hirshleifer, J. (1987), On the Emotions as Guarantors of Threats and Promises, in: J. Dupré (Hrsg.), *The Latest on the Best*: *Essays in Evolution and Optimality*, Cambridge, 307—326.

Hobbes, Th. (1651), *Leviathan*, Neuwied-Berlin 1966.

Hoerster, N. (1977), *Utilitaristische Ethik und Verallgemeinerung*, 2. Aufl. Freiburg-München.

- (1981), Zur Begründung einer Minimalmoral, in: *Akten des 5. Internationalen Wittgenstein-Symposiums*, Wien, 131—133.

- (1982), Rechtsethik ohne Metaphysik, *in*: *Juristenzeitung*, 265—272, 714—716.

- (1983a), > Wirksamkeit <, > Geltung < und > Gültigkeit < von Normen. Ein empiristischer Definitionsvorschlag, in: D. Mayer-Maly/P. M. Simons (Hrsg.), Das *Naturrechtsdenken heute und morgen*, Berlin, 585—596.

- (1983b), Moralbegründung ohne Metaphysik, in: *Erkenntnis*, 225—238.

- (1986a), Zur Verteidigung des Rechtspositivismus, in: *Neue Juristische Wochenschrift*, 2480—2482.

- (1986b), Kritischer Vergleich der Theorien der Rechtsgeltung von Hans Kelsen und H. L. A. Hart, in: S. L. Paulson/R. Walter (Hrsg.), *Untersuchungen zur Reinen Rechtslehre*, Wien, 1—19.

- (1986c), Der Standort der Rechtsprechungslehre zwischen Philosophie und Staatsrecht, in: N. Achterberg (Hrsg.), *Rechtsprechungslehre*, Köln, 187—211.

- (1987), Die rechtsphilosophische Lehre vom Rechtsbegriff, in: *Juristische Schulung*, 181—188.

- (1989), Norm, in: *Handlexikon zur Wissenschaftstheorie* (Hrsg. H. Seiffert), Stuttgart, 27—32.

- (1991a), Zum Problem einer absoluten Normgeltung, in: H. Mayer (Hrsg.), *Staatsrecht in Theorie und Praxis*. Festschrift für Robert Walter, Wien, 255—269.

- (1991b), *Abtreibung im säkularen Staat. Argumente gegen den § 218*, Frankfurt.

Hofstadter, D. R. (1983), Gefangenendilemma und Kooperation, in: *Spektrum der Wissenschaft*, Heft 8.

Hogarth, R. /M. H. Reder (1987) (Hrsg.), *Rational Choice. The Contrast between Economics and Psychology*, Chicago.

Hondrich, K. -O. /C. Koch-Arzberger (1992), *Solidarität in der*

618 道德的市场

modernen Gesellschaft, Frankfurt.

Homann, K. /F. Blome-Drees (1992), *Wirtschafts- und Unternehmensethik*, Göttingen.

- /A. Suchanek (1989), Methodologische überlegungen zum ökonomischen Imperialismus, in: *Analyse & Kritik*, 70—93.

Hopf, Ch. (1986), Normen und Interessen als soziologische Grundbegriffe. Kontroversen über Max Weber, in: *Analyse & Kritik*, 191—210.

Humboldt, W. von (1792), *Ideen zu einem Versuch*, *die Grenzen der Wirksamkeit des Staates zu bestimmen*, Stuttgart 1967.

Hume, D. (1739), *Ein Traktat über die menschliche Natur*. *Buch II und III*. *Über die Affekte*. *Über Moral*, Hamburg 1978 (orig.: *A Treatise of Human Nature*. *Book II and III*. *Of the Passions*. *Of Morals*).

- (1777), *Eine Untersuchung über die Prinzipien der Moral*, Stuttgart 1984 (orig.: *An Enquiry Concerning the Principles of Morals*).

Jasay, A. de (1989), *Social Contract*, *Free Ride*. *A Study of the Public Goods Problem*, Oxford.

- (1991), Zur Möglichkeit begrenzter Staatsgewalt, in: G. Radnitzky/H. Bouillon (Hrsg.), *Ordnungstheorie und Ordnungspolitik*, Berlin u. a., 77—104.

Jones, E. L. (1991), *Das Wunder Europa*. *Umwelt*, *Wirtschaft und Geopolitik in der Geschichte Europas und Asiens*, Tübingen (orig.: *The European Miracle*. *Environments*, *Economics*, *and Geopolitics in the History of Europe and Asia*, Cambridge 1981).

Kahneman, D. /P. Slovic/A. Tversky (*1982*), *Judgement under Uncertainty*: *Heuristics and Biases*, Cambridge.

Kant, I. (1785), *Grundlegung zur Metaphysik der Sitten*, Hamburg

1965.

- (1788), *Kritik der praktischen Vernunft*, Hamburg 1967.

Käsler, D. (1978), Max Weber, in: ders. (Hrsg.), *Klassiker des soziologischen Denkens*. Bd. *II*, München, 40—177, 514—520.

Kelsen, H. (1929), *Vom Wesen und Wen der Demokratie*, 2. Aufl. Tübingen.

- (1934), *Reine Rechtslehre. Einleitung in die rechtswissenschaftliche Problematik*, Leipzig-Wien.

- (1960), *Reine Rechtslehre*, 2. Aufl. Wien.

- (1979), *Allgemeine Theorie der Normen*, Wien.

Kieser, A. /H. Kubicek (1992), *Organisation*, 3. Aufl. Berlin-New York. Kirchgässner, G. (1988a), Die neue Welt der Ökonomie, in: *Analyse & Kritik*, 107—137.

- (1988b), Ökonomie als imperial (istisch) e Wissenschaft, *in: Jahrbuch für Neue Politische Ökonomie* 7, Tübingen, 128—145.

- (1991), *Homo Oeconomicus. Das ökonomische Modell individuellen Verhaltens und seine Anwendung in den Wirtschafts- und Sozialwissenschaften*, Tübingen.

- /W. W. Pommerehne (1993), Low-Cost Decisions as a Challenge to Public Choice, in: *Public Choice*, 107—115.

Kirsch, G. (1993), *Ökonomische Theorie der Politik*, 3. Aufl. Düsseldorf. Kliemt, H. (1978), Can There be Any Constitutional Limits to Constitutional Powers?, in: *Munich Social Science Review*, 106—129.

- (1980), *Zustimmungstheorien der Staatsrechtfertigung*, Freiburg-München.

- (1984), Nicht-explanative Funktionen eines > Homo oeconomicus < und Beschränkungen seiner explanativen Rolle, in: M. J. Holler (Hrsg.), *Homo oeconomicus II*, München, 7—49.

- (1985), *Moralische Institutionen*. *Empiristische Theorien ihrer Evolution*, Freiburg-München.

- (1986a), *Antagonistische Kooperation*. *Elementare spieltheoretische Modelle spontaner Ordnungsentstehung*, Freiburg-München.

- (1986b), The Veil of Insignificance, in: *European Journal of Political Economy*, 333—344.

- (1987), The Reason of Rules and the Rule of Reason, in: *Critica*, 43—86.

- (1988), Thomas Hobbes, David Hume und die Bedingungen der Möglichkeit eines Staates, in: *Akten des 12 . Internationalen Wittgenstein Symposiums*, Wien, 152—160.

- (1990a), *Papers on Buchanan and Related Subjects*, München.

- (1990b), The Costs of Organizing Social Cooperation, in: M. Hechter et al. (Hrsg.), *Social Institutions*. *Their Emergence*, *Maintenance and Effects*, New York, 61—79.

- (1991), Der Homo oeconomicus in der Klemme, in: H. Esser/ K. G. Troitzsch (Hrsg.), *Modellierung sozialer Prozesse*, Bonn, 179—203.

- (1993a), Constitutional Commitments, in: Ph. Herder-Dorneich et al. (Hrsg.), *Jahrbuch für Politische Ökonomie 12* , Tübingen, 145—173.

- (1993b), Ökonomische Analyse der Moral, in: B. -T. Ramb/ M. Tietzel (Hrsg.), *Ökonomische Verhaltenstheorie*, München, 281—310.

- /B. Schauenberg (1982), Zu Michael Taylors Analysen des Gefangenendilemmas, in: *Analyse & Kritik*, 71—96.

- /R. Zimmerling (1993), Quo vadis Homo oeconomicus?, in: *Homo oeconomicus*, 1—44, 167—195.

Koch, H. -J. (1979), *Unbestimmte Recbtsbegriffe und Ermessensermächtigungen im Verwaltungsrecht*, Frankfurt.

- /R. Rubel (1992), *Allgemeines Verwaltungsrecht*, 2. Aufl. Neuwied-Kriftel-Berlin.

- /H. Rüßmann (1982), *Juristische Begründungslehre. Eine Einführung in Grundproble me der Rechtswissenschaft*, München.

Koller, P. (1983), Rationalität und Moral, in: *Grazer philosophische Studien*, 265—305.

- (1988), Meilensteine des Rechtspositivismus im 20. Jahrhundert: Hans Kelsens ReineRechtslehre und H. L. A. Harts > Concept of Law < , in: O. Weinberger/W. Krawietz (Hrsg.), *Reine Rechtslehre im Spiegel ihrer Fortsetzer und Kritiker*, Wien-New York, 129—178.

- (1991), Facetten der Macht, in: *Analyse & Kritik*, 107—133.

- (1993), Formen sozialen Handelns und die Funktion von Normen, in: A. Aarnio et al. (Hrsg.), *Rechtsnorm und Rechtswirklichkeit. Festschrift für Werner Krawietz zum 60*, *Geburtstag*, Berlin, 265—293.

Kornhauser, W. (1962), *Scientists in Industry*, Berkeley.

Koslowski, P. (1988), *Prinzipien der Ethischen Ökonomie. Grundlegung der Wirtschaftsethik und der auf die Ökonomie bezogenen Ethik*, Tübingen.

Krawietz, W. (1988), Sind Zwang und Anerkennung Strukturelemente der Rechtsnorm?, in: O. Weinberger/W. Krawietz (Hrsg.), *Reine Rechtslehre im Spiegel ihrer Fortsetzer und Kritiker*, Wien-New York, 315—369.

Kreps, D. M. /P. Milgrom/J. Roberts/R. Wilson (1982), Rational Cooperation in the Finitely Repeated Prisoners' Dilemma, in: *Journal of Economic Theory*, 245—252.

- /R. Wilson (1982), Reputation and Imperfect Information, *in*:

Journal of Economic Theory, 253—279.

Kriele, M. (1994), *Einführung in die Staatslehre*, 5. Aufl. Opladen.

Krystek, U. /S. Zumbrock (1993), *Planung und Vertrauen. Die Bedeutung von Vertrauen und Mißtrauen für die Qualität von Planungs- und Kontrollsystemen*, Stuttgart.

Kutschera, F. von (1972), *Wissenschaftstheorie I*, München.

- (1973), *Einführung in die Logik der Normen, Werte und Entscheidungen*, Freiburg-München.

- (1982), *Grundlagen der Ethik*, Berlin-New York.

Lachmann, W. (1987), *Wirtschaft und Ethik. Maßstäbe wirtschaftlichen Handelns*, Neuhausen-Stuttgart.

Lahno, B. (1995), *Versprechen. Überlegungen zu einer künstlichen Tugend*, München-Wien.

Lakatos, I. (1974), Falsifikation und die Methodologie wissenschaftlicher Forschungsprogramme, in: ders. /A. Musgrave (Hrsg.), *Kritik und Erkenntnisfortschritt*, Braunschweig, 89—190 (orig.: Falsification and the Methodology of Scientific Research Programmes, in: I. Lakatos/A. Musgrave (Hrsg.), *Criticism and the Growtb of Knowledge*, Cambridge 1970, 91—196).

Larenz, K. (1979), *Methodenlehre der Rechtswissenschaft*, 4. Aufl. Berlin-Heidelberg-New York.

Lindenberg, S. (1980), Marginal Utility and Restraints on Gain Maximization: The Discrimination Model of Rational Repetitive Choice, in: *Journal of Mathematical Sociology*, 289—316.

- (1983), Utility and Morality, in: *Kyklos*, 450—468.

- (1984), Preference versus Constraints, in: *Zeitschrift für die gesamte Staatswissenschaft*, 96—103.

- (1989), Social Production Functions, Deficits, and Social Revolutions, in: *Rationality and Society*, 51—77.

- (1990), Homo Socio-oeconomicus: The Emergence of a General Model of Man in the Social Sciences, in: *Zeitschrift für die gesamte Staatswissenschaft*, 727—748.

- (1993), Framing, Empirical Evidence, and Applications, in: *Jahrbuch für politische Ökonomie 12*, 11—38.

- /B. Frey (1993), Alternatives, Frames, and Relative Prices: A Broader View of Rational Choice Theory, in: *Acta Sociologica*, 191—205.

Locke, J. (1690), *Zwei Abhandlungen über die Regierung*. Band *II*, Frankfurt 1967 (orig.: *Two Treatises of Government*).

Lübbe, W. (1991), *Legitimität kraft Legalität. Sinnverstehen und Institutionenanalyse bei Max Weber und seinen Kritikern*, Tübingen.

Luce, D. R. /H. Raiffa (1957), *Games and Decisions*, New York.

Luhmann, N. (1969), Normen in soziologischer Perspektive, in: *Soziale Welt*, 28—48.

- (1983), *Rechtssoziologie. Band 1/2*, 2. Aufl. Opladen.

- (1985), *Die soziologische Beobachtung des Rechts*, Frankfurt.

- (1993), *Das Recht der Gesellschaft*, Frankfurt. MacCormick, N. (1981), *H. L. A. Hart*, London.

MacDonald, G. (1984), New Directions in the Economic Theory of Agency, in: *Canadian Journal of Economics*, 415—440.

MacIntyre, A. (1987), *Der Verlust der Tugend*, Frankfurt-New York (orig.: *After Virtue. A Study in Moral Theory*, London 1981).

- (1988), *Whose Justice? Which Rationality?* London.

- (1990), *Three Rival Versions of Moral Enquiry*, Notre Dame.

- (1993), *Ist Patriotismus eine Tugend?* in: A. *Honneth* (Hrsg.), *Kommunitarismus*, Frankfurt-New York, 84—102 (orig.: *Is Patriotism a Virtue?*, The Lindley Lecture, University of Kansas, 1984).

Mackie, J. L. (1981), *Ethik. Auf der Suche nach dem Richtigen und Falschen*, Stuttgart (orig.: *Ethics. Inventing Right and Wrong*, Harmondsworth 1977).

- (1982), Morality and the Retributive Emotions, in: *Criminal Justice Ethics*, 3—10.

Mandeville, B. (1714), *Die Bienenfabel oder Private Laster, öffentliche Vorteile*, Frankfurt 1968 (orig.: *The Fable of the Bees: or, Private Vices Publick Benefits*).

Margolis, H. (1981), A New Model of Rational Choice, in: *Ethics*, 265—283.

- (1982), *Selfishness, Altruism, and Rationality: A Theory of Social Choice*, Cambridge.

Maurer, H. (1994), *Allgemeines Verwaltungsrecht*, 9. Aufl. München.

Mayer, F. /F. Kopp (1985), *Allgemeines Verwaltungsrecht*, 5. Aufl. Stuttgart-München-Hannover.

Mayntz, R. (1982), *Soziologie der öffentlichen Verwaltung*, 2. Aufl. Heidelberg.

McKenzie, R. B. (1977), The Economic Dimension of Ethical Behavior, in: *Ethics*, 208—221.

- (1987), The Fairness of Markets. A Search for Justice in a Free Society, Lexington-Toronto. - /G. Tullock (1984), *Homo oeconomicus. Ökonomische Dimensionen des Alltags*, *Frankfurt* (orig.: The New World of Economics - Explorations into the Human Experience, *Homewood 1978*).

Merkl, A. (1968), *Prolegomena einer Theorie des rechtlichen Stufenbaus*, in: H. Klecatskyet al. (Hrsg.), Die Wiener rechtstheoretische Schule II, *Wien u. a.*, 1311—1361.

Michels, R. (1949), Political Parties, *New York*.

Milgrom, P. /J. Roberts (1982), *Predation, Reputation, and Entry Deterrence*, in: Journal of Economic Theory, 280—312.

- / - (*1992*), Economics, Organization and Management, *Englewood Cliffs*.

Mill, J. St. (*1859*), On Liberty, *Oxford-New York 1991*.

Mueller, D. C. (*1979*), Public Choice, *Cambridge*.

- (*1986*), *Rational Egoism versus Adaptive Egoism as Fundamental Postulate for a Descriptive Theory of Human Behavior*, in: Public Choice, 3—23.

- (*1991*), Public Choice II, *Cambridge*.

- (*1992*), *On the Foundations of Social Science Research*, in: Analyse & Kritik, *195—220*.

Münch, R. (*1982*), Theorie des Handelns. Zur Rekonstruktion der Beiträge von Talcott Parsons, Emile Durkheim und Max Weber, *Frankfurt*.

Myers, M. L. (*1983*), The Soul of Modern Economic Man. Ideas of Self-Interest, *Chicago-London*.

Neumann, M. (*1980*), Nutzen, in: Handwörterbuch der Wirtschaftswissenschaften. Bd. 5, *Stuttgart u. a.*, 349—361.

North, D. C. (*1984*), *Government and the Cost of Exchange in History*, in: Journal of Economic History, 255—264.

- (*1988*), Theorie des institutionellen Wandels. Eine neue Sicht der Wirtschaftsgeschichte, *Tübingen* (orig.: Structure and Change in Economic History, *New York 1981*).

- (*1992*), Institutionen, institutioneller Wandel und Wirtschaftsleistung, *Tübingen* (*orig.* : Institutions, Institutional Change and Economic Performance, *Cambridge 1990*).

- / *R. P. Thomas* (*1973*), The Rise of the Western World. A New Economic History, *Cambridge*.

Nozick, *R.* (*1976*), Anarchie, Staat, Utopia, *München* (*orig.* : Anarchy, State, and Utopia, *New York 1974*). *Olson*, *M.* (*1968*), Die Logik des kollektiven Handelns. Kollektiv guter und die Theorie der Gruppe, *Tübingen* (*orig.* : The Logic of Coüective Action. Public Goods and the Theoryof Groups, *Cambridge 1965*).

- (*1991a*), Aufstieg und Niedergang von Nationen. Ökonomisches Wachstum, Stagflation und soziale Starrheit, 2. *Aufl. Tübingen* (*orig.* : The Rise and Decline of Nations :

Economic Growth, Stagflation and Social Rigidies, *New Haven-London 1982*).

- (*1991b*), Umfassende Ökonomie, *Tübingen*.

Opp, *K. -D.* (*1979*), *Das ökonomische Programm < in der Soziologie*, in : *H. Albert / K. H. Stapf* (*Hrsg.*), Theorie und Erfahrung - Beiträge zur Grundlagenproblematik der Sozialwissenschaften, Stuttgart, 313—349.

- (*1983*), Die Entstehung sozialer Normen. Ein Integrationsversuch soziologischer, sozialpsychologischer und ökonomischer Erklärungen, *Tübingen*.

- (*1984*), *Rational Choice and Sociological Man*, in : Jahrbuch für Neue Politische Ökonomie 3, *Tübingen*, 1—16.

- (*1986*), *Das Modell des Homo Sociologicus. Eine Explikation und eine Konfrontierung mit dem utilitaristischen Verhaltensmodell*, in : Analyse & Kritik, 1—27.

Parfit, *D*. (*1984*), Reasons and Persons, *Oxford*.

Parsons, *T*. (*1968*), The Structure of Social Action, *New York*.

- (1975), On > De-Parsonizing Webers < , in: *American Sociological Review*, 666—670.

- (1976), Reply to Cohen, Hazelrigg and Pope, in: *American Sociological Review*, 361—365.

- et al. (1951), A General Statement, in: dies., *Toward a General Theory of Action*, Cambridge, 3—29.

Paulson, St. L. /R. Walter (Hrsg.) (1986), *Untersuchungen zur Reinen Rechtslehre*, Wien.

Plessner, H. (1924), *Grenzen der Gemeinschaft*. *Eine Kritik des sozialen Radikalismus*, Bonn.

Pope, W. /J. Cohen/L. Hazelrigg (1975), On the Divergence of Weber and Durkheim: A Critique of Parson's Convergence Thesis, *in*: *American Sociological Review*, 417—427.

- (1977), Reply to Parsons, in: *American Sociological Review*, 809—811.

Popitz, H. (1980), *Die normative Konstruktion von Gesellschaft*, Tübingen.

- (1992), *Phänomene der Macht*, 2. Aufl. Tübingen.

Posner, R. A. (1977), *Economic Analysis of Law*, Boston-Toronto.

Pratt, J. W. /R. J. Zeckhauser (1991) (Hrsg.), *Principals and Agents*. *The Structure of Business*, 2. Aufl. Boston.

Radnitzky, G. /P. Bernholz (1987) (Hrsg.), *Economic Imperialism*. *The Economic Method Applied Outside the Field of Economics*, New York.

Raphael, D. D. (1969), *The British Moralists*. *1650—1800*,

Oxford.

Rapoport, A. /A. M. Chammah (1965), *Prisoner's Dilemma*, Ann Arbor.

Raub, W. (1984), *Rationale Akteure, institutionelle Regelungen und Interdependenz*, Frankfurt u. a.

- (1990), A General Game-Theoretic Model of Preference Adaptations in ProblematicSocial Situation《, in: *Rationality and Society*, 67—93.

- /Th. Voss (1981), *Individuelles Handeln und gesellschaftliche Folgen*, Neuwied-Berlin.

- /- (1986), Conditions for Cooperation in Problematic Social Situations, in: A. Diekmann/P. Mitter (Hrsg.), *Paradoxical Effects of Social Behavior. Essays in Honour of Anatol Rapoport*, Würzburg, 85—98.

- /- (1990), Individual Interests and Moral Institutions: An Endogenous Approach to the Modification of Preferences, in: M. Hechter/ K. -D. Opp/R. Wippler (Hrsg.), *Social Institutions. Their Emergence, Maintenance and Effects*, New York, 81—117.

- /J. Weesie (1990), Reputation and Efficiency in Social Interactions: An Example of Network Effects, in: *American Journal of Sociology*, 626—654.

Rawls, J. (1993), Gerechtigkeit als Fairneß: politisch und nicht metaphysisch, in: A. Honneth (Hrsg.), *Kommunitarismus*, Frankfurt-New York, 36—67 (orig.: Justice as Fairness: Political Not Metaphysical, in: *Philosophy & Public Affairs* 1985, 223—251).

Reber, R. W/G. van Gilder (1982), *Behvioral Insights for Supervision*, Englewood Cliffs.

Rikers, W. H. (1976), Comments on Vincent Ostrom's Paper, in: *Public Choice*, 13—15.

ROSS, A. (1968), *Directives and Norms*, London.

Rowe, N. (1989), *Rules and Institutions*, Ann Arbor.

Ryle, G. (1969), *Der Begriff des Geistes*, Stuttgart (orig.: *The Concept of Mind*, Oxford 1949).

Samuelson, P. A. (1954), The Pure Theory of Public Expenditures, in: *Review of Economics and Statistics*, 387—389.

Sandel, M. J. (1982), *Liberalism and the Limits of Justice*, Cambridge.

- (1993), Die verfahrensrechtliche Republik und das ungebundene Selbst, in: A. Honneth (Hrsg.), *Kommunitarismus*, Frankfurt-New York, 18—35 (orig.: The Procedural Republic and the Unencumbered Self, in: *Political Theory* 1984, 81—96).

Schelling, Th. C. (1960), *The Strategy of Conflict*, New York.

- (1984), *Choice and Consequence. Perspectives of an Errant Economist*, Cambridge-London.

Schmid, M. (1995), Soziale Normen und soziale Ordnung II. Grundriß einer Theorie der Evolution sozialer Normen, in: *Berliner Journal für Soziologie*, 41—65.

Schneider, L. (1967), *The Scottish Moralists. On Human Nature and Society*, Chicago-London.

Schoemaker, P. J. H. (1982), The Expected Utility Model: Its Variants, Purposes, Evidence and Limitations, in: *Journal of Economic Literature*, 529—563.

Schotter, A. (1981), *The Economic Theory of Social Institutions*, Cambridge.

Schumpeter, J. A. (1950), *Kapitalismus, Sozialismus und Demokratie*, München (orig.: *Capitalism, Socialism, and Democracy*, New York 1942).

Schüßler, R. (1988), Der Homo oeconomicus als skeptische Fiktion, in: *Kölner Zeitschrift für Soziologe und Sozialpsychologie*, 447—463.

- (1990), *Kooperation unter Egoisten*: *Vier Dilemmata*, München.

Scott, J. F. (1971), *Internalization of Norms*. *A Sociological Theory of Moral Commitment*, Englewood Cliffs.

Selten, R. (1965), Spieltheoretische Behandlung eines Oligopolmodells mit Nachfrageträgheit, in: *Zeitschrift für die gesamte Staatswissenschaft*, 301—324, 667—689.

- (1975), Reexamination of the Perfectness Concept of Equilibrium Points in Extensive Games, in: *International Journal of Game Theory*, 25—55.

Sen, A. (1982), *Choice*, *Welfare and Measurement*, Oxford.

- (1986), Behavior and the Concept of Preference, in: J. Elster (Hrsg.), *Rational Choice*, Oxford, 60—81.

Simon, H. A. (1957), *Models of Man*, New York.

- (1979a), From Substantive to Procedural Rationality, in: F. Hahn/M. Hollis (Hrsg.), *Philosophy and Economic Theory*, 65—87.

- (1979b), Rational Decision Making in Business Organizations, in: *American Economic Review*, 493—513.

- (1982), *Models of Bounded Rationality*, Cambridge.

Singer, M. (1975), *Verallgemeinerung in der Ethik*. *Zur Logik moralischen Argumentierens*, Frankfurt (orig.: *Generalization in Ethics*. *An Essay in the Logic of Ethics*, *with the Rudiments of a System of Moral Philosophy*, London 1961).

Singer, P. (1984), *Praktische Ethik*, Stuttgart (orig.: *Practical Ethics*, Cambridge 1979).

Solnick, J. /C. Kannenberg/D. Eckerman/M. Waller (1980),

An Experimental Analysis of Impulsivity and Impulse Control in Humans, in: *Learning and Motivation*, 61—77.

Sommer, V. (1993), *Lob der Lüge. Täuschung und Selbstbetrug bei Tier und Mensch*, 2. Aufl. München. Stegmüller, W. (1970), *Theorie und Erfahrung*, Berlin.

- (1979), Wertfreiheit, Interessen und Objektivität. Das Wertfreiheitspostulat von Max Weber, in: ders., *Rationale Rekonstruktion von Wissenschaft und ihrem Wandel*, Stuttgart, 177—203.

Stein, E. (1993), *Staatsrecht*, 14. Aufl. Tübingen.

Steinmann, H. /A. Löhr (1991), *Grundlagen der Unternehmensethik*, Stuttgart.

Stern, K. (1980), *Das Staatsrecht der Bundesrepublik Deutschland. Band II*, München.

- (1984), *Das Staatsrecht der Bundesrepublik Deutschland. Band l*, 2. Aufl. München.

Stigler, G. J. /G. S. Becker (1977), *De Gustibus Non Est Disputandum*, in: *The American Economic Review*, 76—90.

Strawson, P. F. (1978), Freiheit und übelnehmen, in: U. Pothast (Hrsg.), *Freies Handeln und Determinismus*, Frankfurt, 201—233 (orig.: Freedom and Resentment, in: *Proceedings of the Britisb Academy* 1962, 187—211).

Taylor, Ch. (1979), *Hegel and Modern Society*, Cambridge.

- (1988), *Negative Freiheit? Zur Kritik des neuzeitlichen Individualismus*, Frankfurt.

- (1993), Aneinander vorbei: Die Debatte zwischen Liberalismus und Kommunitarismus, in: A. Honneth (Hrsg.), *Kommunitarismus*, Frankfurt-New York, 103—130 (orig.: Cross-Purposes: The Liberal-Communitarian Debate, in: N. L. Rosenblum (Hrsg.), *Liberalism and the Moral Self*, Cambridge 1989, 159—182).

- (1994), *Quellen des Selbst*, Frankfurt (orig.: *Sources of the Self. The Making of the Modern Identity*, Cambridge 1989).

Taylor, M. (1976), *Anarchy and Cooperation*, London.

- (1987), *The Possibility of Cooperation*, Cambridge.

- (1993), Cooperation, Norms, and Moral Motivation, in: *Analyse & Kritik*, 70—86.

Teubner, G. (1989), *Recht als autopoietisches System*, Frankfurt.

Thaler, R. H. (1992), *The Winner's Curse. Paradoxes and Anomalies of Economic Life*, New York.

- /H. M. Shefrin (1981), An Economic Theory of Self-Control, in: *Journal of Political Economy*, 392—421.

Tilly, Ch. (1985), War Making and State Making as Organized Crime, in: P. B. Evans/D. Rueschemeyer/Th. Skocpol (Hrsg.), *Bringing the State Back In*, Cambridge, 169—191.

Tocqueville, A. de (1835), *Über die Demokratie in Amerika*, Stuttgart 1985 (orig.: *De la démocratie en Amérique*).

Tönnies, F. (1887), *Gemeinschaft und Gesellschaft*, Darmstadt 1991. Trivers, R. (1971), The Evolution of Reciprocal Altruism, in: *The Quarterly Review of Biology*, 35—57.

- (1985), *Social Evolution*, Menlo Park.

Tullock, G. (1970), *Private Wants. Public Means*, New York.

- (1974), *The Social Dilemma. The Economics of War and Revolution*, Blacksburg.

- (1987), *Autocracy*, Dordrecht.

Tugendhat, E. (1981), *Selbstbewußtsein und Selbstbestimmung. Sprachanalytische Interpretationen*, Frankfurt.

Tversky, A. /D. Kahnemann (1986), The Framing of Decisions

and the Psychology of Choice, in: J. Elster (Hrsg.), *Rational Choice*, Oxford, 123—141.

Ullmann-Margalit, E. (1977), *The Emergence of Norms*, Oxford.

Ulrich, P. (1993), *Transformation der ökonomischen Vernunft*. *Fortschrittsperspektiven der modernen Industriegesellschaft*, 3. Aufl. Bern-Stuttgart.

Vanberg, V. (1975), *Die zwei Soziologien*. *Individualismus und Kollektivismus in der Sozialtheorie*, Tübingen.

- (1979), Colemans Konzeption des korporativen Akteurs-Grundlegung einer Theoriesozialer Verbände, in: J. S. Coleman, *Macht und Gesellschaftsstruktur*, Tübingen, 93—123.

- (1981), *Liberaler Evolutionismus oder vertragstheoretischer Konstitutionalismus? Zum Problem institutioneller Reformen bei F. A. Hayek und ⧠. M. Buchanan*, Tübingen.

- (1982), *Markt und Organisation*. *Individualistische Sozialtheorie und das Problem korporativen Handelns*, Tübingen.

- (1984), > Unsichtbare-Hand Erklärung < und soziale Normen, in: H. Todd (Hrsg.), *Normengeleitetes Verhalten in den Sozialwissenschaften*, Berlin, 115—146.

- (1988a), *Morality and Economics*. *De Moribus Est Disputandum*, Bowling Green.

- (1988b), Rules and Choice in Economics and Sociology, *in*: *Jahrbuch für Neue Politische Ökonomie 7*, Tübingen, 146—167.

- (1993a), Rational Choice, Rule-Following and Institution. An Evolutionary Perspective, in: U. Mäki et al. (Hrsg.), *Rationality, Institutions and Economic Methodology*, London-New York, 171—200.

- (1993b), Rational Choice vs. Adaptive Rule-Following: on the Behavioral Foundations of the Social Sciences, in: *Jahrbuch für Neue*

Politische Ökonomie 12, Tübingen, 93—110.

- / J. M. Buchanan (1988), *Rational Choice and Moral Order*, in: *Analyse & Kritik*, 138—160.

- /R. D. Congleton (1992), Rationality, Morality, and Exit, in: *American Political Science Review*, 418—431.

Verdross, A. (1987), Die naturrechtliche Basis der Rechtsgeltung, in: N. Hoerster (Hrsg.), *Recht und Moral. Texte zur Rechtsphilosophie*, Stuttgart, 42—46.

Voss, Th. (1985), *Rationale Akteure und soziale Institutionen*, München.

Walter Eucken Institut (1992), *Ordnung in Freiheit*. Symposium aus Anlaß des 100. Jahrestages des Geburtstages von Walter Eucken am 17. Januar 1991, Tübingen.

Walter, R. (1974), *Der Aufbau der Rechtsordnung*, 2. Aufl. Wien.

Walzer, M. (1992), *Sphären der Gerechtigkeit*, Frankfurt (orig.: *Spheres of Justice*, New York 1983).

- (1993), Die kommunitaristische Kritik am Liberalismus, in: A. Honneth (Hrsg.), *Kommunitarismus*, Frankfurt-New York, 157—180 (orig.: The Communitarian Critique of Liberalism, in: *Political Theory* 1990, 6—23).

Wartenberg, Th. E. (1988), The Forms of Power, in: *Analyse & Kritik*, 3—31.

Weber, M. (1920a), *Gesammelte Aufsätze zur Religionssoziologie I*, Tübingen 1988.

- (1920b), *Gesammelte Politische Schriften*, Tübingen 1971.

- (1921), *Wirtschaft und Gesellschaft*, Tübingen 1972.

- (1922), *Gesammelte Aufsätze zur Wissenschaftslehre*, Tübingen

1985.

Weede, E. (1986), *Konfliktforschung*, Opladen.

- (1989), Der ökonomische Erklärungsansatz in der Soziologie, in: *Analyse & Kritik*, 23—51.

- (1990), *Wirtschaft, Staat und Gesellschaft. Zur Soziologie der kapitalistischen Marktwirtschaft und der Demokratie*, Tübingen.

Weinberger, O. (1979), *Logische Analyse in der Jurisprudenz*, Berlin.

- (1981), *Normentheorie als Grundlage der Jurisprudenz und Ethik*, Berlin.

- (1989), *Rechtslogik*, 2. Aufl. Berlin.

- /W. Krawietz (Hrsg.) (1988), *Reine Rechtslehre im Spiegel ihrer Fortsetzer und Kritiker*, Wien-New York.

Weiß, J. (1975), *Max Webers Grundlegung der Soziologie*, München.

Weizsäcker, C. Ch. von (1971), Notes on the Endogenous Change of Tastes, in: *Journal of Economic Theory*, 345—372.

- (1984), The Influence of Property Rights on Tastes, in: *Zeitschrift für die gesamte Staatswissenschaft*, 90—95.

Wenger, E. /E. Terberger (1988), Die Beziehungen zwischen A-gent und Prinzipal als Baustein einer ökonomischen Theorie der Organisation, in: *Wirtschaftswissenschaftliches Studium*, 506—514.

Willgerodt, H. (1968), Grenzmoral und Wirtschaftsordnung, in: J. Broermann/Ph. Herder-Dorneich (Hrsg.), *Soziale Verantwortung. Festschrift für Goetz Briefs zum 80. Geburtstag*, Berlin, 141—171.

Williamson, O. E. (1975), *Markets and Hierarchies: Analysis and Antitrust Implications. A Study in the Economics of Infernal Organizations*, New York.

- (1983), Credible Commitments: Using Hostages to Support Exchange, in: *The American Economic Review*, 519—532.

- (1990), *Die ökonomischen Institutionen des Kapitalismus*, Tübingen (orig.: *The Economic Institutions of Capitalism*, New York 1985).

Wilson, R. (1985), Reputations in Games and Markets, in: A. E. Roth (Hrsg.), *Game-theoretic Models of Bargaining*, Cambridge, 27—62.

Winch, P. (1974), *Die Idee der Sozialwissenschaft und ihr Verhältnis zur Philosophie*, Frankfurt (orig.: *The Idea of a Social Science*, London 1958).

Winston, G. (1980), Addiction and Backsliding: A Theory of Compulsive Consumption, in: *Journal of Economic Behavior and Organization*, 295—394.

Witt, U. (1992), The Emergence of a Protective Agency and the Constitutional Dilemma, in: *Constitutional Political Economy*, 255—266.

- (1993), Multiple Gleichgewichte und kritische Masse-das Problem der Verfassungstreue, in: *Jahrbuch für Neue Politische Ökonomie 12*, Tübingen, 229—246.

Wright, G. H. von (1963a), *Norm and Action. A Logical Enquiry*, London.

- (1963b), *The Varieties of Goodness*, London.

Zintl, R. (1989), Der Homo Oeconomicus: Ausnahmeerscheinung in jeder Situation oder Jedermann in Ausnahmesituationen?, in: *Analyse & Kritik*, 52—69.

- (1993), Clubs, Clans und Cliquen, in: B. -T. Ramb/M. Tietzel (Hrsg.), *Ökonomische Verhaltenstheorie*, München, 89—117.